中联认证中心

机械制造行业
能源管理体系与节能技术

付志坚　主编

U0231317

化学工业出版社
·北京·

《机械制造行业能源管理体系与节能技术》在详细介绍能源及能源利用绩效、能源管理体系标准、能源法律法规、节能基本原理等基础知识的基础上，紧密结合机械行业的用能特点，重点介绍了量大面广的机械制造企业有效实施 EnMS 及采用节能技术的实施方法、技巧及大量具体案例，是国内首部指导机械工厂实施 EnMS、采用节能技术及审核员精通业务的专著。

　　《机械制造行业能源管理体系与节能技术》内容丰富系统、翔实具体，文字精练、深入浅出，图文表并茂，反映了本学科领域的最新法规标准、管理模式、实用技术的研究成果和前沿水平，体现了基础知识与实用技巧、能源管理与节能技术、普及与提高的有机结合。本书可直接作为能源管理体系审核员及咨询师的专用培训教材，也可供机械及其他制造业广大能源工程师、管理师、专业技师、审计师及大专院校机械、材料成型加工、电子、企业管理类专业师生业务进修参考。

图书在版编目（CIP）数据

机械制造行业能源管理体系与节能技术 / 付志坚主编.
北京：化学工业出版社，2016.12
　ISBN 978-7-122-28660-4

　Ⅰ．①机…　Ⅱ．①付…　Ⅲ．①机械制造-能源管理-研究②机械制造-节能-研究　Ⅳ.①TH

中国版本图书馆CIP数据核字（2016）第304519号

责任编辑：武　江　李　萃　朱新晴　　　　　　装帧设计：王晓宇
责任校对：宋　玮

出版发行：化学工业出版社（北京市东城区青年湖南街13号　邮政编码100011）
印　　装：大厂聚鑫印刷有限责任公司
787mm×1092mm　1/16　印张 31¼　字数 780千字　2016年12月北京第1版第1次印刷

购书咨询：010-64518888（传真：010-64519686）　　　售后服务：010-64518899
网　　址：http://www.cip.com.cn
凡购买本书，如有缺损质量问题，本社销售中心负责调换。

定　价：78.00元

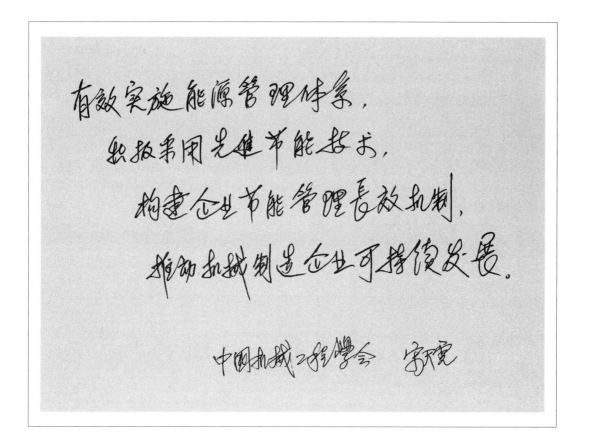

有效实施能源管理体系，

积极采用先进节能技术，

构建企业节能管理长效机制，

推动机械制造企业可持续发展。

中国机械工程学会 宋天虎

感谢中国机械工程学会宋天虎监事长（原机械科学研究总院院长、机械部科技与质量监督司司长、中国机械工程学会常务副理事长兼秘书长，教授级高级工程师）为本书题词。

《机械制造行业能源管理体系与节能技术》

编写人员名单

主　编：付志坚

副主编：曹仲京　周育清

编写人：（按姓氏笔画排序）

王一帆　方　辉　付志坚　任少锋　刘青林

米　兰　孙　飞　李冠群　张天宇　张　森

张群雄　陈宏仁　陈炜明　周育清　尚建珊

曹仲京　龚　雨　谭建凯

主　审：房贵如　田秀敏　熊大田

Preface

　　在我国进入全面建成小康社会决胜阶段的"十三五"开局之年，中联认证中心集体编著的《机械制造行业能源管理体系与节能技术》即将出版，特作此序以表祝贺与祝福。

　　作为装备制造业主体的机械制造行业，是我国国民经济的支柱产业、经济增长的发动机。"十五"及"十一五"期间其产业规模持续快速增长，"十二五"期间在产业及技术结构不断优化的同时，仍然保持较快增长，并逐步进入稳定增长新常态。目前，机械工业总产值已占全国GDP总量近10%，占全国工业GDP比重达1/5；近十几年来，我国机械产品销售额先后超过德国、日本和美国，成为全球第一机械制造大国；发电设备、数控机床、轿车、高铁及城轨车辆、远洋船舶等高端机械产品产值亦相继跃居世界首位。

　　我国虽然已成为机械制造大国，但远远不是强国，某些高端机械产品对外依存度依然很高（高达70%～90%，个别产品接近100%），特别是全行业整体仍处于粗放、外延式发展阶段，与制造业强国相比，能源资源利用效率低下，单位产品、产值的综合能耗及污染物排放总量仍然很高，实现节能减排绿色制造任务十分艰巨。

　　国家《十三五规划纲要》依据"创新、协调、绿色、开放、共享"发展理念，为实现"经济结构优化、发展动力转换、发展方式转变"的战略任务，明确提出"今后五年，单位国内生产总值能耗、用水量、二氧化碳排放值分别下降15%、23%、18%，能源资源开发利用效率大幅提高、生态环境质量总体改善"等绿化发展约束性目标。企业特别是制造业企业是国民经济发展的主战场，是承担节能减排、安全生产、为社会提供优质高效产品等社会责任的主体。实践证明，企业实现优质高效/节能减排/健康安全生产，一靠技术，二靠管理，实施QMS/EMS/OHSMS/EnMS是制造业企业具体落实"十三五"战略任务和具体目标，创建优质高效/节能减排/健康安全型现代企业的有效手段和途径。

　　机械科学研究总院成立于1956年，是隶属国资委的大型科技型企业，为机械行业提供设计、制造工艺及设备、专用材料、自动控制等共性基础技术及工厂设计、系统集成、质量标准、检验认证、发展战略等技术服务是我院应承担的社会责任。中联认证中心是我院专门为机械企业提供管理体系认证服务的有生力量，从1994年成立伊始，就依托总院及所属研究所的技术实力，注重结合机械行业特点开展实用认证技术研究及服务。本书是该中心奉献给认证界的第五本专著。本书具有如下两个突出特点：

1.内容丰富系统、翔实具体，文字精练、深入浅出，可读性强

全书内容丰富，叙述通俗易懂，图文表并茂，体现了能源管理体系基础知识与实际应用技巧、能源管理与节能技术、普及与提高效果的有机结合。在反映并吸取国内外最新研究与应用水平的基础上有诸多创新观点与新颖的实用案例；既适用于初学者"入门"，也有助于专业人员入门后的持续提高与"精通"。

2.紧密结合机械制造行业用能特点，"量身定做"、专业实用

本书在详细介绍能源及能源绩效、管理体系及能源管理体系标准、能源法律法规、节能基本原理等基础知识的基础上，紧密结合机械行业的用能特点，重点介绍机械制造企业实施EnMS的方法、技巧、具体案例及可供采用的各类节能技术，专业实用，是国内第一部指导机械工厂实施EnMS、采用节能技术及审核员精通业务的实用工具书。

愿本书能对广大机械制造企业有效实施能源管理体系、积极采用先进适用的节能技术、持续提高能源绩效有所指导与帮助。

机械科学研究总院院长兼党委书记

中国机械工程学会副理事长　王德成

Foreword

　　进入新世纪以来，为规范企业能源管理，我国及多个国家相继制定了能源管理体系（EnMS）标准，随着ISO 50001：2011和GB/T 23331—2012《能源管理体系要求》（等同转化自ISO 50001:2011）标准的发布，EnMS已成为继QMS、EMS、OHSMS之后，国内外第四个适用于各种类型组织的通用管理体系。

　　EnMS具有与QMS、EMS、OHSMS相同的"过程方法""PDCA运行模式"等本质特征，但也独具如下特点：①重视能源评审及数据量化管理（标准有独特的"能源评审、能源基准、能源绩效参数"三个条款）；②强调节能技术的应用（标准突出"能源管理实施方案"的作用）；③要求结合不同行业的用能特点提出实施与认证的细化要求（我国认监委为此专门制定了不同行业的RB/T标准）。

　　中联认证中心在EnMS标准发布后，在学习国内外相关能源法律法规标准和文献的基础上，针对EnMS的特点，依托中心多年来重点服务机械制造企业的优势，立项开展了"机械制造行业EnMS认证要求、实施方法及相关节能技术的研究"，研究成果相继用于制定RB/T 119—2015《能源管理体系 机械制造企业认证要求》标准及为百余家机械企业提供标准宣贯、内审员培训、认证审核等技术服务中。本书是中联认证中心近年来该项研究成果及技术服务经验的总结。

　　全书共分八章，按读者系统学习一门专业知识的逻辑思维次序和企业实施EnMS的实际需要排序。

　　第一章为"能源基础知识和能源管理体系概述"。下设两节，"第一节 能源与能源利用绩效的基础知识"讲解了能源的定义、分类、对人类文明及社会经济发展的作用、从加工转换到终端利用的能源形式变化以及能源绩效评价指标等能源基础知识；"第二节 企业能源管理体系的基本概念"从讲解ISO最新提出的管理体系高层条款结构入手，对比了QMS/EMS/OHSMS/EnMS四项通用管理体系的七项共同本质特征及四者之间的兼容性和差异性，介绍了能源管理体系认证标准（ISO 50001）的产生发展历程及其独特的特点。通过第一章讲解，利于初学者获得理解并掌握全书内容的入门钥匙。

第二章为"机械制造行业的用能特点和实施EnMS的必要性"。下设五节，在介绍机械制造行业构成、产品、制造工艺、技术经济特点及未来发展趋势的基础上，详细分析了机械行业能源消耗及管理特点，以及三大生产用能系统、五大共性制造工艺系统、十类典型用能工艺、三种典型机械产品的工艺流程、用能特点和重点耗能工序/设备，最后分析指出机械企业实施EnMS的迫切性和必要性。本章是本书的特有章节，为机械企业实施EnMS提供了系统全面的行业技术知识，既可用于行业外读者入门，也利于专业技术人员精通与提高。

第三章为"能源管理体系标准的理解与实施要点"。下设四节，系统全面地对机械企业实施与认证EnMS依据的 GB/T 23331—2012（通用认证要求）、RB/T 119—2015（机械企业细化认证要求）、GB/T 29456—2012（实施指南）三个标准的结构、术语定义、标准条款的内容要点和理解与实施中应注意的问题进行了逐条讲解，并分析了各条款之间如何通过相互关联与相互作用构成"PDCA模式"的有机整体——能源管理体系；最后依据"管理体系通用条款结构"提出修订ISO 50001标准的未来设想。本章地位十分重要，是机械企业实施EnMS并通过认证的标准基础和主要依据。

第四章为"能源法律法规标准及能源管理基础"。下设五节，前三节分别介绍机械制造企业应遵守的（包括至2016年年初最新发布的）100多项能源法律、法规规章政策及节能标准的体系构成、分类、适用性及内容要点。第四、第五节对构成企业能源管理基础及提高能源管理水平基础工具的20多项重要节能法规和标准如何具体应用作了详细介绍。本章地位也十分重要，是机械企业实施EnMS并通过认证的另一重要基础和依据。

第五章为"节能原理及机械制造企业先进节能技术"。下设七节，分四个单元：第一单元（第一、第二节）系统讲解节能原理和节能潜力，在介绍节能和节能技术的基本概念基础上，依据热力学第一和第二定律，分析节能基本原理及节能的不同层次及其实现途径，最后总结提出机械制造企业各类节能潜力（包括直接和间接节能潜力）；第二单元（第三、第四节）分别介绍"合理用能的基本原则和企业合理用热用电的技术导则"及"法规限制及淘汰的落后工艺技术及高耗能机电设备"；第三单元（第五、第六节）分别介绍了机械企业主要生产系统（铸造、锻造、冲压、焊接、热处理、涂装、电镀、机加工和装配）及辅助生产系统（电机、工业锅炉、空压机、照明）共132项先进节能技术的技术原理、主要内容、使用效果及其适用范围；第四单元（第七节）介绍了铸造、焊接、热处理、变配电及电机系统、工业锅炉五个重点用能过程的系统节能思路框架及设计、工艺、设备、材料、控制、管理等各环节的系统节能要点。本章是全书章节、图文表最多，可独立成书的一章，地位也十分重要，是机械企业实施EnMS并持续提高绩效的技术基础知识。

"第六章 初始能源评审""第七章 能源管理体系的建立与试运行"和"第八章 能源管理体系内部审核的方法和技巧"建议读者对照学习理解（特别是第六、第七两章），因为它们都是综合应用前五章学到的能源、认证标准、法律法规、节能原理及节能技术等基础知识用于建立实施、检验改进EnMS的具体方法和实用技巧。建立EnMS共分六大步骤，即：领导决策与准备、初始能源评审、体系策划与设计、编制体系文件、体系试运行、首次内部审核和管理评审。初始能源评审和内部审核分别是第二步和第六步的工作，因十分重要且技术性很强，故独立成章。

第六章为"初始能源评审"。下设四节，分别详细讲述了其地位作用和总体流程、确定评审范围和基本用能单元、用能状况分析和能源管理现状评价、识别"能源使用"及确定"主要能源使用"、识别改进能源绩效的机会和排序等各项重点工作的方法、技巧和结果示例，通过初始能源评审才能明确EnMS的重点控制对象（主要能源使用）及持续改进的方向,为体系的策划和设计提供技术依据。

第七章为"能源管理体系的建立与试运行"。下设五节，在概述体系建立的原则及六大步骤之间的关系及时间安排后，详细讲解了（初始能源评审及内审除外）各步骤的工作内容和要求、方法和技巧；介绍了机械工厂各类能源方针、基准、绩效参数、目标、指标、管理实施方案、管理手册、程序文件、作业文件、如何组织管理评审的具体实例；最后提出提高EnMS试运行有效性的五大关键及通过EnMS有效运行构建企业节能管理长效机制、自觉履行节能减排社会责任的应达目标。

第八章为"能源管理体系内部审核的方法和技巧"，也是十分重要的一章。下设五节，分别介绍了审核和内审的基本知识；能源管理体系内审的目的和特点、范围和准则、方式和方法、流程和证据等基本概念；并详细讲解了机械工厂审核计划和现场审核检查表的编制方法、技巧及各类案例；内部审核的实施流程及审核技巧；不符合项的判定原则及纠正方法；并给出机械工厂可能出现的不符合案例108项供读者练习；最后讲解EnMS与QMS、EMS等各类多体系结合审核的审核要点及现场审核检查表的实例。

全书内容及实例紧密结合机械制造企业的用能特点，也注重对能源管理体系基本概念、通用原则和方法的介绍，适合其他行业特别是其他制造业企业参照应用。

中联认证中心在立项开展"机械制造行业EnMS认证要求、实施方法及相关节能技术的研究"及为企业进行EnMS技术服务工作中，得到机械科学研究总院院长兼党委书记王德成研究员、副院长单忠德研究员及中机生产力促进中心主任李勤研究员等各级领导的悉心指导；并得到中车集团有限公司安技环保部王志刚部长、东风汽车有限公司安技环保部李沈敏部长、东风商用车公司安技环保部李必强部长等大型机械制造企业相关领导的大力支持；成书过程中编审人员参阅了大量国内外相关标准及论著（详见参考文献），在此对所有对我们研究、技术服务及成书提供过各种帮助的单位和个人表示衷心感谢。

由于编者水平有限，书中疏漏与不足之处在所难免，敬请读者批评指正。

2016年　编者于北京

Contents

第一章

能源基础知识和能源管理体系概述

第一节　能源与能源利用绩效的基础知识

一、能源的各类定义及分类方法

（一）能源的不同定义

关于能源的定义，目前有20多种，选择有一定特色的定义，举例如下。

1. 各类百科全书中能源的定义

（1）《科学技术百科全书》

"能源是可从其获得热、光和动力之类能量的资源"。

（2）《大英百科全书》

"能源是一个包括着所有燃料、流水、阳光和风的术语，人类用适当的转换手段便可让它为自己提供所需的能量"。

（3）我国《能源百科全书》

"能源是可以直接或经转换提供人类所需的光、热、动力等任一形式能量的载能体资源"。

2. 相关国际/国家标准的定义

（1）GB/T 29870—2013《能源分类与代码》

"可以直接或通过能量转换方式从原材料、自然资源及技术系统中提取或回收能量的资源"。

（2）GB/T 23331—2012《能源管理体系要求》

"电、燃料、蒸汽、热力、压缩空气及其他类似介质"。

由上述定义可见，能源是一种呈多种形式，且可相互转换的能量的源泉。确切而简单地说，能源是自然界中能为人类提供某种形式能量的物质资源，是人类活动的物质基础。

3. 适合机械行业用能特点的定义

"是能够转换成机械能、热能、光能、电磁能、化学能等各种能量的资源"。

（二）能源的本质特征

1. 反映"能源本质特征"的定义

"能源是指提供某种形式能量的物质或物质的运动"。

2. 能源是能量的来源或载体——能源的本质特征

根据上述定义，能源是能量的来源或载体。此定义反映了能源的本质特征，即能源的能量要么来源于物质（如煤炭、石油、天然气等），要么来源于物质的运动（如电力、风流、水流、压缩空气、核裂变或核聚变等）。

3. 依其本质特征能源的不同形式及示例

（1）自然界提供能量的天然物质

1）天然矿物燃料（煤炭、石油、天然气和铀等）。

2）生物质能（薪柴、秸秆、动物干粪等）。

（2）自然界提供能量的物质运动

包括水力、地热、风力、太阳能、潮汐能、波浪能等各种天然能。

（3）上述能源的一次或多次加工转换制品

1）焦炭、各种石油制品、煤气、电石、乙炔、沼气、蒸汽等能源物质。

2）电力、压缩空气等提供能量的物质运动。

（三）"能源"的不同分类方法

能源种类繁多，而且经过人类不断的开发与研究，更多新型能源不断出现并开始能够满足人类需求。根据不同的划分方法，同一能源也可划入不同类别。主要有以下8种分类方法。

1. 按来源分类（按来自地球外部或自身划分）

（1）来自地球外部天体的能源

主要是太阳能，它为风能、水能、生物能和化石能源等多种能源的产生提供了源头。人类所需能量绝大部分直接或间接来自太阳。植物通过光合作用把太阳能转变成化学能在植物继而在动物体内储存，煤炭、石油、天然气等化石燃料由深埋地下的动植物经漫长年代形成。它们是古代生物固定下来的太阳能。此外，水能、风能、波浪能、海流能等也皆由太阳能转换形成。

（2）地球本身蕴藏的能量

通常指与地球内部热能有关和与原子核反应有关的能源，如原子核能、地热能等。地球表层为厚度几千米至70千米不等的地壳。地壳下为主要由熔融岩浆组成的地幔，厚度约2900千米，火山爆发一般是这部分岩浆喷出。地球心部为温度更高的地核，其中心温度高达2000℃。由此可见，地球本身蕴藏的能量相当可观，是天然大热库。

（3）地球和月球等其他天体相互作用而产生的能量，如潮汐能

2. 按产生途径分类（按形成条件及有无加工转换划分）

（1）一次能源

即天然能源。是从自然界直接取得，且没有改变其基本形态的能源，如煤炭、石油、天然气、水力、核能、太阳能、生物质能、海洋能、风能、地热能等。化石能源的成分为碳氢化合物或其衍生物，由古代生物的化石沉积而来，是一次能源的主体。化石能源主要有煤炭、石油和天然气。

（2）二次能源

即加工转换能源。是一次能源经直接或间接的加工转换而生成的其他种类和形式的能源，主要有电力、焦炭、煤气、蒸汽、热水以及汽油、柴油、煤油等石油制品。在生产过程中排出的余能、余热，如高温烟气、可燃气、蒸汽、热水、有压流体等也属于二次能源。一次能源无论经过几次转换所得到的能源，均称为二次能源。人类直接使用的大多为二次能源，耗能工质及载能工质亦均为二次能源。

3. 按能源性质分类（按使用性质划分）

（1）燃料型能源

天然矿物燃料（化石燃料、核燃料）及其制品（焦炭、煤气、石油制品等）。

（2）非燃料型能源

水能、风能、地热能、海洋能及电力等（机械工厂应用的主要为电力）。

人类利用最早的能源是从钻木取火开始的，由最早的薪柴，到之后的各种化石燃料，均属燃料型能源，当前全球化石燃料消耗量仍然很大。由于地球上化石燃料储量有限，为解决化石燃料的短缺，人类正在加紧研究如何更有效地利用核能、太阳能、地热能、风能、潮汐能等新能源，一旦核聚变临界控制技术得到解决，未来铀、钍及氘、氚等核燃料将提供世界所需的大部分能量。

4. 按污染程度分类（按使用中对环境影响划分）

（1）非清洁能源

煤炭、石油的初级加工产品等。原煤是典型的"非清洁能源"。

（2）清洁能源

水力、电力、太阳能、风能以及核能、天然气等。电力是目前直接用量最大的"清洁能源"，其次是天然气。

5. 按再生特征分类（一次能源按其是否能够"再生"划分）

凡是在人类时间尺度中可以自然补充的用之不竭的一次能源称为可再生能源，反之，亿万年形成、短期无法再生的一次能源称为不可再生能源。

（1）可再生能源

主要有水力、太阳能、生物质能、风能、各种海洋能、地热能、氢能等。

（2）不可再生能源

主要有煤炭、石油、天然气、核燃料等矿物燃料。

6. 按使用成熟度分类（按利用技术水平成熟度划分）

（1）常规能源（传统能源）

即当前技术成熟，被广泛利用的能源。煤炭、石油、天然气及电力为应用最广泛的四大常规能源。此外，水力发电、核裂变发电因技术已较成熟，一般亦归为常规能源。

（2）新能源（非常规能源、替代能源）

近年来开始被人类利用或过去已被利用现在又有新的利用方式的能源，但目前尚未被大规模利用、正在积极研发、有待推广的一次能源，如太阳能、生物质能、风能、海洋能、地热能、核聚变能等。

7. 按交易特征分类（按能否进入能源市场销售划分）

（1）商品能源

凡进入能源市场作为商品销售的如煤、石油、天然气和电等均为商品能源。国际上的统计数字均限于商品能源。

（2）非商品能源

非商品能源主要指薪柴、农作物残余（秸秆等）和动物干粪等。非商品能源在发展中国家农村地区占有很大比重。2005年我国农村居民生活能源有53.9%是非商品能源。但近年来《中国能源统计年鉴》能源平衡表中数据均未包括非商品能源数据。

8. 按能源的"物理性质"和"可加工形式"划分（GB/T 29870—2013）

①煤炭及煤制品；②泥炭及泥炭产物；③油页岩/油砂；④天然气；⑤石油及石油制品；⑥生物质能；⑦废料能；⑧电能；⑨热能；⑩核能；⑪氢能；⑫其他。

（四）新能源是一个相对于常规能源的概念

1. 常规能源

常规能源是指已经大规模生产和广泛利用的能源，包括煤炭、石油、天然气等一次能源，电力等二次能源及水力、核裂变能等能源形式。

2. 新能源

新能源又称非常规能源或替代能源，指刚开始开发利用或正在积极研发、有待推广的能源，包括可再生能源中的太阳能、风能、地热、生物质能、海洋能（潮汐、波浪、温差能量等）、氢能等和不可再生能源中的核聚变能、页岩气、煤层气、油砂矿、油页岩、天然气水合物等。

新能源是以新技术和新材料为基础，经过研发，可以取代资源有限且对环境有污染的化石能源的能源。"常规"与"新"是一个相对的概念，随着科学技术的进步，它们的内涵将不断发生变化。

由于新能源普遍能量密度较小，或品位较低，或有间歇性，按目前已有的技术条件转换利用的经济性尚差，还处于研究、发展阶段，所以只能因地制宜地开发和利用。但新能源大多数都是可再生能源，储量丰富，分布广阔，是具有发展潜力的能源。

3. 一次能源中的常规能源、新能源与能否再生之间的关系（表1-1）

除水能外，可再生能源一般属于新能源范畴；除核聚变能外，不可再生能源一般均为常规能源。

表1-1　一次能源中常规能源、新能源与能否再生之间的关系

类别		常规能源	新能源
一次能源	可再生能源	水力能	太阳能、海洋能、风能、地热能、生物质能、氢能

类别		常规能源	新能源
一次能源	不可再生能源	煤炭、石油、天然气、核裂变能	核聚变能

注：二次能源无可否再生的概念，只有一次能源有此概念。

（五）"耗能工质"及"载能工质"的概念

在二次能源中，还存在"耗能工质"及"载能工质"的概念，消耗这些物质也直接或间接地消耗了能源。

所以外购的耗能工质及载能工质也作为能源的一种形式计入综合能耗(GB/T 2589—2008《综合能耗计算通则》)。

1. 耗能工质

在生产过程中所消耗的不作为原料使用、也不进入产品，在生产或制取时需要直接消耗能源的物质，如新鲜水、软化水、氧气、二氧化碳气、氮气、压缩空气、乙炔等。

2. 载能工质

载能工质是指由于本身状态参数变化而能够吸收或放出能量的介质，即介质是能量的载体。蒸气、压缩空气、乙炔等均属于载能工质。

3. 耗能工质与载能工质的区别与联系

载能工质同时也是耗能工质，但耗能工质不一定是载能工质。如乙炔、压缩空气等既是耗能工质，同时也是载能工质。其他的耗能工质多不是载能工质。

二、能源对人类文明及社会经济发展的重要作用及影响

（一）能源利用水平决定人类文明不同发展阶段

1. 人类文明的不同发展阶段（按技术经济发展水平划分）

（1）原始文明

古代先民必须依赖集体力量才能生存，生产活动主要靠简单的采集渔猎及石器火种，为时上百万年。

（2）农耕文明

火法冶金及金属器具的出现使人类生产能力产生质的飞跃，为时约几千年至一万年。

（3）早期工业文明（工业1.0）

18世纪英国工业革命开启了人类初步现代化，机器开始代替手工劳动，人类进入蒸汽时代。

（4）中后期工业文明（工业2.0）

电力及石油制品的应用引发了二次工业革命，人类进入了"电气及机电结合时代"。

（5）现代工业文明（工业3.0）

以微电子及计算机、原子能、空间技术和生物技术的发明和应用为主要标志，人类进入"工业化+信息化"的现代工业文明阶段。

（6）生态文明（工业4.0）

即"工业4.0及后工业化时代"。生态文明是以人与自然、人与人、人与社会和谐共存、良性循环、全面发展、持续繁荣为基本宗旨的社会形态。

2. 能源利用水平与人类文明不同发展阶段的关系（表1-2）

表1-2　能源利用水平与人类文明不同发展阶段的关系

序号	人类文明不同阶段	年代	能源利用水平
1	原始文明	一万年至百万年前	钻木取火的薪柴时期
2	农耕文明	一万年前延续至18世纪中叶	薪柴＋畜力＋水能、风能、太阳能的初级应用
3	早期工业文明（工业1.0）	18世纪中叶至19世纪中叶	煤炭及蒸汽机的应用
4	中后期工业文明（工业2.0）	19世纪中叶至20世纪中叶	电力及石油制品（电机、内燃机及燃气轮机）的应用
5	现代工业文明（工业3.0）	20世纪50年代至21世纪初	电力电子技术、自动化技术、信息技术、生物技术、原子能技术及空间技术的应用
6	生态文明（工业4.0）	21世纪初开始	清洁能源、高效可再生能源及余热余压利用循环经济，以及"互联网＋"技术，在生产、生活中逐步广泛应用

（二）推动产业发展、技术进步、人民生活改善的物质基础

1. 能源消费与生产活动

能源是人类生产活动得以进行和发展的动力，是所有设备设施运行的"粮食"。

能源利用和发展对人类社会经济发展有巨大推动作用。能源消费人均占有量是衡量一个国家经济发展和生活水平的重要标志，一般来讲人均能耗越多，国民生产总值就越大，社会也就越富裕。能源消费强度变化与工业化进程密切相关，在工业化初、中期能源消费一般缓慢上升，进入后工业化阶段后，经济增长方式发生重大改变，能源消费强度开始下降。

2006年，世界人均能源消费量为2.4吨标准煤，而德国、日本和美国分别为5.7吨标准煤、5.8吨标准煤和11.1吨标准煤，中国的人均能源消费量与发达国家相比还很低。

虽然发达国家的人均能源消费量远高于中国，但其消费增速却远低于中国，近年来世界新增能源消费主要在中国。中国能源消费量增长高居榜首，占全球新增能源消费的71%。

能源消费增长与各国的经济增长密切相关。国际货币基金组织（IMF）的统计资料显示：全世界按汇率计算的生产总值（GDP）在2000～2010年的年增长率为6.92%，相比之下，美国、欧盟和日本均低于世界均值，分别为3.95%、6.70%和1.58%，中国和印度却明显高于世界均值，分别为17.24%和12.35%。同期中、印两国的能源消费总量增长也明显高于世界平均水平，特别是美国、欧盟和日本。

2. 能源消费与衣食住行

现代社会的所有生产活动与人民的衣食住行，均离不开能源消费。一部手机、一辆汽车，从制造、运输、使用到回收，中间每一个环节都使用能源；一栋建筑物，从开挖地基

到建成、入住，每时每刻都离不开能源。可以试想，没有电、热等能源的一天会是什么样子。通过能源消费才能提高人类生活水平，不断推动人类文明前进的车轮。

3. 科技进步与经济发展的"先行官"

人类目前所知的能源资源储量，仅仅反映现有科技及经济发展水平，自然界赋予人类的财富，远远不是现在所知道的这些。随着科技发展和地质勘探水平提高，特别是新能源开发及应用技术的突破，必将打开一片能源利用的新天地。

能源是人类生存的重要条件。自然界能源资源能否满足人类社会发展需求？这是全人类共同关心的问题。我们坚信：只要人类社会齐心协力发展经济，提高科技水平，合理有效开发利用能源资源，科技进步将为人类提供更多更好的能源，人类社会能源前景将会更加美好。

（三）能源的过度或不合理使用引发的环境与安全危机

1. 近年爆发的两次全球环境危机

（1）世界八大环境公害事件有五起因能源不清洁燃烧引起

20世纪的30～60年代，震惊世界的环境污染事件频发，使众多人群非正常死亡、残废、患病的公害事件不断出现，其中最严重的有八起污染事件，全部发生在西欧、北美、日本等早期工业化国家，人们称之为"八大环境公害事件"，其中有五起因燃煤、燃油等能源的不清洁燃烧引起。

1）比利时马斯河谷烟雾事件。1930年12月1～5日，比利时的马斯河谷工业区，因工业燃煤外排大量二氧化硫和烟尘造成一周内有几千居民中毒发病，近60人死亡，家畜的死亡率也大大增高。

2）美国洛杉矶烟雾事件。1943年5～10月，美国洛杉矶市因大量汽车尾气排放后在紫外线作用下产生光化学烟雾，造成大多数居民患眼睛红肿、呼吸道疾患等疾病，65岁以上老人死亡400多人。

3）美国多诺拉烟雾事件。1948年10月26～30日，美国宾夕法尼亚洲多诺拉镇大气中的二氧化硫与大气烟尘共同作用，生成硫酸烟雾，使大气严重污染，4天内42％的居民（约6000人）患病，17人死亡。

4）英国伦敦烟雾事件。1952年12月5～8日，英国伦敦由于冬季燃煤引起的煤烟形成烟雾，导致5天时间内4000多人死亡，一冬共有12000多人死亡，是最知名的燃煤引起的环境公害事件。

5）日本四日市哮喘病事件。1955～1961年，日本的四日市由于石油冶炼和工业燃油产生的废气严重污染大气，引起居民呼吸道疾患骤增，尤其是使哮喘病的发病率大大提高（患者500多人，36人死亡）。

（2）全球性八大环境问题有五项与能源的过度与不当使用相关

进入20世纪80年代以来，随着全球范围内工业化、城市化进程的加快，环境问题的影响日益加剧，从区域、陆地、局部向全球、海洋、世界范围扩展并相继出现八大全球性环境问题。其中下述五大环境问题与能源（含水资源）的过度与不当使用直接相关。

1）温室效应与全球变暖。能源过度消耗产生的二氧化碳、氧化亚氮、氟利昂等气体都属温室气体，温室气体在大气中的比例增加加剧了大气的温室效应，从而引起全球气候变暖，直接的后果是生态系统的破坏和海平面的上升。这种趋势至今未得到遏制，对全人类生存条件仍然构成威胁。联合国多次召开会议商讨对策，终于在2016年4月22日签署了《巴黎协定》，通过合理有效用能抑制温室效应已成为全人类共识。

2）臭氧层破坏和损耗。空调等现代生活大量使用的化学物质氟利昂部分进入大气的平流层，在紫外线作用下分解产生的原子氯通过连锁反应破坏臭氧层，由臭氧层破坏导致的照射到地面的太阳光紫外线增强将直接影响人和各种生物，使患皮肤癌及白内障的患者大大增加。

3）酸雨污染。化石燃料大量使用产生的硫氧化物和氮氧化物和水的结合会产生酸雨。酸雨对森林、土壤、湖泊及各种建筑物的影响和侵蚀已得到公认。由于酸性气体可能远距离传送越境转移，因而"酸雨"正日益受到全世界的关注。

4）淡水资源短缺与水污染。淡水资源本来分布不均，更由于城镇化及工业发展，且人类节水意识薄弱，造成河流、湖泊水量大量减少直至干涸，地下水位持续下降；大量污染物排入水体更加剧了水资源的短缺。

5）海洋资源破坏和污染。海洋污染绝非危言耸听。常见的海洋污染主要有原油污染、漂浮物污染和有机化合物污染及其引起的赤潮、黑潮，造成大量海洋生物死亡甚至灭绝。

2. 两次石油危机引发的能源安全问题成为新的国际冲突根源

（1）第一次石油危机

1973年10月第四次中东战争爆发，石油输出国组织中的阿拉伯成员国当年12月宣布收回原油标价权，并将其基准原油价格从每桶3.011美元提高到10.651美元，从而触发了二战之后最严重的全球经济危机。在这场危机中，美国的工业生产下降14%，日本工业生产下降20%以上，所有工业化国家的经济发展速度都明显下降。

（2）第二次石油危机

1978年年底，世界第二大石油出口国伊朗的政局发生剧烈变化，石油产量受到严重影响，从每天580万桶骤降到100万桶以下，打破了当时全球原油供求关系的脆弱平衡。油价在1979年开始暴涨，从每桶13美元猛增至34美元，引发了第二次石油危机，此次危机成为20世纪70年代末西方全面经济衰退的主要诱因。

3. 能源使用与全球环境及能源安全危机的关系（表1-3）

表1-3　能源使用与全球环境及能源安全危机的关系

序号	环境与能源安全危机	产生年代	与能源使用的关系
1	世界八大环境公害事件	20世纪中叶出现	五大环境公害事件与化石燃料的不清洁使用直接相关
2	全球性八大环境问题	20世纪末期形成	五大环境问题与能源（含水资源）的过度及不当使用直接相关
3	两次石油危机	1973～1974年；1979～1980年	工业文明对化石燃料的过度依赖

三、能源形式和能源的加工转换及终端使用

(一) 能源的不同形式及其直接利用的难易程度

按直接利用的难易程度不同能源形式可划分为如下类别。

1. 自然界存在的一次能源

(1) 天然矿物燃料

1) 天然气: 可直接用于终端使用。

2) 煤炭、石油、核燃料: 一般均应通过一次加工转换才能使用。

①煤炭: 加工转换为洗精煤、焦炭、煤气等。

②石油: 加工转换为汽油、煤油、柴油、液化石油气等。

③核燃料: 加工提纯为发电或军事用核燃料。

(2) 天然动植物废弃物燃料 (生物质能)

1) 初级使用: 直接燃烧用于取暖、烧饭等生活用能。

2) 经一级加工转换成电能后终端使用。

(3) 其他自然能 (一般经一级加工转换成电能后终端使用)

主要有水力能、风能、太阳能、氢能、潮汐能、地热能等,某些自然能 (如太阳能、风能、水力能) 也可直接初级应用于简单的生产或生活。

2. 可直接终端使用的热能、电能和机械能

(1) 三种能源形式的共同特点

1) 均可直接用于终端使用,是可直接利用的三种最主要能源形式。

2) 三种形式可以相互转换,转换过程将会伴随能量损失,应注意将损失降至最低。

3) 均不易存储,存储性远不及一次能源的前两类燃料性能源。

(2) 三种能源形式质的差别

1) 电能和机械能为有序能,质量较高。

2) 热能为无序能,质量较低。

3) 电能是最重要的能源形式,不仅能方便地转变为机械能和热能,还能转变为其他多种可供终端使用的能源形式。

3. 其他可供终端使用的能源形式

主要有化学能、光能、电磁能、激光能、电子束能、声能等,均由电能加工转换产生。

(二) 能源的加工转换及终端使用

1. 能源加工转换的必要性

如上所述,自然界的一次能源,除少量可直接利用外,绝大多数都要先经加工转换 (一次或多次转换) 为人类生产和生活所需的能量形式加以利用。对于全社会,承担一次能源加工转换任务的就是能源行业部门,如发电厂、炼油厂、焦化厂。而在机械工厂内部,也要设立动力部门通过变压站、锅炉房、空压站、天然气调压站、制冷站等将采购的

能源进一步加工转换成终端使用部门适用的能源形式进行生产和管理活动。所以无论对于全社会还是企业内部，能源的加工转换均是必不可少的环节。

2. 企业六大能源流转环节的基本概念

在机械制造企业能源管理工作中，要覆盖以下6个能源流转环节。

（1）能源设计环节

这是能源管理工作的源头，要综合考虑经济性、质量、环境影响和可获得性，优化能源结构，合理设计工厂及车间布局、制造工艺及其路线与工艺装备。

（2）购入存储环节

重点控制能源采购质量，减少存储损耗。

（3）加工转换环节

对于机械工厂，既是能源消耗（终端使用）部门，也是能源加工转换与最终供给部门，如变配电站、锅炉房、空压站、可燃气调压站、制冷站等。要关注加工转换效率。

（4）输送分配环节

主要为企业内部各种能源及动力输送管道、线路，重在合理调度，优化分配，适时调整，减少损耗。

（5）终端使用环节

对于机械工厂是能源管理最复杂的环节，也是节能潜力最大的环节，应覆盖所有用能部门。

（6）余能回收利用环节

尽量回收利用以上各个环节（特别是加工转换及终端使用）产生的余热余压。

3. 能源加工转换至机械工厂终端使用流程及相互关系（图1-1）。

（三）能源加工转换过程的数量与质量的变化和分析

1. 能量平衡——能源加工转换等流转环节的数量变化与分析

根据热力学第一定律（能量守恒定律），进、出系统的总能量始终保持平衡。据此，针对能源购入储存、加工转换、输送分配、终端使用、余能利用等不同环节及重点用能设备，即可计算能源收入支出平衡、消耗与有效利用及损失之间的平衡关系，并可进一步分析能源利用率、热效率等能效水平。我国对能量平衡颁布了两个标准，分别是GB/T 3484—2009《企业能量平衡通则》和GB/T 2587—2009《用能设备能量平衡通则》。应用这两个标准，可以进行能源流转环节的数量变化分析（详见本书第四章第四节）。

2. 能量贬值——能源加工转换过程的质量变化与分析

根据热力学第二定律（能量贬值定律），热与功相互转换中，功可以无条件地转化为热，而热不可能全部转化为功；热总是自发地由高温物体向低温物体传递，反之则必须投入额外的功，这种过程的不可逆性，说明不同的能源形式不仅有上述数量关系，而且有质量上的差别（详见本书第五章第二节）。

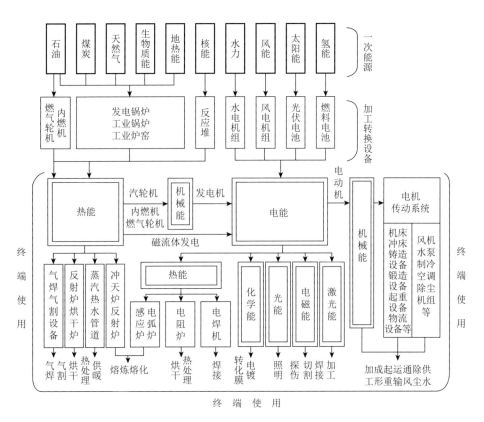

图1-1　能源加工转换至机械工厂终端使用流程及相互关系图

注：▭ 一次能源；▭ 终端使用能源形式；▭ 加工转换及终端使用设备。

四、能源的评价与计算指标

（一）能源的数量指标

1. 能源的绝对储量指标

（1）地质储量

按照能源储藏形成与分布规律，进行地质推算而得出的储量数据。

（2）探明储量

经实地勘探后，经分析计算获得的储量数据。

（3）可采储量

在探明储量中，按当前技术经济条件可以开采的储量数据。

2. 能源的相对储量指标

（1）采收率

可采储量与地质储量的比值百分数，即：

$$采收率 = \frac{可采储量}{地质储量} \times 100\%$$

（2）储产比

可采储量与年产量之比，即：

$$储产比 = \frac{可采储量}{年产量}$$

此数值表明该能源按目前开采生产水平，可供开采多少年。

（二）能源的质量指标

1. 能源形式的品位及直接利用程度

在前述三种可直接终端使用的能源形式中，按品位高低排序为：电能＞机械能＞热能（＞均表示前者优于后者，以下均同）。

（1）电能的品位及直接利用程度最高

通过能源的当量值和转换效率分析，电能品位最高，其平均低位发热量达到3600kJ/〔kW·h〕，电能除在电网和变压器端有少量损耗外，几乎全部可直接利用。

（2）机械能的品位及直接利用程度居中

机械能通常由电能转换得来，根据热力学第二定律可知，其品位低于电能；在利用时，还会产生大量热能损耗，所以其直接利用程度亦低于电能。

（3）热能为品位最低的无序能

一是在获取热能的转换过程中，由于受设备效率影响，转换效率较低；二是在应用热能时，还会再次产生损耗，所以利用程度亦最低。

2. 能源的能流密度

能源的能流密度是在一定空间或面积范围内，从某种能源实际所得到的能量或功率。此数值表示不同能源利用的投资与收益比。一般常规能源的能流密度较大，应用技术比较成熟，这是常规能源应用广泛的第一个原因。

3. 存储的可能性与供给的连续性

此项指标反映能源供应的稳定性和利用的便捷性。一般来讲，常规能源显著优于非常规能源，这是其应用广泛的第二个原因。

常规能源中，固体燃料（原煤、焦炭）＞液体燃料（石油制品）＞气体燃料（天然气、煤气）＞电力。

在电力中，火电＞水电＞光伏电力＞风电。

4. 燃料性能源的发热量（当量值）

根据GB/T 2589—2008《综合能耗计算通则》，在燃料性能源中，石油制品热值最高，其次是天然气，焦炭是由原煤转换得到的精品，所以焦炭热值大于原煤热值，原煤的热值最低。

（三）能源的环境及安全风险指标

1. 生产及使用中温室气体及有害气体（SO_2、NO_x）排放量（越低越好）

（1）常规能源中，电力＞天然气＞石油制品＞焦炭＞原煤

表1-4列出几种主要燃料燃烧时排出的主要温室气体CO_2量值比较。

表 1-4 主要燃料燃烧时排出的主要温室气体 CO_2 量值

燃料	产生 10000kcal 热时的 CO_2 排出量 /kg	以天然气作为 100 时的指数
天然气	2.11	100
液化气	2.43	115
煤油	2.81	133
重油	2.95	140
原煤	3.98	189

注：1kcal=4.186kJ。

但应注意，用电加热产生的温室气体虽然少，但在我国当前发电以火电为主的条件下，大量用电加热总体上反而会增加温室气体排放。

（2）电力生产采用不同能源的优劣比较

1）清洁能源发电（核电、水电、风电、光伏电）＞火电。

2）在火电生产中，天然气发电＞石油制品发电＞煤发电。

2. 生产及使用中突发事故的风险程度

1）核电生产应降低核泄漏灾害突发风险。

2）水电生产应降低地质灾害突发风险。

（四）能源消耗（能耗）计算的折算指标——"折标准煤系数"

在计算能耗时，应将各种能源消耗量按"折标准煤系数"统一折算为"标准煤量"（简称"标煤"）的总和。在我国，存在两种"折标准煤系数"——"当量值"和"等价值"。

1. "当量值"和"等价值"的区别及应用原则

（1）当量值

单位能源本身所具有的热量。以该种能源低（位）发热量等于29307千焦（kJ）的量值定为1千克标准煤（1kgce）。此数值是恒定不变的。

（2）等价值

生产一个单位的某种能源产品所消耗的另外一种能源产品的热量。此量值随着生产该种能源的技术水平和转换效率提高将不断降低，所以不同时期、不同地区的量值是不同的。

2. 机械制造行业常用的能源及耗能工质的折标准煤系数（表1-5和表1-6）

表 1-5 机械制造行业常用能源折标准煤参考系数

能源名称	平均低位发热量	折标准煤系数
原煤	20908kJ/kg（5000kcal/kg）	0.7143kgce/kg
焦炭	28435kJ/kg（6800kcal/kg）	0.9714kgce/kg
柴油	42652kJ/kg（10200kcal/kg）	1.4571kgce/kg
汽油、煤油	43070kJ/kg（10300kcal/kg）	1.4714kgce/kg
液化石油气	50179kJ/kg（12000kcal/kg）	1.7143kgce/kg
天然气	35544kJ/kg（8500kcal/kg）	1.3300kgce/m^3
热力（当量值）		0.03412kgce/MJ

续表

能源名称	平均低位发热量	折标准煤系数
电力（当量值）	3600kJ{kW·h[860kcal/(kW·h)]}	0.1229kgce/［kW·h］
电力（等价值）	按当年火电发电标准煤耗计算	0.404kgce/kW·h（2006年前） 0.3771kgce/kW·h（2010年） 0.34kgce/kW·h（2012年） 0.321kgce/kW·h（2013年） 0.318kgce/kW·h（2014年）
蒸汽（低压）	3763MJ/t（900Mcal/t）	0.1286kgce/kg

表 1-6 机械制造行业常用耗能工质能源等价值（折标准煤系数）

品种	单位耗能工质能量	折标准煤系数
新水	2.51MJ/t（600kcal/t）	0.0857kgce/t
软水	14.23MJ/t（3400kcal/t）	0.4857kgce/t
压缩空气	1.17MJ/m^3（280kcal/m^3）	0.0400kgce/m^3
鼓风	0.88MJ/m^3（210kcal/m^3）	0.0300kgce/m^3
氮气	11.73MJ/m^3（2800kcal/m^3）	0.400kgce/m^3
氩气		0.360kgce/m^3
氧气	11.72MJ/m^3（2800kcal/m^3）	0.400kgce/m^3
二氧化碳气	6.28MJ/m^3（1500kcal/m^3）	0.2143kgce/m^3
乙炔	243.67MJ/m^3	8.3143kgce/m^3

五、评价能源绩效的重要指标

（一）社会（国家、地区）能源绩效指标

（1）能源消费系数

$$能源消费系数 = \frac{E（能源消费量，吨标煤）}{M（同期国民生产总值，元或美元）}$$

（2）综合能效

$$综合能效 = \frac{M（国民生产总值）}{E（能源消费量，吨标煤）}$$

（二）评价企业能源绩效的重要指标

1. 综合能耗指标

有如下4类综合能耗指标。

（1）综合能耗

机械制造企业在统计报告期内实际消耗的各种能源实物量，分别折算成"标准煤量"后的总和。其度量单位为1kgce或1tce。

（2）单位产值综合能耗

统计报告期内，综合能耗与期内机械制造企业总产值或工业增加值的比值。用

"kgce/万元产值"或"kgce/万元工业增加值"作为度量单位。

（3）产品单位产量综合能耗

统计报告期内，机械制造企业生产某种产品或提供某种服务的综合能耗与同期该合格产品或服务产量（工作量、服务量）的比值，简称单位产品综合能耗。机械企业常用 kgce/台（辆、套、架、艘）或 kgce/t 件（铸造、锻造、热处理等）、kgce/m² （电镀、涂装等）作为度量单位。

（4）产品单位产量可比综合能耗

为在同行业中实现相同最终产品能耗可比，对影响产品能耗的各种因素加以修正所计算出来的产品单位产量综合能耗。

该项指标对机械制造企业有很大的实际意义。以铸造企业为例，对不同类型（铸件材料、铸造工艺、机械化自动化水平、污染物治理水平、旧砂再生回用水平不同）的企业进行横向对比时要对影响能耗的各种因素加以修正。

2. 单项能耗指标（示例）

1）感应电炉或电阻炉熔炼电耗（千瓦•小时/吨金属液）。

2）箱式电阻炉铸钢件正火电耗（千瓦•小时/吨铸钢件）。

3. 能源效率指标

（1）企业综合能效

$$企业综合能效 = \frac{工业增加值}{同期能源消费量}$$

（2）能量利用率

$$能量利用率 = \frac{有效能量}{供给能量}\%。$$

具体示例如：

1）全厂和用电设备的功率因数（%）；

2）冲天炉热效率（%）、感应电炉热效率（%）、热处理炉热效率（%）等；

3）电焊机电能利用率（%）、电动机效率（%）。

（3）余能余热余压回收利用率（%）。

4. 机械制造企业特有的能源绩效指标（示例）

1）材料利用率（%）。

2）铸件工艺出品率（%）。

3）旧砂再生回用率（%）。

4）涂装、电镀用水重复利用率（%）。

5）工件（毛坯件、加工件）成品率及一次检验合格率（%）。

（三）能源利用率与能量利用率的区别与联系

1. 能源利用率与能量利用率的不同概念

（1）能源利用率

是某种能源在整个能源流转过程（开采、储运、加工转换、分配传输、终端使用）能量的总体利用效率，其计量考核对象是某种能源从开采到终端使用整个生命周期的能量利用率。

（2）能量利用率

是某种能源在加工转换或终端使用的某个用能过程（工序/设备）能源利用的效率。

2. 能源利用率与能量利用率的区别与联系

（1）应用对象不同

能源利用率通常用于宏观层面比较，如发达国家与发展中国家之间对比、国与国之间对比、省际之间对比、不同行业之间对比等；能量利用率一般用于微观层面比较，如用于分析某个企业或用能工序/设备的能量平衡。

（2）应用范围大小和计算方法不同

传统的矿物能源，如煤炭、石油、天然气等可燃矿物燃料，通常都要经历采选、加工转换、储运和终端使用过程，其能源利用率与开采、加工转换、储运和终端使用四个层次的能量损耗均有关，其能源利用率是四个过程能量利用率的叠加结果。

而能量利用率与能源利用率不同，它更多的只针对加工转换及终端利用过程的做功角度出发进行分析与计算，能量利用率是能源利用率的重要组成部分。

3. 能源利用率与能量利用率区别与联系的实例

以我国煤炭火力发电为例，根据GB/T 2589—2008《综合能耗计算通则》，1kW·h电力具备3600kJ能量，根据国家统计局数据，2014年电力等价值为0.318kgce/kW·h。通过计算，0.318kgce平均低位发热量等于9304.06kJ。将1kW·h电力具备的能量除以所需消耗原煤具备的发热量，目前我国煤炭火力发电企业加工转换过程的平均能量利用率为38.7%。

而煤炭的能源利用率要从煤炭开采到终端利用过程整体进行分析计算，原煤在采选、储运过程中都会有部分煤炭损失；煤炭发电过程平均能量利用率为38.7%，还要考虑上述其他过程煤炭的损失，将所有过程的能量利用率相乘才能真正得出煤炭的能源利用率。

4. 在实际应用中应避免两者混淆不清

能源利用率和能量利用率是两个不同的概念，但在实际应用中，经常发生混为一谈的现象。某些论著认为我国的能源利用率比工业发达国家要低很多，实际上这个结论是数据分析对比不当造成的，前者使用的是能源利用率，而后者使用的是能量利用率。

第二节　企业能源管理体系的基本概念

一、管理体系和管理体系认证的基本知识

（一）自愿性认证的作用及我国认证领域的划分

1. 第三方自愿性认证的作用

通过第三方认证帮助各类组织（企业）运用现代管理基本原则和方法，自觉遵守相关

法律法规要求，满足各类利益相关方要求，承担保护消费者和员工权益、节能环保、绿色低碳与社会责任，持续提高组织整体绩效，实现自身并促进全社会可持续发展。

2.我国第三方自愿性认证领域的划分及示例

（1）产品认证

如：机械设备及零部件认证、金属材料及金属制品认证、节能环保汽车认证、环境标志产品认证、无公害农产品认证等。

（2）服务认证

如：无形资产和土地认证、建筑工程和建筑物服务认证、软件过程能力及成熟度评估认证等。

（3）管理体系认证（详见本节下述内容）

（二）管理体系认证及管理体系认证标准

1.管理体系的定义及与管理体系认证标准的关系

（1）管理体系的定义（引自GB/T 19000—2008/ISO 9000:2015）

组织建立方针和目标以及实现这些目标的过程的相互关联或相互作用的一组要素。

注1：一个管理体系可以针对单一的领域或几个领域，如质量管理、环境管理或能源管理。

注2：管理体系要素规定了组织的结构、岗位和职责、策划、运行、方针、惯例、规则、理念、目标，以及实现这些目标的过程。

（2）管理体系认证标准是建立、实施、评价管理体系的依据

1）组织依据管理体系认证标的通用要求，结合自身特点及内外环境与风险机遇，建立、实施相关管理体系。

2）管理体系的符合性和有效性需要通过管理体系认证进行评价，其目的在于通过审核、评定和事后监督等评价活动来证明企业的管理体系符合标准要求。管理体系认证标准是进行评价的依据。

2.管理体系类别及我国主要管理体系与其认证标准

依管理体系的适用性不同，可将其分为通用和专用两大类别，参见表1-7。

表1-7　管理体系类别及在我国实施的主要管理体系与其认证标准

类别	适用性	我国实施的主要管理体系	现行有效认证标准代号	
			国际（外）标准	中国标准
通用	适用于各种类型、不同规模和提供不同产品和服务的组织	质量管理体系	ISO 9001：2015	GB/T 19001—2016
		环境管理体系	ISO 14001：2015	GB/T 24001—2016
		职业健康安全管理体系	OHSAS 18001：2007	GB/T 28001—2011
		能源管理体系	ISO 50001：2011	GB/T 23331—2012
		信息安全管理体系	ISO/IEC 27001：2013	GB/T 22080—2014

续表

类别	适用性	我国实施的主要管理体系	现行有效认证标准代号	
			国际（外）标准	中国标准
专用	适用于某个特定行业或组织内某项专业工作	信息技术服务管理体系	ISO/IEC 20000—1：2011	GB/T 24405.1—2011
		测量管理体系	ISO 10012：2003	GB/T 19022—2003
		知识产权管理体系		GB/T 29490—2013
		食品安全管理体系	ISO 22000：2005	GB/T 22000—2006

（三）管理体系认证标准的通用框架和高层条款结构

2011年和2012年，ISO和IEC先后发布"ISO导则83"及"ISO/IEC指令"，提出管理体系标准的通用条款结构，要求今后所有ISO管理体系标准都要依此制定或修订。该通用条款结构将成为所有管理体系标准的"标准模板"。其主要内容和要求如下。

1.10个统一的一级条款，7个一级条款构成管理体系的第一层次结构

"ISO导则83"及"ISO/IEC指令"要求：任何管理体系标准的正文均由统一的10个一级条款构成，其中序号为"4～10"的7个一级条款构成管理体系的统一高层结构及其要求，7个一级条款完全按"PDCA"模式顺序排列，见表1-8。

表1-8 管理体系统一的一级条款结构及体系结构的"PDCA"模式

条款号	一级条款名称	管理体系结构的"PDCA"模式
1	范围（Scope）	
2	规范性引用文件（Normative reference）	
3	术语和定义（Terms and definition）	
4	组织的环境（Context of the organization）	
5	领导作用（Leadership）	P
6	策划（Planning）	
7	支持（Support）	D
8	运行（Operation）	
9	绩效评价（Performance Evaluation）	C
10	改进（Improvement）	A

2.管理体系通用条款结构的总体要求

任何管理体系均应采用由7个一级条款、20个二级条款和3个三级条款构成的通用结构（见表1-9）。

表1-9 管理体系标准均应设置的三个级别条款通用结构

一级条款			二级条款			三级条款		
序号	条款号	名称	序号	条款号	名称	序号	条款号	名称
①	4	组织的环境	①	4.1	理解组织及其环境			
			②	4.2	理解相关方的需求和期望			

续表

一级条款			二级条款			三级条款		
序号	条款号	名称	序号	条款号	名称	序号	条款号	名称
①	4	组织的环境	③	4.3	确定×××管理体系的范围			
			④	4.4	×××管理体系			
②	5	领导作用	⑤	5.1	领导作用和承诺			
			⑥	5.2	×××方针			
			⑦	5.3	组织的岗位、职责和权限			
③	6	策划	⑧	6.1	应对风险和机遇的措施			
			⑨	6.2	×××目标和实现目标的策划			
④	7	支持	⑩	7.1	资源			
			⑪	7.2	能力			
			⑫	7.3	意识			
			⑬	7.4	沟通			
			⑭	7.5	文件化信息	①	7.5.1	总则
						②	7.5.2	创建和更新
						③	7.5.3	文件化信息的控制
⑤	8	运行	⑮	8.1	运行的策划和控制			
⑥	9	绩效评价	⑯	9.1	监视、测量、分析和评价			
			⑰	9.2	内部审核			
			⑱	9.3	管理评审			
⑦	10	改进	⑲	10.1	不符合和纠正措施			
			⑳	10.2	持续改进			

3. 专用标准条款的增加和补充

为反映不同管理体系的不同特点，具体管理体系标准可根据其管理对象及业务范围特点，增加和补充某些专用的二级和三级条款及其要求，如：质量管理体系的设计和开发、不合格输出的控制；环境管理体系的环境因素、应急准备与响应等条款。

二、制造业通用的四项管理体系认证及四个认证标准

（一）四项通用管理体系认证标准的发布时间及结构特点

表1-7中的五项通用管理体系中，质量、环境、职业健康安全和能源管理体系是制造业企业广泛应用的四项管理体系，现将该四项通用管理体系认证标准的简要历史沿革及结构特点与未来修订趋势示于表1-10。

表1-10　四项通用管理体系认证标准的简要历史沿革及结构特点与未来修订趋势

序号	管理体系名称	第一版标准发布时间		现行有效版本认证标准及特点	
		国际	中国	标准代号（国际/中国）	标准结构特点及未来修订趋势
1	质量管理体系（QMS）	ISO 9001（1987年）	GB/T 10300.2（1988年）	ISO 9001:2016 GB/T 19001—2016	① 2016版标准已按ISO导则83要求修订
2	环境管理体系（EMS）	ISO 14001（1996年）	GB/T 24001（1997年）	ISO 14001:2016 GB/T 24001—2016	② 至2018年9月，2008版GB/T 19001和2004版GB/T 24001标准的认证证书将失效 ③估计近7～8年不会修订
3	职业健康安全管理体系（OHSMS）	OHSAS 18001（1999年）	GB/T 28001（2001年）	OHSAS 18001:2007 GB/T 28001—2011	正按ISO导则83要求修制定ISO 45001标准，计划于2017年发布
4	能源管理体系（EnMS）	ISO 50001（2011年）	GB/T 23331（2009年）	ISO 50001:2011 GB/T 23331—2012	①现行标准结构参考ISO导则83某些要求制定 ②预计4～5年后可能修订

（二）四项管理体系的主要共同特征

上述四项管理体系虽然管理控制对象及依据标准等都不尽相同，但与传统管理方法相比，均具有以下共同本质特征。

1. 规范化基础上的个性化和系统化基础上的文件化

（1）规范化基础上的个性化

1）规范化：每个管理体系都要严格依据认证标准的通用要求建立体系，规范运行。

2）个性化：要求组织结合自身的行业、产品、过程、规模等特点及面临的内外环境及风险机遇，建立个性化体系，每个组织的管理体系都是唯一的、个性化的，不能照抄照搬。

（2）系统化基础上的文件化

1）系统化：都要将各项管理内容（岗位和职责、资源、策划、运行、过程、方针、目标、文件等）作为相互联系的体系（系统）加以控制。

2）文件化：都要将无形的管理体系（战略、理念、方针、目标、方法、惯例、规则、模式等）信息，当必要时用有形的文件即文件化信息来表达描述，体系文件（文件化信息）颁布后作为组织的内部法规，全员必须遵守，人人养成按章管理、操作的良好习惯。

2. 遵循相同的管理体系原理原则——七项管理原则（图1-2）

（1）"以利益相关方为关注焦点"居七项原则之首，是实施管理体系的主线

1）准确识别利益相关方的需求及组织面临的内外环境及风险机遇是实施管理体系的起点及重要的输入与基础。

2）保持并增强利益相关方持续满意及快速对内外环境变化作出有效反应是实施管理体系的效果及永恒目标。

（2）"领导作用""全员参与"和"关系管理"是体系有效运行的三大关键

1）组织内部的两大关键是"领导作用（高层）"和"全员参与（基层）"。

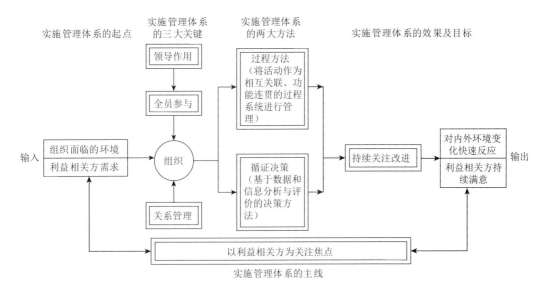

图1-2 七项管理原则在实施管理体系中的作用及之间关系

2）组织外部的一大关键是"关系管理"，重点是对体系绩效有影响的相关方（特别是供方及外包方）进行有效沟通及管理。

（3）要自觉综合应用两大现代科学管理方法

1）"过程方法"是基础。组织的管理体系均由相互关联、功能连贯的过程系统所组成，通过有效控制过程才能有效控制过程的各种结果（预期的和非预期的）。

2）应用"基于数据和信息分析与评价的循证决策"方法，才能确保"过程"和"体系"始终有效受控，提高决策的准确性和有效性。

（4）"持续改进"是实施管理体系的效果及永恒目标

只有"持续关注改进"及"实现持续改进"才能使组织对内外环境变化快速反应，充分利用各种机遇，成功抵御各种风险，使利益相关方持续增强满意度。

3. 应用过程方法通过有效控制过程来控制过程的结果

（1）QMS

通过控制所有产品质量过程，重点控制重要质量过程（关键过程、特殊过程、质量控制点），有效控制过程的预期结果——产品质量。

（2）EMS

通过控制所有过程存在的环境因素，重点控制少数环境影响严重的重要环境因素，有效控制伴随过程产生的污染排放和资源消耗（含产品交付后使用中的资源消耗）。

（3）OHSMS

通过控制所有过程存在的危险源，重点控制安全风险严重的重要危险源，有效控制伴随过程产生的工伤事故和职业危害。

（4）EnMS

通过控制所有过程的能源使用，重点控制主要能源使用，有效控制伴随过程产生的能源使用消耗（不含产品交付后使用中的能源使用消耗）。

4.运用"PDCA"运行模式有效控制过程

通过对所有过程的"策划（P，Plan）、运行（D，Do）、检查（C，Check）、改进（A，Act）"四个阶段的往复循环，即"PDCA"运行模式，有效控制过程，从而确保过程稳定受控并持续改进。

PDCA运行模式又称PDCA循环，不仅是所有管理体系的运行模式，它也存在于我们所有工作和生活中，且以一种正式或非正式、有意识或无意识的方式，被不断地用于我们所做的每一件事情中。每一项活动，无论多么简单或多么复杂，都遵循如图1-3所示的永无终止的PDCA循环。

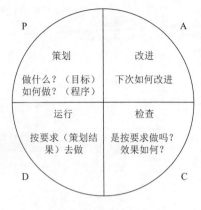

图1-3　PDCA循环示意图

5.体现"PDCA"运行模式的实施方法及管理手段

（1）实施方法

1）写我应做的（P，策划）。依据认证标准的通用要求，结合企业的特点（行业、产品和服务、过程、规模等）及面临的内外环境和风险机遇，策划、建立管理体系，明确控制对象，制定方针、目标及控制要求，并将体系要求写成体系文件。

2）做我所写的，记我做完的（D，运行）。人人都要严格遵照体系文件要求精细管理和操作，并及时做好需保留用于询证的运行记录。

3）改我做错的（CA，检查和改进）。充分利用体系特有的三级监控系统（例行监视和测量、定期内审、高层管理评审），及时发现不合格品、不符合项及新的风险及机遇，采取纠正、纠正措施和预防措施，使绩效持续改进与提高。

（2）管理手段

106字的管理手段是24字实施方法的进一步展开和细化，见表1-11。

表1-11　管理体系的实施方法、管理手段与"PDCA"模式的关系

运行模式	实施方法	管理手段
P（策划）	写我应做的	分析内外环境，预判风险机遇； 明确控制对象，制定方针目标； 配备必要资源，体系形成文件
D（运行）	做我所写的，记我做完的	预防关口前移，实施全程控制； 人机料法环测，精细管理操作； 工作依据文件，记好必要记录
CA（检查和改进）	改我做错的	多级监视测量，及时发现问题； 严防异常状况，抵御新的风险； 持续改进绩效，各方持续满意

6.独特的检查、评价、改进方法

（1）合规性评价

是EMS/OHSMS/EnMS三个体系特有的检查、评价方法，用以评价组织是否持续遵守

环境/职业健康安全/能源法规的独特方法。

（2）内部审核

由组织的体系主管领导亲自组织，组成内审员构成的内审组定期（一般一年1～2次）对本组织的管理体系符合性、有效性进行全面系统检查，集中发现一批体系运行的问题，实现持续改进。

（3）管理评审

由组织的最高管理者亲自主持，定期（一般一年一次）对组织的管理体系进行高层会议评审，评价管理体系的持续适宜性、充分性、有效性，提出体系持续改进的方向和措施。

（4）外部审核

由认证机构或顾客对组织的管理体系进行定期（第三方外审，也称认证审核）和不定期（一般为顾客的第二方外审）的系统检查，是组织借用外力评价、改进管理体系的有效方法。通过认证审核，还能借助认证证书向社会和相关方证实自身管理体系的符合性和有效性。

（5）方针、目标及实现目标的行动（管理方案与持续改进的主要方法）

通过建立方针，明确组织的管理宗旨及努力方向，并将方针细化成每年的目标，通过管理方案等实现目标的行动完成目标，逐步向方针趋近并实现持续改进。

7. 管理体系为采用先进技术和应用管理工具搭建了良好平台

（1）持续提高管理体系绩效，为组织积极采用适用先进技术增添动力

提高组织综合实力及抵御各种风险能力，一靠管理，二靠技术。管理体系就是管理与技术两者完美结合的平台和载体。表1-12示出机械行业四项通用管理体系与支撑其先进适用技术之间的关系。其中支撑EnMS的节能降耗技术详见本书第五章。

表1-12　机械行业通用管理体系与支撑其先进适用技术之间的关系

管理体系	实施效果	支撑体系绩效的先进适用技术	
		类别	示例
QMS	优化产品结构，提高质量效益，实现优质高效生产	优质高效机械制造工艺设备	①可控气氛及真空热处理工艺 ②机器人气体保护焊接自动生产线
		快速智能化质量检测技术/设备	①光电直读光谱仪检测金属液化学成分 ②在线实时检测工件金相组织和缺陷
EMS	减轻环境污染，提供绿色产品，实现降污减排生产	机电产品绿色设计制造技术	①柴油机高压共轨燃油喷射系统 ②电动汽车及混合动力汽车设计制造
		降污减排机械制造工艺/材料	①硅溶胶制壳及树脂基模料精密铸造 ②无铅、镉钎焊及无铅、镉钎料
		大气污染及尘毒危害治理设备及系统	①高效袋式除尘器及净化系统 ②超细粉尘塑烧板除尘器
OHSMS	杜绝重大事故，减轻职业危害，实现健康安全生产	机电设备安全防护技术	①锻压设备安全防护装置 ②电气设备防静电及触电技术及装置
		重大突发安全事故预防技术及装备	①特种设备安装、使用、维护技术 ②预防可燃性粉尘爆燃技术与装备

续表

管理体系	实施效果	支撑体系绩效的先进适用技术	
		类别	示例
EnMS	降低能耗，提高能效，实现节能降耗生产	节能降耗机械制造工艺	①铸态球墨铸铁生产工艺 ②精辊制坯——精锻复合成型技术
		节能降耗机械制造设备	①逆变电弧及电阻焊机 ②电机交流变频调速技术
		节能降耗机械工程材料	①非调质钢及易切削钢 ②自泳涂料涂装

（2）与基础管理工具有良好兼容性

近年来国内外很多先进管理理念与方法通过不同渠道引入我国机械行业，通过企业实践、总结与提高，方法不断完善，有的已经形成国家、行业标准，成为提高企业管理水平的基础管理工具。管理体系与这些管理工具具有良好的兼容性。企业可自觉应用这些工具并与管理体系有机融合，成为提高质量/环境/职业健康安全/能源绩效的实用管理工具，参见表1-13。其中EnMS常用的管理工具详见本书第四章第五节。

表1-13　管理工具与四项管理体系的兼容性

序号	实用管理工具	管理工具与四项管理体系的兼容性			
		QMS	EMS	OHSMS	EnMS
1	5S/6S 现场定置管理	●●	●●	●●	●●
2	物流系统分析优化	●●	●●	●●	●●
3	设备预防性维修	●●	●●	●●	●●
4	清洁生产审核	●	●●	●	●●
5	安全生产标准化考评	●	●	●●	●
6	能源审计	●	●●	●	●●
7	节能量审核		●●		●●
8	合同能源管理		●		●●
9	能效对标管理				●●
10	统计技术	●●	●	●	●
11	6σ 管理	●●			●

注：●●表示强兼容性；●表示一般兼容性。

三、能源管理体系标准的产生、制定和发展历程

（一）国内外企业能源管理发展的四个阶段

从18世纪下半叶到20世纪初，200多年来首先在英国，继而在西欧诸国、美国、日本相继实现了工业革命，1784年蒸汽机的出现引起了整个工业生产方式的大变革，纺织机、金属切削机床等生产工具的出现加速了工业革命的进程，近代大工业逐步代替了工厂手工业，能源是大工业的"粮食"，伴随大工业的产生和发展，能源管理成为工业企业的重要

管理内容。近100多年来，企业能源管理理念和模式历经如下4个发展阶段。

1. 成本——利润推动型能源管理阶段（大工业生产初期～20世纪60年代）

19世纪末，以汽车流水线生产为标志的大工业生产逐步发展起来。依据泰勒管理原理，从工时定额、工资定额发展到能耗定额，能源管理的雏形开始形成。但当时仅将能源消耗视为成本构成要素，通过制定能耗定额进行管理，目的仅为控制成本以增大利润，没有将降低能耗提高到企业社会责任的高度。

2. 社会责任推动型能源管理阶段（20世纪70～90年代）

20世纪30～70年代，全球先后爆发两次环境问题高潮和两次能源危机［参见本章第一节之二（三）内容］，引起全人类的警觉。联合国于1992年提出可持续发展战略，包括环境可持续和资源能源可持续。世界各国相继颁布一系列能源法律法规和奖惩政策，约束企业能源的无节制消耗，逐步将节能降耗上升为企业全面承担社会责任的高度，企业开始更加自觉地重视节能降耗工作，但此阶段的能源管理模式并无本质改变。

3. 实施环境管理体系（EMS）阶段（20世纪末～21世纪初）

1996年ISO组织颁布ISO 14001标准，翌年我国依此标准等同转化为GB/T 24001标准，鼓励企业依此标准实施EMS。实施EMS的目的，是使企业实现节能减排，更好地承担社会责任，从此国内外能源管理配合广义的环境管理，搭上环境管理的顺风车，节能与减排携手，一道共同进入实施EMS阶段。自此能源管理模式发生根本改变，开始应用"源头预防，全过程控制，三级监控，持续改进"的PDCA模式。但因为"名分"不正，所以大多数企业实践结果是：降污减排分量重，节能降耗分量相对较轻。

4. 实施能源管理体系（EnMS）阶段（21世纪初开始）

进入21世纪以来，世界多国（包括中国）相继发布本国的EnMS标准，以ISO组织2011年6月15日颁布ISO 50001：2011标准为标志，国内外开始进入实施EnMS阶段。我国十分重视EnMS实施工作。国家发改委等政府部门制定了"十二五"、"十三五"节能减排目标，鼓励企业实施能源管理体系并通过第三方认证或专家评审。希望企业以能源管理体系为工具，通过能耗测试、能源审计、节能技改等措施，控制伴随过程产生的能源使用消耗，从而达到节能减排的目的。

（二）能源管理体系标准的产生背景

1. 全球能源危机及发展趋势呼唤强化能源管理

（1）全球能源需求持续增长，能源危机日趋严重

1）从化石燃料储产比（可采储量与年产量之比）看能源危机。截至2008年年底，世界煤炭探明剩余可采储量8260亿吨，按目前生产水平，可供开采122年，石油和天然气仅供开采42年和60年（见表1-14）。

2）世界能源需求以年均1.5%速度增长，至2030年，石油需求将增长40%。

表1-14　世界和中国主要化石能源的探明储量和储产比（截至2008年年底）

能源种类	世界		中国	
	探明储量	储产比（R/P）	探明储量	储产比（R/P）
石油	12580亿桶	42年	155亿桶	11.1年
天然气	185万亿立方米	60.4年	2.46万亿立方米	32.3年
煤炭	8260亿吨	122年	1145亿吨	41年

（2）不可再生的化石燃料仍将是主流一次能源

专家预测，面对能源危机，虽然天然气、核能、可再生能源（水力、风力、太阳能等）的份额将不断提高，煤炭与石油在能源总需求中比例将不断下降。但预计2030年前，石油、天然气和煤炭等不可再生能源仍将是世界主流一次能源。

（3）能源安全事关国家政治和经济安全，各国均高度重视能源问题

近年来，世界各国均出台大量能源管理法律、法规和标准，"节能"成为与煤炭、石油、天然气、电力同等重要的"五类常规能源"。为规范重点用能企业能源管理，迫切要求制定统一的能源管理体系标准并积极推广实施。

2. 中国能源现状及严峻形势更应强化能源管理

（1）化石燃料储产比及人均能源占有量均十分低下

我国化石燃料的储产比均远低于世界平均水平（见表1-14）；此外，所有能源的人均拥有量亦均低于世界平均水平。煤炭和水力资源总量虽位居世界前列，但人均拥有量仍低于世界平均水平。石油、天然气人均资源量仅为世界平均水平的1/15左右。

（2）我国将持续成为全球最大能源消费及碳排放大国

2013年我国能耗首次超过美国，成为全球最大能耗及碳排放大国。由于我国人均能耗还远低于美国，这种老大地位还将持续很长一段时间。

（3）我国单位GDP能耗远高于世界平均水平（表1-15）

2010年GDP占世界9.5%，消耗能源总量占世界19.5%，综合能效比世界平均水平低1倍，比工业发达国家低2～5倍，甚至低于印度。最近几年虽有所提高，但仍有不小差距（见表1-15）。

表1-15　2012年我国单位GDP能耗水平与世界各国比较

国别（地区）	日本	欧盟	美国	韩国	印度	中国	世界平均
吨标煤/千美元	0.14	0.16	0.21	0.34	0.81	0.91	0.34

（4）能源消费比例失衡，清洁能源比例偏低，环境问题凸显

1）燃煤比例过高，清洁能源比例过低。中国是少数几个以煤为主的国家，在一次能源消费构成中，煤炭的份额比世界平均值高41个百分点，油气比例低36个百分点，水电与核电的比例低5个百分点。

2）燃煤造成的环境影响日趋严重。单位热量燃煤引起的CO_2排放比石油、天然气分别高出约36%和61%；燃煤造成的PM2.5等颗粒物及SO_2排放也是我国广大北方地区冬季严重雾霾天气等严重大气污染的重要源头。

（5）能源安全问题日益严重

国际形势风云变化，能源问题带来的国际争端迭起，而中国是能源进口大国，能源安全是保障我国经济快速稳定增长的首要问题，也日益成为国家安全的一部分。

1）消费重心东移，竞争日趋激烈。目前能源消费格局已由发达国家向发展中国家转移，能源消费重心也由西方欧美等老牌工业化国家向东方的中国、印度等新兴工业化国家转移。我们需要保障能够得到充足、稳定的能源供应。

2）价格总体上涨，成本压力加大。由于能源中包含较多不可再生能源，而可再生与清洁能源的生产成本目前还较高，加之近年来对能源的需求不断攀升，导致能源使用成本不断提高。

3）油气依存度过大，进口通道受制于人。由于我国的能源消耗结构中化石燃料仍占有较大比重，导致我国对油气等产品的依存度过大。在自身油气储量和产能都十分有限的情况下，只能通过进口来弥补缺口。但进口渠道大量由他国把控，一旦对我国进行能源封锁，将对国家构成安全威胁。

3. QMS/EMS/OHSMS实施的带动和示范作用

20世纪80年代末兴起的QMS实施热潮，20世纪90年代中兴起的EMS实施热潮，20世纪90年代末兴起的OHSMS实施热潮，为能源管理体系标准的产生和贯彻实施起到了带动和示范作用。

（三）能源管理体系标准的制定和发展历程

有计划地将节能措施和技术应用于实践，使组织能持续降低能耗、提高能效，不仅促进了现代能源管理理念的诞生，也推动了许多国内外能源管理体系标准的开发、制定与应用。

1. 世界各国（地区）能源管理体系标准的制定历程

从20世纪末，有关国家（地区）就相继制定、实施了能源管理体系标准。计有：

（1）英国《能源管理指南》标准（1993年制定）

英国能源效率办公室颁布，只针对建筑能源管理。

（2）美国《ANSI/MSE 2000》标准（2000年制定）

（3）丹麦标准协会发布的《DS2403:2001》（2001年制定）

（4）瑞典标准化协会制定的《SS627750:2003》（2003年制定）

（5）爱尔兰国家标准局制定的《IS393:2005》（2005年制定）

（6）欧盟《EN16001-2009》标准（2009年制定）

欧洲标准化委员会（CEN）和欧洲电气技术标准化委员会（CENELEC）共同组建了一个特别工作小组，专门研究制定能源管理欧洲标准，并在欧盟国家应用。

（7）至2009年年底，共有八个国家和地区（美国、丹麦、瑞典、爱尔兰、欧盟、中国、韩国、泰国）制定了EnMS标准。

2. 国际（ISO）能源管理体系标准（ISO 50001：2011）的制定与发布

为便于各国应用统一的标准实施能源管理体系，同时也为了提高国际社会对能源管理的关注与重视，国际标准化组织的ISO/PC242——能源管理项目委员会于2011年6月15日颁布了ISO 50001：2011《能源管理体系要求及使用指南》标准。该标准发布后被多个国家和地区直接采纳或转化为能源管理体系标准。

3. 中国能源管理体系系列标准的制定和发展

我国于ISO 50001标准颁布前的2009年3月11日，由质监总局颁布了我国自行制定的GB/T 23331—2009《能源管理体系要求》标准。ISO 50001颁布后，为协助企业更好地实施EnMS，我国加快了EnMS系列标准的转化、制定过程。至今，已形成由如下三类不同级别及用途的标准构成的我国EnMS系列标准。

（1）EnMS通用认证标准——GB/T 23331—2012《能源管理体系要求》

中国质检总局于2012年12月31日发布（2013年10月1日实施），该标准等同转化自ISO 50001:2011，是国际及我国适用于所有行业的EnMS通用认证标准。

（2）EnMS通用实施指南标准——GB/T 29456—2012《能源管理体系实施指南》

中国质检总局于2012年12月31日发布（2013年10月1日实施），该标准为我国自行制定，是我国适用于所有行业的EnMS通用实施指南标准。

（3）机械行业EnMS认证要求细化标准——RB/T 119—2015《能源管理体系机械制造企业认证要求》

由中国认监委组织制定并于2015年6月8日颁布，2015年12月1日实施。中联认证中心作为主要起草单位之一，参与制定并提供了大量机械制造行业能源管理体系的技术内容、数据与案例。

此外，中国认监委还组织制定并颁布有水泥、化工、钢铁、纺织、有色金属等行业的EnMS认证要求细化标准。

四、能源管理体系与 QMS/EMS 的兼容性与差异性

（一）三个认证标准的条款结构有一定相似性

1. 能源管理体系的标准条款结构

ISO 50001和GB/T 23331标准的第4章（能源管理体系）构成了EnMS要求，由7个一级条款（4.1～4.7）和25个二级条款构成（参见图1-4）。

2. 三个认证标准的章节条款结构总体比较（表1-16）

表1-16　三个认证标准的章节条款结构总体比较

ISO 9001 和 GB/T 19001		ISO 50001 和 GB/T 23331		ISO 14001 和 GB/T 24001	
条款号及条款名称		条款号及条款名称		条款号及条款名称	
4 组织的环境	4.1 理解组织及其环境	4.1	总要求	4 组织的环境	4.1 理解组织及其环境
	4.2 理解相关方的要求和期望				4.2 理解相关方的要求及其期望
	4.3 确定质量管理体系的范围				4.3 确定环境管理体系的范围
	4.4 质量管理体系及其范围				4.4 环境管理体系

续表

ISO 9001 和 GB/T 19001		ISO 50001 和 GB/T 23331		ISO 14001 和 GB/T 24001	
条款号及条款名称		条款号及条款名称		条款号及条款名称	
5 领导作用	5.1 领导作用和承诺	4.2	管理职责	5	5.1 领导作用和承诺
	5.1.2 以顾客为关注焦点				
	5.2 环境方针	4.3	能源方针		5.2 环境方针
	5.3 组织的岗位、职责和权限	4.2	管理职责		5.3 组织的岗位、职责和权限
6 策划	6.1 应对风险和机遇的措施	4.4 策划	4.4.1 总则	6 策划	6.1 应对风险和机遇的措施
			4.4.2 法律法规及其他要求		6.1.2 环境因素
			4.4.3 能源评审		6.1.3 合规义务
			4.4.4 能源基准		
			4.4.5 能源绩效参数		
	6.2 质量目标及其实现的策划		4.4.6 能源目标指标和能源管理实施方案		6.2 环境目标及其实现的策划
	6.3 变更的策划				
7 支持	7.1 资源	4.5 实施与运行	4.5.1 总则	7 支持	7.1 资源
	7.2 能力		4.5.2 能力、培训和意识		7.2 能力
	7.3 意识				7.3 意识
	7.4 沟通		4.5.3 信息交流		7.4 信息交流
	7.5 形成文件的信息		4.5.4 文件（4.6.5 记录控制）		7.5 文件化信息
8 运行	8.1 运行策划和控制		4.5.5 运行控制	8 运行	8.1 运行策划和控制
	8.2 产品和服务的要求		4.5.6 设计		
	8.3 产品和服务的设计和开发				
	8.4 外部提供过程、产品和服务的控制		4.5.7 能源服务、产品、设备和能源采购		
	8.5 生产和服务提供		4.5.5 运行控制		
	8.6 产品和服务的放行				
	8.7 不合格输出的控制				8.2 应急准备和响应
9 绩效评价	9.1 监测、测量、分析和评价	4.6 检查	4.6.1 监视、测量与分析	9 绩效评价	9.1 监视、测量、分析和评价
	9.1.2 顾客满意		4.6.2 合规性评价		9.1.2 合规性评价
	9.2 内部审核		4.6.3 内部审核		9.2 内部审核
	9.3 管理评审	4.7	管理评审		9.3 管理评审
10 改进	10.1 总则	4.6 检查	4.6.4 不符合、纠正、纠正措施和预防措施	10 改进	10.1 总则
	10.2 不合格和纠正措施				10.2 不符合和纠正措施
	10.3 持续改进				

（二）三个认证标准条款的兼容性和差异性分析

1. 三个认证标准条款的兼容性分析

管理体系要求通过认证标准条款来表述。标准条款代表体系控制的过程和要素，所以共有条款的存在表明不同管理体系存在相同或相似的过程和体系要素。

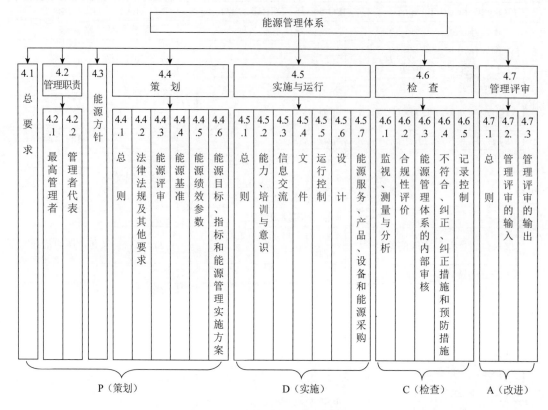

图1-4 能源管理体系的标准条款结构

（1）三个认证标准的共有条款

主要有：策划，方针，目标，管理职责，能力和意识，沟通和交流，文件和文件控制，运行控制，监视、测量与分析，内部审核，管理评审，不符合（不合格）和纠正措施等。

（2）ISO 50001和14001标准的共有（兼容）条款

主要有：能源评审/环境因素，法律法规及其他要求/合规义务，合规性评价等。

（3）ISO 50001和9001标准的共有（兼容）条款

主要有：设计/产品和服务的设计和开发，能源服务、产品、设备和能源采购/外部提供过程、产品和服务的控制等。

2. 三个认证标准条款的差异性分析

（1）"ISO导则83"规定的"通用条款结构"引起的差别。示例如：

1）ISO 50001的条款结构（条款号、一级条款及二级条款的名称及排序）与ISO 9001/14001有明显差别（参见表1-16）。

2）ISO 50001无"理解组织及其环境""理解相关方的需求和期望"两个作为建立体系基础的输入的重要条款。

3）ISO 9001/14001用"应对风险和机遇的措施"要求组织对风险和机遇进行超前、系统、有效管理，以取代原"预防措施"。

（2）三个管理体系关注及控制对象不同引起的差异。示例如：

1）ISO9001标准特有的"以顾客为关注焦点"和"顾客满意""产品和服务的要求""产品和服务的放行""不合格输出的控制"等。

2）ISO14001标准特有的"应急准备与响应""环境因素"等。

3）ISO50001标准特有的"能源评审""能源基准""能源绩效参数""能源管理实施方案"等。

（三）四项通用管理体系的其他差异性比较

1. 四项通用管理体系的关注对象和受益主体不同（图1-5）

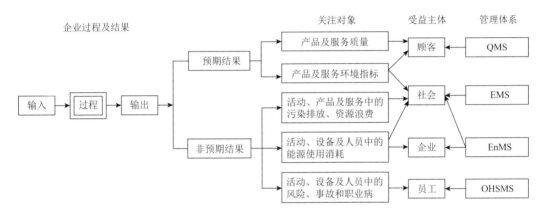

图1-5　四项通用管理体系的关注对象、受益主体与过程结果之间的关系

2. 四项通用管理体系的主线、控制重点及主要控制准则不同（图1-6）

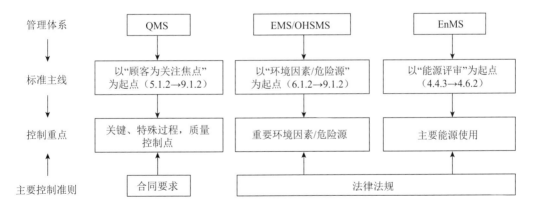

图1-6　四项通用管理体系的主线、控制重点及主要控制准则的差异

（四）能源管理体系及其认证标准的独特特点

1. 四个特有标准条款凸显EnMS重视"初始能源评审""数据量化"和"节能技术应用"

（1）"4.4.3能源评审"的专业内涵十分丰富，是最重要的核心条款

在四个通用认证标准中，首次将建立体系时的"初始评审要求"直接列为标准正式条

款。"能源评审"覆盖14001/18001标准中"环境因素/危险源"的作用与功能，但其专业与技术内涵远比"环境因素/危险源"宽广深远。"初始能源评审"是建立EnMS最重要的实施步骤与阶段，既是实施EnMS的基础性工作，也是技术性最强的工作。

（2）"4.4.4能源基准""4.4.5能源绩效参数"对量化管理的独特作用

EnMS十分重视"数据量化"精细化能源管理，这两个条款及其衍生出的"能源标杆"是实现"精细化管理"的有力工具。

（3）"能源管理实施方案"是企业积极应用节能技术的有效载体

标准不只在"4.4.6"条款名称中保留了"管理方案"，而且在"4.5.1实施与运行总则"中十分突出管理方案在体系运行中的功能和作用（"4.5.1"条款的标准原文是："组织在体系实施和运行过程中，应使用策划阶段产生的能源管理实施方案及其他结果。"）。管理方案的主要内容就是先进适用节能技术的具体应用。

2.能源管理体系重视根据不同行业用能特点建立个性化的管理体系

要求的细化标准（RB/T标准），充分反映不同行业的用能特点与GB/T 23331—2012标准配套使用，共同作为实施EnMS及认证的依据。

本章编审人员

主　编：付志坚

编写人：付志坚　张森　李冠群　张天宇　米兰

主　审：房贵如

第二章

机械制造行业的用能特点和实施 EnMS 的必要性

第一节 机械制造行业构成、技术特点及发展态势

制造业是指对制造资源（物料、能源、设备、工具、资金、技术、信息和人力等），按照市场要求，通过制造过程，转化为可供人们使用及利用的生产资料和生活资料的行业，其中包括机械制造业、资源加工工业和轻工纺织制造业等31个行业。

机械制造业作为国民经济的装备部和人民生活耐用物品的供应部，在制造业中应用范围最广，是国民经济的基础和支撑，是带动国民经济高速增长的发动机和国家竞争力的主要体现。

一、机械制造行业构成及机械产品主要类别

（一）机械制造业的行业构成

按照GB/T 4754—2011《国民经济行业分类》标准划分，机械制造业由如下7个分行业构成。

1. 金属制品业

为金属原材料经锻造、冲压等塑性成形及切割、焊接、热处理、粉末冶金以及各种表面处理加工制成金属成品的制造业总称。

2. 通用设备制造业

是为国民经济多个部门或行业提供动力、加工成形、物料搬运等各种通用设备及通用基础零部件制造业的总称。

3. 专用设备制造业

是专门为某些行业或部门（如农业、矿山、冶金、化工、轻纺等）提供专用设备的装备制造业总称。

4. 汽车制造业

是为城乡非轨道公路交通提供乘用、商用及各种改装汽车及其零部件的制造业总称。

5. 铁路、船舶、航空航天和其他运输设备制造业

是除汽车制造业以外的所有行驶在海陆空中运输设备制造业的总称。国家统计局在统计能源消耗时，常将4、5两类合并成"交通运输设备制造业"一并统计（见本书第二章第二节）。

6. 电气机械及器材制造业

是所有与电力生产、传输、变配电及强电应用器材相关的设备与器材制造业总称。

7. 仪器仪表制造业

是所有用于检查、测量、控制、分析、计算和显示被测对象的物理量、化学量、生物量、电参数、几何量及其运动状况的设备、器具或装置制造业的总称。

(二) 机械产品主要类别及产品示例

1. 依据《国民经济行业分类》标准划分的产品类别

(1) 列入7大类机械制造分行业中的中类机械产品及小类产品实例 (表2-1)

表 2-1 7大类机械制造分行业机械产品的主要类别及产品示例

大类		中类		小类产品示例
代码	名称	代码	名称	
33	金属制品业	331	结构性金属制品制造	金属结构,金属门窗等
		332	金属工具制造	切削工具(车刀、铣刀),手工具,农用及园林用金属工具等
		333	集装箱及金属包装容器制造	集装箱,金属压力容器,金属包装容器等
		334	金属丝绳及其制品制造	金属丝,金属绳,金属筛网等
		335	建筑、安全用金属制品制造	建筑、家具用金属配件,水暖管道零件,安全消防用金属制品等
		336	金属表面处理及热处理加工	电镀件,阳极氧化件,化学氧化件,热镀锌件,热处理件等
		337	搪瓷制品制造	工业用搪瓷制品,搪瓷卫生洁具,搪瓷日用品等
		338	金属制日用品制造	金属制厨房用品器具,金属制餐具和器皿,金属制卫生器具等
		339	其他金属制品制造	锻件及粉末冶金制品,交通及公共管理用金属标牌等
34	通用设备制造业	341	锅炉及原动机设备制造	锅炉,内燃机,汽轮机,水轮机等及其辅机与配件
		342	金属加工机械制造	金属切削、成型机床,铸造机械,金属切割及焊接设备,模具等
		343	物料搬运设备制造	起重机,连续搬运设备,电梯、自动扶梯及升降机等
		344	泵、阀门、压缩机等制造	泵及真空设备,气体压缩机,阀门,液压和气动机械及元件
		345	轴承、齿轮和传动部件制造	轴承,齿轮及齿轮减、变速箱,其他传动部件
		346	烘炉、风机等设备制造	烘炉、电炉,风机,制冷空调设备,风动电动工具,包装设备等
		347	文化、办公用机械制造	电影机械,投影设备,复印和胶印设备,其他文化、办公机械等
		348	通用零部件制造	金属密封件,紧固件,弹簧,其他通用零部件,机械零部件加工
		349	其他通用设备制造	离心机等

续表

大类		中类		小类产品示例
代码	名称	代码	名称	
35	专用设备制造业	351	矿山、冶金、建筑设备制造	矿山、石油钻采、建筑、海洋、建材、冶金专用设备
		352	化工、非金属加工专用设备	炼油、化工设备，橡胶、塑料、木材等非金属加工设备
		353	食品、饮料、饲料生产设备	食品、酒、饮料、茶及烟草生产设备，饲料生产设备
		354	印刷、制药、日化生产设备	造纸，印刷，日用化工、制药及玻璃陶瓷生产设备
		355	纺织服装和皮革加工设备	纺织、缝纫机械，皮革、皮毛及其制品加工设备，洗涤机械
		356	电子及电工专用设备制造	电工机械专用设备，电子工业专用设备
		357	农、林、牧、渔专用机械制造	拖拉机，机械化农业机具，营林及木竹采伐机械，畜牧、渔业机械等
		358	医疗仪器设备及机械制造	医疗诊断、监护及治疗设备，医疗实验室设备及器具等
		359	环保、社会公共服务及其他专用设备制造	环保设备，地质勘查设备，商业、饮食、服务专用设备等
36	汽车制造业	361	汽车整车制造	乘用车，商用车，客车，旅行车等
		362	改装汽车制造	自卸车，危化品运输车，混凝土搅拌车，消防车，救护车，警车等
		363	低速载货汽车制造	低速载货汽车
		364	电车制造	无轨电车，有轨电车等
		365	汽车车身、挂车制造	商用车车身、车厢、挂车等，改装车车身等
		366	汽车零部件及总成制造	汽车发动机、变速箱、车桥、车架、车轮、传动轴等
37	铁路、船舶、航空航天和其他运输设备制造业	371	铁路运输设备制造	客车车辆及动车组，货车车辆、车辆配件，铁路专用设备及器材等
		372	城市轨道交通设备制造	城市轻轨车辆、地铁车辆、城市轨道车辆配件等
		373	船舶及相关装置制造	金属船舶，非金属船舶，娱乐船和运动船，船用配套设备等
		374	航空、航天器及设备制造	飞机，航天器，航空航天相关设备，其他航空航天器
		375	摩托车制造	摩托车整车，摩托车零部件及配件
		376	自行车	脚踏车、自行车及残疾人座车，助动自行车
		377	非公路休闲车及零配件制造	运动休闲汽车，运动休闲摩托车等
		379	潜水救捞及其他运输设备	潜水及水下救捞装备，其他未列明运输设备

大类		中类		小类产品示例
代码	名称	代码	名称	
38	电气机械及器材制造业	381	电机制造	发电机及发电机组，电动机、微电机及其他电机
		382	输配电及控制设备制造	变压器、电感器，电容器，开关控制设备，电力电子元器件等
		383	电线、电缆及电工器材制造	电线、电缆，光纤、光缆，绝缘制品，其他电工器材
		384	电池制造	锂离子电池，镍氢电池，其他电池
		385	家用电力器具制造	家用制冷空调通风电器具，厨房、卫生电器具，美容、保健电器具等
		386	非电力家用器具	燃气、太阳能及类似能源器具，其他非电力家用器具
		387	照明器具制造	电光源，照明灯具
		389	其他电气机械及器材制造	电气信号设备装置，其他未列明电气机械及器材
40	仪器仪表制造业	401	通用仪器仪表制造	自控装置，电工仪表，计算、测量、实验分析仪器，试验机等
		402	专用仪器仪表制造	环境监测仪器仪表、运输设备及生产用计数仪表，导航、气象及海洋专用仪器，农、林、牧、渔专用仪器等
		403	钟表与计时仪器制造	机械表、电子表，定时器，其他计时仪器
		404	光学仪器及眼镜制造	光学仪器，显微镜，光学元件，眼镜，望远镜
		409	其他仪器仪表制造	液晶显示仪器，激光器

（2）列入其他行业类别中的中类机械产品类别及小类产品实例（表2-2）

表2-2 列入其他行业类别中的中类机械产品类别及小类产品实例

大类		中类		小类产品实例
代码	名称	代码	名称	
29	橡胶和塑料制品业	291	橡胶制品业	机械及仪器用橡胶零件、密封件、空气弹簧、液压气动软管、绝缘子等
		292	塑料制品业	塑料零件，如机械、电子、仪器仪表用塑料零件、塑料密封件等
30	非金属矿物制品业	305	玻璃制品制造	光学玻璃，显微镜及放大镜用玻璃制品
		307	陶瓷制品制造	电工陶瓷制品、结构陶瓷制品（用于轴承、发动机零件等）
		309	石墨及其他非金属矿物制品制造	石墨及碳素制品，如石墨电极、石墨制电刷、石墨制触头、碳电极、碳刷；磨料、磨具（砂轮）、人造金刚石等超硬材料制品
31	黑色金属冶炼和压延加工	313	黑色金属铸造	灰铸铁件、球墨铸铁件、蠕墨铸铁件、可锻铸铁件、耐磨抗磨铸件、碳素钢铸件、低合金钢铸件、高合金钢铸件等
32	有色金属冶炼和压延加工	325	有色金属铸造	铝合金铸件、铜合金铸件、镁合金铸件、锌合金铸件、钛合金铸件等

2. 依据机械产品的复杂程度、成套性划分的产品类别

投入市场的机械产品复杂程度及成套性差异很大，以此划分的产品类别示于表2-3。

表 2-3　依据复杂程度及成套性不同机械产品的类别划分

类别	市场功能	复杂程度及成套性	产品实例
大型成套技术装备	为国民经济各部门提供交钥匙成套技术装备	由主机（一台或多台）及辅助设备（多台）构成的整条生产线或生产系统	大型火电（水电、核电）机组、特高压交（直）流输变电设备、大型连铸连轧生产线、轿车车身冲压生产线、高速动车组轨道车辆等
整台单机(整机)	①构成大型成套装备的主机或重要辅机 ②直接为各部门使用	由数以百计（千计）或万计（十万计）的零部件构成的单台机械产品	汽车、轨道车辆、飞机、机床、内燃机、挖掘机、船舶、电动机、拖拉机、变压器等
机械零部件（装配单元）	是通过装配构成整机和成套技术装备的装配单元的总称，是毛坯件经机械加工、热处理和表面保护制成	依复杂程度不同，分别称为零件、套件、组件、部件及总成。零件为单个工件，其余均由多个零件构成；套件一般不可拆卸，其余均可拆卸	通用零部件：轴承、轴、齿轮、紧固件、密封件、弹簧、液压件、气动元件、电气元器件等
			部件及总成：变速箱、减速器、凸轮连杆机构、活塞轴瓦机构、车身总成、转向架总成等
毛坯件及特种材料成形件	是机械行业的初级产品，一般经铸造、锻压、焊接、粉末冶金、注塑及特种材料成形（含增量制造）等工艺制成	一般由一个工件或多个工件拼焊构成。形状结构复杂程度及材质成分性能差别很大，它一般决定整机及成套装备的承载及很多使用性能	铸件、锻件、冲压件、其他塑性成形件、拼焊结构件、粉末冶金件、工程塑料件、复合材料构件、特种玻璃陶瓷件、石墨制品件、橡胶制品件、超硬材料件以及以高分子、金属材料或其他特种材料经 3D 打印制成的增量成形工件等

二、机械制造行业技术特点

机械制造行业技术特点主要体现在以下三个方面。

（一）机械产品技术特点

1. 产品门类及品种繁多，产品复杂程度和成套性差别很大

机械制造业的大类产品完整的有7个，涉及的有4个；中类产品近70个，小类产品300多个，品种繁多。其中很多小类产品的型号系列、品种、规格数以千计、万计，所以产品品种繁多，其复杂程度及成套性差别巨大（详见表2-1和表2-2）。

2. 产品结构复杂，但具有同质性

除金属制品业的产品及通用零部件和毛坯件的结构相对简单外，绝大多数整机和成套装备产品结构十分复杂，分别由数以千计、万计甚至几十万个零件组成，而且多是同时具有动力、运动、制动和控制功能的机电一体化系统。因此，机械产品结构虽然复杂，且不同类别产品差别很大，但具有同质性，整机和成套装备一般均由如下5大系统构成。

（1）动力系统

包括动力机及其配套装置，其功能是为整机提供运动和动力。动力机主要有电动机、内燃机、汽轮机等。

（2）传动系统

其功能是将动力系统的运动和动力传递给执行系统（工作机），通常采用机械、流体和电力三种传动方式，具体如汽车的变速箱、传动轴、车桥；挖掘机的液压缸、回转支承等。

（3）执行系统

包括执行机构和执行构件，其功能是通过执行机构驱动执行构件按给定的运动规律运动，实现预期的工作目的，如汽车的车轮、挖掘机的抓斗、机床的刀具及走刀机构、轧钢机的轧辊等。

（4）电子控制系统

一般由电子元器件或部件组成电控柜构成，其功能是通过自动控制或人工操作改变以上三大系统的工作状态及参数，优化执行机构的动作。此系统是机械产品最有增值潜力的部分。

（5）框架支撑保护系统

其功能是用于安装和支撑、保护上述各系统，包括底座、床身、立柱、车架等基础构件和支架、箱体、车身等支撑构件。

3. 产品应用范围广

机械产品服务于国民经济所有部门，既有投资类的技术设备（约占80%），也有消费类的民生用品（轿车、家用电器等，约占20%）。

（二）制造工艺过程技术特点

1. 产品实现流程长，生产工艺复杂，工序繁多

机械产品的结构复杂性及离散制造的特点，使得机械制造业的产品实现流程较长，机械产品实现过程的通用流程如下（见图2-1）。

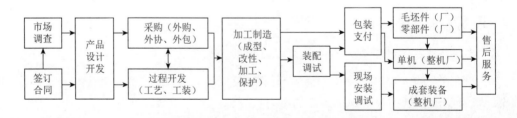

图2-1　机械产品实现过程通用流程

图2-1中的加工制造、装配调试及成套设备的现场安装调试构成了机械产品的生产过程。它是由工艺门类众多、十分繁杂的独立生产工序构成，而且不同类别的产品其工艺的差异性十分显著。机械产品整机的生产过程及工艺流程汇总图见图2-2。

2. 典型的离散制造，易于实现工艺过程外包和专业化生产

制造业按原材料到成品的生产路线不同分为两种类型，即流程制造和离散制造。机械制造业是典型的离散制造，其生产过程是将种类繁多的不同物料（结构材料、工艺材料）

经过不连续地移动，通过不同路径和多道彼此独立的成型、改性、加工、保护等工序，生产出形状、大小、性能各异的毛坯件和零件，再依次组装成套件、组件、部件或总成，最后装配成整机或成套装备等最终产品。其中，毛坯件及零部件，特别是铸造、锻造、热处理、电镀、粉末冶金、注塑等制造工艺大多实行过程外包和专业化生产。

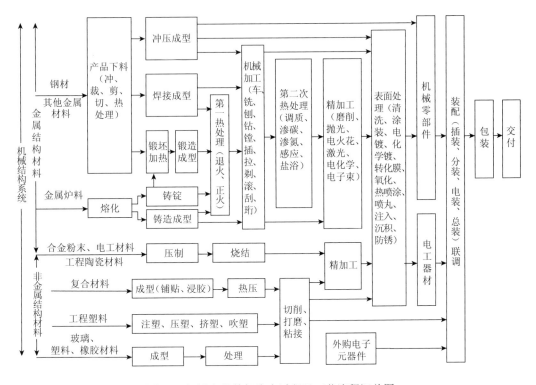

图2-2　机械产品整机生产过程及工艺流程汇总图

3. 作业面广，用能工序/设备种类多、数量大

机械制造企业不仅主要生产系统工序复杂，用能设备种类多，数量大，而且配套的辅助生产系统的变配电、供热制冷、空压机及压力管道、燃油燃气等动力提供过程及设施，起重、运输、仓储等物流过程及设施，理化检验、无损检验、台架试验、路面试车等检测过程及设施等种类繁多、数量庞大，存在多种耗能工序及大量用能设备。

（三）技术经济特点

1. 生产企业类别及规模差别很大

机械制造业不同企业的生产批量、生产技术、装备水平、产品技术含量、要素构成及企业规模的差异很大，必须实施差异化管理。

2. 各种生产批量并存

单件小批、成批、大批量、变批量生产并存。各种生产批量又有单一品种、少量品种、多量品种之分。

3. 产品技术含量高低不同

以量大面广的机床产品为例，有技术含量低的普通机床、经济型数控机床，也有技术含量较高的一次装卡可加工多道工序的立式和卧式加工中心，还有技术含量和附加值很高的可加工复杂型面的多轴（5轴以上）联动数控机床、车铣复合加工的加工中心以及并联结构（虚拟轴）机床。

4. 生产技术及装备水平差异较大

同一种生产工艺，往往高、中、低档的技术及装备水平并存。以中小锻件生产为例，有最原始的手工锻打，也有蒸-空锤或电液锤的自由锻和胎模锻（锤锻），还有普通摩擦压力机、变频双盘摩擦压力机以及节能型螺栓压力机的机锻（模锻），甚至还有最先进的由锻压机械手送取工件、中频感应加热锻坯的热模锻压力机生产线，生产技术及装备水平差别较大，因而能耗水平也有较大差别。

5. 生产要素构成不同，管理相对复杂

技术、资金、资源、劳动力四大生产要素在机械制造业都相对密集，但相对于不同行业和企业，四大要素的构成比例也存在很大差异，热加工、金属制品、零部件产品的生产是资源、劳动力相对密集的行业；航空航天器、乘用车、轨道动车组、医疗器械等产品生产是技术、资金相对密集的行业。

上述方面的差异，造成机械制造业的管理相对复杂，不同行业、企业的管理模式不能照搬照抄一刀切，实施个性化的差异管理十分必要。

三、我国机械制造行业的发展现状及未来发展态势

（一）近十年来（"十一五"和"十二五"）发展现状及取得的成绩

1. "十一五"期间产业规模快速增长

"十一五"期间，我国机械工业延续了"十五"的高速增长势头，产业规模持续快速增长。

（1）2010年经济总量及增速

1）机械工业总产值从2005年的4万亿元增至2010年的14万亿元，年均增速>25%；

2）规模以上企业已达10多万家，比2005年增加近5万家，从业人员达1752万人，资产总额达10.4万亿元，比2005年翻一番；

3）机械工业总产值占全国GDP总量>9%，占全国工业GDP比重从16.6%提高到20.3%。

（2）至2010年，机械工业销售额先后超过德国、日本和美国，成为全球第一机械制造大国。

2. "十二五"期间产业及技术结构不断优化，进入稳步增长新常态

（1）机械工业总产值进入稳步增长新常态

进入"十二五"以来，增速趋缓，但仍然保持10%~15%的两位数稳步增长，仍高于全国工业平均水平，至2014年，机械工业总产值已达到24万亿元。

（2）资本结构逐步实现多元化发展

1）国有大型企业在重大技术装备研制和生产中继续发挥主力军作用。

2）三资企业继续发挥传播先进技术及管理经验的作用。

3）民营企业快速发展，对机械工业贡献率首次超过50%。

（3）产品结构逐步优化，高端产品比重逐步提高

1）发电设备、数控机床、轿车、高铁及城轨车辆、远洋船舶等高端产品的产值相继跃居世界首位。

2）发电设备产量已连续多年超过1亿千瓦，其中超临界、超超临界火电机组比重超过40%。

3. 重大技术装备自主化不断取得较大突破

"十一五"以来，围绕能源、交通运输、材料、农业及国防等领域发展的需要，相继开发生产一批具有自主知识产权的机械产品，如：

①100万kW超临界、超超临界火力发电机组；②1000kV特高压交流输变电设备和800kV直流输电成套设备；③30万吨/年合成氨设备和12000m石油钻机；④C919大型客机和CRJ21支线飞机；⑤时速350km高铁动车组轨道车辆；⑥五轴联动龙门加工机床和五轴联动叶片加工中心；⑦载人航天技术装备和载人海洋深潜设备；⑧万米深海石油钻采设备。

4. 机械产品国际竞争力不断增强

（1）机械产品成为我国实现外贸顺差的主力出口产品

2006年，我国结束新中国成立以来长达几十年的机械产品逆差局面，首次实现机械产品外贸顺差，2008年顺差达477亿美元。

（2）优势机械产品的国际市场份额逐年提高

2009年工程机械销售额占全球销售额的35.33%；2011年出口水电、火电机组共88套、2222万千瓦。

（3）高端机械产品开始进入工业发达国家市场

如：高铁轨道车辆、第三代核电设备、特高压输变电设备、轿车车身冲压生产线等。

（二）主要差距和问题

我国虽然已成世界机械制造大国，但远远不是强国，在全球制造大国中，仍处于大而不强的第三梯队（美国为第一梯队，德、日、英、法等国为第二梯队）。与世界先进水平相比，存在以下突出问题。

1. 自主创新能力薄弱，某些高端机械产品对外依存度依然很高

许多高端产品领域未能掌握核心关键技术。90%以上的大型民用飞机、深水海洋石油装备、高档数控机床及数控系统、工业机器人等主要依赖进口；工厂自动控制系统、科研和精密测量仪器、医疗器械等对外依存度也高达70%。产品档次不高，缺乏世界知名品牌。

2. 工业基础能力薄弱，核心基础零部件发展滞后，主机面临"空壳化"

高端主机和成套装备所需的核心基础零部件大量依赖进口。最典型的有：航空发动机及其叶片等关键零部件、高端数控机床的高级功能部件、大型工程机械所需30MPa以上液压件、核电机组的关键泵阀等。

3. 可持续发展后劲严重不足，实现节能减排绿色发展任重道远

我国机械行业仍处于粗放型、外延式发展阶段，和工业强国相比，能源资源利用效率低下，单位产品、产值的综合能耗及污染物排放总量仍然很高，存在很大的改进空间和潜力。

4. 生产智能化信息化水平不高，两化融合深度不够

新一代信息技术与制造业深度融合是当代制造业的发展方向，我国与国际领先水平同样存在阶段性差距：大量机械企业的制造工艺还处于机械化、半自动化水平，数字化研发设计工具普及率及关键工序数控化率不高，以数字化车间/智能工厂为代表的机械工厂试点示范工程刚刚起步，实现"互联网+机械制造工艺"任重道远。

5. 现代制造服务业发展缓慢，价值链的高端缺位

我国大多数机械工厂的主要业务仍属于价值链低端的成形加工装配等生产环节，为用户提供系统设计、系统成套、工程承包、远程诊断维护、产品回收再制造、设备租赁等制造服务业未能培育与发展，绝大多数企业的服务收入所占比重低于10%，甚至不足5%。

（三）未来发展展望及目标

1. 未来我国机械制造行业发展面临的社会经济环境风险与机遇

（1）我国制造业面临发达国家和其他发展中国家"双向挤压"的严峻挑战

1）国际金融危机发生后，发达国家纷纷实施"再工业化"战略，重塑制造业竞争新优势。

2）发展中国家积极参与全球产业再分工，利用低成本优势，承接产业及资本转移。

（2）我国经济发展进入新常态，转型升级跨越发展紧迫而艰巨

1）资源及环境约束不断强化，劳动力等成本不断上升。

2）投资及出口增速明显放缓，粗放式发展难以为继。

（3）超大规模内需潜力不断释放，为机械制造业发展提供了广阔空间

1）新型工业化、信息化、城镇化、农业现代化同步推进，为机械行业发展提供广阔市场。

2）全面深化改革和开放，激发活力和创造力，促进产业转型升级。

（4）信息技术与制造业深度融合，不断拓展制造业新领域、新产业和新产品

1）两化融合引发产业变革，形成新型生产方式、产业形态、商业模式和经济增长点。

2）智能制造、智能装备、智能家电、智能汽车等将不断拓展机械制造业新领域。

2. 未来发展的五大基本方针

（1）创新驱动

坚持把创新摆在制造业发展全局的核心位置，走创新驱动的发展道路。

（2）质量为先

坚持把质量作为建设制造强国的生命线，走以质取胜的发展道路。

（3）绿色发展

坚持把可持续发展作为建设制造强国的重要着力点，走生态文明的发展道路。

（4）结构优化

坚持把结构调整作为建设制造强国的关键环节，走提质增效的发展道路。

（5）人才为本

坚持把人才作为建设制造强国的根本，走人才引领的发展道路。

3.“三步走”的实现制造强国的战略目标

（1）第一步（2016 ～ 2025 年）迈入制造强国行列

1）2016 ～ 2020 年的阶段目标：基本实现工业化，制造大国地位进一步巩固，五大方针初步贯彻落实，创新能力、质量效益、两化融合、绿色发展初见成效，为迈入制造强国奠定初步基础。

2）2021 ～ 2025 年的阶段目标：制造业整体素质大幅提升，创新能力显著增强，劳动生产率明显提高，两化融合迈上新台阶。重点企业工业增加值能耗、物耗及污染物排放达到世界先进水平。形成一批具有较强国际竞争力的跨国公司和产业集群，在全球产业分工和价值链中的地位明显提升，初步迈入制造强国行列。

（2）第二步（2026 ～ 2035 年）达到世界制造强国阵营中等水平。

（3）第三步（2036 ～ 2049 年）综合实力进入世界制造强国前列。

4. 2020年和2025年制造业主要指标（表2-4）

表 2-4　未来十年（2020 年和 2025 年）制造业主要发展指标

类别	指标项目	现有指标		发展指标	
		2013 年	2015 年	2020 年	2025 年
创新能力	规模以上企业研发经费占主营收入比重 /%	0.88	0.95	1.26	1.68
	规模以上企业亿元主营收入有效发明专利数 / 件	0.36	0.44	0.70	1.10
质量效益	制造业质量竞争力指数	83.1	83.5	84.5	85.5
	制造业增加值率提高			比 2015 年提高2%	比 2015 年提高4%
	制造业全员劳动生产率增速 /%			7.5 左右	6.5 左右
两化融合	宽带普及率 /%	37	50	70	82
	数字化研发设计工具普及率 /%	52	58	72	84
	关键工序数控化率 /%	27	33	50	64
绿色发展	规模以上企业工业增加值能耗下降幅度			比 2015 年下降18%	比 2015 年下降34%
	单位工业增加值二氧化碳排放量下降幅度			比 2015 年下降22%	比 2015 年下降40%
	单位工业增加值用水量下降幅度			比 2015 年下降23%	比 2015 年下降41%
	工业固体废物综合利用率 /%	62	65	73	79

5.五大重点任务

（1）提高国家制造业创新能力

完善以企业为主体、市场为导向、政产学研用相结合的制造业创新体系。围绕产业链部署创新链，围绕创新链配置资源链，加强关键核心技术攻关，加速科技成果产业化，提高关键环节和重点领域的创新能力。

（2）推进信息化与工业化深度融合

加快信息技术与制造技术融合发展，把智能制造作为两化融合的主攻方向；着力发展智能装备和智能产品，推进生产过程智能化，培育新型生产方式，全面提升企业研发、生产、管理和服务的智能化水平。

（3）强化工业基础（"四基"）能力

统筹推进核心基础零部件、先进基础工艺、关键基础材料和产业技术基础等"四基"发展，制定"工业强基实施方案"，组织实施工业强基工程，着力破解制约重点产业发展的瓶颈。

（4）加强质量品牌建设

提升质量控制技术，完善质量管理机制，推广先进质量管理技术和方法，夯实质量发展基础，优化质量发展环境，努力实现制造业质量大幅提升。鼓励企业追求卓越品质，形成具有自主知识产权的名牌产品，不断提升企业品牌价值和中国制造整体形象。

（5）全面推行绿色制造

加大先进节能环保技术、工艺和装备的研发力度，加快制造业绿色改造升级；积极推行低碳化、循环化和集约化，提高制造业资源利用效率；强化产品全生命周期绿色管理，努力构建高效、清洁、低碳、循环的绿色制造体系。

6.大力推进十大重点领域突破发展

引导社会各类资源集聚，推进如下十大优势和战略产业快速发展。

1）新一代信息技术产业，如集成电路及专用设备、信息通信设备、操作系统及工业软件等。

2）高档数控机床和工业、特种、服务用机器人。

3）航空航天装备。

4）海洋工程装备及高技术船舶。

5）先进轨道交通装备及现代轨道交通产业体系。

6）节能与新能源汽车及其关键零部件。

7）大型、高效、清洁、智能电力装备。

8）先进农机装备（育、耕、种、管、收、运、贮用）及其关键核心零部件。

9）新材料及其制备关键技术和装备。

10）生物医药及高性能医疗器械。

7.积极发展服务型制造和生产性服务业

加快制造与服务的协同发展，促进生产型制造向服务型制造转变，同时大力发展生产型服务业。

（1）推动发展服务型制造

引导制造企业延伸服务链条，从提供产品向提供产品和服务转变。支持有条件的企业由提供设备向提供系统集成总承包服务转变，由提供产品向提供整体解决方案转变。

（2）加快生产性服务业发展

加快发展研发设计、技术转移、创业孵化、知识产权、科技咨询等科技服务业，发展壮大第三方物流、节能环保、检验检测认证、人力资源培训等生产性服务业，提高对企业转型升级的支撑能力。

第二节　机械行业能源结构分析和能源消耗及管理特点

一、机械行业的总体能源结构及不同分行业的能源构成比较

（一）机械行业总体能源结构

1. 一次能源

主要有原煤、天然气，少数大中型企业开始利用太阳能用于厂内道路照明和员工洗浴。

（1）原煤

主要用于北方地区企业燃煤锅炉供暖，此外还有少数企业用于煤气发生炉，自产煤气用于锻坯加热和熔模铸造型壳熔烧。近年来，随着公共供暖及清洁能源的推广应用及环保法规的加严，原煤用量及所占比例逐年下降。

（2）天然气

主要用于熔炼及加热用反射炉、烘烤烘干、气焊气割及燃气锅炉等。近年来，由于天然气燃烧能效高且清洁环保，再加上供应条件逐步改善，天然气的用量及占比逐年提升。

2. 二次能源

主要有电力、焦炭、石油制品（汽油、柴油、煤油）、其他可燃气（液化石油气、煤气）和热力（含蒸汽）。

（1）电力

是机械行业能耗最大的能源，目前按等价值折算，占比达70%以上，按当量值折算，也在50%以上。近年来，随着全行业机械化自动化水平逐步提高及环保设施的逐步完善，其用量及占比逐年增长而且今后还会稳步增长。

（2）焦炭

目前用量及占比居第二位（虽远低于电力，但已超过原煤），主要用于铸铁生产用冲天炉熔炼。依据节能原理及国家相关法规，焦炭用于冲天炉熔炼是科学合理的，应予支持鼓励。个别企业采用焦炭坩埚炉熔化有色金属或焦炭加热烘干炉烘干浇包、铸型或用于锻坯加热及热处理是违规行为，应予限制及淘汰。

（3）石油制品（柴油、汽油、煤油）

用于生产过程主要有两大用途：一是厂内外运输用燃料及清洗、渗碳等工艺材料；二是用于燃油锅炉、反射熔炼炉及加热烘干炉。前者将继续保持一定数量的比例，后者因有一定污染且触及法规红线，将逐步减少。此外，石油制品也是交通运输及工程农机产品（汽车、柴油机车、飞机、挖掘机等）试验检验及交付用所必需的。

（4）液化石油气和煤气等可燃气

用途同天然气。受产地及运输供应等条件制约，目前及未来用量及占比均小于天然气。

（5）热力及蒸汽

主要用于北方地区冬季供暖，也可用于夏季集中制冷；部分用于锻造、熔模铸造脱蜡、电镀、氧化、涂装、清洗等生产作业。随着公共供暖方式的逐步推广普及，自产部分将逐年减少，但总用量及占比可能还会有所增长。

3. 耗能工质

主要有新水、软化水、二氧化碳气、氧气、氩气、氮气、乙炔、压缩空气和鼓风等，分别用于主要生产系统的相关车间、辅助生产系统的相关站房及附属生产系统的某些部门。

（二）机械制造全行业及6大分行业的能耗构成及纵横对比分析

1. 2013年度全行业及6大分行业的能耗构成

表2-5列出根据《2013年国家能源统计年鉴（国家统计局）》数据计算整理的机械制造全行业及6大分行业的能耗构成比较。表中纵向列出6个分行业的能耗排序；横向列出不同能源的耗量及占比排序。

表2-5　2013年机械制造全行业及6大分行业的能耗构成

《2013年国家能源统计年鉴（国家统计局）》单位：万吨标煤，电力按等价值折算							
排序	分行业	终端消费合计	电力（等价值）	焦炭	原煤	可燃气（天然气、液化石油气）	轻质油品（柴、汽、煤）	热力	其他能源（耗能工质）
1	交通运输设备制造业	3869.15	2566.01	191.7	363.9	335.96	203.02	165.76	42.8
2	金属制品业	3849.16	3251.71	101.27	223.27	109.17	92.21	26.41	45.12
3	通用设备制造业	3463.50	2193.43	834.35	172.12	100.04	125.95	18.35	19.26
4	电气机械及器材制造业	2298.59	1923.11	17.39	104.32	99.09	88.84	51.15	14.69
5	专用设备制造业	1771.22	1217.29	44.11	239.9	91.78	87.43	34.87	55.84
6	仪器仪表及文化办公设备制造业	309.46	254.29	4.05	14.84	7.84	15.02	10.10	3.32
	机械行业能耗（合计）	15561.1	11405.84		1192.87	1118.35	612.47	306.64	181.05

续表

\multicolumn{9}{c}{《2013 年国家能源统计年鉴（国家统计局）》单位：万吨标煤，电力按等价值折算}								
排序	分行业	终端消费合计	电力（等价值）	焦炭	原煤	可燃气（天然气、液化石油气）	轻质油品（柴、汽、煤）	热力	其他能源（耗能工质）
	机械行业各类能源比例 /%	100	73.30		7.67	7.19	3.94	1.96	1.16

注：电力若按电热当量值折算，则机械行业能耗（合计）值为 8628.62 万 tce；电力总量为 4472.88 万 tce，电力占比为 51.84%。

2. 2013 年度机械全行业总体能耗排序及 6 大分行业间的横向对比分析

分析比较表 2-5 所列各种数据，可看出以下几点。

（1）电力占比高居榜首及分行业间对比分析

全行业的电力占比高达 73.3%，在各分行业中比例均高居榜首（均>60%），金属制品业因为包括锻件、热处理件、电镀件、金属焊接结构件等高耗电能（特别是锻坯加热及热处理多用电阻炉）作业，因而电力占比更高达 84%。

（2）焦炭占比位居第二及其原因分析

焦炭占比首次超过原煤，居第二位。其主要原因是我国有两万多台焦炭冲天炉。焦炭比例最高的是通用设备制造业（达 24%），最低是电气机械及器材制造业（只有 0.76%），此项高低与铸铁件生产在不同分行业的比例不同紧密相关。

（3）原煤占比首次跌至第三位

原煤能耗及占比从长期位居第二位首次跌至第三位，原煤比例最高的是专用设备制造业（达 13.54%），最低是电气机械及器材制造业（只有 4.54%）。

（4）其他

交通运输设备制造业的可燃气及轻质油品的比例最高，两者合计达 13.93%，其原因有二：一是轻质油品是交通运输设备本身的主要动力能源；二是该行业产品附加值高，更重视天然气等清洁能源的应用。而金属制品业只有 5.23%。

3. 机械制造全行业 2013 年度与 2012 年度能耗构成的纵向对比

根据《2012 年国家能源统计年鉴（国家统计局)》整理的同类统计数据见表 2-6。

表 2-6　2012 年度机械行业能耗构成

\multicolumn{9}{c}{《2012 年国家能源统计年鉴（国家统计局）》单位：万吨标煤，电力按等价值折算}								
排序	分行业	终端消费合计	电力（等价值）	原煤	焦炭	轻质油品（柴、汽、煤）	可燃气（天然气、液化石油气）	热力	其他能源（耗能工质）
1	交通运输设备制造业	3980.34	2731.85	417.22	170.96	232.64	267.83	120.8	56.3
2	通用设备制造业	3819.86	2264.92	270.32	954.02	168.81	120.29	24.15	33.2

《2012 年国家能源统计年鉴（国家统计局）》单位：万吨标煤，电力按等价值折算

排序	分行业	终端消费合计	电力（等价值）	原煤	焦炭	轻质油品（柴、汽、煤）	可燃气（天然气、液化石油气）	热力	其他能源（耗能工质）
3	金属制品业	3533.31	3042.85	196.45	63.26	100.86	83.12	18.86	43
4	电气机械及器材制造业	2265.05	1853.39	120.99	24.12	102.22	98.38	53.84	24.1
5	专用设备制造业	1872.55	1147.52	374.73	75.95	93.43	104.68	51.95	39.1
6	仪器仪表及文化办公设备制造业	318.3	265.45	14.99	4.24	18.16	7.78	5.75	13
	机械行业能耗（合计）	15789.5	11220.23	1394.881	1292.628	716.12	682.08	275.4024	208.7
	机械行业各类能源比例 /%	100%	71.06	8.8	8.2	4.55	4.33	1.74	1.32

分析比较表2-5和表2-6可知，相比2012年，2013年机械行业能耗构成发生如下变化。

（1）全行业及4个分行业综合能耗均有下降

全行业及交通运输、通用设备、专用设备、仪器仪表等4个分行业的综合能耗均明显降低，经查，机械全行业及这4个分行业的工业增加值同期均有不同增长，充分表明近年来大力倡导的节能降耗工作取得初步成效。

（2）能源结构明显优化

在各种能源中，污染相对较重的原煤、焦炭和轻质油品的消耗总量及占比均有不同程度的下降，而电力、可燃气等清洁能源的总量及占比均有不同程度的上升，表明我国机械行业正逐步减少对环境的污染，并迈向"绿色化制造"。

（3）"原煤减少、热力增加"及其原因分析

与2012年相比，全行业及大多数分行业原煤消耗及占比下降，而热力上升，主要原因是公共供暖（热力）部分替代了自备燃煤锅炉供热。

（4）其他

几个行业中，只有金属制品业及电气机械及器材行业的能耗在增加，其余行业都在减少，且金属制品业里只有轻质油品这项消耗在减少，其余都在增加，表明机械行业，基础毛坯件及工具的生产量有较大幅度提升。

二、机械行业能源消耗及能源管理特点

（一）机械工厂三大生产用能系统的基本概念

1. 主要生产用能系统

指企业的生产车间用能系统，主要包括以下两种加工车间。

（1）九类典型生产加工车间

主要有铸造、锻造、焊接、热处理、冲压、金属切削加工、涂装、电镀、装配调试等用能工艺及设备或生产线。

（2）其他特种成形加工车间

主要有高分子注塑、复合材料、粉末冶金、木工、橡胶、特种陶瓷玻璃、超硬材料等特种材料成形加工，金属材料特种加工（电火花、电解、超声、激光等），以及各种特种材料经3D打印制成"增量制造"零部件等特种成形加工工艺及设备或生产线，因而又谓之双特成形加工车间。

2. 辅助生产用能系统

指为各生产车间及厂区内各部门提供各种动力（供电、供气、供水、供风、供暖）及制冷空调、通风除尘、设备维护、照明以及厂内物流等辅助设备设施用能系统。

3. 附属生产用能系统

指为主要生产及辅助生产提供各种服务的部门和单位，如厂区内食堂、办公、浴室、道路照明、开水站、蒸饭站、保健站、哺乳室、上下班交通等用能设备设施消耗的能源。

（二）机械行业能源消耗特点

1. 不同能源的主要用能场所及未来占比增减趋势（表2-7）

表 2-7　机械行业主要能源应用场所及未来占比增减趋势

排序	能源	不同行业占比范围 /%	主要用能场所及设备	来源	未来占比增减趋势
1	电力	60～90	熔炼炉（中频感应电炉、电弧炉、电阻坩埚炉）；热处理及锻造用电阻加热炉；焊接设备、表面处理（电镀、涂装等）设备；成形（锻压、铸造、粉末冶金、注塑等）及切削加工设备；通风除尘除湿及空调制冷设备、电动机、风机、空压机、泵、起重机、办公及照明设备等辅助附属生产设备等	外购，个别企业备有发电机组	占比将稳步增长 ①增加：将进一步取代不清洁能源，机械化自动化智能化及环保设施用电将增加 ②减少：无功补偿、电机节能、绿色照明等推广
2	原煤	5～60（北方） 0～10（南方）	主要用于燃煤工业锅炉，生产热力及蒸汽，用于北方供暖及少量生产，个别企业用于煤气发生炉（用于锻坯加热及型壳焙烧）	外购	清洁能源及公共供暖的应用将使燃煤设备及用量逐年减少
3	焦炭	6～25	主要用于铸铁熔炼用冲天炉，少量企业用于坩埚熔化炉及烘干加热炉	外购	除冲天炉外，其他用量逐年减少并淘汰
4	石油制品（柴、汽、煤）	2.8～6	主要用于燃油锅炉、反射熔炼及加热炉；运输及试验（试飞、试车）用燃料及清洗、渗碳等工艺材料	外购	熔炼及加热用柴油用量将逐年减少
5	可燃气（天然气为主）	3～8	主要用于熔炼及加热反射炉（铸铝、锻造、热处理、烘干等）、燃气锅炉、气焊气割等	外购	为清洁能源，天然气将进一步取代煤、焦炭、燃油、乙炔等，用量将逐年增长

续表

排序	能源	不同行业占比范围 /%	主要用能场所及设备	来源	未来占比增减趋势
6	热力	0.5～5	主要用于供暖或制冷,部分用于锻造、电镀、涂装、清洗等生产	外购或自产	自产及锻造用热力将逐年减少
7	耗能工质	0.8～2	用于各主要生产系统及辅助生产系统和附属生产系统,用量大的主要有新水、软化水、压缩空气、鼓风、二氧化碳、氧气、氩气、乙炔等	压缩空气、鼓风全部自产,少数企业自产氧气和新水	新水用量将逐年减少(节能技术、冷却水循环利用及污水净化再生中水回用的推广)

2. 不同类别工厂的能源种类及耗量差别很大

(1) 不同分行业的影响(见表2-5)

(2) 产品成套性及生产规模的影响

1) 按产品成套性有成套装备厂、主机厂、总成厂、零部件厂、毛坯件厂之分。

2) 按生产规模有特大型(数万人、十几万人的集团公司)、大型(万人)、大中型(数千人)、中型(数百人至千人)、中小型、小微型之分。

3) 特大型或大型成套装备厂(集团公司)以及大型主机厂生产工艺及能源种类齐全且耗量大;而大量以机加工和装配为主的中小型、小微型企业则能源种类单一(以电力为主)且耗量小。

4) 零部件厂、毛坯件厂多有铸造、锻造、热处理、焊接及粉末冶金等热加工,涂装、电化学、热喷涂等表面处理,虽规模不大,但能源种类及耗量不小。

3. 终端用能设备基本全部为主要生产系统服务

机械工厂基本不外销能源,加工转换环节产出的二次能源、载能工质及耗能工质(主要为热力、蒸汽、冷气、压缩空气及降压调频后的电力),全部自用且最终绝大部分用于主要生产系统;余热余能回收后也全部自用,因而终端用能设备基本全部直接或间接为主要生产系统服务。

4. 能源种类多为外购的常规能源(参见表2-7)

在新能源中,唯一可供机械工厂直接利用的是太阳能,在大型办公楼及厂房的屋顶或厂内道路、停车场应用光伏电池或集热器将太阳能用于照明或浴室。

(三) 机械行业能源管理特点

由于机械产品整机及成套设备由数以百、千、万个零部件构成,零部件又由毛坯件经材料改性及多种加工制成,机械行业生产工艺过程是典型的非连续、非封闭的离散生产方式，与其他制造业（冶金、化工、纺织、食品等）中的流程生产方式有本质的区别，因而机械行业（特别是主要生产系统）的能源管理有其独特的特点。

1. 非连续离散制造，"工序/设备/人员"构成用能基本单元

（1）非连续离散生产过程由各自独立的生产用能工艺构成

前述的9大生产工艺及其他特种成形加工工艺各自独立、离散，可分可合，大部分均可独立建厂（如铸造厂、锻造厂、电镀厂、粉末冶金厂、塑料件厂等）。

（2）各种生产用能工艺进一步由完全或相对独立的工序构成

如砂型铸造工艺由熔炼、混砂、造型、制芯、浇注、落砂、清理等用能工序构成，不同用能工序各有其不同的用能设备、人员，消耗不同的能源，具有不同的能耗及能效。

（3）"工序/设备/人员"构成用能基本单元

工序是用能设备/用能人员的载体，三者密不可分，融为一体，也是最重要的影响能耗及能效的因素，是识别能源使用、评价主要使用及其相关变量的基本单元。

2. 非封闭离散制造利于专业化生产协作及用能过程"外包"

（1）存在大量铸件、锻件、电镀件、基础零部件的专业化生产厂

铸造、锻造、电镀（包括部分热处理、机加工、冲压）以及零部件、总成产品已基本实现专业化协作生产，可以认为是毛坯件、零部件外购性外包生产。

（2）热处理、机械加工、涂装等用能过程的外包

主要生产系统中的热处理、机械加工、涂装等作业以及燃油、天然气等能源供应、用能设备维护等用能过程也存在大量外包协作。

（3）要注意履行对"外包"过程能源管理的责任及能耗能效的控制。

3. 重点用能工序/设备/人员相对分散，能源管理要"点面结合"

（1）厂点分散且数量众多

全国规模以上机械工厂多达十万余家，占全国规模以上工业企业总数的1/4。

（2）生产流程长、工序繁多且相对分散

同一工厂也工序繁多，因而重点用能工序/设备/人员相对分散。

（3）能源管理要点面结合，既要覆盖全局，也要突出重点。

第三节　主要生产用能系统工艺流程和重点耗能工序/设备

机械工厂的用能系统分为主要生产用能系统、辅助生产用能系统和附属生产用能系统三大部分。主要生产用能系统一般指生产车间（分厂、分公司），承担着直接将机械工程结构材料加工制造成机械产品的生产任务，因而也是耗能工序最为复杂、能耗种类及数量最多的用能系统。辅助生产及附属生产系统消耗的能源也大多直接或间接为主要生产系统的生产车间服务。

一、机械产品制造工艺流程及其工艺构成与用能特点概述

（一）机械制造总体工艺流程及五大共性制造工艺系统

机械产品种类繁多，其结构及制造过程的复杂程度差别很大，但整机产品的结构组成具有很大同质性，均由动力、执行、传动、操纵控制和机身支撑等五大产品系统构成（详见本章第一节），不同机械产品的生产工艺同质性更强，均由五大共性制造工艺系统和十种典型制造工艺构成（参见图2-3）。

1. 机械制造总体工艺流程（图2-3）

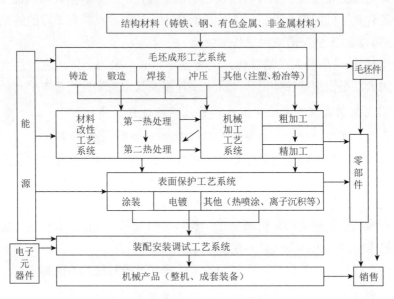

图2-3 机械制造总体工艺流程

2. 五大机械制造共性工艺系统的功能及其工艺构成（表2-8）

由图2-3可见，机械制造工艺由毛坯成形、材料改性、机械加工、表面保护和装配安装调试等五大共性工艺系统构成，其不同功能和具体工艺构成参见表2-8。

表2-8 五大机械制造共性工艺系统的功能及其工艺构成

制造工艺系统	功能特点	工艺构成
毛坯成形工艺系统	将结构材料（铸铁、钢、有色金属及非金属材料）加工成形为具有特定形状、尺寸及组织、性能的毛坯件（铸件、锻件、冲压件、焊接结构件、塑料件等），多为热加工（冷冲压除外）	主要为铸造、锻造、冲压、焊接等四种典型工艺；此外还有高分子注塑、复合材料成形、粉末冶金和3D打印增量制造等特种材料成形工艺
材料改性工艺系统	毛坯件经不同热处理后，消除残余应力并改变、优化其金相组织，大幅度提高其强韧性及使用寿命；按功能及处理时段不同有第一热处理（消除残余应力、均匀组织）和第二热处理（实现最终组织性能要求）之分，统称"热处理"	具体工艺有：退火、正火、调质（淬火＋高温回火）、渗碳、渗氮、碳氮共渗、感应淬火等，其中退火、正火为第一热处理，余为第二热处理（调质有时也作为第一热处理）

续表

制造工艺系统	功能特点	工艺构成
机械加工工艺系统	将毛坯件加工至准确的最终形状和尺寸精度，按加工精度不同，又分粗加工（多在第一热处理后及第二热处理前）和精加工（多在第二热处理后），一般为冷加工	主要为金属切削加工；此外还有金属特种加工（电火花加工等）和各种非金属（特种）材料加工
表面保护工艺系统	改变零部件和机械产品的表面成分、组织和耐蚀、耐磨等性能，兼有装饰、美观、保护和提高寿命的作用	主要为涂装、电镀（含阳极氧化、化学氧化等转化膜）；此外还有热喷涂、离子沉积等工艺
装配安装调试工艺系统	将零部件及电子元器件等装配（安装）成整机或成套装备并经调整、试验检验以符合出厂要求的最终工艺系统，统称"装配安装调试"	具体工艺有：清洗、套装、组装、部装、总装、机电联调、试验检验等

（二）十类典型工艺能耗特点的宏观比较

在机械制造众多制造工艺中，用量大、生产厂点多、能耗占比较大的典型工艺共有十类，即：铸造、锻造、冲压、焊接、热处理、金属切削加工、电镀、涂装、装配安装调试和双特成形加工（特种材料成形加工及金属特种加工）。其中，铸造、锻造、电镀多由专业厂（铸造厂、锻造厂、电镀厂）为主机厂提供毛坯件及电镀外包加工服务；冲压、焊接、涂装、金属切削加工、装配安装调试等多由主机厂自己生产作业；其他工艺两种生产方式皆有。

表2-9列出十类典型工艺能耗特点的宏观比较。

表2-9　十类机械制造典型工艺能耗特点的宏观比较

工艺	能耗比例 /%	重点耗能工序（设备）	能源 主要	能源 辅助
铸造	25～30	①熔炼（冲天炉、感应电炉、电弧炉、精炼炉、反射炉、电阻坩埚炉等）；②烘包（烘包器）；③造型制芯（混砂机及旧砂再生系统、造型机及生产线、制芯机）；④蜡模及消失模制造（压蜡机、发泡成形机）；⑤模壳焙烧（焙烧炉）；⑥特种铸造（压铸机、低压铸造机、离心铸造机等）；⑦落砂清理（落砂机、打磨机、抛丸机）；⑧热处理（热处理炉）	电力、焦炭、天然气、煤气	柴油、压缩空气、二氧化碳、鼓风、氧气、氩气、新水等
锻造（含特种轧制）	10～16	①熔炼铸锭（电弧炉、精炼炉）；②锻坯加热（反射炉、电阻炉）；③锻造成形（水压机、油压机、热模锻压力机、摩擦压力机、电液锤、蒸-空锤、辊锻机、楔横轧机等）；④锻后处理（抛丸机、热处理炉）	电力、天然气、煤气	蒸汽、压缩空气、柴油、鼓风、新水等
热处理	10～20	①整体热处理（燃料反射加热炉、空气加热电阻炉、保护气氛加热电阻炉、真空加热电阻炉、盐浴加热电阻炉、连续式热处理生产线等）；②表面及化学热处理（气体渗碳炉、气体渗氮炉、碳氮共渗炉、真空化学热处理炉、感应加热淬火设备等）	电力、天然气、煤气	新水、氨、氮气、煤油、液化石油气、鼓风等
焊接（含热切割）	10～16	①电弧焊（手工电弧焊机、气体保护焊机、埋弧焊机、等离子弧焊机）；②电阻焊（电阻焊机）；③气焊（气焊设备）；④热切割（气割设备、等离子切割设备、激光切割机等）；⑤后处理（退火炉、打磨机）；⑥焊接机器人系统	电力、氧气、可燃气	氩气、二氧化碳气、新水、软化水等

续表

工艺	能耗比例 /%	重点耗能工序（设备）	能源	
			主要	辅助
冲压	8～10	①下料（剪板机、气割设备）；②冲压或钣金成形（机械压力机、液压机、数控冲压机、冲压自动线、精冲机等）	电力	压缩空气、蒸汽、新水等
金属切削加工	8～11	①粗加工（车、刨、铣、钻、插、剃、滚等各种普通机床和数控机床、加工中心）；②精加工（磨、精车、精铣、精镗、拉、刮、珩磨等机床和数控机床、加工中心）	电力	压缩空气、汽油、煤油、柴油、新水等
涂装	4～6	①涂料喷涂（预处理设备、阴极电泳设备，空气喷涂、高压无气喷涂、静电喷涂设备，自动喷涂机、机器人喷涂线）；②粉末涂装（粉末静电喷涂设备）；③涂层烘干（涂层烘干室及尾气净化系统）	电力、热力、蒸汽	压缩空气、新水、鼓风、软化水、天然气等
电镀	2～4	①前处理（抛光机、除油槽、浸蚀槽、烘干机等）；②电镀（整流器、调压器、过滤机、电镀生产线）；③后处理（钝化、烘干等设备）；④污水处理及排风除雾设备	电力、热力、蒸汽	新水、软化水、鼓风、压缩空气
装配安装调试	3～5	①清洗（清洗机）；②套装（铆焊机、热压机）；③组装、部装、组装（电动工具、风动工具、装配自动线）；④起重（起重机）；⑤试验检验（水压、动平衡、密封、功率、电气、噪声、尾气、雨淋等试验检验设备）；⑥各种调试设备	电力	热力、压缩空气、汽油煤油、柴油可燃气、新水
双特成形加工（特种材料成形加工及金属特种加工）	3～5	①高分子注塑（注塑机）；②复合材料成形（成形机、铺贴机、真空固化炉）；③粉末冶金（熔炼炉、制粉设备、成形设备、烧结设备、热等静压设备）；④木制品加工（木工机床）；⑤橡胶成形；⑥特种陶瓷玻璃成形；⑦超硬材料成形；⑧电火花、电解、超声、激光金属加工；⑨3D打印增量制造成形	电力、可燃气、热力	压缩空气、氮气、氩气、鼓风、新水等

从表2-9可以看出：前4种热加工工艺（简称"铸锻热焊"）是能耗占比及用能工序/设备及能源种类最多的4种工艺（合计高达70%～85%），应重点关注与控制。电力是各种典型工艺普遍应用的能源，也是用量最大的能源。机械工厂配备的通用设备设施（工业锅炉、变压器、通风除尘除湿设备、空调制冷设备、电动机及其带动的各种风机和泵类、空压机等）消耗的能源也直接或间接地用于各种典型工艺。

二、典型工艺的能耗特点及重点耗能工序／设备的微观分析

（一）铸造

铸造是通过制造铸型和熔炼金属，并将熔融金属浇入铸型，凝固后获得具有一定形状、尺寸和性能金属零件毛坯的成形方法，所铸出的零件毛坯称为铸件。

1. 铸造工艺能耗概况及节能潜力

铸造是机械行业能耗最大的工艺，占总能耗的25%～30%。各类能耗（不计耗能工

质）的比例约为：焦炭及煤30%～45%，电力37%～65%，油和可燃气15%～20%。能耗最大的工序及用能设备有三种：一是熔炼（化）炉，占总能耗的一半以上（55%～70%）；二是热处理、型壳焙烧、烘烤烘干用工业炉窑（15%～20%）；三是热法制芯用热芯盒机、壳芯机等。各种铸造工艺中以熔模铸造吨铸件能耗最高；同样工艺条件下，吨铸钢件能耗大于铸铁件，有色合金虽然熔点低，但比重比钢铁轻2～3倍，所以吨铸件的能耗反倒最高。同样材质、工艺条件下，机械化自动化程度越高、通风除尘设备越完备，能耗越大。

2. 铸造生产工艺流程

铸造工艺虽然很多，但主要有两大类别：砂型铸造和特种铸造。金属熔炼（化）、炉前处理、浇注、清理、后处理是两大类工艺共有的通用工序。

砂型铸造和特种铸造的生产工艺流程分别见图2-4和图2-5。

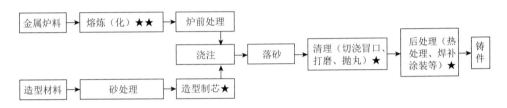

图注："★★"表示重点耗能工序；"★"表示重要耗能工序。（图2-4～图2-14的共同图注，图2-5～图2-14不另标注）

图2-4 砂型铸造通用生产工艺流程图

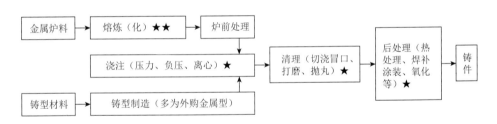

图2-5 特种铸造通用生产工艺流程图

3. 铸造生产主要耗能工序、耗能设备及能耗种类

（1）主要耗能工序及耗能比例（见表2-10）

表 2-10 铸造生产主要耗能工序及耗能比例

比例/%　　工艺	熔炼（含修烘炉）	砂处理及造型制芯	浇注（含烘包）	落砂	清理（切浇冒口、打磨、抛丸）	后处理（热处理、焊补、涂装）
砂型铸造	55～65	10～20	2～4	2～3	12～16	15～22
特种铸造	60～70	18～20（熔模铸造制壳及焙烧）0～5（其他）	2～4（重力浇注）8～15（非重力浇注）	2～3（熔模铸造）0～2（其他）	10～15	12～20

注：以上各工序能耗包括各工序通风除尘的能耗。

（2）重（要）点耗能设备及能耗种类（见表2-11）

表2-11　铸造生产重（要）点耗能设备及能耗种类

工序		重（要）点耗能设备（用途）		能耗种类		
序号	名称	序号	名称	燃料能源	非燃料能源	耗能工质
1	熔炼（化）	1	冲天炉（铸铁熔炼）	焦炭	电力	鼓风、新水、氧气
		2	中频感应电炉（铸铁、铸钢、有色合金熔化）		电力	新水、软化水
		3	电弧炉（铸钢熔炼）		电力	氧气、新水
		4	精炼炉（AOD炉、VOD炉、LE炉等，高级铸钢精炼）		电力	氧气、氩气、新水
		5	反射炉、坩埚炉（有色合金熔炼）	天然气、柴油	电力	鼓风、新水
		6	电阻炉（有色合金熔炼）		电力	新水
		7	电渣炉（电渣熔铸专用炉）		电力	新水
		8	真空凝壳炉（钛合金熔炼）		电力	新水
2	砂处理	9	烘砂机、筛砂机、松砂机	天然气、柴油	电力	
		10	混砂机		电力	新水
		11	旧砂冷却回用再生设备	天然气	电力	鼓风、新水
3	造型	12	造型机（微震压实、高压、射压、静压）		电力	压缩空气、新水、二氧化碳气
		13	抛砂机		电力	
		14	风动捣实机			压缩空气
4	制芯	15	热芯盒射芯机、壳芯机	天然气、煤气	电力	压缩空气、二氧化碳气
		16	冷芯盒射芯机、普通射芯机		电力、三乙胺	压缩空气、二氧化碳气
5	型壳焙烧	17	型壳焙烧炉	天然气、发生炉煤气	电力	
6	重力浇注	18	浇注机（移动式、气压式、自动等）		电力	压缩空气
7	非重力浇注	19	压铸机		电力	新水、压缩空气
		20	低压铸造机		电力	压缩空气
		21	离心浇注机		电力	新水
8	落砂	22	惯性震动落砂机		电力	
		23	旋转落砂滚筒		电力	
9	清理	24	抛丸（喷丸、砂）清理机		电力	压缩空气
		25	砂轮打磨机、风铲机		电力	压缩空气
10	后处理	26	热处理炉（退火、正火、淬火）	天然气、柴油、焦炭	电力	新水

续表

工序		重（要）点耗能设备（用途）		能耗种类		
序号	名称	序号	名称	燃料能源	非燃料能源	耗能工质
10	后处理	27	焊补设备（电焊机、气焊设备）	天然气、液化石油气	电力	乙炔、氧气、氩气、二氧化碳气
		28	涂装设备		电力	压缩空气、新水

（二）锻造（含特种轧制）

锻造是一种将金属坯料加热到一定温度以上（绝大多数为加热至再结晶温度以上的热锻）利用锻造设备对锻坯施加压力，使其产生塑性变形以获得具有一定形状、尺寸和力学性能的零件毛坯的压力加工方法，锻成的毛坯称为锻件。

锻造的工艺方法很多，通常按有无模具分成两大类：自由锻和模锻。按锻造设备不同又可分为锤锻和机锻两种。

锻造是一种热态体积成形的压力加工方法，同属此类方法的还有特种轧制，其工艺流程及能耗特点与锻造十分相似，本节一并进行分析。

1. 锻造（含特种轧制）生产工艺流程（表2-12）

表2-12　锻造（含特种轧制）生产工艺流程

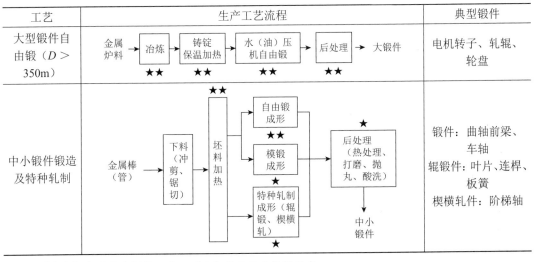

工艺	生产工艺流程	典型锻件
大型锻件自由锻（D＞350m）	金属炉料 → 冶炼★★ → 铸锭保温加热★★ → 水（油）压机自由锻★★ → 后处理★★ → 大锻件	电机转子、轧辊、轮盘
中小锻件锻造及特种轧制	金属棒（管）→ 下料（冲剪、锯切）→ 坯料加热★★ → 自由锻成形★★／模锻成形★／特种轧制成形（辊锻、楔横轧）★ → 后处理（热处理、打磨、抛丸、酸洗）★ → 中小锻件	锻件：曲轴前梁、车轴　辊锻件：叶片、连杆、板簧　楔横轧件：阶梯轴

注："★★"表示重点耗能工序；"★"表示重要耗能工序。

2. 锻造（含特种轧制）主要耗能工序、耗能设备及能耗种类（表2-13）

表2-13　锻造（含特种轧制）主要耗能工序、耗能设备及能耗种类

工序		重点耗能设备		能耗种类		
序号	名称	序号	名称	燃料能源	非燃料能源	耗能工质
1	冶炼铸锭	1	电弧炉（钢液冶炼）		电力	氧气、新水

续表

| 工序 | | 重点耗能设备 | | 能耗种类 | | |
序号	名称	序号	名称	燃料能源	非燃料能源	耗能工质
1	冶炼铸锭	2	精炼炉（VOD炉、AOD炉、LF炉等钢液精炼）		电力	氧气、氩气、新水
		3	反射炉（铝液冶炼、铸锭保温）	天然气、柴油、煤气		鼓风、新水
2	下料	4	棒料剪切机		电力	
		5	锯床		电力	
3	坯料加热	6	反射炉（锻坯加热）	天然气、柴油、发生炉煤气、焦炭		鼓风、新水
		7	电阻炉		电力	新水
		8	感应加热设备（感应圈）		电力	软化水
4	锻造成形	9	水压机、油压机（自由锻）		电力	新水
		10	空气锤、蒸-空锤（自由锻、模锻）		热力、电力	压缩空气、新水
		11	电液锤（自由锻、模锻）		电力	新水
		12	锻造操作机（自由锻、模锻）		电力	
		13	热模锻压力机、摩擦压力机（模锻）		电力	压缩空气、新水
5	特种轧制	14	辊锻机		电力	新水
		15	楔横轧机		电力	
6	后处理	16	抛丸清理机（去除氧化皮）		电力	压缩空气
		17	热处理炉	可燃气、柴油、焦炭	电力	新水

（三）热处理

金属零件经适当热处理，可成倍或几倍的提高其力学性能及使用寿命。

1. 热处理工艺类别及能耗特点

热处理是将金属零件在不同介质中加热至预定温度并在该温度下保持一段时间，然后以一定速度冷却至室温，通过改变其整体或（和）表面金相组织而使其力学性能发生很大改变的工艺方法。

热处理工艺方法很多，一般将其分为两大类："整体热处理"和"表面与化学热处理"。整体热处理主要有退火、正火、淬火、回火4种工艺（俗称"四把火"）；表面与化学热处理主要有感应淬火（属表面热处理）、渗碳淬火、渗氮、碳氮共渗淬火和氮碳共渗（以上4种属化学热处理）等5种工艺。"淬火+高温回火"称为"调质"，是用途最广的一种热处理复合工艺。

2. 热处理通用工艺流程

（1）热处理工艺工序划分及重点耗能工序

热处理工艺的工序比较简单，不论何种工艺，均可划分为加热保温、冷却和后处理三道工序，其中加热保温是能耗最大最集中的工序。

（2）整体热处理通用工艺流程（图2-6）

图2-6　整体热处理通用工艺流程

（3）表面和化学热处理通用工艺流程（图2-7）

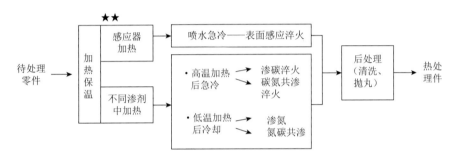

图2-7　表面及化学热处理通用工艺流程

3. 热处理重点耗能设备及能耗种类（表2-14）

热处理设备主要分加热保温设备及冷却设备两大类，加热保温设备不仅种类繁多，而且也是重点耗能设备。

表 2-14　热处理重（要）点耗能设备及能耗种类

工序		重（要）点耗能设备		能耗种类		
序号	名称	序号	设备大类及小类	燃料能源	非燃料能源	耗能工质
1	加热保温	1	燃料反射加热炉 •燃油炉•燃气炉•焦炭炉	天然气、煤气、液化石油气、柴油、焦炭		鼓风、新水
		2	空气加热电阻炉 •箱式电阻炉•井式回火炉•周期作业台车炉		电力	新水
		3	保护气氛加热电阻炉 •密封箱式炉 •密封渗碳多用炉 •连续作业热处理生产线（链板炉、网带、推杆式炉等）	煤油（作为渗碳介质）	电力、异丙醇、甲醇等焦化产品	新水
		4	真空电阻加热炉 •淬火炉•真空渗碳炉•退火炉	煤油（作为渗碳介质）	电力、异丙醇、甲醇等焦化产品	新水
		5	井式气体渗碳（碳氮共渗）炉	煤油（作为渗碳介质）	电力、异丙醇、甲醇等焦化产品	氮气、液氨、新水

工序		重（要）点耗能设备		能耗种类		
序号	名称	序号	设备大类及小类	燃料能源	非燃料能源	耗能工质
1	加热保温	6	盐浴电阻炉 • 低温炉 • 中温炉 • 高温炉		电力	新水
		7	感应加热炉（电源及感应圈）		电力	软化水
		8	气体渗氮（氮碳共渗）炉	煤油（作为渗碳介质）	电力、异丙醇、甲醇等焦化产品	氮气、液氨、新水
2	冷却	9	淬火槽（油槽、水槽、等温淬火盐槽）及其冷却装置		电力、聚乙烯醇等	新水、鼓风
		10	淬火机床及淬火压床		电力	软化水

（四）焊接（含热切割）

1. 焊接（含热切割）工艺类别及常用工艺的耗能特点

焊接是用加热、加压等手段，使固体金属材料之间达到原子间的冶金结合，形成永久的连接接头的工艺方法。

具体焊接工艺方法很多，通常按其冶金结合特性分为三大类：熔焊、压焊和钎焊，根据其能源、焊材及压力的不同，各自又细分为众多具体工艺，如图2-8所示。

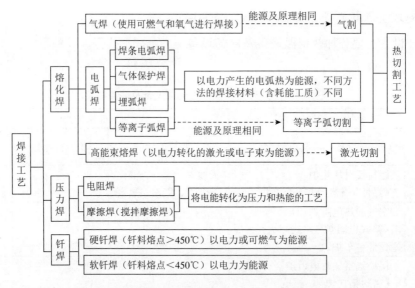

图2-8　焊接工艺及主要焊接方法分类及能耗特点

2. 焊接及热切割通用工艺流程和重点耗能工序及工艺

焊接及热切割均是短流程工艺，工序较简单，而且热切割通常作为中厚板及厚板母材焊接前的下料工序，其通用工艺流程如图2-9所示。

在三大类焊接工艺中，耗能大小的次序为：熔化焊＞压力焊＞钎焊；在常用的具体焊接方法中，电弧焊＞气焊＞电阻焊。电弧焊及电阻焊是用量最大的工艺。

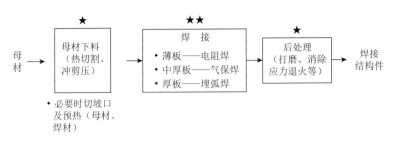

图2-9　焊接及热切割通用工艺流程

3. 焊接及热切割重点耗能设备及能耗种类（表2-15）

能源消耗中，电力占绝大比例，其次是可燃气（天然气、液化石油气）、助燃气体（氧气）及其他耗能工质（乙炔、二氧化碳气、氩气等）。

表 2-15　焊接及热切割重点耗能设备及能耗种类

工序		重点耗能设备		能耗种类		
序号	名称	序号	设备大类及小类	燃料能源	非燃料能源	耗能工质
1	气割	1	手工气割设备（割炬、气瓶或供气管道）	天然气、液化石油气		氧气、乙炔
		2	数控热切割机及供气管道	同上	电力	氧气、乙炔、新水
2	气焊	3	气焊设备（焊炬、气瓶或管道）	同上		氧气、乙炔
3	电弧焊	4	普通电弧焊机		电力	
		5	气体保护焊机（半自动、自动） • CO_2 及混合气体保护焊机 • 氩弧焊机（MIG、TIG）		电力	二氧化碳气、氩气、氦气、新水
		6	电弧焊机器人系统		电力	同上
		7	埋弧焊机 • 普通埋弧焊机 • 双丝窄间隙埋弧焊机		电力	新水
		8	等离子弧焊机		电力	新水、压缩空气
4	电弧切割	9	等离子弧切割机		电力	同上
5	电阻焊	10	电阻焊机（点焊、缝焊、凸焊等）		电力	软化水
		11	电阻焊机器人系统		电力	软化水
6	钎焊	12	硬钎焊设备	可燃气	电力	新水
		13	波峰焊机、回流机（软钎焊）		电力	

（五）冲压

1. 冲压工艺类别及能耗特点

冲压加工是借助于常规或专用的冲压设备的动力，使板料或带料在模具里瞬间受力并产生塑性变形乃至分离，从而获得一定形状、尺寸零件的生产工艺。板（带）料、模具和设备是冲压加工的三要素。

冲压工艺绝大多数为常温下的冷冲压，冲压过程能耗几乎全是设备的电能消耗；近年来，热冲压工艺逐步得到应用，除电能外还需消耗某些可燃气。

2. 冲压工艺通用生产流程及重点耗能工序

冲压是典型的短流程工艺，除冲裁和成形两大工序需要在两台设备分开进行（也可在一台设备完成）外，很多小工序（或工步）大多通过模具设计可在一台设备完成，其通用工艺流程如图2-10所示，耗能较大的工序为冲裁、成形及中厚板剪切下料。

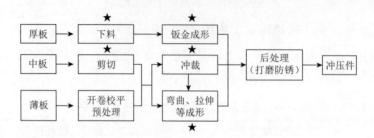

图2-10　冲压通用工艺流程

3. 冲压重点耗能设备及能耗种类（表2-16）

表2-16　冲压重点耗能设备及能耗种类

工序		重点（重要）耗能设备		能耗种类		
序号	名称	序号	名称	燃料能源	非燃料能源	耗能工质
1	中厚板剪切	1	剪板机		电力	
2	冲压（冲裁、成形）	2	机械压力机		电力	
		3	液压机		电力	
		4	数控折弯机		电力	
		5	数控冲压柔性单元		电力	压缩空气
		6	冲压自动生产线		电力	压缩空气
3	精密冲压	7	精密成形冲压机（可直接成形零件，代替磨削）		电力	

（六）电镀

电镀是一种以被镀金属工件为阴极，以欲镀金属或其他惰性导体为阳极，在直流电的作用下，通过电化学作用在工件表面形成另一种金属膜层的表面处理方法。

1. 电镀工艺类别及能耗特点

电镀工艺的分类方法很多，按镀种分为单金属镀层和合金镀层；按电镀实施方式分为挂镀、滚镀、刷镀和连续镀等。不管如何分类，所有电镀的能耗均以电能为主，而且直接完成电镀过程的是经调压整流的直流电，其他辅助工序（前后处理及根据法律法规要求必须配置的污水处理、排风净化）消耗交流电及新水、软化水、压缩空气、鼓风等耗能工质。

2. 电镀生产通用工艺流程及重点耗能工序（图2-11）

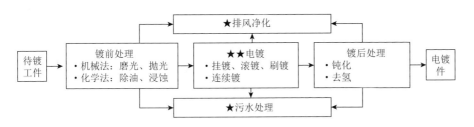

图2-11　电镀生产通用工艺流程及重点耗能工序

3. 重（要）点耗能设备及能耗种类（表2-17）

表 2-17　电镀重（要）点耗能设备及能耗种类

工序		重点耗能设备		能耗种类		
序号	名称	序号	重点耗能设备	燃料能源	非燃料能源	耗能工质
1	电镀	1	电镀生产线 • 直线式　• 环形式		电力（直流、交流）、热力	新水、软化水、鼓风、压缩空气
		2	电源及其他辅助设施 • 整流器、调压器 • 过滤机		电力、热力	新水、鼓风
2	前处理	3	前处理设备 • 磨光机、抛光机、滚光机、烘干机等 • 除油槽、浸蚀槽等		电力、热力	新水、软化水、鼓风
3	后处理	4	后处理设备		电力、热力	新水、软化水、鼓风
4	排风净化	5	排风净化系统（除尘器、喷淋中和塔）		电力	新水、鼓风
5	污水处理	6	污水处理系统（去除一类重金属及氰离子）		电力	鼓风

（七）涂装

涂装是以适当的工艺手段将涂料（液态或粉末）涂敷在工件表面并形成结合良好、连续的保护图层的工艺，是机械产品应用最为广泛的表面处理工艺。

1. 涂装工艺类别及能耗特点

涂装工艺一般按涂料的形态，分为液态涂料涂装（简称涂料涂装）和固态涂料涂装（简称粉末涂装，俗称喷塑）两大类。涂敷的方法有喷涂、浸涂、刷涂等三种，后两种只能用于液态涂料。刷涂为效率极低的手工涂装，基本不消耗能源；浸涂为半机械化作业，消耗少量电能；喷涂为机械化、自动化作业，随着机械化、自动化程度提高，能耗越来越大。电力用量最大，其次还有可燃气、压缩空气、热力、柴油、新水、软化水、鼓风等。

2. 涂装通用工艺流程及重点耗能工序

以应用最为广泛的喷涂工艺为例，其通用工艺流程见图2-12。

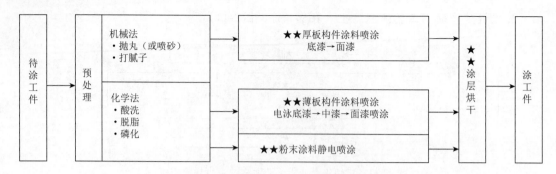

图2-12 涂装（喷涂）通用工艺流程

3.涂装重点（要）耗能设备及能耗种类（表2-18）

表2-18 涂装重点（要）耗能设备及能耗种类

工序		重点耗能设备		能耗种类		
序号	名称	序号	名称	燃料能源	非燃料能源	耗能工质
1	涂料喷涂	1	空气喷涂设备（喷枪、空气净化系统等）		电力	压缩空气、新水、鼓风
		2	高压无气喷涂设备（喷枪、动力源、柱塞泵等）		电力	同上
		3	静电喷涂设备（静电喷枪、高压静电发生器等）		电力	同上
		4	往复式自动喷涂机		电力	同上
		5	机器人自动喷涂线		电力	同上
		6	阴极电泳底漆装置及配套的水循环系统		电力、热力	新水、软化水
2	粉末涂装	7	粉末静电喷涂系统		电力	压缩空气、新水、鼓风
3	涂层烘干	8	涂层烘干室及尾气净化系统	天然气、液化石油气	电力、热力	新水、鼓风
4	预处理	9	化学法预处理系统（酸洗、脱脂、磷化）		电力、热力	新水、软化水

（八）金属切削加工

金属切削加工是通过工件和机床刀具（或砂轮）的相对运动切（磨）除工件表面上的金属余量，以获得形状、尺寸和表面质量符合要求的合格零件的加工方法，是机械工厂最常用的生产工艺。

1．金属切削加工机床的能耗特点

（1）金属切削加工系统的耗能主体——机床

（2）各类机床的主要通用能源——电力

2. 金属切削加工通用工艺流程（图2-13）

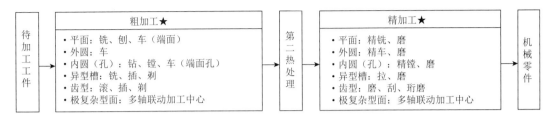

图2-13 金属切削加工通用工艺流程

3. 金属切削加工重点（要）耗能设备及能耗种类（表2-19）

表2-19 金属切削加工重（要）点耗能设备及能耗种类

工艺		重（要）点耗能设备		能耗种类		
金属切削加工	序号	设备名称（适用范围）		燃料能源	非燃料能源	耗能工质
	1	普通机床（形状简单工件的中小批量生产、机器维修）			电力	
	2	组合机床（形状简单工件的单品种大批量生产，刚性生产）			电力	压缩空气
	3	数控机床及加工中心（复杂形状、多品种变批量生产，自动化柔性生产）			电力	压缩空气
	4	多轴联动加工中心（异常复杂结构与形状工件精密加工）			电力	压缩空气

注：压缩空气全部由机械工厂使用电力自产自用，故唯一共同能耗是电力。

（九）装配安装调试

装配是将构成机械产品的所有零件按照规定的技术要求逐步装配成整机的过程，是机械产品最后一道生产工艺。对于大型成套机械产品还可能要到用户使用场所进行多台主机和辅机产品的安装调试。

1. 装配工艺的通用工艺流程（图2-14）

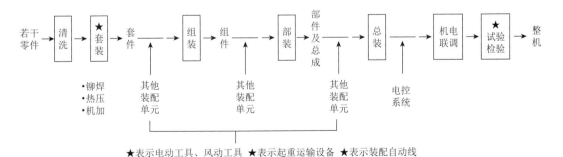

★表示电动工具、风动工具 ★表示起重运输设备 ★表示装配自动线

注：1. 构成整机的零件、套件、组件、部件统称为"装配单元"；

2. 本图只限一台整机的装配工艺流程，不含大型成套设备的现场安装调试。

图2-14 装配工艺通用工艺流程

2. 装配工艺能耗特点

1）装配工艺具体工序繁多，不同产品也各不相同，能耗分散在各道工序中。

2）套装、整机试验检验及各道工序使用的起重运输设备、电动风动工具及装配自动线是能耗相对集中的工序及设备。

3）能耗种类，以电力为主，其他还有压缩空气、可燃气、柴油、汽油、煤油（三种油类多用于试验检验和清洗）、热力、鼓风、新水等。

3. 装配重（要）点耗能设备及能耗种类（表2-20）

表2-20　装配重点（要）耗能设备及能耗种类

工序		重（要）点耗能设备		能耗种类		
序号	名称	序号	名称	燃料能源	非燃料能源	耗能工质
1	套装	1	铆接机（热铆、冷铆）、热铆加热设备（炉）	天然气、柴油	电力	
		2	焊接设备（电阻焊、电弧焊、气焊、摩擦焊、钎焊）	天然气	电力	二氧化碳气、氩气、氧气、乙炔、新水
		3	压装设备（热压、冷压）、加压加热设备	天然气、柴油	电力、热力	
		4	金属切削机床		电力	
2	组装部装总装	5	手持电动工具（扳手、钻等）		电力	
		6	手持风动工具（扳手、锤等）			压缩空气
		7	起重运输设备（吊车、叉车、升降机、运输机等）	柴油	电力	压缩空气
		8	装配线（机械化、自动化、机械手等）		电力	压缩空气
3	试验检验	9	各种整机试验设备（密封、水压、动平衡、功率、温升、绝缘、电压、噪声、尾气、雨淋等）	柴油、汽油、天然气	电力、热力	压缩空气、新水、氮气
4	清洗	10	溶剂清洗机（槽）	汽油、煤油		
		11	水剂清洗机		电力	新水、软化水

三、典型机械产品制造工艺流程及能耗特点分析

（一）汽车整车厂（以乘用车生产为例）

1. 乘用车厂制造工艺及用能特点

1）大批量机械化自动化流水线生产。乘用车是机械工业生产机械化、自动化程度最高的中型机械产品，年产量均在30万辆以上。冲压、焊接、涂装和总装等4大生产工艺全部为流水线生产。其中冲压、焊接、涂装大量采用机器人和机械手。

2）电力是最主要能源，一般占80%以上甚至90%。

3）冲压、焊接、涂装的直接加工对象均为薄钢板（板厚2～3mm），其中，涂装与焊

接的工作量很大。涂装工艺最为复杂，高级乘用车的涂层多达十几层，且有多道烘干工序，是能耗最大的工艺。

4）有的乘用车厂还设有高分子注塑车间，生产保险杠、仪表盘等塑料件；还有少数工厂设有铝合金缸体、缸盖的铸造车间及加工车间，自产发动机。

2. 乘用车厂通用生产工艺流程（见图2-15）

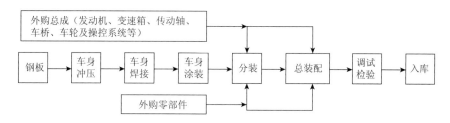

图2-15 乘用车厂通用生产工艺流程

3. 乘用车厂主要生产系统用能区域及工序/设备设施（表2-21）

表 2-21 乘用车厂主要生产系统用能区域及工序 / 设备设施

区域（部门）	主要用能工序 / 设备设施		能源		能耗占比/%
	工序	设备设施	主要	辅助	
冲压车间	落料	开卷校平落料生产线、起重机	电力		8～10
	冲压	压力机及冲压自动线（机械手）、边角余料输送线、起重机	电力	压缩空气、新水	
焊装车间	焊接	底板、顶棚、侧围、车身焊接线（电阻焊机、电弧焊机、焊接机器人、气焊装置、气动吊具、AGV 自动导引车等）	电力	压缩空气、新水、氧气、可燃气、氩气、二氧化碳气	28～32
涂装车间	蒸汽生产	天然气蒸汽锅炉及蒸汽管道	电力	天然气、蒸汽、热力、压缩空气、新水、软化水	38～42
	预处理	预处理生产线（预冲洗、脱脂、表调、磷化）			
	调漆	调漆室（调漆设备、通风净化设备）			
	阴极电泳	电泳底漆线（整流电源、超滤、清洗、烘干）			
	中涂面漆	中涂线、面涂线（涂装机器人、喷涂机）			
	涂层烘干	烘干室、尾气净化及催化燃烧系统			
总装车间	电装	电装生产线（各种管线安装）	悬挂运输机、升降机、AGV 导引车等物流设备	压缩空气、燃油	12～14
	内装	内装生产线（仪表台、内饰件等）			
	底盘装配	发动机、变速箱、车轮等装配			
	门装和外装	车门等装配、注油及最终调试			
检验车间	整车性能检测	液压举升机，定位、侧滑、刹车、尾气等试验台	电力	新水	2～3
	淋雨检测	雨淋检测室及设备			
	道路跑车检测	路试场及跑道	燃油		

（二）轨道车辆厂（以高铁及动车组客车生产为例）

1. 轨道车辆厂（高铁及动车组客车）制造工艺及用能特点

（1）中等批量机械化半自动化生产

高铁及动车组客车车辆是机械工业生产机械化、自动化程度较高的大型机械产品，年产量一般为数百辆至千辆。主机厂一般只直接生产车体和转向架总成，部分焊接、涂装工序采用机器人、机械手。其他总成及铸锻件一般为外购或外包。

（2）铝材、钢材并重，通用、专用成形加工工艺并存

冲压、切割焊接、机械加工、涂装、装配调试是生产车体和转向架及整车的 5 大共性工艺，但因为车体的主要结构材料为铝材，且对加工精度及性能要求十分严格，因而激光切割、高压水切割、激光-电弧复合热源焊接、搅拌摩擦焊等专用工艺也有应用。

（3）铝合金车体及总装调试作业环境要求（温度、湿度、洁净度）十分严格，能耗大。

2. 轨道车辆厂（高铁及动车组客车）生产工艺流程（图2-16）

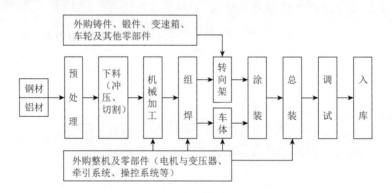

图2-16 轨道车辆厂生产工艺流程

3. 轨道车辆厂主要生产系统用能区域及工序/设备设施（表2-22）

表 2-22 轨道车辆厂主要生产系统用能区域及工序 / 设备设施

区域（部门）	主要用能工序 / 设备设施			能源		能耗占比 /%
	工序	设备设施		主要	辅助	
车体车间	铝材下料	高压水切割机、激光切割机	通风恒温恒湿净化系统	电力	新水、氮气	22～28
	铝材成形	蒙皮成形机、数控折弯机、拉弯成形机		电力		
	铝材加工	起重机、铝合金龙门加工中心		电力	压缩空气、新水	
	铝车体焊接分装	铝合金氩弧焊机（MIG、TIG）、搅拌摩擦焊机、激光 - 电弧复合热源焊机		电力	氩气、新水、纯化水	
转向架车间	钢材下料	压力机、剪板机、数控切割机、激光切割机	通风除尘系统	电力	氧气、可燃气、新水、压缩空气、氮气	25～30
	构架焊接	钢材 MAG 焊机、焊接机器人、焊接烟尘除尘器		电力	二氧化碳气、氩气、新水	

续表

区域	主要用能工序 / 设备设施			能源		能耗占比 /%
（部门）	工序	设备设施		主要	辅助	
转向架车间	构架退火	台车式退火炉、抛丸清理机	通风除尘系统	电力、天然气	压缩空气	25～30
	转向架加工	数控机床、加工中心		电力	压缩空气	
	转向架装配	轮对压装机、起重机、电动工具、风动工具		电力	压缩空气	
涂装车间	预处理	喷砂机、打磨机	通风净化系统	电力	压缩空气	15～20
	底中面漆喷涂	调漆系统、喷涂机、喷涂机器人、阻尼浆喷涂机		电力	压缩空气	
	涂层烘干	烘干室		电力	蒸汽、热力	
总装车间	车体总成焊接	车体大部件焊接机械手、车体总成焊接机器人、车体称重设备	通风恒温恒湿净化系统	电力	氩气、新水	20～25
	预组装	移动式直流电源车、装配用空压机、电动工具、风动工具、起重设备		电力	压缩空气、新水	
	各总成总装配					
调试检测车间	单车调试	车体称重设备、电气调试设备、机械调试设备、淋雨检测设备		电力	压缩空气、新水	5～8
	整列调试	DC110V 电源供电设备、AC25kV 内供电试验设备				
	动调试验	轨道试车线				

（三）飞机制造（主机）厂

1. 飞机制造（主机）厂产品制造工艺及用能特点

（1）产品结构复杂、零部件数量庞大，是科技含量最高的大型机械产品

飞机零件品种多，数量大，不算标准件，整机由10万多个零件、几百台机电仪表设备构成；零件形状复杂，互换性要求高，制造难度大。

（2）生产批量不大，但生产准备工作量很大，必须自制大量专用装备

整机厂一般均设有技术装备厂，用于生产种类繁多的工模夹卡具，主要用于特种成形及装配工艺。

（3）生产工艺复杂，工艺种类多、特殊材料多、特殊工艺方法多（三多）

主机厂一般除外购发动机、起落架、传动系统、操纵系统及各种机载设备外，机身、机翼、尾翼及其配套的零部件及专用技术装备均自行生产，因而主机厂的生产工艺仍比较复杂，具体表现为三多。

1）共性制造工艺种类多且齐全。铸造、锻造、焊接、热处理、冲压、机械加工、电镀、涂装、装配九大典型工艺齐全，尤以焊接、冲压、机械加工、装配四大工艺工作量最大。

2）特殊材料多。70%～80%为铝、镁、钛等高比强轻合金，10%～15%为碳纤维增强复合材料、胶接结构材料、工程塑料、玻璃橡胶等非金属材料，其余为合金钢。

3）特殊工艺方法多。如复合材料成形、胶接结构成形、蒙皮超塑及喷丸等塑性成形；高压水切割、化学铣削等特种加工；铆接、胶接、真空钎焊等装配工艺及特有的试飞检验。

（4）能源种类多，主要耗能工序及设备设施分散，能源管理及控制尤应点面结合

2. 飞机主机厂生产通用工艺流程（图2-17）

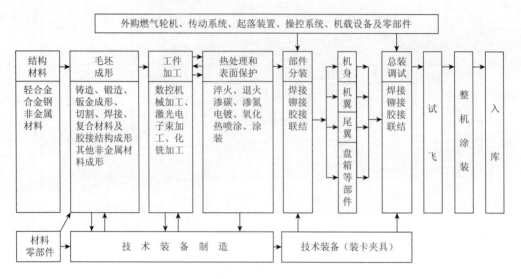

图2-17　飞机主机厂生产通用工艺流程

3. 飞机主机制造厂主要生产系统用能区域及工序/设备设施（表2-23）

表2-23　飞机主机厂主要生产系统用能区域及工序/设备设施

区域（部门）	主要用能工序/设备设施			能源	
	工序	设备设施		主要	辅助
复合材料车间	复合材料成形加工	清洗及预处理设备、铺贴设备、喷胶设备、真空热压固化罐、高压水切割机	通风净化恒温恒湿系统	电力	蒸汽、压缩空气、氮气、新水
	胶接结构成形加工				
	其他非金属成形加工	注塑机、玻璃零件成形机、橡胶零件成形机、硫化机			
铸锻车间	熔模铸造	感应电炉、压蜡机、制壳机、型壳焙烧炉、清理设备	通风除尘系统	电力、天然气、蒸汽	压缩空气、新水、软化水、氧气、乙炔
	压力铸造	感应电炉、高压铸造机、差压铸造机、挤压铸造机			
	锻造	锻坯加热炉、锻锤、热模锻压力机、摩擦压力机			
钣金车间	常规冲剪压	剪板机、机械压力机、液压压力机、起重机		电力	压缩空气、新水
	特种塑性成形	蒙皮成形机、壁板成形机、型材拉弯机、整体壁板压弯/喷丸成形机、超塑成形机			

续表

区域 （部门）	主要用能工序 / 设备设施			能源	
	工序	设备设施		主要	辅助
钳焊 车间	管材、油箱成形	管材成形机、油箱成形机	通风 除尘 系统	电力	氩气、氮气、 新水、软化水
	焊接	氩弧焊机、激光焊机、电阻焊机			
加工 车间	机械加工	普通机床、数控机床、多轴加工中心	中央 空调 净化 系统	电力	压缩空气、新 水、氮气
	特种加工	化铣加工成套设备、激光电子束加工设备			
热表 车间	整体热处理	箱式炉、井式炉、台车炉、盐浴炉	通风 除尘 净化 系统 污水 处理 站	电力、 天然气	新水、软化水、 压缩空气
	表面及化学热处理	渗碳炉、渗氮炉、感应加热炉			
	电镀及氧化	电镀生产线、阳极氧化化学氧化线、磷化线			
技术装 备车间	零件成形加工	钢材剪板机、热切割机、二氧化碳气保焊机、普通机床、专用机床	通风 除尘 系统	电力	氧气、天然气、 压缩空气、新水
	工装装配	电动工具、气动工具、起重机			
装配 车间	部件分装	铆接机、胶接设备、真空钎焊设备、电动工具、气动工具、专用装夹具、起重设备	中央 空调 恒温 恒湿 净化 系统	电力、 航空 煤油	压缩空气、新 水、氮气
	飞机总装				
	调试检测	称重设备、发动机试验台、各种性能检测设备			
试飞站	试飞	试飞站及其机电设备、通信设备、气象设备、地面设备等		航空 煤油	电力、柴油
	整机涂装	整机涂装房及喷涂设备、通风净化设施		电力	压缩空气、新水

第四节　辅助及附属生产用能系统通用用能设备能耗特点

一、辅助生产用能系统通用用能设备能耗特点

（一）配变电及电机系统

1.配变电及电机系统的功能及用能设备的配备

配变电系统是由配电系统和输电系统组成，从电力高压端进入企业到用电设备的系统。配变电系统主要由变压器、配电柜、电容器、输电线路等组成。

机械制造企业的用电设备主要有电机系统、电热系统及照明系统。其中电机系统是应用最普遍且用量最大的部分，而且主要消耗于辅助生产系统。

电机广泛应用于机械制造企业的各类设备中，除金属切削机床、铸造锻压设备、其他成型加工设备等主要生产系统设备直接由电机驱动外，其他如风机、水泵、空压机、制冷空调设备、通风除尘设备、起重运输物流设备等辅助生产设备也都是由电机驱动的。电机系统是企业所有应用电动机产生的机械能作为动力的机电设备的统称。

2. 配变电及电机系统的能耗特点

（1）配变电系统能耗特点

配变电系统可以理解为电能的加工转换及传送分配系统，其本身不消耗能源，但是在加工转换及传送分配过程中存在损耗，主要是其损耗量约占全国发电量的6.6%，包括变压器损耗、输电线路损耗等，其中配电变压器损耗占总损耗量的40% ～ 50%。

（2）电机系统能耗特点

电机系统是主要用电终端，其自身技术结构和经济运行直接影响它的能耗大小。我国发布的《高耗能落后机电设备（产品）淘汰目录》中的落后电机能耗明显高于《"节能产品惠民工程"高效电机推广目录》中的高效电机，这是电机自身技术结构的问题；运行工况周期变化或变化不定的电机加与不加变频调速等技术进行节能改造，能耗区别也很大，这是电机能否发挥最大节能潜力从而实现经济运行的问题。所以机械工厂电机系统有很大的节能潜力。

（二）供热供冷及空气净化系统

1. 供热供冷及空气净化系统的功能及用能设备的配备

供热系统一般由工业锅炉及其辅机以及蒸汽（热水）管道组成；供冷系统一般由制冷机组和辅机及其管道组成；空气净化系统一般由风机、净化设备及管道、排气筒组成。

2. 供热供冷及空气净化系统的能耗特点

（1）供热系统能耗特点

企业供热系统在我国南北方差异很大，处于北方的企业不仅要满足工艺供热需求，还要保证冬季采暖，所以无论其是否配备工业锅炉，一般能耗折标煤后至少占总能耗的1/3甚至50%以上。而南方企业冬季不须采暖，供热系统主要是满足清洗、涂装、表面处理等工艺需求，其能耗相对要低很多。

（2）供冷系统能耗特点

企业供冷系统在我国南北方差异同样很大，处于北方的企业一般不配备中央空调集中供冷，需供冷也是由于工艺需求，如焊接和涂装过程的供冷能耗较大。而处于南方尤其是沿海沿江城市，夏季高温炎热，通常要配备多台制冷机组，保证员工工作环境的温度要求，同时兼顾工艺需求，所以这些企业供冷能耗折标煤后占总能耗的比例较高。

（3）空气净化系统能耗特点

企业空气净化系统的能耗高低主要取决于机械工厂的制造工艺特点，热加工（特别是铸造）及表面保护作业，粉尘、烟尘、酸碱雾、VOC等大气污染物严重，通风净化系统数量多、功率大、运转时间长，能耗及其占比就很大。

（三）供水及污水处理系统

1. 供水及污水处理系统的功能及用能设备的配备

供水及污水处理系统主要由水泵、离心机、预处理格栅和筛网、隔油池、调节池、反应罐、污泥脱水机、曝气机、气浮机和臭氧发生器等设备组成。

2. 供水及污水处理系统的能耗特点

供水及污水处理系统设备设施虽然很多，但主要使用的能源为电力，耗能最大的设备是各种水泵。

影响水泵的能耗因素有两个：一个是水泵电机的型号及其频率；一个是运行时间及其负载变化。污水处理的其他设备能耗由于处理过程及深度不同差异性很大，通常具有硝化作用的深度处理能耗最高，活性污泥法能耗相对低些，一级过滤处理最为简单，能耗也最低。

二、附属生产用能系统通用用能设备能耗特点

（一）照明系统

1. 照明系统的功能及用能设备的配备

传统意义上的机械工厂照明系统光源为白炽灯，后来发展到紧凑型荧光灯、高效金属卤化物灯和高压钠灯，随着科技发展，LED 半导体光源成为新型的节能型光源。

2. 照明系统的能耗特点

传统照明系统主要消耗电能，能耗由电光源本身的特性、灯具的布置和开灯时间决定；随着科技发展，新型照明系统演变成由太阳能光伏供电，使得企业照明能耗大大降低。

（二）生活后勤服务系统

1. 生活后勤服务系统的功能及用能设备的配备

生活后勤服务系统主要包括厂区食堂、值班倒班宿舍、浴室、洗衣房、健身中心等。在能源管理体系中，生活后勤服务用能只针对厂区内与生产直接相关的能耗。

2. 生活后勤服务系统的能耗特点

生活后勤服务系统主要消耗电能、天然气、燃油等，但由于其附属生产的性质，在企业中能耗是最低的，往往不到总能耗的3%。

第五节　我国机械制造企业实施能源管理体系的迫切性和必要性

我国机械制造业是我国国民经济的重要支柱产业，肩负着为我国国民经济发展和国防建设提供技术装备的重任，是我国工业现代化建设的发动机和动力源。经过几十年的持续发展，按总产值计，我国已成为全球第一机械制造大国（详见本书第二章第一节）。

能源管理体系是促进企业全面承担社会责任的四大通用管理体系（QMS、EMS、

OHSMS、EnMS）之一，它以降低企业能源消耗及能源成本，提高能源利用效率为目的，是促进企业和全社会可持续发展的现代企业战略理念和实用管理工具，机械制造企业应当积极建立与实施。

本节从以下几个方面论述我国机械制造企业实施能源管理体系的迫切性和必要性。

一、我国机械制造业的用能现状分析和节能工作重点

（一）我国机械制造业用能现状分析

1. 机械产品本身是耗能、耗材大户

（1）机械产品在使用中是最大的耗能载体

机械产品在使用中消耗大量能源。其中燃煤锅炉（包括发电锅炉和工业锅炉）消耗全国约2/3的煤炭；内燃机及燃气轮机消耗全国约60%石油制品。由电动机组成的电机系统用电约占全国总用电量的64%。

（2）机械产品在使用中也是最大的耗材大户

大量机械产品（特别是作为生产资料的产品）的加工对象是矿石、金属或非金属、农作物等原材料，机械产品的使用性能优劣直接决定节材效果。

2. 机械产品的加工制造过程也是耗能、耗材大户

（1）机械产品加工制造过程也消耗大量能源

机械产品加工制造过程即机械制造业本身因整体技术含量及附加值较高，故单位产值综合能耗明显低于冶金、建材、化工等高耗能工业，但因机械制造业产业规模大、厂点多、生产工艺流程长、耗能工艺及设备分散、存在大量热加工工艺等特点，总能耗也相当大，因而有巨大节能潜力。

（2）机械产品加工过程使用大量高耗能产品作为原辅材料

1）作为机械产品结构材料消耗的钢材、铸造生铁、铝铜镁钛等有色金属，占全国消耗总量的1/3～1/2，甚至全部（铸造生铁），是最大的金属材料消耗大户。

2）作为机械制造工艺材料消耗大量润滑剂、淬火介质、切削液、黏接剂、添加剂等各种辅助材料，这些材料有的本身是二次能源制品，有的是高耗能产品。

3）根据以上两种情况，在机械产品生产过程中，节材即节能，是间接节能、广义节能。

3. 与国际同行业先进水平存在较大差距

我国机械工业节能管理及能耗能效水平与国际先进水平存在以下几方面的差距。

（1）能源管理总体来讲还处于粗放落后阶段

我国机械工业摊子大，厂点多，节能减排工作发展不平衡，除少数骨干企业能源管理比较先进正规外，相当多中小企业还处于"能源管理无计划，分配无定额，使用无依据，考核无计量，损失无监督，浪费无人爱，节能无目标，改进无措施"的粗放落后阶段。

（2）自觉遵守能源法规的意识不强、力度不够

我国近年来已逐步建立较系统的能源法律法规标准体系，但企业自觉识别、应用并遵

守还有相当大的差距。一是绝大多数标准（包括能耗及能效限额）为推荐性，企业很少主动关注；二是有些标准内容落后、陈旧；三是对某些重要的标准如何理解及应用不统一（如综合能耗如何计算）。

（3）机械行业自身的产业、技术、能源结构不合理

全行业还存在大量高耗能的落后产能，包括生产高耗能的低端机械产品，采用落后的制造工艺及用能设备，使用高污染或综合能效低的能源等。

（4）全行业及重点用能分行业、重要基础工艺及毛坯件的能耗能效水平低下

单位产品及产值的综合能耗大多比国际先进水平高一倍左右。材料综合利用率、工艺出品率、水循环利用率等相关指标大多比国际先进水平相差10% ～ 15%。

（二）我国机械制造业节能工作重点

1. 机械工业节能降耗的行业重点——某些能耗高的小行业

与冶金、建材、电力、化工等高耗能工业相比，机械全行业的单位产值能耗不高，但机械行业的某些小行业同期的单位产值综合能耗远高于机械全行业3 ～ 7倍，见表2-24。

表2-24　2008 年机械工业全行业与不同小行业能耗水平对比

行业类别		能源消费合计		工业总产值		单位产值综合能耗 /（kgce/万元）	综合能耗比值
		万 tce	比重 /%	亿元	比重 /%		
机械工业全行业		7632.32	100.00	94043.80	100.00	81.2	1
高能耗小行业	石墨及碳素制品制造	525.75	6.89	870.55	0.93	603.9	7.44
	其他非金属矿物制品制造	408.16	5.35	905.37	0.96	450.8	5.55
	特种陶瓷制品制造	143.63	1.88	377.47	0.40	380.5	4.69
	钢铁铸件制造	836.01	10.95	3011.27	3.20	277.6	3.42
	锻件及粉末冶金制造	324.12	4.25	1469.67	1.56	220.5	2.72
低能耗小行业	文化办公设备制造	30.57	0.40	1460.7	1.55	20.9	0.26
	仪器仪表制造	157.24	2.08	3584.4	3.81	43.9	0.54

表中同时列出同期的单位产值综合能耗最低的两个小行业的数值，可看出其与高能耗小行业的数值相比，最高相差近30倍。虽然国家未将机械制造业列为高耗能行业，但其中某些机械小行业在全行业内应视为高耗能行业，是机械行业节能降耗的行业重点。

2. 机械工业节能降耗制造工艺重点——热加工及表面保护工艺

铸造、锻压、热处理、焊接（简称"铸锻热焊"）四大热加工工艺及涂装、电镀等表面保护工艺是机械工业节能降耗的工艺重点，此两大类工艺及与其配套的电机系统（供配电、通风除尘、除湿、空调制冷、物流传送等）耗能占总能耗的80% ～ 95%，而且这些基础工艺的单位产量或产值的综合能耗平均比工业发达国家高出约一倍，有巨大节能潜力。

二、实施 EnMS 是企业应对多种挑战和风险的治本之策

（一）中国企业面临的节能降耗挑战

1."十二五"各级发展规划的节能降耗要求

（1）"十二五"规划提出更严的约束性节能降耗指标

1）非石化能源占能源消费比重从8%提高到11.4%；单位GDP能耗降低16%。

2）单位GDP用水量降低30%；二氧化碳排放量降低17%。

（2）《工业节能"十二五"规划》对工业企业提出加严要求

1）规模以上工业增加值能耗下降21%（比全国严5%）。

2）"十二五"期间工业企业实现节能量6.7亿吨标煤。

（3）"十二五"对重点用能企业提出更加严格要求

1）《万家企业节能低碳行动实施方案》对1.7万多家重点用能企业在原十项基本要求之外又提出十项附加要求。

2）《关于加强万家企业能源管理体系建设工作的通知》要求重点用能企业到"十二五"末建立符合《能源管理体系 要求》(GB/T 23331)的企业能源管理体系。

2."十三五"及未来二十年中国企业将面临更大节能减排责任与挑战

（1）我国将持续成为全球最大的能源消费及碳排放大国

我国已超过美国成为全球最大的能源消费及碳排放大国，由于我国人均消费及排放量还远低于美国等工业大国，且还得保持较高增长速度，这种"老大"还将持续很长一段时期，节能减排任重道远。

（2）节能减排将成为我国政府和企业的长期战略任务及国际社会责任

我国政府及领导人已在多个国际会议正式承诺：至2030年使中国的碳排放达到峰值后逐步降低。为此发布《国家应对气候变化规划（2014～2020年)》，提出了中国2020年前应对气候变化主要目标和重点任务，明确将"节能与提高能效""优化能源结构"作为达标的具体措施。

（3）"国家十三五规划纲要"将"绿色发展"作为未来发展战略的五大理念之一

（4）"国家十三五规划纲要"提出10项有关资源环境的约束性指标（表2-25）

表2-25 "十三五"期间我国资源环境的 10 项约束性指标

资源环境指标	2015 年	2020 年	年均增速［累计］
① 耕地保有量 / 亿亩	18.65	18.65	[0]
② 新增建设用地规模 / 万亩	—	—	[<3256]
③ 万元 GDP 用水量下降 /%	—	—	[23]
④ 单位 GDP 能源消耗降低 /%	—	—	[15]
⑤ 非化石能源占一次能源消费比重 /%	12	15	[3]
⑥ 单位 GDP 二氧化碳排放降低 /%	—	—	[18]

续表

资源环境指标		2015 年	2020 年	年均增速 [累计]
⑦ 森林发展	森林覆盖率 /%	21.66	23.04	[1.38]
	森林蓄积量 / 亿立方米	151	165	[14]
⑧ 空气质量	地级及以上城市空气质量优良天数比率 /%	76.7	>80	—
	细颗粒物（PM2.5）未达标地级及以上城市浓度下降 /%	—	—	[18]
⑨ 地表水质量	达到或好于Ⅲ类水体比例 /%	66	>70	—
	劣Ⅴ类水体比例 /%	9.7	<5	—
⑩ 主要污染物排放总量减少 /%	化学需氧量			[10]
	氨氮	—	—	[10]
	二氧化硫			[15]
	氮氧化物			[15]

注：1. [] 内为 5 年累计数。
　　2. PM2.5 未达标指年均值超过 35 μg/m³。

（二）"十二五"及"十三五"各级规划及法规政策对机械行业提出更严要求

1.《工业节能"十二五"规划》对机械行业的加严要求

1）2015年全机械行业单位工业增加值能耗比2010年下降22%（比全国严6%，比工业严1%）。

2）铸件单位产品综合能耗下降20%，吨铸件达480千克标煤。

3）内燃机燃油消耗降低10%；2级以上能效电机应用比例达80%；节能型乘用车百公里平均油耗达5.9L。

2.《机械基础件、基础工艺和基础材料产业"十二五"规划》的具体要求

1）机械全行业原材料利用率提高10%。

2）吨合格铸件、锻件、热处理件能耗分别减少0.12、0.08吨标煤和150kW·h。

3."中国制造2025"提出更加严格的"十三五"制造业节能减排指标

1）单位GDP能耗降低18%（全国为15%）。

2）单位GDP二氧化碳排放降低22%（全国为18%）。

4.《铸造行业准入条件》法规规章正式颁布实施

2013年5月10日工信部已（2013年第26号公告）颁布机械行业首个分行业准入条件，将企业规模、产品质量、环境保护、能源消耗等9类具体指标作为铸造企业准入的强制性门槛。

（三）企业通过优化能源管理抵御其他风险与压力

1. 财务成本及市场竞争的风险及压力

（1）优化能源管理将显著降低企业产品成本

企业经营管理三大成本（材料、劳动力、能源）中两项与优化能源管理相关，产品成本与节能直接相关，与节材也有一定关联。据统计，我国近十年来（2004～2014年）工

业用电价格涨幅近60%，天然气价格涨幅更高达138%。

（2）全面承担社会责任是当代企业竞争力的重要体现

产品质量、节能降耗、降污减排、安全生产是"CSR企业社会责任的四大关键核心议题和指标"。

2. 能源与环境法规要求不断加严的风险及压力

（1）一系列法规对万家重点用能企业提出加严的强制要求（详见本书第四章第二节）

（2）"能耗能效"及"大气污染物排放"限值标准也不断加严

我国近年已不断推出并将继续推出加严的重点用能工艺、产品的能耗能效标准及大气污染物排放等强制标准。（详见本书第三章第四节）

（3）碳交易和节能量交易机制及能源税收、二氧化碳税收的试点

我国发改委已正式发布《碳排放权交易试行试点》并于2013年先在七省市（北京、上海、天津、重庆、广东、深圳和湖北）试点，目前全球已达上千亿美元的市场，预计2020年将达3.5万亿美元市场规模。

三、实施 EnMS 能充分抓住发展机遇，适应社会发展潮流

（一）节能降耗符合世界制造业发展趋势和潮流

1. 制造业两大发展趋势——智能制造和绿色制造

（1）智能制造

对人强调安全性和友好性，对环境要求无污染、省能源，对社会提倡合作双赢。

（2）绿色制造

现代制造模式，目的是使产品的整个生命周期对环境的负面影响最小，对能源资源的利用率最高；使企业的经济效益和社会效益协调优化。

2. 节能降耗是绿色制造的重要内涵和基础

绿色制造包括三大内涵——节能降耗、降污减排和健康安全。节能降耗不仅是绿色制造的重要内涵，也是确保其实现的重要基础。因为能源过度和不合理消耗产生的烟尘、SO_2、NO_X、CO_2等有害气体，不仅严重污染大气，也是诱发尘肺、中毒等职业危害的根源。

（二）全面承担社会责任，促进全社会和企业自身可持续发展

（1）承担企业社会责任，促进全社会可持续发展

通过实施EnMS,企业实现节能降耗，为全社会可持续发展作贡献。

（2）降低企业成本，实现企业自身可持续发展

通过实施EnMS，企业不仅降低能耗成本，还可提高企业的知名度，获得良好的社会信誉，从而更好地实现自身可持续发展。

（三）EnMS是充分挖掘企业节能潜力的现代科学管理方法

1. 我国机械制造业有巨大的节能潜力

1）能源管理粗放落后，有巨大的管理节能潜力。

2）存在大量产品、工艺、设备等落后产能，技术节能和结构调整节能潜力也十分巨大。

2. 节能降耗，一靠技术，二靠管理（科学管能、合理用能）

1）单靠技术并不能充分挖掘节能潜力。

2）科学能源管理助力节能技术发挥最大效果。

3. 规范化、系统化、文件化的管理体系是当代国际通行的管理模式

1）EnMS是科学管理和节能技术的完美组合。

2）EnMS为节能技术的应用及发挥最好效果提供良好平台。

四、机械制造业实施能源管理体系的作用小结

（一）提升管理水平，持续提高能源绩效的现代管理方法

1. 应用过程方法对企业能源管理流程的六大环节从纵向实施全过程控制

只有实施EnMS，才能自觉地应用过程方法对企业能源管理流程六大环节——能源设计、采购存储、加工转换、分配输送、终端使用和余能利用从纵向实施全过程有效控制，从而持续提高能源绩效。

2. 应用系统的管理方法对企业三大生产用能系统从横向实施全方位监控

只有实施EnMS，才能主动地应用系统管理方法对企业三大生产用能系统——主要、辅助、附属生产用能系统从横向实施全面监控，并通过三级监控机制确保持续提高能源绩效。

（二）充分发挥并挖掘各种节能潜力的有效增值工具

1. 充分挖掘结构调整节能潜力

通过EnMS实施，分析内外环境、抓住发展机遇、采用清洁能源、优化产品结构，实现结构调整节能。

2. 充分发挥技术节能潜力

通过EnMS实施，贯彻能源方针、落实节能目标、完成节能指标、实施管理方案，实现技术节能。

3. 充分发挥管理节能潜力

通过EnMS实施，人员规范操作、设备经济运行、科学生产调度、深挖节能潜力，实现管理节能。

（三）促进企业和全社会可持续发展的现代企业发展战略理念

1. 企业勇担节能降耗社会责任，做有社会责任感的企业公民

通过EnMS实施，各级管理层以身作则，企业全体员工节能意识普遍提高，自觉遵守能源法律法规蔚然成风；节能降耗将逐步成为人人遵循的企业文化和发展战略理念。

2. 满足各利益相关方需求以实现经济、社会、环境综合绩效最大化

企业在实施QMS/EMS/OHSMS的基础上，如再实施EnMS，将使企业在分别满足顾客/

环境/员工等相关方的期望和需求的基础上，进一步充分满足经济/社会/环境等各利益相关方的不同期望与需求，从而实现经济/社会/环境综合绩效最大化。

综上所述，我国机械制造企业通过实施EnMS将能更好地迎接各种挑战，抓住各种机遇，通过降低能耗、提高能效为更全面地承担社会责任做贡献。

本章编审人员

主　编：付志坚

编写人：付志坚　方辉　张森　龚雨　张天宇　李冠群　陈宏仁

主　审：房贵如

第三章

能源管理体系标准的理解和实施要点

第一节　标准概述与能源管理体系结构

一、能源管理体系标准概述与"引言"要点

（一）企业EnMS的认证要求和实施指南标准

中国国家质监总局和标准化管委会于2012年12月31日同日发布（2013年10月1日同日实施）的GB/T 23331—2012《能源管理体系 要求》和GB/T 29456—2012《能源管理体系 实施指南》两项国家标准，为我国各类组织建立及实施能源管理体系分别提供了通用认证要求和实施指南。

为指导不同行业的组织更好地结合行业用能特点实施并通过EnMS认证，中国国家认证认可监督管理委员会（CNCA）相继发布了十余个重点用能行业企业认证要求的细化标准。其中已发布的RB/T 119—2015《能源管理体系 机械制造企业认证要求》与GB/T 23331—2012《能源管理体系要求》配套使用，构成机械制造企业能源管理体系建立、实施及认证的依据。

综上所述，我国不同行业各类组织建立、实施并通过EnMS认证一般要依据并参照表3-1所示的三个标准。

表3-1　我国不同行业各类组织 EnMS 的认证要求和实施指南标准

序号	标准代号及名称	适用范围	内容要点	标准来源
1	GB/T 23331—2012《能源管理体系 要求》	所有行业、类型和规模的组织	提出所有行业 EnMS 的通用认证要求	等同转化自 ISO 50001:2011 标准
2	RB/T ×××—201×《能源管理体系 ×× 行业（企业）认证要求》	某个具体行业的企业及组织	提出某个具体行业 EnMS 的认证细化要求	中国认监委组织制定并发布
3	GB/T 29456—2012《能源管理体系 实施指南》	所有行业、类型和规模的组织	提出所有行业 EnMS 的实施指南	中国质监总局及标委会发布

（二）机械行业应用的三个EnMS标准的功能及结构比较

1. GB/T 23331—2012/ISO 50001:2011《能源管理体系 要求》

（1）功能目的

该标准为国内外通用性的EnMS认证标准，适用于各个行业所有类型和规模的企业，不受其地理位置、文化及社会条件等影响。标准制定的目的在于引导企业建立能源管理体系和必要的管理过程，提高其能源绩效，包括提高能源利用效率和减低能源消耗。通过实施运用系统的能源管理，降低能源成本、减少温室气体排放及其他相关环境影响。

（2）标准内容结构

引言

1）范围；

2）规范性引用文件；

3）术语与定义；

4）能源管理体系要求。

附录A （资料性附录）标准使用指南

附录B GB/T 23331—2012、GB/T 19001—2008、GB/T 24001—2004和GB/T 22000—2006之间的联系（表B.1）

2.《能源管理体系 机械制造企业认证要求》(RB/T 119—2015)

（1）功能目的

该标准是我国专门针对机械制造行业制定的认证认可行业标准，根据机械制造企业能源使用和管理实际情况和用能特点制定，规定了机械制造企业的能源管理体系的认证要求，是GB/T 23331—2012在机械制造企业的具体要求，是对GB/T 23331—2012的细化。中联认证中心作为主要起草单位之一，为该标准提供了大量技术内容与案例。该标准与GB/T 23331—2012配套使用，共同构成机械制造企业EnMS建立、实施及认证的依据。

（2）标准内容结构

标准目录及一、二级条款结构与GB/T 23331—2012标准完全相同，增加了29个三级条款以对能源管理体系认证要求予以行业细化。

另增设三个资料性附录，用以对机械制造企业提供细化的实施EnMS指南。

附录A 机械制造行业能源管理基本情况

附录B 机械制造行业能源管理体系评审和策划应用示例

附录C 机械制造行业能源管理主要的法律法规、标准及其他文件目录

3. GB/T 29456—2012《能源管理体系 实施指南》

（1）功能目的

该标准为通用性的标准实施指南，同样适用于所有类型和规模的企业，可以指导企

业更好地理解和实施GB/T 23331—2012标准，建立及实施能源管理体系，规范能源管理行为。通过该标准的实施，企业能够建立节能遵法贯标机制，获取并落实节能法律法规、政策、标准和其他要求；建立全过程的能源管理控制机制，促进能量系统优化匹配；建立节能技术进步机制及节能文化建设机制。

（2）标准内容结构

标准目录及条款结构完全同于GB/T 23331—2012标准，另附有：附录A（资料性附录）能源管理体系策划与能源评审示例。

（三）GB/T 23331—2012/ISO 50001:2011标准"引言"内容要点

本标准的"引言"言简意赅，以精练的语言给出本标准的制定目的和预期效果；规定了本标准的适用范围、用途、实施方式和使用条件，并要求EnMS应基于PDCA运行模式，使能源管理融入组织的日常活动中。

1. 制定目的

引导组织建立能源管理体系和必要的管理过程，提高其能源绩效，包括提高能效和降低能耗。

2. 预期效果

旨在通过系统的能源管理，通过有限能源的有效使用，降低能源成本、减少温室气体排放及其他环境影响，提高企业竞争力。

3. 适用范围

适用于所有类型和规模的组织及所有类型的能源。

4. 标准用途

该标准可用于对组织能源管理体系进行认证、评价和组织的自我声明。

5. 实施方式

该标准规定了能源管理体系的要求，使组织能根据法律法规要求和主要能源使用的信息来制定和实施能源方针，建立能源目标、指标及能源管理实施方案。控制组织的各项活动，并可根据体系的复杂程度、文件化程度及资源等特殊要求灵活运用。

6. 使用条件

该标准除要求在能源方针中承诺遵守适用的法律法规和其他要求外，并未对能源绩效水平提出绝对要求，所以两个从事类似活动但具有不同能源绩效水平的组织，可能都符合本标准的要求。

7. 运行模式

该标准基于策划—实施—检查—改进的（PDCA）持续改进模式，使能源管理融入组织的日常活动中（图3-1）。

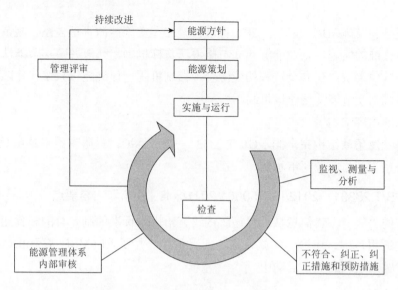

图3-1 能源管理体系运行模式

二、能源管理体系结构及其 PDCA 运行模式

(一) 能源管理体系的条款结构

1. 标准第4章规定了能源管理体系要求

第4章（4 能源管理体系）由7个一级条款（4.1～4.7）和25个二级条款构成（参见表3-2），这些条款分别规定了能源管理体系的各种要求，共同构成能源管理体系的条款结构。

表 3-2 ISO 50001 标准的条款构成

序号	一级条款		序号	二级条款	
	条款名称	条款号		条款名称	条款号
1	总要求	4.1	1	总要求	4.1
2	管理职责	4.2	2	最高管理者	4.2.1
			3	管理者代表	4.2.2
3	能源方针	4.3	4	能源方针	4.3
4	策划	4.4	5	总则	4.4.1
			6	法律法规及其他要求	4.4.2
			7	能源评审	4.4.3
			8	能源基准	4.4.4
			9	能源绩效参数	4.4.5
			10	能源目标、能源指标和能源管理实施方案	4.4.6
5	实施与运行	4.5	11	总则	4.5.1
			12	能力、培训与意识	4.5.2
			13	信息交流	4.5.3
			14	文件	4.5.4

续表

序号	一级条款		序号	二级条款	
	条款名称	条款号		条款名称	条款号
5	实施与运行	4.5	15	运行控制	4.5.5
			16	设计	4.5.6
			17	能源服务、产品、设备和能源采购	4.5.7
6	检查	4.6	18	监视、测量与分析	4.6.1
			19	合规性评价	4.6.2
			20	能源管理体系的内部审核	4.6.3
			21	不符合、纠正、纠正措施和预防措施	4.6.4
			22	记录控制	4.6.5
7	管理评审	4.7	23	总则	4.7.1
			24	管理评审的输入	4.7.2
			25	管理评审的输出	4.7.3

2. 7个一级条款及25个二级条款构成了能源管理体系（图3-2）

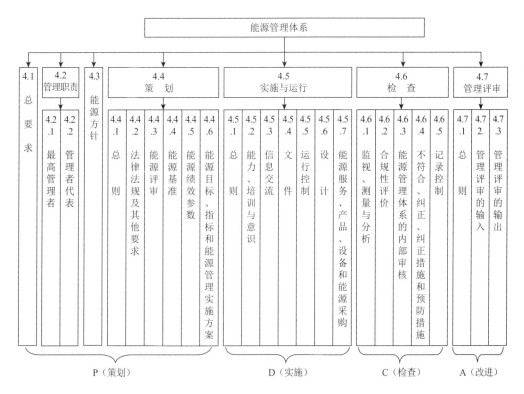

图3-2 能源管理体系构成及PDCA模式图

从表3-2和图3-2可看出，"4.1总要求"及"4.3能源方针"由于无下设的二级条款（要求条款），所以可将其视为同时兼有一级条款和二级条款的地位和功能（有具体要求）。7个一级条款完全按"PDCA"顺序排列。

（二）标准条款与EnMS"PDCA"运行模式的关系

图3-2和图3-3均形象地给出标准条款与EnMS"PDCA"运行模式的对应关系。

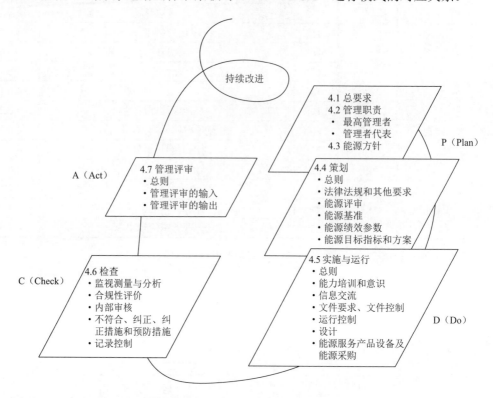

图3-3　能源管理体系"PDCA"运行模式与标准条款的关系

1）7个一级条款（4.1～4.7）完全按"PDCA"顺序排列。

2）4个一级条款（4.1～4.4）及其下的10个二级条款共同构成EnMS的"策划"阶段。

3）1个一级条款"4.5"及其下的7个二级条款构成EnMS的"实施"阶段。

4）1个一级条款"4.6"及其下的5个二级条款构成EnMS的"检查"阶段。

5）1个一级条款"4.7"及其下的3个二级条款构成EnMS的"改进"阶段。

第二节　术语与定义理解要点

GB/T 23331—2012标准中第三章"3术语与定义"共有28个术语，其中管理体系通用术语13个，能源管理体系专用术语15个。

能源管理体系专用术语有：3.5能源、3.16能源服务、3.18能源使用、3.7能源消耗、3.27主要能源使用、3.8能源效率、3.12能源绩效、3.15能源评审、3.6能源基准、3.13能源绩效参数、3.9能源管理体系、3.10能源管理团队、3.14能源方针、3.11能源目标、3.17能源指标。

管理体系通用术语有：3.22组织、3.26范围、3.1边界、3.28最高管理者、3.19相关方、

3.24程序、3.25记录、3.20内部审核、3.21不符合、3.3纠正、3.4纠正措施、3.23预防措施、3.2持续改进。

一、能源管理体系专用术语讲解

> ### 3.5 能源 energy
> 电、燃料、蒸汽、热力、压缩空气以及其他类似介质。
> 注1：在本标准中，能源包括可再生能源在内的各种形式，可被购买、储存、处置、在设备或过程中使用以及被回收利用。
> 注2：能源可被定义为一个系统产生外部活动或开展工作的动力。

1. 术语定义的理解要点

按照本标准的术语定义，能源是指可以产生各种能量（如热能、电能、光能和机械能等）或可做功的物质的统称，包括：电、燃料、蒸汽、热力、压缩空气以及其他类似介质。标准的注1强调此处的能源一般指商品能源；注2强调能源在系统中的用途和作用是产生外部活动或提供动力。

2."能源"的各种不同定义及不同分类方法

目前能源的定义有20多种，能源的分类方法也多达近十种，如"一次能源"与"二次能源"、"可再生能源"与"不可再生能源"、"清洁能源"与"非清洁能源"等的不同划分，相关内容详见本书第一章第一节之"一、能源的各类定义及分类方法"。

3."耗能工质"的概念

耗能工质：在生产过程中消耗的不作为原料使用、也不进入产品，在生产或制取时需直接消耗能源的物质，如：新水，软化水，压缩空气，鼓风，氧气，氮气，二氧化碳气，氩气，乙炔等。其中压缩空气、乙炔又可称为载能工质。"耗能工质"实际也属于二次能源。

> ### 3.16 能源服务 energy services
> 与能源供应、能源利用有关的活动及其结果。

1. 术语定义的理解要点

能源服务是与组织的能源供应、能源管理、能源利用过程有关的活动及其结果。例如，能源供应商提供煤炭、焦炭、天然气、成品油、电力等能源的过程，以及节能服务公司提供的节能技改服务、合同能源管理、节能监测和节能量审核、能量平衡和能源审计等过程。

2. 能源服务的控制

对于能源服务，其管理和控制按照GB/T 23331—2012标准4.5.7条款进行控制，详细要求见本章第三节标准4.5.7条款的解释。

3.18 能源使用 energy use

使用能源的方式和种类。如通风、照明、加热、制冷、运输、加工、生产线等。

1. 术语定义的理解要点

能源使用就是指能源的使用方式和种类。种类如电力、天然气、煤炭、蒸汽、成品油等；使用能源的方式如通风、照明、加热、制冷、电机拖动等。

2. 使用能源的部门

企业使用能源的部门可以划分为三大类：主要生产系统、辅助生产系统、附属生产系统（行政后勤系统）所属的部门。机械工厂各系统具体内容如下。

主要生产系统：如铸造、锻造、热处理、焊接、表面处理、冲压、机械加工、装配调试等相关设备及用能过程。

辅助生产系统：如锅炉、风机、水泵、空气压缩机、起重运输、配变电、制冷、采暖、照明、设备维护、供水、供油等相关设备及用能过程。

附属生产系统：如办公、食堂、浴室等设备设施的用能过程。

3.7 能源消耗 energy consumption

使用能源的数量。

1. 术语定义的理解要点

能源消耗就是组织能源消耗的数量，即消耗的电力、原煤、燃油、燃气、蒸汽和水等各种能源（含耗能工质）的数量。这里的定义与我们平时的能源消耗的概念（形容能源被消耗了）有一些区别。

2. 能耗的计算与统计

能源消耗通常简称"能耗"，在能源管理体系中能耗的计算与统计应按照GB/T 2589—2008《综合能耗计算通则》。能耗的计量单位主要有：煤（t）、电（kW·h）、天然气（m³）、蒸汽（t，GJ），我国在统计和计算能源消耗的数量时规定要将各种能源统一折算成标准煤（ce）进行统计计算。

3. 综合能耗的"四类"指标

按照GB/T 2589—2008《综合能耗计算通则》，综合能耗的概念包括四类：综合能耗、单位产值综合能耗、产品单位产量综合能耗、产品单位产量可比综合能耗。不同类别"综合能耗"其含义不同，使用时应注意区分。

4. 综合能耗的计量单位及"当量值"与"等价值"

为了对不同能源进行比较、计算和统计，必须有一个共同的能源计量单位。由于我国主要的一次能源是煤炭，所以规定综合能耗的计量单位采用"标准煤"，简称"标煤"

［以"ce"表示，1kgce的发热量=29307kJ（千焦耳）］。各种能源均按照其发热量和标准煤进行比较，形成折合标煤的参考系数，在进行计算和统计时，不同的能源应采用折标准煤系数换算成标准煤后进行计算。折标煤系数有"当量值"和"等价值"之分，在进行能源数据的计算与统计时，应按照不同的统计要求采用当量值或等价值，具体内容参照GB/T 2589—2008《综合能耗计算通则》及本书第一章第一节之"四、能源的评价与计算指标"。

3.27 主要能源使用 significant energy use

在能源消耗中占有较大比例或在能源绩效改进方面有较大潜力的能源使用。

注：重要程度由组织决定。

---

1. 术语定义的理解要点

主要能源使用是那些在能源消耗中占有较大比例（可按"20/80原则"）或在能源绩效改进方面有较大潜力（即有节能空间）的能源使用。

2. 重要程度由组织自行决定

企业首先识别出能源使用，再对能源使用进行分析，判定哪些能源使用是主要能源使用，不同行业不同企业的主要能源使用可能有不同，具体由企业决定。

3.8 能源效率 energy efficiency

输出的能源、产品、服务或绩效，与输入的能源之比或其他数量关系，如：转换效率，能源需求/能源实际使用，输出/输入，理论运行的能源量/实际运行的能源量。

注：输入和输出都需要在数量及质量上进行详细说明，并且可以测量。

---

1. 术语定义的理解要点

能源效率是数量关系，能源效率是指能源产出与能源投入之比，一般用百分率来表示，如：锅炉效率、设备热效率、供电系统及用电设备的功率因数等。

能源技术效率是指能源使用过程中有效利用的能源与实际输入的能源之比。能源系统效率包括能源加工、转换、传输和终端利用各环节的能源效率，是能源生产、中间环节的效率与终端使用效率的乘积。目前中国的能源系统效率是30%左右，与发达国家的40%以上有较大差距。能源效率的表示方式如下：

1）动力设备效率（电机、压缩机等的效率）＝输出能量/输入能量；

2）工艺设备效率＝有效能量/输入能量。

2. 输入/输出端的说明和可测量

计算能源效率的输入和输出值都需要量化和可测量的才有意义，并且要详细说明输入和输出值的量化方式，这样计算出结果才是可测量。

3.12 能源绩效 energy performance

与能源效率（3.8）、能源使用（3.18）和能源消耗（3.7）相关的、可测量的结果。

注1：在能源管理体系中，能源绩效可根据组织的能源方针、能源目标、能源指标以及其他能源绩效要求取得可测量的结果。

注2：能源绩效是能源管理体系绩效的一部分。

1. 术语定义的理解要点

能源绩效与能源效率、能源使用和能源消耗密切相关，即提高能效、降低能耗、合理使用能源是能源绩效的重要体现，能源绩效是可以测量的结果，它是能源管理体系绩效的一部分。能源绩效可以通过能源方针、能源目标、能源指标的实现程度来描述。

2. 能源绩效示例

某企业改造前的锅炉热效率为65%，实施技术改造措施后，热效率提升为86%，提高21%，这里提升的21%就是能源绩效。

3. 能源绩效的测量

如何对能源绩效进行测量，测量哪些参数，测量结果的分析均由组织决定。

4. 能源绩效和能源管理体系绩效的关系

能源绩效是能源管理体系绩效的重要组成部分，能源管理体系绩效的范围较宽，还包括：降低温室气体排放、减少环境污染、全体员工节能意识提高、一线员工操作技能的提高、降低生产成本、提高产品质量等。

3.15 能源评审 energy review

基于数据和其他信息，确定组织的能源绩效水平，识别改进机会的工作。

注：在一些国家或国际的标准中，如对能源因素或能源概况的识别和评审的表述都属于能源评审的内容。

1. 术语定义的理解要点

能源评审是标准术语中最重要的专业术语，也是本标准最重要的核心条款。能源评审是在一定的范围和界定的区域内，通过收集并分析各种能源数据和信息（能源消耗及主要能源使用情况、能源管理现状、产品工艺能耗分析、能源审计、节能评估、财务信息、气候条件数据等），利用相关法规和标准，实施"分析现状、识别重点、查找差距、寻找改进"的活动，其目的是确定能源绩效的水平，识别改进能源绩效的机会。

2. "初始能源评审"的概念

企业初次建立能源管理体系时，进行的能源评审称为"初始能源评审"，它是建立能源管理体系的基础，是能源策划的核心。通过初始能源评审，对企业的能源使用、能源管理及能耗能效水平等进行评价，从而识别出"能源使用"，确定"主要能源使用"及影响

"主要能源使用"的相关变量，查找节能潜力，提出改进机会，为能源管理体系策划工作提供基础数据和依据，进而准确确定能源基准、能源绩效参数，制定能源目标、指标和管理方案。

3. 初始能源评审的过程及结果（具体内容详见本书第三章第三节对"4.4.3能源评审"条款的讲解和本书第六章"初始能源评审"的内容）

3.6 能源基准 energy baseline

用作比较能源绩效的定量参考依据。

注1：能源基准反映的是特定时间段的能源利用状况。

注2：能源基准可采用影响能源使用、能源消耗的变量来规范，如：生产水平、度日数（户外温度）等。

注3：能源基准也可作为能源绩效改进方案实施前后的参照来计算节能量。

---

1. 术语定义的理解要点

能源基准是用作比较能源绩效的基础数据，是组织自我确定能源绩效的"比较基准"。通俗地讲，为了比较组织不同时期的能源绩效的消长变化，必须有衡量比较的"数据"或"基线"。

能源基准是企业能源绩效的起点数据，是能源管理体系策划的重要结果，是今后对能源绩效进行评价的基础与依据，应形成文件。

2. 特定时段的选择

能源基准的数值不是凭空出来的，它是按照一定的规则，通过统计分析后确定的，统计分析通常要确定一个时间段，否则没有意义。能源基准的特定时段可以是一年，也可以是几年或几年的平均值，只要能真实、客观反映企业的能源利用水平即可。

选取基准的特定时段的条件是：企业的能源结构、产品结构和工艺结构基本稳定；经营、生产相对稳定；统计数据齐全、真实可靠，具有代表性；未发生导致停产的重大事故。

3. 能源基准的用途

通过能源基准可以反映企业过去的能源利用状况，或某一用能单元当前能耗/能效实际水平，可以作为能源管理体系绩效纵向对比的基准数据，也可以用来评价节能管理方案实施前后取得的能源绩效。

4. 能源基准的类别及示例

能源基准可以划分为以下两大类。一是能源消耗基准：综合能耗、产品单位产量综合能耗、单位产值或增加值综合能耗、不同能源单耗（每工时耗电、每工时耗标煤、每吨加工件耗标煤）和重点工序单耗等；二是能源利用效率基准：设备的效率、用电的功率因数等。

能源基准示例：某热电厂2010年供电煤耗：420gce/［kW·h］；某空压机站压缩空气耗电量：96 kW·h/m³；某锅炉房的排烟温度165～175℃、炉渣或飞灰可燃物含量小于15%、锅炉负荷率（夏季30%、冬季60% ～ 80%）、锅炉蒸汽压力（夏季0.3MPa、冬季0.4 ～ 1.2MPa）。

3.13 能源绩效参数 energy Performance indicator（EnPI）

由组织确定，可量化能源绩效的数值或量度。

注：能源绩效参数可由简单的量值、比率或更为复杂的模型表示。

---

1. 术语定义的理解要点

能源绩效参数是用于评价能源绩效的"刻度"，是由组织自己根据管理的需要确定的，是组织监视和测量能源绩效变化的重要依据。即：能源绩效参数是能源绩效的"指示器""评价项"或"约束项"。能源绩效参数的表达方式是量纲和单位，但没有具体数值。

能源绩效参数与能源基准、能源目标指标有密切的关系。能源基准、能源目标指标在设定时，一般都由数值、量纲和单位构成。能源绩效参数可以看做是刨除了具体数值后的量纲和单位。即："能源基准或能源目标指标相当于加上数值的能源绩效参数"。

2. 管理层面和运行层面的能源绩效参数

能源绩效参数是能源策划的输出结果，企业在建立能源管理体系时，一般需要建立多层次的能源绩效参数。能源绩效参数可以划分为以下两个方面。

管理层面的企业或次级用能单位的能源绩效参数：综合能耗、单位产值或工业增加值综合能耗、产品单位产量综合能耗、重点设备能耗、主要用能设备效率和能源利用率等。

运行层面的重点用能工序和设备的能源绩效参数：重点用能工序和设备的单项能耗、与用能设备经济运行有关的工艺参数（温度、表面温升、电流密度和电能利用率等）。

3. 两类能源绩效参数

能源绩效参数在实际设定时，可以划分为：用于直接测量的能源绩效参数和通过模型计算的能源绩效参数，例如：锅炉运行能源绩效参数：锅炉排烟温度、排烟处的空气系数等属于直接测量的运行参数：耗煤量/吨饱和蒸汽、锅炉热效率等属于统计计算参数。铸铁件砂型铸造能源绩效参数：冲天炉烟尘温度、烟气一氧化碳含量等属于直接测量的运行参数；冲天炉铁焦比、铸件工艺出品率、旧砂再生回用率等属于统计计算参数。

3.9 能源管理体系

用于建立能源方针、能源目标、过程和程序以实现能源绩效目标的一系列相互关联或相互作用的要素的集合。

1）能源管理体系由相关的管理要素（特别是重点管理主要能源使用的主线条款要素）组成的，且具有自我约束、自我调节和自我完善的运行机制。

2）以实现组织的能源方针、目标和指标和持续改进能源绩效为目的。

3）是组织管理体系的一部分，具有管理体系的共同本质特征。

3.10　能源管理团队 energy management team

负责有效地实施能源管理体系活动并实现能源绩效持续改进的人员。

注：组织的规模、性质、可用资源的多少将决定团队的大小，团队可以是一个人，如管理者代表。

1）能源管理体系应由专门的能源管理团队（专职或兼职）负责实施。

2）能源管理团队的规模依据企业的情况决定，有的企业规模很小，或者能耗很低，可以由管理者代表一个人负责能源管理团队的工作。

3.14　能源方针 energy policy

最高管理者发布的有关能源绩效的宗旨和方向。

注：能源方针为设定能源目标、指标及采取的措施提供框架。

1）能源方针是组织建立能源管理体系的宗旨和纲领，应具有先进性、前瞻性、战略性。

2）方针要体现组织用能特点，为制定能源目标指标和方案提供依据。

3.11　能源目标 energy objective

为满足组织的能源方针而设定、与改进能源绩效相关的、明确的预期结果或成效。

1）能源目标是根据方针制定的阶段性、具体化要求，是可实现的。

2）能源目标应符合法规要求，针对企业主要能源使用消耗，并考虑相关方观点及技术经济的可行性。

3.17　能源指标 energy target

由能源目标产生，为实现能源目标所需规定的具体、可量化的绩效要求，它们可适用于整个组织或其局部。

1）能源指标是能源目标的具体化，是对能源目标的分解与量化。

2）能源指标的对象可针对整个企业，也可针对次级用能单位或重点用能工序。

二、通用术语讲解

3.22　组织 organization

具有自身职能和行政管理的公司、集团公司、商行、企事业单位、政府机构、社团或其结合体，或上述单位中具有自身职能和行政管理的一部分，无论其是否具有法人资格、公营或私营。

注：组织可以由一个人或一个群体组成。

组织是准备建立和实施能源管理体系的任何一个企事业单位、政府机构和社团，它可以是国营或民营、法人或法人团体的一部分，但必须具有行政管理职能。

3.26 范围 scope
组织通过能源管理体系来管理的活动、设施及决策的范畴，可包括多个边界。
注：范围可包含与运输活动相关的能源。

能源管理体系范围一般包括产品、活动和设施、地理位置和能耗核算、职责和权限范围及边界，可以是一个完整的多场所组织，或组织的某一个场所，或一个场所的一部分或几部分，例如一座建筑物、设施或过程。能源管理体系范围可以包含多个边界。

能源管理体系如有用能过程外包，还应明确责任范围及边界。

3.1 边界 boundaries
组织确定的物理界限、场所界限或次级组织界限。
注：边界可以是一个或一组过程，一个场所，一个完整的组织，或一个组织所控制的多个场所。

1）在建立能源管理体系时，组织应确定能源管理体系的范围和边界；能源管理体系范围和边界可以用区域和场所、产品和过程及管理权限所属的下级单位等来表述。

2）边界可以包括物理边界、地理边界、行政管辖边界、财务边界等，能源管理体系的边界主要侧重于地理位置和空间。

例如：A企业和B企业在一个地址（门牌号一致，地理位置和空间不一致），B企业是A企业中原来的一个分厂转化独立出来的，属于"厂中厂"。在界定A企业和B企业的边界时，必须考虑到其特点，划分清楚能源管理的边界。

3.28 最高管理者 top management
在最高管理层指挥和控制组织的人员。
注：最高管理者在能源管理体系的范围和边界内控制组织。

最高管理者的承诺和支持是体系成功与否的关键，在能源管理体系的范围和边界内对组织实施有效控制，在体系中负责方针制定、配备资源、主持管理评审等重要工作。

3.19 相关方 interested party
与组织能源绩效有关的或可受到组织影响的个人或群体。

相关方是指关心组织能源绩效或对组织能源绩效直接相关的顾客、员工、分供方、社区居民、政府管理部门、行业协会、社会公益组织、新闻媒体、投资方等。

3.24 程序 procedure
为进行某项活动或过程所规定的途径。
注1：程序可以形成文件，也可以不形成文件。
注2：程序一旦形成文件，"形成文件的程序"将被频繁使用。

程序是通过某项活动或过程，明确其控制途径。程序文件可分为系统性程序（如文件控制程序、内部审核程序等）和操作性程序（如锅炉节能控制程序等）。某些约定俗成的途径或简单的活动，可以不形成文件（但运行控制程序一般都要形成文件）。程序文件是企业的运行规范，相关部门应按程序规定运行。

3.25 记录 record
阐明所取得的结果或提供所从事活动证据的文件。

注：记录可用作可追溯性文件，并提供验证、预防措施和纠正措施的证据。

记录是证实体系运行绩效的证据，记录是一种特殊文件，其真实记录信息是不可随意更改的，应具有可追溯性的要求。

3.20 内部审核 internal audit
获得证据并对其进行客观评价，考核能源管理体系要求执行程度的系统、独立、文件化的过程。

能源管理体系内审是依据审核准则，如GB/T 23331—2012标准和相关法律法规要求，按规定的审核程序，客观地获取证据，判断组织所建立的能源管理体系的符合性和有效性，并将结果呈报给最高管理者。内部审核是一个系统、独立、文件化的过程。

3.21 不符合 nonconformity
不满足要求。

在体系运行中，发生与能源管理体系要求、法律法规要求及企业的体系文件不满足的情况时则构成不符合，不符合根据性质可分为一般不符合和严重不符合。对不符合要进行整改，予以有效关闭。

3.3 纠正 correction
为消除已发现的不符合（3.21）所采取的措施。

纠正是指对已经发现的不符合的情况进行改正、就事论事的纠偏过程。

3.4 纠正措施 corrective action
为消除已发现的不符合（3.21）的原因所采取的措施。

注1：可能存在导致不符合行为的多个原因。

注2：采取纠正措施是为了防止再发生，而采取预防措施是为了防止发生。

1）纠正和纠正措施是有区别的，纠正是就事论事，消除已发现的不符合；纠正措施是针对不符合原因采取措施，防止同类事件再次发生。

2）采取纠正措施是为了防止再发生，而采取预防措施是为了防止发生。

> **3.23 预防措施 prevention action**
> 为消除潜在的不符合（3.21）的原因所采取的措施。
> 注1：可能存在多个潜在不符合的原因。
> 注2：预防措施是为了防止不符合行为，而纠正措施是为了防止其重复发生。

1）要理解纠正、纠正措施和预防措施三者的联系与区别。

2）采取预防措施是为了防止潜在不符合发生，而采取纠正措施是为了防止已出现的不符合再次发生。

> **3.2 持续改进 continual improvement**
> 不断提升能源绩效和能源管理体系的循环过程。
> 注1：建立目标并发现改进机会的过程是一个持续的过程。
> 注2：持续改进能实现整体能源绩效的不断改进，并与组织的能源方针相一致。

持续改进是实施能源管理体系的目的，通过不断强化能源管理体系的有效运行，规范组织的能源管理过程，达到组织整体能源绩效的不断改进。

第三节　能源管理体系要求的理解及理解与实施中应注意的问题

本节详细地对GB/T 23331—2012/ISO 50001:2011《能源管理体系　要求》第四部分"4能源管理体系要求"及RB/T 119《能源管理体系　机械制造企业认证要求》第四部分"4机械制造企业能源管理体系认证要求"进行讲解，以求深入理解标准条款的内涵，并明确标准对于建立运行和改进能源管理体系的要求。同时参照GB/T 29456—2012《能源管理体系实施指南》指出标准条款的理解与实施中应注意的问题。条款讲解的方式按照体系构成的PDCA模式展开。

GB/T标准原文用宋体字在每一条款第一方框中引出，RB/T标准原文用楷体字在第二方框中引出。

一、标准"策划（P）"阶段条款详细讲解

标准"策划（P）"阶段条款包括GB/T 23331—2012/ISO 50001:2011《能源管理体系　要求》及RB/T 119《能源管理体系　机械制造企业认证要求》标准的 4 个一级条款4.1、4.2、4.3和4.4条及其下的7个二级条款。

（一）7个"策划（P)"阶段二级条款的逐条讲解

4　能源管理体系要求

4.1　总要求

组织应：

a）按照本标准要求，建立能源管理体系，编制和完善必要的文件，并按照文件要求组织具体工作的实施；体系建立后应确保日常工作按照文件要求持续有效运行，并不断完善体系和相关文件。

b）界定能源管理体系的管理范围和边界，并在有关文件中明确。

c）策划并确定可行的方法，以满足本标准各项要求，持续改进能源绩效和能源管理体系。

4　机械制造企业能源管理体系认证要求

4.1　总要求

4.1.1　企业应符合GB/T 23331—2012中4.1的要求。

4.1.2　界定能源管理体系的管理范围和边界时，应包括以下方面：

a）企业主要产品和用能过程；

b）企业能源使用的现场区域及物理界限；

c）企业如存在能源服务或用能过程外包时，还应界定能源管理的责任边界。

1. 条款释义

4.1条规定了EnMS建设的总体要求，是体系建立、运行、保持和改进的总体原则。

（1）体系文件化的建立、实施、保持和完善

体系文件是体系策划结果的文件化，是建立体系带有根本性的重要工作。应按本标准对体系的要求结合组织的实际来编制必要的体系文件。体系的运行、监督和保持都应按照体系文件严格执行。随内外环境变化和体系的持续改进，应及时评审并完善体系文件。

（2）范围和边界

建立体系的首要工作是界定体系的范围和边界。范围决定了体系管理的活动、设施及决策的范畴，可以包括多个边界，边界基本上指的是能源服务和能源使用过程发生场所的地理/物理位置。组织应根据能源管理的需要来确定边界和范围，如一个机械制造企业可确定在整个组织全部产品生产过程、全部能源系统环节及所有场所建立体系，也可以在涉及部分产品、部分能源系统环节（例如某大型综合企业确定体系不包括发电环节，仅包括能源利用环节）、部分场所（例如不包括总部地址以外的车间、分部等）的范围内建立体系。

（3）策划和确定满足本标准的方法

体系策划是体系建设的基础工作，策划内容的一个重要方面是体系运行和控制方法，如能源评审、运行及其控制、监视测量分析和改进的方法。所确定的方法应至少满足本标准的控制要求，重在控制能源使用消耗，以达到持续改进能源绩效和能源管理体系的目的。

2. 理解与实施中应注意的问题

（1）体系文件的编制和实施

对体系文件的详细要求还将在4.5条款的释义中进一步展开，因此实施本条款应强调，一旦文件批准发布就应严格执行，无论组织安排具体工作还是指导日常运行工作，均应严格按照文件执行。

（2）明确体系边界和范围，并形成文件

机械制造企业在界定EnMS的范围和边界时应注意企业主要产品和主要用能过程、现场区域和物理边界、能源管理责任边界（在能源服务或用能过程外包时）。体系可能包括多个边界，如确定在组织某局部/边界建立和实施体系时，界定的体系范围应是能够单独进行能源核算的单元，如针对某产品的某生产过程，那么包括与其相关的辅助生产过程和附属生产过程的能源利用全过程均应考虑在内，还应包括相关的能源种类、管理职责等体系要素。体系边界范围可单独形成文件，也可纳入其他体系文件如管理手册。

（3）体系方法的策划和确定

应注意两个方面：一是方法的可行性，即从法规政策要求出发，结合企业专业特点和用能情况，考虑技术经济约束条件，制定可行的方法；二是方法的有效性，即以达到满足标准要求和追求持续改进为目的。

4.2 管理职责

4.2.1 最高管理者

最高管理者应承诺支持能源管理体系，并持续改进能源管理体系的有效性，具体通过以下活动予以落实：

a）确立能源方针，并实践和保持能源方针；

b）任命管理者代表和批准组建能源管理团队；

c）提供能源管理体系建立、实施、保持和持续改进所需要的资源，以达到能源绩效目标；

注：资源包括人力资源、专业技能、技术和财务资源等。

d）确定能源管理体系的范围和边界；

e）在内部传达能源管理的重要性；

f）确保建立能源目标、指标；

g）确保能源绩效参数适用于本组织；

h）在长期规划中考虑能源绩效；

i）确保按照规定的时间间隔评价和报告能源管理的结果；

j）实施管理评审。

4.2 管理职责

4.2.1 最高管理者

最高管理者应符合GB/T 23331—2012中4.2.1的要求。

1. 条款释义

4.2.1条规定了最高管理者对EnMS的承诺和在EnMS的职责。

（1）两个承诺

即支持能源管理体系和持续改进能源管理体系的有效性。

（2）十项职责

1）"4.2.1条款"和其他管理体系相同的4项职责包括：

① 确立并实践和保持能源方针；

② 任命管理者代表、批准组建管理团队；

③ 提供体系资源（包括人、财、物和技术、信息等）；

④ 实施管理评审。

2）其他职责还有：一确定、三确保、一传达、一考虑：

① 确定范围边界；

② 确保建立目标指标；

③ 确保能源绩效参数适用；

④ 确保评价报告能源管理的结果；

⑤ 传达能源管理重要性；

⑥ 在长期规划中考虑能源绩效。

2. 理解与实施中应注意的问题

（1）最高管理者10项职责的落实情况是其实现承诺的证据

（2）10项活动职责中，"三确保"中"确保"的含义

最高管理者应下达相关活动的任务要求；指派负责人或管理团队，赋予其权限；关心和支持活动的开展包括听取汇报解决困难；掌握监控情况，考核活动结果。其余活动中最高管理者的职责均应是亲自参与从筹划、实施、监测直至评价的全过程。

（3）组建能源管理团队的注意事项

应按照法规和政策，根据企业特点设置能源管理部门和其他各相关部门的能源管理岗位，并以文件形式规定其职责权限予以公布。

4.2.2 管理者代表

最高管理者应指定具有相应技术和能力的人担任管理者代表，无论其是否具有其他方面的职责和权限，管理者代表在能源管理体系中的职责权限应包括：

a）确保按照本标准的要求建立、实施、保持和持续改进能源管理体系；

b）指定相关人员，并由相应的管理层授权，共同开展能源管理活动；

c）向最高管理者报告能源绩效；

d）向最高管理者报告能源管理体系绩效；

e）确保策划有效的能源管理活动，以落实能源方针；

f) 在组织内部明确规定和传达能源管理相关的职责和权限，以有效推动能源管理；

g) 制定能够确保能源管理体系有效控制和运行的准则和方法；

h) 提高全员对能源方针、能源目标的认识。

4.2.2 管理者代表

管理者代表应符合GB/T 23331—2012中4.2.2的要求。

1. 条款释义

（1）管理者代表的授权

管理者代表应由最高管理者指定，无论专职或兼职均应确保履行所赋予的职责权限；管理者代表应具有相应的技术与能力。

（2）管理者代表的8项职责

1）具体负责EnMS的建立、实施、保持和持续改进，应确保体系的各方面始终符合标准要求。

2）在能源管理主管部门、与能源使用和能源服务相关的部门和层次上，指定适当人员各得到各级的授权开展能源管理活动，从而建设起组织的能源管理团队，提交最高管理者批准。

3）向最高管理者报告能源绩效，包括存在的问题。

4）向最高管理者报告EnMS绩效，包括存在的问题。

5）组织策划能源管理活动，确保落实能源方针。

6）制定、落实和传达体系各部门和各岗位人员（包括但不仅限于能源管理团队）在能源体系中的职责权限。

7）组织制定能源管理体系有效运行的准则和方法，并切实保证其有效性。

8）组织开展各类活动（包括宣教培训），提高员工以能源方针、能源目标为基本内容的节能意识。

2. 理解与实施中应注意的问题

（1）管理者代表的能力和授权

应选择节能意识强、有能源管理经验、熟悉或了解节能技术的人员担任管代，尽可能在最高管理层中产生。应授予管理者代表必要的权限，包括为确保体系有效运行所需要的人财物等资源的支配权。定期确定管代及其管理团队的培训需求，开展培训等。

（2）能源管理团队的职务要求

应选用既熟悉相关业务技术，又了解必要的能源管理和节能知识的人员。

（3）"策划能源管理活动"的内涵及管代在策划活动中的作用

指4.1.1的能源管理策划过程（参见图3-4），其输出是能源基准、能源绩效参数、能源目标指标和能源管理实施方案；而建立体系的策划活动，其输出是体系文件，包括"制定能够确保能源管理体系有效控制和运行的准则和方法"。本条款强调管理者代表应切实负责并精心组织两个策划活动，以保证策划活动及其输出的有效性。

4.3　能源方针

能源方针应阐述组织为持续改进能源绩效所作的承诺。最高管理者应制定能源方针，并确保其满足：

a）与组织能源使用和消耗的特点、规模相适应；

b）包括改进能源绩效的承诺；

c）包括提供可获得信息和必需的资源的承诺，以确保实现能源目标和指标；

d）包括组织遵守节能相关的法律法规及其他要求的承诺；

e）为制定和评审能源目标、指标提供框架；

f）支持高效产品和服务的采购，及改进能源绩效的设计；

g）形成文件，在内部不同层面得到沟通、传达；

h）根据需要定期评审和更新。

4.3　能源方针

4.3.1　企业应符合GB/T 23331—2012中4.3的要求。

4.3.2　能源方针应传达给所有为企业或代表企业工作的人员，且能为相关方所获取。必要时应告知有关的能源服务供方。

---

1. 条款释义

（1）内容要求——"一适应、三承诺、一框架、一支持"

1）与组织的能源使用消耗特点相适应。

2）持续改进能源绩效的承诺。

3）提供信息与资源的承诺。

4）遵守与节能相关的法律法规和其他要求的承诺。

5）为目标指标提供框架。

6）支持优质能源采购和优化能源利用设计。

（2）管理要求——制定文件、沟通传达、评审更新

1）形成文件，沟通传达，传达到为组织或代表组织工作的人员。

2）定期及必要时评审更新。

2. 理解与实施中应注意的问题

1）与企业实际情况相结合，与政策法规保持一致。

2）由最高管理者主持制定，对方针的实施负责，并为方针的制定和修订提供必要的投入。

3）可以形成单独的能源方针文件，也可在管理手册中表述。

4）可结合管理评审定期评审能源方针，必要时（往往是企业的内外部环境发生变化时）还应评审能源方针，根据评审结果及时更新能源方针。

5）对方针进行宣贯、培训，使得各级员工深刻理解贯彻，并可以为外部相关方获取；在认为可能影响到企业能源绩效时，应主动告知有关的能源服务供方。

4.4 策划

4.4.1 总则

组织应进行能源管理策划，形成文件。策划应与能源方针保持一致，并保证持续改进能源绩效。

策划应包含对能源绩效有影响活动的评审。

注：关于策划的概念图如图3-4所示。

4.4 策划

4.4.1 总则

企业应符合GB/T 23331—2012中4.4.1的要求。

---

1. 条款释义

4.4.1条款给出能源管理策划的总体要求。其过程概念见图3-4。

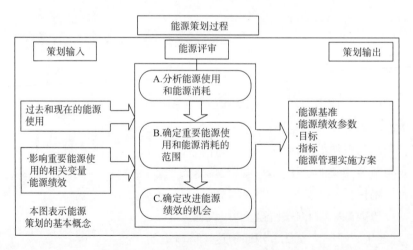

图3-4　能源策划过程概念图（GB/T 23331—2012图A.2）

1）能源策划（能源管理策划）过程是能源管理体系PDCA模式P阶段的重要过程，4.4.1条款给出了策划过程的基本概念和工作思路。

2）概念如图3-4所示，将必要的输入信息经过能源评审的一系列分析、评价、识别、排序、决策活动，得到的输出为能源管理运行控制、实现和改进能源绩效的准则方法。

3）能源策划必须与能源方针相一致，按照企业的能源宗旨，沿着能源绩效持续改进的发展方向，为实现企业能源目标而开展持续的策划。

4）能源策划的输入包括企业内外部影响能源使用情况主要及其他相关变量，需要企业全面识别。

5）能源评审是策划过程的核心活动，将在4.4.3条款中做进一步讲解。

6）能源策划的输出（策划结果）至少包括能源基准、能源绩效参数、能源目标和指标、能源管理实施方案，可行时还可包括能源标杆。策划输出是企业控制能源使用、追求和提升能源绩效、实现能源方针的重要文件。

2. 理解与实施中应注意的问题

1）图3-5给出了能源策划流程概念图，进一步讲解了能源策划基本的的分过程和具体活动（见图中中间一列），并给出其基本的关系、顺序和流程（见箭头所指）。

2）图3-5还介绍了各个活动的输入和相关的工具方法。

3）概念图给出了能源策划流程的一般思路，企业应从实际出发，制定完善的具体流程，全面充分收集输入信息，详细深入地进行分析评审，准确有效地识别相关变量和改进机会。策划的输出应形成书面文件。

4）随着社会进步、企业发展及其他情况的变化，按照PDCA的模式，应不断在新的水平上进行策划，并更新策划输出文件。

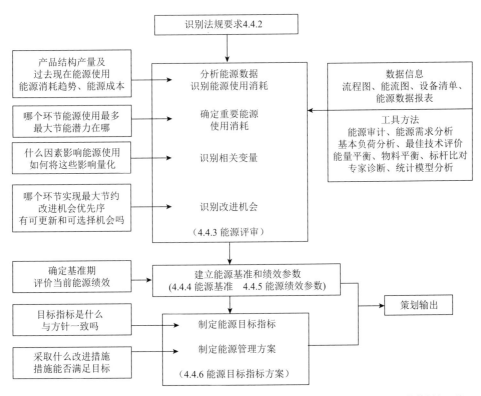

注：此图展示了能源策划的基本要素、组织在策划中应考虑的关键问题及可能用于能源评审的数据和工具。

图3-5　能源策划流程概念图

4.4.2 法律法规及其他要求

组织应建立渠道，获取节能相关的法律法规及其他要求。

组织应确定准则和方法，以确保将法律法规及其他要求应用于能源管理活动中，并确保在建立、实施和保持能源管理体系时考虑这些要求。

组织应在规定的时间间隔内评审法律法规和其他要求。

4.4.2 法律法规及其他要求

企业应符合GB/T 23331—2012中4.4.2的要求。

1. 条款释义

贯彻法律法规是企业的责任和义务，是组织能源方针提出的庄严承诺和组织节能降耗的基本要求。

（1）节能相关的法律法规和其他要求的内涵

这一概念涵盖了节能方面的国家法律、行政法规、地方法规和行政规章以及各级标准（详见本书第四章的讲解），还包括节能方面的其他要求。

节能方面的其他要求一般包括：① 政府部门的行政要求；② 行业协会的要求；③ 节能自愿性协议；④ 与非政府组织的协议；⑤ 与顾客的合同；⑥ 与供方的合同；⑦ 组织对公众的承诺等。

（2）建立收集获取渠道

鉴于国家、社会以及各相关方对于节能要求的日益广泛与深入，组织有必要建立专门的渠道、适宜的方法收集获取关于节能方面的法律法规和其他要求。

（3）贯彻落实法律法规和其他要求

组织首先应识别选择适用于本组织的法律法规和其他要求，进而采取措施确保在组织的能源管理活动中遵守实施法律法规要求以及满足落实其他要求。为此，组织应确定有关的准则方法。

（4）定期评审并及时更新

随着节能形势的发展，应定期评审已有文本的适宜性和有效性，特别注意获取、评审新要求并更新版本。

2. 理解与实施中应注意的问题

（1）收集获取

应安排具体的责任部门/责任人，规定收集方法、渠道频次，有效的方法包括相关单位的联络和网络查询。需要注意的是，第一，不要遗漏本行业的相关标准和有关的其他要求；第二，在规定收集频次时，首要考虑及时性。

（2）识别评价

应识别出适用于本企业的法律法规，最好细化至其中适用的条款条文，并对照适用条款明确列举企业内适用的具体部门和活动，形成"适用法律法规和其他要求清单"或其他文件。识别过程中不但要注意识别法律法规的适用性，还应注意识别的充分性，勿使遗漏。

（3）贯彻实施

通过分析评价本企业遵守相关法律法规的情况，将适用的法律法规条款要求结合企业能源管理的特点，落实应用在建立、实施体系的活动和体现在体系文件中。如在确定"重要能源使用消耗"值、确立能源基准/标杆值、绩效参数和制定目标指标值时，制定运行准则和监视测量计划时，开展合规性评价、内审、管评等活动时，均应考虑或直接应用适用的法律法规和其他要求。

（4）评审更新

应规定一定的时间间隔内，如季度、半年、至多不宜超过一年内，应安排法律法规和其他要求的评审。需要时应及时更新，包括更改清单，通知到有关部门。若外部的法律法规发生变化或企业内部适应情况发生变化时，应及时增加评审更新频次。

4.4.3　能源评审

组织应将实施能源评审的方法学和准则形成文件，并组织实施能源评审，评审结果应进行记录。能源评审内容包括：

a）基于测量结果和其他相关数据，分析能源使用和能源消耗情况，包括：

——识别当前的能源种类和来源；

——评价过去和现在的能源使用情况和能源消耗水平。

b）基于对能源使用和能源消耗的分析，识别主要能源使用的区域等，包括：

——识别对能源使用和能源消耗有重要影响的设备、设施、系统、过程及为组织工作或代表组织工作的人员；

——识别影响主要能源使用的其他相关变量；

——确定与主要能源使用相关的设施、设备、系统、过程的能源绩效现状；

——评估未来的能源使用和能源消耗。

c）识别改进能源绩效的机会，进行排序，识别结果须记录。

注：机会可能与潜在的能源、可再生能源和其他可替代能源（如余能）的使用有关。

组织应按照规定的时间间隔定期进行能源评审，当设备、设施、系统、过程发生显著变化时，应进行必要的能源评审。

4.4.3　能源评审

4.4.3.1　企业应符合GB/T 23331—2012中4.4.3的要求。

4.4.3.2　企业应通过能源评审，确定重点用能设备设施，对影响能源使用和消耗中改进能源绩效的机会进行识别，并确定优先控制的顺序。

识别、分析、评价活动应包括企业主要生产系统、辅助生产系统和附属生产系统中的所有用能设施、设备、系统、过程及人员。应根据企业的实际情况从以下方面确定重点用能设备设施：

a) 主要生产系统：包括铸造、锻造、热处理、焊接、表面处理、冲压、机械加工、装配调试等相关设备及用能过程；船舶修造企业的合拢、下水、码头舾装及试航等用能过程。

b) 辅助生产系统：包括锅炉、风机、水泵、空气压缩机、起重运输、配变电、制冷、采暖、照明、设备维护、供水、供油等相关设备及用能过程。

c) 附属生产系统：包括办公、食堂、浴室等设备设施的用能过程。

d) 企业的能源设计、购入存储、加工转换、输送分配、终端使用和回收利用等环节。

e) 生产管理对能耗和能效的影响，包括：均衡生产、台时产量、设备完好和利用率等。

f) 过程设计对能耗和能效的影响，包括：工艺布局及工艺路线、系统优化和匹配等。

g) 先进节能技术和落后工艺设备技术改造等对能耗和能效的影响。

h) 操作人员作业行为对能耗和能效的影响。

4.4.3.3 对重点用能设备设施进行影响因素分析，识别能源绩效改进机会。

4.4.3.4 对重点用能设备设施进行节能诊断，识别能源绩效改进机会。

4.4.3.5 企业在对改进能源绩效机会进行优先次序排序时，应包括以下内容：

a) 相关法律法规、标准及其他要求；

b) 能耗占有较大比例的能源类别和用能设备；

c) 与同行业先进水平有明显差距，有较大节能潜力；

d) 技术可行，且以确保运行安全、产品质量、实现必要功能和避免环境污染为前提；

e) 经济合理方案优先实施。

1. 条款释义

能源评审是策划阶段乃至整个标准最重要的条款之一，是能源策划的核心和基础工作，是确定组织能源绩效水平和识别改进能源绩效机会的重要手段。RB/T条款针对机械制造企业能源评审的内容方法特点提出了详细要求。

（1）"能源评审"的总体要求

1）实施能源评审的方法和准则应形成文件。企业应精心策划能源评审，组织有能力的人员研究制定开展工作的方法学和准则，并确定目的、范围、日程、内容、人员、分工等，一并形成文件（如计划、方案等）。

2）评审时机。企业初建体系时应进行"初始能源评审"，建立能源管理体系后，定期或在能源使用消耗发生显著变化时更新评审结果。能源评审可以结合内部审核进行。

3）能源评审记录。企业应将能源评审过程和结果形成记录（如能源评审报告），作为组织能源管理体系策划输出和证据，为能源管理体系实施、保持和改进提供重要的依据。

（2）能源评审的内容和步骤

一般可概括为：分析状况、确定重点、查找差距、识别机会。

1）在收集、测量企业能源资料及数据的基础上，进行用能状况分析。

——能源资料及数据主要包括：企业各种能源消耗的报表、基本用能单元能源使用及消耗记录、产品品种产量及产值信息、与能耗相关的设备和过程控制参数（如温度、压力、流量、电度数等）记录、能源审计报告、节能检测报告、财务信息等。

——除收集历史和当前的现有资料外，还可能进行必要的测量。应尽量保证资料数据的完整、充分和准确。

——用能状况分析指分析能源使用情况和能源消耗，包括两方面：

其一，识别确定当前使用能源的种类和结构、数量、品质、价格、供应来源。

其二，分析能源使用情况和能源消耗，包括：识别能源使用区域，如能源流转环节、各用能系统及其各用能过程，包括识别至基本用能单元，分析其各种影响因素（相关变量）、管理状况，分析各层次能耗数据；进一步分析评价当前阶段（如年度、季度或月度）和过去某个生产稳定、用能和耗能正常的时段的能源使用情况和能源消耗水平，可通过前后期对比分析、行业（甚至国内外）水平对比分析，对组织过去和现在用能状况的整体趋势、稳定性和水平高低进行评价。

2）基于上述分析，识别主要能源使用的区域，即识别对能源使用和能源消耗有重要影响、能耗中占比较大或节能潜力大的区域（或称重要能源因素），包括：

——识别对能源使用和能源消耗有重要影响的设备、设施、系统、过程及为企业工作或代表企业工作的人员。代表企业工作的人员可包括服务承包商、兼职人员和临时工。

——识别影响主要能源使用的其他相关变量，如市场供需状况、能源品种的变化、产品品种和产量、天气等因素可能产生的影响。

——确定与主要能源使用相关的设施、设备、系统、过程的能源绩效现状。

——评估未来的能源使用和能源消耗，如扩产后能源需求的变化。

3）识别改进能源绩效的机会，进行排序，识别结果须记录。

——企业应开展系统的诊断分析，运用适当的能量系统优化等方法工具，识别能源绩效改进的机会。

——分析评价其重要性和可实现程度，进行优先次序排序。排序应考虑下列因素和原则：

①与法律法规、政策、标准及其他要求的符合程度；

②影响能源绩效的程度，如能耗占有较大比例的、与同行业先进水平有明显差距、有较大节能潜力的；

③技术可行，且以确保运行安全、产品质量、实现必要功能和避免环境污染为前提；

④经济合理性，无、低费方案的优先实施；

⑤相关方的要求。

2. 理解与实施中应注意的问题

（1）能源评审的方法学和准则

一般可包括能源审计、能量平衡、能源网络图、能流图、能效对标、能量系统优化、专家诊断、设备测试等方法和工具。

（2）推荐给机械制造企业能源评审的方法流程

1）确定能源评审的边界、范围和层次。

2）汇集过去和现在的能源资料及数据，总体分析评价用能状况和能耗水平。

3）全面系统地对覆盖企业的所有用能单元（环节、系统、部门、过程、工序/设备/人员）及生产管理、过程设计、节能技术等影响因素进行分析评价；结合机械制造企业离散生产、工序为基本生产单元的特点，以"工序/设备设施/人员"作为基本用能单元，进行分析评价活动。

4）识别"能源使用消耗"形成"能源使用消耗清单"。

5）评价、确定"重要能源使用消耗"形成"重要能源使用消耗清单"。

6）识别改进能源绩效的机会，确定优先顺序，采取有效措施，包括：

——以评价"重要能源使用消耗"的结果为基础、"重要能源使用消耗清单"为重要参考依据，进行能源绩效改进机会的排序；

——采取节能技术改造措施，即提出节能目标、指标，通过管理实施方案策划实施改进措施；

——总结节能经济运行经验，形成新的操作规程/管理制度，优化与重要能源使用消耗相关的运行控制。

（3）"能源使用消耗"和"重要能源使用消耗"

1）"能源使用消耗"和"重要能源使用消耗"是推荐给机械制造企业能源评审时使用的两个重要概念，在某些企业的实践中它们与GB/T 23331—2009标准中的"能源因素"和"重要能源因素"相当。

2）识别"能源使用消耗"时要求在覆盖企业全部用能环节（能源设计—购入存储—加工转换—输送分配—终端使用—回收利用）及所有的用能单元（系统、过程、设备设施、人员）的范围上，在分析评价过去、现在数据信息的基础上，识别出环节、系统和各类用能单元影响能源使用和能源消耗的因素即"能源使用消耗"。

3）在实施标准4.4.3条"识别主要能源使用的区域"时，推荐采用简单易行的"是非判断法"，从"能源使用消耗"中评价出"重要能源使用消耗"，作为能源绩效改进机会排序的基础和依据。

4）识别出的"能源使用消耗"和评价出的"重要能源使用消耗"应形成文件，即"能源使用消耗清单"和"重要能源使用消耗清单"。

注：机械制造企业能源评审的详细介绍见本书第六章"初始能源评审"。

（4）初始能源评审流程图

以图3-6的形式可更清晰地表述推荐用于机械制造企业的初始能源评审方法流程。

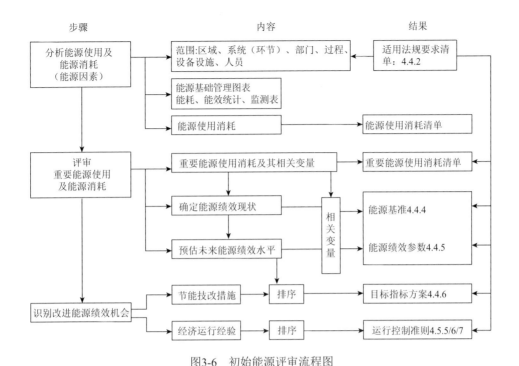

步骤　　　　　　　　　内容　　　　　　　　　　结果

图3-6　初始能源评审流程图

4.4.4 能源基准

组织应使用初始能源评审的信息，并考虑与组织能源使用和能源消耗特点相适应的时段，建立能源基准。组织应通过与能源基准的对比测量能源绩效的变化。

当出现以下一种或多种情况时，应对能源基准进行调整：

a）能源绩效参数不再能够反映组织能源使用和能源消耗情况时；

b）用能过程、运行方式或用能系统发生重大变化时；

c）其他预先规定的情况。

组织应保持并记录能源基准。

4.4.4 能源基准

4.4.4.1 企业应符合GB/T 23331—2012中4.4.4的要求。

4.4.4.2 企业的能源基准应在初始能源评审的基础上，考虑企业能源使用和能源消耗特点，选择一个基准时段，作为比较基准。建立能源基准的原则包括：

a）能源结构、产品结构和工艺结构稳定；

b）经营、生产相对稳定；

c）统计数据齐全、真实可靠，具有代表性；

d）未发生导致停产的重大事故。

4.4.4.3 能源基准应能反映企业的能源利用状况，涵盖企业、次级用能单位和主要能源使用三个层次的影响能源绩效水平的关键绩效参数。企业应根据用能特点建立能源基准，包括但不限于：

  a）能源消耗基准：综合能耗、产品单位产量综合能耗、单位产值或增加值综合能耗、不同能源单耗（每工时耗电、每工时耗标煤、每吨加工件耗标煤）和重点工序单耗等；

  b）能源利用效率基准：设备效率、用电功率因数等。

  4.4.4.4 应对影响能源基准的因素进行分析。

1. 条款释义

（1）建立能源基准的意义

能源基准是用于评价、比较能源管理体系能源绩效的基础数据，通过与能源基准的对比，来测量能源绩效的变化，评价能源绩效状况和趋势。一般用于纵向比较，即组织自身跨期的对比，也用于横向比较，即组织与国内外同行业水平的对比。通过与能源基准的比较，有助于组织在适宜的水平上确定能源目标和指标。

（2）建立能源基准

基于初始能源评审，组织依据在界定的范围边界内、生产和设备状态正常稳定下某个时段的能源消耗和能源效率水平来确定能源基准，它可以是累计值或平均值。

（3）能源基准调整

当出现能源绩效参数不再能够反映组织能源使用和能源消耗情况，或用能过程、运行方式或用能系统发生重大变化，或其他预先规定的情况（如定期评审更新）时，应对能源基准及时进行调整。

（4）能源基准应形成文件。

2. 理解与实施中应注意的问题

（1）确定能源基准的对象

能源基准应能反映企业总体的能源利用状况，涵盖主要用能过程和环节的影响能源绩效水平的关键参数。可行时，在组织用能系统、设备、产品品种、产量、产值、能源品种、用途和功能等方面确定能源基准。机械制造企业应注意在各相关层次（企业、次级用能单位和主要能源使用等层次）上，建立与"重要能源使用消耗"相关的能源基准。

（2）能源基准的类别

机械制造企业适用的能源基准包括以下两点。

1）能源消耗基准：综合能耗、产品单位产量综合能耗、单位产值或增加值综合能耗、不同能源单耗、重点工序单耗等。

2）能源利用效率基准：企业能源利用率、设备效率、用电功率因数、铸件工艺出品率等。

（3）确定能源基准时应规定统计计算准则，能源基准应量化，且数值合理。

（4）建立能源基准的同时可考虑建立能源标杆（特别是重点用能单位）。

（5）"能源标杆"的基本概念及用途

1）"能源标杆"是我国第一版GB/T 23331—2009标准的一个独立条款，其定义为："组织参照同类可比活动所确定的能源消耗、能源利用效率的先进水平。"

2）能源标杆在GB/T 23331—2012中虽已删除，但在EnMS中仍用应用价值，亦是能源评审的输出，它反映组织能源绩效争取达到的数值水平。

4.4.5 能源绩效参数

组织应识别适用于对能源绩效进行监视测量的能源绩效参数。确定和更新能源绩效参数的方法学应予以记录，并定期评审此方法学的有效性。

组织应对能源绩效参数进行评审，适用时，与能源基准进行比较。

4.4.5 能源绩效参数

4.4.5.1 企业应符合GB/T 23331—2012中4.4.5的要求；

4.4.5.2 企业应选择具有反映其用能过程特征的可测量的绩效指标来表示其能源绩效参数。应确定能源绩效参数，包括但不限于：

a）企业或次级用能单位的能源绩效参数：综合能耗、单位产值或工业增加值综合能耗、产品单位产量综合能耗、重点设备能耗、单位涂装面积能耗、重点用能设备效率和能源利用率等；

b）主要能源使用的能源绩效参数：重点用能设备（重点用能设备是指企业根据能源使用统计和能源管理需要所确定的在能源消耗中占有较大比例或在能源绩效改进方面有较大潜力的用能设备或设备群组）的单项能耗、与用能设备经济运行有关的工艺参数（温度、表面温升、电流密度和电能利用率等）。

---

1. 条款释义

（1）识别能源绩效参数的目的

能源绩效参数是企业能源绩效的可量化量度特性，用于衡量、评价企业能源绩效状况及水平。通过对能源绩效参数的实时监视测量，可系统、全面和及时地掌握能源管理体系的能源绩效水平，采取控制措施，确保能源目标和指标的实现。

（2）能源绩效参数种类

1）按参数获得方式划分的两个类别：

——直接测量的参数，如锅炉主蒸汽压力温度、排烟温度和烟气含氧量；冲天炉烟气温度、烟气CO含量等，这类参数中部分为运行（工艺）参数。

——模型计算的最终参数，如单产综合能耗、锅炉热效率、冲天炉铁焦比等。

2）按管理对象划分的两个类别：

——管理层面设置的（与主要能源使用控制有关）的能源绩效参数，如综合能耗、能源利用率；

——运行层面设置的（与设备设施运行控制有关）的能源绩效参数，如设备单项能耗、与经济运行有关的工艺参数（温度、压力、电压电流等）。

（3）能源绩效参数的管理要求

1）确定能源绩效参数应注意在组织不同用能层级上进行，并与主要能源使用区域相关。

2）确定和更新能源绩效参数的方法学应形成文件。

3）定期评审此方法学的有效性，若企业的活动（系统、过程、设备、设施）改变和能源基准发生变化时，应相应调整能源绩效参数。

4）能源绩效参数的监测值，可用于与能源基准进行对比分析，以确定特性运行的实际效果。

2．理解与实施中应注意的问题

1）确定能源绩效参数的方法学一般可采用程序文件的方式，其内容应包括：

① 明确监控对象，即定义的是哪个或哪种系统/设备的能源绩效参数；

② 明确参数的定义，如直接测量的参数的测量方法，模型计算参数的建模和计算方法；

③ 选择与能源绩效水平密切相关的参数，兼顾在管理与运行层面上设置。

2）企业确定的能源绩效参数，应包括（但不限于）适于在主要能源使用区域进行监控的能源绩效参数；机械制造企业主要应考虑适于"重要能源使用消耗"监控的能源绩效参数。

3）机械制造企业存在用能过程外包时，方法上宜采用工业增加值，如单位产值（增加值）综合能耗。

4.4.6 能源目标、能源指标与能源管理实施方案

组织应建立、实施和保持能源目标和指标，覆盖相关职能、层次、过程或设施等层面，并形成文件。组织应制定实现能源目标和指标的时间进度要求。

能源目标和指标应与能源方针保持一致，能源指标应与能源目标保持一致。

建立和评审能源目标和指标时，组织应考虑能源评审中识别出的法律法规和其他要求、主要能源使用以及改进能源绩效的机会。同时也应考虑财务、运行、经营条件、可选择的技术以及相关方的意见。

组织应建立、实施和保持能源管理实施方案以实现能源目标和指标。能源管理实施方案应包括：

a）职责的明确；

b）达到每项指标的方法和时间进度；

c）验证能源绩效改进的方法；

d）验证结果的方法。

能源管理实施方案应形成文件，并定期更新。

4.4.6 能源目标、能源指标与能源管理实施方案

4.4.6.1　企业应符合GB/T 23331—2012中4.4.6的要求。

4.4.6.2　企业应根据其用能特点，在相关能源管理层次建立相应的目标、指标：

a）企业层面可以节能量、产品单位产量综合能耗、单位产值（或工业增加值）综合能耗和不同能源类别单项能耗和（或）能效相结合建立目标指标；

b）次级用能单位或区域可按照用能类别与工作量相结合建立目标指标，包括但不限于：单位产量能耗、单位工时能耗、产品单位产量能耗（铸件、锻件、焊接件、热处理件等）等；

c）重点用能过程和设备可按用能类别分别建立单项能源消耗目标指标；

d）可从降低能耗、提高能效、综合利用、优化能源结构、技术创新、改进管理等方面制定动态节能目标指标。

4.4.6.3　根据评审结果或当产品结构及能源结构调整时，应评价对能源目标和指标更新的需求。

4.4.6.4　应跟踪能源管理方案实施进度，协调实施中发现的问题，必要时对能源管理方案做出调整。

1. 条款释义

（1）建立、实施和保持能源目标、指标的目的

1）落实能源方针中持续改进、遵守法规等承诺的具体体现。

2）评价能源绩效的依据。

3）通过能源目标指标明确运行监控目的，对组织的有关职能和层次进行充分发动。

（2）制定目标、指标的基本要求

1）覆盖相关职能、层次、过程或设施等层面，并形成文件。机械制造企业应在企业层面、次级用能单位或区域、重点用能工序和设备等层面和职能上制定能源目标指标。

2）目标指标与能源方针保持一致，指标与目标保持一致。

3）明确实现目标指标的时间进度要求。

（3）建立和评审目标指标应考虑的因素

1）法律法规和其他要求。

2）企业识别的主要能源使用区域及"重要能源使用消耗"（能源评审结果）。

3）改进能源绩效的机会（适当考虑改进的目标）。

4）可选的技术方案，财务、运行和经营要求（必要的约束条件）。

5）各相关方观点。

（4）制定能源管理方案的目的

能源管理方案是为实现能源目标和指标，针对主要能源使用所策划制定的具体措施计划。

（5）能源管理方案的内容要求

1）明确职责分工。

2）确定实现目标指标的措施方法和时间进度，措施方法包括技术和管理措施以及资源支持。

3）验证节能绩效改进的方法（特指验证措施实施完成后，验证能源绩效有无提高的方法）。

4）验证结果的方法（指验证方案是否按计划实施、验证完成后是否达到预期结果的方法，能源绩效的提高是预期结果中的一种）。

（6）能源管理实施方案应形成文件，并定期更新。

2. 理解与实施中应注意的问题

（1）采用建立能源目标指标体系的方式

机械制造企业总目标可按层次职能分解，指标将目标具体量化，形成覆盖全面，上下层、职能间、目指标间相互关联相互支撑的能源目标指标体系；应确保覆盖涉及"重要能源使用消耗"的目标和指标。

（2）目标可测量、指标定量化

（3）机械制造企业的两种目标、指标类型

1）各职能、层次的静态能耗能效目标指标：

——企业层面建立综合能耗和全厂能效目标指标；

——用能单位或区域按照用能类别与工作量相结合建立目标指标，如：能耗/产量、能耗/工时、能耗/吨铸件（锻件、焊接件、热处理件）等；

——重点用能设备、过程、系统按用能类别分别建立单项能耗、能效目标指标。

2）多元化节能动态目标指标及示例。

① 降低能耗型：

——降低轨道车辆公司万元产值综合能耗；

——降低20t商用车单位产量综合能耗；

——降低t模锻件综合能耗。

② 提高能效型：

——提高全厂用电体系功率因数；

——提高冲天炉铁焦比和热效率；

——提高电弧焊机能源利用率。

③ 综合利用型：

——涂装废气余热回收利用；

——铸锻件余热回收利用；

——电镀废水再回收利用；

——铸造废砂再生回收利用。

④ 清洁能源型：

——提高太阳能在全厂照明用能中的比例；

——全面采用电力及天然气等清洁能源。

⑤消除浪费型:

——降低热处理炉炉壁炉门蓄热散热损失;

——杜绝供水管网跑冒滴漏;

——降低蒸汽管网散热损失。

⑥改进管理型:

——提高热工及电能计量仪表配备、检定校准率;

——提高照明、办公用电消耗定额覆盖率;

——提高热加工能耗定额覆盖率;

——重点用能设备操作人员全部持证上岗;

——提高全员节能意识及知识培训率。

⑦技术创新型:

——提高热加工节能降耗先进工艺及装备推广率;

——提高交流变频调速技术推广率。

(4)能源管理方案分为技术型方案和管理型方案两种类型

针对具体"重要能源使用消耗"的能源绩效改进机会,制定技术方案,以采取技术措施为主。针对整个能源管理或能源管理体系过程的改进,制定管理方案,以管理措施为主。

(5)能源管理方案形成文件

能源管理方案可包括可行性研究报告、设计方案、施工方案、管理措施等,可作成一个或几个相关的文件。

(6)能源管理方案的更新

应定期更新能源管理方案,如定期开展能源评审、定期进行能源参数评审时,应同时评审目标指标,以确定能源管理方案的更新需求。在能源管理方案实施过程中应跟踪其过程情况和阶段性结果,以评价更新(或调整)的必要性。

(7)其他应注意的问题

1)在节能技术可行和经济可行的基础上,提出可实现的目标指标。

2)技术方案应以确保安全、环境和原有功能为前提。

(二)标准"策划(P)"阶段条款要点小结

1."策划(P)"条款在EnMS中的功能

"策划(P)"是能源管理体系启动奠基阶段,是建立和保持能源管理体系的基础。

2."策划(P)"阶段总体要求

1)依据"4.1总要求",确定职责(4.2),制定方针(4.3)。

2)通过初始能源评审(4.4.1/3),识别适用的法律法规(4.4.2),识别能源使用消耗和评价主要能源使用消耗(4.4.3),确定能源基准、标杆和能源绩效参数(4.4.4. 4.4.5),识别能源绩效改进机会(4.4.3)。

3）根据改进机会，制定目标指标和落实能源管理方案（4.4.6）。

3. 能源管理策划活动总览

标准的广义策划阶段共包括10个条款，策划过程概念图见图3-4及图3-5；策划阶段10个条款关系及理解要点见图3-7。

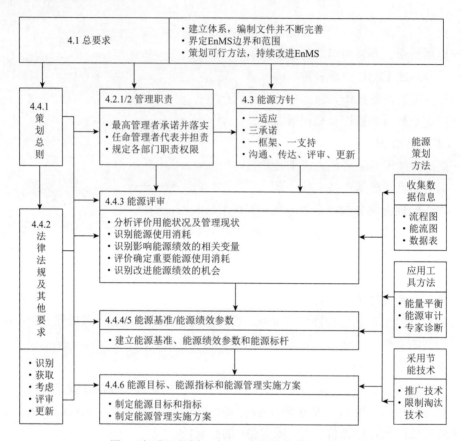

图3-7 标准"策划"阶段10个条款关系及理解要点

4. "能源策划"及体系运行后形成的五套"能耗能效"数据分析对比

（1）五套"能耗能效"数据

能源策划的输出中包括能源基准（和/或能源标杆）、能源绩效参数和能源目标指标等与能耗能效有关的数据量值系统。在体系运行时可形成五套"能耗能效"数据，它们是："能源基准"数据、"能源绩效参数设定数值""能源绩效参数监测数值""能源标杆"数据、"能源目标指标"数据，它们都可视为是"能源绩效参数"的不同数值。

（2）五套"能耗能效"数据的相同点

1）都源于能源策划输出及体系运行，由量值项目的量纲和量化数据构成；

2）同类量值项目的量纲相同，测量及计算的方法也相同。

（3）五套"能耗能效"数据的不同点

1）数据设定（或测量）的数值及高低水平不同，企业达到的可能性及程度也不同。

2）能源基准、能源标杆、能源目标指标的量值项目基本一致，但可以少于能源绩效参数的量值项目（即某些绩效参数不设基准、标杆或目标指标值，如没有运行层面的工艺参数等）。

（4）五套"能耗能效"数据理想的优劣比较关系

能源标杆≥能源目标指标≥能源绩效参数监测数据≥能源绩效参数设定数据≥能源基准（上述关系式中的"≥"符号表示"应优于或等于"或"应不劣于"）。

1）如发现能源绩效参数监测数据经常小于能源基准或远小于能源绩效参数设定数据（个别的或稍小于的波动是允许的），则可能发生异常，应分析原因，采取纠正及纠正措施。

2）如发现能源绩效参数监测数据稳定地远高于能源基准，或稳定地高于目标指标，则说明能源绩效显著优异，应考虑调整提高基准和目标指标。

表3-3给出某专业铸铁厂的"砂型铸铁件单位综合能效"这一重要能源绩效值项目的"五套"数据在EnMS运行半年后的对比，表明该厂EnMS运行正常有效。

表 3-3　某专业铸铁厂 EnMS 运行半年后其五套数据对比

序号	数据种类	量值项目举例	量化数据举例
1	能源基准	砂型铸铁件单产综合能耗	440 tce/t
2	能源标杆	砂型铸铁件单产综合能耗	380 tce/t
3	能源目标指标	砂型铸铁件单产综合能耗	400 tce/t
4	能源绩效参数设定值	砂型铸铁件单产综合能耗	440 ～ 400 tce/t
5	能源绩效参数监测数据	砂型铸铁件单产综合能耗	420 kgce/t

二、标准"实施（D）"阶段条款详细讲解

标准"策划（P）"阶段条款包括GB/T 23331—2012/ISO 50001:2011《能源管理体系　要求》及RB/T 119《能源管理体系　机械制造企业认证要求》标准的一个一级条款4.5条及其下的7个二级条款。

（一）7个"实施（D）"阶段二级条款的逐条讲解

4.5 实施与运行

4.5.1 总则

组织在体系实施和运行过程中，应使用策划阶段产生的能源管理实施方案及其他结果。

4.5 实施与运行

4.5.1 总则

企业应符合GB/T 23331—2012中4.5.1的要求。

1. 条款释义

(1)"4.5.1"提出"实施与运行"的总要求

"4.5"是能源管理体系的实施(D)阶段,其重点是对"主要能源使用区域"(即"重要能源使用消耗")进行有效控制。"4.5.1总则"为实施方针,实现目标指标,通过能源管理方案及能源策划其他结果的实施运用,以有效控制主要能源使用区域为重点,提出了总的控制要求。

(2)"4.5"的具体条款均是有效控制"主要能源使用区域"的手段和条件

"4.5实施与运行"包括如下7个子条款:①总则;②能力、培训与意识;③信息交流;④文件;⑤运行控制;⑥设计;⑦能源服务、产品、设备和能源采购等,给出了能源管理体系有效运行所应实施的控制条件和控制手段的要求。

2. 理解与实施中应注意的问题

企业在能源管理体系的实施运行中应充分使用策划阶段的结果,包括:①重要能源使用消耗(即主要能源使用区域):重点控制对象;②适用能源法规要求:控制准则;③能源方针:宗旨和方向;④能源基准、能源绩效参数、能源标杆:量化的监控工具;⑤能源目标指标和方案:最有效的控制手段,特别强调管理方案的重要作用。

4.5.2 能力、培训与意识

组织应确保与主要能源使用相关的人员具有基于相应教育、培训、技能或经验所要求的能力,无论这些人员是为组织或代表组织工作。组织应识别与主要能源使用及与能源管理体系运行控制有关的培训需求,并提供培训或采取其他措施来满足这些需求。

组织应保持适当的记录。

组织应确保为其或代表其工作的人员意识到:

a) 符合能源方针、程序和能源管理体系要求的重要性;

b) 满足能源管理体系要求的作用、职责和权限;

c) 改进能源绩效所带来的益处;

d) 自身活动对能源使用和能源消耗产生的实际或潜在影响,其活动和行为对实现能源目标和指标的贡献,以及偏离规定程序的潜在后果。

4.5.2 能力、培训与意识

4.5.2.1 企业应符合 GB/T 23331—2012中4.5.2的要求。

4.5.2.2 企业应识别培训需求并使所有与主要能源使用及与能源管理体系运行控制有关的人员具备能力。相关人员包括但不限于:从事企业能源管理的人员、影响能源绩效的过程设计人员、重点耗能设备的操作人员、高耗能特种设备的操作人员等,应明确上述人员的具体能力资格要求,并满足国家有关法规要求。

4.5.2.3 企业应对能源绩效有重大影响的新上岗或调整工作的人员提供岗位培训,

包括合同工、临时工和相关人员。应将不符合岗位要求带来的后果告知对能源使用有重要影响的工作人员。岗位培训的内容应包括并不限于：

——设计和工艺岗位人员应熟悉适用于本行业节能减排和提高能效相关技术的应用；

——重要用能岗位人员应经过相应的能源使用优化操作的培训。

1. 条款释义

（1）确保人员具有胜任的能力

1）人员范围包括与主要能源使用相关的管理和操作人员，无论是为组织或代表组织工作的人员（代表企业工作的人员可包括服务承包商、兼职人员和临时工），其岗位可能是：

——专、兼职节能管理人员；

——基础建设、工艺、产品节能设计/项目管理人员；

——重点用能工序生产调度、管理、操作人员；

——重点大型用能设备（含高耗能特种设备）采购人员；

——重点大型用能设备操作、管理、维护人员；

——能源统计、计量器具管理人员；

——能源管理体系内部审核员等。

2）所谓人员的能力是指经证实的应用知识和技能的本领，一般从人员受教育的程度、接受的培训、具备的技能和工作经验等方面体现。对于与主要能源使用相关的人员应从上述四个方面提出胜任岗位工作的能力要求，并应满足法律法规规定的岗位资格要求。

（2）开展培训活动

1）培训内容应与主要能源使用及与能源管理体系运行控制有关，如

——用能设备经济运行及能源使用优化操作技能；

——节能法规标准要求和节能技术；

——能源计量和能源统计；

——能量平衡、能源审计和清洁生产审核等能源管理知识与方法；

——以及其他能源知识和能源管理体系标准等内容。

2）识别培训需求，组织开展组织内部培训或外部培教等。

3）保存记录，包括能力要求和培训活动的记录。

（3）提高全员节能意识

1）组织应强化员工的节能意识，提高节约能源的认识和自觉性，从人因这个根本方面来保证能源管理体系运行的有效性；

2）宣传能源方针和能源管理体系要求以及能源绩效改进的重要意义；

3）教育员工认识到自身岗位职责权限在体系中的地位作用及正面和负面影响，启发鼓励员工充分发挥主观能动性，对提高企业能源绩效做出贡献。

2. 理解与实施中应注意的问题

1）确定各类相关人员的岗位能力要求。

包括但不限于所有与重要能源使用消耗有关的关键岗位，无论是管理、设计或操作层面的关键岗位，均应提出能力要求。这些要求一般可形成文件。

2）岗位能力培训的一般过程如下：

① 对照要求评价现有人员的能力，调查了解并制定培训需求。

② 根据需求制定包括目的、课程、教材、教师、学员和考核等内容的培训计划；必要时可按工厂、车间等层次分级制定计划。

③ 按计划落实实施。

④ 评价培训效果，应特别注意实际技能掌握的情况。

⑤ 保存相关的记录（包括培训活动和个人能力的有关记录）。

3）关键岗位人员按法规规定或本企业规定，经培训考核取得岗位资格证书方可上岗；新上岗或调岗人员均应按相关规定培训，具备相应能力后上岗。

4）通过培训或其他方法强化全员节能意识：

① 加强宣传培训，如能源方针目标、节能形势、节能社会经济效益等；

② 开展各种节能活动，如技术交流、知识竞赛、征集合理化节能建议、评选节能先进；

③ 建立并完善节能激励机制制度，如目标责任制度、绩效考核制度、继续教育制度、节能奖罚制度。

4.5.3 信息交流

组织应根据自身规模，建立关于能源绩效、能源管理体系运行的内部沟通机制。

组织应建立和实施一个机制，使得任何为其或代表其工作的人员能为能源管理体系的改进提出建议和意见。

组织应决定是否与外界开展与能源方针、能源管理体系和能源绩效有关的信息交流，并将此决定形成文件。如果决定与外界进行交流，组织应制定外部交流的方法并实施。

4.5.3 信息交流

企业应符合GB/T 23331—2012中4.5.3的要求。

---

1. 条款释义

信息交流畅通是能源管理体系成功运行的保证条件。

（1）内部信息交流

1）建立内部沟通机制。在纵向各层次和横向各部门及各职能之间，建立与自身规模相适应的信息交流沟通机制。

2）交流内容如下：

——方针、目标指标的制定和实现情况；

——能源使用消耗、重要能源使用消耗的识别、更新信息；

——法律法规的更新、传达及合规性评价动态；

——影响能源绩效的关键特性定期监视、测量和分析的结果；

——能源管理绩效；

——运行过程中的问题及困难；

——节能技术和管理经验（关键特性监测测量分析结果、方案实施情况及效果、不符合及纠正预防措施、内审及管评结果）等；

——员工改进意见和建议。

3）交流沟通方式。可以建立例会、讲评会、简报、文件、公告栏、意见箱、电子邮件、局域网等方式，特别注意建立一个鼓励、接收和回应员工提出意见建议的机制，并始终保持其顺畅运转。

（2）外部信息交流

1）主动交流。通过网站、电话、电子邮件、年报、会议等方式，向主管部门、行业协会等寻求节能法规政策、节能技术等信息，发布能源方针、能源绩效等组织信息。

2）被动交流：

——接受并及时处理节能监察部门的执法监察、监测等反馈信息；

——重点用能单位须定期发布"能源利用状况报告"并按规定向上级主管部门报送。

3）制定并实施关于外部信息交流的规定性文件（如程序文件），包括交流内容、方式、职责等项规定。

2. 理解与实施中应注意的问题

（1）节能信息收集重点

1）先进节能技术信息。

2）最佳节能实践经验。

3）节能政策和补贴信息。

（2）注意发挥节能信息交流作用

1）解决信息不对称带来的节能机会损失。

2）减少节能技术改造决策失误。

3）缩短节能方案的投资回报期。

4.5.4 文件

4.5.4.1 文件要求

组织应以纸质、电子或其他形式建立、实施和保持信息，描述能源管理体系核心要素及其相互关系。

能源管理体系文件应包括：

a）能源管理体系的范围和边界；

b) 能源方针；

c) 能源目标、指标和能源管理实施方案；

d) 本标准要求的文件，包括记录；

e) 组织根据自身需要确定的其他文件。

注：文件的复杂程度因组织的不同而有所差异，取决于：

——组织的规模和活动类型；

——过程及其相互关系的复杂程度；

——人员能力。

4.5.4 文件

4.5.4.1 文件要求

企业应符合GB/T 23331—2012中4.5.4.1的要求。

1. 条款释义

（1）文件的总要求

1）建立、实施和保持文件，对组织能源管理体系的核心要素及其相互关系做出描述。

2）文件形式可以是纸质、电子或其他形式（如图片、墙报、挂图等）。

（2）需要形成的文件

1）能源管理体系的范围和边界。

2）能源方针。

3）能源管理目标、指标和管理实施方案。

4）本标准要求的文件和记录（指本标准明示要求形成文件的程序和本标准明示要求的记录）。

5）组织自身需要制定的文件（为确保企业能源管理过程有效策划、运作和控制所需要的其他程序文件和作业文件以及记录）。

（3）能源管理体系文件的多少与详略程度影响因素

1）企业自身的规模（通常由人数决定）、体系覆盖的范围（如边界多少）。

2）消耗能源的类型和数量多少。

3）能源利用过程及其相互关系的复杂程度。

4）人员的能力（教育程度的高低、接受培训情况、技能的熟练程度和经历经验的丰富与否）。

2. 理解与实施中应注意的问题

（1）能源管理体系文件的一般构成

1）能源管理手册，其中包括能源方针、范围边界、职责权限、组织结构、核心要素及其关系的描述等。

2）程序文件和记录（包括本标准明示要求的和企业自身决定制定的）。

3）能源基准和标杆文件、能源目标指标文件、能源管理实施方案。

4）体系实施策划、运行、控制和检查活动的作业文件、准则文件（如操作指导书、管理制度、监测计划等）。

5）外来文件（如法律法规、政策文件、标准、相关方文件等）。

（2）文件的层次和相互关系

1）一般分为三个层次：管理手册、程序文件和作业文件（能源基准和标杆文件、能源目标指标文件、能源管理实施方案可纳入作业文件层次）。

2）各层次文件互相联系、相互引用，下层文件应是对上层文件具体展开与描述的支持文件。可在上层文件中引用下层文件，也可以编制专门的文件对照索引。

（3）文件最小化要求

遵循文件最小化原则，文件编制可与质量管理体系、环境管理体系和职业健康安全管理体系文件兼容或结合，编制多体系的一体化文件。

4.5.4.2　文件控制

组织应控制本标准所要求的文件、其他能源管理体系相关的文件，适当时包括技术文件。

组织应建立、实施和保持程序，以便：

a）发布前确认文件适用性；

b）必要时定期评审和更新；

c）确保对文件的更改和现行修订状态做出标识；

d）确保在使用处可获得适用文件的相关版本；

e）确保字迹清楚，易于识别；

f）确保组织策划、运行能源管理体系所需的外来文件得到识别，并对其分发进行控制；

g）防止对过期文件的非预期使用。如需将其保留，应做出适当的标识。

4.5.4.2　文件控制

企业应符合GB/T 23331—2012中4.5.4.2的要求。

---

1. 条款释义

（1）受控文件范围

1）按本标准要求编制的所有文件，即4.5.4.1条中所要求的能源管理体系文件（三个层次的全部文件）。

2）其他与能源管理体系相关的文件，如涉及能源管理的外来文件（法规、政策、标准、有约束要求的相关方文件等），又如企业制定发布的其他与能源管理体系有关的文件，包括管理文件（与用能部门、设备设施管理部门和能源计量检测部有关的规章制度、管理办法、工作计划等）、技术文件（产品规范、工艺文件、设备设施技术文件等）。

（2）应建立、实施和保持形成文件的文件控制程序

（3）文件控制要求

1）发布前得到确保其适宜和充分性的批准。

2）文件实施中有可能发生情况变化，这时有必要对原文件进行评审以确定是否需要更新或修改，修订后的文件发布前需再次批准。

3）确保对文件的更改和现行修订状态做出标识。

4）确保使用场所得到适用文件的有效版本（使用场所要有现行有效版本，或使用者持有，或专人管理、定位存放，且易于查阅）。

5）确保字迹清楚，易于识别。

6）确保组织策划、运行能源管理体系所需的外来文件得到识别，并对其分发进行控制（如跟踪其有效版本状态、在使用处得到适用版本）。

7）防止对过期文件的非预期使用。如从所有发放和使用场所及时收回过期文件；若要保留过期文件时，应对这些文件做适当标识。

2. 理解与实施中应注意的问题

（1）文件审批

应规定文件批准的权限，授权人员应具有确保文件适宜充分性的能力；修订文件的批准权限应与原文件批准权限相同。

（2）受控文件

"受控文件"是指需要跟踪去向，以便及时更新，从而确保其有效版本状态的文件。

（3）文件版本状态控制

一般需要有文件受控清单或受控文件一览表，详细记载文件名称、版本状态、修订历史、文件及其版本标识、发放标识和发放去向（持有者）。清单记载的所有标识应与相应文件的标识一致。

4.5.5 运行控制

组织应识别并策划与主要能源使用相关的运行和维护活动，使之与能源方针、目标、指标和能源管理实施方案一致，以确保其在规定条件下按下列方式运行：

a）建立和设置主要能源使用有效运行和维护的准则，防止因缺乏该准则而导致的能源绩效的严重偏离；

b）根据运行准则运行和维护设备、设施、系统和过程；

c）将运行控制准则适当地传达给为组织或代表组织工作的人员。

注：在策划意外事故、紧急情况或潜在灾难的预案时（包含设备采购），组织可选择将能源绩效作为决策的依据之一。

4.5.5　运行控制

4.5.5.1　企业应符合GB/T 23331—2012中4.5.5的要求。

4.5.5.2　企业应依据能源评审的结果和相关设施设备的经济运行、能效及节能监测等标准，对主要能源使用的设施、设备、系统和过程，制定运行准则和评价方法。

4.5.5.3　企业应对主要能源使用的设施、设备、系统、过程的耗能状况进行定期统计、评价，有计划地淘汰落后的工艺、设施和设备，确保其经济运行。

4.5.5.4　企业应对以下用能环节实施控制、优化和管理：

a) 加工转换环节。企业所涉及的电力变压器、工业锅炉、空调制冷设备和空气压缩机等能量转换设备应符合国家相关经济运行标准、能效与节能监测标准的基本要求（参见附录C），并应在运行过程中：

——根据生产要求、设备状况和运行状况，制定转换设备调度规则和最佳运行方案，各相关部门相互配合，使转换设备保持最佳工况；

——操作人员应经培训后上岗；

——将转换设备的操作方法、事故处理、日常维护、原始记录等规定纳入设备、设施的经济运行操作规程；

——制定并执行转换设备维修规程和维修验收技术条件。

b) 分配输送环节。企业对所涉及的供配电系统、空气调节系统、供气系统、热力输送系统、设备及管道隔热保温等应符合国家相关经济运行标准、能效与节能监测标准的基本要求（参见附录C），并应在运行过程中：

——制定用能计划，准确计量各部门的用能情况，并建立记录台账，定期进行汇总和分析；

——合理调度、优化分配，适时调整，减少传输损耗；

——根据生产运行状况，制定上述系统的维修保养计划，合理安排维修保养。

c) 终端使用环节。企业所涉及的熔炼炉（冲天炉、感应电炉、电弧炉、燃料反射炉、电阻炉等）、锻造加热炉、干燥炉、热处理炉、焊接设备、涂装设备、电镀设备和金属切削机床等重点用能设备设施及其工序，应在运行过程中：

——根据设备特性和生产加工需求，优化加工方案（或生产流程），合理安排生产计划和生产调度，耗能设备在最佳状况下运行；

——根据生产要求和设备运行状况，制定相应的工艺技术要求、设备操作和维护保养规程，确定运行方案，严格贯彻执行操作规程，不断改进操作方法，加强日常维护和定期维修，降低生产装置故障率，提高设备完好率；

——对于重点用能工序（参见附录A中表A.2），应优选工艺参数（包括：流量、压力、时间、温度等），加强监测、调控，对生产工艺和服务流程的耗能状况实施评价，改进工艺流程和产品加工方案，降低能源消耗。

d) 有效利用余热、余压等。

> 4.5.5.5 企业应建立重点用能设备、设施的维护系统，可包括：
>
> a）预防性维护/维修计划；
>
> b）实施维护/维修活动；
>
> c）评价和改进，以持续改进能源使用设备的有效性和效率。

1. 条款释义

（1）运行控制的目的

目的在于确保能源使用与能源方针、能源目标指标和能源管理方案一致。

（2）运行控制的对象

运行控制的对象是组织能源利用全过程各环节，而重点在于与主要能源使用相关的运行和维护活动，包括加工转换、输送分配、最终使用、余热余压利用等用能环节的控制，涉及生产过程的控制及产品和过程的设计、设备设施的配置、能源的购置储存等过程的控制（后三个过程的控制要求将在4.5.6、4.5.7中展开描述）。还应包括考虑相关方（包括服务提供方、设备提供方、设备维护外包方等）的影响而对其相关活动实施必要的控制。

（3）运行控制的方式

1）建立和设置主要能源使用有效运行和维护的准则，包括：

——确定运行控制方式；

——配备必要的具有相应能力的人员；

——确定主要用能设施设备的能效限定值；

——规定测量和评价的方法；

——防止因缺乏以上准则而导致的能源绩效的严重偏离。

2）上述准则可形成程序文件、作业文件、管理制度等第二、三层文件。

3）根据准则进行设施、设备、系统和过程的运行和维护。

4）将运行准则传达给为企业或代表企业工作的人员（代表企业工作的人员可包括服务承包商、兼职人员和临时工）。

5）对相关方有关活动的控制措施可在合同协议中规定，或在专门的程序中规定，并与相关方进行沟通。

2. 理解与实施中应注意的问题

（1）运行控制的重点

机械制造企业运行控制的重点是与"重要能源使用消耗"相关的运行与维护活动。

（2）正常状态下的运行控制要求

1）源头预防。优化能源设计及能源采购存储过程控制（分别见4.5.6和4.5.7条款讲解）。

2）对与重要能源使用消耗相关的设施、设备、系统和过程，制定必要的操作规程、检查维护制度、生产工艺、作业/维护指导书和监测指导书，要求按规定进行规范的作业、检查和维护。

3）对与重要能源使用消耗相关的设施、设备、系统和过程的耗能状况实施监测，定期统计评价（4.6条款将有详细要求）。

4）实施四大能源流转环节用能工序和设备的优化、控制，确保经济运行。

①"加工转换环节"运行控制要点（电力变压器、工业锅炉、空调制冷设备和空气压缩机等）：

——优化调运方案，保持设备最佳工况；

——人员持证上岗，严格遵守操作规程；

——监测运行状况，保证维护检修质量；

——确保经济运行，全面提高转换效率。

②"分配输送环节"控制要点（供配电系统、空气调节系统、供气系统、热力输送系统、设备及管道隔热保温等）：

——准确计量，建立台账，制定合理供能计划；

——合理调度，优化分配，适时调整避免浪费；

——线路管道，加强巡查，发现损耗及时检修；

——隔热保温，避免跑漏，全面提高输送效率。

③"终端使用环节"控制要点（熔炼炉、加热干燥烘烤设备、砂处理及旧砂再生设备、落砂清理设备、热处理炉、焊接热切割设备、涂装电镀设备、金属切削机床及厂房、车间通风除尘设备等）：

——优化工艺流程及加工方案，合理生产调度；

——优化重点用能工序及设备的工艺参数（流量、压力、温度、时间等），实现经济运行；

——制定并严格执行工艺技术规程、设备操作和维保规定；

——监测重点用能设备运行效率，改进操作条件。

④"余热、余压及材料回收利用环节"控制要点：

a.余热、余压利用，如：

——冲天炉、燃料加热炉的烟气余热回收利用；

——红热工件、铸件、锻件的余热热处理；

——冷却水、冷却油的循环利用及余热回收。

b.废弃材料的回收利用，如：

——砂型铸造的旧砂再生回用；

——浇冒口、披缝、铁豆、切屑等的重熔回用。

5）建立重点用能设备/设施的维护系统。

① 制定预防性维护/检修计划，计划中一般应包含维护和检修的内容，说明或引用相关的规范或指导书；

② 按计划实施预防性维护/检修活动和故障修理活动；

③ 评价和改进，以持续改进能源使用设备的有效性和效率。

（3）能源应急状况控制要求

1）可能出现的能源应急状况：

① 能源供应紧缺、外部供应中断；

② 内部供能和用能系统故障，造成突发停电、停气、停水；

③ 事故性泄漏、火灾、爆炸（熔炼炉、油品库、天然气站、空压站、锅炉房、打磨粉尘等）；

④ 特殊气候和自然灾害造成的影响。

2）制定应急预案的原则：

① 制定应急预案时，应把能源绩效作为决策依据之一；

② 能源的应急管理可参照环境/职业健康安全管理体系"4.4.7应急准备与响应"条款的要求实施。

4.5.6 设计

组织在新建和改进设施、设备、系统和过程的设计时，并对能源绩效具有重大影响的情况下，应考虑能源绩效改进的机会及运行控制。

适当时，能源绩效评价的结果应纳入相关项目的规范、设计和采购活动中。

4.5.6 设计

4.5.6.1 企业应符合GB/T 23331—2012中4.5.6的要求。

4.5.6.2 在新建、改扩建项目设计中，应采用先进的节能技术、工艺、设备和材料，对于国家明令淘汰的技术、工艺、设备和材料不应采用。

4.5.6.3 适用时，铸件、锻件、热处理件、焊接件、电镀件以及涂装件等采用的工艺设备应满足相关的节能标准。

4.5.6.4 应优化工艺设计，提高工艺技术水平和资源综合利用率，合理安排用能设备。在对主要能源使用过程进行新工艺验证时，对能源消耗进行评价。

---

1. 条款释义

（1）"4.5.6设计"与"4.5.5运行控制"的关系

1）"工厂设计"是能源流动环节（及"运行控制"的全过程）的第一个环节——"能源设计环节"（组织能源流转环节包括"能源设计—购入存储—加工转换—输送分配—终端使用—回收利用"六大环节）。

2）"设计"是"运行控制"的源头，"源头"的控制对企业主要能源使用的能源绩效有着重要影响。

（2）控制对象

1）组织的工厂设计，主要是新、改、扩建项目中设施、设备、系统和过程的设计，重点是显著影响能源绩效的主要用能区域。

2）也涉及新、改、扩建项目或生产技术改进中生产过程（工艺）设计。

3）新产品或改进产品设计中结构和材料的选择对产品实现过程（如采购、储存、加工等过程）中能源消耗的影响。

（3）设计控制的指导原则

1）考虑能源绩效改进的机会。在满足设计输出功能的前提下，坚持节能降耗的设计思想，寻找改进提升能源绩效的机会，主动采用节能技术、设施、设备、工艺，追求高水平的能源绩效。

2）考虑运行控制的检测需求。不仅对用能过程本身开展设计，还应考虑为满足运行监测需要而布置合理的监测点，设置适当的计量监测器具。

（4）用能评估结果纳入设计活动

新、改、扩建项目应有适当的合理用能评估内容，如政策法规要求的符合性、总体用能的合理性、国内外先进耗能水平的差距、采用节能技术的可能性等。评估结果应引入设计中。

2. 理解与实施中应注意的问题

（1）新改扩建项目工厂设计的控制要求

1）编制节能评估报告书（表）通过项目节能评估和审查。

2）符合国家产业政策和能源管理的相关要求，采用先进的、而不应采用国家明令淘汰的技术、工艺、设备和材料。

3）优化用能结构，综合考虑其能源种类、需求量、经济性、质量、环境影响和可获得性，特别是：

——优先采用清洁能源和可再生能源；

——就近取材，降低成本。

4）科学合理匹配能源供应、加工转换、分配输送和终端用能系统及其设备设施，提高能源效率。

5）积极采用节能新技术、新工艺、新设备、新方法及最佳节能经验。

6）确保各种毛坯件、零部件的单位产品综合能耗低于国家和行业法规标准要求，并尽可能向先进水平靠拢。

（2）过程（工艺）设计的控制要求

1）工艺流程及工艺路线设计：

——优化工艺流程及路线，做到均衡生产、设备和产量良好匹配。

2）工艺和工艺装备设计（选型）：

——积极采用先进节能工艺技术、装备和材料，淘汰落后工艺、装备及材料；

——采用快速原型、模拟优化工艺设计、并行设计等先进设计方法；

——重要耗能工序在投产前进行工艺试验时进行能源消耗评价，优化人机料法环测等影响能耗和能效的工艺参数。

（3）机械产品的结构、材料设计的节能控制要求

1）在新产品、改进产品设计的适当阶段，应考虑产品结构、原材料、零部件等的选择对后续制造过程加工工艺能源消耗的影响。如考虑选择铸态球铁或非调质钢等材料可以省去工件热处理工序；又如选择适当的工程塑料件代替金属件，降低其制造过程的能耗等。

2）按照GB/T 19001—2015中8.3条款的要求控制设计过程，实现产品设计过程的节能降耗。

4.5.7 能源服务、产品、设备和能源的采购

在购买对主要能源使用具有或可能具有影响的能源服务、产品和设备时，组织应告知供应商，采购决策将部分基于对能源绩效的评价。

当采购对能源绩效有重大影响的能源服务、设备和产品时，组织应建立和实施相关准则，评估其在计划的或预期的使用寿命内对能源使用、能源消耗和能源效率的影响。

为实现高效的能源使用，适用时，组织应制定文件化的能源采购规范。

4.5.7 能源服务、产品、设备和能源的采购

4.5.7.1 企业应符合GB/T 23331—2012中4.5.7的要求。

4.5.7.2 对于主要能源使用相关的能源服务、产品、设备的采购，应包括：

a) 对拟采购的产品、设备和设施，应遵守国家关于淘汰、限制和鼓励更新设备、设施以及节能技术的法律法规和政策，并考虑其对企业能源绩效的影响；

b) 建立并实施专业能源服务（包括合同能源管理、能源效率测试等）、运营服务（包括动能管理、设备、设施维护等）供应商的评价准则；

c) 对能源绩效有重大影响的采购活动应制定采购要求，通过适当方式进行评审、批准；

d) 采购对能源有重大影响的设备时，应进行设备寿命周期能源费用的分析。

4.5.7.3 企业应根据生产工艺、过程的需要和设备配置情况，从能源使用的经济性、能源质量、能源的特性和指标要求以及可获得性等多方面进行评估，实现用能费用（成本）的有效控制。

4.5.7.4 企业应制定并实施能源采购和储存管理制度，规定能源储存损耗限额，加强能源储存的管理。定期进行库存盘点和统计分析。

1. 条款释义

（1）4.5.3"采购"控制对象种类和示例

1）能源产品（燃料、电力、热力及耗能工质等）的采购、储存与供应。

2）重点用能设备（通用设备和机械制造专用设备）的采购、安装及维护。

3）对能源绩效有影响的原辅材料产品（如钢材、生铁、造型材料、焊条、涂料、淬火介质等）的采购、储存与供应。

4）能源服务：

——能源储存、供应、动能管理及用能设备维修保养等外包服务；

——能源技术服务（能源审计、节能监测、清洁生产审核、合同能源管理等）。

（2）采购控制的通用要求

1）采购是通过使用高效的产品和服务来提升和改进企业能源绩效的机会，同时还可以影响外供外包方改善能源行为。

2）告知外供外包方，企业采购决策将部分取决于对能源绩效的评价。

3）评价内容和准则包括考虑法律法规及其他要求、与整个用能系统的匹配程度、采购产品和设备的能效水平、运行稳定性、用能设备操作人员的培训需求，并评价供方资质、信誉、技术实力、经验等，对能源供方还应评价其能源产品质量、稳定提供合格产品的能力等。

4）对能源绩效有重大影响的能源服务、设备和产品进行采购时，评价的时间范围应扩大到预期的使用或寿命周期。

5）必要时，如能源种类较多、品质不稳定、来源多样化等情况下，应将上述评价的准则及其他采购要求形成文件化的采购规范。

2. 理解与实施中应注意的问题

（1）采购控制的一般方式

1）建立能源、能源产品及用能设备、能源服务采购规范。内容一般为从经济性、质量、影响绩效的特性和指标以及可获得性等多方面进行评估的要求，所采购的能源、能源设备与能源服务是否适宜和适量的批准要求、采购流程、验证活动和储存管理等。

2）评价与优选供应商和承包方。对重要能源使用消耗具有或有潜在影响的能源及能源设备与能源服务的供方和承包方必须进行评价，适用时，应将对能源绩效的影响作为评价准则的优先选项。

（2）对某些特殊采购过程的控制要求

1）在涉及重要能源使用消耗的重点用能设备的采购时，应优先采购法规推荐的高能效等级设备，并在验收时进行能效验证。

2）对能源储存管理，可制定能源储存管理文件，规定储存损耗限额；按照能源种类、规格，分区存放；定期进行库存盘点，对进、耗、存、出进行统计分析；适用时，对储存设备设施定期进行巡检、维护，杜绝跑冒滴漏和损耗。

（二）标准"实施（D）"阶段条款要点小结

1."实施（D）"阶段的重点是有效控制"重要能源使用消耗"

"实施（D）"阶段共有7个条款，EnMS在运行中要充分利用"策划（P）"结果，通过7个条款实施的配合协同，有效控制"重要能源使用消耗"。

2."实施（D）"阶段7个条款的相关关系及理解要点

表3-4给出了本阶段7个条款之间的相互关系与作用，还联系到"策划（P）"阶段的相关条款，并简明地提示其内容要点和理解及实施中应注意的问题。

表3-4 "实施（D）"阶段7个条款之间以及与"策划（P）"阶段相关条款关系和理解要点

功能	内容要点和理解及实施中应注意的问题	"实施"阶段条款	"策划"阶段相关条款
最终目的	实现方针、目标、管理方案及其他策划结果，持续改进能源绩效	4.5.1	4.3 4.4
控制重点	识别确定需有效控制的重要能源使用消耗		4.4.3
有效控制途径与手段	通过目标指标和管理方案，控制重要能源使用消耗		4.4.6
	通过工厂、设施、工艺节能设计，控制能源使用消耗	4.5.6	4.4.4 / 5
	通过有效控制能源采购及外包，控制能源使用消耗	4.5.7	4.4.4 / 5
	通过经济运行，有效控制用能环节中的能源使用消耗	4.5.5	4.4.4 / 5
有效控制保证条件	各司其职，提供资源，为过程受控提供组织资源保证		4.2
	全员培训，提高节能意识及关键岗位人员能力	4.5.2	
	内部交流，外部沟通，确保全员参与节能行动	4.5.3	
	文件受控有效并不断完善，确保人人事事有章可循	4.5.4	

三、标准"检查和改进（CA）"阶段条款详细讲解

标准"检查和改进（CA）"阶段条款包括GB/T 23331—2012/ISO 50001:2011《能源管理体系 要求》及RB/T 119《能源管理体系 机械制造企业认证要求》标准的两个一级条款4.6和4.7条及其下的8个二级条款。

（一）8个"检查和改进（CA）"阶段二级条款的逐条讲解

4.6 检查

4.6.1 监视、测量与分析

组织应确保对其运行中的决定能源绩效的关键特性进行定期监视、测量和分析，关键特性至少应包括：

a）主要能源使用和能源评审的输出；

b）与主要能源使用相关的变量；

c）能源绩效参数；

d）能源管理实施方案在实现能源目标、指标方面的有效性；

e）实际能源消耗与预期的对比评价。

组织应保存监视、测量关键特性的记录。

组织应制定和实施测量计划，且测量计划应与组织的规模、复杂程度及监视和测量设备相适应。

注：测量方式可以只用公用设施计量仪表（如:对小型组织），也可以使用若干个与应用软件相连、能汇总数据和进行自动分析的完整的监视和测量系统。测量的方式和方法由组织自行决定。

组织应确定并定期评审测量需求。组织应确保用于监视测量关键特性的设备所提供的数据是准确、可重现的，并保存校准记录和采取其他方式以确立准确度和可重复性。

组织应调查能源绩效中的重大偏差，并采取应对措施。

组织应保持上述活动的结果。

4.6.1 监视、测量与分析

4.6.1.1　企业应符合GB/T 23331—2012中4.6.1的要求。

4.6.1.2　企业应建立监督、分析、评价能源绩效的机制，以持续保持改进能源绩效的能力，制定的监视和测量计划应包括但并不限于：

a) 监测是否符合目标、指标、能源管理方案、控制措施和运行准则，以及对能源绩效参数进行监视与测量。

b) 对涉及主要能源使用进行定期监测与测量，包括并不限于：

—— 冲天炉（排出炉气温度及一氧化碳含量、铁液温度、炉温、供风强度、熔化强度、底焦高度及层焦铁比等）；

—— 锻造加热和热处理用燃料反射炉（排出烟气温度及一氧化碳含量、产品可比用燃料单耗、炉体表面温升等）和电阻炉（产品可比用电单耗、炉体表面温升等）；

—— 锻造设备、冲压设备和金属切削机床（运行状况等）；

—— 电焊设备（电能利用率等）；

—— 电镀生产线（电流密度、可比单位产量耗电量、新水重复利用率、生产节拍等）；

—— 涂装设备（涂层耗电量、耗新水量、水循环利用率等）；

—— 工业锅炉（热效率、排烟温度、炉体表面温度等）；

—— 煤气发生炉（煤气中二氧化碳含量、炉渣可燃物含量和设备状况等）；

—— 供电系统和变压器（日负荷率、功率因数、负载系数、运行方式、线损率等）；

—— 空气压缩机及其机组（单位气量电耗、排气温度、泄漏情况和设备状况等）；

—— 三相异步电机（运行状况、负载和效率等）；

—— 供水、供气、供汽、制冷、供油管道系统（损耗等）。

c) 能源中断、能源泄漏、散失和非预期的能源消耗的监测测量。

4.6.1.3　应对测量数据及时进行统计分析，发现异常波动时应及时采取应对措施。

4.6.1.4　企业应根据组织目标、指标、能源管理方案、控制措施、监测测量的需要，按照GB 17167配置满足管理需要的能源计量器具。

4.6.1.5　应针对非预期消耗能源的活动进行必要的监视、统计和分析评估，包括：不合格品工时、返工和返修工时、耗能设备空载运行时间等。

4.6.1.6　适用时，对监视测量设备故障导致数据丢失的情况采取补救措施。

1. 条款释义

（1）"4.6.1 监视、测量与分析"条款的总体要求

应在组织生产运营过程中，对能源管理体系的运行情况和决定能源绩效的关键特性定期进行监视、测量和分析，检验绩效，及时发现问题，进行有效控制。

（2）监视、测量和分析关键特性的内容

1）监控主要能源使用和能源评审的输出，即监控"重要能源使用消耗"涉及的区域、系统、过程、工序、设施设备是否按运行准则运行。

2）监控与主要能源使用（重要能源使用消耗）相关的变量，如市场供需情况、产品品种和产量、能源品种的变化、天气等。

3）测量分析能源绩效参数，包括识别并提出设定数据的所有能源绩效参数。

4）监测、分析能源管理方案实施的达标情况（即实现能源目标指标的有效性）。

5）监视分析实际的能源消耗，并与预期的进行对比评价，如数据统计分析、与能源基准对比、与能源标杆对比、对比分析能源目标指标实现程度、法规合规性评价、最终能源绩效的评价（包括趋势分析）。

（3）监视、测量和分析的实施要求

1）制定并实施测量计划，内容可包括测量对象、地点、时间、频次和测量方式方法（包括测量设备）等。

2）建立和保存监视、测量关键特性的记录。

3）在监视测量分析中发现问题应采取纠正和纠正措施，并就发现的改进机会实施持续改进。

（4）测量设备（能源计量器具）的配置和管理要求

1）确定并定期评审测量需求。

2）配置满足要求的测量设备：

——可应用公用设施计量仪表，或联至计算机控制的自动监测系统；

——加装独立的能源计量仪表（如对企业绝大多数用能单位和次级用能单位及某些主要用能设备）。

3）对测量设备定期进行检定、校准或其他分析（如变差分析），以确保测量设备的准确度和可重复性，检定、校准或其他分析的结果应予以记录。

2. 理解与实施中应注意的问题

（1）重点监测、分析对象

与"主要能源使用消耗"相关的过程、设备设施、变量及绩效等关键特性，包括取得绩效和存在问题两方面。

（2）重点监测与分析项目的频次

应在监测计划中对下列要求做出详细规定：

1）对涉及"主要能源使用消耗"区域的运行情况（运行参数）开展例行监测。

2）对监控与重要能源使用消耗相关的变量开展例行监测。

3）对可直接测量的能源绩效参数开展日常监测。

4）定期监测目标指标和管理方案的实施及效果。

5）定期开展实际能耗、能效与能源基准、能源标杆的分析对比评价。

（3）主动性绩效监视测量

正常运行状态下，为监控运行的符合性，根据策划或计划的安排对能源绩效关键特性进行的监测，如：

——对主要用能环节能源绩效开展的定期监测与分析；

——对重点用能工序/设备设施运行参数进行的例行监测。

（4）被动性绩效监视测量

紧急或非预期的情况下，作为应对措施的监测，虽不能在计划中预先安排，但应在计划中规定应急准备监测的方法和资源。如：

——能源中断、泄漏、损耗、散失；

——非预期的能源消耗（返工/返修工时和能源、设备空转空载等）。

（5）重点用能设备运行参数监测示例

除RB/T 119中4.6.1.2条b）款列举的典型项目外，机械制造企业还可能需要考虑装配安装设备（如起重、热压机）、其他加工设备（如注塑、复合材料成形、粉末冶金、浸渍烘干等加工设备）。

（6）重点用能单位监测的加严要求

——应配备必要的便携式能源检测仪表；

——创造条件建立能源管控中心，实现能源监测数据在线采集、实时监控调整优化。

（7）监测结果的统计分析评估

为确定体系运行效果及需纠正或改进的薄弱环节，应使用统计技术和能源管理工具定期对监视测量结果进行统计、分析和评估。

1）统计技术：揭示数据分布规律，发现并及时纠正不符合（问题→纠正→纠正措施→预防措施）。

2）能源统计：对能源购入储存量、加工转换量、输送分配量、最终用能量、非生产用能、技改节能量等进行统计，计算分析各级综合能耗及单耗。

3）能量平衡：针对能源购入储存、加工转换、输送分配、最终使用等不同环节及重点用能设备，计算能源收入支出平衡、消耗与有效利用及损失之间的平衡关系，分析能源利用率、热效率等能效水平。

4）能源绩效评估：对节能绩效进行评估，确定能源管理绩效，与能源基准、目标指标、能源标杆进行对比，识别新的持续改进机会。

（8）两类节能绩效评估

1）总体节能绩效评估：

——节能相对值评估，即对比能源基准和节能目标，评估一定时期内，能源利用效率提升值的比率，属于企业自身跨期纵向对比；

——能源利用效率绝对值评估，即对比同行业国内外先进水平（能源标杆），属于企业绩效的横向对比，评估自身能效水平在同行业中的位置，判断是否还有提升空间以及空间数值量的大小。

2）单项节能绩效评估：

——对于节能设计/节能采购，对比原有水平评估其节能绩效；

——对于节能管理方案，根据方案完成后其节能量验证的数据，评估项目节能绩效；

——对于节能经济运行，通过日常监测能效、能耗数据（车间单耗、工序单耗、关键参数等）的变化评估日常运行的节能管理绩效。

4.6.2 合规性评价

组织应定期评价组织对与能源使用和消耗相关的法律法规和其他要求的遵守情况。

组织应保存合规性评价结果的记录。

4.6.2 合规性评价

企业应符合GB/T 23331—2012中4.6.2的要求。

---

1. 条款释义

（1）合规性评价的意义

1）与"4.4.2"前后呼应，共同构成能源管理体系对遵守节能法律法规的要求。4.4.2条是对"遵守哪些法律法规"提出识别要求，4.6.2条是对"是否遵守法律法规"提出评价要求。

2）本条款要求对能源方针中遵守法律法规承诺的实现情况提供证实。

（2）合规性评价的实施

1）合规性评价是对企业整体在能源管理体系运行中遵守法律法规情况的全面系统评价。

2）合规性评价应定期进行，可根据企业规模、类型和复杂程度考虑确定方法和频次。如：

——在一定时期内，一次性就全部适用法律法规遵守情况进行评价；或多次评价，每次针对一部分或单项法律法规、政策、标准或其他要求进行。

——在一定时期内，对组织全范围内进行评价；或分步评价，每次仅在某个或某些边界内进行评价。

——评价方法可以是文件和记录审查、现场检查、数据统计分析、专门人员会议评审等方式单独或相结合进行，也可结合内部审核进行。

3）合规性评价结果应形成记录予以保存。

2. 理解与实施中应注意的问题

（1）例行监测（依据法规发现并判定为不符合）与定期评价的区别

例行的日常监测中依据法规要求对发现的问题判定不符合的做法，与定期合规性评价区别在于，前者是一事一议，后者是总体评估，但均是改进过程的输入。

（2）确保合规性评价的客观性、充分性、有效性

——评价人员具备一定能力，熟悉能源法规、标准，可由主管能源的人员完成；

——输入真实、充分的信息，依据日常监测和数据分析的结果，针对每类适用法规标准进行客观评价。

4.6.3 能源管理体系的内部审核

组织应定期进行内部审核，确保能源管理体系：

a) 符合预定能源管理的安排，包括符合本标准的要求；

b) 符合建立的能源目标和指标；

c) 得到了有效的实施与保持，并改进了能源绩效。

组织应考虑审核的过程、区域的状态和重要性，以及以往审核的结果，制定内审方案和计划。

审核员的选择和审核的实施应确保审核过程的客观性和公正性。

组织应记录内部审核的结果并向最高管理者汇报。

4.6.3 能源管理体系的内部审核

4.6.3.1 企业应符合GB/T 23331—2012中4.6.3的要求。

4.6.3.2 对主要用能过程、区域的审核应有具备相关专业知识的人员参与。

1. 条款释义

（1）内审目的

组织应开展内审活动，评价能源管理体系：

——是否符合GB/T 23331—2012和RB/T 119—2015标准及组织能源管理体系的各项规定（体系文件、并包括承诺遵守的法律法规）和安排（能源策划结果）；

——是否符合组织的能源目标指标；

——是否有效实施与保持，能源绩效因此得到改善和提升。

内审是确保提升能源管理体系符合性和有效性的重要方法之一。

（2）审核方案和审核计划

1）应定期进行内部审核。

2）审核方案：

——审核方案是指在某一段时间内计划要开展的一组（一次或多次）有特定目的的审核；每年至少进行一次完整的内部审核；

——策划审核方案应根据组织体系不同过程和区域的运行状况和对能源绩效影响的重要性，审核方案包括审核的频次、目的、准则、范围等。

3）审核计划。每次审核前应制定审核计划，内容包括目的、准则、范围、审核人员

及分工、时间日程、审核部门和/或活动等实施安排。

（3）确保审核过程的客观性、公正性和有效性

——审核员应具有相应的能力（见4.5.2），包括具备一定专业知识。对主要用能过程、区域的审核中，若内审员专业知识不足时，应有具备相关专业知识的人员参与。

——使用内部审核员时，不应安排其审核自己的工作部门。

——制定审核程序（必要时形成文件），提出审核客观性和公正性要求，如客观收集审核发现、不符合项事实与受审核方共同确认、由审核组长而不是其他管理者对报告结果负责等。

（4）审核结果形成审核报告

审核报告提交最高管理者，并通知相关部门和人员，以便对发现的不符合项采取纠正措施。

2. 理解与实施中应注意的问题

1）可以和其他管理体系的内审一起进行结合审核。

2）内审的程序方法参见ISO 19011:2011标准。

4.6.4 不符合、纠正、纠正措施和预防措施

组织应通过纠正、纠正措施和预防措施来识别和处理实际的或潜在的不符合，包括：

a）评审不符合或潜在的不符合；

b）确定不符合或潜在不符合的原因；

c）评估采取措施的需求，确保不符合不重复发生或不会发生；

d）制定和实施所需的适宜的措施；

e）保留纠正措施和预防措施的记录；

f）评审所采取的纠正措施或预防措施的有效性。

纠正措施和预防措施应与实际的或潜在问题的严重程度以及能源绩效结果相适应。

组织应确保在必要时对能源管理体系进行改进。

4.6.4 不符合、纠正、纠正措施和预防措施

企业应符合GB/T 23331—2012中4.6.4的要求。

---

1. 条款释义

（1）不符合

1）能源管理体系的一部分（文件、职能、环节、过程、活动等）不能满足要求时（体系标准、法律法规、体系文件、能源策划安排等），或未达到能源绩效要求（能源基准、绩效目标指标等）时，均属于不符合，包括已发生的和潜在的不符合。

2）在运行监控、定期监视测量、合规性评价、内部审核等活动中均可能发现不符合。

（2）不符合的纠正和纠正措施

1）识别评审现存和潜在不符合。

2）进行纠正，以遏制和补救不符合情况给能源绩效造成的影响。

3）调查、分析、确定不符合的原因。

4）评估采取确保不符合不再发生的纠正措施和预防措施的需求。

5）制定和实施针对不符合原因的措施。

6）评审所采取措施的有效性。

7）记录纠正措施和预防措施及其结果。

（3）纠正措施或预防措施应与问题的严重性和影响能源绩效的程度相适应。

（4）体系改进

经验证有效的纠正措施或预防措施涉及体系改进时，应对相应的体系文件进行修改。

2. 理解与实施中应注意的问题

1）应注意纠正与纠正措施的区别、纠正措施与预防措施的区别。

2）应在权衡风险、利益和成本的基础上，确定适当的纠正措施或预防措施。

4.6.5　记录控制

组织应根据需要，建立并保持记录，以证实符合能源管理体系和本标准的要求，以及所取得的能源绩效成果。

组织应对记录的识别、检索和留存进行规定，并实施控制。

相关活动的记录应清楚、标识明确，具有可追溯性。

4.6.5　记录控制

企业应符合GB/T 23331—2012中4.6.4的要求。

---

1. 条款释义

（1）建立和保持记录的目的

1）能源管理体系运行符合性和有效性的证据。

2）企业取得能源绩效成果的证据。

3）为改进提供数据信息。

（2）记录的控制要求

1）规定记录的标识、存放、检索、保存期限、保护和处置所需的控制，并按规定实施。

2）记录应清楚、标识明确，易于识别和检索，并具有可追溯性。

2. 理解与实施中应注意的问题

（1）确定记录种类多少的原则

除本标准明示要求之外，企业可根据证实性的要求增加需建立的记录。

（2）能源管理体系记录示例（可包括但不限于）

1）能源评审结果记录，包括能源使用消耗及主要能源使用消耗（主要能源使用）的识别评价记录、能源绩效改进机会及排序记录。

2）适用能源法规标准要求识别和合规性评价记录。

3）能源绩效参数、能源基准和标杆建立、评审和更新记录。

4）证实目标指标实现记录。

5）方案实施过程及结果评价和变更记录。

6）人员专业能力需求、培训及能力评价记录。

7）能源计量与监测装置检定、校准记录。

8）内外信息交流记录。

9）文件控制记录。

10）产品和过程设计记录。

11）用能设备采购、维护、更新、操作人员资质记录。

12）能源采购、检验、储存发放供应记录。

13）能源消耗及能耗指标报表（应长期保存）。

14）应急准备与响应实施、验证记录。

15）能源绩效参数监视测量记录。

16）不符合、纠正及纠正措施和预防措施记录。

17）内审记录和管理评审记录等。

4.7 管理评审

4.7.1 总则

最高管理者应按策划或计划的时间间隔对组织的能源管理体系进行评审，以确保其持续的适宜性、充分性和有效性。

组织应保存管理评审的记录。

4.7.2 管理评审的输入

管理评审的输入应包括：

a）以往管理评审的后续措施；

b）能源方针的评审；

c）能源绩效和相关能源绩效参数的评审；

d）合规性评价的结果以及组织应遵循的法律法规和其他要求的变化；

e）能源目标和指标的实现程度；

f）能源管理体系的审核结果；

g）纠正措施和预防措施的实施情况；

h）对下一阶段能源绩效的规划；

i）改进建议。

4.7.3 管理评审的输出

管理评审的输出应包括与下列事项相关的决定和措施：

a）组织能源绩效的变化；

b）能源方针的变化；

c）能源绩效参数的变化；

d）基于持续改进的承诺，组织对能源管理体系的目标、指标和其他要素的调整；

e）资源分配的变化。

4.7　管理评审

企业应符合GB/T 23331—2012中4.7的要求。

1. 条款释义

（1）管理评审目的

组织应开展管理评审以确保能源管理体系持续的适宜性、充分性和有效性。

（2）管理评审实施的总体要求（4.7.1）

1）最高管理者亲自主持。

2）应按策划或计划的时间间隔进行，时间间隔一般不超过12个月。

3）管理评审内容：

——从整体上评价体系的过去（适宜性、有效性和充分性）；

——规划体系的未来（从体系建设的高度寻找改进的机会，评审能源方针和体系策划变更的需要）。

4）保存管理评审的记录。

（3）管理评审输入（4.7.2）

保证9项管理评审输入信息的充分和准确，是有效实施管理评审的前提。其中"能源绩效和相关能源绩效参数的评审"指的是4.6.1条"监视、测量和分析"活动的输出。

（4）管理评审输出（4.7.3）

1）是管理评审活动的结果，包括对能源管理体系适宜性、充分性和有效性的总体评价、最高管理者对能源管理体系实施与改进做出的决定与措施。

2）输出涉及以下方面变更和调整的改进决定与措施：

——能源绩效、方针、绩效参数三方面的变化；

——基于持续改进承诺，调整目标指标及其他条款要求的内容；

——资源提供及分配的变化。

这些决定与措施应予以落实，并跟踪检查。

2. 理解与实施中应注意的问题

1）能源管理体系的管理评审可以和其他管理体系的管理评审结合进行，其显著的优点是有利于企业资源调配的综合平衡与共享。

2）管理评审输出的改进决定与措施应落实实施的职责和完成期限。

3）评价能源管理体系持续适宜性、充分性和有效性的考虑因素（见表3-5）。

表3-5　评价能源管理体系持续适宜性、充分性和有效性的考虑因素

评价对象	持续适宜性和充分性	持续有效性
考虑因素	① 法规政策变化 ② 企业经营与产品的变化 ③ 系统、过程、设施和设备的变化 ④ 技术发展 ⑤ 相关方需求与期望 ⑥ 市场需求及其风险与机遇 ⑦ 运行经验教训	① 方针、目标的实现程度 ② 内审和日常监测的结果 ③ 体系自我完善机制 ④ 重要能源使用消耗控制情况 ⑤ 法律法规符合性

（二）标准"检查和改进（CA）"阶段条款要点小结

1. 共有6个条款构成能源管理体系三级监控系统（如表3-6所示）

表3-6　能源管理体系三级监控系统的构成

级别	条款	监控内容	人员	频次	方式	深度
I	4.6.1	① 5 项关键特性 ②计量器具校准 ③分析能源绩效	能源管理人员 及全体员工	例行 + 定期	随时发现日常问题 定期发现较大问题	单项对比符合性
	4.6.2	合规性				
II	4.6.3	能源管理体系及其 目标指标	管理者代表 内审员	定期	集中发现体系问题 集中解决	体系及其目标 指标符合性
III	4.7.1 4.7.2 4.7.3	能源管理体系	最高管理者	定期	集中解决管理层 无法解决的问题	持续适用性、 有效性、充分性

2. 条款"4.6.4不符合、纠正、纠正措施与预防措施"的功能

对三级监控发现问题（不符合）的处理方法。

3. 条款"4.6.5记录控制"的功能

控制和保持为运行及监控结果提供证据以及为改进提供信息的记录要求。

第四节　能源管理体系的各条款相互关联与未来标准的修订展望

一、能源管理体系各条款的相互关联或相互作用

根据"3.9能源管理体系"术语定义，能源管理体系是"用于建立能源方针、能源目标、过程和程序以实现能源绩效目标的一系列相互关联或相互作用的要素的集合"。此处的要素是指GB/T 23331—2012标准的条款，因而条款之间存在密切的相互关联或相互作用。

（一）能源管理体系的"主线条款"

在标准的25个二级条款中，有15个条款构成了一条以"能源评审"为起点，以"管理评审"为终点的标准运行主线，其功能是对"主要能源使用"实施有效控制，以持续提升能源绩效，这些标准运行主线条款称为主线条款。

1. "主线条款"在标准运行主线中的作用

（1）"4.4.3能源评审"

是本标准的特有条款，也是标准主线的起点条款。"能源评审"是实施能源管理体系的基础，其直接输出结果为"能源使用""主要能源使用"和"能源绩效改进机会"清单，其中"主要能源使用"是能源管理体系的重点控制对象。

（2）"4.4.2法律法规和其他要求"

是标准主线的第二起点条款，是控制"主要能源使用"的准则。实施能源管理体系必须首先符合相关法规要求。

（3）"4.3能源方针"

是能源管理体系的宗旨、方向和总目标的原则声明。

（4）"4.4.4能源基准"和"4.4.5能源绩效参数"

是本标准特有条款，也是"能源评审"的重要输出，分别是评价企业能源绩效的"起点数据"及能源绩效的"评价项"，与"4.4.6能源目标、能源指标和管理实施方案"共同构成能源管理体系的策划的量化数据链，实现"量化管理"。

（5）"4.4.6能源目标、能源指标和管理实施方案"

是有效控制"主要能源使用"的技术手段和途径，目标和指标是对"4.3能源方针"的具体化和细化，管理方案是实现目标、指标的措施。

（6）"4.4.5运行控制""4.4.6设计"和"4.4.7采购"

是"能源使用"（重点是"主要能源使用"）的有效控制途径，通过全过程管理理念，有效控制"三大用能系统""六大能源流转环节"。

（7）"4.6.1监视测量与分析""4.6.2合规性评价""4.6.3内审"和"4.7.1/2/3管理评审"

以上6个二级条款属于能源管理体系的监控系统，是体系有效运行、实现持续提升能源绩效的重要保障。通过监控发现问题，总结经验，实现持续改进。

2. 标准运行主线的构成及其用途

（1）能源管理体系运行主线图（图3-8）

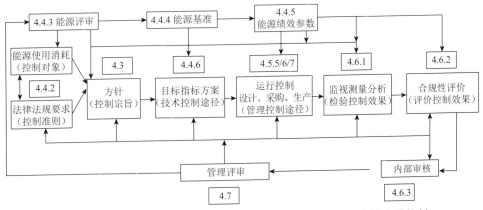

图3-8　能源管理体系运行主线图（体现对"主要能源使用"实施有效控制）

（2）能源管理体系运行主线图的作用

1）帮助读者更全面系统地理解标准内容要点，抓住理解要点。

2）在实施能源管理体系内、外审核时，"按标准主线审核（部门+标准主线）"是审核生产车间、动力等重点用能部门的审核方式（详见本书第八章第三节和第四节）。

（二）能源管理体系"非主线条款"

在能源管理体系中非主线条款主要作用如下。

1."4.1总要求"

是能源管理体系的总体要求及顶层设计，规定了能源管理体系的总体要求及通过认证的基本条件。

2."4.2管理职责"及"4.2.1最高管理者""4.2.2管理者代表"

通过最高管理者的两项承诺和十项职责及管理者代表的八项职责的落实，为能源管理体系运行提供组织（职责明确）和资源保证。要求最高管理者为能源管理体系的建立、运行及持续改进提供各种资源；要求最高管理者规定、传达并通过管理者代表落实各部门在能源管理体系中的职责和权限。

3."4.5.2能力、培训与意识""4.5.3信息交流""4.5.4文件""4.6.5记录控制"

与"4.2管理职责"共同构成支持性条款，是实施控制"主要能源使用"的支持条件（人员、能力、意识、沟通、文件等）。

4."4.6.4不符合、纠正、纠正措施和预防措施"

是监控系统的一个环节，对发现的不符合采取相应的措施，避免或减轻损失，实现有效规范运行并持续改进的方法。

（三）能源管理体系条款的PDCA运行模式

能源管理体系条款可以运用过程方法和PDCA运行模式进行分析，形成其相互关系的总览及与PDCA运行模式汇总图，见图3-9。

二、GB/T 23331—2012 标准的未来修订和展望

（一）近4年来ISO管理体系标准制修订状态及发展趋势

1.ISO导则及ISO/IEC指令规定的管理体系标准通用高层条款结构

在"ISO 50001:2011"标准发布了3个月后，ISO于2011年9月6日发布"ISO导则83"，并于2012年与IEC联合发布ISO/IEC指令，提出管理体系标准的通用高层条款结构，要求今后所有ISO管理体系标准都要依此制定和修订。依此规定，今后所有管理体系的通用框架均由7个一级条款、20个二级条款、3个三级条款构成。但为反映不同管理体系的不同特点，具体管理体系标准可根据其管理对象及业务范围特点，增加若干专用的二级和三级条款及其要求予以细化。其通用高层条款结构详见本书第一章第二节的相关内容。

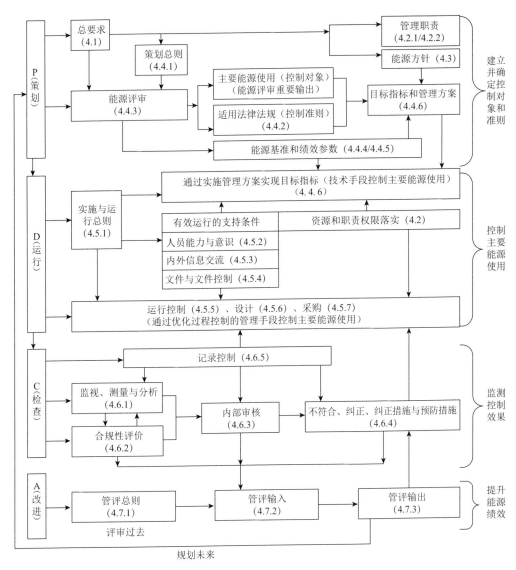

图3-9 EnMS条款间的相互关系总览及与PDCA运行模式的关系

注：→相互联系与相互作用

2. 已发布的按"高层条款结构"修订的ISO管理体系标准

（1）"ISO 9001:2016质量管理体系 要求"

由7个一级条款、28个二级条款（增加8个）、38个三级条款（增加35个）构成。

（2）"ISO 14001:2016环境管理体系 要求及使用指南"

由7个一级条款、22个二级条款（增加2个）、16个三级条款（增加13个）构成。

3. 已按"高层条款结构"制定的ISO管理体系标准

（1）"ISO 45001:2017职业健康安全管理体系 要求及使用指南"

2013年6月20日，ISO成立PC283，启动"ISO 45001 OHSMS"标准制定工作，采用"高

层条款结构",同时参考OHSAS 18001标准的实践经验,计划于2017年发布ISO 45001标准。

(2)"ISO/IEC 27001:2013信息安全管理体系"

已于2013年10月1日发布。

(3)"ISO 39001:2012道路交通安全管理体系"等标准

(二)参照"通用条款结构"修订ISO 50001和GB/T 23331的未来设想

1. 未来修订标准的"原则"

(1)以"通用高层条款结构"作为修订标准的基础条款

(2)增加若干专用的二级和三级条款,满足能源管理的个性

一是充分反映能源管理的业务特点及原标准特有条款的继承性;二是参考2016版ISO 9001和ISO 14001标准的条款结构,利于与质量管理体系和环境管理体系标准的兼容。

2. 修订标准的条款结构设想

新版ISO 50001(GB/T 23331)标准条款的建议结构见表3-7。

表3-7 新版ISO 50001(GB/T 23331)标准条款的建议结构

一级条款		二级条款		三级条款	
条款号	名 称	条款号	名 称	条款号	名 称
4	组织环境	4.1	理解组织及其环境		
		4.2	理解相关方的需求和期望		
		4.3	确定能源管理体系的范围		
		4.4	能源管理体系		
5	领导作用	5.1	领导作用和承诺		
		5.2	能源方针		
		5.3	组织的岗位、职责和权限		
6	策划	6.1	应对风险和机遇的措施	6.1.1	总则
				6.1.2	能源评审及主要能源使用
				6.1.3	合规性义务
				6.1.4	能源绩效参数
				6.1.5	能源基准和能源标杆
				6.1.6	改进机会及措施的策划
		6.2	能源目标及其实现的策划	6.2.1	能源目标和指标
				6.2.2	能源管理实施方案
7	支持	7.1	资源	7.1.1	总则
				7.1.2	人员
				7.1.3	基础设施及其运行环境
				7.1.4	监视和测量资源
				7.1.5	组织的知识
		7.2	能力		
		7.3	意识		

续表

一级条款		二级条款		三级条款	
条款号	名 称	条款号	名 称	条款号	名 称
7	支持	7.4	信息交流		
		7.5	文件化信息	7.5.1	总则
				7.5.2	创建和更新
				7.5.3	文件化信息的控制
8	运行	8.1	运行的策划和控制总则		
		8.2	能源设计		
		8.3	能源产品、设备和服务的采购		
		8.4	能源加工转换和分配运输		
		8.5	能源终端使用和再生回用		
9	绩效评价	9.1	监视、测量、分析和评价	9.1.1	总则
				9.1.2	合规性评价
		9.2	内部审核		
		9.3	管理评审	9.3.1	总则
				9.3.2	管理评审输入
				9.3.3	管理评审输出
10	改进	10.1	总则		
		10.2	不符合、纠正和纠正措施		
		10.3	持续改进		

（三）未来标准建议条款结构与原标准条款的主要区别

1. 利于组织结合组织的内外环境特点建立能源管理体系，避免体系与业务严重脱节

新增"理解组织及其环境"条款，要求组织应确定影响其实际预期结果能力的各种内部因素及外部因素，作为建立体系的输入和基础。

2. 强化"风险管理"理念及方法，将体系提升为"预防风险"的系统工程

将能源策划和能源评审工作作为应对风险和机遇的措施，对风险和机遇进行超前、系统、有效的管控。并用"预防风险，抓住机遇"替代原有的"预防措施"条款。

3. 充分发挥"利益相关方"对达成体系目标的作用

面对日益严格的法规、社会责任要求，新增"理解相关方的需求和期望"条款，并将此作为建立体系的另一输入和基础。

4. 突出最高领导层在能源管理体系的领导作用

设独立、完善、系统的"5领导作用"一级条款，并通过"领导作用和承诺""方针"和"岗位、职责和权限"3个二级条款确保强力的领导作用化为全体员工的行动。

5. 将"实施（D）"阶段明确划分为"支持"和"运行"2个一级过程（条款）

（1）"7支持"是"有效实施（D）"的5种支持条件（人、机、料、法、环、测等支持条件）。

（2）"8运行"是"有效实施（D）"的主体过程（覆盖能源流转6大环节）。

6. 更加强调"能源绩效评价与提升"的地位和作用

原"检查"和"管理评审"2个一级条款调整为"9绩效评价"和"10改进"2个一级条款，"C""A"的评价与提升，两个阶段划分更为明确清晰，并增设"能源标杆"条款，与"能源基准"分别作为能源绩效的起点和赶超目标，从条款标题到内容都更关注能源绩效。

7. "文件化信息"取代"文件"和"记录"，并重点关注其应用效果

将原3个二级条款（文件、文件控制、记录控制）合并成了1个二级条款（7.5文件化信息）。

8. 条款顺序及名称更加明确、合理，便于组织理解及应用

（1）"6.1.2能源评审及主要能源使用"

标题名称明示"主要能源使用"作为能源管理体系的重点控制对象是能源评审的重要输出。

（2）"6.1.4能源绩效参数"和"6.1.5能源基准和能源标杆"

顺序及名称明示：能源绩效参数和能源基准是评价企业能源绩效的"评价项"及能源绩效的"起点数据及长远目标"。

（3）"6.1.3合规性义务"和"9.1.2合规性评价"

1）两条款名称对应一致、前后呼应，形成一条十分明晰的标准主线（组织应承担哪些合规性义务→分析评价合规性义务完成的效果）。

2）"6.1.3合规性义务"将原标准被动的"符合法律法规要求"提升为组织应主动履行"合规守法"的义务和社会责任。

本章编审人员

主　　编：周育清

编写人：周育清　　王一帆　　孙飞　　张群雄　　米兰

主　　审：熊大田

第四章

能源法律法规标准及能源管理基础

第一节　能源法律法规标准体系构成及主要能源法律的内容要点

一、能源法律法规标准体系构成

我国能源法律法规体系由法律、节能法规政策和节能标准三个层次构成，参见图4-1。

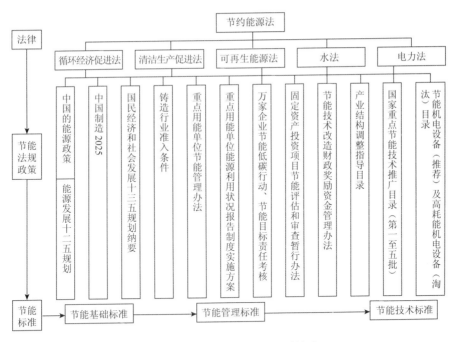

图4-1　能源法律法规标准体系构成

（一）法律

法律，顾名思义，是由全国人民代表大会或全国人民代表大会常务委员会依照法定程序制定，由国家主席签发颁布，并由国家强制力保证实施的规范。

我国与能源直接相关的法律有《中华人民共和国节约能源法》、《中华人民共和国循环经济促进法》、《中华人民共和国清洁生产法》、《中华人民共和国可再生能源法》；间接相关的有《中华人民共和国计量法》、《中华人民共和国水法》和《中华人民共和国电力法》等。

（二）节能法规政策

法规政策通常包括行政法规、行政规章和地方性法规。法规政策有覆盖领域多、制修订和管理部门多等特点。节能法规政策一般由国务院、国家发改委、国家工信部、地方发改委、地方工信委或经信委等部门发布。

我国"十二五"期间重要的节能法规政策有《能源发展十二五规划》、《工业节能十二五规划》、《机械基础件、基础制造工艺和基础材料产业十二五发展规划》、《万家企业节能低碳行动实施方案》、《重点用能单位节能管理办法》、《产业结构调整指导目录》、《电机能效提升计划》、《配电变压器能效提升计划》、《高耗能落后机电设备（产品）淘汰目录》等（详见图4-1及本章第二节）。

（三）节能标准

标准按其性质通常分为强制性标准、推荐性标准；按其等级分为国家标准、地方标准、行业标准、社团标准和企业标准。

节能标准按不同用途可分为节能基础标准、节能管理标准和节能技术标准三大类。节能标准是能源法律及节能法规政策的进一步细化和具体化，其中某些重要节能标准构成企业能源管理基础，或为企业提高能源管理水平提供实用的管理工具（详见本章第二、三、四节）。

二、重要能源法律的内容要点

（一）《中华人民共和国节约能源法》

我国第一部《节约能源法》于1997年11月1日通过，1998年1月1日起施行。近20年来，为适应新形势下节能工作需求，先后进行两次修订。十二届全国人大常委会第二十一次会议于2016年7月2日通过了最新版《中华人民共和国节约能源法》，并于当天施行。最新版《节约能源法》是推动全社会节约能源、提高能源利用率的重要法律。该法分为七章，共八十七条，分别对能源方针和战略、节能管理、合理用能与节能、节能技术进步、激励措施、法律责任等方面做出规定。

最新版《节约能源法》的内容和特点如下。

1. 将节约资源定为基本国策并放在能源发展战略的首位

第四条指出，节约资源是我国的基本国策。国家实施节约与开发并举、把节约放在首位的能源发展战略。

2. 将节能工作纳入各级发展规划和年度计划

第五条指出，国务院和县级以上地方各级人民政府应当将节能工作纳入国民经济和社会发展规划、年度计划，并组织编制和实施节能中长期专项规划、年度节能计划。

3. 完善节能基本制度

1）第六条指出，国家实行节能目标责任制和节能考核评价制度，将节能目标完成情况作为对地方人民政府及其负责人考核评价的内容。

2）第十五条指出，国家实行固定资产投资项目节能评估和审查制度。不符合强制性节能标准的项目，建设单位不得开工建设；已建的，不得投入生产、使用。

3）第十六条指出，国家对落后的耗能过高的用能产品、设备和生产工艺实行淘汰制度。

4）第三十八条指出，国家采取措施，对实行集中供热的建筑分步骤实行供热分户计量、按照用热量收费的制度。

5）第四十五条指出，国家鼓励开发、生产、使用节能环保型汽车、摩托车、铁路机车车辆、船舶和其他交通运输工具，实行老旧交通运输工具的报废、更新制度。

6）第六十六条指出，国家实行峰谷分时电价、季节性电价、可中断负荷电价制度，鼓励电力用户合理调整用电负荷。

4. 完善节能基本政策

1）第七条指出，国家实行有利于节能和环境保护的产业政策，限制发展高耗能、高污染行业，发展节能环保型产业。

2）第六十一条指出，国家对生产、使用列入本法第五十八条规定的推广目录的需要支持的节能技术、节能产品，实行税收优惠等扶持政策。

3）第六十二条指出，国家实行有利于节约能源资源的税收政策。

4）第六十六条指出，国家实行有利于节能的价格政策，引导用能单位和个人节能。国家运用财税、价格等政策，支持推广电力需求侧管理、合同能源管理、节能自愿协议等节能办法。对钢铁、有色金属、建材、化工和其他主要耗能行业的企业，分淘汰、限制、允许和鼓励类实行差别电价政策。

5. 合理调整产业、企业、产品和能源结构实现节能

第七条指出，国务院和省、自治区、直辖市人民政府应当加强节能工作，合理调整产业结构、企业结构、产品结构和能源消费结构，推动企业降低单位产值能耗和单位产品能耗，淘汰落后的生产能力，改进能源的开发、加工、转换、输送、储存和供应，提高能源利用效率。国家鼓励、支持开发和利用新能源、可再生能源。

6. 鼓励节能创新，推进节能意识进步

1）第八条指出，国家鼓励、支持节能科学技术的研究、开发、示范和推广，促进节能技术创新与进步。国家开展节能宣传和教育，将节能知识纳入国民教育和培训体系，普及节能科学知识，增强全民的节能意识，提倡节约型的消费方式。

2）第二十六条指出，用能单位应当定期开展节能教育和岗位节能培训。

7. 履行节能义务，鼓励媒体监督

第九条指出，任何单位和个人都应当依法履行节能义务，有权检举浪费能源的行为。新闻媒体应当宣传节能法律、法规和政策，发挥舆论监督作用。

8. 明确监管职责，加大监管力度

1）第十条指出，国务院管理节能工作的部门主管全国的节能监督管理工作。国务院有关部门在各自的职责范围内负责节能监督管理工作，并接受国务院管理节能工作的部门的指导。县级以上地方各级人民政府管理节能工作的部门负责本行政区域内的节能监督管理工作。

2）第十一条指出，国务院和县级以上地方各级人民政府应当加强对节能工作的领导，部署、协调、监督、检查、推动节能工作。

3）第十二条指出，县级以上人民政府管理节能工作的部门和有关部门应当在各自的职责范围内，加强对节能法律、法规和节能标准执行情况的监督检查，依法查处违法用能行为。

履行节能监督管理职责不得向监督管理对象收取费用。

9.建立健全节能标准体系

第十三条指出，国务院标准化主管部门和国务院有关部门依法组织制定并适时修订有关节能的国家标准、行业标准，建立健全节能标准体系。

国务院标准化主管部门会同国务院管理节能工作的部门和国务院有关部门制定强制性的用能产品、设备能源效率标准和生产过程中耗能高的产品的单位产品能耗限额标准。

10.严格实施能效管理，源头禁止各种低能效行为

1）第十七条指出，禁止生产、进口、销售国家明令淘汰或者不符合强制性能源效率标准的用能产品、设备；禁止使用国家明令淘汰的用能设备、生产工艺。

2）第十八条指出，国家对家用电器等使用面广、耗能量大的用能产品，实行能源效率标识管理。实行能源效率标识管理的产品目录和实施办法，由国务院管理节能工作的部门会同国务院产品质量监督部门制定并公布。

11.建立健全能源统计工作，完善计量管理

1）第二十一条指出，县级以上各级人民政府统计部门应当会同同级有关部门，建立健全能源统计制度，完善能源统计指标体系，改进和规范能源统计方法，确保能源统计资料真实、完整。

国务院统计部门会同国务院管理节能工作的部门，定期向社会公布各省、自治区、直辖市以及主要耗能行业的能源消费和节能情况等信息。

2）第二十七条指出，用能单位应当加强能源计量管理，按照规定配备和使用经依法检定合格的能源计量器具。用能单位应当建立能源消费统计和能源利用状况分析制度，对各类能源的消费实行分类计量和统计，并确保能源消费统计资料真实、完整。

12.鼓励支持第三方节能服务机构开展各种节能服务

第二十二条指出，国家鼓励节能服务机构的发展，支持节能服务机构开展节能咨询、设计、评估、检测、审计、认证等服务。

国家支持节能服务机构开展节能知识宣传和节能技术培训，提供节能信息、节能示范和其他公益性节能服务。

13.严禁生产经营单位无偿提供能源和对能源消费实行包费制

第二十八条指出，能源生产经营单位不得向本单位职工无偿提供能源。任何单位不得对能源消费实行包费制。

14. 对重点用能单位节能的监管

1）第五十二条指出，国家加强对重点用能单位的节能管理。下列用能单位为重点用能单位：①年综合能源消费总量一万吨标准煤以上的用能单位；②国务院有关部门或者省、自治区、直辖市人民政府管理节能工作的部门指定的年综合能源消费总量五千吨以上不满一万吨标准煤的用能单位。

2）第五十三条指出，重点用能单位应当每年向管理节能工作的部门报送上年度的能源利用状况报告。能源利用状况包括能源消费情况、能源利用效率、节能目标完成情况和节能效益分析、节能措施等内容。

3）第五十四条指出，管理节能工作的部门应当对重点用能单位报送的能源利用状况报告进行审查。对节能管理制度不健全、节能措施不落实、能源利用效率低的重点用能单位，管理节能工作的部门应当开展现场调查，组织实施用能设备能源效率检测，责令实施能源审计，并提出书面整改要求，限期整改。

4）第五十五条指出，重点用能单位应当设立能源管理岗位，在具有节能专业知识、实际经验以及中级以上技术职称的人员中聘任能源管理负责人，并报管理节能工作的部门和有关部门备案。能源管理负责人负责组织对本单位用能状况进行分析、评价，组织编写本单位能源利用状况报告，提出本单位节能工作的改进措施并组织实施。能源管理负责人应当接受节能培训。

15. 对工业节能、建筑节能、交通运输节能和公共机构节能的要求

最新版《节约能源法》第三章第二～五节对工业节能、建筑节能、交通运输节能和公共机构节能提出明确要求。

16. 提出激励政策和处罚措施

最新版《节约能源法》第五章和第六章就激励政策和法律责任提出更明确要求。第六十八条指出：负责审批政府投资项目的机关违反本法规定，对不符合强制性节能标准的项目予以批准的，对直接负责的主管人员和直接责任人员依法给予处分。

(二)《中华人民共和国循环经济促进法》

全国人大常委会于2008年8月29日通过了《中华人民共和国循环经济促进法》，自2009年1月1日起施行。

《循环经济促进法》中与节能相关的内容要点如下。

1. 提出发展循环经济是国家重大战略

第三条指出，发展循环经济是国家经济社会发展的一项重大战略，应当遵循统筹规划、合理布局，因地制宜、注重实效，政府推动、市场引导，企业实施、公众参与的方针。

2. 提出发展循环经济的基本原则

第四条指出，发展循环经济应当在技术可行、经济合理和有利于节约资源、保护环境

的前提下，按照减量化优先的原则实施。

3. 产业政策应与循环经济并行

1）第六条　国家制定产业政策，应当符合发展循环经济的要求。

县级以上人民政府编制国民经济和社会发展规划及年度计划，县级以上人民政府有关部门编制环境保护、科学技术等规划，应当包括发展循环经济的内容。

2）第十二条　循环经济发展规划应当包括规划目标、适用范围、主要内容、重点任务和保障措施等，并规定资源产出率、废物再利用和资源化率等指标。

4. 强调公民提升节约和环保意识

第十条指出，公民应当增强节约资源和保护环境意识，合理消费，节约资源。国家鼓励和引导公民使用节能、节水、节材的产品及再生产品。

公民有权举报浪费资源的行为，有权了解政府发展循环经济的信息并提出意见和建议。

5. 鼓励支持第三方机构开展循环经济各类技术服务工作

第十一条指出，国家鼓励和支持行业协会在循环经济发展中发挥技术指导和服务作用。县级以上人民政府可以委托有条件的行业协会等社会组织开展促进循环经济发展的公共服务。

国家鼓励和支持中介机构、学会和其他社会组织开展循环经济宣传、技术推广和咨询服务，促进循环经济发展。

6. 重点行业及重点能源消费单位的重点管理

第十六条指出，国家对钢铁、有色金属、煤炭、电力、石油加工、化工、建材、建筑、造纸、印染等行业年综合能源消费量、用水量超过国家规定总量的重点企业，实行能耗、水耗的重点监督管理制度。

重点能源消费单位的节能监督管理，依照《中华人民共和国节约能源法》的规定执行。

7. 推进新技术、新工艺、新设备、新材料和新产品

第十八条指出，国务院循环经济发展综合管理部门会同国务院环境保护等有关主管部门，定期发布鼓励、限制和淘汰的技术、工艺、设备、材料和产品名录。禁止生产、进口、销售列入淘汰名录的设备、材料和产品，禁止使用列入淘汰名录的技术、工艺、设备和材料。

8. 对工业企业提出节水节油的要求

第二十条、二十一条提出了对工业企业节水、节油的具体要求。

9. 鼓励资源再利用

第三十、三十一、三十二条提出企业应对废水、废气、固废及余热、余压进行再生利用的要求。

10. 提出建立促进循环经济发展的税收优惠政策

第四十四条指出，国家对促进循环经济发展的产业活动给予税收优惠，并运用税收等措施鼓励进口先进的节能、节水、节材等技术、设备和产品，限制在生产过程中耗能高、污染重的产品的出口。具体办法由国务院财政、税务主管部门制定。

企业使用或者生产列入国家清洁生产、资源综合利用等鼓励名录的技术、工艺、设备或者产品的，按照国家有关规定享受税收优惠。

(三)《中华人民共和国清洁生产促进法》

清洁生产促进法第一版诞生于2002年6月29日，2003年1月1日起施行。2012年2月29日十一届全国人大常委会通过新版《中华人民共和国清洁生产促进法》，自2012年7月1日起施行。

新版《清洁能源促进法》中与节能相关的内容要点如下。

第十条指出，有关部门应当组织和支持建立促进清洁生产信息系统和技术咨询服务体系，向社会提供有关清洁生产方法和技术、可再生利用的废物供求以及清洁生产政策等方面的信息和服务。

第十一条指出，环境保护、工业、科学技术、建设、农业等有关部门定期发布清洁生产技术、工艺、设备和产品导向目录。

第十二条指出，国家对浪费资源和严重污染环境的落后生产技术、工艺、设备和产品实行限期淘汰制度。制定并发布限期淘汰的生产技术、工艺、设备以及产品的名录。

第十三条指出，批准设立节能、节水、废物再生利用等环境与资源保护方面的产品标志，并按照国家规定制定相应标准。

第十七条指出，各级政府负责清洁生产综合协调的部门、环境保护部门，根据促进清洁生产工作的需要，在本地区主要媒体上公布未达到能源消耗控制指标、重点污染物排放控制指标的企业的名单，为公众监督企业实施清洁生产提供依据。

第十九条指出，企业在进行技术改造过程中，应当做到利用低/无害化原料、利用先进生产设备、废/余综合利用和指标控制等。

第二十六条指出，企业应当在经济技术可行的条件下对生产和服务过程中产生的废物、余热等自行回收利用或者转让给有条件的其他企业和个人利用。

第二十九条指出，企业可以根据自愿原则，按照国家有关环境管理体系等认证的规定，委托经国务院认证认可监督管理部门认可的认证机构进行认证，提高清洁生产水平。

第三十一条指出，对从事清洁生产研究、示范和培训，实施国家清洁生产重点技术改造项目和本法第二十八条规定的自愿节约资源、削减污染物排放量协议中载明的技术改造项目，由县级以上人民政府给予资金支持。

第三十三条指出，依法利用废物和从废物中回收原料生产产品的，按照国家规定享受税收优惠。

(四)《中华人民共和国可再生能源法》

《中华人民共和国可再生能源法》第一版诞生于2005年2月28日，2006年1月1日起施行。2009年12月26日十一届全国人大会常委会通过新版《中华人民共和国可再生能源法》，自

2010年4月1日起施行。

新版《可再生能源法》中与节能相关的内容要点如下。

第七条和第八条指出，国务院能源主管部门根据全国能源需求与可再生能源资源实际状况，制定全国可再生能源开发利用中长期总量目标。根据全国可再生能源开发利用中长期总量目标和可再生能源技术发展状况，编制全国可再生能源开发利用规划。

第九条指出，编制可再生能源开发利用规划，应当遵循因地制宜、统筹兼顾、合理布局、有序发展的原则，对风能、太阳能、水能、生物质能、地热能、海洋能等可再生能源的开发利用做出统筹安排。

第十三条指出，国家鼓励和支持可再生能源并网发电。

第十四条指出，国家实行可再生能源发电全额保障性收购制度。

第十六条指出，国家鼓励清洁、高效地开发利用生物质燃料，鼓励发展能源作物。

第十七条指出，国家鼓励单位和个人安装和使用太阳能热水系统、太阳能供热采暖和制冷系统、太阳能光伏发电系统等太阳能利用系统。

第十九、二十、二十一、二十二条，提出了可再生能源发电项目的电力上网、收购、补贴费用等管理要求。

第二十四条指出，国家财政设立可再生能源发展基金。

第二十五、二十六条指出，对列入国家可再生能源产业发展指导目录、符合信贷条件的可再生能源开发利用项目，金融机构可以提供有财政贴息的优惠贷款，同时国家予以税收优惠。

第二节　重要节能法规政策的内容要点

本节结合机械行业用能状况及特点，重点介绍七类重要节能法规政策的基本概念和内容要点。

一、固定资产投资项目节能评估和审查

（一）法规依据

1. 固定资产投资项目节能评估和审查指南

该指南由国家发展和改革委员会于2007年1月5日发布实施。

2. 固定资产投资项目节能评估和审查暂行办法

该办法由国家发展和改革委员会于2010年11月1日发布实施。

3. 关于加强工业固定资产投资项目节能评估和审查工作的通知

工信部于2010年3月23日发布，就工业固定资产投资项目节能评估和审核工作提出具体指导意见。

（二）节能评估和审查的定义及作用

1. 节能评估和审查的定义

节能评估是指根据节能法规、标准，对固定资产投资项目的能源利用是否科学合理进行分析评估，并编制节能评估报告书、节能评估报告表（以下统称节能评估文件）或填写节能登记表的行为。

节能审查，是指根据节能法规、标准，对项目节能评估文件进行审查并形成审查意见，或对节能登记表进行登记备案的行为。

2. 节能评估和审查的作用

固定资产投资项目节能评估文件及其审查意见、节能登记表及其登记备案意见，作为项目审批、核准或开工建设的前置性条件以及项目设计、施工和竣工验收的重要依据。

未按本办法规定进行节能审查，或节能审查未获通过的固定资产投资项目，项目审批、核准机关不得审批、核准，建设单位不得开工建设，已经建成的不得投入生产、使用。

（三）节能评估和审查的分级管理

1. 节能评估和审查的分类分级

固定资产投资项目节能评估按照项目建成投产后年能源消费量实行分类管理，节能审查按照项目管理权限实行分级管理，具体分级、分类办法详见表4-1。

表4-1　固定资产投资项目节能评估及审查的分类分级

项目文件名称	项目投产后能源消费量（只需1项）				审查部门
	标准煤/t	电力/kW·h	石油/t	天然气/m³	
节能评估报告书	≥3000	≥500万	1000	100万	（1）国务院、国家发改委审批的项目由国家发改委审查
节能评估报告表	≥1000～3000	≥200万～500万	≥500～1000	≥50万～100万	（2）地方政府或地方发改委审批的项目由地方发改委审查
节能登记表	上述条件以外的项目				

2. 节能评估报告书内容及编制要求

固定资产投资项目节能评估报告书应包括下列内容：

1）评估依据；

2）项目概况；

3）能源供应情况评估，包括项目所在地能源资源条件以及项目对所在地能源消费的影响评估；

4）项目建设方案节能评估，包括项目选址、总平面布置、生产工艺、用能工艺和用能设备等方面的节能评估；

5）项目能源消耗和能效水平评估，包括能源消费量、能源消费结构、能源利用效率等方面的分析评估；

6）节能措施评估，包括技术措施和管理措施评估；

7）存在问题及建议；

8）结论。

项目建设单位应委托有能力的机构编制节能评估文件。节能登记表可由项目建设单位自行填写，节能评估文件和节能登记表均应按照《办法》附件要求的内容深度和格式编制。

二、重点用能单位的节能管理要求

（一）重点用能单位的范围界定及具体类型

1.《节约能源法》对重点用能单位的范围界定可参见本章第一节的相关内容

2.《重点用能单位节能管理办法》对重点用能单位的范围界定

1）年综合能源消费量1万吨标准煤以上（含1万吨，下同）的用能单位；

2）各省、自治区、直辖市经济贸易委员会（经济委员会、计划与经济委员会，下同）指定的年综合能源消费量5000吨标准煤以上（含5000吨，下同）、不足1万吨标准煤的用能单位。能源消费的核算单位是法人企业。

3.《万家企业节能低碳行动实施方案》规定的重点用能单位范围及具体类型

纳入万家企业节能低碳行动的企业均为独立核算的重点用能单位，具体包括：

1）2010年综合能源消费量1万吨标准煤及以上的工业企业。

2）2010年综合能源消费量1万吨标准煤及以上的客运、货运企业和沿海、内河港口企业；或拥有600辆及以上车辆的客运、货运企业，货物吞吐量5千万吨以上的沿海、内河港口企业。

3）2010年综合能源消费量5千吨标准煤及以上的宾馆、饭店、商贸企业、学校，或营业面积8万平方米及以上的宾馆饭店、5万平方米及以上的商贸企业、在校生人数1万人及以上的学校。

（二）《重点用能单位节能管理办法》提出的10条基本要求

国家经贸委（其职责现由国家发改委承担）于1999年3月10日发布了《重点用能单位节能管理办法》，对重点用能单位提出了如下10条基本要求：

1）重点用能单位应贯彻执行国家的节能法律、法规、方针、政策和标准（第九条）。

2）重点用能单位应接受能源主管部门对其能源利用状况的监督、检查（第十条）。

3）重点用能单位应建立健全节能管理制度，运用科学的管理方法和先进的技术手段，制定并组织实施本单位节能计划和节能技术进步措施，合理有效地利用能源（第十一条）。

4）重点用能单位每年应安排一定数额资金用于节能科研开发、节能技术改造和节能宣传与培训（第十二条）。

5）重点用能单位应健全能源计量、监测管理制度，配备合格的能源计量器具、仪表，能源计量器具的配备和管理应达到《企业能源计量器具配备和管理导则》规定的国家标准（第十三条）。

6）重点用能单位应建立能源消费统计和能源利用状况报告制度（第十四条）。

7）重点用能单位应建立能源消耗成本管理制度（第十五条）。

8）重点用能单位应建立有利于节约能源、降低消耗、提高经济效益的节能工作责任制第十六条。

9）重点用能单位应开展节能宣传与培训。主要耗能设备操作人员未经节能培训不得上岗（第十七条）。

10）重点用能单位应设立能源管理岗位，聘任的能源管理人员应熟悉国家有关节能法律、法规、方针、政策，具有节能知识、三年以上实际工作经验和工程师以上（含工程师）职称，并报主管部门备案。能源管理人员负责对本单位的能源利用状况进行监督检查（第十八条）。

（三）《万家企业节能低碳行动实施方案》对万家企业提出的10项具体要求

国家于2011年12月7日发布了该实施方案，组织开展万家企业节能低碳行动，对"万家重点用能企业"提出如下10项要求。

（1）加强节能工作组织领导

万家企业要成立由企业主要负责人挂帅的节能工作领导小组，建立健全节能管理机构。设立专门的能源管理岗位，加强对能源管理负责人和相关人员的培训。开展能源管理师试点地区企业的能源管理负责人须具有节能主管部门认可的能源管理师资格。

（2）强化节能目标责任制

万家企业要建立和强化节能目标责任制，将本企业的节能目标和任务，层层分解，落实到具体的车间、班组和岗位。要将节能目标的完成情况纳入员工业绩考核范畴，落实奖惩。

（3）建立能源管理体系

万家企业要按照《能源管理体系要求》（GB/T 23331），建立健全能源管理体系，实施能源利用全过程管理，做到工作持续改进、管理持续优化、能效持续提高。

（4）加强能源计量统计工作

万家企业要按照《用能单位能源计量器具配备和管理通则》（GB 17167）的要求，配备合理的能源计量器具，努力实现能源计量数据在线采集、实时监测。要创造条件建立能源管控中心，采用自动化、信息化技术和集约化管理模式，对企业的能源生产、输送、分配、使用各环节进行集中监控管理。建立健全能源消费原始记录和统计台账，定期开展能耗数据分析。要按照节能主管部门的要求，安排专人负责填报并按时上报能源利用状况报告。

（5）开展能源审计和编制节能规划

万家企业要按照《企业能源审计技术通则》（GB/T 17166）的要求，开展能源审计，分析现状，查找问题，挖掘节能潜力，提出切实可行的节能措施。在能源审计的基础上，编制企业"十二五"节能规划并认真组织实施。各企业要在本实施方案下发的半年内，将能源审计报告报送地方节能主管部门审核。

（6）加大节能技术改造力度

万家企业每年都要安排专门资金用于节能技术进步等工作。要加强节能新技术的研发和推广应用，积极采用国家重点节能技术推广目录中推荐的技术、产品和工艺，促进企业生产工艺优化和产品结构升级。要加快实施能量系统优化、余热余压利用、电机系统节能、燃煤锅炉（窑炉）改造、高效换热器、节约替代石油等重点节能工程。要积极开展与专业化节能服务公司的合作，采用合同能源管理模式实施节能改造。

（7）加快淘汰落后用能设备和生产工艺

万家企业要依照法律法规、产业政策和政府规划要求，按期淘汰落后产能，不得使用国家明令淘汰的用能设备和生产工艺。要加快老旧电机更新改造，积极使用国家重点推广的高效节能电机。交通运输企业要加快淘汰老旧汽车、船舶和黄标车，调整运力结构。

（8）开展能效达标对标工作

万家企业主要工业产品单耗应达到国家限额标准，有地方能耗限额标准的，要达到地方标准。要学习同行业能效水平先进单位的节能管理经验和做法，积极开展能效对标活动，制定详细的能效对标方案，认真组织实施，充分挖掘企业节能潜力，促进企业节能工作上水平、上台阶。集团企业要组织各下属企业开展能效竞赛活动。能效对标的具体做法详见本章第五节。

（9）建立健全节能激励约束机制

万家企业要建立完善的节能奖惩制度，将节能任务完成情况与干部职工工作绩效相挂钩，并作为企业内部评先评优的重要指标。安排一定的节能奖励资金，对在节能管理、节能发明创造、节能挖潜降耗等工作中取得优秀成绩的集体和个人给予奖励，对浪费能源或完不成节能目标的集体和个人给予惩罚。

（10）开展节能宣传与培训

要组织开展经常性的节能宣传与培训，定期对能源计量、统计、管理和设备操作人员开展节能培训，主要耗能设备操作人员未经培训不得上岗。

（四）《万家企业节能目标责任考核实施方案》内容要点

按照《万家企业节能低碳行动实施方案》要求，颁布了此项规定，对万家企业的节能指标完成与措施落实情况进行定量考核与工作评价，依法强化对万家企业的节能监管，促进万家企业落实各项节能政策措施。该实施方案自2012年7月11日起实施。

1. 考核内容及分值

考核内容包括节能目标完成情况和节能措施落实情况两个部分，考核结果采用百分制，满分为100分。节能目标完成情况为定量考核指标，以国家发展改革委公告的"十二五"节能量目标为基准，根据企业每年完成节能量情况及进度要求进行评分，分值为40分，节能措施落实情况为定性考核指标，根据企业落实组织领导、节能目标责任制、节能管理、技术进步、节能法律法规标准等节能政策措施情况进行评分，分值为60分。

2.考核结果及运用

根据考核得分情况，考核结果分4个等级，95分及以上为超额完成、80～95分为完成、60～80分为基本完成、60分以下为未完成。

省级节能主管部门要于4月底前向社会公告本地区万家企业节能目标责任考核结果。

国家发改委及时向社会公告各地区万家企业节能目标考核总体情况、中央企业节能目标完成情况和未完成节能目标的企业情况，并将考核结果抄送国资委、银监会等有关部门。

对节能工作成绩突出的企业（单位），各地区和有关部门要进行表彰奖励。对考核等级为未完成等级的企业，要予以通报批评，并通过新闻媒体曝光，强制进行能源审计，责令限期整改。这类企业一律不得参加年度评奖、授予荣誉称号，不给予国家免检等扶优措施，对其新建高耗能项目能评暂缓审批；在企业信用评级、信贷准入和退出管理以及贷款投放等方面，由银行业监管机构督促银行业金融机构按照有关规定落实相应限制措施；对国有独资、国有控股企业的考核结果，由各级国有资产监管机构根据有关规定落实奖惩措施。

（五）《重点用能单位能源利用状况报告制度实施方案》内容要点

1.实施"能源利用状况报告"制度的目的

重点用能单位能源利用状况报告制度，是重点用能单位依法定期向节能主管部门报送能源消费情况、能源利用效率、节能目标完成情况、节能效益分析、节能措施等内容的制度，是国家对重点用能单位能源利用状况进行跟踪、监督、管理、考核的重要方式，也是编制重点用能单位能源利用状况公报、安排重点节能及节能示范项目、进行节能表彰的重要依据。

2.填报内容及格式

1）表1：基本情况表。填报单位基本信息、能源管理人员资料、经济及能源消费指标以及主要产品单位能耗等。

2）表2：能源消费结构表。填报统计年度内重点用能单位各类能源购进量、能源消费量和能源库存量等。

表2-1：能源消费结构附表。主要填报统计年度内重点用能单位能源加工转换环节的能源投入量、加工转换产出量以及回收利用能源量等。

3）表3：能源实物平衡表。填报能源在重点用能单位内部各个生产环节的能源统计数据，并计算能源损耗情况，是对重点用能单位内部能源利用分配情况的综合反映，同时对用能单位能耗数据真实性进行校对。

4）表4：单位产品综合能耗指标情况表。填报单位产品综合能耗以及与上年期比较的变化情况。

5）表5：影响单位产品（产值）能耗变化因素的说明，是对表4能耗指标变化原因进行分析和简短说明。

6）表6：节能目标完成情况。用能单位"十一五"期间节能目标逐年完成情况。

7）表7：节能目标责任评价考核表。根据《国务院批转节能减排统计监测及考核实施方案和办法的通知》(国发[2007]36号) 要求，重点用能单位对节能目标完成情况进行自评。

8）表8：主要耗能设备状况表。对主要耗能设备（通用设备、专用设备）概况、运行情况、淘汰更新情况等进行说明。

9）表9：合理用能国家标准执行情况表。根据合理用热、合理用电国家标准对用能情况进行自评。

10）表10：规划期节能技术改造项目列表。包括项目类别、名称、改造措施、投资金额、时间安排以及预期节能效果等。

11）表11：与上年相比节能项目变更情况表。与上一年相比，节能项目的变更情况以及变更原因。

3. 报送时间及方式

各报送单位每年3月底前将上一年度的能源利用状况报告报送当地管理节能工作的部门，通过重点用能单位能源利用状况报告填报系统，采用网上直报方式进行填报或报送电子版。

(六)《关于加强万家企业能源管理体系建设工作的通知》

2012年11月28日国家发改委、国家认监委联合发布发改环资〔2012〕3787号文件，从万家企业能源管理体系建设的意义、工作指导、积极推动及效果评价等方面提出指导意见，重点强调万家企业能源管理体系建设的目标是：到"十二五"末，万家企业基本建立符合《能源管理体系 要求》（GB/T 23331）要求的企业能源管理体系，在企业内部逐步形成自觉贯彻节能法律法规与政策标准，主动采用先进节能管理方法与技术，实施能源利用全过程管理，注重节能文化建设的长效节能管理机制，以实现节能工作持续改进、节能管理持续优化、能源利用效率持续提高。

三、节约用电管理办法及电力需求侧管理办法

电力是机械行业用量最大的能源，今后用量及占比还会持续增长。节约用电是机械企业节能的重点。

(一)《节约用电管理办法》的内容要点

2000年12月29日国家经贸委、国家计委联合发布了《节约用电管理办法》，要求通过加强用电管理，采取技术上可行、经济上合理的节电措施，减少电能的直接和间接损耗，提高能源效率和保护环境。主要内容如下。

第八条　国家对高耗电的主要产品实行单位产品电耗最高限额管理，定期公布主要高耗电产品的国内先进电耗指标。地方各级政府节电主管部门和行业节电管理部门可根据本地区和本行业实际情况制定不高于国家公布的单位产品电耗最高限额指标。

第九条　用电负荷在500千瓦及以上或年用电量在300万千瓦时及以上的用户应当按照《企业设备电能平衡通则》(GB/T 3484)规定，委托具有检验测试技术条件的单位每二至四年进行一次电平衡测试，并据此制定切实可行的节约用电措施。

第十条　用电负荷在1000千瓦及以上的用户，应当遵守《评价企业合理用电技术导则》(GB/T 3485)和《产品电耗定额和管理导则》(GB/T 5623)的规定。不符合节约用电标准、规程的，应当及时改正。

第十一条　电力用户应当根据本办法的有关条款，积极采取经济合理、技术可行、环境允许的节约用电措施，制定节约用电规划和降耗目标，做好节约用电工作。

第十二条　固定资产投资项目的可行性研究报告中应当包括用电设施的节约用电评价等合理用能的专题论证。其中，高耗电的工程项目，应当经有资格的咨询机构评估。高耗电的指标由省级及省级以上人民政府节约用电主管部门制定。

第十三条　禁止生产、销售国家明令淘汰的低效高耗电的设备、产品。国家明令淘汰的低效高耗电的工艺、技术和设备，禁止在新建或改建工程项目中采用；正在使用的应限期停止使用，不得转移他人使用。

第十四条　用电产品说明书和产品标识上应当注明耗电指标。鼓励推广经过国家节能认证的节约用电产品，鼓励建立能源服务公司，促进高耗电工艺、技术和设备的淘汰和改造，传播节约用电信息。

（二）电力需求侧管理

1. 有关"电力需求侧管理"的相关法规规章

在《节约用电管理办法》的第十五、十六条等条款中提出了《电力需求侧管理》的初步要求。为具体落实电力需求侧管理的要求，细化管理措施，2010年11月4日由国家发改委联合工信部、财政部等部委制定发布了《电力需求侧管理办法》，明确电网企业是电力需求侧管理的重要实施主体，电力用户是电力需求侧管理的直接参与者。为夯实工业领域电力需求侧管理基础，根据《工业和信息化部关于做好工业领域电力需求侧管理工作的指导意见》（工产业政策[2011]第5号公告）关于"制定完善工业企业实施电力需求侧管理评价体系"的部署，2015年3月30日，工信部制定发布了《工业企业实施电力需求侧管理工作评价办法（试行）》，以进一步推动工业领域电力需求侧管理示范推广和电力直接交易工作，促进电力资源优化配置和产业转型升级。

2. 电力需求侧管理的基本概念

电力需求侧管理是指在政府法规和政策的支持下，采取有效的激励和引导措施以及适宜的运作方式，通过电网公司、能源服务公司、电力用户等共同协力，提高终端用电效率和改变用电方式，在满足同样用电功能的同时减少电量消耗和电力需求，达到节约资源和保护环境，实现社会效益最优、各方受益、最低成本能源服务所进行的管理活动。

3. 电力需求侧管理的作用

电力需求侧管理主要集中在电力和电量的改变上，通过采取措施降低电网的峰荷时间的电力需求或增加电网的低谷时段的电力需求，以较少的新增装机容量达到系统的电力供需平衡；节省电力系统发电量及推进需求侧合理用电，降低供电成本使最终电力用户的用电费用最小化，达到节约社会总资源耗费的目的。

4. 电力需求侧管理中电力用户应采取的具体措施

电力用户应积极采用符合国家有关要求的高效用电设备和变频、热泵、电蓄冷、电蓄热等技术，合理配置无功补偿装置，优化用电方式，合理充分利用谷电，配合政府主管部门和电网企业开展电力需求侧管理，并鼓励电力用户通过第三方机构认定电力电量节约量。

5.《工业企业实施电力需求侧管理工作评价办法（试行）》

评价工作严格执行统一规范的评价标准和程序，并结合行业特点采取科学的评价方法。

评价工作由第三方机构客观公正地实施，评价工作遵循企业自愿原则，参与评价企业可自主选择评价机构实施。评价结果及运用要点如下。

1）评价机构出具《工业企业实施电力需求侧管理工作评价报告》，提交评价工作推进小组进行汇总审核。有关评价结果经审核后对外发布，并送工业和信息化部（运行监测协调局）备案。

2）评价结果共分以下四个等级：

"AAA级"（90分以上，即企业用电管理水平优秀，实现科学、节约、有序、高效用电）；

"AA级"（80～89分，即企业用电管理水平良好，基本实现科学、节约、有序、高效用电）；

"A级"（60～79分，即企业用电管理水平一般，初步实现科学、节约、有序、高效用电）；

"A级以下"（60分以下，即企业用电管理水平落后，亟须实施电力需求侧管理工作）。

对达到"A级"以上的企业，由评价推进工作小组颁发评价证书。

3）评价工作与推动电力需求侧管理工作和制定实施产业政策密切衔接。评价结果可作为企业参与电力直接交易、衡量合同能源管理效果、申报全国工业领域电力需求侧管理示范企业的重要依据；也可供各地区实施能源消费总量控制、制定差别电价政策及执行有序用电工作参考。

四、电机能效提升计划

（一）实施电机能效提升计划的必要性

1. 电机在机械制造业的耗电分析

电机是用电量最大的耗电机械。据统计测算，2011年，我国电机保有量约17亿千瓦，总耗电量约3万亿千瓦时，占全社会总用电量的64%，其中工业领域电机总用电量为2.6万亿千瓦时，约占工业用电的75%。机械行业不仅直接承担研发、生产、推广高效电机的重任，机械产品生产过程也使用大量电机（主要生产系统的机床及各种成形加工设备及辅助生产系统使用的风机、空压机、制冷机、水泵等），积极实施电机能效提升计划责无旁贷。电机能效提升的节能原理及具体技术详见第五章第六节。

2. 国内外电机能效水平差距

2008年国际电工技术委员会（IEC）制定了全球统一的电机能效分级标准，并统一了测试方法；美国从1997年开始强制推行高效电机，2011年又强制推行超高效电机；欧洲于2011年也开始强制推行高效电机。我国2006年发布了电机能效标准（GB 18613—2006），近年来参照IEC标准组织进行了修订，新标准（GB 18613—2012）于2012年9月1日正式实施。按照国家新标准，我国现在生产的电机产品绝大多数都不是高效电机。

3. 提高电机能效是重要的节能措施

工业领域电机能效每提高一个百分点，可年节约用电260亿千瓦时左右。通过推广高效电机、淘汰在用低效电机、对低效电机进行高效再制造，以及对电机系统根据其负载特性和运行工况进行匹配节能改造，可从整体上提升电机系统效率5～8个百分点，年可实现节电1300亿～2300亿千瓦时，相当于2～3个三峡电站的发电量。为加快推动工业节能降耗，促进工业发展方式转变和"十二五"节能约束性目标的实现，必须大力提升电机能效。

（二）总体思路、基本原则和和主要目标

1. 总体思路

围绕电机生产、使用、回收及再制造等关键环节，加快淘汰低效电机，大力开发和推广高效电机产品，扩大高效电机市场份额；加快实施电机系统节能改造，建立健全废旧电机回收机制，推进电机高效再制造。

2. 基本原则

坚持存量调整与增量提升相结合；技术研发与推广示范相结合；淘汰低效电机与电机高效再制造相结合；政策激励与标准约束相结合。

3. 主要目标

2015年年末，实现电机产品升级换代，50%的低压三相笼型异步电动机产品、40%的高压电动机产品达到高效电机能效标准规范；累计推广高效电机1.7亿千瓦，淘汰在用低效电机1.6亿千瓦，实施电机系统节能技改1亿千瓦，实施淘汰电机高效再制造2000万千瓦。预计2015年当年实现节电800亿千瓦时,相当于节能2600万吨标准煤，减排二氧化碳6800万吨。

（三）主要任务和措施

1. 加快推广高效电机

1）目标：累计推广高效电机1.7亿千瓦，其中2013年推广2700万千瓦，2014年推广5400万千瓦，2015年推广8900万千瓦。

2）措施：充分利用财政补贴政策拉动高效电机市场，促进电机生产转型，提升高效电机产业化能力。

2. 淘汰低效电机

1）目标：累计淘汰在用低效电机1.6亿千瓦，其中2013年淘汰4000万千瓦，2014年淘汰6000万千瓦，2015年淘汰6000万千瓦。

2）措施：制定在用低效电机淘汰路线图，完善落后电机淘汰机制，分解淘汰任务。

3. 实施电机系统节能技术改造

1）目标：累计改造电机系统1亿千瓦，其中，2013年改造电机系统3000万千瓦，2014年改造电机系统3000万千瓦，2015年改造电机系统4000万千瓦。

2）措施：制定节能改造总体方案，加强对电机系统节能改造技术指导。

4. 实施电机高效再改造

1）目标：累计实现高效再制造电机2000万千瓦。

2）措施：建设电机高效再制造示范工程，开展电机高效再制造试点，建立废旧电机回收机制和体系，加强电机再制造基础能力建设。

5. 加快高效电机技术研发和应用示范

1）目标：突破高效电机关键设计技术、制造技术及控制技术，开展先进适用技术应用示范，开发一批高效电机产品。

2）措施：筛选一批高效电机设计、控制、匹配及关键材料装备等领域的先进技术，发布先进适用技术目录，引导电机生产企业加强技术研发，提高数字信号处理能力，加强对电机控制系统进行优化。推动安全可靠的绝缘栅双极型晶体管（IGBT）等电力电子芯片及模块在电机节能领域的推广应用。对成熟先进的技术，加强与应用环节的衔接，开展应用示范。

五、节能技术改造项目财政补贴及奖励

根据《节约能源法》和《国民经济和社会发展十二五规划纲要》，为加快推广先进节能技术，提高能源利用效率，财政部、国家发改委于2011年6月21日制定《节能技术改造财政奖励资金管理办法》（财建〔2011〕367号）。

（一）奖励对象和条件

奖励对象是对现有生产工艺和设备实施节能技术改造的项目，申请奖励项目必须符合下述条件：

1）按照有关规定完成审批、核准或备案；

2）改造主体符合国家产业政策，且运行时间3年以上；

3）节能量在5000吨（含）标准煤以上；

4）项目单位改造前年综合能源消费量在2万吨标准煤以上；

5）项目单位具有完善的能源计量、统计和管理措施，项目形成的节能量可监测、可核实。

（二）奖励标准

东部地区节能技术改造项目根据项目完工后实现的年节能量按240元/吨标准煤给予一次性奖励，中西部地区按300元/吨标准煤给予一次性奖励。

省级财政部门要安排一定经费，主要用于支付第三方机构审核费用等。

六、节能技术与节能机电设备推荐推广

(一) 节能技术推荐推广

1.《国家重点行业清洁生产技术导向目录》

有关部门先后发布三批《国家重点行业清洁生产技术导向目录》，作为各级发改委和行业主管部门推荐和审批清洁生产项目的依据，也是各金融机构和企业投资环境保护项目的方向（参见表4-2）。

表4-2　《国家重点行业清洁生产技术导向目录》相关内容

政策名称	发布单位	发布时间	发布内容
《国家重点行业清洁生产技术导向目录》（第一批）	国家经贸委	2000年2月15日	冶金、石化、化工、轻工和纺织5个重点行业，共57项清洁生产技术
《国家重点行业清洁生产技术导向目录》（第二批）	国家经贸委 国家环保总局	2003年2月27日	冶金、机械、有色金属、石油和建材5个重点行业，共56项清洁生产技术
《国家重点行业清洁生产技术导向目录》（第三批）	国家发改委 国家环保总局	2006年11月27日	钢铁、有色金属、电力、煤炭、化工、建材、纺织等行业，共28项清洁生产技术

2.《国家重点节能低碳技术推广目录》

国家发改委组织编制并于2015年12月30日发布了《国家重点节能低碳技术推广目录（2015年本，节能部分)》，涉及煤炭、电力、钢铁、有色、石油石化、化工、建材、机械、轻工、纺织、建筑、交通、通信等13个行业，共266项重点节能技术。

3.《工业节能"十二五"规划》

2012年2月27日，工信部发布《工业节能"十二五"规划》，提出"十二五"期间规模以上工业增加值能耗下降21%左右、节能装备产业规模年均增长达到15%以上、建立起比较完善的节能服务产业体系等目标，并提出包括铸造、锻压、热处理等机械制造基础工艺在内的节能目标和措施。预计"十二五"期间全国工业实现节能量6.7亿吨标准煤。

(二) 节能机电产品推荐推广

1.《节能机电设备 (产品) 推荐目录》

工信部自2009年5月开始发布《节能机电设备(产品)推荐目录》，至今已发布六批：《目录》（第六批）是《中国制造2025》发布后颁布的，共涉及11大类434个型号产品，其中工业锅炉13个型号产品，变压器98个型号产品，电动机79个型号产品，电焊机43个型号产品，压缩机73个型号产品，制冷设备63个型号产品，塑料机械21个型号产品，风机5个型号产品，热处理3个型号产品，泵34个型号产品，干燥设备2个型号产品。《目录》自发布之日起，有效期3年。在有效期内，如果产品技术有重大革新、评价标准有重大变化，企业应重新申报。

2.《节能产品惠民工程—高效电机推广目录》

根据财政部、国家发改委《关于开展"节能产品惠民工程"的通知》(财建〔2009〕213号)和《关于印发"节能产品惠民工程"高效电机推广实施细则的通知》(财建〔2010〕232号)要求,国家发改委、财政部相继发布了六批"节能产品惠民工程"高效电机推广目录,其中第六批参照GB 18613—2012标准,将中小型三相异步电动机额定功率进行了相应调整。

七、淘汰高耗能落后技术及设备

(一)《产业结构调整指导目录》

国家发改委会同国务院有关部门对《产业结构调整指导目录(2011年本)》有关条目进行了调整,自2013年5月1日起施行《国家发改委关于修改〈产业结构调整指导目录(2011年本)〉有关条款的决定》。该《指导目录》由鼓励类、限制类和淘汰类目录组成。鼓励除淘汰及限制类之外的产业和项目按照产业集群的原则和准入条件进入依法规划建设的产业园区(工业集中区)。不属于以上三类且符合国家有关法律法规和政策规定的,为允许类。允许类不列入《指导目录》。

鼓励类主要是指对经济社会发展具有重要促进作用,有利于提高资源利用效率、有利于提高环境保护水平、产业结构优化升级,需要采取政策措施予以鼓励和支持的关键技术、装备及产品。对鼓励类投资项目,按国家有关法律法规和投资管理规定审批、核准或备案,金融机构按照信贷原则提供信贷支持。有关优惠政策可按国家、省、市有关规定执行。

限制类目录主要是指工艺技术落后,不符合国家行业准入条件和规定,不利于产业结构优化升级,需要督促加快改造和禁止新建的生产能力、工艺技术、装备及产品。凡列入限制类的,禁止投资新建项目,投资主管部门不予审批、核准或备案;各金融机构不得发放贷款;土地管理、城市规划和建设、环境保护、质监、消防、海关、工商等部门不得办理有关手续。对属于限制类的现有生产能力,允许企业在一定期限内进行改造升级,严禁以改造为名扩大生产能力。

淘汰类目录主要是指不符合有关法律法规规定,严重浪费资源、污染环境、不具备安全生产条件,需要淘汰的落后工艺技术、装备及产品。对淘汰类项目,禁止投资;各金融机构停止各种授信支持,并收回已经发放的贷款。各地区、各部门和有关企业要采取有力措施,按规定限期淘汰。对不按期淘汰的企业,各级政府及有关部门要依法依规责令其停产或予以关闭。对明令淘汰的生产工艺技术、装备及产品,一律不得进口、转移、生产、销售、使用和采用。限制及淘汰类的落后机械制造工艺技术及可供采用替代的先进技术介绍详见第五章第四节及第五节。

(二)《高耗能落后机电设备(产品)淘汰目录》

为加快淘汰高耗能落后机电设备(产品),根据《节约能源法》、《"十二五"节能减排综合性工作方案》(国发[2011]26号),结合工业、通信业节能减排工作实际情况,工信部制定了《高耗能落后机电设备（产品）淘汰目录》（共四批，见表4-3）。四批规定的具体淘汰产品的名称、型号规格及淘汰理由详见第五章第四节。

表4-3　《高耗能落后机电设备（产品）淘汰目录》内容要点

政策名称	发布单位	发布时间	内容要点
《高耗能落后机电设备（产品)淘汰目录(第一批)》	工信部	2009 年 12 月 4 日	共9大类272项设备（产品），包括电动机27项，电焊机和电阻炉13项，变压器和调压器4项，锅炉50项，风机15项，泵123项，压缩机33项，柴油机5项，其他设备2项
《高耗能落后机电设备（产品)淘汰目录(第二批)》	工信部	2012 年 10 月 1 日	共12大类135项设备（产品），包括电动机1项，工业锅炉8项，电器61项，变压器1项，电焊机1项，机床34项，锻压设备20项，热处理设备2项，制冷设备1项，阀1项，泵2项，其他设备3项
《高耗能落后机电设备（产品)淘汰目录(第三批)》	工信部	2014 年 3 月 6 日	共2大类337项设备（产品），包括电动机300项，风机37项
《高耗能落后机电设备（产品)淘汰目录(第四批)》	工信部	2016 年 2 月	共3大类126项设备（产品），包括变压器52项、电动机59项、电弧焊机15项。

各生产和使用单位应抓紧落实目录中所列设备（产品）的淘汰工作，生产单位应立即停止生产，使用单位应在规定期限内停止使用并更换高效节能设备（产品）。各级节能监察机构应加强对目录中所列设备（产品）淘汰情况的监督检查工作。

八、工业节能管理要求

2016年4月27日，工业和信息化部部令第33号发布《工业节能管理办法》，自2016年6月30日起施行。该管理办法共7章42条，适用于工业领域的用能及节能监督管理活动，提出了节能管理及节能监察等要求，对重点用能单位做出了更明确的界定，鼓励重点用能工业企业建设能源管控中心系统，利用自动化、信息化技术，对企业能源系统的生产、输配和消耗实施动态监控和管理，提高企业能源利用效率和管理水平。

九、铸造行业准入条件

2013年5月10日，为加快推进铸造行业结构调整和转型升级，国家工业和信息化部颁布并于当年实施了《铸造行业准入条件》，对全国铸造企业（含车间）开展准入公告管理，这是从国家层面制定的我国铸造行业重要的产业引导政策，也是机械工业第一个行业准入条件的政策性文件。实施几年后，还将以此法规为基础，颁布更加严格的《铸造行业规范条件》，作为准入门槛。

（一）准入公告企业的基本条件及其核心主题

1. 九项基本条件

《准入条件》共设十项条款，"十、监督管理"是对准入从申请、审核、认定、公告到监督检查的流程规定；条款"一至九"提出对准入企业的明示要求，形成准入公告企业的九项基本条件，即：

（1）建设条件和布局

提出工厂建设及选址要符合国家产业政策、发展规划及环保、安全法规的要求。

（2）生产工艺

提出根据铸件质量和产能采用节能减排、经济高效、健康安全生产工艺的要求。

（3）生产装备

提出根据产能及质量、节能减排及安全生产要求，配备生产、检测、旧砂回用、环保及劳动保护装备的要求。

（4）企业规模

提出不同环境功能区、经济发展地区、铸件材质的最低产能/产值限值，其背景是：过小生产规模很难确保铸件质量、节能减排和安全生产。

（5）产品质量

提出建立QMS、完善质量管理、铸件内外质量符合标准等明示要求。

（6）能源消耗

提出建立EnMS、建设项目开展节能评估和审查、七种吨金属液及砂型铸铁、铸钢件综合能耗限值的明示要求。

（7）环境保护

提出建立EMS、开展清洁生产审核、四种污染物达标排放及依法处置的要求。

（8）职业健康安全及劳动保护

提出建立OHSMS、加强劳动保护、有害工种员工定期体检等要求。

（9）人员素质

提出全员培训，质量、环境、安全等四种关键岗位人员持证上岗的要求。

2. 九项基本条件的核心主题及一条明晰主线

（1）九项条件均紧扣"铸件质量、节能减排、安全生产"三个核心主题。

（2）九项条件构成一条十分明晰的主线。

即满足九项条件具体要求的最终目的是：确保准入企业的"铸件质量、节能减排、安全生产"符合国家、行业、地方的产业政策、发展规划和相关法规要求，实现准入企业自身可持续发展，进而促进铸造行业可持续发展。

（二）《准入条件》的适用范围及申请与管理办法

1. 适用范围

适用于中华人民共和国境内（港澳台地区除外）所有铸造企业（含车间）。

2. 申请准入公告的铸造企业应具备的基本条件

（1）具有独立法人资格（综合厂铸造车间以具有法人资格的总公司申请）；

（2）布局符合国家有关法律法规及土地利用和产业发展规划；

（3）无国家规定应淘汰的落后生产工艺、设备；

（4）企业自查符合《准入条件》具体要求；

（5）申请之日前两年内无较大及以上生产安全事故。

3. 工信部对公告企业实施动态管理

（1）准入企业每年开展一次自查，并将自查报告报送地方工业主管部门；

（2）各省级工业部门对年度自查报告进行监督审查，结果报送工信部；

（3）经审查论证确认准入企业不能保持准入条件或发生重大质量、环境、安全事故，将撤销准入资格。

（三）《铸件行业准入条件》的初步实施效果

1. 符合准入条件的铸造企业数量

2013～2015年国家工信部开展了三批铸造企业准入公告申报工作，经过审核，工信部向社会正式公告了三批1729家符合《铸造行业准入条件》企业名单。

2. 公告准入企业的生产集中度

2015年1729家准入企业铸件产量共2900万吨，占当年全国总产量60%以上，平均年产量约为1.68万吨/厂，生产集中度远高于全国0.14万吨/厂的平均水平，也远高于工业发达国家。

第三节　机械制造行业适用的节能标准

一、机械制造行业节能标准体系的分类构成及应用概述

（一）机械制造行业节能标准体系的分类构成

1. 节能标准的不同分类方法

（1）按标准性质分类

分强制性和推荐性两类，以标准代号后有无"/T"加以区分（无标注为强制性标准）。

（2）按标准等级分类

分为国家标准、行业标准、社团标准和企业标准四个等级。国家标准的代号为GB，机械行业标准的代号为JB，认证认可行业标准的代号为RB。

（3）按标准不同用途分类

分为节能基础标准、节能管理标准和节能技术标准三大类，每大类又分若干小类。

2. 机械制造行业节能标准按不同用途分类的体系构成（图4-2）

（二）节能标准在企业EnMS实施过程中的应用概述

1. 节能标准在企业EnMS建立、保持与持续改进中的作用

1）节能标准中的"能源管理体系标准"是建立、保持EnMS的基础和依据（详见第三章）。

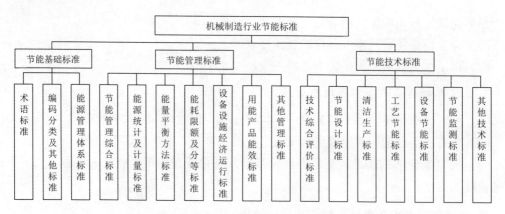

图4-2 机械制造行业节能标准按用途分类体系构成

2）节能标准中的"能源管理体系标准"和"企业适用的能源法律法规节能标准"是EnMS的审核准则（详见第八章）。

3）能源管理基础知识（能源计量、统计、监测；节能量与热效率计算等）来源于节能标准（详见本章第四节）。

4）提高能效的基础工具（能量平衡、能源审计、合同能源管理等）大多来源于节能标准（详见本章第五节）。

5）大量工业企业合理用能及节能技术知识来源于相关节能标准（详见第五章）。

2. GB/T23331标准条款与节能标准的相关性程度

（1）最强相关条款（4.4.2和4.6.2）

1）"4.4.2法律法规及其他要求"：要求企业进行"法规适用性评价"，即识别本企业适用的能源法律法规及标准，形成清单，传达给使用部门，并将主要要求转化为相关文件内容。

2）"4.6.2合规性评价"：要求企业进行"法规符合性评价"，即定期自我评价对适用法规标准的符合程度。如有不符合，应进行整改。

（2）强相关条款

主要有4.1、4.2.1/4.2.2、4.3、4.4.3/4/5/6、4.5.2/3/4、4.5.5/6/7、4.6.1、4.6.3/4、4.7.2/3等19个二级条款。

（3）一般相关条款（其余4个条款）

3. 不同类别节能标准与GB/T 23331标准各条款的相关性分析（表4-4）

表4-4 不同类别节能标准与 GB/T 23331 标准各条款的相关性分析

GB/T 23331 标准条款	节能基础标准		节能管理标准						节能技术标准					
	术语	EnMS 标准	管理综合	统计计量	能量平衡	能耗限额	经济运行	产品能效	综合评价	节能设计	清洁生产	工艺节能	设备节能	节能监测
4.1		■	▲	▲		▲			▲					▲
4.2		▲	■	▲		▲	△	▲	▲	▲		△	△	▲
4.3		▲	▲	▲		▲		▲	▲			△	△	▲
4.4.1		▲												

续表

GB/T 23331标准条款	节能基础标准		节能管理标准						节能技术标准					
	术语	EnMS标准	管理综合	统计计量	能量平衡	能耗限额	经济运行	产品能效	综合评价	节能设计	清洁生产	工艺节能	设备节能	节能监测
4.4.2	▲	■	■	■	■	■	■	■	■	■	▲	■	■	■
4.4.3	△	■	▲	■	■	■	■	▲	■	▲	▲	■	■	■
4.4.4		▲		■		■	■		■			■	■	■
4.4.5		▲		■		■			■			■	■	■
4.4.6		■		■		■	▲		■		▲		■	■
4.5.1		▲												
4.5.2		▲	▲	▲	△	▲	▲		▲	▲	△	▲	▲	▲
4.5.3		▲	▲	▲	△	▲			▲	▲	△	▲	▲	▲
4.5.4	△	■	■	▲	△	■	■		▲	▲	△	■	■	■
4.5.5		■	▲	▲	▲	▲	▲	△	▲	▲	▲	■	■	■
4.5.6		▲	▲	▲	▲	▲	▲		▲	▲	▲	■	■	△
4.5.7		▲	▲	▲	△	△	△		△	▲	△	▲	▲	▲
4.6.1		▲	▲	▲	△		▲	▲	▲			■	■	■
4.6.2	▲	■	■	▲	■	■	▲	▲	▲			▲	■	▲
4.6.3		■	■	▲	▲	▲	▲	▲	■	▲	▲	▲	▲	■
4.6.4		▲	△	▲	△	▲	▲	▲	▲	△	△	▲	▲	▲
4.6.5	△	▲	▲	▲		▲	■	△				▲	▲	■
4.7		■	■	▲		▲	△	▲	■	△	△	△	△	▲

注：■表示最强相关；▲表示强相关；△表示一般相关。

二、机械制造行业节能标准的适用性评价

（一）节能标准适用性评价分类方法

1. 按对不同能源流转环节的适用程度评价

以对企业能源管理工作中6个能源流转环节（能源设计、购入储存、加工转换、输送分配、终端使用及经济运行、余能回收利用）以及必要的计量监测的适用程度大小评价不同标准的适用程度。

2. 按对不同用能系统的适用程度评价

以对企业三大生产用能系统（主要生产、辅助生产、附属生产）的适用程度大小评价不同标准的适用程度。

（二）机械制造行业主要节能标准的适用程度评价表

应用第一种适用性评价方法，对机械制造行业主要节能标准的适用程度评价结果示于表4-5。

表 4-5　法律法规和其他要求清单及适用性评价表

按用途分类	小类及序号	标准名称	文本号	适用性评价						
				能源设计	购入储存	加工转换	输送分配	经济运行	余能利用	计量监测
节能基础标准	A	术语标准								
	1	热分析术语	GB/T 6425—2008	□		□	□	□	□	□
	2	工业余热术语、分类、等级及余热资源量计算方法	GB 1028—2000	■		□	□		■	□
	3	能源分类与代码	GB/T 29870—2013	■	■	□				
	4	机械产品绿色制造 术语	GB/T 28612—2012	■						
节能技术标准	A	技术综合评价（合理用能）标准								
	1	评价企业合理用电技术导则	GB/T 3485—1998	■	□	■	■	■		■
	2	评价企业合理用热技术导则	GB/T 3486—1993	■	□	■	■	■	■	■
	3	工业企业节约原材料评价导则	GB/T 29115—2012			■				
	B	节能设计标准								
	1	机械工业工程节能设计规范	GB 50910—2013	■	□			□	□	□
	2	机械工业工程建设项目设计文件编制标准	GB/T 50848—2013	■						
	3	机械工厂热处理车间设计规范	JBJ/ T 34—1999	■	□	□				□
	4	电机系统（风机、泵、空压机）优化设计指南	GB/T 26921—2011	■		■				
	5	设备及管道绝热设计导则	GB/T 8175—2008	■	□			□	□	□
	6	建筑采光设计标准	GB 50033—2013	■						
	7	建筑照明设计标准	GB 50034—2013	■						
	8	节能评估技术导则	GB/T 31341—2014	■		□		□	□	□
	C	清洁生产标准								
	1	清洁生产标准 汽车制造业（涂装）	HJ/T 293—2006	□				■	□	
	2	清洁生产标准 电镀行业	HJ/T 314—2008	□				■		
	3	铸造企业清洁生产综合评价方法	JB/T 11995—2014					■		
	D	工艺节能标准								
	1	热处理节能技术导则	GB/Z 18718—2002					■	□	□
	2	热处理合理用电导则	GB/T 10201—2008		■			■	□	□
	3	机械产品绿色制造工艺规划导则	GB/T 28613—2012	□				■		
	4	绿色制造干式切削通用技术指南	GB/T 28614—2012							
	5	绿色制造通用技术导则 铸造	GB/T 28617—2012	□				■	□	
	E	设备节能标准								
	1	风机、泵类负载变频调速节电传动系统及其应用技术条件	GB/T 21056—2007	■	□	□		□		□
	2	工业炉窑保温技术导则	GB/T 16618—1996		□	■	■	□		

续表

按用途分类	小类及序号	标准名称	文本号	适用性评价						
				能源设计	购入储存	加工转换	输送分配	经济运行	余能利用	计量监测
节能技术标准	3	设备及管道绝热技术通则	GB/T 4272—2008	□	■	■			□	
	4	合理润滑技术导则	GB/T 18870—2011			■		■		□
	F	节能监测标准								
	1	节能监测技术通则	GB/T 15316—2009	□		■	■	■	■	■
	2	热处理电炉节能监测	GB/T 15318—2010	□				□		■
	3	燃料热处理炉节能监测	GB/T 24562—2009	□				□		■
	4	火焰加热炉节能监测方法	GB/T 15319—1994	□						■
	5	电焊设备节能监测方法	GB/T 16667—1996							■
	6	电解、电镀设备节能监测	GB/T 24560—2009							■
	7	企业供配电系统节能监测方法	GB/T 16664—1996				■			■
	8	空气压缩机组及供气系统节能监测方法	GB/T 16665—1996			■				■
	9	燃煤工业锅炉节能监测	GB/T 15317—2009			■				■
	10	风机机组与管网系统节能监测	GB/T 15913—2009				■			■
	11	热力输送系统节能监测	GB/T 15910—2009				■			■
	12	用电设备能量测试导则	GB/T 6422—2009	□						■
	13	工业企业能源计量数据集中采集终端通用技术条件	GB/T 29872—2013	■	□		■			■
节能管理标准	A	节能管理综合标准								
	1	工业企业能源管理导则	GB/T 15587—2008	■	■	■	■	■	■	■
	2	企业能源审计技术通则	GB/T 17166—1997	□	□	□	□	□	□	□
	3	单位产品能源消耗限额编制通则	GB/T 12723—2013	□	□	□	□	□	□	□
	4	合同能源管理技术通则	GB/T 24915—2010	□	■	□				
	5	企业节能规划编制通则	GB/T 25329—2010	■						■
	B	能源统计及计量（算）标准								
	1	用能单位能源计量器具配备和管理通则	GB 17167—2006	□	■	■	■	■	■	■
	2	综合能耗计算通则	GB/T 2589—2008	■	□	■				
	3	热处理生产电耗计算和测定方法	GB/T 17358—2009	□				■		■
	4	热处理生产燃料消耗计算和测定方法	GB/T 19944—2015	□				■		■
	5	企业用水统计通则	GB/T 26719—2011		□	□				□
	6	设备热效率计算通则	GB/T 2588—2000	□		■				■
	7	企业节能量计算方法	GB/T 13234—2009			■	□	■	□	■

续表

按用途分类	小类及序号	标准名称	文本号	适用性评价						
				能源设计	购入储存	加工转换	输送分配	经济运行	余能利用	计量监测
节能管理标准	C		能量平衡方法标准							
	1	企业能量平衡通则	GB/T 3484—2009	□	■	■	■	■	■	
	2	用能设备能量平衡通则	GB/T 2587—2009	□		■	■	■	□	
	3	用电设备电能平衡通则	GB/T 8222—2008	□		■	■	■		
	4	企业水平衡测试通则	GB/T 12452—2008		□	□	□	□		■
	5	企业能量平衡网络图绘制方法	GB/T 28749—2012	□	■	■	■	■	■	
	6	企业能量平衡表编制方法	GB/T 28751—2012	□		□	□	■	□	■
	D		能耗限额及分等标准							
	1	热处理箱式、台车式电阻炉能耗分等	JB/T 50162—1999（2010）	□	■			■		
	2	热处理井式电阻炉能耗分等	JB/T 50163—1999（2010）	□	■			■		
	3	热处理电热浴炉能耗分等	JB/T 50164—1999（2010）	□	■			■		
	4	箱式多用热处理炉能耗分等	JB/T 50182—1999（2010）	□	■			■		
	5	传送式、震底式、推送式、滚筒式热处理连续电阻炉能耗分等	JB/T 50183—1999	□	■			■		
	6	砂型干燥炉能耗分等	JB/T 50184—1999		■			□		
	7	工业电热装置能耗分等 第1部分：通用要求	GB/T 30839.1—2014	□	■			□		
	8	工业电热装置能耗分等 第2部分：三相炼钢电弧炉	GB/T 30839.2—2015	□	■			■		
	9	工业电热装置能耗分等 第21部分：钢包精炼炉	GB/T 30839.21—2015	□	■			■		
	10	工业电热装置能耗分等 第4部分：间接电阻炉	GB/T 30839.4—2014	□	■			■		
	11	工业电热装置能耗分等 第31部分：中频无芯感应炉	GB/T 30839.31—2014	□	■			■		
	12	工业电热装置能耗分等 第32部分：电压型变频多台中频无芯感应炉成套装置	GB/T 30839.32—2014	□	■			■		
	13	工业电热装置能耗分等 第33部分：工频无芯感应炉	GB/T 30839.33—2015		□			□		
	14	工业电热装置能耗分等 第34部分：工频有芯感应炉	GB/T 30839.34—2015	□	■			■		

续表

按用途分类	小类及序号	标准名称	文本号	适用性评价						
				能源设计	购入储存	加工转换	输送分配	经济运行	余能利用	计量监测
节能管理标准	15	工业电热装置能耗分等 第41部分：推送式电阻加热机组	GB/T 30839.41—2014	□	■			■		
	16	工业电热装置能耗分等 第42部分：井式电阻炉	GB/T 30839.42—2014	□	■			■		
	17	工业电热装置能耗分等 第43部分：箱式电阻炉	GB/T 30839.43—2015	□	■			■		
	18	工业电热装置能耗分等 第44部分：台车式电阻炉	GB/T 30839.44—2015	□	■			■		
	19	工业电热装置能耗分等 第45部分：箱式淬火电阻炉	GB/T 30839.45—2015	□	■			■		
	E	设备设施经济运行标准								
	1	电力变压器经济运行	GB/T 13462—2008	□	□	■	□	■		□
	2	工业锅炉经济运行	GB/T 17954—2007	□	□	■		■		□
	3	容积式空气压缩机系统经济运行	GB/T 27883—2011	□	□	■	□	■		□
	4	通风机系统经济运行	GB/T 13470—2008	□	□	■	□	■		□
	5	离心泵、混流泵、轴流泵与旋涡泵系统经济运行	GB/T 13469—2008	□	□	■	□	■		□
	6	空气调节系统经济运行	GB/T 17981—2007	□	□	■	□	■		□
	7	交流电气传动风机（泵类、空气压缩机）系统经济运行通则	GB/T 13466—2006	□	□	■	□	■		□
	8	照明设施经济运行	GB/T 29455—2012	□	□	■	□	■		□
	9	三相异步电动机经济运行	GB/T 12497—2006	□	□	■	□	■		□
	F	用能产品能效标准								
	1	三相配电变压器能效限定值及能效等级	GB 20052—2013	□	■	□		□		
	2	电力变压器能效限定值及能效等级	GB 24790—2009	□	■			□		
	3	工业锅炉能效限定值及能效等级	GB 24500—2009		■					
	4	容积式空气压缩机能效限定值及能效等级	GB 19153—2009	□	■			□		
	5	通风机能效限定值及能效等级	GB 19761—2009	□	■			□		
	6	电弧焊机能效限定值及能效等级	GB 28736—2012		■			■		
	7	中小型三相异步电动机能效限定值及能效等级	GB 18613—2008		■	□		□		

续表

按用途分类	小类及序号	标准名称	文本号	适用性评价						
				能源设计	购入储存	加工转换	输送分配	经济运行	余能利用	计量监测
节能管理标准	8	小功率电动机能效限定值及能效等级	GB 25958—2010		■	□		□		
	9	小型潜水电泵能效限定值及能效等级	GB 32029—2015		■	□		□		
	10	井用潜水电泵能效限定值及能效等级	GB 32030—2015		■	□		□		
	11	污水污物潜水电泵能效限定值及能效等级	GB 32031—2015		■	□		□		
	12	三相交流电动机拖动典型负载机组能效等级 第1部分：清水离心泵机组能效等级	JB/T 11706.1—2013		■			□		
	13	三相交流电动机拖动典型负载机组能效等级 第2部分：螺杆空压机机组能效等级	JB/T 11706.2—2015		■	□		□		
	14	计算机显示器能效限定值及能效等级	GB 21520—2015		■			□		
	15	复印机、打印机和传真机能效限定值及能效等级	GB 21521—2014		■			□		

注：■表示高度相关，□表示一般相关。

三、机械制造行业重要节能术语及技术标准的内容要点

（一）术语标准

1. GB/T 1028—2000《工业余热术语、分类、等级及余热资源量计算方法》

本标准的主要内容如下。

（1）规定了两个重要的工业余热术语

1）余热资源（量）：经技术经济分析确定的可利用的余热量称为余热资源（量）。

2）余热资源回收率：被考察体系回收利用的余热资源量占总余热资源量的百分数。

（2）余热资源的分类

依据载热体形态将余热资源分为以下三类。

1）固态载体余热资源：包括固态产品和固态中间产品的余热资源、排渣的余热资源及可燃性固态废料。

2）液态载体余热资源：包括液态产品和液态中间产品的余热资源、冷凝水和冷却水的余热资源、可燃性废液。

3）气态载体余热资源：包括烟气的余热资源、放散蒸汽的余热资源及可燃性废气。

（3）按余热资源回收利用的可行性与紧迫性，余热资源分为三个等级

一等余热资源应优先回收，二等余热资源应尽快回收，三等余热资源可视情况回收。

（4）提出余热资源经济回收的下限温度

按技术可行、经济合理的原则，规定余热载体的下限温度，标准中规定的下限温度可作为参考，但现在的技术可以做到更低的下限。如气态载体余热资源的烟气下限温度为180℃、放散蒸汽为100℃，冷凝水下限温度为环境温度，固态产品余热下限温度为500℃。

2. GB/T 29870—2013《能源分类与代码》

本标准等同转化自ISO标准，规定了"能源"的定义，并按能源的"物理性质"及"可加工形式"，将能源划分为12大类别（详见第一章第一节）。

（二）技术综合评价标准（合理用能用材评价标准）

1. GB/T 3486—1993《评价企业合理用热技术导则》

本标准适用于一切用热设备（含电热设备），包括熔炼熔化设备、热处理设备、焊接及热切割设备、换热设备、干燥设备、制冷、采暖、空气调节设备等。主要从燃料燃烧的合理化、传热的合理化、减少传热与泄漏引起的热损失、余热的回收利用、实行热能的综合利用与用能设备的合理配置等五个方面提出合理用热的主要评价指标、测量和控制要求，对企业的能源设计、购入存储、加工转换、分配输送、终端使用及余热回收利用等各流转环节均有极大指导意义（详见第五章第三节）。

2. GB/T 3485—1998《评价企业合理用电技术导则》

本标准适用于一切用电设备，主要从企业供电的合理化、电能转换为机械能的合理化、电能转换为热能的合理化、电能转换为化学能的合理化、企业照明的合理化等五个方面提出了有关供配电设备、电机、电熔化及加热设备（如热处理电阻炉、电弧炉、感应电炉、电焊机等）、电解电镀设备、照明设备等，合理用电的经济运行指标以及计量仪表配备和测量、合理控制措施等指导内容，与GB/T 3486标准一道成为指导企业合理用能的很重要的技术综合评价标准（详见第五章第三节）。

3. GB/T 29115—2012《工业企业节约原材料评价导则》

本标准规定了工业企业节约原材料的评价指标及要求、评价程序及计算方法。评价指标分管理评价要求（共8项）和技术评价指标及其要求两大类。规定了六项技术评价指标（单位产品某种原材料消耗量、产品单位产值某种原材料消耗量、原材料利用率、原材料节约量、回收利用率、成材率或成品率）的计算方法。另在附录中分别规定了"企业节约原材料管理评价体系表"和"企业节约原材料技术评价体系表"的构成。

（三）节能设计标准

1. GB 50910—2013《机械工业工程节能设计规范》

本标准为我国涉及机械制造基础制造工艺能耗限额的强制性国家标准，是在原JBJ 14—2004《机械行业节能设计规范》基础上制订的，其前身是40年前制定的JBJ 14—1986《机

械工业节能设计技术规定》，其规定的铸造等九大工艺单位产品综合能耗的能耗限额（为强制性条款）是40年前的数据经两次打九折后确定的，已落后于生产实际，可用于机械工厂新改扩建项目节能设计的主要能耗控制限额，而不适用于对企业能源管理的考核。

但本标准内容十分丰富，除适用于能源设计环节外，对其他环节也有参考价值。其主要内容如下。

（1）机械工厂九大基础工艺和工业炉窑的节能设计要求

主要包括铸造、锻造、热处理、焊接、冲压、电镀、涂装、机械加工、装配试验和工业炉窑等基础工艺和设备，在工厂设计阶段如何在能源品种选择、工艺路线布置、工艺方法及设备材料优选、设备与工艺合理匹配性、设备负荷率、能源计量器具的配备等方面进行综合优化，以降低能耗、提高能效。

（2）机械工厂前述九大基础工艺的单位产品综合能耗限额（为强制性条款和内容）

1）单位产品综合能耗的量纲为kgce/t件或kgce/m²件（电镀、涂装）。

2）要求电力按等价值折算标准煤量。

3）不同机械分行业（重机、汽车、机床、仪表等）的各种工艺能耗限额有高有低，这些数据的高低变化反映不同分行业的用能特点，极具参考价值。

2. GB/T 50848—2013《机械工业工程建设项目设计文件编制标准》

本标准是GB 50910—2013的配套推荐性国标，是在原JBJ 35—2004基础上制定的，规定了机械工业工程建设项目设计文件中的"节能与合理用能篇"的内容、格式与编制要求。

3. GB/T 8175—2008《设备及管道绝热设计导则》

本标准规定了用能设备和管道的绝热设计的基本原则、绝热层材料和主要辅助材料的性能要求及选择原则、保温计算、保冷计算、绝热结构和绝热工程的主要施工技术要求。

标准规定当设备和管道表面温度超过50℃或者介质凝固点高于环境温度时要求保温，低于常温时应该保冷。

（四）清洁生产标准

机械行业适用的清洁生产标准主要有：HJ/T 314—2008《清洁生产标准 电镀行业》、HJ/T 293—2006《清洁生产标准 汽车制造业（涂装）》。此外还有HJ/T ×××—201×《清洁生产标准 砂型铸造》和HJ/T ×××—201×《清洁生产标准 热处理行业》两个标准已上报，待审批。

企业可将上述清洁生产标准中与EnMS有关的"资源能源利用指标""废物回收利用指标"等要求作为制定目标指标管理方案、能源绩效参数、经济运行设定值的依据（相关内容详见本章第五节）。

（五）工艺节能标准

1. GB/Z 18718—2002《热处理节能技术导则》

本标准规定了在热处理生产中合理用能、避免能源浪费应采取的主要节能途径和措施，是机械制造工艺中最早制定的工艺节能标准，由机械科学研究总院北京机电研究所负责起草，其内容要点如下。

（1）规定了影响热处理节能效果的四个重要术语和定义

1）加热设备的热效率：加热设备在一定温度下，满负荷工作时，加热工件所需的有效热量和总耗热量的百分比值。

2）加热设备的负荷率：设备装炉量占额定生产量的程度。通常以实际装炉量和额定装炉量的百分比来表示。

3）加热设备的利用率：每年实际开工日数与规定的年工作日的百分比。

4）空气（过剩）系数：炉内燃烧时实际供给空气量与理论完全燃烧所需的空气量比值。

（2）规定了热处理节能的六条途径

主要节能途径如下。

1）通过有效的技术和管理可使热处理能源获得最大程度的节约。

2）热处理加热设备应连续使用和在接近满负荷条件下工作。

3）减少加热设备的热损失，提高热效率。

4）回收利用燃烧废热、废气。

5）燃料在尽可能合理的条件下得到充分燃烧。

6）采用节能的热处理工艺。

（3）提出实现热处理节能的具体技术指标和措施

1）提高加热设备的负荷率和利用率：热处理加热设备的负荷率不应低于50%，加热设备应三班连续生产和维持每周五天以上的开工时间。

2）提高加热设备的热效率：电阻炉加热（550～950℃）热效率不得低于35%；燃烧加热设备的热效率不得低于30%，对超期服役、热效率低于35%和30%的设备必须施行节能改造，可以通过改进设备结构、减少散热面积；用轻质耐火砖代替重质砖；用陶瓷纤维耐火材料代替耐火砖；用优质耐热钢做夹具、料盘、炉罐等构件，以减轻其质量；提高设备密封性，尽量避免炉壁上开孔、减少炉门开启时间和开启频繁程度等通用节能措施进行改造。对于燃烧加热设备还应通过以下改善燃烧的方法提升热效率：优先采用天然气燃料，使燃烧空气系数保持在1.1～1.2范围内，燃烧嘴和辐射管必须达到规定的品质标准，采用可严格控制炉温和空气系数的自动调节系统，燃烧嘴必须和燃料相适应，严禁更换燃料时不换烧嘴，利用燃烧废热预热空气到300℃以上，燃烧嘴和辐射管必须具有预热空气功能，经常维护和检修燃烧器，使其始终保持正常燃烧状态和规定的消耗水平。

3）采取各种节能工艺措施、在不投资和少投资条件下获得节能效果：通过实际测定，修正在各类加热设备中的加热计算系数，最大限度地缩短加热时间；碳素结构钢和低合金结构钢尽量采用不均匀奥氏体化淬火方式，取消加热保持时间（实行所谓"零保温淬火"）；采用加速化学热处理的催渗措施；用低温热处理代替高温热处理；用局部（感应或火焰）热处理代替整体热处理；用中碳结构钢感应淬火代替渗碳淬火；尽可能利用锻造余热施行热处理；采用可施行快速热处理的金属材料，如快速渗碳钢、快速渗氮钢、低淬透性钢等；建立热处理设备的严格检修维护制度，严格控制工装和工艺材料品质，力求减少和避免返工、返修和报废。

2. GB/T 10201—2008《热处理合理用电导则》

本标准适用于以电为能源的热处理设备（包括电阻炉、电极盐浴炉和感应加热淬火装置）。主要内容有：热处理用电基本要求、热处理设备基本要求、工艺能耗定额、节能减排管理等四方面的技术及管理要求。

为实现节能，首先在足够批量前提下，应尽可能选用连续式热处理炉，并尽可能安排集中连续生产、实行错峰用电管理制度，以控制最大用电负荷；同时优化供电系统的匹配性、功率因数及电能平衡；定期检测其炉温均匀性、空炉损耗功率和表面温升等能源绩效参数。

（六）设备节能标准

1. GB/T 21056—2007《风机、泵负载变频调速节电传动系统及其应用技术条件》

本标准内容要点如下。

（1）规定了适用范围

本标准适用于660V及以下电压，50Hz三相交流电源供电，电动机额定功率31kW及以下的风机、泵负载变频调速节电传动系统。

（2）规定了应用条件

1）风机、泵类的运行工况点偏离高效区。

2）压力、流量变化幅度较大，运行时间长的系统。

3）使用挡风板、阀门截流以及旁路分流等方法调节流量的系统。

4）风机、泵类负载变频调速节电传动系统运行状态，应符合GB/T 13466的要求。

（3）规定了节电传动系统的技术要求

规定了技术性能、电源适应性、环境适应性、年平均节电率（≥15%）等7项要求。

（4）规定了试验方法

共规定了试验室环境条件、输出额定容量、环境试验、年平均节电率测算等11项试验方法。

（5）规定了判别与评价标准

1）年平均节电率≥30%，则认定系统运行效率最佳。

2）年平均节电率≥20%，则认定系统运行效率佳。

3）年平均节电率≥15%，则认定系统运行效率较好。

2. GB/T 4272—2008《设备及管道绝热技术通则》

本标准规定了设备、管道及其附件外表面温度在-196～650℃的绝热工程对绝热工程材料的性能、绝热设计、绝热结构、绝热工程的施工及验收、绝热工程效果的测试、绝热工程的维护检修和安全等方面的要求。

（七）节能监测标准

1. GB/T 15316—2009《节能监测技术通则》及其适用性

本标准适用于对重点用能单位依据能源法规对本企业能源利用状况进行综合节能监测

和综合评价，也适用于单项节能监测技术标准和其他用能单位的节能监测工作。

该标准主要规定了节能监测的术语和定义、内容及要求、技术条件、方式、检查和测试项目等内容，详见本章第四节之"四、节能监测"。

2. GB/T 15318—2010《热处理电炉节能监测》

本标准适用于周期式和连续式热处理电炉的节能监测，不适用于感应加热和离子加热等设备。标准规定了热处理电炉的节能监测项目、监测方法、考核指标（共有4项指标）及其测算方法、监测结果评价方法（根据监测结果，全部合格才算合格，不合格需要提出改进建议）等。其中合格指标的详细数值详见本章第四节的表4-24。

企业可依据该标准在采购设备时作为验收要求，也可对现有设备进行监测，并在制定能源绩效参数相关数值时参考。

3. GB/T 24562—2009《燃料热处理炉节能监测》

本标准规定了燃料热处理炉的节能监测要求。但由于燃煤、燃油热处理分别属于国家法规淘汰或限制的设备，应用越来越少，该标准实际只适用于燃气热处理炉。

本标准主要内容有：燃料热处理炉节能监测的项目、方法、考核指标及节能监测结果评价等。对于燃气热处理炉，其监测测试项目及考核指标如下（示例）。

1）排烟温度：当炉膛出口温度为500~600℃时，其排烟温度应≤380℃。

2）空气系数：自动调节时，为1.05 ～ 1.20；当为喷嘴式调节时，为1.05 ～ 1.15。

3）炉体表面温升：当炉内温度为900 ～ 1000℃时，侧墙温升≤60℃，炉顶温升≤70℃。

企业可依据该标准要求在采购燃气热处理炉时作为验收要求，也可对现有设备进行监测，并在制定能源绩效参数相关数值时参考。

4. GB/T 15319—1994《火焰加热炉节能监测方法》

本标准规定了炉底有效面积≥0.5m²火焰加热炉的节能监测内容、方法和考核指标。只能用于燃气火焰加热炉。

监测项目包括燃气炉的排烟温度、空气系数、炉体表面温度、可比单位燃耗4项指标，明确规定了4个项目的测试方法、结果计算以及指标参考值。如炉膛出口温度≤500℃，天然气炉排烟温度≤340℃，无焰燃烧的气体炉的空气系数≤1.05，炉内温度≤1000℃的侧墙温升≤70℃、炉顶温度≤80℃。

此标准适用于机械工厂燃气炉锻坯加热、熔模铸造型壳焙烧、粉末冶金焙烧等作业。

5. GB/T 16667—1996《电焊设备节能监测方法》

本标准规定了手工电弧焊、气体保护焊和埋弧焊作业用的额定电流不小于160A的交直流弧焊设备的节能监测内容、方法和考核指标。监测项目分为检查和测试项目两类。

1）检查项目要求：不得使用国家规定淘汰的电焊设备，设备完好、仪表及零配件齐全、接线符合电气安全运行的技术要求。

2）测试项目为电焊设备电能利用率，规定了测试方法、结果计算以及指标的参考值。电焊设备电能利用率=有效电量/测试期供给电量。影响有效电量的因素正比的有输出端电压、焊丝熔化质量、电焊设备功率因数，反比的有焊丝融化系数。手工电弧焊的合格指标为：交流≥45%，直流≥50%；气体保护焊、埋弧焊≥55%。

6. GB/T 24560—2009《电解、电镀设备节能监测》

本标准规定了电解、电镀设备的节能监测内容、方法和考核指标。监测项目分为检查项目和测试项目两类。

1）检查项目要求：电解电镀设备应配备直流电压表、直流电流表和交流电能计量仪表，计量仪表合理有效，直流系统的连接点应保持接触良好。

2）测试项目为电解电镀设备的电流效率和平均槽电压，规定了2项测试方法、结果计算，以及指标的参考值，如电镀铬电流效率14%、平均槽电压7.0V。

企业可依据该标准在采购设备时作为验收要求，也可对现有的设备进行监测，并在制定能源绩效参数相关数值时参考。

7. GB/T 16664—1996《企业供配电系统节能监测方法》

本标准规定了用电单位供配电系统的节能监测内容、监测方法和合格指标。

监测项目包括日负荷率、变压器负载系数、线损率、企业用电体系功率因数等4项，规定了测试方法、结果计算及合格指标参考值。具体数值详见本章第四节的表4-23。

企业可依据该标准在采购设备时作为验收要求，也可对现有的设备进行监测，并在制定能源绩效参数相关数值时参考。

8. GB/T 16665—1996《空气压缩机组及供气系统节能监测方法》

本标准规定了额定排气压力≤1.25MPa（表压），公称容积流量≥6m³/min的空气压缩机组及供气系统的节能监测内容、方法和合格指标。监测项目分检查和测试项目两类。

1）检查项目要求：空气压缩机组不得使用国家公布的淘汰产品，检测仪表配备齐全、供气系统布置合理，不得有明显破损和泄漏，压缩机吸气口应安装在背阳、无热源的场所等。

2）测试项目包括：排气温度、冷却水进水温度、进出水温差、机组用电单耗等4项。规定了测试方法、结果计算及合格指标参考值。具体数值详见本章第四节的表4-21。

企业可依据该标准在采购设备时作为验收要求，也可对现有设备进行监测，并在制定能源绩效参数相关设定值时参考。

9. GB/T 15317—2009《燃煤工业锅炉节能监测》

本标准规定了额定热功率（额定蒸发量）0.7MW（1t/h）～24.5MW（35t/h）工业蒸汽锅炉和额定供热量>2.5GJ/h的工业热水锅炉的节能监测内容、方法和合格指标。监测项目分检查项目和测试考核项目两类。

1）检查项目包括：是否列入国家淘汰目录，增容锅炉需主管部门批准且符合GB/T 17954一级炉要求，操作人员应证上岗、水质应定期分析并记录，应有3年内热效率测试报告，锅炉在新安装、大修、技改后测试热效率（测试时，锅炉一般不应低于额定供热量或蒸发量的70%状态运行）。

2）测试考核项目内容：包括热效率、排烟温度、排烟处空气系数、炉渣含碳量、炉体表面温度等5项指标，并规定了5个项目的测试方法、结果计算及指标参考值。5项考核指标的具体数值详见本章第四节表4-20。

企业可依据该标准要求在采购设备时作为验收要求，也可对现有设备进行监测，并在制定能源绩效参数相关设定值时参考。

10、GB/T 15913—2009《风机机组及管网系统节能监测》

本标准规定了11kW以上的由电动机驱动的离心式、轴流式通风机及鼓风机机组和管网系统的节能监测内容、方法和考核指标。监测的项目分为检查项目和测试项目两类。

（1）检查项目要求

1）风机机组运行状态是否正常，系统配置是否合理：重点关注是否为淘汰产品、轴承温升、皮带松紧度是否合适；

2）管网布置和走向是否合理，应减少阻力损失；

3）系统连接部位无明显泄漏，排风系统漏损率≤10%，除尘系统漏损率≤15%；

4）功率≥50kW的电机应配备电流表、电压表、功率表，并尽可能采取无功补偿措施；

5）流量经常变化的风机应配备调速节能装置。

（2）测试项目合格指标

1）电动机负载率：不小于45%；

2）风机机组电能利用率：电机容量＜45kW时不应小于55%，≥45kW时应不小于65%。

企业可依据该标准在采购设备时作为验收要求，也可对现有设备进行监测，并在制定能源绩效参数相关设定值时参考。

11、GB/T 15910—2009《热力输送系统节能监测》及其适用性

本标准规定了供热、用热单位的蒸汽和热水输送系统的节能监测内容、方法和考核指标。监测项目分为检查项目和测试项目两类。

（1）检查项目要求

1）管网和用热设备及附件不得有可见的漏水或漏汽现象。

2）管道及附件的保温应符合要求，保温结构不应有破损脱落、室外热力管道的保温结构应有防雨防湿及不易燃烧的保护层，地沟内的管道不应受积水浸泡。

3）系统管道和设备应采用固定式保温结构，法兰、阀门应采用可拆式保温结构。

4）系统中产生凝结水处应安装疏水阀并保持完好，不得用淘汰产品，也不得用阀门代替疏水阀。

（2）测试项目

1）保温结构表面温升及其参数（外表面温度、测点周围的环境温度和风速）。

2）疏水阀漏气率，规定了2项测试方法、结果计算及指标参考值。表面温升按照管内介质温度和风速给出了具体指标，疏水阀漏气率应小于3%，其他具体数据可查看该标准。

四、机械制造行业节能管理标准的内容要点

（一）节能管理综合标准

1. GB/T 15587—2008《工业企业能源管理导则》

本标准规定了工业企业建立能源管理系统、实施能源管理的通用要求，适用于新建、扩建及既有工业企业作为能源管理基础。本标准内容全面系统，对企业从设立能源管理机构、建立管理制度、进行能源规划和设计直至能源输入、能源加工转换、能源分配传输、能源使用、能源计量监测、能耗分析、节能技术进步等9个方面提出了通用及基础管理要求。其内容要点详见本章第四节之"一、工业企业能源管理的通用要求"。

企业在按照GB/T 23331建立能源管理体系时，可以将本标准的要求重点应用在体系的策划与设计阶段。

2. GB/T 17166—1997《企业能源审计技术通则》

本标准对企业能源审计的定义、内容、方法、程序及审计报告的编写等进行了原则规定，是企业能源审计的通用原则，重点是对其共性和原则问题加以阐述和统一。

本标准的内容要点及机械企业如何应用"能源审计"这一实用基础工具的方法详见本章第五节之"一、企业能源审计"。

3. GB/T 12723—2013《单位产品能源消耗限额编制通则》

本标准规定了单位产品能耗限额编制的原则和依据、内容、方法及节能管理要求。

编制单位产品能源消耗限额首先要根据国家、地区、行业的限额要求，同时应具有可比性、先进性。以数据统计和计量为基础计算，根据主要生产和辅助系统编制能耗限额计算公式，计算公式所涉及的生产区域及边界和统计范围要明确，数据以实测值为准。编制能耗限额应考虑历年的消耗水平、设备现状和发展趋势、节能改造的经济可行性。单位产品能耗可作为企业能源指标，也可作为新扩改项目能否通过审批的指标。

4. GB/T 24915—2010《合同能源管理技术通则》

本标准规定了合同能源管理的术语和定义、技术要求和参考合同文本。

企业在用能状况诊断，节能项目设计、融资、改造（施工、设备安装调试）、运行管理等活动中可以通过与节能服务公司合作，采取合同能源管理的方式运作，以契约形式约定节能目标，节能服务公司为实现节能目标向用能单位提供服务，以节能效益支付节能服务公司的投入及其合理利润。这是一种降低企业投资及技术风险、提高企业节能绩效的实用管理工具。本标准内容及应用要点详见本章第五节之"四、合同能源管理"。

5. GB/T 25329—2010《企业节能规划编制通则》

本标准规定了工业企业编制节能规划应遵循的步骤、方法及具体内容。

（1）主要步骤和方法

分析现状和节能潜力，根据节能潜力提出节能措施，一般包括管理节能措施、结构节能措施、技术节能措施；每类措施均应提出实施要点和实施方案、节能潜力计算；最终评

估选择节能措施，确定规划目标并形成文件。

（2）节能规划具体内容

规划目标应包括单位价值量综合能耗、单位产品（或工作量）综合能耗、企业节能量和节能率，并将目标指标分解到工序（系统、单元）和规划期的各个阶段。重点项目重点管理，并具有保障措施，如管理机构、职能、监督、资金保障等。

（二）能源统计及计量（算）标准

1. GB 17167—2006《用能单位能源计量器具配备和管理通则》

本标准规定了用能单位能源计量器具配备和管理的基本要求，该标准为强制性，其中的4.3.2 ～ 4.3.5和4.3.8为强制性条款，其余是推荐性条款。

该标准要求企业的三级用能单元（用能单位、次级用能单位、主要用能设备）的能源计量器具配备应按照本标准要求配备和管理，其配备率和准确度应符合标准的强制性条款要求。本标准的内容和应用要点详见本章第四节之"二、能源计量管理"。

2. GB/T 2589—2008《综合能耗计算通则》

本标准规定了企业的综合能耗的定义和计算方法，并在附录A和B中分别给出各种能源及耗能工质的折标煤的参考系数。本标准适用于用能单位（包括企业及其下属的分厂、车间、工段、工序等各级耗能单元）的能源消耗指标的核算与管理。

综合能耗分为4种，即：综合能耗、单位产值综合能耗、产品单位产量综合能耗、产品单位产量可比综合能耗。

本标准内容和应用要点及各种综合能耗计算方法详见本章第四节之"三、能源统计管理"。

3. GB/T 17358—2009《热处理生产电耗计算和测定方法》

本标准规定了热处理工艺生产电耗的计算和测定方法及各种电炉热处理工艺可比电耗的折算系数，是我国机械行业第一个用以计算单位产品可比综合能耗的国家标准。

该标准规定：将中碳钢或中碳合金结构钢在额定装载量下于830 ～ 850℃的箱式电炉中施行热装炉加热，连续三班生产的淬火工艺电耗定为标准工艺电耗Nb，在计算热处理工艺电能消耗时以标准工艺电耗（0.28kW·h/kg）为基数，根据不同热处理工艺条件，提出工艺折算系数、加热方式系数、生产方式系数、工件材料系数、装载系数等5种折算系数，5种系数均可在标准中查表获取，从而计算出热处理件可比综合电耗。

此标准可视为是GB/T 2589—2008标准在热处理行业的细化标准，应用此标准计算电炉热处理件可比综合电耗的示例详见本章第四节之"三、能源统计管理"。

4. GB/T 2588—2000《设备热效率计算通则》

本标准规定了使用燃料和利用热量的热设备热效率的计算方法。

设备热效率是反映热设备能量利用的技术水平和经济性的一项综合指标，用于衡量热设备的能量有效利用程度，有两种计算方式，一种是有效能量/供给能量，一种是（供给能量－损失能量）/供给能量。

机械工厂常用的热设备有冲天炉、电弧炉、感应电炉、热处理炉、烘干炉等工业炉窑及工业锅炉等，常需监测并计算其热效率，并将热效率作为一种能源绩效参数制定能源基准、绩效参数设定值（经济运行指标）和能源目标指标。其具体计算方法和示例详见本章第四节之"六、设备热效率计算"。

5. GB/T13234—2009《企业节能量计算方法》

本标准规定了企业节能量的分类、计算的基本原则、计算方法和节能率的计算方法，适用于企业节能量和节能率的计算。

企业节能量分为产品节能量、产值节能量、技术措施节能量、产品结构节能量和单项能源节能量等5类，标准给出了每类节能量的计算公式，计算时涉及的消耗量以实际消耗量为准，节能量为负值表示节能。各类节能量的具体计算公式及典型案例详见本章第四节之"五、节能量计算"。

该标准同时给出产品节能率、产值节能率、累计节能率等5种节能率的计算公式，机械行业通常多以产值节能率来计算。

6. GB/T 26719—2011《企业用水统计通则》

本标准规定了企业用水统计的项目、指标计算、统计报表和管理要求。

1）用水统计项目包括：取水（常规水资源、非常规水资源），用水（包括主要生产用水、辅助生产用水、附属生产用水、非生产用水、排水）。

2）用水统计指标：取水量、重复利用水量、用水量、单位产品取水量、单位产品用水量、万元产值取水量、万元工业增加值取水量、重复利用率、外排水回用率。

企业应该建立月度、年度统计报表并进行分析，发现问题及时反馈解决，应按照相关标准要求配备水计量仪表。统计报表保存期限应≥5年，原始记录保存期限应≥3年。

（三）能量平衡方法标准

1. GB/T 3484—2009《企业能量平衡通则》

本标准规定了企业能量平衡的基本原则、定义、模型和方法、能量平衡指标、能量平衡报告的内容。企业能量平衡的目的是为改进企业能源管理、实行节能技术改造、提高能源利用率提供科学依据。本标准的内容及应用要点详见本章第四节之"七、企业能量平衡"。

2. GB/T 2587—2009《用能设备能量平衡通则》

本标准规定了各种使用燃料、电力、热力等能源的用能设备能量平衡模型、能量平衡计算时的基准、测试要求、测算内容以及能量平衡结果的表示方法。其内容及应用要点详见本章第四节之"八、用能设备能量平衡"。

3. GB/T 8222—2008《用电设备电能平衡通则》

本标准规定了用电设备及系统电能平衡的基本要求、测试条件、测试方法、电能流程图及电能利用效率的计算。

用电设备电能平衡是企业能量平衡的组成部分，是对供给电能在用电系统内输送、转换、利用进行考核、测量、分析和研究，并建立供给能量、有效能量和损失能量之间平衡关系的全过程。

用电系统电能平衡的内容和步骤包括确定用电系统边界、确定用电单元、确定电量平衡、测试和计算电能量、编制电能量平衡表、计算分析电能利用率、提出节电改造技术方案。

4. GB/T 12452—2008《企业水平衡测试通则》

本标准规定了企业水平衡及其测试方法、程序、结果评估和相关报告书格式。

水平衡用以考察企业各用水单元或系统的输入水量之和是否等于输出水量之和。企业用水按生产过程可分为主要生产用水、辅助生产用水、附属生产用水，不包括居民生活用水、外供水、基建用水。

标准规定了用水技术档案、水平衡方程式、水量测试方法、水平衡测试程序，根据测试结果计算各种用水评价指标，包括单位产品取水量指标、重复利用率、漏水率、排水率、废水回用率、冷却水循环率、冷凝水回用率、达标排放率、非常规水资源替代率等评价指标，根据结果分析并提出改进方案，如分析节水改造项目的效益，与同行业对比或对标自查挖掘节水潜力，提出企业取水、用水、排水、节水的改进措施。

标准附录给出了水平衡测试表格，如企业取水水源情况表、企业用水分析表，水平衡方框图的示例。

5. GB/T 28749—2012《企业能量平衡网络图绘制方法》

企业能量平衡网络图是用来描述企业用能系统中能源实际流程和能量平衡关系的网络图，本标准规定了网络图的绘制原则和方法，并给出了绘制样式。

网络图由图线、数据、文字构成，基本数据来自企业能量平衡表，是能量平衡表的形象表达，把企业的用能系统从左到右划分为购入存储、加工转换、输送分配、终端使用4个环节，每个环节包括一个或几个用能单元，各个环节用虚线隔开，每个环节都要写明有效能量、损失能量或回收利用能量，转换效率、能源及消耗所占比例。

平衡网络图可用于能源评审、能源消耗分析，找出能源利用的薄弱环节，指出改进方向。

6. GB/T 28751—2012《企业能量平衡表编制方法》

企业能量平衡表是用来描述企业用能系统中输入能量和输出能量在数量上的平衡关系，本标准给出了绘制原则和方法，并给出了表格样式。

平衡表横向划分为购入存储、加工转换、输送分配、终端使用4个环节，纵向划分为不同能源种类的输入能量、有效能量、损失能量、回收利用能量、能量利用率等。购入储存环节划分为实物量、等价值、当量值，加工转换环节根据企业实际划分为锅炉房、水泵房、空压站、电站等，终端使用环节划分为主要生产、辅助生产、采暖、空调、照明、运输、其他系统等，也可用分厂、车间等划分。

根据能量平衡表计算出各用能单元、用能环节以及整个企业的能量利用率。

（四）能耗限额及分等标准

1. 机械行业热处理炉能耗限额及分等推荐性标准

原机械工业部自1987年至1991年相继制订了多项（超过100项）不同用能设备（工序）的能耗限额及分等标准，后又在1999年作了修订，部分标准还在2010年进行了确认。现以各种类型热处理电阻炉为例，介绍其内容要点。

（1）各种类型热处理用电阻炉标准文本号及名称

1）JB/T 50162—1999（2010）《热处理箱式、台车式电阻炉能耗分等》；

2）JB/T 50163—1999（2010）《热处理井式电阻炉能耗分等》；

3）JB/T 50164—1999（2010）《热处理电热浴炉能耗分等》；

4）JB/T 50182—1999（2010）《箱式多用热处理炉能耗分等》；

5）JB/T 50183—1999（2010）《传送式、震底式、推送式、滚筒式连续电阻炉能耗分等》。

（2）5项热处理用电阻炉能耗标准的共同特点

1）覆盖了热处理电阻炉的大多数炉型，而且能耗限额数值之间有较好的可比性。

2）均采用热处理件单位产品可比电力单耗指标，用2或3种系数对合格热处理件的重量进行合理修正，指标对机械工厂制定能源绩效参数各种数值有一定的实用与参考价值。

（3）5项标准的内容要点

以上热处理设备按可比单耗划分为一等、二等、三等，可比电能单耗是以统计期内每吨合格热处理件折合重量计算的平均单耗，5项标准分别规定了不同类型热处理电阻炉的计算方式和具体指标。各种炉型可比电能单耗指标及重量折合系数汇总见表4-6。

表4-6　各种热处理电阻炉可比电能单耗指标及重量折合系数

生产方式及炉型		额定功率 /kW	可比单耗指标 /（kW·h/t）			热处理件重量折合系数（范围）
生产方式	炉型及用途		一等	二等	三等	
间歇式生产	箱式炉	15～30	≤400	＞400～540	＞540～660	①工艺系数（0.4～3.0）②车间类别系数（1.0～1.2）③装填系数（1.0～1.5）
		＞30	≤350	＞350～480	＞480～600	
	台车式炉	＞65	≤390	＞390～530	＞530～650	
	井式炉 中温炉	≤75	≤460	＞460～590	＞590～700	①工艺系数（1.0～1.7）②装填系数（1.0～1.5）
		＞75～125	≤420	＞420～550	＞590～650	
		＞125	≤400	＞400～510	＞510～600	
	井式炉 回火炉	≤36	≤210	＞210～270	＞270～320	①工艺系数（0.6～1.4）②回火温度系数（0.6～1.4）③装填系数（1.0～1.5）
		＞36	≤190	＞190～250	＞250～290	
		＞36	≤190	＞190～250	＞250～290	

续表

生产方式及炉型			额定功率/kW	可比单耗指标/（kW·h/t）			热处理件重量折合系数（范围）
生产方式	炉型及用途			一等	二等	三等	
间歇式生产	井式炉	气体渗碳（氮）炉	≤35	≤1400	>1400～1550	>1550～1700	①工艺系数（0.5～1.0）②渗层深度系数（0.4～1.2）
			>35～75	≤1000	>1000～1230	>1230～1400	
			>75	≤950	>950～1090	>1090～1200	
	电热浴炉		工作温度>1000℃	≤680	>680～900	>900～1050	①车间类别系数（1.0～1.2）②工件单重系数（1.0～1.2）
			工作温度>700～1000℃	≤650	>650～850	>850～1000	
半连续式生产	箱式多用炉（渗碳、碳氮共渗、光亮淬火）		≤45	≤540	>540～680	>680～840	①工艺系数（1.0～2.5）②渗层深度系数（1.0～1.6）③工件单重系数（1.0～2.2）
			>45～75	≤480	>480～630	>630～760	
			>75	≤440	>440～560	>560～700	
连续式生产	传送式			≤330	>330～390	>390～470	①工艺系数（0.3～1.9）②热处理件品种系数（1.0～1.6）③设备类型系数（1.0～1.2）
	震底式			≤340	>340～400	>400～480	
	推送式			≤370	>370～460	>460～560	
	滚筒式			≤390	>390～480	>480～600	

2. 国家标准热处理电阻炉能耗限额及分等推荐性标准

2014年和2015年，陆续发布共6项用于机械行业热处理工艺的热处理电阻炉能耗限额及分等国家标准。

（1）标准文本号及名称

1）GB/T 30839.4—2014《工业电热装置能耗分等第4部分：间接电阻炉》（此标准从内容看是以下5种热处理用电阻炉的通用标准，规定了各种类型间接电阻炉——主要用于热处理作业的能耗分等的通用要求）。

2）GB/T 30839.41—2014《工业电热装置能耗分等第41部分：推送式电阻加热机组》。

3）GB/T 30839.42—2014《工业电热装置能耗分等第42部分：井式电阻炉》。

4）GB/T 30839.43—2015《工业电热装置能耗分等第43部分：箱式电阻炉》。

5）GB/T 30839.44—2015《工业电热装置能耗分等第44部分：台车式电阻炉》。

6）GB/T 30839.45—2015《工业电热装置能耗分等第45部分：箱式淬火电阻炉》。

（2）重要名词术语定义

1）电阻炉：用电阻加热，具有炉室的电热设备。

2）间接电阻炉：电流通过加热元件（对电极盐浴炉，是流过电极和盐液）所产生的热量通过传导、对流、辐射，使炉料间接得到加热的电阻炉。

3）可比单位电耗b_k：根据工件的加工工艺、材质、使用炉气和装填量的不同，按相关规定进行工艺系数、材质系数和装填系数的选择，将工件质量（重量）折算成可比标准工件质量（折合质量），计算得出实际生产耗电量与工件折合质量的比值，其单位为千瓦时每吨（kW·h/t）。

4）空炉损失：没有装炉料的炉体部分在额定工作温度下的热稳定状态时所损失的功率，单位为kW。

5）空炉损失比：电阻炉空炉损失与额定功率之比（$R=P_o/P_n$）。

6）炉体表面温升：电阻炉在额定工作温度下的热稳定状态时，炉体外表面指定范围内任意点的温度与环境温度的差。

（3）能耗限额参数的设置及分等

各类热处理用电阻炉均设置了3项能耗限额参数，各分3个等级。

1）可比单位电耗b_k（kW·h/t）：是最主要的能耗限值，是最终能耗结果。

2）空炉损失（kW）或空炉损失比（%）：是影响最终能耗的重要因素。

3）炉体表面温升（℃）：是另一影响最终能耗的重要因素。

（4）6项热处理炉标准的共同特点及适用范围

1）6项国际标准吸取继承了上述5项机械行标的优点和长处［采用可比单位电耗及各种工件质量（重量）折算系数］，而且大量数值相同或相近（因为发布时间晚十几年，国际数值偏严一些，反映了近年来的节能进步），因而数值之间更有较好的可比性，可作为机械工厂制定能源绩效参数各种量值的主要参考。

2）标准增设了"空炉损失"及"炉体表面温升"两项绩效参数的三级限额指标，而且规定了若干术语定义，标准内容更加规范、丰富。

（5）各种炉型可比单位电耗指标及质量折合系数汇总（表4-7）

表4-7　各种热处理电阻炉可比单位电耗指标及质量折合系数

生产方式及炉型		额定功率 P /kW	可比单耗指标 b_k / (kW·h/t)			热处理件质量折合系数（范围）
生产方式	炉型及用途		一等	二等	三等	
间歇式生产	箱式电阻炉（正火、退火、回火等）	$15 \leq P < 30$	≤ 360	$360 < b_k \leq 500$	$500 < b_k \leq 600$	①工艺系数（0.4～2.6）②车间类别系数（1.0～1.2）③装填系数（1.0~1.5）
		$30 \leq P < 75$	≤ 320	$320 < b_k \leq 430$	$430 < b_k \leq 550$	
		≥ 75	≤ 300	$300 < b_k \leq 400$	$400 < b_k \leq 500$	
	台车式电阻炉	≥ 65	≤ 330	$330 < b_k \leq 450$	$450 < b_k \leq 560$	①工艺系数（0.4～3.0）②车间类别系数（1.0～1.2）③装填系数（1.0～1.5）

续表

生产方式及炉型			额定功率 P /kW	可比单耗指标 b_k /（kW·h/t）			热处理件质量折合系数（范围）
生产方式	炉型及用途			一等	二等	三等	
间歇式生产	井式电阻炉	中温炉（>950℃）	≤75	≤440	>440～570	>570～680	①炉型系数 ②工艺参数 ③作业类别系数
			>75～125	≤420	>420～550	>550～650	
			>125	≤400	>400～510	>510～600	
		回火炉（≤750℃）	≤36	≤210	>210～270	>270～290	
			>36	≤190	>190～250	>250～270	
		气体渗碳（氮）炉	≤35	≤1400	>1400～1550	>1550～1700	
			>35～75	≤1000	>1000～1230	>1230～1400	
			>75	≤950	>950～1090	>1090～1200	
半连续式生产	箱式淬火多用炉（渗碳、碳氮共渗、光亮淬火）		≤45	≤540	540<b_k≤680	680<b_k≤840	①工艺系数（1.0～2.5） ②渗层厚度系数（1.0～1.6） ③工件单重系数（1.0～2.2）
			>45～75	≤480	480<b_k≤630	630<b_k≤760	
			>75	≤440	440<b_k≤560	560<b_k≤700	
连续式生产	推送式电阻加热机组（调质、退火、渗碳等）		≤400	400<b_k≤450	450<b_k≤500		①工艺系数（0.5～3.8） ②材质系数（0.85～3.0） ③炉气系数（1.0～1.2）

3.铸造生产金属熔炼电炉能耗限额及分等国家推荐性标准

2014年和2015年，相继发布 6 项适用于铸造生产金属熔炼电炉的能耗限额及分等国家标准。

（1）标准文本号、名称及适用范围

1）GB/T 30839.2—2015《工业电热装置能耗分等 第2部分：三相炼钢电弧炉》（适用于铸钢件生产）。

2）GB/T 30839.21—2015《工业电热装置能耗分等 第21部分：钢包精炼炉》（适用于合金铸钢件生产）。

3）GB/T 30839.31—2015《工业电热装置能耗分等 第31部分：中频无芯感应炉》（适用于铸铁、钢、铝等各种铸件生产）。

4）GB/T 30839.32—2015《工业电热装置能耗分等 第32部分：电压型变频多台中频无芯感应炉成套装置》（适用于铸铁、钢、铝等各种铸件生产）。

5）GB/T 30839.33—2015《工业电热装置能耗分等 第33部分：工频无芯感应炉》（适用于铸铜铝等有色铸件生产）。

6）GB/T 30839.34—2015《工业电热装置能耗分等 第34部分：工频有芯感应炉》（适

用于铸铝、铜、锌等有色铸件生产及铸铁与冲天炉双联保温炉熔炼)。

（2）6项金属熔炼炉标准的共同特点及内容要点

1）分别规定了各种熔炼炉的能耗分等的通用要求，包括能耗参数、能耗范围、能耗指标等级划分等。

2）均以"单位电耗"作为主要能耗参数指标（而非可比单位电耗），此外电弧炉和钢包精炼炉还增设"单位电极消耗［g/(kW·h)]"作为辅助能耗参数指标。

3）能耗范围：除包括供电主电路的电耗外，还应包括机电附属设备（液压、电气传动等）及辅助加热设备（吹氧等）的电耗。

（3）几种主要炉型熔炼不同金属单位电耗等级划分及其指标（表4-8～表4-10）

表4-8　三相电弧炉炼钢单位电耗分等指标

作业方式分类	炉子容量 C/t	单位电耗/（kW·h/t)			
		特等	一等	二等	三等
第一类单独冶炼的电弧炉	＜20	—	650	670	690
	20≤C＜40	—	640	660	680
	40≤C＜80	—	630	650	670
	≥80	—	610	630	650
第二类与精炼炉配套冶炼的电弧炉	＜40	—	450	460	470
	40≤C＜80	—	440	450	460
	80≤C＜160	390	430	440	450
	≥160	380	410	420	430

注1：钢水出钢温度为1610℃。

2：表中所列的能耗参数，为三相电弧炉冶炼优质碳素钢的数值，若冶炼其他钢种，应根据具体情况予以修正。

表4-9　GW系列中频无芯感应炉铸铁和铸钢熔炼的单位电耗分等指标

中频无芯炉品种规格代号	额定容量/t	单位电耗 N/（kW·h/t)					
		铸铁 1450℃			铸钢 1600℃		
		一等	二等	三等	一等	二等	三等
GW1	1	590≤N≤635	635＜N≤680	680＜N≤735	650≤N≤695	695＜N≤740	740＜N≤795
GW1.5	1.5	580≤N≤625	625＜N≤670	670＜N≤725	640≤N≤685	685＜N≤730	730＜N≤785
GW2	2	570≤N≤615	615＜N≤660	660＜N≤715	625≤N≤670	670＜N≤715	715＜N≤770
GW3	3	555≤N≤600	600＜N≤645	645＜N≤700	610≤N≤655	655＜N≤700	700＜N≤755
GW5	5	545≤N≤590	590＜N≤635	635＜N≤690	600≤N≤645	645＜N≤690	690＜N≤745
GW7	7	535≤N≤580	580＜N≤625	625＜N≤680	590≤N≤635	635＜N≤680	680＜N≤735
GW10	10	525≤N≤570	570＜N≤615	615＜N≤670	575≤N≤620	620＜N≤665	665＜N≤720
GW15	15	515≤N≤560	560＜N≤605	605＜N≤660	565≤N≤610	610＜N≤655	655＜N≤710
GW20	20	510≤N≤555	555＜N≤600	600＜N≤655	560≤N≤605	605＜N≤650	650＜N≤705
GW25	25	505≤N≤550	550＜N≤595	595＜N≤650	555≤N≤600	600＜N≤645	645＜N≤700

续表

中频无芯炉品种规格代号	额定容量/t	单位电耗 N/（kW·h/t）					
		铸铁 1450℃			铸钢 1600℃		
		一等	二等	三等	一等	二等	三等
GW30	30	$500 \leqslant N \leqslant 545$	$545 < N \leqslant 590$	$590 < N \leqslant 645$	$550 \leqslant N \leqslant 595$	$595 < N \leqslant 640$	$640 < N \leqslant 695$
GW35	35	$495 \leqslant N \leqslant 540$	$540 < N \leqslant 585$	$585 < N \leqslant 640$	$545 \leqslant N \leqslant 590$	$590 < N \leqslant 635$	$635 < N \leqslant 690$
GW40	40	$490 \leqslant N \leqslant 535$	$535 < N \leqslant 580$	$580 < N \leqslant 635$	$540 \leqslant N \leqslant 585$	$585 < N \leqslant 630$	$630 < N \leqslant 685$
GW50	50	$485 \leqslant N \leqslant 530$	$530 < N \leqslant 575$	$575 < N \leqslant 630$	$535 \leqslant N \leqslant 580$	$580 < N \leqslant 625$	$625 < N \leqslant 680$
GW60	60	$480 \leqslant N \leqslant 525$	$525 < N \leqslant 570$	$570 < N \leqslant 625$	$530 \leqslant N \leqslant 575$	$575 < N \leqslant 620$	$620 < N \leqslant 675$

表 4-10　GWL 系列中频无芯感应炉铸铝熔炼的单位电耗分等指标

中频无芯炉品种规格代号	额定容量/t	单位电耗 N/（kW·h/t），700℃		
		一等	二等	三等
GWL1	1	$600 \leqslant N \leqslant 630$	$630 < N \leqslant 675$	$675 < N \leqslant 735$
GWL1.5	1.5	$585 \leqslant N \leqslant 615$	$615 < N \leqslant 660$	$660 < N \leqslant 720$
GWL2	2	$575 \leqslant N \leqslant 605$	$605 < N \leqslant 650$	$650 < N \leqslant 710$
GWL3	3	$565 \leqslant N \leqslant 595$	$595 < N \leqslant 640$	$640 < N \leqslant 700$
GWL5	5	$555 \leqslant N \leqslant 585$	$585 < N \leqslant 630$	$630 < N \leqslant 690$
GWL7	7	$545 \leqslant N \leqslant 575$	$575 < N \leqslant 620$	$620 < N \leqslant 680$
GWL10	10	$535 \leqslant N \leqslant 565$	$565 < N \leqslant 610$	$610 < N \leqslant 670$
GWL15	15	$530 \leqslant N \leqslant 560$	$560 < N \leqslant 605$	$605 < N \leqslant 665$
GWL20	20	$525 \leqslant N \leqslant 555$	$555 < N \leqslant 600$	$600 < N \leqslant 660$
GWL25	25	$525 \leqslant N \leqslant 555$	$555 < N \leqslant 600$	$600 < N \leqslant 660$

（五）设备设施经济运行标准

1. GB/T 13462—2008《电力变压器经济运行》

本标准规定了用电单位电力变压器的经济运行的原则与技术管理要求以及新建改建中电力变压器的配置要求。

实现经济运行的基本要求包括选用或更新的变压器空载损耗和负载损耗应符合GB 20052等相关能效标准、合理选择变压器组合的容量和台数、合理调整变压器负载、优化选择综合功率损耗最低的经济运行方式。标准给出了以上基本要求的调整和计算经济运行的具体方法，同时给出了判定电力变压器是否运行经济合理的三个级别的不同标准。

1）变压器运行经济：变压器的空载损耗和负载损耗达到能效标准规定的节能评价值，且运行在最佳经济运行区，同时符合经济运行管理要求。

2）变压器运行合理：变压器的空载损耗和负载损耗达到能效标准规定的能效限定值，且运行在经济运行区，同时符合经济运行管理、要求。

3）变压器运行不经济：变压器的空载损耗和负载损耗未能达到能效标准规定的能效限定值或运行在非经济运行区，则认定变压器运行不经济。

企业在新购、大修改造、日常运行时，可以通过EXCEL建立数据统计和计算公式定期做好经济运行分析，调整变压器处于最佳经济运行区间。

2. GB/T 17954—2007《工业锅炉经济运行》

本标准规定了以煤、油、气为燃料，以水为介质的固定式钢制锅炉的经济运行基本要求、管理原则、技术指标和考核，包括蒸汽压力大于0.04MPa至小于3.8MPa且额定蒸发量大于或等于1t/h的蒸汽锅炉、额定出水压力大于0.1MPa且额定热功率大于或等于0.7MPa的热水锅炉。

经济运行的基本要求包括水质要求，锅炉及附件管道的保温，锅炉及附件使用国家推荐的节能产品，使用的燃料应符合设计要求的燃料要求，运行过程中燃烧工况、温度、水位等应保持稳定，及时调整锅炉负荷保持最佳负荷（燃煤锅炉的负荷不宜长期低于额定负荷的80%，燃气及燃油锅炉不宜长期低于额定负荷的60%，也不应超负荷运行），安全环保符合法规要求，定期日常保养和检查（如清灰除垢、供应系统、烟气系统、汽水系统、仪表、阀门及保温结构），人员持证上岗，建立技术档案（应包括节能环保监测档案），做好锅炉运行原始记录等内容。标准还规定了各类锅炉必需的原始记录项目及记录的频次。

标准规定了经济运行的具体指标，主要包括锅炉热效率、排烟温度、灰渣可燃物含量、排烟处过量空气系数。根据各项指标的结果综合评分，根据评分结果经济运行分一级、二级、三级，三级为基本要求，新锅炉运行2年以内的达到二级运行。经济运行考核由具备资质的监测单位进行，时间间隔不超过3年，新安装的锅炉从颁发使用证之日起6个月内应进行首次经济运行考核。标准附录给出了工业锅炉经济运行考核表和其他运行记录表的格式。

企业在新购、大修改造、安装，特别是日常运行时推荐使用该标准，其中的指标要求可以作为能源绩效参数的参考依据。

3. GB/T 27883—2011《容积式空气压缩机系统经济运行》

本标准规定了交流电动机驱动、额定排气压力小于或等于1.4MPa的容积式空气压缩机经济运行要求、判别与评价方法、测试方法及改进措施。

本标准从电机、机组的选型、净化设备、供气管网的配备、管理要求和系统运行要求等6个方面提出了具体要求，同时给出了系统经济运行的判定标准和测试方法，也提出了系统评估及改进措施，改进措施包括管理措施和技术措施。

企业在采购、安装，特别是日常运行时可以参照该标准执行，也可作为日常检查的依据。

4. GB/T 13470—2008《通风机系统经济运行》

本标准规定了交流电气传动的通风机系统经济运行基本要求、判别与评价方法、测试方法及改进措施。

标准从设备、机组、管网、系统及其经济运行管理等方面分别提出要求。

（1）对设备的要求

通风机选型应考虑系统的风量和风压，应符合强制性标准GB 19761能效限定值和节能评价值，设计运行工况点应在通风机制造厂规定的经济工作区内，所选择的电动机应符合GB 18613能效限定值和节能评价值，通风机宜选择直连方式等。

（2）对机组的要求

机组应与负载特性、工况相适宜，当流量变化超过20%时，离心风机应采用进口导叶调节方式、轴流风机应采用改变动静叶片安装角的调节方式；对于负荷变化较大及非连续运行工况，宜采用变频调速装置。

（3）经济运行管理要求

应建立管理维护检修的规章制度、维护运行日志和技术档案，定期检查机组设备的震动情况，定期检查过滤网和通风机叶片、轴承润滑和更换，定期检查管路的泄漏，定期检查系统的阻力等监督检查的具体要求。同时明确了经济运行的判定及计算方法，提出了改进措施，包括管理措施和技术措施。

企业在设备方案设计、选型、采购、安装调试、验收，特别是日常运行、定期检查维护时可参照该标准实施。

5. GB/T 13469—2008《离心泵、混流泵、轴流泵与旋流泵系统经济运行》

本标准规定了交流电气传动系统的离心泵、混流泵、轴流泵与旋流泵系统经济运行基本要求、判别与评价方法、测试方法及改进措施。

经济运行的基本要求从设备、机组、管网、系统4个方面分别做出了规定。同时给出了系统经济运行管理要求：应建立管理维护检修的规章制度、维护运行日志和技术档案，定期检查机组设备的震动情况，定期检查过滤网和通风机叶片、轴承润滑和更换，定期检查管路的泄漏，定期检查系统的阻力等监督检查的具体要求。在经济条件许可的情况下，应在线监测系统进出口压力、温度、流量、电量和调节装置的状态；容量在45kW及以上、运行时间大于3000h的泵宜进行一次机组运行效率测量。同时明确了经济运行的判定及计算方法，提出了改进措施，包括管理措施和技术措施。

企业在设备方案设计、选型、采购、安装调试、验收，特别是日常运行、定期检查维护时可以参照该标准实施。

6. GB/T 17981—2007《空气调节系统经济运行》

本标准规定了公共建筑（包括采用集中空调系统居住建筑）中使用的空调系统经济运行基本要求、评价指标与方法和节能管理。

经济运行的基本要求：空调系统运行时室内温湿度、新风量等环境参数给出了具体的指导要求，各种系统的用能分项计量及能耗计算的要求；冷源设备的经济运行，包括冷源设备的运行制度、防止冷水机组的水系统旁通及换热器结垢、冷热源系统的运行优化、冷却塔的优化运行等；空调水系统、分系统的经济运行。同时给出了系统经济运行评价指标和方法及节能管理要求。

企业在制定空调系统绩效参数、设备维护、日常运行管理、能耗计算时可参照该标准实施。

7. GB/T 13466—2006《交流电气传动风机（泵类、空气压缩机）系统经济运行通则》

本标准规定了交流电气传动风机（泵类、空气压缩机）系统经济运行的基本要求、判别与评价方法和测试方法。

经济运行的基本要求从设备、机组、管网、系统等4个方面分别做出了规定。同时给出了系统经济运行管理要求：应建立管理维护检修的规章制度、维护运行日志和技术档案，应定期监测重点部位的压力、流量和温度等参数。同时明确了经济运行的判定及计算方法，提出了改进措施。

企业在系统设计、设备选型、采购、安装调试、验收，特别是日常运行、定期检查维护、能源绩效参数制定时可参照该标准实施。

8. GB/T 29455—2012《照明设施经济运行》及其适用性

本标准规定了照明设施经济运行的基本要求、照明设施维护管理及与经济运行的评价。

照明设施应符合产品性能、安全、能效标准及照明设计标准，宜选用符合能效标准节能评价值的照明设备和照明节电设备，并进行经济评价分析。分别对照明光源、附件、灯具、控制、应用、天然采光设施提出了基本要求。对照明设施日常需要根据不同场所要求进行定期和不定期维护保养，保持照明系统完好，并制定照明系统管理制度。

对于整幢建筑相同使用功能的场所，应按照节能验收规范进行节能检测，当照度、照明功率密度达到节能要求，认为设施合理，同时如果所选照明设施满足基本要求、维护和管理符合要求，则认为属于经济运行。

企业在系统设计、设备选型、采购、验收，特别是日常运行、定期检查维护时可参照该标准实施。

9. GB/T 12497—2006《三相异步电动机经济运行》及其适用性

本标准规定了三相异步电动机经济运行的原则和技术要求、经济运行指标和计算方法。

（1）电动机的选择要求

应根据电动机工况和使用特点选择电动机类型，根据额定功率、工作电压、转速、转矩选择不同的电动机。

（2）电动机的安装要求

供电电压应符合额定电压要求，特别注意连续轴的对接，尤其要求安装或改造更换完毕后，应对电动机的机械性能、振动、效率与功率因数、电气安全指标等电动机的空载特性进行检测，并保留记录。

（3）经济运行的管理要求

包括建立运行档案、加强运行状况巡回检查与维护、检测仪表的配备、功率因数补偿、运行负荷调整、设备运行监视、记录数据整理分析、使用前和大修后应进行空载试验等内容。也包括电动机经济运行指标计算、运行状态测试、经济运行判定，电动机维修、更换等内容。

企业在电动机选型、采购、安装调试、验收，特别是日常运行管理、检查维护、更换时可参照该标准实施。

（六）用能产品能效标准

1. 该类标准的性质及特点

（1）全部为强制性标准

国家对部分量大面广的用能产品制定了强制性的能效标准，规定了其能效限定值、节能评价值及能效等级，如低于标准规定的能效等级及限定值，不准生产及销售。

（2）机械行业既是用能产品生产者，也是用能产品使用者

用能产品大量为机械产品（还有一些产品为电子信息产品），机械工厂也大量应用，机械工厂在进行能源设计，特别是用能设备采购时要重点关注该类标准（适用的标准及其适用性见本章本节的表4-5）。

2.“用能产品能效标准”的通用结构及内容要点

能效标准均规定了用能设备本身的能效等级、能效限定值、节能评价值及试验方法。

一般能效等级分为3级，其中1级最高。不同的用能设备根据等级不同分别规定了考核项目指标，如交流手工电弧焊机，规定了不同等级的效率、功率因数、空载电流占额定输入电流的百分比；能效限定值实际上就是能效等级的最低级别要求，这是强制性要求，出厂前必须达到，且经检测评定后在产品上加贴能效等级标贴；有的产品给出节能评价值指标，供企业选择使用，属于自愿性要求，企业选择该类产品时可优先考虑比限定值更高、更节能的等级，如采购交流手工电弧焊时，要求其效率、功率因数必须达到2级以上。

有一些产品直接规定能效限定值和节能评价值的指标，不分等级，如配电变压器直接给出空载损耗、负载损耗、短路阻抗等指标要求。

企业在采购此类设备时，应将能效标准纳入采购技术要求中，提出具体的要求，一般推荐优先采购符合节能评价值及能效等级高的设备，同时要根据厂家提供的有效证明资料验收。

第四节　企业能源管理基础——重要节能标准的应用要点

一、工业企业能源管理的通用要求

（一）概述

GB/T 15587—2008《工业企业能源管理导则》，规定了工业企业建立能源管理系统，

实施能源管理的通用要求，主要在建立能源管理机构、明确能源消耗和节能目标、完善能源管理各主要环节等方面做出了相应规定。

（二）《工业企业能源管理导则》内容及应用要点

1. 设立专门的能源管理机构，建立分工明确及完善的管理制度

企业应根据其产品、规模、用能特点设立专门的能源管理机构，建立责任分工明确、功能完善的能源管理制度，落实管理职责。

2. 确定明确的能源方针和定量的能源消耗和节能目标

根据企业的能源方针，明确定量能源消耗和节能目标。能源目标要体现能源消耗量，节能目标要体现能耗节约量，能源方针和目标应以书面文件颁布。

3. 根据自身特点完善能源管理各主要环节

（1）能源规划及设计管理

企业和设计部门应在新扩改建项目前期科学地规划能源并在使用中有效地管理能源，根据国家能源方针和政策实时调整能源结构；科学规划能源的种类和总量；确定合适的能源。需要分期建立的工厂，应协调好总体工艺、能源和环保等规划，协调好分期建设的产品方案、物料平衡和能量平衡，实现综合利用。

（2）能源输入管理

准确地掌握输入能源的数量和质量，制定和实施文件，开展选择能源供方、签订采购合同、能源计量及质量检测、能源储存等活动。选择能源供方应考虑能源质量、价格、运输、能源政策等因素，并确认供方供应能力。

制定和执行能源储存管理文件，规定储存损耗限额，在确保安全的同时，减少储存损耗。

（3）能源加工转换管理

制定能源转换设备调度规程，确定最佳运行方案。运行操作人员应经培训后持证上岗。制定操作规则应包括对转换设备的操作方法、事故处理、日常维护、原始记录等要求。应定期测定重点转换设备的运行效率，将其作为安排检修的依据之一。

（4）能源分配和传输管理

企业应制定可执行的文件，明确界定企业内部能源分配传输的范围，规定管理制度、职责和权限。合理布局内部能源分配和传输，合理调度，优化分配，适时调整，减少能源传输损耗。对输配电线路、供水、供气、供汽、供热、供冷、供油管道要定期巡查，测定其损耗。

建立能源分配和传输的使用制度，对各部门用能进行准确计量，并建立用能台账。

（5）能源使用消耗管理

产品生产工艺的设计和调整，应把能源消耗作为重要考虑因素之一，利用能源系统优化的原则，合理安排工艺过程，充分利用、回收原本放散的可燃气体、余热、余压。对主要耗能工序，优选工艺参数，加强监测调控，改进加工方法，降低能源消耗。选择高效节能环保的设备，严格执行操作规程。合理安排生产计划和生产调度，确保能耗设备在最佳状态下经济运行。制定能源消耗定额，并考核完成情况。

（6）能源计量检测与能耗分析评价管理

建立能源计量管理制度，明确企业管理者的职责和能源计量队伍的建设。执行GB 17167的规定，配备满足要求的计量器具。对能源计量器具的购置、安装、维护和定期检定等进行管理。按合同规定的方法，对输入能源进行计量。明确规定相应人员的职责和权限、计量和计算方法、计量内容和发现问题时报告、裁定的程序。

企业应建立能源计量数据采集管理系统，将采集到的水、电、气、蒸汽和煤、油等的各类能源生产供应消耗情况进行统计、储存、分析、处理后，供企业各部门使用。

企业能源主管部门应该根据行业特点，确定本部门能耗与节能指标，定期对企业能耗状况及费用进行分析，并根据实际情况，选择统计分析、能源审计、能量平衡方法等进行能耗分析并提供分析报告。

（7）节能技术进步管理

企业应制定和执行节能技术和措施文件，对重大节能技术措施进行可行性研究，关注行业节能技术应用，积极采用新技术、新工艺、新材料、新设备、新能耗及可再生能源。

二、能源计量管理

GB 17167—2006《用能单位能源计量器具配备和管理通则》规定了用能单位能源计量器具配备和管理的基本要求。该标准中的4.3.2～4.3.5和4.3.8为强制性条款。

（一）术语及基本概念

1. 术语及定义（标准3条款）

1）能源计量器具：测量对象为一次能源、二次能源和载能工质的计量器具。

2）能源计量器具配备率：能源计量器具实际安装的配备数量占理论需要量的百分数。

3）次级用能单位：用能单位下属的能源核算单位。

4）三级计量单元：用能单位、次级用能单位和用能设备。

2. 能源计量范围（标准4.1条款）

1）输入用能单位、次级用能单位和用能设备的能源和载能工质。

2）输出用能单位、次级用能单位和用能设备的能源和载能工质。

3）用能单位、次级用能单位和用能设备使用(消耗)的能源和载能工质。

4）用能单位、次级用能单位和用能设备自产的能源和载能工质。

5）用能单位、次级用能单位和用能设备的可回收利用的余能资源。

3. 能源计量器具的配备原则（标准4.2条款）

1）应满足能源分类计量的要求。

2）应满足用能单位实现能源分级分项考核的要求。

3）重点用能单位应配备必要的便携式能源检测仪表以满足自检自查要求。

（二）能源计量器具的配备要求（本标准强制条款）

1. 用能单位能源计量器具的配备要求（标准4.3.2条款）

1）用能单位应加装能源计量器具。

2）企业能源计量器具配备率的计算公式如下：

$$R_p = \frac{N_s}{N_1} \times 100\%$$

式中，R_p为能源计量器具配备率，%；N_s为能源计量器具实际的安装配备数量；N_1为能源计量器具理论需要量。

2. 主要次级用能单位和主要用能设备能源计量器具配备要求（标准4.3.3、4.3.4条款）

（1）主要次级用能单位的判定标准

用能量（产能量或输运能量）大于或等于表4-11中一种或多种能源消耗量限定值的次级用能单位为主要次级用能单位。主要次级用能单位应按表4-11要求加装能源计量器具。

表4-11　主要次级用能单位能源消耗量（或功率）限定值

能源种类	电力	煤炭、焦炭	原油、成品油、石油、液化气	重油渣油	煤气、天然气	蒸汽热水	水	其他
单位	kW	t/a	t/a	t/a	m³/a	GJ/a	t/a	GJ/a
限定值	10	100	40	80	10000	5000	5000	2926

注1：表中a是法定计量单位中"年"的符号。

注2：表中m³指在标准状态下，表4-12同。

注3：2926 GJ相当于100 t标准煤。其他能源应按等价热值折算，表4-12类推。

（2）主要用能设备的判定标准

单台设备能源消耗量大于或等于表4-12中一种或多种能源消耗量限定值的为主要用能设备。主要用能设备应按表4-12要求加装能源计量器具。

表4-12　主要用能设备能源消耗量（或功率）限定值

能源种类	电力	煤炭、焦炭	原油、成品油、石油、液化气	重油、渣油	煤气、天然气	蒸汽热水	水	其他
单位	kW	t/h	t/h	t/h	m³/h	MW	t/h	GJ/h
限定值	100	1	0.5	1	100	7	1	29.26

注1：对于可单独进行能源计量考核的用能单元（装置、系统、工序、工段等），如果用能单元已配备了能源计量器具，用能单元中的主要用能设备可以不再单独配备能源计量器具。

注2：对于集中管理同类用能设备的用能单元（锅炉房、泵房等），如果用能单元已配备了能源计量器具，用能单元中的主要用能设备可以不再单独配备能源计量器具。

3. 三级计量单元能源计量器具配备率要求（标准4.3.5条款）（见表4-13）

4. 用能单位能源计量器具准确度等级要求

1）用能单位的能源计量器具准确度等级应满足表4-14的要求。

2）主要次级用能单位及主要用能设备所配备能源计量器具的准确度等级（电能表除外）参照表4-14的要求，电能表可比表4-14的同类用户低一个档次的要求。

（三）能源计量器具的管理要求

1. 能源计量制度

用能单位应建立、保持和使用规范能源计量人员行为的文件化的程序，建立能源计量器具管理和能源计量数据的采集、处理制度。

表4-13　能源计量器具配备率要求（单位：%）

能源种类		进出用能单位	进出主要次级用能单位	主要用能设备
电力		100	100	95
固态能源	煤炭	100	100	90
	焦炭	100	100	90
液态能源	原油	100	100	90
	成品油	100	100	95
	重油	100	100	90
	渣油	100	100	90
气态能源	天然气	100	100	90
	液化气	100	100	90
	煤气	100	90	80
载能工质	蒸汽	100	80	70
	水	100	95	80
可回收利用的余能		90	80	—

注1：进出用能单位的季节性供暖用蒸汽（热水）可采用非直接计量载能工质流量的其他计量结算方式。

注2：进出主要次级用能单位的季节性供暖用蒸汽（热水）可以不配备能源计量器具。

注3：在主要用能设备上作为辅助能源使用的电力和蒸汽、水等载能工质，其耗能很小（低于表4-12的要求），可以不配备能源计量器具。

表4-14　用能单位能源计量器具准确度等级要求

计量器具类别	计量目的		准确度等级要求
衡器	进出用能单位燃料的静态计量		0.1
	进出用能单位量料的动态计量		0.5
电能表	进出用能单位有功交流电能计量	Ⅰ类用户	0.5
		Ⅱ类用户	0.5
		Ⅲ类用户	1.0
		Ⅳ类用户	2.0
		Ⅴ类用户	2.0
	进出用能单位的直流电能计量		2.0
油流量表（装置）	进出用能单位的液体能源计量		成品油 0.5
			重油、渣油 1.0
气体流量表（装置）	进出用能单位的气体能源计量		煤气 2.0
			天然气 2.0
			蒸汽 2.5

续表

计量器具类别	计量目的		准确度等级要求
水流量表（装置）	进出用能单位水计量	管径不大于250 mm	2.5
		管径大于250 mm	1.5
温度仪表	用于液态、气态能源的温度计量		2.0
	与气体、蒸汽质量计算相关的温度计量		1.0
压力仪表	用于气态、液态能源的压力计量		2.0
	与气体、蒸汽质量计算相关的压力计量		1.0

2. 能源计量人员

用能单位应设专人负责三级能源计量器具的管理，负责能源计量器具的配备、使用、检定(校准)、维修、报废等管理工作。

用能单位的能源计量管理人员应通过相关部门的培训考核，具备相应的资质，持证上岗；并应建立和保存能源计量管理人员的技术档案。

3. 能源计量器具

1）用能单位应备有完整的能源计量器具一览表。表中应列出计量器具的名称、型号规格、准确度等级、测量范围、生产厂家、出厂编号、用能单位管理编号、安装使用地点、状态(指合格、准用、停用等)。主要次级用能单位和主要用能设备应备有独立的能源计量器具一览表分表。

2）用能单位应建立能源计量器具档案，内容应包括：① 计量器具使用说明书；② 计量器具出厂合格证；③ 计量器具最近两个连续周期的检定(测试、校准)证书；④ 计量器具维修记录；⑤ 计量器具其他相关信息。

3）用能单位应建立自校计量器具的管理程序和自校规范。

（四）机械工厂常用能源量值的计量单位、方法和器具（表4-15）

表4-15　机械工厂常用能源量值的计量单位、方法和器具

能源种类		计量单位	计量方式	计量器具
大类	小类			
固态	煤、焦炭	吨（t）、千克（kg）	称重法	地中衡（电子秤）、皮带秤、吊车秤等
液态液气态	成品油（汽油、煤油、柴油等）	升（L）	容积法	汽车油罐车、油流量表等
		吨（t）、千克（kg）	称重法	地磅等
	水	升（L）、立方米（m³）	容积法	水流量表等
	天然气或石油气、液氧、乙炔	吨（t）、千克（kg）	称重法	地磅等
气态	天然气、煤气、蒸汽、二氧化碳等	立方米（m³）	容积法	气体流量表、蒸汽流量计等

续表

能源种类		计量单位	计量方式	计量器具
大类	小类			
电力		度、千瓦时（kW·h）	电功法	电能表（瓦秒表、感应式回转表）

（五）机械工厂常用的其他能源检测仪器仪表

1. 热工检测仪器仪表

包括：检测温度、烟气成分、能源质量的温度计、红外测温仪、表面温度计、综合烟道分析仪、燃烧效率仪、热像仪、奥氏气体分析仪、电导仪和pH计等。

2. 电工检测仪器仪表

包括：检测并记录电压、电流、功率、功率因数和有功电量、无功电量的电工测量仪表。

三、能源统计管理

GB/T 2589—2008《综合能耗计算通则》规定了企业综合能耗的基本概念、计算方法，适用于用能单位能源消耗的核算和管理。

（一）综合能耗指标的类别和定义

1. 综合能耗

用能单位在统计报告期内实际消耗的各种能源消耗量，按规定的计算方法和单位分别折算后的总和。其度量单位为1kgce（1千克标准煤）。1kgce的低（位）发热量等于29307kJ。

对企业，综合能耗是指统计报告期内，主要生产系统、辅助生产系统和附属生产系统的综合能耗总和。企业中主要生产系统的能耗量应以实测为主。

2. 单位产值综合能耗

统计报告期内，综合能耗与期内用能单位总产值或工业增加值的比值。机械制造企业由于外购产品（原辅材料、零部件、能源）价值较高，故宜用"kgce/万元工业增加值"作为度量单位。

3. 产品单位产量综合能耗

统计报告期内，用能单位生产某种产品或提供某种服务的综合能耗与同期该合格产品产量（工作量、服务量）的比值。简称单位产品综合能耗，产品是指合格的最终产品或中间产品。

4. 单位产品产量可比综合能耗

为在同行业中实现相同最终产品能耗可比，对影响产品能耗的各种因素加以修正所计算出来的产品单位产量综合能耗。

以热处理件生产为例，热处理件材质不同，热处理工艺不同，工件装载量不同，加热方式不同，对能耗高低均有很大影响，对热处理厂进行横向对比时要对影响能耗的各种因素通过各种系数对工件的重量（质量）加以修正。

（二）综合能耗指标的计算范围

1. 企业计入能耗指标的能源种类及耗能工质（见表4-16）

表4-16　计入能耗指标的能源种类及耗能工质

一次能源		二次能源		耗能工质
燃料能源	非燃料能源	燃料能源	非燃料能源	
原煤、天然气等	风力、太阳能等	焦炭、汽油、煤油、柴油、液化石油气、天然气、高炉煤气、发生炉煤气、其他煤气等	电力、热力、蒸汽、其他焦化产品等	新水、软化水、除氧水、压缩空气、鼓风、氧气、氮气、氩气、二氧化碳气、乙炔、电石等

2. 企业活动范围

企业生产活动中实际消耗的各种能源。包括主要生产系统、辅助生产系统和附属生产系统用能及用作原料的能源。能源及耗能工质在用能单位内部储存、转换及分配供应（包括外销）中的损耗，也应计入综合能耗。但企业在计算实际消耗的各种能源时，不应包括生活区的生活用能和批准的基建项目用能。

3. 能源及耗能工质的不得重计、不能漏计

1）重计示例：压缩空气，同时计入空压站消耗的电力及压缩空气作为耗能工质折算成标准煤的能耗。

2）漏计示例：漏计辅助生产系统或附属生产系统的能耗；漏计能源和耗能工质在企业内储存、转换及分配供应中的损耗；漏计某些外购耗能工质的能耗。

（三）企业4种综合能耗的计算方法

1. 综合能耗的计算

综合能耗按公式（4-1）计算：

$$E = \sum_{i=1}^{n} (e_i \times p_i) \tag{4-1}$$

式中，E 为综合能耗；N 为消耗的能源品种数；e_i 为生产和服务活动中消耗的第 i 种能源实物量；p_i 为第 i 种能源的折算系数，按能量的当量值或能源的等价值折算。

2. 单位产值综合能耗的计算

单位产值综合能耗按公式（4-2）计算：

$$e_g = \frac{E}{G} \tag{4-2}$$

式中，e_g 为单位产值综合能耗；G 为统计报告期内产出的总产值或增加值。

3. 产品单位产量综合能耗的计算

某种产品（或服务）单位产量综合能耗按公式（4-3）计算：

$$e_j = \frac{E_j}{P_j} \qquad (4\text{-}3)$$

式中，e_j 为第 j 种产品单位产量综合能耗；E_j 为第 j 种产品的综合能耗；P_j 为第 j 种产品合格产品的产量。

对同时生产多种产品的情况，应按每年产品实际耗能量计算；在无法分别对每种产品进行计算时，折算成标准产品统一计算，或按产量与能耗量的比例分摊计算。

4. 单位产品产量可比综合能耗的计算

GB/T 2589—2008标准没有给出该项指标的计算公式。机械制造行业中的热处理分行业，通过GB/T 17358—2009《热处理生产电耗计算和测定方法》和GB/T 15318—2010《热处理电炉节能监测》两个标准已给出电炉热处理件计算可比电耗计算方法。举例如下：

以电炉热处理车间为例，综合依据上述两个标准给出的计算方法计算t热处理件可比用电单耗可采用如下公式：

$$t热处理件用电单耗 b_K = W/M_z \qquad (4\text{-}4)$$

式中，W（实际生产耗电量，$kW\cdot h$）为一个生产周期内热处理电炉及其附属装置的耗电量总和。

$$M_z（合格热处理件的总折合质量）= \sum_{i=1}^{n} m_i \cdot k_1 \cdot k_2 \qquad (4\text{-}5)$$

式中，m_i 为该生产期内各种合格热处理件的实际质量（kg），其中 i=1，2，3，…，n，为产品（工件）品种。k_1 为产品（工件）工艺材质折算系数，按表4-17确定；k_2 为常用热处理工艺折算系数，按表4-18确定。

表 4-17　产品（工件）工艺材质折算系数（k_1）

工件材质	低中碳钢或低中碳合金结构钢	合金工具钢	高合金钢	高速钢
合金元素总含量/%	$\leqslant 5$	$5 \sim 10$	$\geqslant 10$	—
k_1	1.0	1.2	1.6	3.0

表 4-18　常用热处理工艺折算系数（k_2）

热处理工艺	k_2	热处理工艺	k_2
淬火	1.0	时效（固溶热处理后）	0.4
正火	1.1	气体渗碳淬火（渗层深 0.8mm）	1.6
退火	1.1	气体渗碳淬火（渗层深 1.2mm）	2.0
球化退火	1.3	气体渗碳淬火（渗层深 1.6mm）	2.8
去应力退火	0.6	气体渗碳（渗层深 2.0mm）	3.8
不锈钢固溶热处理	1.8	真空渗碳（渗层深 1.5 mm）	2.0
铝合金固溶热处理	0.6	气体碳氮共渗（渗层深 0.6mm）	1.4
高温回火（> 500℃）	0.6	气体氮碳共渗	0.6
中温回火（250 ～ 500℃）	0.5	气体渗氮（渗层深 0.3mm）	1.8
低温回火（< 250℃）	0.4	感应加热淬火	0.5

按上述方法计算出的用电单耗即有可比性。这种方法已分别在热处理行业制定的一系列JB/T和GB/T能耗分等标准中予以体现［详见本章第三节之四（四）相关内容］。

（四）各种能源折算标准煤的方法及参考系数

1. 用能单位各种能源使用和消耗折算标准煤的方法

1）计算综合能耗时，用能单位消耗的各种能源均折算为标准煤当量。

2）用能单位实际消耗的燃料能源应以其低（位）发热量为计算基础折算为标准煤量。低（位）发热量等于29307千焦（kJ）的燃料，称为1千克标准煤（1kgce）。

3）用能单位外购的能源和耗能工质，其能源折算系数可参照国家统计局公布的数据，用能单位自产的能源和耗能工质所消耗的能源，其能源折算系数可根据数据投入产出自行计算。

4）当无法获得各种燃料能源的低（位）发热量实测值和单位耗能工质的耗能量时，可参照GB/T 2589—2008附录A和附录B。

2. 企业常用能源折标准煤参考系数

依据GB/T 2589—2008附录A，企业常用能源折标准煤参考系数见表4-19。

表4-19　企业常用能源折标准煤参考系数

能源名称	平均低位发热量	折标准煤系数
原煤	20908kJ/kg（5000kcal/kg）	0.7143kgce/kg
焦炭	28435kJ/kg（6800kcal/kg）	0.9714kgce/kg
柴油	42652kJ/kg（10200kcal/kg）	1.4571kgce/kg
汽油、煤油	43070kJ/kg（10300kcal/kg）	1.4714kgce/kg
液化石油气	50179kJ/kg（12000kcal/kg）	1.7143kgce/kg
天然气	35544kJ/kg（8500kcal/kg）	1.3300kgce/m³
热力（当量值）		0.03412kgce/MJ
电力（当量值）	3600kJ{kW·h[860kcal/(kW·h)]}	0.1229kgce/(kW·h)
电力（等价值）	按当年火电发电标准煤耗计算	0.318kgce/(kW·h)（2014年）
蒸汽（低压）	3763MJ/t（900Mcal/t）	0.1286kgce/kg

3. 企业常用耗能工质能源等价值（折标准煤系数）

依据GB/T 2589—2008附录B，企业常用耗能工质能源等价值（折标准煤系数）见表4-20。

表4-20　企业常用耗能工质能源等价值（折标准煤系数）

品种	单位耗能工质能量	折标准煤系数
新水	2.51MJ/t（600kcal/t）	0.0857kgce/t
软水	14.23MJ/t（3400kcal/t）	0.4857kgce/t
压缩空气	1.17MJ/m³（280kcal/m³）	0.0400kgce/m³
鼓风	0.88MJ/m³（210kcal/m³）	0.0300kgce/m³
氮气	11.73MJ/m³（2800kcal/m³）	0.400kgce/m³
氩气		0.36 kgce/m³
氧气	11.72MJ/m³（2800kcal/m³）	0.400kgce/m³

续表

品种	单位耗能工质能量	折标准煤系数
二氧化碳气	6.28MJ/ m³（1500kcal/ m³）	0.2143kgce/ m³
乙炔	243.67MJ/ m³	8.3143kgce/ m³

四、节能监测

GB/T 15316—2009《节能监测技术通则》及一系列单项（系统、过程、设备）节能监测标准，用于指导并规范企业节能监测工作。

（一）节能监测的基本概念

1. 节能监测的定义

节能监测是依据国家（或行业、地方规定）有关节约能源的法规和能源标准，对用能单位的能源利用状况进行的监督、检查、测试和评价的一种重要能源管理工作。

2. 用能单位节能监测的分类

1）综合节能监测：对用能单位整体的能源利用状况进行的监测。

2）单项节能监测：对用能单位部分项目（系统、过程、设备等）的能源利用状况进行的节能监测。

3. 节能监测的范围和方法

1）重点用能单位的综合节能监测；

2）重点用能项目（系统、过程、设备等）的单向节能监测；

3）能耗统计、能量平衡测试；

4）设备工艺参数检查；

5）能耗能效数据对标管理（能源绩效参数中的能源基准值、能源标杆值）。

4. 节能监测的技术条件

1）按照相关标准，在正常生产、设备运行工况核定条件下进行；

2）定期监测周期为1～3年，不定期根据需要确定；

3）监测设备的准确度应确保监测结果可靠，误差在规定范围内。

（二）节能监测的内容及要点

1. 用能品种及供能质量的节能监测

用能单位的用能品种应符合国家政策和分类合理使用原则；供能质量应符合国家规定并与提供给用户的报告单一致。

2. 能源转换、输配与利用系统的配置及运行效率的节能监测

用能单位的供能系统、设备管网和电网设置要合理，能源效率或能量损失应符合规定。系统运行应符合合理用电、用热、用水等法规要求，余热、余能资源应得到利用。

3. 用能设备的技术性能和运行状况的节能监测

用能单位使用的通用用能设备应采用节能型产品或效率高、能耗低的产品，应限期淘汰能耗高、效率低的设备。用能设备或系统的实际运行效率或主要运行参数应符合该设备经济运行的要求。

4. 用能工艺和操作技术方面的节能监测

用能单位采用的用能工艺、技术装备应符合国家产业政策要求，单位产品能耗指标应符合能耗限额标准要求。主要用能工艺技术装备应有能源性能测试记录，并不断持续改进。

企业重要用能设备的操作及管理人员应进行操作技术培训、考核、持证上岗。

5. 企业能源管理技术状况方面的节能监测

用能单位应建立完善的能源管理机构，应收集和及时更新国家和地方能源法律、法规以及相关的国家、行业、地方标准，并对有关人员进行宣讲、培训。

用能单位应建立完善的能源管理规章制度(如岗位责任、部门职责分工、人员培训、能源定额管理、奖惩等制度)。

用能单位的能源计量器具的配备和管理应符合GB 17167的相关规定。

用能单位应建立完善的能源技术档案。能源计量台账、统计报表应真实、完整、规范。

6. 能源利用效果方面的节能监测的内容及要点

用能单位应按照GB/T 12723制定单位产品能源消耗限额并贯彻实施。产品单位产量综合能耗及实物单耗，应符合强制性能源消耗限额国家标准、行业标准或地方标准的规定。

(三) 机械工厂典型用能设备的节能监测项目及合格指标示例

1. 燃煤工业锅炉的节能监测项目及合格指标 (GB/T 15317—2009，见表4-21)

表4-21 燃煤工业锅炉节能监测项目及合格指标

序号	节能监测项目	不同额定热功率（Q/MW）锅炉的合格指标					
		$0.7 \leqslant Q < 1.4$	$1.4 \leqslant Q < 2.8$	$2.8 \leqslant Q < 4.2$	$4.2 \leqslant Q < 7$	$7 \leqslant Q < 14$	$Q \geqslant 14$
1	热效率 η / %	$\geqslant 65$	$\geqslant 68$	$\geqslant 70$	$\geqslant 73$	$\geqslant 76$	$\geqslant 78$
2	排烟温度 / ℃	$\leqslant 230$	$\leqslant 200$	$\leqslant 180$	$\leqslant 170$	$\leqslant 160$	$\leqslant 150$
3	排烟处的空气系数	$\leqslant 2.2$	$\leqslant 2.2$	$\leqslant 2.2$	$\leqslant 2.0$	$\leqslant 2.0$	$\leqslant 2.0$
4	允许炉渣含碳量 /%	$\leqslant 15$	$\leqslant 15$	$\leqslant 15$	$\leqslant 12$	$\leqslant 12$	$\leqslant 12$
5	炉体表面温度 /℃	炉体侧面：不大于50；炉顶表面：不大于70					

2. 空气压缩机组及供气系统节能监测项目及合格指标 (GB/T 16665—1996，见表4-22)

表4-22 空气压缩机组及供气系统节能监测项目及合格指标

序号	节能监测项目	合格指标
1	压缩机排气温度	风冷 $\leqslant 180$ ℃，水冷 $\leqslant 160$ ℃

续表

序号	节能监测项目	合格指标
2	压缩机冷却水进水温度	≤ 35 ℃
3	压缩机冷却水进出水温差	按产品规定
4	空压机组用电单耗（kW·h/m³）	电动机容量：≤ 45kW 时，0.129； 55 ～ 160kW 时，0.115； ≤ 200kW 时，0.112

3. 风机机组与管网系统节能监测项目及合格指标（GB/T 15913—2009，见表4-23）

表 4-23　风机机组与管网系统节能监测项目及合格指标

序号	节能监测项目	合格指标
1	风机机组电能利用率 /%	55%（电动机容量 11 ～ 45kW）；65%（电动机容量 45kW 及以上）
2	电动机负载率 /%	不低于 45%

4. 企业供配电系统节能监测项目及合格指标（GB/T 16664—1996，见表4-24）

表 4-24　企业供配电系统节能监测项目及合格指标

序号	节能监测项目	合格指标
1	日负荷率 k_i	一班生产 ≥ 30%；二班生产 ≥ 55%；三班生产 ≥ 80；连续生产 ≥ 90%
2	变压器负载系数 β	变压器单台运行；两台以上并列运行时，按经济运行方式
3	线损率 α	一次变压 < 3.5%；二次变压 < 5.5%；三次变压 < 7%； 用电体系中单条线路的损耗电量 < 该线路首端有功电量的 5%
4	企业用电体系功率因数	$\cos\phi ≥ 0.9$

5. 热处理电炉节能监测项目及合格指标（GB/T 15318—2010，见表4-25）

4-25　热处理电炉节能监测项目及合格指标

序号	节能监测项目	合格指标				
1	产品可比用电单耗 b_k/（kW·h/kg）	常规周期式箱式炉 ≤ 0.550；常规连续式电炉 ≤ 0.500； 密封箱式多用炉 ≤ 0.660；真空淬火炉 ≤ 0.850；盐浴炉 ≤ 1.100； 流态炉 ≤ 0.900；可控气氛连续式炉 ≤ 0.600				
2	炉体表面温升 /℃	炉型	额定温度	炉壳	炉门或炉盖	
		箱式炉	750℃	≤ 40℃	≤ 50℃箱式炉	≤ 60℃ 台车炉
		台车炉	950℃	≤ 50℃	≤ 70℃箱式炉	≤ 80℃
		井式炉	1200℃	60℃	≤ 80℃箱式炉	≤ 90℃ 井式炉
		盐浴炉、密封箱式多用炉、连续热处理炉详见 GB/T 15318—2010				
3	空炉升温时间 /h	炉型	工作容积	升温时间 /h		
		箱式炉	≤ 0.2m³	额定温度 950℃时 ≤ 0.5；1200℃时 ≤ 1.5		
			0.2 ～ 1.0m³	额定温度 950℃时 ≤ 1.0；1200℃时 ≤ 2.0		
			1.0 ～ 2.5m³	额定温度 950℃时 ≤ 1.5；1200℃时 ≤ 2.5		
		台车炉、井式炉等详见 GB/T 15318—2010				

序号	节能监测项目	合格指标		
4	空炉损耗功率比 /%	箱式炉	额定功率	空炉损耗功率比 /%
			≤ 15kW	一等≤ 32；二等≤ 36
			15 ～ 75kW	一等≤ 30；二等≤ 35
			≥ 75kW	一等≤ 27；二等≤ 33
		台车炉、井式炉、盐浴炉、网带式炉、真空炉、多用炉等详见 GB/T 15318—2010		

五、节能量计算

节能量是指一定统计报告期内，企业实际消耗的能源量与某一个基准能源消耗量（或称能源消耗定额）的差值。GB/T 13234—2009《企业节能量计算方法》规定了企业节能量的分类、节能量计算的基本原则、节能量的计算方法以及节能率的计算方法。

（一）基本概念和节能量计算原则

1. 定义和基本概念

1）节能量：满足同等需要或达到相同目的的条件下，能源消费减少的数量。

2）企业节能量：企业条件报告期内时间能源消耗量与按比较基准计算的能源消耗量之差。

3）产品节能量：用统计报告期产品单位产量能源消耗量与基期产品单位产量能源消耗量的差值和报告期产品产量的节能量。

4）产值节能量：用统计报告期产品单位产值能源消耗量与基期产品单位产值能源消耗量的差值和报告期产值计算的节能量。

5）节能率：统计报告期比基期的单位能耗降低率，用百分数表示。

2. 节能量计算原则应满足下列要求

1）用能单位以实际的能源消耗量计算，计算值为负时表示节能。

2）选择的基准要有可比性。根据不同目的和要求，选用不同比较基准；确定适宜的可比的时间段。

3）以产值计算节能量时，应按可比价格计算。

4）以产品计算节能量时，产品产量以合格产品计算，能耗则包括所有产品。

5）最终节能量应换算为标准单位（标准煤）。

（二）节能量通用计算方法

1. 产品节能量的计算方法

（1）单一产品节能量

生产单一产品的企业，产品节能量按式（4-6）计算：

$$\Delta E_C = (e_b - e_j) M_b \tag{4-6}$$

式中，ΔE_C 为企业产品节能量，单位为吨标准煤（tce）；e_b为统计报告期的单位产品综合能耗，单位为吨标准煤（tce）；e_j为基期的单位产品综合能耗，单位为吨标准煤（tce）；M_b为统计报告期产出的合格产品数量。

（2）多种产品节能量

生产多种产品的企业，企业产品节能量按式（4-7）计算：

$$\Delta E_C = \sum_{i=1}^{n} (e_{bi} - e_{ji}) M_{bi} \tag{4-7}$$

式中，e_{bi}为统计报告期第 i 种产品的单位产品综合能耗，单位为吨标准煤（tce）；e_{ji}为基期第 i 种产品的单位产品综合能耗或单位产品能源消耗限额，单位为吨标准煤（tce）；M_{bi}为统计报告期产出的第i种合格产品数量；n为统计报告期内企业生产的产品种类数。

2. 产值节能量的计算方法

产值节能量按式（4-8）计算：

$$\Delta E_g = (e_{bg} - e_{jg}) G_b \tag{4-8}$$

式中，ΔE_g为企业产值（或增加值）总节能量，单位为吨标准煤（tce）；e_{bg}为统计报告期企业单位产值（或增加值）综合能耗，单位为吨标准煤每万元（tce/万元）；e_{jg}为基期企业单位产值（或增加值）综合能耗，单位为吨标准煤每万元（tce/万元）；G_b为统计报告期企业的产值（或增加值，可比价），单位为万元。

3. 技术措施节能量的计算方法

（1）单项技术措施节能量

单项技术措施节能量按式（4-9）计算：

$$\Delta E_{ti} = (e_{th} - e_{tq}) P_{th} \tag{4-9}$$

式中，ΔE_{ti}为某项技术措施节能量，单位为吨标准煤（tce）；e_{th}为某种工艺或设备实施某项技术措施后其产品的单位产品能源消耗量，单位为吨标准煤（tce）；e_{tq}为某种工艺或设备实施某项技术措施前其产品的单位产品能源消耗量，单位为吨标准煤（tce）；P_{th}为某种工艺或设备实施某项技术措施后其产品产量。

（2）多项技术措施节能量

多项技术措施节能量按式（4-10）计算：

$$\Delta E_t = \sum_{i=1}^{m} \Delta E_{ti} \tag{4-10}$$

式中，ΔE_t为多项技术措施节能量，单位为吨标准煤（tce）；m为企业技术措施项目数。

4. 产品结构节能量的计算方法

产品结构节能量按式（4-11）计算：

$$\Delta E_{cj} = G_z \times \sum_{i=1}^{m} (K_{bi} - K_{ji}) \times e_{jci} \tag{4-11}$$

式中，ΔE_{cj}为产品结构节能量，单位为吨标准煤（tce）；G_z为统计报告期总产值（总增加值，可比价），单位为万元；K_{bi}为统计报告期替代第i种产品产值占总产值（或总增加值）

的比重，%；K_{ji} 为基期第 i 种产品产值占总产值（或总增加值）的比重，%；e_{jci} 为基期第 i 种产品的单位产值（或增加值）能耗，单位为吨标准煤每万元（tce/万元）；m 为产品种类数。

5. 单项能源节能量的计算方法

（1）产品单项能源节能量

产品单项能源节能量按式（4-12）计算：

$$\Delta E_{cn} = \sum_{i=1}^{n} (e_{bci} - e_{jci}) M_{bi} \qquad (4-12)$$

式中，ΔE_{cn} 为产品某单项能源品种能源节能量，单位为吨（t）、千瓦时（kW·h）等；e_{bci} 为统计报告期第 i 种单位产品某单项能源品种能源消耗量，单位为吨（t）、千瓦时（kW·h）等；e_{jci} 为基期第 i 种单位产品某单项能源品种能源消耗量或单位产品某单项能源品种能源消耗限额，单位为吨（t）、千瓦时（kW·h）等；M_{bi} 为统计报告期产出的第 i 种合格产品数量；n 为统计报告期企业生产的产品种类数。

（2）产值单项能源节能量

产值单项能源节能量按式（4-13）计算：

$$\Delta E_{gn} = \sum_{i=1}^{n} (e_{bgi} - e_{jgi}) G_{bi} \qquad (4-13)$$

式中，ΔE_{gn} 为产品某单项能源品种能源节能量，单位为吨（t）、千瓦时（kW·h）等；e_{bgi} 为统计报告期第 i 种产品单位产值（或单位增加值）某单项品种能源消耗量，单位为吨每万元（t/万元）、千瓦时每万元（kW·h/万元）等；e_{jgi} 为基期第 i 种产品单位产值某单项品种能源消耗量，单位为吨每万元（t/万元）、千万时每万元（kW·h/万元）等；G_{bi} 为统计报告期第 i 种产品产值（或增加值，可比价），单位为万元；n 为统计报告期企业生产的产品种类数。

（三）典型案例分析

［案例1］余热余压利用（热水回收替代原有蒸汽消耗）

$$\Delta E（节能量） = (M \times h)/\eta - Q$$

式中，M 为被替代蒸汽量 t；H 为蒸汽的平均低位发热量（焓值，Mcal）；η 为蒸汽锅炉效率；Q 为新增设备的耗能量。

［案例2］调整能源种类技改项目（热处理反射炉重油改天然气）

$$\Delta E（节能量） = (e_{ug} - e_{uo}) \times M_o$$

式中，e_{ug} 为天然气反射炉的单位产品能耗；e_{uo} 为重油反射炉的单位产品能耗；M_o 为合格产品产量。

六、设备热效率计算

使用燃料和利用热量的设备称为热设备，GB/T 2588—2000《设备热效率计算通则》规定了设备热效率的计算方法，适应于使用燃料和利用热量的热设备。机械工厂使用的热设备主要有工业锅炉、煤气发生炉、冲天炉、天然气反射炉、锻坯加热炉、热处理炉和燃料烘干炉等。

（一）基本概念

1.设备热效率

设备热效率是指热设备为达到特定目的，供给能量有效利用的程度在数量上的表示。它等于有效能量占供给能量的百分数。

2.供给能量

供给能量是指外界供给体系的能量，一般包括：燃料燃烧供给的能量和设备运行消耗的其他能源（电力、鼓风、压缩空气、水等）。

3.有效能量

有效能量是指达到工艺要求时，理论上必须消耗的能量，一般包括：达到工艺要求所需能量和设备向外界输出的电、功。

4.损失能量

损失能量是指供给能量中，未被体系利用的能量，一般包括：①设备排出的烟气带走的显热（物理热）；②燃料未完全燃烧时的热损失（化学热）；③设备外表面的散热损失；④设备盖、门等开启时的热损失；⑤设备排渣、飞灰、残料等带走的显热；⑥设备的蓄热损失；⑦有冷却装置时冷却液带走的热损失；⑧有排放机构时排风带走的热损失；⑨未包括在以上各项中的其他损失能量。

（二）设备热效率的计算方法

1.按有效能量计算设备热效率

$$\eta = \frac{Q_{YX}}{Q_{GJ}} \times 100\% \qquad (4\text{-}14)$$

式中，η为设备热效率，%；Q_{GJ}为供给能量，J；Q_{YX}为有效能量，J。

2.按损失能量计算设备热效率

$$\eta = 1 - \frac{Q_{SS}}{Q_{GJ}} \times 100\% \qquad (4\text{-}15)$$

式中，Q_{SS}为损失能量，J；其他同式（4-14）。

（三）设备热效率计算示例

以冷风冲天炉的热效率为例。

（1）有效能量的确定

把1kg室温（24℃）铁料熔化到1500℃铁液，理论上需1322600kJ热量，合标煤42.38kgce。

（2）供给能量的选取或测定

焦炭燃烧供给的热量、运行消耗的其他能源（电力、鼓风、新鲜水、氧气）。

（3）损失能量的选取或测试

1）排出烟气带走的显热（约为16% ～ 20%）；

2）焦炭未完全燃烧的热损失（约为38%～40%）；

3）炉壁及冷却水散热损失（约为8%～10%）；

4）炉渣、飞灰、金属残料热损失（约为3%～5%）。

（4）可任选公式（4-14）或公式（4-15）计算

如计算参数齐全，可同时计算，结果对比修正，则更为准确。

（5）我国冷风冲天炉的热效率一般只有28%～32%。

七、企业能量平衡

GB/T 3484—2009《企业能量平衡通则》规定了企业能量平衡的基本原则。GB/T 28751—2012和GB/T 28749—2012分别规定了"企业能量平衡表"和"企业能量平衡网络图"的编制（绘制）方法。

（一）基本概念

1.企业能量平衡

企业能量平衡是以企业（或企业内部独立用能环节、系统等单元）为对象，对输入的全部能量与输出的全部能量在数量上的平衡关系的考察与定量分析。其平衡关系以"企业能量平衡表"（或同时辅以"能量平衡网络图"）表达。

2.企业能量平衡表

描述企业用能系统中输入能量与输出能量在数量上平衡关系的表格。

3.能量平衡网络图

描述企业用能系统中能源实际流程和能量平衡关系的网络图。

（二）企业能量平衡系统构成与企业能源流程系统构成

1.企业能量平衡系统构成图（见图4-3）

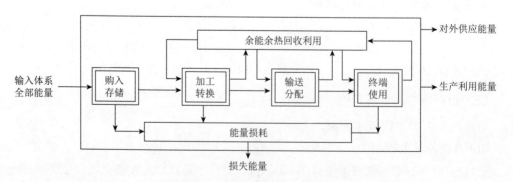

图4-3　企业能量平衡系统构成

2.企业能源流转系统（能量平衡系统）构成

（1）购入存储环节

包括购入的一次能源、二次能源和耗能工质，是了解能耗总量的关键环节，重在控制采购质量，减轻存储损耗。

（2）加工转换环节

既是能源消耗（终端使用）部门，也是能源供给部门，如锅炉房、变电站、空压站、制冷站等，是机械工厂节能潜力大的部门。

机械工厂某些能源不经加工转换直接用于终端使用（如焦炭直接用于冲天炉），可等同于加工转换效率为1（无损耗）。

（3）输送分配环节

重在合理调度，优化分配，适时调整，减少线路、管网损耗。

（4）终端使用环节

是机械工厂能源系统最为复杂的环节，也是节能潜力大的部门。不同企业不同部门差异很大。一般先划分为主要生产、辅助生产和附属生产三个用能系统，前两个系统再细分为车间（分厂）、站房，附属系统按功能细分。细分示例如下。

1）主要生产用能系统：铸造、锻造、冲压、铆焊、热处理、机加、电镀、涂装、装配车间等。

2）辅助生产用能系统：动力、供水供热供冷、通风除尘除湿、污水处理、机修、工装模具、运输、物流仓储车间（站房）、理化检验等。

3）附属生产用能系统：办公、照明、绿化、交通，厂区食堂、浴室等。

（三）企业能量平衡方程工作的具体内容

1. 企业能量平衡方程的种类

（1）总方程

输入体系全部能量=输出体系全部能量=有效能量+损失能量

（2）分方程

1）有效能量 = 生产利用能量+对外供应能量

2）生产利用能量=4个环节有效能量的总和（含用于内部的回收利用能量）

3）损失能量=4个环节能量损耗的总和

（3）机械工厂的一般方程

机械工厂一般不对外供应能量，故有效能量=生产利用能量

2. 能量平衡的三项指标

1）基本指标：能量利用率（%）、能源利用率（%）。

2）单位能耗指标：分为单位产品、单位产值的综合能耗及某种能源的单耗等。

3）余能资源指标：余能资源量、余能资源率和余能资源利用率等。

3. 能量平衡的三种方法

1）综合分析法：统计计算为主、测试计算为辅的综合分析方法。

2）统计计算法：以统计期内的计量数据为基础计算。

3）平均水平法：统计数据不足时，进行测试，并将结果折算为统计期的平均水平。

4. 能量平衡的三种分类

1）热平衡：重点耗热能设备热平衡→车间热平衡→企业热平衡。

2）电平衡：重点耗电能设备电平衡→车间电平衡→企业供电网络电平衡。

3）水平衡：设备水平衡→车间水平衡→企业水平衡。

（四）企业能量平衡报告内容

1. 企业能源消费总量与构成

2. 企业能量平衡表

企业能量平衡表是企业能量平衡工作的重要结果，其用途及作用包括以下三点。

1）是企业能量平衡关系的重要表达方式，可直接计算企业及各环节、单元的能源利用率。

2）企业初始能源评审时，能量平衡表是科学分析节能潜力，制定节能目标和管理方案的重要依据。

3）能量平衡表可为企业绘制各种能流图提供详细数据。示例分别见表4-26和图4-4。

表 4-26　某机械工厂能量平衡表格式示例

环节	单元 / 能源名称	购入存储			加工转换					输送分配	终端使用								
		实物量（单位）	等价值	当量值	锅炉房	变电站	空压站	其他	合计		铸造	冲压	热表	机加	装配	空调	照明	其他	合计
输入能量	煤炭																		
	焦炭																		
	天然气																		
	电力																		
	其他																		
	回收利用																		
	合计																		
有效能量	煤炭																		
	焦炭																		
	天然气																		
	电力																		
	其他																		
	回收利用																		
	合计																		

续表

环节	购入存储			加工转换					输送分配	终端使用								
单元 能源名称	实物量 （单位）	等价值	当量值	锅炉房	变电站	空压站	其他	合计		铸造	冲压	热表	机加	装配	空调	照明	其他	合计
损失能量																		
回收利用能量																		
输出能量合计																		
能量利用率/%																		

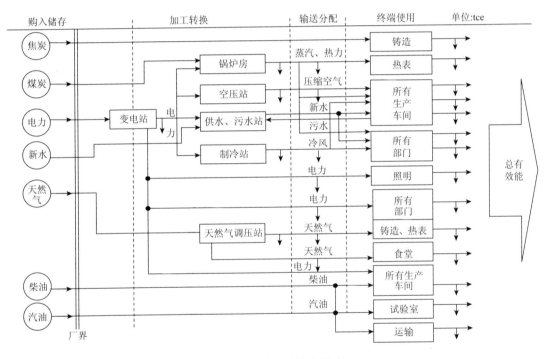

图4-4　某机械工厂能流图示例

3. 根据重点能耗工序、重要用能设备及能耗指标，进行用能情况分析

4. 企业内余能资源量、余能资源率和余能利用情况

5. 可能的节能潜力及部位，提出节能措施方案

八、用能设备能量平衡

GB/T 2587—2009《用能设备能量平衡通则》，规定了用能设备能量平衡模型、能量平衡计算时的基准、能量平衡测试要求、能量平衡测算内容以及能量平衡结果的表示。

（一）用能设备能量平衡的定义及其平衡模型

1. 定义

对设备的输入能量与输出能量在数量上的平衡关系进行考察，以定量分析用能情况。

2. 用能设备能量平衡模型

（1）用能设备能量平衡框图（见图4-5）

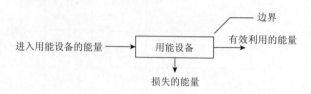

图4-5　用能设备能量平衡框图

（2）用能设备能量平衡方程

用能设备能量平衡方程式用式（4-16）表示：

$$E_r = E_{cy} + E_{cs} \tag{4-16}$$

式中：E_r为进入用能设备的能量；E_{cy}为有效利用的能量；E_{cs}为损失的能量。

（二）用能设备能量平衡计算时的基准

（1）基准温度

基准温度有以下两种选择：①以环境温度为基准温度；②采用其他基准温度应另行说明。

（2）燃料发热量

燃料发热量以其低(位)发热量为基准计算。

（3）二次能源的能量计算

在用能设备能量平衡计算中二次能源的能量按当量值计算。

（4）助燃用空气组分

原则上采用下列空气组分：①按体积比：O_2 21.0%，N_2 79.0%；②按质量比：O_2 23.2%，N_2 76.8%。

（三）用能设备能量平衡测算内容

1. 用能设备能量平衡测算的基本要求

能量平衡考察的内容主要包括进入用能设备的能量，产品生产利用的能量、输出的能量和损失的能量，以及在体系内物质化学反应放出或吸收的热量，要求上述各种能量得到数量上的平衡。

2. 用能设备的输入能量

输入能量通常包括：外界供给用能设备的能量，进入体系的物料或工质带入的能量，除了燃料以外体系内的其他化学反应放热。输入能量包含的项目具体有：① 进入体系的燃料的发热量和显热；② 输入的电能；③ 输入的机械能；④ 进入体系的工质带入的能量；

⑤ 物料带入的显热；⑥ 外界环境对体系的传热量；⑦ 化学反应放热；⑧ 输入的其他形式的能量；⑨ 其他。

3. 用能设备的输出能量

输出的能量通常包括：离开用能设备的产品或工质带出的能量，体系向外界排出的能量，体系内发生的化学反应吸热，蓄热及其他热损失。输出能量包含的项目具体有：①离开体系的产品带出的能量；②离开体系的工质带出的能量；③输出的电能；④输出的机械能；⑤能量转换产生的其他形式的能量；⑥化学反应吸热；⑦体系排出废物带出的能量；⑧体系对环境的散热量；⑨用能设备的蓄热；⑩能量转换中其他形式的能量损失；⑪其他热损失。

4. 有效利用能量和损失能量

（1）有效利用能量

在输出能量中，输出的电能、输出的机械能、能量转换产生的其他能量和化学反应吸热属于有效利用能量。

离开体系的产品带出的能量和离开体系的工质带出的能量中，哪些属于有效利用能量，由相应设备或产品的能量平衡标准另行规定。

（2）损失能量

在输出能量中，体系排出的废物带出的能量、体系对环境的散热量、用能设备的蓄热、能量转换中其他形式的能量损失和其他热损失属于损失能量（又称损耗）。

离开体系的产品带出的能量和离开体系的工质带出的能量中，哪些属于损失能量另行规定。

(四) 用能设备能量平衡结果的表示

（1）计量单位

1）能量平衡中采用的量和单位的名称与符号应符合GB 3102.4的规定。

2）能量采用的主要计量单位：千焦（kJ）、兆焦（MJ）或吉焦（GJ）。

3）也可采用以下能量计量单位：千瓦时（$1kW \cdot h = 3600kJ$）、千克标煤（$1kgce = 29271.2kJ$）。

（2）能量平衡表

用能设备能量平衡的内容和结果按项目列入用能设备能量平衡表（见表4-27）。

（3）能量平衡报告

用能设备能量平衡报告主要包括用能设备的概况、主要原始数据、能量平衡表、分析结果等内容。

表 4-27　用能设备能量平衡表

序号	输入能量			输出能量		
	项目	能量值 /MJ	百分数 /%	项　目	能量值 /MJ	百分数 /%
1	燃料			产品		

序号	输入能量			输出能量		
	项目	能量值/MJ	百分数/%	项目	能量值/MJ	百分数/%
2	电能			工质		
3	机械能			电能		
4	工质			机械能		
5	物料带入显热			产生的其他形式能量		
6	环境传入热			化学反应热		
7	化学反应放热			废物带出能量		
8	输入的其他形式能量			体系散热		
9	其他			设备蓄热		
10				其他形式能量损失		
11	合计		100			100

第五节　提高能源管理水平的基础工具

一、企业能源审计

《企业能源审计技术通则》（GB/T 17166—1997）给出了企业能源审计的定义、内容、方法、程序和报告的编写等内容。

（一）能源审计的定义和基本概念

企业能源审计是对企业用能状况进行考察与审核的一种管理方法，它可以帮助企业寻找节能技术改造方向，确定节能方案。能源审计就是审计单位依据国家节能法规和标准，对企业和其他用能单位能源利用的物理过程和财务过程进行的检验、核查和分析评价并提出节能改造措施。

（二）能源审计的通用流程（见图4-6）

1. 能源审计立项

1）确定审计范围和目标，制定审计工作计划。

2）组成审计组并明确分工。

3）配备必要的测试仪器。

2. 能源数据采集、整理

数据采集和整理的基础是根据企业工艺流程，确定能源流向与能流图，包括煤炭、电力、石油制品、天然气、蒸汽、焦炭等能源的流向，并采集和整理以下数据：

1）电力及其负荷，包括自发电和购买网电；

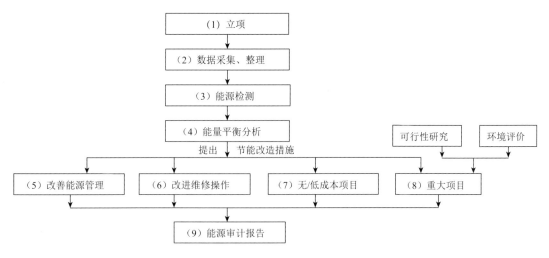

图4-6　能源审计通用流程

2）各种能源及耗能工质，如冷却水、压缩空气等；

3）蒸汽网络及其工作参数和运行状况，如压力、温度、流量以及保温、泄漏等；

4）能源费用，包括能源价格、运费等。

3. 能源数据补充检测

在对能源数据进行分析评审过程中，若发现信息不足时，应进行必要的能源检测。

4. 能量平衡分析

企业能量平衡分析是能源审计工作的理论基础和方法。只有充分、完整、正确地进行能量平衡分析，才能确保企业能源审计的科学、真实和可检测性。

5. 改善能源管理

通过企业能量平衡分析，提出改善企业能源管理的意见，从而提高企业的能源利用率。

6. 改进维修操作

为提高企业的能源利用率，进一步提出改进技术维修、保养以及操作技术的意见。

7. 确定无/低成本项目

提出并确定无成本或低成本的节能技术改造项目。优先实施这些项目，能很快见到成效。

8. 提出重大节能技术改造项目建议

重大节能技改项目是提高企业能源利用率最根本的措施。重大项目建议报告内容可包括：

1）编制项目的可行性研究报告和环境影响评价报告；

2）编制项目能源审计报告、资金措施报告和项目进展计划表；

3）监测项目节能量的措施和方法。

9. 编写能源审计报告

能源审计报告是能源审计工作的最终成果。其内容分为两个部分：第一部分是报告摘要，读者对象主要为政府官员，特别是项目审批官员，内容应简明扼要；第二部分为报告正文，其读者对象为被评审单位和评审专家，内容要详尽、准确。

（三）能源审计要点

1. 以物质和能量守恒原理为基础

能源审计基础是物质和能量守恒原理。对企业能量平衡而言，输入体系的全部能量等于输出体系的全部能量，或等于生产利用能量、对外供应能量以及损失能量之和。对于用能设备能量平衡而言，进入用能设备能量等于该设备有效利用能量和损失能量之和。

2. 抓住企业能源流转的4个环节

能源审计应重点抓住购入存储、加工转换、输送分配和终端使用等4个能源流转环节（见图4-7）。进一步根据物质和能量守恒原理，编制企业能量平衡表（示例见表4-28）。

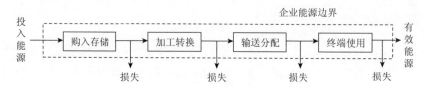

图4-7　企业能源流转的4个环节

表 4-28　某机械工厂能量平衡表格式示例

环节		购入存储			加工转换					输送分配	终端使用								
	单元	实物量（单位）	等价值	当量值	锅炉房	变电站	空压站	其他	合计		铸造	冲压	热表	机加	装配	空调	照明	其他	合计
能源名称																			
输入能量	煤炭																		
	焦炭																		
	天然气																		
	电力																		
	其他																		
	回收利用																		
	合计																		
有效能量	煤炭																		
	焦炭																		
	天然气																		
	电力																		
	其他																		
	回收利用																		
	合计																		

续表

环节	购入存储			加工转换					输送分配	终端使用								
单元 能源名称	实物量 （单位）	等价值	当量值	锅炉房	变电站	空压站	其他	合计		铸造	冲压	热表	机加	装配	空调	照明	其他	合计
损失能量																		
回收利用能量																		
输出能量合计																		
能量利用率 /%																		

3. 紧扣三个关键问题

能源审计应紧扣以下三个关键问题，并通过能源管理方案的实施来解决这些问题。

1）能效低和能源浪费在哪里产生，即确定能效低的部位。

2）为什么会产生能效低和能源浪费，即分析产生能效低和能源浪费的原因。

3）如何解决能效低和能源浪费，即制定能源管理方案并予以实施。

4. 分析影响能耗水平的8个因素

（1）影响生产过程能耗水平的因素构成（见图4-8）

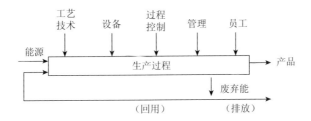

图4-8 影响生产过程能耗水平的8个因素

（2）导致能效低和能源浪费的原因分析内容（见表4-29）

表 4-29 导致能效低和能源浪费的原因分析内容

序号	因素	原因分析内容
1	能源使用是否合理	能源投入量和配比是否合理；能源是否与生产相适应；能源质量是否有保证；能源供应、储存、发放、运输是否存在流失等
2	工艺技术选择与优化	连续生产能力差、生产稳定性差、工艺落后、工艺参数不科学、不合理等
3	设备合理选用与维护	设备搭配（用能设备之间、用能设备和公用设施之间）不合理、自身功能落后、设备的维护保养、设备的自动化水平、设备先进程度等
4	过程控制与经济运行	计量检测仪表不齐全或准确度不足，过程控制不能满足工艺技术要求等
5	生产组织管理	能源消耗定额的制定与考核不合理、岗位操作规程不完善或不能有效落实，缺乏有效奖惩制度等
6	产品材料与结构选择	产品的工艺出品率、转化效率低，废品率及返工、返修率高，产品在储存和搬运中出现破损、流失

续表

序号	因素	原因分析内容
7	员工作业优化	员工素质不能满足生产要求，缺乏优秀管理、技术人员及熟练操作人员，缺乏激励员工参与节能降耗的措施等
8	废弃能回收利用	废弃能是否可再利用及利用程度

（四）企业能源审计内容

根据企业能源审计的目的和要求，可以选择以下全部或部分内容实施能源审计工作。

1）企业的能源管理及用能概况和能源流转流程。

2）企业的能源计量及能源统计状况。

3）企业各类综合能耗的计算分析。

4）用能设备运行效率计算分析。

5）能源成本计算分析和节能量计算。

6）评审节能技措项目的财务和经济分析。

（五）企业能源审计的方法

1. 企业能源审计的基本方法

能源审计的基本方法是调查研究和分析比较，主要是运用现场检查、数据审核、案例调查以及盘存查账等手段，必要时辅助以现场测试。

2. 企业能源审计依据的其他相关能源管理标准

企业能源审计主要是依据相关的标准及要求进行。

1）企业用能概况及能源流程的审计，可通过查看资料和现场调查的方式进行。

2）企业能源管理的审计，可按照《工业企业能源管理导则》（GB/T 15587—2008）的有关规定核查能源管理活动并评价实施效果。

3）用能单位能源计量状况的审计，可按照《用能设备测试导则》（GB/T 6422—2009）、《用能单位能源计量器具配备和管理通则》（GB 17167—2006）等相关规定进行。

4）用能单位统计状况的审计，可按照统计有关规定和标准，通过询问、查看各类统计报表、统计管理制度等方式，并通过核算各类能耗指标的来源和计算过程，审核能源统计的范围、项目、数量、单位及结果的全面性和准确性。

5）用能设备运行效率的核查，可按照《设备热效率计算通则》（GB/T 2588—2000）及用能设备效率测定专项标准的有关规定进行。

6）用能单位综合能耗指标、单位产品能耗指标和产值综合能耗指标的核查与计算分析，可按照《综合能耗计算通则》（GB/T 2589—2008）和有关国家、行业及地方标准进行。

7）能源成本指标的核查与计算分析，可按照《企业能源审计技术通则》（GB/T 17166—1997）的有关规定进行。

8）企业节能量的审计，可按照《企业节能量计算方法》（GB/T 13234—2009）的有关规定进行。

9）节能项目的节能量应按照发改委《节能项目节能量审核指南》等相关标准要求进行。

10）水资源综合利用审查按照《企业水平衡测试通则》(GB/T 12452—2008）等相关标准进行。

（六）企业能源审计报告的编制

企业能源审计报告通常包括摘要和正文两部分。

1. 企业能源审计报告摘要

简要说明用能单位的概况、主要能耗指标和审计结果等内容，字数在2000字以内为宜。

2. 企业能源审计报告正文

通常包括：

1）能源审计的依据及有关事项说明；

2）用能单位概况及主要生产工艺概况；

3）用能概况、主要用能系统及设备状况说明，工艺流程与能源流程说明及流向图；

4）能源实物量平衡表；

5）能源管理状况及评价分析情况；

6）能源计量和统计状况及评价；

7）主要设备运行效率及监测情况，技术装备的产业政策评价，通用用能设备的更新淘汰评价；

8）能源消耗指标、重点工艺与单位产品能耗指标计算分析；

9）产值能耗指标与能源成本指标计算分析；

10）节能量指标计算与考核指标计算分析；

11）影响能耗指标变化的因素与节能潜力分析；

12）拟实施节能技改项目的技术、节能效果与经济评价；

13）存在的问题与合理用能的建议；

14）审计结论。

二、清洁生产审核

（一）基本概念

1. 清洁生产

在我国，《中华人民共和国清洁生产促进法》给出的清洁生产的定义为：不断采取改进设计、使用清洁的能源和原料、采用先进的工艺技术和装备、资源综合利用等措施，从源头削减污染，提高资源利用率的先进生产模式。

2. 清洁生产审核

按照一定程序对生产过程进行调查诊断，找出能耗高、物耗高、污染重的原因，提出减少有毒有害物料的使用、产生，降低能耗、物耗以及废物产生的方案，进而选定技术经济及环境可行的清洁生产方案的过程。

（二）机械工厂清洁生产审核所依据的法律法规和标准

机械工厂清洁生产审核所依据的法律法规和标准可参见表4-30。

表 4-30　清洁生产审核所依据的法律法规和标准

类别	名称	文号（标准号）	颁布单位	实施日期	功能及主要内容
法律	中华人民共和国清洁生产促进法	主席令第72号发布；主席令第54号修正	全国人大常委会	2012.07.01	清洁生产的基本法律
法规	清洁生产审核暂行办法	环保总局令第16号	国家发改委国家环保总局	2004.10.01	实施清洁生产审核的基本法规
	重点企业清洁生产审核程序的规定	环发（2005）151号文	国家环保总局	2005.12.13	规定了实施强制性审核的重点企业的名单确定及其审核程序
	关于进一步加强重点企业清洁生产审核工作的通知	环发（2008）60号文	环境保护部	2008.07.01	提出对重点企业进行清洁生产审核评估和验收的要求
标准	清洁生产标准汽车制造业（涂装）	HJ/T 293—2006	国家环保总局	2006.12.01	为推荐性标准，适用于相关行业企业的清洁生产审核
	清洁生产标准电镀行业	HJ/T 314—2008	国家环保总局	2009.02.01	
	清洁生产标准砂型铸造	HJ/T ×××—201×	环境保护部	已上报，待审批	为推荐性标准，用于砂型铸造及热处理企业清洁生产审核
	清洁生产标准热处理行业	HJ/T ×××—201×	环境保护部		

（三）清洁生产审核程序

根据清洁生产审核的思路，清洁生产一般包括审核准备、预审核、审核、实施方案的产生和筛选、实施方案的确定和编写清洁生产审核报告6个步骤。当企业完成一轮清洁生产后，为了巩固清洁生产的成果，还需要实施持续清洁生产审核。通常将清洁生产的6个步骤和持续清洁生产审核合称为清洁生产的7个阶段，亦即清洁生产的程序。

1. 审核准备

全员培训，成立清洁生产审核工作小组，制定工作计划。

2. 预审核

通过定性和定量分析，确定审核重点和清洁生产目标；在现场调研和员工合理化建议活动基础上，提出并实施无/低费方案。

3. 审核

通过对生产的投入产出分析，建立物料平衡、水平衡、资源平衡以及污染因子平衡，找出物料流失、资源浪费环节和污染物产生的原因。

4. 实施方案的产生和筛选

对物料流失、资源浪费、污染物产生和排放进行分析，提出清洁生产实施方案，并进行方案的初步筛选分类，同时实施并完成无/低费方案。

5. 实施方案的确定

对初步筛选的中/高费清洁生产方案进行技术、经济和环境可行性分析，确定企业拟实施的中/高费清洁生产方案，并筹措资金，组织方案实施。

6. 编写清洁生产审核报告

清洁生产审核报告应当包括企业基本情况、清洁生产审核过程和结果、清洁生产方案综合效益预测分析、清洁生产方案实施计划等。

7. 持续清洁生产审核

按照清洁生产方案实施计划组织实施，取得成效，且进一步完善清洁生产的组织、管理制度，开展下一轮的审核，持续推行清洁生产。

（四）清洁生产标准的通用技术指标内容及在EnMS中的应用

1. 技术指标分级及指标要求

（1）指标分级

一般分为以下三个等级。

1）一级：国际清洁生产先进水平。

2）二级：国内清洁生产先进水平。

3）三级：国内清洁生产基本水平。

（2）指标要求

一般将清洁生产指标分为6个大类，即6个方面的要求：①生产工艺与装备要求；②资源能源利用指标；③产品指标；④污染物产生指标（末端处理前）；⑤废物回收利用指标；⑥环境管理要求。

2. 技术指标及其内容在EnMS中的应用

1）技术指标作为选择并确定能源基准、能源绩效参数及能源目标指标的依据之一。

2）中/高费清洁生产方案作为管理实施方案的重要项目来源。

3）无/低费方案作为经济运行的改进措施来源。

（五）清洁生产标准中与EnMS相关技术指标摘录

1. 电镀行业清洁生产标准

电镀行业清洁生产标准中，与EnMS相关技术指标参见表4-31。

表 4-31　电镀行业清洁生产标准中与 EnMS 相关技术指标

清洁生产指标等级		一级	二级	三级
一、生产工艺与装备要求				
1. 电镀装备（整流电源、风机、加热设施等）节能要求及节水装置		采用电镀过程全自动控制的节能电镀装备	采用节能电镀装备	已淘汰高能耗装备
		有生产用水计量装置和车间排放口废水计量装置		
2. 清洗方式		根据工艺选择淋洗、喷洗、多级逆流漂洗、回收或槽边处理的方式，无单槽清洗等方式		
3. 回用		有清水循环使用装置，有末端处理出水回用装置	有末端处理出水回用装置	
		对适用镀种有带出液回收工序，有铬雾回收利用装置		
二、资源能源利用指标要求				
1. 镀层金属原料综合利用率				
镀种				
锌	锌的利用率（钝化前）/%	≥85	≥80	≥75
铜	铜的利用率 /%	≥85	≥80	≥76
镍	镍的利用率 /%	≥95	≥92	≥80
装饰铬	铬酐的利用率 /%	≥60	≥24	≥20
硬铬	铬酐的利用率 /%	≥90	≥80	≥70
2. 单位产品新鲜水用量 /（t/m²）		≤0.1	≤0.3	≤0.5

2. 汽车制造业（涂装）清洁生产标准

汽车制造业（涂装）清洁生产标准中，与 EnMS 相关技术指标参见表 4-32。

表 4-32　汽车制造业（涂装）清洁生产标准与 EnMS 相关技术指标

清洁生产指标等级		一级	二级	三级
三、资源能源利用指标				
1. 耗新鲜水量 /（m³/m²）		≤0.1	≤0.2	≤0.3
2. 水循环利用率 /%		≥85	≥70	≥60
3. 耗电量 /（kW·h/m²）	2C2B 涂层	≤15	≤18	≤22
	3C3B 涂层	≤20	≤23	≤27
	4C4B 涂层	≤25	≤28	≤32
	5C5B 涂层	≤30	≤33	≤37

三、节能量审核

（一）节能量审核概述

1. 节能量审核的概念

节能量审核通常是与第三方有关系，即第三方节能量审核机构依据相关国家标准、行业标准、设备标准等，通过查看节能项目现场、审阅大量原始资料和台账的方式，对审核项目实施前后的能源利用、计量检测、运行等情况进行审核，客观公正、实事求是地对采取节能改造措施的企业预期/实际产生的节能效果进行核查，核定出项目的节能量。

2. 节能量审核的适用范围和依据

节能量审核的对象是节能项目，其范围是该节能项目实施前后节约能源的量的审核。

节能量审核的依据主要有：国家有关的法律、法规及行业标准和规范；节能项目的相关资料。

3. 节能量审核的原则和方法

（1）节能量审核的原则

节能量审核应遵循客观独立、公平公正、诚实守信、实事求是的原则开展工作，审核机构还应保守受审核方的商业秘密，且审核工作不能影响受审核方的正常生产经营活动。

（2）节能量审核的方法

可采用的方法包括：文档查阅、现场观察、计量测试、分析计算、随机访问和座谈会等。

4. 节能量审核的目的和用途

1）企业自我准确客观评价节能技改项目的实际效益，总结经验持续改进。

2）企业申报"节能技术改造财政奖励项目"时必备的第三方证明材料（参见本章第二节相关内容）。

（二）节能量审核的内容

审核机构应围绕项目预计的节能量和项目完成后实际节能量进行审查与核实，主要审核内容包括项目基准能耗状况、项目实施后的能耗状况、能源管理和计量体系、能耗泄漏等4个方面。

1. 项目基准能耗状况

项目基准能耗状况就是在项目实施前规定的时间段内，项目范围内所有用能环节的各种能源消耗情况。主要审核内容包括以下6个方面。

1）项目工艺流程。

2）项目范围内各种产品（工序）的产量统计记录。

3）项目能源消耗平衡表和能流图。

4）项目范围内重点用能设备的运行记录。

5）耗能工质消耗情况。

6）项目能源输入输出和消耗台账，能源统计报表、财务账表以及各种原始凭证。

2. 项目实施后的能耗状况

项目实施后的能耗状况是指项目完成并已稳定运行后规定的时间段内，项目范围内所有用能环节的各种能源消耗状况。主要审核内容包括项目完成情况概述和上述项目基准能耗状况所应审核的6项内容。

3. 能源管理和计量体系

主要审核内容包括以下3个方面。

1）受审核方能源管理组织结构、人员配备和相关管理制度。

2）项目能源计量设备的配备率、完好率和周检率。

3）能源输入输出的监测检验报告和主要用能设备的运行效率检测报告。

4. 能耗泄漏

能耗泄漏是指节能措施对项目范围以外能耗产生的正面或负面影响，必要时还应考虑技术以外影响能耗的因素。主要审核内容包括以下2个方面。

1）相关工序的基准能耗状况。

2）项目实施后相关工序能耗状况变化。

（三）节能量审核程序

接受审核委托后，审核机构应按照一定的程序进行审核。主要步骤为审核准备、文件审查、基准能耗状况现场审核、实际节能量现场审核、审核质量保证和审核报告等。

1. 审核准备

根据节能量审核委托的具体要求，组建审核组，配备相应的资源，并与受审核方就审核事宜建立初步联系。

2. 文件审查

对节能项目相关材料进行评审，分析受审核方所采用的节能措施是否合理可行，并对受审核方预计的节能量进行初步校验，提出需要现场审核验证的问题。

3. 基准能耗状况现场审核

（1）现场审核准备

审核准备工作包括：①编制审核计划：计划内容包括审核目的、审核范围、现场审核的时间和地点、审核组成员等；②审核组工作分工：应根据审核员的专业背景、实践经验进行具体工作任务分配，这一任务分配可以体现在审核计划之中；③准备审核工作文件，如检查表、证据记录信息表格、会议记录等。

（2）现场审核实施

通常包括3个方面的内容：①宣布审核计划：向受审核方的有关人员介绍审核目的和方式，明确审核范围和受审核方参加人员；②收集和验证信息：收集与节能项目相关的信息并加以验证，并完整予以记录，形成审核发现，对不符合的内容请受审核方解释并确认；③形成审核结论：审核人员就审核发现以及在审核过程中所收集的其他信息进行讨论，直至达成一致。

4. 实际节能量现场审核

项目完成且运行稳定后，受审核方提出审核申请，审核机构进行实际节能量现场审核。实际节能量现场审核的程序和方法与基准能耗现状现场审核相同。将两次审核的结果进行比较，便可计算得出实际项目节能量。

5. 审核质量保证

为提高审核发现和结论的可靠性，审核人员在收集证据过程中，应遵循以下原则。

（1）多角度取证原则

对任何可能影响审核结论的证据，可采取数据追溯或计算验证等方法，从多个角度予以验证。

（2）交叉检查原则

如果存在多种确定节能量的方法，则应选择进行交叉检查，以提高审核发现和审核结论的可信度。

（3）外部评价原则

无法进行实际观测或判断的情况下，可借助公正第三方的客观评价例如相关检测机构出具的检测报告等。

6. 审核报告

审核结束后，应出具节能量审核报告。审核报告分为基准能耗审核报告和实际节能量审核报告。基准能耗审核报告主要是对项目实施前能耗状况、计量管理体系的真实性和有效性进行报告；实际节能量审核报告则是对项目完成后实际节能量审核情况的报告。审核报告应按统一的格式编制，并按照节能量审核委托方的要求，在规定的时间内提交报告，并报送有关部门。审核机构对审核报告的真实性负责，并承担相应的法律责任。

四、合同能源管理

（一）基本概念

1. 合同能源管理（Energy Performance Contracting，EPC)

节能服务公司与用能单位以契约形式约定节能项目的节能目标，节能服务公司为实现节能目标向用能单位提供必要的服务，用能单位以节能效益支付节能服务公司的投入及其合理利润的节能服务机制。

2. 合同能源管理项目

以合同能源管理机制实施的节能项目。

3. 节能服务公司

提供用能状况诊断、节能项目设计、融资、改造（施工、设备安装、调试）、运行管理等服务的专业化公司。

4. 能耗基准

由用能单位和节能服务公司共同确认的，用能单位或用能设备、环节在实施合同能源管理项目前某一时间段内的能源消耗状况。

5. 项目节能量

在满足同等需求或达到同等目标的前提下，通过合同能源管理项目实施，用能单位或用能设备、环节的能源消耗相对于能耗基准的减少量。

（二）合同能源管理项目要素

合同能源管理项目具有用能状况诊断、能耗基准确定、节能技术措施优选和方案设计与施工、量化的节能目标、节能效果测量和验证方案5个要素。

1. 用能状况诊断

可采用用能设备能量平衡（依据GB/T 2587—2009《用能设备能量平衡通则》）、企业能量平衡（依据GB/T 3484—2009《企业能量平衡通则》）、节能监测（依据GB/T 15316—2009《节能监测技术通则》）、能源审计（依据GB/T 17166—1997《企业能源审计技术通则》）等方法，对用能现状进行诊断，寻找改进机会。

2. 能耗基准确定

采用节能量计算（依据GB/T 13234—2009《企业节能量计算方法》）、综合能耗计算（依据GB/T 2589—2008《综合能耗计算通则》）等方法，结合企业实际情况，确定能耗基准期和能耗基准，并经合同能源管理项目的双方确认。

3. 节能技术措施优选和方案设计与施工

根据国家有关法律法规、产业政策要求以及工艺、设备等相关标准以及节能服务公司掌握的技术实力和经验，确定先进合理的、切实可行的节能技术措施。

4. 量化的节能目标

双方确定的节能目标应予量化，便于合同双方的利益分配。

5. 节能效果测量和验证方案

即通过测试、计量、计算和分析等方法确定项目能耗基准和项目节能量、节能率或能源费用节约的活动。确定测量和验证方案应遵循以下原则。

1）准确：测量和验证方案应能准确反映用能单位实际能耗状况和达到的节能目标。

2）完整：应充分考虑所有影响节能目标的因素，对重要影响因素应进行量化分析。

3）透明：测量和验证方案应对合同双方公开，包括其中的技术细节。

（三）合同能源管理的合同类型

合同能源管理的合同类型包括节能效益分享型、节能量保证型、节能费用托管型、融资租赁型和混合型等。目前只有节能效益分享型合同可以申请国家合同能源管理财政奖励和税收优惠，应当依据《合同能源管理技术通则》附件提供的参考合同签订节能效益分享型的节能服务合同。

1. 节能效益分享型

在项目期内用户和节能服务公司双方分享节能效益的合同类型。节能改造工程的投入按照节能服务公司与用户的约定共同承担或由节能服务公司单独承担。项目建设施工完成后，经双方共同确认节能量后，双方按合同约定比例分享节能效益。项目合同结束后，节能设备所有权无偿移交给用户，以后所产生的节能收益全归用户。节能效益分享型是我国政府大力支持的模式类型。

2. 节能量保证型

用户投资，节能服务公司向用户提供节能服务并承诺保证项目节能效益的合同类型。

项目实施完毕，经双方确认达到承诺的节能效益，用户一次性或分次向节能服务公司支付服务费，如达不到承诺的节能效益，差额部分由节能服务公司承担。

3. 能源费用托管型

用户委托节能服务公司出资进行能源系统的节能改造和运行管理，并按照双方约定将该能源系统的能源费用交节能服务公司管理，系统节约的能源费用归节能服务公司的合同类型。项目合同结束后，节能公司改造的节能设备无偿移交给用户使用，以后所产生的节能收益全归用户。

4. 融资租赁型

融资公司投资购买节能服务公司的节能设备和服务，并租赁给用户使用，根据协议定期向用户收取租赁费用。节能服务公司负责对用户的能源系统进行改造，并在合同期内对节能量进行测量验证，担保节能效果。项目合同结束后，节能设备由融资公司无偿移交给用户使用，以后所产生的节能收益全归用户。

5. 混合型

由以上4种基本类型的任意组合形成的合同类型。

（四）合同能源管理项目流程

1. 与用能单位接触

节能服务公司与用能单位进行初步接触，了解用能单位的经营现状和用能系统运行情况。向用能单位介绍本公司基本情况、节能技术解决方案、业务运作模式及可给用能单位带来的效益等。向用能单位指出系统具有节能潜力，解释合同能源管理模式的有关问题，初步确定改造意向。

2. 节能诊断

针对用户的具体情况，对各种耗能设备和环节进行能耗评价，测定企业当前能耗水平，通过对能耗水平的测定。此阶段系节能服务公司为用户提供服务的起点，由公司的专业人员对用户的能源状况进行测算，对所提出的节能改造的措施进行评估，并将结果与客户进行沟通。此阶段应提出书面的诊断报告。

3. 改造方案设计

在节能诊断的基础上，由公司向用户提供节能改造方案的设计，这种方案不同于单个设备的置换、节能产品和技术的推销，其中包括项目实施方案和改造后节能效益的分析及预测，使用户做到"心中有数"，以充分了解节能改造的效果。

4. 谈判与签署

在节能诊断和改造方案设计的基础上，节能服务公司与客户进行节能服务合同的谈判。在通常情况下，由于节能服务公司为项目承担了大部分风险，因此在合同期（一般为3～10年左右）节能服务公司分享项目的大部分的经济效益，小部分的经济效益留给用户。

待合同期满，节能服务公司不再和用户分享经济效益，所有经济效益全部归用户。

5. 项目投资

合同签订后，进入节能改造项目的实施阶段。用户在项目实施过程中，不需要任何投资，公司根据项目设计负责原材料和设备的采购，其费用由节能服务公司支付。

6. 全过程服务

合同签署后，节能服务公司提供项目设计、项目融资、原材料和设备采购、施工安装和调试、运行保养和维护、节能量测量与验证、人员培训、节能效果保证等全过程服务。

7. 项目试运行与培训

在完成设备安装和调试后即进入试运行阶段，节能服务公司还将负责培训用户的相关人员，以确保能够正确操作及保养、维护改造中所提供的先进的节能设备和系统。在合同期内，设备或系统的维修由节能服务公司负责，并承担有关费用。

8. 能耗基准、节能量监测

改造工程完工前后，节能服务公司与用户共同按照合同约定的测试、验证方案并对项目能耗基准和节能量、节能率等相关指标进行实际监测，有必要时可委托第三方机构完成节能量确认。节能量作为双方效益分享的主要依据。

9. 效益分享

由于对项目的全部投入（包括节能诊断、设计、原材料和设备的采购、土建、设备的安装与调试、培训和系统维护运行等）都是由节能服务公司提供的，因此在项目的合同期内，节能服务公司对整个项目拥有所有权。用户将节能效益中应由节能服务公司分享的部分按月或季支付给节能服务公司。在根据合同所规定的费用全部支付完毕以后，节能服务公司把项目交给用户，用户即拥有项目的所有权。

以电机系统变频调速节能改造项目为例，合同能源管理的项目流程见图4-9。

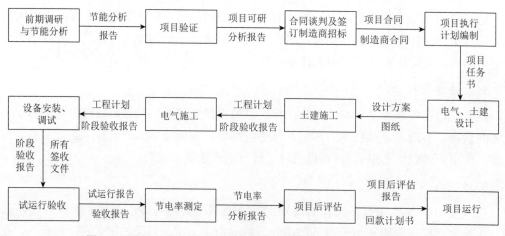

图4-9 "电机系统变频调速节能改造项目"的合同能源管理流程图

五、能效对标管理

（一）概述

1. 能效对标管理的产生背景和历程

（1）国际能效对标管理的产生历程

对标管理起源于20世纪70年代的美国公司。在欧美流行后，现在亚太也得到迅猛发展，不仅是公司，连医院、政府、大学也开始发现对标管理的价值。

从应用程度上说，最初人们只利用对标寻找与别的公司的差距，把它作为一种调查比较的基准。但现在，对标管理结合了寻找最佳案例和标准，并将其引入到公司内部的一种方法，是一种持续不断发展的学习过程。

对标管理作为21世纪最有效的管理工具，已使不少的企业发生了变化。通过对标活动，后进变先进，先进变卓越，使强者更强，优者更优。

20世纪70年代末，美国的施乐公司开辟了对标管理的先河。其标杆是日本的佳能、NEC，向日本的佳能等公司学习，找出与对手之间的差距，调整经营战略，很快取得显著成效。经过20年的发展，美国对标管理已经发展成为一种比较成熟的企业绩效管理方法，在大多数公司得到应用，并发展成不同类型的对标管理，而能效对标管理是其中非常重要的内容。目前，美国、加拿大、日本及一些欧洲国家的企业也不同程度地开展了能效对标管理。目前世界500强企业中90%的企业都开展了能效对标管理，特别是竞争性对标应用最为广泛，如IBM的企业内部对标，施乐公司与佳能、NEC对标等都取得了很好效果。

（2）我国能效对标管理的产生历程

21世纪初，我国从政府层面要求企业开展对标管理。企业层面，也有很多企业开展了行业对标和企业内部对标管理。

2005年10月，《中华人民共和国国民经济和社会发展第十一个五年规划纲要》提出，2010年单位GDP能耗要比2005年降低20%左右，并作为重要的约束性指标。2007年5月，国务院《关于印发节能减排综合性工作方案的通知》明确要求，"强化重点耗能企业节能管理，启动重点耗能企业与国际国内同行业能效先进水平对标活动"；2009年7月，国务院《2009年节能减排工作安排》中再次强调，"深入开展重点耗能行业能效水平对标活动"。2009年9月，国家发展和改革委员会发布的《重点耗能企业能效水平对标活动实施方案》指出："深化千家企业节能行动，在重点耗能企业开展能效对标活动。"我国自行制定的第一版GB/T 23331—2009标准，也将"能源标杆"作为EnMS的一个重要要素（条款）。

2. 企业能效对标管理的基本概念

（1）企业对标管理的概念

结合我国的实践，对标管理就是通过比较，不断发现企业内外、行业内外的最佳理念或实践，不断解析卓越绩效产生的重要因子，将本企业结果指标、过程指标，与最佳部门、竞争对手或者行业内外的一流企业，持续进行对照分析、寻找差距、改进提高的过程。

对标管理虽然来自实践，但其方法蕴含着科学管理规律的深刻内涵，体现了现代知识管理中追求"好""更好""最好"的本质特性，因此具有巨大实效性和广泛适用性。

（2）企业能效对标管理的概念

企业能效对标管理是指企业为提高能效水平，与国际国内同行业先进企业能效指标进行对比分析，确定能效标杆指标，通过节能管理和技术措施，达到能效标杆指标或更高能效指标水平的能源管理活动。

企业能效对标管理包括两个基本要素，即最佳节能实践和能效度量标准。最佳节能实践是指国际国内同行业节能先进企业在能源管理中所推行的最有效的节能管理和技术措施。能效度量标准是指能客观反映企业能源管理绩效的一套能效指标体系，以及与之相应的作为标杆用的一套基准数据，如单位产品综合能耗指标、重点工序能耗指标等。

（二）企业能效对标管理的目的

开展能效对标管理，企业可实现以下全部或部分目的。

1. 全面、客观了解企业生产和能源使用现状

作为完善生产和能耗数据计量、统计额基础工作，建立完善的企业各方面的能效指标体系，合理提出企业各项能效指标的定额水平，科学合理地分解落实企业节能目标责任。

2. 正确认识与能效先进企业的差距

通过分析能效指标的差距，明确企业节能的现实潜力、节能工作的努力方向和工作重点。

3. 合理安排各种能效改进措施的优先顺序

根据能效差距和节能目标责任要求，合理制定和完善本企业中长期节能规划、年度节能计划，合理安排各种能效改进措施的优先顺序。

4. 有助于企业制定切实可行的能效改进实施方案

通过加强能源精细化管理和实施节能技术改造，促进和推动企业能源管理水平和能绩指标的持续改善和提高。

5. 有助于企业建立科学有效的能源管理体系

通过加强交流与合作，使企业共享节能信息和资源，促进企业能源管理制度创新。

（三）能效对标管理的类型

根据企业所选择能效标杆单位不同，企业能效对标管理分为内部能效对标、竞争性能效对标和行业能效对标三种类型。

1. 内部能效对标管理

在企业内部开展的能效对标工作，可以是企业内部能效指标的不断超越，也可以是将企业内部能源管理工作更具绩效的某一部门的做法当作其他部门学习标杆的对标方法。

2. 竞争性能效对标管理

企业对竞争对手的能源管理做法和能效指标等进行详细分析，找出差距，并采取有针对性的能效改进措施，从而实现企业自身能源管理水平提升和能效指标改进的对标方式。

3. 行业能效对标管理

将能效对标管理的项目与全国乃至国际同行业中节能先进企业的相应项目进行对比。

(四) 能效对标管理的方法

1. 战略对标管理与运营对标管理

（1）战略对标管理

通过收集竞争对手的财务、市场状况，进行分析比较，寻求绩优公司成功的战略和优胜竞争模式，为企业寻找最佳战略，进行战略转变。

（2）运营对标管理

通过对环节、成本、差异三方面进行分析比较，寻求最佳运作方法，改善企业的运营方法。

2. 静态对标与动态对标

1）静态对标。选择一些静态的指标作为标杆，如能耗限额等。

2）动态对标。选择一些动态的指标作为标杆，是一些实时性、动态的企业活动和行为。

(五) 能效对标管理的实施

1. 能效对标管理实施的内容

企业能效对标管理实施的主要内容见图4-10。

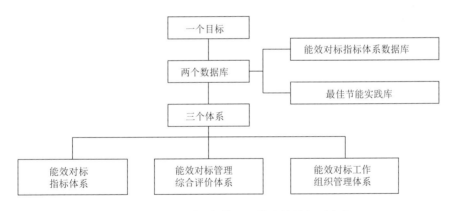

图4-10　企业能效对标管理工作实施的主要内容

（1）确定一个目标

基于企业实际情况，合理选择对标主题，并确定适当的能效对标指标改进目标值。

（2）建设两个数据库

在建立企业能效对标指标体系的基础上，建立企业能效对比数据库，同时建立企业最佳节能实践库。

1）企业能效对比数据库包括两类：一类是能效标杆企业的能源管理绩效数据，这些数据是开展能效对标活动的学习和追求的目标；另一类数据是来自开展能效对标活动的企业，反映该企业目前的能源管理绩效的现状。

2）企业最佳节能实践库，其主要内容包括：标杆企业最佳节能实践，即标杆企业达到优良能源管理绩效的方法、措施和管理技巧；本企业总结、提炼的最佳节能实践，包括能源管理典型经验。

（3）建立三个体系

建立能效对标指标体系、能效对标综合评价体系和能效对标工作组织管理体系。

1）企业能效对标指标体系。其基本信息应能反映企业规模、主要设备状况等，作为能效对标比较和企业节能投入、能源管理提升的参考。企业能效对标指标体系包括反映企业能源利用效率和能源管理水平的一组指标，并按指标之间的因果关系形成不同层级的树状指标体系。常见的评价指标包括：单位产值能耗、单位产品能耗、重点工序能耗、资源综合利用率、能源加工/转换/使用以及设备运行效率等。

2）企业能效对标综合评价体系。包括指标评价和管理评价两个方面：指标评价包括单项指标评价和综合指标评价；管理评价包括企业能效对标管理中的标准制度、管理手段和管理方法的综合评价。

3）企业能效对标工作组织管理体系。企业在进行能效对标管理活动中，应安排专门的组织机构和人员负责整个能效对标工作，为能效对标工作的开展提供强有力的组织保障。能效对标工作的组织保障体系通常包括：领导机构，即由企业高层领导组成的领导小组，并由企业的行政负责人担任领导小组组长；协调机构，即能效对标管理办公室，由企业能效对标领导小组直接领导和管理，主要负责处理能效对标管理实施工作中遇到的问题，负责能效对标管理活动的日常操作；执行机构，即具体实施能效对标管理项目，企业可根据实际情况设立专业工作小组，明确其职责、工作程序及管理办法，必要时可邀请对标管理专家指导工作。

2. 能效对标管理的实施步骤

企业能效对标工作的实施分为6个步骤或阶段：现状分析阶段、选定标杆阶段、制定方案阶段、最佳实践阶段、指标评价阶段、持续改进阶段。企业应按照能效对标工作的实施内容，分阶段开展能效对标工作，明确各阶段的工作目标、主要工作任务和有关要求，确保对标工作循序渐进进行。

（1）现状分析

企业首先要对自身能源利用状况进行深入分析，充分掌握本企业各类能效指标客观、翔实的基本情况；在此基础上结合企业能效审计报告、企业中长期发展计划，确定需要通过能效水平对标活动提高的产品单耗或工序能耗。

（2）选定标杆

企业根据确定的能效水平对标活动内容，在行业协会的指导与帮助下，初步选取若干个潜在标杆企业；组织人员对潜在标杆企业进行研究分析，并结合企业自身实际，选定标杆企业，制定对标指标目标值。企业选择标杆要坚持国内外一流为导向，最终达到国内领先或国际先进水平。

（3）制定方案

通过与标杆企业展开交流，或通过行业协会、互联网等收集有关资料，总结标杆企业在指标管理上先进的管理方法、措施手段及最佳实践；结合自身实际全面比较分析，真正认清标杆企业产生优秀绩效的过程，制定出切实可行的对标指标改进方案和实施进度计划。

（4）最佳实践

企业根据改进方案和实施进度计划，将改进指标的措施和对标指标目标值分解落实到相关车间、班组和个人，把提高能效的压力和动力传递到企业中每一层级的管理人员和员工身上，体现对标活动的全过程性和全面性。在对标实践过程中，企业要修订完善的规章制度，优化人力资源，强化能源计量器具配备，加强用能设备监测和管理，落实节能技术改造措施。

（5）指标评估

企业就某一阶段能效水平对标活动成效进行评估，对指标改进措施和方案的科学性和有效性进行分析，撰写对标指标评估分析报告。

（6）改进提高

企业将对标实践过程中形成的行之有效的措施、手段和制定等进行总结，制定下一阶段能效水平对标活动计划，调整对标标杆，进行更高层面的对标，将能效水平对标活动深入持续地开展下去。

3. 能效对标管理的实施条件

（1）政策引导与支持

实施能效对标管理，政府的政策引导和支持是前提。目前，国务院以及发改委已出台了多项能效对标的政策，很多地方政府出台了对能效对标活动中业绩突出、成绩显著的企业予以表彰的支持措施。

（2）行业协会的指导和服务

我国钢铁、烧碱、水泥等重点耗能行业已出台企业能效对标指标体系指南，为这些行业的企业实施能效对标工作提供指导。但机械制造行业目前还没有类似的指导和服务，需要加强这方面的工作。

（3）企业领导层重视与支持

企业实施任何工作，都需要有领导层的重视和支持，这是实施能效对标管理的基础。

（4）规范的对标管理流程

按照规范的对标管理流程实施对标管理，可保证能效对标管理健康发展。

（5）企业员工主动参与

企业实施能效对标管理，不仅仅是某一个人或某一个部门的事情，应有企业员工的积极、主动参与，否则，企业能效对标管理就会成为一句空话。

（6）良好的信息交流渠道

无论是内部对标还是行业对标，都需要准确的信息的支持，亦即要找准标杆，这就需要有良好的信息交流渠道，来确保相关信息的全面、准确。

4. 实施能效对标管理应注意的问题

（1）对标管理不仅仅是对数据

数据只是作为衡量企业节能绩效水平的一种尺度或工具，如果脱离实际，片面追求单纯的指标数据，则达不到改善管理的目的。

（2）搞不清对标内容和对标方向

现状分析不到位，盲目寻找标杆，一味模仿别人。

（3）把对标管理看作是短期行为

对标管理是一个持续改进的动态管理过程。

六、用能设备设施的预防性维修

（一）用能设备预防性维修概述

1. 设备维护保养及预防性维修对节能减耗的作用

机械制造企业的生产过程，使用大量的重点耗能设备，包括主要生产设备，如各种熔炼熔化设备、锻造设备、热处理设备、热切割焊接设备、各种加热烘干设备、表面处理设备、机械加工设备和特种加工设备、装配调试设备以及由这些设备构成的各种类型的生产线等；还有辅助生产设备如锅炉、空压机、制冷设备、风机、水泵等动力设备，通风除尘及污水处理等环保设备，起重运输等物流设备等。确保这些设备润滑及精度保持性良好，对减轻能源无谓损耗至关重要，因而对设备进行日常维护保养和选择适宜的维修方式是机械制造企业一项十分重要的基础性技术管理工作。

2. 设备维护保养的基本概念

日常保养，又称例行保养。其主要内容是：进行清洁、润滑、紧固易松动的零件，检查零件、部件的完整。这类保养的项目和部位较少，大多数在设备的外部。除例行保养之外，还有设备的一级保养、二级保养和三级保养。维修是在日常保养基础上对设备定期或不定期、事前或事后的排除故障或预防故障的拆解、修理活动。其中预防性维护是一种最先进有效的维修方式。

在各类维护保养中，日常保养是基础。保养的类别和内容，要针对不同设备的特点加以规定，不仅要考虑到设备的生产工艺、结构复杂程度、规模大小等具体情况和特点，同时要考虑到不同企业内部长期形成的维修习惯。

3. 设备维修方式的发展

早期的设备维修方式多是采用"事后维修"故障维修方式，即只有当设备零件出现失效故障并造成设备不能正常工作而被迫停机进行维修。然而，对于很多高耗能设备，往往是故障前即产生能效下降现象，仅采用事后维修显然不合理。因此发展出不同形式的预防性维修方式，即根据设备运行经验积累或运行状态监测信息在设备技术状态劣化前，至少在出现故障前，就对设备全部或局部薄弱环节进行必要的维修，防止能效下降等技术状态劣化趋势产生。这种防患于未然的维修方式便是预防性维修。以"预防性维修"为主、"事后维修"为辅的设备维修方式已被广大机械制造企业普遍采用。

（二）用能设备预防性维修的主要内容

设备预防性维修是一项系统工程，"预防"与"维修"，"日常维护保养"与"按时按需修理"都很重要,但核心是"预防"故障的发生。设备购进安装调试后,加强其服役期的日常维护保养是"预防性维修"重要的基础工作。

1. 设备服役期日常防故障隐患要求

(1) 对设备操作工的"三好""四会""五项纪律"要求

1) 对操作工的"三好"要求。"三好"是指管好设备、用好设备、修好设备。

2) 对操作工的"四会"要求。"四会"就是会操作、会保养、会检查、会排除设备故障。

3) 对操作工的"五项纪律"要求。"五项纪律"就是实行定人定机、凭证操作制度,严格遵守安全技术操作规程;经常保持设备的清洁,特别要按规定加油润滑,做到没完成润滑工作不开机、没完成清洁工作不下班;认真执行交接班制度,做好交接班记录、运转台时记录;管理好工具、附件,不能遗失及损坏;不准在设备运转时离开岗位,发现异常声音和故障应及时停机检查,不能处理的要及时通知维修工检修。

(2) 设备的维护保养要求

设备的维护保养是为了保持设备良好的技术和经济运行状态,延长使用寿命所必须进行的日常工作。设备维护保养分两个层次:设备的日常保养和设备的定期维护。

1) 设备的日常保养。设备日常保养通常以操作工为主,其基本要求包括整齐、清洁、润滑和安全。具体可包括每班保养和周末保养。每班保养应做好班前检查和点检、按设备操作规程及维护规程正确使用设备、下班前做好清洁、办好交接班手续等工作;周末保养则要做好设备的彻底清洁、擦拭和润滑,并按照设备保养标准和完好标准进行检查评定及考核。

2) 设备的定期维护。设备的定期维护是以维修工为主进行的定期维护工作。依据保养工作的深度、广度和工作量不同,设备的定期维护可分为一级保养和二级保养。一级保养简称"一保",是指设备除日常维护内容外,所进行的设备内部清洗、疏通油路、调整配合间隙、紧固有关部位及对有关部位进行必要的检查。二级保养简称"二保",是指除了一保的全部工作内容外,还要对设备进行局部解体检查、清洗换油、修理或更换磨损零部件、排除异常情况和故障、恢复局部工作精度、检查并修理电气系统等。在部分企业,把二保列为设备小修内容。

(3) 设备润滑的"五定"与"三过滤"要求

利用机械能工作的高耗能设备的良好润滑对减轻能源损耗效果显著,一定要十分重视,并作为日常保养的重点。

1) 设备润滑的"五定"。即定点、定质、定量、定期和定人。设备润滑由操作工和维修工分工负责:操作工负责每班、每周为润滑点加油(脂);维修工负责润滑装置与滤油器的修理、清理与更换,为储油箱定期添油并负责治理漏油等工作。

2) 设备润滑的"三过滤"要求。"三过滤"又称"三级过滤",是为了减少油液中的杂质含量,防止尘屑等杂质随油进入设备而采取的净化措施,包括入库过滤、发放过滤和加油过滤。

2.设备预防性维修的两种方式

设备预防性维修包括定期维修和预测维修两种方式。

（1）定期维修

定期维修亦称按时预防性维修，其特点是以设备使用时间为维修期限，只要设备使用到预先规定的期限，不管其技术状态如何，都需要进行规定的维修工作。所谓预先规定的期限，对于不同设备可以按小时、里程、次数、周期或其他间接或直接表示实际工作时间的单位。所谓规定的维修工作，是根据这种维修方式所制定的维修类别（如大修、项修或小修）进行。

实施定期维修具有以下优点：①容易掌握维修时间，维修计划，组织管理工作简单、明确；②可延长设备使用寿命，避免经常性或突发严重的设备损坏事故，可靠地保证质量并提高生产安全水平和经济运行状态；③由于设备利用率的增加而提高了生产率，从而降低成本。当然同时也存在由于不能针对设备实际技术状况进行维修，维修费用较大的缺点。

实施定期维修，应具备一些基本条件，主要包括要根据足够的数据和经验，比较合理地确定维修周期。

（2）预测维修

预测维修亦称视情维修或状态检测维修，是一种按需预防维修的方式。其特点是根据设备实际技术状态的实时监测来预防并确定维修时机。设备技术状态监测方法有润滑油光谱铁谱分析、电机电流分析、机械振动与冲击、频谱分析、动平衡分析、红外热成像、声发射等，通过跟踪定量监测分析设备机件的某些参数或性能，判断其技术状态，在故障发生前预测并确定各机件的最佳维修时间和维修项目，实时地排除故障隐患。

实施预防维修具有以下优点：可充分发挥机件的潜力，提高机件预防性维修的有效性，减少维修工作量和人为差错。但也存在费用高、要求有可靠的故障诊断条件等缺点。

实施预防维修需要具备以下条件：需要进行预防维修的设备的运行技术状态的监测和故障诊断系统设计，包括运行技术状态的监测方法、监测仪器，信号分析软件及相关监测参数及参数标准、控制手段等。

3.设备预防性维修的三种类型

设备预防性维修项目均要纳入设备维修计划。在计划中，要根据维修内容、技术要求及工作量大小，确定维修类别。设备预防性维修通常分为大修、项修和小修三种类型。

（1）大修

设备大修是工作量最大的计划维修，其目的是全面消除修前存在的缺陷，恢复设备的规定功能和进度。大修时内容主要包括：①对设备的全部或大部分部件解体；②修复基准件，更换或修复全部不合格部件；③修复和调整设备的电气及液压、气动系统；④修复设备的附件及翻新外观等。

（2）项修

项修是项目修理的简称，它是根据设备的实际情况，对状态劣化已难以达到生产工艺要求的部件进行针对性维修。项修时，一般要进行部分拆卸、检查、更换或修复失效的零件，必要时对基准件进行局部维修和调整精度，恢复所修复部分的精度和性能。

（3）小修

设备小修是工作量最小的计划维修。对于实施状态监测维修的设备，小修的内容是针对日常点检、定期检查和状态监测诊断发现的问题，拆卸有关部件进行检查、调整精度、更换或修复失效的部件，以恢复设备的正常功能。

（三）设备维修方式的合理选择及预防性维修的重点

1.设备维修方式合理选择的原则

设备维修方式的选择，应从发生故障后设备的安全性及维修费用的经济性等方面加以考虑。凡发生故障后可能导致发生人身安全及重大突发事故或影响整个生产单元或生产线正常运行的设备，一般应积极采用预防性维修方式。三种维修方式的选择应遵循以下原则。

（1）事后维修

多用于对安全无直接危害的下列三类故障：①偶然故障；②故障规律不明的故障；③故障造成的损失小于预防性维修费用的耗损性故障。

（2）定期维修

多用于故障造成的危害和损失严重、对安全有危害且一旦故障发生发展迅速或目前尚没有监测手段准确预测的损耗性故障。

（3）预测维修

多用于故障造成的危害和损失严重、对安全有危害但发展缓慢、故障规律明确，有条件视情预测的损耗性故障。

2.机械工厂设备预防性维修的重点（从节能降耗角度考虑）

1）高耗能特种设备：如锅炉、压力容器、压力管道、厂内机动车、起重设备、电梯等。

2）高耗能环保设备：如通风除尘设备、除雾净化设备、空调恒温恒湿设备、污水处理设施等。

3）动力设备：如变配电设备、各种风机、水泵、空压机、天然气调压设备等。

4）热加工设备：如各种工业炉窑（冲天炉、感应炉、电弧炉、天然气反射炉、热处理炉、锻坯加热炉、烘干炉等）、热切割机、电焊机等。

5）表面保护设备：如电镀及转化膜设备、涂装设备及其生产线等。

6）机械加工、冲压设备：如数控机床、加工中心、冲剪压设备、自动生产线、机器人系统等。

本章编审人员

主　编：尚建珊

编写人：尚建珊　孙飞　陈炜明　任少锋　张森　方辉

主　审：房贵如

第五章

节能原理及机械制造企业先进节能技术

第一节　节能及节能技术概述

一、节能及节能技术的定义及其内涵

(一)"节能"的定义及理解要点

1."节能"定义

"节能是指：加强用能管理，采取技术上可行、经济上合理以及环境和社会可以承受的措施，减少从能源生产到消费各个环节中的损失和浪费，更加有效、合理地利用能源。"(《中华人民共和国节约能源法》第三条)

2.从4个层面全面理解"节能"定义的内涵

(1)管理层面——必须从管理抓起，加强用能管理，向管理要能源

即节能工作必须从管理抓起，通过各级严格规范管理要效益：国家制定节能法律、政策法规和标准体系，实施必要的节能考核和监察；用能单位提高能源管理水平，减少各种损失及浪费；严格规范能源管理是节能的基础。

(2)技术层面——必须技术可行，即：符合现代科学原理和先进制造工艺水平

即节能措施必须技术可行，它是实现节能的前提。一定要避免"永动机""水变油"等违背现代科学原理的伪科学骗子的出现。

(3)经济层面——必须经济合理，具有明显经济效益，既节能又节钱

即节能措施的投入/产出比例必须合理，既节能又节钱，这是节能措施能得以推广采用的前提条件。

(4)环境和社会层面——必须符合环保要求、安全可靠，环境及社会可承受

即节能措施要符合环境保护、健康安全、质量可靠、实用方便等可持续发展要求，这是节能措施得以全面推广、广泛采用的必要条件。"夏时制"在我国之所以未能持续推行，与我国幅员辽阔，横跨很多时区，给人们日常生活带来很多不便直接相关(即"社会公众不能承受")。

(二)"节能技术"定义及其类别

1. "节能技术"定义

"节能技术是指：提高能源开发利用效率和效益，减少对环境影响，遏制能源资源浪费的技术。"(《中国节能技术政策大纲》1.2条)

2. 采用"节能技术"的三大目标（对"定义"内涵的全面理解）

（1）提高能源开发利用的效率和效益（提高能效）。

（2）遏制能源资源开发利用中的浪费（降低能耗）。

（3）减少能源资源开发利用中对环境的影响（减轻环境影响）

3. "节能技术"的类别及示例

（1）"节能技术"的类别（《中国节能技术政策大纲》的类别划分）

1）能源资源优化开发利用技术。

2）单项节能改造技术与节能技术的系统集成。

3）节能型的生产工艺、高性能用能设备、可直接或间接减少能耗的新材料开发应用技术。

4）节约能源、提高用能效率的管理技术。

（2）不同类别"节能技术"的具体示例（表5-1）

表5-1　不同类别节能技术的具体示例

序号	类别	具体示例
1	能源资源优化开发利用技术	煤炭开采优化巷道布置技术；超临界、超超临界压力等级发电技术；热、电、冷三联产和热、电、煤气多联供技术；油气资源综合开发利用技术
2	单项节能改造技术	链条锅炉适应燃煤品种的结构改造；锻锤"换头术"的节能改造（将空气锤或蒸-空锤改造成电液锤——程控电力驱动全液压模锻锤）
3	节能型生产工艺	连铸连轧一火成材和热装热送工艺（钢铁工业）；干法窑外分解水泥生产工艺（建材工业）；冷芯盒制芯工艺；可控气氛热处理工艺
4	高性能用能设备	S11型等低损耗变压器；高效异步电机；IGBT逆变电弧焊机；多供电中频感应电炉
5	减少能耗的新材料	不用热处理的非调质钢；保温、隔热性能良好的耐火纤维材料
6	节约能源、提高能效的管理技术	电力需求侧优化管理技术；建立全厂能源管理中心实现能耗能效动态调整优化
7	节能技术的系统集成	供配电及电机系统的系统节能；铸造生产过程的系统节能；焊接生产过程的系统节能

二、节能技术在 ISO 50001 标准和 EnMS 实施中的地位和作用

（一）与ISO 50001标准大多数条款强相关或相关（表5-2）

表5-2　节能技术与 ISO 50001 标准条款的相关性

序号	相关性	ISO 50001 标准条款	条款数
1	最强相关	4.4.6（能源目标、能源指标与能源管理实施方案）	1
2	强相关	4.2.1/2、4.3、4.4.3/4/5、4.5.5/6/7、4.6.1	10
3	相关	4.4.2、4.5.2/3/4、4.6.2、4.6.3、4.6.4、4.6.5、4.7.1/2/3	11

即：ISO 50001标准的25个二级条款中，22个与节能技术相关或强相关，节能技术在ISO 50001标准中具有十分重要的地位。

（二）节能技术在EnMS实施中的重要作用

1. 兑现能源方针"三大承诺、一大支持"的重要资源

（1）"提供可获得信息和必需资源的承诺"

节能技术是十分重要的、不可或缺的信息和专业技能、技术资源。

（2）"持续改进能源绩效的承诺"

不断采用并改进节能技术是持续改进能源绩效的最有效手段。

（3）"遵守节能相关法律法规及其他要求的承诺"

社会不断进步，相关方的需求和期望不断增强，节能法规的要求也不断加严，企业只有不断采用最新节能技术才能持续守法。

（4）"支持高效产品和服务的采购及改进能源绩效的设计"

只有熟悉、了解最新节能技术及其产品的信息动态，才能在能源设计和采购工作中优选高效能源产品和服务，不断改进能源绩效。

2. 实现能源目标的必备手段与能源管理实施方案的核心内容

（1）没有节能技术支撑，能源目标不可能圆满完成

在EnMS实施过程中，能源目标的地位作用十分显著，它是控制"主要能源使用消耗"实现持续改进的最有效途径和手段。其"最有效"的前提条件是必须有"可选择的技术"（即节能技术）支撑。

（2）节能技术是"能源管理实施方案"的核心内容

ISO 50001"4.4.6条款"明文规定"组织应通过实施能源管理实施方案以实现能源目标和指标"，实施方案应包括"达到每项指标的方法、验证能源绩效改进的方法及验证结果的方法"等核心内容，这些内容就是相关的节能技术。

3. 能源管理及其他关键岗位人员必须掌握的基本知识

"节能降耗、人人有责"，全体员工都应对节能基本原理及本企业应用的节能技术有基本了解，对于能源管理专职人员及其他关键岗位员工（如设计及工艺技术人员、重点用能

工序/设备操作人员、内审员等）应进一步熟悉甚至掌握其中某些内容和方法，以利于不断提高能源绩效。

第二节 节能基本原理及机械制造企业节能潜力分析

一、节能的理论依据

节能的理论依据主要综合应用热力学第一定律和第二定律，首先依据第一定律了解节能总潜力，再依据第二定律判断真实节能潜力，从而总结出节能基本原理。

（一）理论依据——热力学第一定律和第二定律

1.热力学第一定律和第二定律的基本概念

（1）热力学第一定律

热力学第一定律从量的方面揭示能量传递和转换过程的变化规律，亦谓之"能量守恒定律"，即"自然界的一切物质都具有能量；能量既不能创造，也不能消灭，而只能从一种形式转换成另一种形式，从一个物体传递到另一个物体；在能量转换与传递过程中能量的总量恒定不变。"

（2）热力学第二定律

热力学第二定律有多种表述，最早的表述是如下两种：

1）克劳修斯表述：不可能把热量从低温物体传向高温物体而不引起其他变化。

2）开尔文表述：不可能制成一种循环动作的热机，从单一热源取热，使之完全变为功而不引起其他变化。

热力学第二定律是从质的方面，揭示能量传递和转换过程进行的方向、条件和限度的规律。它指出，能量传递过程总是朝着能量贬值的方向进行（亦谓之"能量贬值定律"）。高品质的能量可以全部转换成低品质的能量，能量传递过程也总是自发地朝着能量品质下降的方向进行，能量品质提高的过程不可能自发地单独进行（反之则必须投入额外的功）。一个能量品质提高的过程肯定伴随有另一个能量品质下降的过程，并且这两个过程是同时进行的。

能量不仅有量的多少，还有质的高低，如具有温度100℃的1J热量与具有温度1000℃的1J热量，其数量相等，但在转换为功量的比率方面则大不一样，温度高的，转换为功比例大。1.0MPa和4.0MPa蒸汽，热效率都可以在80%以上，但两者的做功能力差别很大，说明能量的"质"有不同。

有序能电能和机械能可以自发的百分之百地转换为无序能热能，但热能无法全部转换为机械能或电能，说明有序能的"质"优于无序能；同为热能，"质"也有高低之分，如热量总是自发地从高温源流向低温源，但不能自发地由低温源转向高温源。

能量从"量"的角度看，只有是否已利用、利用了多少的问题。而从"质"的角度看，还有是否按质用能实现能量梯级利用的问题。提高能量的有效利用，实质就是防止和减少能量贬值发生。

2. 依据热力学第一定律（能量守恒）了解节能总潜力

（1）能量守恒方程

供给能量=有效能量（生产利用能量）+损失能量（转移到环境中的能量）

（2）节能总潜力

所有"损失能量"都有可能通过节能技术加以利用。

3. 依据热力学第二定律（能量贬值）判断真实节能潜力

"㶲"和"㶲"的基本概念如下。

根据能量贬值原理，不是每一种能量都可以连续地、完全地转换为任何一种其他的能量形式，从能否转换的角度，可以把能量分为"㶲"和"㶲"（亦可称为"火寂"）两部分。

1）㶲："㶲"是指在给定的环境条件下，可以连续地完全转换成任何一种其他形式的能量，所以"㶲"又称为可用能。可用以下公式表示：

$$㶲=可用能量=有效能量+可回收利用的损失能量$$

2）㶲："㶲"又称为"㶲损"或"无用能量"，指不可回收利用的损失能量。

（二）节能潜力分析及节能基本原理

1. 节能潜力分析的基本概念和方法

依据上述理论分析，节能潜力分析的方法图（节能潜力与供给能量及其各种分量之间的关系）示于图5-1。

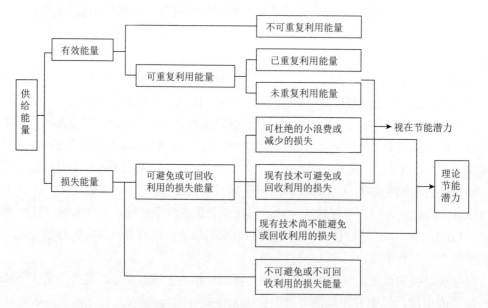

图5-1 节能潜力分析——节能潜力与供给能量及其各种分量的关系

从图5-1可看出，存在以下两种节能潜力。

（1）视在节能潜力——节能技术的着力点。

是通过采用现有节能技术或通过加强管理或通过学习国内外同行业领先（或先进）水平即可得到良好效果的节能潜力。它包括发挥两种节能潜力：一是尽量避免或回收利用损失能量；二是尽量重复利用有效能量，实现能量梯级利用。企业可以通过设立能源标杆将这种潜力充分挖掘作为节能的努力方向。

（2）理论节能潜力——技术创新的着力点

理论节能潜力=视在节能潜力（A)+现有技术尚不能避免或回收利用的损失能量（B），但通过技术创新有可能将B变为A。

（3）不可避免或不可回用的损失能量及不可重复利用能量即为㶲损（㶲）。

2. 节能基本原理

依据上述节能潜力分析，节能基本原理可概括为如下内容：

（1）尽量提高有效能量在供给能量中的比例，实现能量的优化利用和有效利用

1）提高能源利用率，尽量减少能源加工转换次数（能量的优化利用）。

2）提高能量利用率，尽量避免或减少损失能量（能量的有效利用）。

（2）尽量重复利用有效能量，实现能量的梯级利用和多效利用（能量的充分利用）

（3）尽量回收利用可避免或可回收利用的损失能量

（4）还要注意尽量减少节能技术额外投入的能量

二、节能的层次及实现途径

（一）节能的层次及示例

按节能工作的简易程度，分如下4个层次。

1. 不使用能源

1）生活示例：外出使用公交不开车，居家采用开窗通风降温不用或少用空调。

2）生产示例：不用热处理（采用铸态球铁、非调质钢等节能材料）。

2. 降低能源的使用质量（基本不降低生产及生活质量为前提）

1）生活示例：低速驾驶，提高空调房间设定温度，淋浴代盆浴。

2）生产示例：降低热处理温度（球铁低碳及部分奥氏体化正火）。

3. 通过技术和管理手段提高能效、降低能耗

是企业最有意义和量大面广的节能工作，具体示例参见本节之（二）。

4. 通过调整产业、行业、能源消费和产品技术结构提高能效、降低能耗

是最高层次的节能工作，其中调整产业、行业、能源消费结构对机械制造企业均有实际意义，具体示例参见本节之（二）。

（二）实现节能的三条途径

实现节能主要有三条途径，即结构调整节能、技术节能和管理节能。

1. 结构调整节能的类别及示例（表5-3）

表5-3　结构调整节能的类别及示例

序号	类别	内容示例	层级	实施主体	效果
1	产业结构调整节能	• 提高第三产业（服务业）在国民经济中的比重 • 提高高端服务业（科研、教育、文化创意、金融）的比重	宏观	国家、部门、省市	最大
2	行业结构调整节能	• 提高高端制造业（电子信息、医疗设备、轿车、轨道车辆、大型客机、机器人等智能设备、核电设备等）在制造业中的比重 • 压缩高能耗行业（钢铁、水泥、玻璃等）的过剩产能	宏、中观	国家、部门、省市	很大
3	产品结构调整节能	• 在同行业中提高高附加值、高科技产品比重 • 在同行业中压缩高能耗、低附加值产品比重	中、微观	部门、省市、企业	大
4	能源消费结构调整节能	• 采用可再生能源（太阳能、风能、水电、核电等） • 采用高效清洁能源（天然气、电力等） • 社区公共供暖取代自备燃煤锅炉供暖	宏、中、微观	国家、部门、省市、企业	较大

2. 技术节能的类别、方法及示例（表5-4）

表5-4　技术节能的类别、方法及示例

序号	类别	方法	示例	实施条件
1	工艺节能	采用新型制造工艺和（或）材料替代原有工艺和（或）材料	• 黏土砂湿型工艺或树脂砂造型制芯工艺（替代黏土砂烘干型芯工艺） • 异形轴类工件楔横轧成形工艺（替代普通锻造工艺） • 离子渗氮工艺（替代气体渗氮或气体渗碳工艺）	①常需设备节能和控制节能配合；②宜在新扩改建项目时同步实施
2	设备节能	对重点用能设备进行更新换代或局部改造	• "一拖二"中频感应电炉（替代原有工频电炉） • 程控电力驱动液压模锻锤（替代原有空气锤或蒸 - 空锤） • 逆变电弧焊机（替代抽头式、动圈式电弧焊机及晶闸管式电弧焊机）	常需较大投资
3	控制节能	基本不改变原有工艺，只严格控制重点耗能工序某个（或几个）变量实现节能	• 球铁低碳或部分奥氏体化正火（替代常规正火） • 锻件锻后余热热处理（替代重新加热热处理） • 燃煤锅炉燃烧煤风配比自动调节技术	需配合信息技术及精细化管理（优化工艺参数）手段
4	系统节能	多种节能技术在全厂或全车间的系统集成，实现节能效果的更大化	• 铸造（热处理、焊接）生产过程系统节能 • 供配电及电机系统的系统节能	综合应用多种节能技术并需配合更严格的精细化管理

3.管理节能的措施和方法

（1）管理节能的投入产出比

投资不大，甚至是零投资，但可达到3%～5%的节能效果。

（2）总措施方法

建立能源管理体系并有效运行。

（3）具体措施方法（至少应做到）

1）设立专门能源管理机构，配备符合法规要求的能源管理和关键岗位人员。

2）确定明确的能源方针和定量的能耗和节能目标指标。

3）设置节能技改经费，每年通过节能技改（管理实施方案）确保完成目标指标。

4）依法配置计量器具，制定能耗能效基准及运行定额，并提供真实、准确的数据。

5）建立完善能源管理制度及精细化、可操作的重点耗能工序的作业文件。

6）搞好重点用能设备设施的维护保养，防止能源跑冒滴漏浪费。

7）合理调度，实现连续均衡生产，确保用能工序/设备经济运行。

8）通过三级监控手段结合能量平衡、节能监测等工作，及时发现并整改不符合，实现持续改进。

三、机械制造企业节能潜力分析

（一）机械制造企业较大的技术节能潜力（直接节能）

依据节能原理及节能潜力分析原则，机械制造企业具有如下4个方面的较大技术节能潜力。

1.提高电机及电机系统电能利用率，杜绝或减少无功电损耗

（1）机械工厂电机及电机系统的主要应用场所

1）铸造、锻造、冲压、注塑、机械加工、装配等主要生产系统设备设施。

2）起重、传输物流、通风除尘、上下水及污水处理、采暖制冷、动力、后勤等辅助、附属生产系统用设备设施。

（2）节能潜力分析

1）用电设备数量大、品种规格多，耗能占比及节能潜力也最大。

2）采用高效电机置换替代应淘汰的高耗能电机（节电3%～4%）。

3）根据电机系统的负载变化特点在不置换原有电机条件下分别采用交流变频调速、变极调速或相控调功（压）软启动等节能技术，可分别节电2%～50%，以交流变频调速应用范围最广、节电效果最大。

2.提高电感性电热设备功率因数及电能利用率

（1）机械工厂主要应用场所及电感性电热设备

1）电感性金属及非金属熔炼（化）设备，如感应电炉、电弧炉等。

2）其他电感性热处理加热炉、电弧焊机、等离子切割机、电弧气刨机、感应加热电源及变压器、互感器等。

3）荧光灯等气体放电光源。

（2）节能潜力分析

电感性电源均存在功率因数低、高次谐波污染引起的无功损耗大、电网电压及电流畸变等问题，使电能利用率降低，特别是电感性电热设备（熔化设备、加热设备和焊接切割设备）由于数量多，能耗大，节能潜力也最大。

3. 常温工艺替代加热工艺、低温工艺替代高温工艺

（1）机械工厂加热工艺及高温工艺的应用场所

1）毛坯件（铸件、锻件、焊接件）的消除应力及细化组织退火及正火（第一热处理）。

2）毛坯件及结构件的高温热处理（调质、渗碳淬火、碳氮共渗淬火等第二热处理）。

3）热法造型制芯工艺及旧砂热干法再生工艺。

4）结构件涂装、电镀的高温前处理（脱脂、磷化、氧化等）及涂层烘干等工艺。

5）机械构件的热铆接、热喷涂等工艺。

6）特种材料（粉末冶金、电碳、磨料、超硬、特种玻璃、特种陶瓷、橡胶、绝缘材料、复合材料等）的制造及其成形加工。

（2）节能潜力分析

1）通过物理共振、采用新材料或控制节能等方法消除应力、细化组织，取消第一热处理，甚至（调质等）第二热处理。

2）采用冷法、常温或低温（加工、处理、再生）工艺取代热法或高温工艺。

4. 余能余热余压的回收利用

（1）余能余热余压的基本概念

广义的余能指可以回收利用的所有能量，包括如下三部分能量。

1）可燃性余能：即可燃物质含有的化学潜热。如燃料炉排出烟气中的CO、H_2、C_xH_y等成分及固体燃料炉渣中的固定碳等。

2）载热性余能（余热）：包括排气（汽）、排水、排渣及设备、工件带走的高温热量，亦称物理潜热，其回收利用的范围最广、潜力最大。

3）有压力余能（余压）：指排气、排水等有压流体的能量。

一种余能资源往往兼有两种及以上性质，如燃料炉烟气既有物理潜热又有化学潜热。

（2）节能潜力分析

机械工厂余能余热余压回收利用的潜力分析示例见表5-5。

表5-5　机械工厂余能余热余压回收利用的节能潜力示例

用能工序 / 设备	烟气或排气		冷却水或凝结水	其他 /℃	节能潜力
	可燃物 /%	温度 /℃	温度 /℃		
铸铁熔炼 / 冷风冲天炉	CO：15～16	1100～1200	70～230	炉渣 200～500	■

续表

用能工序 / 设备	烟气或排气		冷却水或凝结水	其他 /℃	节能潜力
	可燃物 /%	温度 /℃	温度 /℃		
铸钢熔炼 / 电弧炉		1300 ～ 1400	80 ～ 250		▲
金属熔炼 / 感应电炉		500 ～ 1200	50 ～ 200		▲
铸铝熔炼 / 电阻炉		500 ～ 600	50 ～ 60		△
铸铝熔炼 / 天然气反射炉	CO 等	500 ～ 600	70 ～ 200		▲
热处理 / 天然气反射炉	CO 等	700 ～ 1000	70 ～ 230		■
锻坯加热 / 天然气反射炉	CO 等	700 ～ 800	70 ～ 200		■
蒸汽生产 / 燃煤蒸汽锅炉	CO	250 ～ 500	50 ～ 100	炉渣	■
化学热处理 / 各种电阻炉	CO、H_2 等	700 ～ 1000	70 ～ 250		■
涂料涂装 / 涂装烘干室	VOC（二甲苯等）	200 ～ 230	50 ～ 80		■
焊接 / 焊机（弧焊、电阻焊）		100 ～ 200	30 ～ 90		△

注：■表示大；▲表示中；△表示小。

（3）余热回收利用的基本方法

1）高温余热的回收利用（高于650℃的余热）。

①利用余热锅炉充分回收高温烟气的化学和物理潜热，用于发电、生产蒸汽或预热助燃空气、进料或给水等。

②加装换热器，充分回收物理潜热，预热助燃空气、进料或给水。

2）中温余热的回收利用（200 ～ 650℃的余热）。

①加装换热器，预热助燃空气或进料，多用于中高温余热（>300℃）。

②200 ～ 300℃冷却水的余热回收利用：采用直接加热设备或间接加热设备回收利用。

3）低温余热的回收利用（<200℃的余热）。

①冷凝水的余热利用：采用直接加热设备或间接加热设备回收利用。

②其他低温余热的回收利用：利用热管或热泵技术回收利用虽温度较低但排出量大的低温余热。

（二）机械制造企业特有的技术及管理节能潜力（间接节能）

1.优化机械产品设计，减少制造过程额外能耗，实现源头节能

（1）简化机械结构，减少零件数量及加工能耗

同一功能要求，可由多种不同机械结构完成。图5-2所示为一个传动带轮及其支架的三种结构方案，显然方案3，由于结构简化，零件数量及加工工时显著减少，且轴承孔同心度高、装配维修方便而拔得头筹。

（2）优化毛坯件（铸件、锻件、焊接结构件）结构，易于制造及后续加工

铸造、锻造、焊接是生产毛坯件的高能耗热加工工艺，因此要做好相应毛坯件制造工艺性审查及改进工作，将所设计的零件结构改进为易于铸造、锻造、焊接的毛坯件，以降

低制造工作量及能耗并降低废品率。试举几个改进铸件结构从而降低能耗的示例。

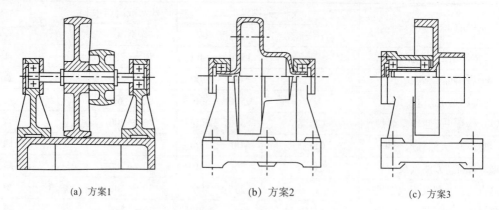

(a) 方案1   (b) 方案2   (c) 方案3

图5-2　传动带轮和支架的三种结构方案

1) 利于起模，减少砂芯和制芯工作量及能耗的示例。

① 改进妨碍起模的凸台、凸缘和肋板等结构（见图5-3和图5-4）。

② 取消铸件外表侧凹，利于起模，减少砂芯（见图5-5）。

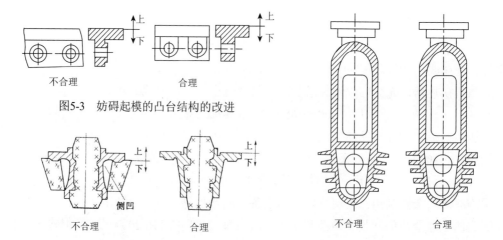

图5-5　带有外表侧凹的铸件结构之改进　　图5-4　发动机油箱散热肋妨碍起模部分的改进

2) 减少或简化分型面，简化模样、模板工装和造型工作量及能耗的示例。

① 避免曲面分型（见图5-6）。

② 避免产生多个分型面、多付砂箱及多次扣箱操作（见图5-7）。

3) 减少清理铸件工作量及能耗的示例。

图5-8所示的铸钢箱体，结构改进后可减少切割冒口的困难及能耗。

2. 优化车间布局及工艺路线设计，减少物流过程的额外能耗

依据"毛坯成形→零件加工→处理保护→装配调试"的工艺路线，合理布局物资库房、动力系统、生产车间、半成品及产品库房的位置及物流路线，减少原辅材料、能源及工件转换输送分配、搬运过程的额外能耗。

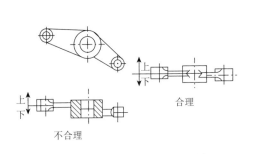

图5-6　避免曲面分型的铸件结构

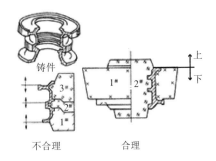

图5-7　改进结构减少分型面

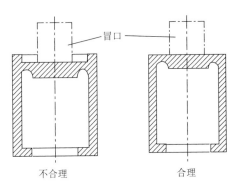

图5-8　铸件箱体结构的改进

3. 合理调度，实现专业化及连续均衡满负荷生产。

1）铸造、电镀作业应采用专业化协作生产方式。

2）专业化铸造、电镀厂（车间）应实现集中连续满负荷生产。

3）新增的主要锻造设备及热处理炉的负荷率应不低于65%，尽量高于70%。

4）大批量生产时，小于1000kN压力机的负荷率应不低于65%；1000～4000kN单点压力机的负荷率应不低于70%。

5）大批量生产时，主要机械加工设备的负荷率应不低于85%（中小批量生产时，应不低于80%）。

4. 提高工件成品率及一次检验合格率，减少返工、返修及报废的额外能耗

提高各道工序完成工件的成品率，降低废品率，特别是确保一次做好（即一次检验即合格，不需返工、返修），可大幅减少甚至杜绝因返工、返修及报废造成的额外能耗及浪费，对工序繁多的机械产品是十分重要且可观的节能潜力。

5. 提高铸件工艺出品率，减少浇冒口的处理回收及重熔能耗

（1）铸件工艺出品率的基本概念及节能意义

铸件工艺出品率=铸件实际重量（毛重）/（铸件毛重+浇冒口重量）(%)

浇冒口虽然可以回炉重熔再利用，但是多消耗了处理（切割、抛丸清理等）及重熔的额外能耗，如能尽量将其重量减少将显著节能。

（2）提高铸件工艺出品率的潜力（表5-6）

表5-6 我国提高铸件工艺出品率的潜力（以砂型铸造为例）

铸件材质	铸件工艺出品率 /%		
	我国平均水平	我国先进水平	国际先进水平
灰铸铁件	≥ 72	≥ 75	≥ 80
球墨铸铁件	≥ 60	≥ 70	≥ 75
铸钢件	≥ 45	≥ 50	≥ 55
铸铝件	≥ 65	≥ 70	≥ 75

6. 提高锻造、冲压、热切割下料材料利用率，减少金属材料冶炼轧制能耗节能潜力（见表5-7）

表5-7 我国提高锻件、冲压件、热切割下料材料利用率的潜力

工件类别	材料利用率 /%		
	我国平均水平	我国先进水平	国际先进水平
普通模锻件	75	78	84
自由锻件	65	70	76
冲压件	75	78	82
热切割件	70	75	80

7. 提高毛坯件的尺寸、形位及重量公差精度，减少后续机械加工能耗

（1）优化毛坯成形工艺技术结构，提高少无切割、近净成形工艺的比例

1）铸造：提高压铸、低压、差压、金属型、熔模等特种铸造及高紧实度黏土砂湿型、精密组芯造型等砂型工艺的比重；降低手工造型制芯的比重。

2）锻压：提高模锻、精锻、冷挤、冷辗扩、楔横轧、精冲等少无切削塑性成形工艺的比重；降低中小自由锻的比重，并逐步淘汰手工锻造。

3）焊接：提高熔焊中气体保护自动焊半自动焊、窄间隙埋弧焊、等离子弧焊、激光焊、电子束焊及气保焊、电阻焊机器人焊接的比重；降低焊条电弧焊的比重。

4）热切割：提高数控热切割、激光切割、高压水切割等精密切割的比重；降低手工热切割的比重。

（2）优化热处理工艺技术结构，减少热处理过程毛坯件尺寸精度的降低

1）提高可控气氛、真空、感应加热、低温化学热处理等少无氧化、脱碳、畸变热处理工艺的比重。

2）降低空气加热热处理的比重。

（3）加强成形工艺工模卡夹等辅具的配置和维护管理，防止因辅具质量降低毛坯件精度

1）铸造辅具：模样、模板、芯盒、砂箱及其卡具压铁等。

2）锻压辅具：锻模、胎模、冲模、挤压模、模架、砧座等。

3）焊接、热切割辅具：送丝机构、焊枪、割炬、小车、焊接变位器等夹具、滚轮架及坡口加工设备等。

8. 提高旧砂的再生回用率及电镀、涂装用水的循环利用率

（1）我国铸造旧砂再生回用率提高潜力

我国每年产生铸造旧砂约2500万～3000万吨，大多数不回用，直接废弃（如湿型铸造的树脂砂芯、水玻璃砂）或不经再生简单回用（如湿型黏土砂），而且回用率也有很大差距，见表5-8。

表 5-8　我国铸造旧砂再生回用率的提高潜力

旧砂种类	再生回用率（%）水平及潜力			
	再生回用现状	国内先进	国内领先	国际先进
黏土湿型砂	大多数不再生简单回用，树脂砂芯不回用，少数再生企业也多用热干法再生	80	90	90
水玻璃砂	大多数不回用，直接废弃，少数再生企业也多用湿法或热干法再生	65	70[①]	75
呋喃树脂砂	大多用干法再生	85	90	95
碱酚醛树脂砂	大多用热干法再生	60	65	70

①我国已研发成功水玻璃旧砂再生回用率达98%的专利技术，见本章第五节之一（三）。

（2）我国电镀、涂装用水循环利用率的提高潜力（表5-9）

表 5-9　我国电镀、涂装用水循环利用率的提高潜力

工艺类别	耗新水量（m^3/m^2）		水循环利用率 /%			
	国内	国际	国内平均	国内先进	国内领先	国际先进
电镀	0.5～1.0	0.1～0.3	60	70	80	90
涂装（汽车）	0.3～0.6	0.1～0.2	50	60	70	85

9. 提高"电力需求侧管理"水平，能耗高的工序避峰填谷，节约电费

参见第四章第二节相关内容。

第三节　合理用能的基本原则和企业合理用热用电的技术导则

一、合理用能的四项基本原则

合理用能的四项基本原则是：两个最小化和两个最大化。

（一）能源转换的过程最小化

1. 原则要点

尽量直接利用，减少能源的转换次数。增加一次能源的转换过程，就不可避免有能量损失；减少能源转换次数，就可以降低能耗，提高效率。

2. 应用示例

需要利用热能加热或熔化物体时，尽量利用燃料直接燃烧获取热量，避免利用燃料燃

烧转换成电力，再通过电能进行加热。

（二）能源转换及利用效率最大化

1. 原则要点

采用先进的技术最大限度地提高能源的转换及利用效率，这是节能的关键环节，也是难点。通过不断提高能源转换及利用效率，可以大幅度提高能效，减少能耗。

2. 应用示例

通过推广采用高效电机、对现有电机实施就地功率补偿、推广应用电机交流变频调速技术等措施均可显著提高电机的能效。

（三）能源处理（控制）对象最小化

1. 原则要点

对能源控制对象尽可能进行细化管理，细化控制对象，达到节能控制对象最小化。通过选择重点能源控制对象，达到个性化、精细化管理。

2. 应用示例

中央空调系统的精细化管理和控制，应根据房间有无人员、人员多少及工作环境的不同气温要求，对不同场所的空调采取分别控制，不要整栋大楼或厂房要么全开启，要么全关闭。

（四）能量回收利用最大化

1. 原则要点

在可能的情况下，实现余热、余压、余能的回收利用，并且采用能量的梯级利用，减少能源损失，提高能源的回收利用率。

2. 应用示例

对于锅炉系统，采用节煤器、热管换热器、凝结水与蒸汽废水回收等技术与装置；对于冲天炉和天然气反射炉的余热回收利用、空压机排气及冷却水的余热回收利用等。

二、企业合理用热的技术导则（参照 GB/T 3486—1993 标准）

（一）燃料燃烧的合理化

1. 主要控制指标及控制要点

1）燃料燃烧的主要控制指标。包括根据燃烧设备、使用燃料的种类及不同燃烧方式，规定的空气系数、排渣含碳量等指标。

2）控制要点。在不降低燃料燃烧效率的基础上，应尽可能降低空气系数和炉渣含碳量（只适用于固体燃料，尽可能降低）；采用合理的燃烧设备和燃烧工况，选择适当的助燃剂，防止各类燃烧装置在运行中结渣和沾污，提高锅炉热效率。

2. 测量与记录要求

1）分析与记录燃料的成分（包括煤的工业分析）及发热量，以作为制定与调整燃烧控制参数的依据。分析与检验排出烟气及灰渣中的可燃成分量，以确定燃烧的完全程度，作为调整燃烧过程、改进燃烧装置的依据。

2）燃烧装置应配备必要的计量仪表，测量与记录燃烧装置的燃料、助燃空气与雾化剂的用量、温度与压力，并测量与记录排出烟气中的含氧量（或二氧化碳量）。燃料燃烧监测仪器的配置应能满足评价用热合理性的需要，能反映燃料燃烧的真实状况。

3）燃油设备及容量大于等于7MW的工业锅炉、燃耗1500吨标煤／年以上的窑炉应配备燃烧过程自控系统，有条件者应装设燃烧过程微机控制和检测系统。

3. 改善燃料燃烧的主要措施

1）燃烧装置类型及其特性参数的选择，必须适合燃料种类及其理化性能，适合设备与工艺的要求，并且要有足够的可调范围，以满足加热负荷变化的要求。供风、引风系统必须保证必要的风量与压力，必须和燃烧主体、设备相匹配，尽量采用变速调节系统。

2）安装燃烧控制装置，应根据排出烟气中的含氧量（或二氧化碳量），调节空气—燃料的比例，使之符合空气系数管理的要求，并使排出炉膛烟气中可燃成分降低到最低值。使用多个燃烧装置时，应分组（段）或分个调节与控制各组、各燃烧装置间的供入燃料量比例，以提高热设备的总热效率。

3）采用新的燃烧方法、燃烧装置及其布置方式时，应采用合理的炉型结构，以进一步提高热效率。

4）燃烧设备与所使用的燃料品种应相互适应并保持质量相对稳定，对燃料应进行合理调配、合理加工（如动力配煤和型煤）与合理存放，鼓励开展劣质燃料、煤矸石等的综合利用。遇有严重结渣而无法调整时，可采用化学除渣剂给予清除，所选用的化学除渣剂应不损害受压元件和耐火衬里。

（二）传热的合理化

1. 合理确定、测量并记录传热对象的工艺参数及热耗、热效率指标

1）对被加热或被冷却物体的温度，用于加热的蒸汽或其他载热体的温度、压力及流量，应根据工艺要求和节能的原则制定合理的控制指标及有关的管理要求。主要用热设备，应制定热效率或单位产品产量热耗定额行业标准，作为评价该类设备合理用热的依据。厂房等采暖、降温和空气调节的管理，要根据建筑物的构造、设备的配置、作业的工艺特点，制定相应的温度和通风次数等管理要求。

2）测量与记录被加热或被冷却物体及载热体的温度、压力与流量，以及表征设备热工状况的其他参数。对采暖、降温和空气调节有要求的厂房，应测量与记录其室内温度、湿度及其耗能工质的必要参数或消耗量。

2. 改善传热设备的运行管理要点

1）调整被加热或被冷却物体的数量，使每台设备接近额定产量，防止因产量过低或过高而增加热耗。多台热设备并列运行时，应根据单产热耗最低的原则，调整开动台数及各台负荷。

2）对连续生产中周期工作的加热设备，或对同一被加热物反复加热的设备，应尽可能缩短两个加热周期间的空烧停歇时间，在重复加热的工序中，应缩短工序之间的等待时间。间断运行的加热设备，应通过调整，实现集中运行。

3）在工艺条件允许的情况下，应采用被加热物热输热装技术，并尽可能提高热装温度。对热效率过低或热耗过高的设备，应改进结构、调整操作，必要时及早淘汰更新。

（三）减少传热与泄漏引起的热损失

1. 主要控制指标及控制要点

1）主要控制指标：工业锅炉的排烟温度和炉体表面温升。

2）控制要点：工业锅炉的排烟温度在烟气露点以上尽可能降低，以减少烟气带走的燃料物理热损失；炉体表面温升尽可能降低，以减少炉体带走的辐射热损失。

2. 控制、测量、记录等管理要求

1）输送载热体的管道、装置以及热设备的保温、保冷标准，应按GB/T 4272、GB/T 16618的有关规定执行。工业锅炉排烟温度应符合相关标准要求，当环境温度为25℃时，工业锅炉外壁表面平均温度不得超过50℃。

2）为掌握热设备的热损失状况，定期进行保温、保冷状况的测定与分析，在有条件的情况下可与设备的热平衡测定与分析结合进行。

3. 减少热损失的措施

1）热设备的砌体(外壳)，包括炉底、吊挂炉顶、炉门等，均应具有完好有效的绝热层。在技术经济合理的前提下，适当增加绝热层的厚度，采用多层绝热，采用耐火纤维等新型保温材料，以提高热设备的隔热性能，降低间歇工作热设备的蓄热损失。

2）尽量减少工业炉窑内水冷或汽化冷却构件的数目及尺寸，炉内的冷却构件均应可靠的绝热，在可能的条件下适当提高冷却水的出口温度，减小流量，以降低冷却造成的热损失。减少炉门等孔口的数目和面积，提高其严密性，或采用双层密封孔门，减少孔门的开启次数、时间与幅度，以减少辐射及炉气逸出或冷空气吸入等热损失。炉墙必须有良好的气密性，尽可能包以钢板，以减少炉气外逸或冷空气吸入造成的热损失。控制炉内压力，减少炉气外逸或冷空气吸入等造成的热损失。

3）热设备中的连接、旋转部分应可靠密封，防止载热体泄漏损失。合理布置输送载热体的管路，减少散热面积。输送载热体的管路，要采取管道保温措施，不得用裸管输送载热体。输送高温物体的设备、采用开放型利用蒸汽或热水的设备，应加盖或罩，以减少散热损失。

（四）余热的回收利用

1. 主要控制指标及控制要点

1）主要控制指标：工业炉窑烟气余热资源回收利用率（经换热器后应达20%以上）。

2）控制要点：对于排出冷凝水及其他低温液体的设备，应对必须回收利用其余热的物体温度、数量、范围等制定具体要求；对于排出液态、固态的高温物体和废物的热设备，应对必须回收利用其余热的物体温度、数量、范围等制定具体要求；对于排出具有可燃成分的固、液、气态废物的热设备，应制定回收利用范围的要求；对于排出具有余压的气体、液体的热设备，应制定回收利用余能范围的要求。

2. 改善余热回收利用的措施

1）输送余热载热体的烟道、管道及其闸阀等，应尽可能保持严密，防止吸入冷空气及渗入地表水，并应改善其保温性能，以减少载热体的温降及热损失。

2）改善余热回收设备的传热面的性能和形状，增加其表面积，以提高余热的回收率。

3）研制开发并积极采用余热回收率高，预热温度高或产生蒸汽压力高，消耗耐热金属少，占地少，漏损率低的新型高效余热回收装置及能将低品位热能转换成高品位热能或电能的余热回收装置。

3. 余热回收利用设备的合理设置

1）根据余热的种类、排出的情况、介质温度、数量及利用的可能性，进行综合热效率及经济可行性分析，决定设置余热回收利用设备的类型及规模，并应符合GB 1028的有关要求。

2）余热回收应优先用于设备本系统，例如预热助燃空气或煤气、预热被加热物体等，以提高设备的热效率，降低燃料消耗。

3）在余热余能无法回收利用于加热设备本身，或用后仍有部分可回收时，可用于生产蒸汽或热水、产生动力等方面，也可作为其他加热设备的热源，或进行综合利用。

（五）实行热能的综合利用与用能设备的合理配置

1. 高品位热能的梯级开发和多次利用

有条件的企业应实行热、电、冷并供，或热电并供。在用热系统配置时应考虑对高品位热能的梯级开发、多次利用，如多效蒸发系统。

2. 热源和用能设备的合理匹配

在热设备负荷变化较频繁而又无法从生产、调度获得平衡的情况下，可采用蓄热器，实现热源和用热设备的合理匹配。在生产工艺允许条件下，应避免采用间断加热和重复加热等方式。改善系统的保温与保冷设计，进一步降低系统的热、冷量损失。

三、企业合理用电的技术导则（参照 GB/T 3485—1998 标准）

（一）企业供电的合理化

1. 合理供电的控制指标及控制要点

（1）供电电压和供电方式

企业应根据用电性质、用电容量，选择合理供电电压和供电方式。变配电所的位置应接近负荷中心，减少变压级数，缩短供电半径，按经济电流密度选择导线截面。

（2）变压级数及其总线损率

企业根据受电端至用电设备的变压级数，其总线损率分别应不超过以下指标：一级3.5%；二级5.5%；三级7%。

（3）用电设备的线电电压偏移值

企业受电端电压在额定电压允许偏差范围内，企业用电设备的供电电压偏移值不应超过额定电压±5%。

（4）日负荷率

调整企业用电设备的工作状态，合理分配与平衡负荷，使企业用电均衡化，提高企业负荷率。根据不同的用电情况，企业日负荷率应不低于以下指标：连续性生产95%；三班制生产85%；二班制生产60%；一班制生产30%。

（5）供电网络的电压不平衡度

企业单相用电设备应均匀地接在三相网络上，降低三相电压不平衡度，供电网络的电压不平衡度应小于2%。

（6）企业用电体系功率因数（%）

企业在提高自然功率因数的基础上，应在负荷侧合理装置集中与就地无功补偿设备，在企业最大负荷时的功率因数应不低于0.90；低负荷时，应调整无功补偿设备的容量，不得过补偿。

（7）变压器容量和台数

企业应根据用电负荷的特性和变化规律，正确选择和配置变压器容量和台数，通过运行方式的择优，合理调整负荷，实现变压器经济运行。

（8）测量和计量仪表的配备

企业变配电所内的变配电设备要配置相应的测量和计量仪表，监测并记录电压、电流、功率、功率因数和有功电量、无功电量。电能计量仪表准确度等级为（2.0-1.0）级。

2. 其他管理要求

1）企业用电设备的非线性负荷产生高次谐波，引起电网电压及电流的畸变，应采取抑制高次谐波的措施达到GB/T 14549《电能质量 公用电网谐波》的要求。

2）企业用电设备的冲击负荷及波动负荷，引起电网电压波动、闪变，应采取限制冲击负荷及波动负荷的措施达到GB/T 12326《电能质量 电压波动和闪变》的要求。

（二）电能转换为机械能的合理化

1. 电动机类型的节能选择原则

电动机类型应在满足电动机安全、启动、制动、调速等方面要求的情况下，以节能的原则来选择。恒负载连续运行，功率在250kW及以上，宜采用同步电动机。功率在200kW及以上,宜采用高压电动机。除特殊负载需要外，一般不宜选用直流电动机。

2. 电动机功率的节能选择原则

电动机功率选择，应根据负载特性和运行要求合理选择，使电动机工作在经济运行范围内。

3. 异步电动机型号、功率的节能选择原则

应遵照《电机能效提升计划》最新法规章要求，根据电动机型号规格、功率、负载、工况等运行条件，通过分别采用高效异步电机置换、功率因数补偿兼谐波治理、交流变频调速、交流变极调速、相控调压软启动等技术，最大限度地提升电动机能效。(详见第四章第二节及第五章第六节)

4. 监测及计量要求

功率在50kW及以上的电动机，应单独配置电压表、电流表、有功电能表等计量仪表，以便监测与计量电动机运行中的有关参数。

(三) 电能转换为热能的合理化

1. 熔化及加热设备热效率指标

根据生产的需要，合理地选用相应的电热设备。电弧炉、感应炉等电熔化设备效率应不低于50％，箱式炉、井式炉等连续作业的电加热设备效率应不低于40％，盐浴炉等电加热设备效率应不低于30%。

2. 计量及监测要求

对容量在50kW及以上的电热设备，要配置电压、电流、有功电能表、无功电能表(不包括电阻炉及电熔槽)，进行监测记录，统计分析单位产品电耗、电炉的效率、功率因数。

3. 其他管理要求

1）采用先进的电热元件，改善电炉炉壁的性能和形状，在技术和工艺条件允许的电炉中，应采用热容小、热导率低的耐火材料和保温材料。

2）缩小和密封电热设备的开口部分或开口处安装双层封盖等，减少热损失。

3）在加热或热处理的电炉中，要根据设备的构造、被加热物体的特性、加热或热处理工艺的要求，改进升温曲线。

4）电加热设备要选择合理的装炉量。对间断分散生产的加热设备，要进行专业化调整，实行集中生产。在进行重复加热的工序中，应缩短工序之间的等待时间。

5）改革热处理工艺流程，根据产品特点，采取工艺连续化或简化工序，提高或降低加热温度，整体加热改局部加热等措施，以提高热效率。

6）根据余热的种类、排出情况、综合热效率及经济效果的测算，采取适当的途径，加以回收利用。

(四) 电能转换为化学能的合理化

1. 主要控制指标

生产过程中利用电能进行化学分解以获取所需产品(或半成品)的工艺过程，在合理电流密度下，应严格控制与能源消耗有关的三个技术经济指标：电流效率、平均槽电压、单位产品电耗。以电镀工艺为例，电流效率及平均槽电压的控制指标见表5-10。

表 5-10　电镀工艺的电流效率及平均槽电压控制指标

生产工艺	电流效率 /%	平均槽电压 /V
酸性镀铜	99	3.0
焦磷酸盐镀铜	98	4.0
电镀镍	95	5.0
电镀铬	14	7.0
酸性镀锌	95	3.0
碱性镀锌	75	5.0

2. 电镀、电解装置配备要求

1）电镀槽、电解槽应与生产工艺和生产能力相匹配，合理选型。相同生产工艺的电解设备应串联使用，以提高电力整流设备运行效率。

2）电镀、电解的直流网络应采取措施，降低电压损失。在额定负荷下电力整流设备至电解、电镀槽的母线电压降应小于下列指标：电解生产1.5V；电镀生产1.0V。

3. 监测和计量仪表配备要求

电镀、电解生产设备应配置必要的监测和计量仪表：电镀槽应根据实际情况，单槽或分组装置直流电压表，以便及时监视槽电压；电镀槽应装置直流安培小时计，用以监测电镀过程电流效率；直流电能计量应采用直流电能计量表直接计量；计量仪表应定期校验，确保指示和计量准确。电流效率及平均槽电压每天至少测算一次，及时分析设备运行状况。单槽工作电压每月至少实测一次，及时处理或调换不合格的电槽。直流母线的连接点应接触良好，每个接点的接触电阻应小于相同连接长度导体电阻的1.5倍。每个电解槽的泄漏电流应小于槽组电流的0.1%～0.2%；或电解槽系列两端对地电压偏差值小于或等于±10%。

4. 整流设备配备要求

1）整流所的位置应接近直流负荷中心，缩短供电半径，降低接触电阻和电压降，实现电力整流设备系统经济运行。

2）企业应采用高效电力整流设备，并根据负荷变化情况，对电力整流设备运行效率进行测定。电力整流设备在额定负荷状态时的转换效率应不低于以下指标：直流额定电压在100V以上95%；直流额定电压在100V及以下90%。

3）对输出电压调节范围大的电力整流设备，应采用晶闸管整流装置或在交流侧设晶闸管调压器，也可采用有载调压变压器。电力整流设备应配置交直流电流、电压监测仪表和交直流电能计量仪表。

（五）企业照明的合理化

1. 选择合理的照明方式

根据使用场所和周围环境对照明的要求及不同电光源的特点，选择合理的照明方式。充分利用天然光，建筑物的开窗面积及室内表面反射系数应符合GB 50033的规定。

2. 采用高效光源及灯具

在保证照明质量的前提下，优先选用光效高、显色性好的光源及配光合理、安全高效的灯具。工作场所的照度标准值应符合GB 50034的规定。使用气体放电光源时，应装设就地补偿电容器，补偿后的功率因数应不低于0.90。照明用电应配置相应的测量和计量仪表，并定期测量电压、照度和考核用电量（具体内容详见本章第六节）。

第四节 法规限制及淘汰的落后工艺技术及高耗能机电设备

一、限制及淘汰的落后机械制造工艺技术

（一）落后铸造技术（可供采用替代的先进技术）

1. 限制类技术

1）5t/h及以下冲天炉和短炉龄冲天炉（5t以上大中型冲天炉、热风冲天炉、长炉龄水冷冲天炉）。

2）无芯工频电炉熔化（中频感应电炉熔化、冲天炉—感应电炉双联熔化）。

3）重油炉熔化有色金属（燃气反射炉、电阻坩埚炉、中频感应电炉熔化有色金属）。

4）有色金属六氯乙烷精炼（有色合金惰性气体无毒精炼）。

5）大型铸铁件热时效（大型铸铁件频谱谐波振动时效、地坑控温余热时效）。

6）冲天炉熔炼采用冶金焦（冲天炉熔炼采用铸造焦）。

7）无再生的水玻璃砂造型制芯（改性甲阶酚醛—邦尼树脂自硬砂造型制芯）。

2. 淘汰类技术

1）砂型铸造黏土烘干砂型及型芯（树脂自硬砂造型制芯、高紧实度黏土砂湿型机器造型）。

2）砂型铸造油砂制芯（树脂自硬砂制芯）。

3）焦炭炉熔化有色合金（燃气反射炉、电阻坩埚炉、中频感应电炉熔化有色合金）。

4）1t以上无磁轭铝壳感应电炉（1t以上有磁轭钢壳中频感应电炉）。

（二）落后锻压技术（可供采用替代的先进技术）

1. 限制类技术

1）锻造用燃油加热炉（锻造用燃气反射炉、电阻炉）。

2）1～16t的蒸汽锤和空气锤（程控电力驱动全液压模锻锤—电液锤）。

3）老式低效能低精度双盘摩擦压力机（节能型变频双盘摩擦压力机、离合器式螺旋压力机、电动螺旋压力机、热模锻压力机）。

2. 淘汰类技术

1）燃煤火焰反射加热炉（燃气反射加热炉、电阻炉）。

2）锻件酸洗（锻件抛丸）。

3）无法安装安全保护装置的冲床（带有安全保护装置的冲床）。

（三）落后焊接（热切割）技术（可供采用替代的先进技术）

1. 限制类技术

1）手工火焰切割（数控火焰切割）。

2）弧焊变压器（逆变电弧焊机）。

3）动圈式和抽头式手工焊条弧焊机（逆变焊条电弧焊机）。

4）含铅及含镉钎料（无铅软钎料及无镉硬钎料）。

2. 淘汰类技术

旋转式直流电焊机（逆变电弧焊机）。

（四）落后热处理技术（可供采用替代的先进技术）

1. 限制类技术

1）氯化钡盐浴及氯化钡盐浴炉（可控气氛、真空、流态床加热热处理）。

2）盐浴氮碳、硫氮碳、氮碳氧共渗（可控气氛、真空、流态床加热处理）。

3）电子管感应加热电源（IGBT感应加热电源）。

4）熔盐、油等加热介质（可控气氛、真空、流态床加热）。

5）耐火黏土砖炉衬材料（陶瓷纤维炉衬材料）。

6）亚硝酸盐缓蚀、防腐剂（聚合物水溶性淬火介质、无亚酸盐缓蚀防腐剂）。

2. 淘汰类技术

1）采用氰盐的液体渗碳和碳氮共渗工艺（气体渗碳和碳氮共渗或可控气氛、真空化学热处理）。

2）液体氰化工艺（无氰化学热处理工艺）。

3）直接燃煤的反射加热炉（燃气反射加热炉、电阻炉）。

4）砖炉衬台车炉（全陶瓷纤维炉台车炉）。

5）铅浴热处理炉（盐浴、流态床或真空、可控气氛热处理炉）。

6）中频发电机感应加热电源（IGBT感应加热电源）。

7）继电器开关控制系统（PLC或计算机控制系统）。

8）氟氯溶剂清洗（真空清洗或水溶性清洗剂清洗）。

9）石棉炉衬绝热材料和石棉手套（全陶瓷纤维炉衬材料和无石棉隔热手套）。

10）氟利昂制冷剂（溴化锂等环保制冷剂）。

（五）落后电镀、涂装技术（可供采用替代的先进技术）

1. 限制类技术

1）含纯苯溶剂涂料（水溶性涂料、自泳涂料、高固体份涂料、粉末涂料）。

2）含铅、镉颜料涂料（无铅、镉、汞、砷涂料）。

3）电镀的二级、三级并联水洗工艺（多级逆流清洗工艺，吹气、喷雾、浸洗组合清洗工艺）。

2. 淘汰类技术

1）含氰镀锌（无氰镀锌工艺）。

2）电镀的单级水洗工艺（多极逆流清洗工艺，吹气、喷雾、浸洗组合清洗工艺）。

3）高能耗硅整流器（高效节能型高频开关整流电源）。

二、应淘汰的高耗能落后机电设备

（一）主要生产系统应淘汰的落后机电设备

主要生产系统应淘汰的落后机电设备包括落后铸造设备、锻压设备、焊接设备、热处理设备、金属切削机床等，见表5-11。

表 5-11　主要生产系统应淘汰的落后机电设备

序号	淘汰产品名称	型号规格（数量）	淘汰理由	依据法规
1	中频无芯感应熔炼炉	GGW-0.06、GGW-0.15、GGW-0.43、GGW-0.9	结构陈旧，能效低，石棉板易损坏	第一批高耗能落后机电设备（产品）淘汰目录（2009年12月4日发布）
2	直流弧焊电动发电机	AX1-500型、AP-1000型	20世纪50年代初仿苏老产品，材耗大，重量重，能耗大	
3	交流弧焊机	BX1-330型、BX1-135型、BX2-500型		
4	电焊机控制箱	XN-600、XU-600、XQ-600		
5	电阻炉（箱式、管式、台车式）	SX、SG、SK、SY、RX、RT等6大系列	电耗高	
6	RQ系列井式气体渗碳炉	RQ系列共12个型号	电耗高，空炉升温时间长，空炉功率损耗高	
7	中频发电机感应加热电源	DJF-C、DJC、BPSD	空载耗电高	
8	插入式电极盐浴炉	RYN、RYW、RYD	电极材料耗量大，启动繁琐，升温时间长，电极占炉内空间1/3～2/5，耗电高	
9	铅浴炉	QY-300	高耗能，污染严重	第二批高耗能落后机电设备（产品）
10	位式交流接触器温度控制柜		控制精度低，与可控硅控制柜控温的热处理炉相比，耗能高10%～20%	
11	磁放大器式直流电弧焊机	ZXG、MZ	与晶闸管整流式和逆变式直流电弧焊机相比，能耗大15%，耗材也大	

续表

序号	淘汰产品名称	型号规格（数量）	淘汰理由	依据法规
12	金属切削机床	34 类 69 种型号规格的车床（如 C620G、C630M 等）、铣床、铇床、磨床、镗床、钻床、锯床、滚齿机、插齿机等	结构陈旧，性能落后，加工精度低，效率差，能耗高，操作不便等	淘汰目录（2012 年 4 月 6 日发布）
13	锻压设备	20 类 35 种型号规格的机械压力机、液压机、摩擦压力机、冷镦机、卷板机、剪板机、卷簧机、滚丝机、空气锤等	结构陈旧，效率低，能耗大，操作不便等	
14	磁放大器式氩弧焊机	NSA 系列（额定焊接电流 160～650A 共 6 个规格）	耗材较大、效率较低，达不到 GB 28736—2012《电弧焊机能效限定值及能效等级》	第四批高耗能落后机电设备（产品）淘汰目录（2016 年 2 月发布）（最迟于 2017 年年底前停止使用）
15	晶闸管直流手工焊机 / 整流器	ZX5 系列（额定焊接电流 160～399A 共 5 个规格）		
16	抽头式整流弧焊机	ZX6 系列（额定焊接电流 160～800A 共 6 个规格）		

（二）辅助生产系统应淘汰的落后机电设备

1. 应淘汰的电动机（表5-12）

表 5-12　应淘汰的电动机

序号	淘汰产品名称	型号规格（数量）	淘汰理由	依据法规
1	J 系列异步电动机（通用、深井泵用、防腐防爆、冶金起重机用、机床用等）	27 种各个型号规格的 J 系列（JO、JW、JE、JX、JY、JB、JZ、JR、JD、JM 等）异步电动机	① 不符合 GB 18613—2006 标准要求 ②结构陈旧，能效低，堵转转矩低 ③材料消耗大，体积大，综合技术经济指标低	第一批高耗能落后机电设备（产品）淘汰目录（2009 年 12 月 4 日发布）
2	Y 系列三相异步电动机	2003 年（含）前生产的 Y 系列 68 个型号规格的低压三相异步电动机（0.75～315kW，效率 75%～94.5%）	① 不符合 GB 18613—2006 标准要求 ②导磁材料使用热轧硅钢片，能耗高，效率低	第二批高耗能落后机电设备（产品）淘汰目录（2012 年 4 月 6 日发布）
3	Y 系列中小型三相异步电动机	Y 系列 228 个型号规格的中小型电动机（Y 型 16 个、Y2 型 70 个、Y3 型 71 个、YB 型 71 个、YB3 型 71 个）（0.55～315kW）	① 不符合 GB 18613—2012 标准要求 ② 2003 年（含）前生产的该系列电机，应在 2015 年年底前停止使用	第三批高耗能落后机电设备（产品）淘汰目录（2014 年 3 月 6 日发布）
4	中小型三相异步电动机	JK 系列 6 个规格，JS 系列 16 个规格	不符合 GB 18613—2012 标准要求	第四批高耗能落后机电设备（产品）淘汰目录（2016 年 2 月发布）（最迟于 2017 年年底前停止使用）
5	高压三相笼型异步电动机	JK 系列 7 个规格，JS 系列 30 个规格	不符合 GB 30254—2013 标准要求	

2. 应淘汰的变压器和电器产品（表5-13）

表5-13 应淘汰的变压器和电器产品

序号	淘汰产品名称	型号规格（数量）	淘汰理由	依据法规
1	配电变压器	SL7-30/10~SL7-1600/10 S7-30/10~S7-1600/10	①不符合 GB 20052—2006 标准要求 ②空载损耗、负载损耗及总电耗高	第一批高耗能落后机电设备（产品）淘汰目录（2009 年 12 月 4 日发布）
2	中小型配电变压器	SJ、SJ1、SJ2、SJ3、SJ4、SJ5、SJL、SJL1、S、S1、SL、SLZ、SL1、SLZ1 系列	电耗高	
3	接触调压器	TDGC、TSGC	空载损耗大	
4	干式变压器	DJMB 系列、DBK 系列干式变压器	总损耗高	第二批高耗能落后机电设备（产品）淘汰目录（2012 年 4 月 6 日发布）
		SCB830~2500/10 干式变压器	总损耗高	
5	电器	61 种组合开关、断路器、接触器、继电器、接线板、启动器、电容器、开关柜等产品	①不符合相关标准要求 ②结构、性能落后，能耗高	
6	油浸式无励磁调压变压器	S8 系列共 17 个规格	损耗较高，达不到 GB 20052—2013 标准要求	第四批高耗能落后机电设备（产品）淘汰目录（2016 年 2 月发布）（最迟于 2017 年年底前停止使用）
7	油浸式无励磁调压变压器	S9 系列共 17 个规格、SG（B）8 个规格共 18 个规格		

3. 应淘汰的风机产品（表5-14）

表5-14 应淘汰的风机产品

序号	淘汰产品名称	型号规格（数量）	淘汰理由	依据法规
1	高压离心通风机	8-18 系列、9-27 系列	①不符合 GB 19761—2005 标准要求 ②型号杂乱，结构落后，能效低 ③性能范围窄，不能满足各种工况要求	第一批高耗能落后机电设备（产品）淘汰目录（2009 年 12 月发布）
2	隧道轴流通风机	SD50 系列		
3	一般轴流通风机	T30、30K4、03-11 系列		
4	防烟轴流通风机	BT30、B30K4 系列		
5	罗茨鼓风机	L 系列 39 种、LG 系列 12 种、R 系列 4 种、D 系列 45 种，共 4 个系列 100 种型号		
6	离心引风机	Y5-47 系列共 7 个规格型号（4C-12.4D）	①不符合 GB 19761—2009 标准要求 ②结构老化，技术水平落后	第三批高耗能落后机电设备（产品）淘汰目录（2014 年 3 月 6 日发布）
7	高温风机	W5-4 系列（5C、6C、59C、W7-29No.16D）		
8	锅炉通风机	9-35 系列 8 个规格型号（6D-20D）		
9	锅炉引风机	Y9-35 系列 12 个规格型号（8D-21.5F）		

4. 应淘汰的空气压缩机产品（表5-15）

表 5-15　应淘汰的空气压缩机产品

序号	淘汰产品名称	型号规格（数量）	淘汰理由	依据法规
1	动力用往复式空气压缩机	1-10/8、1-10/7、1-20/8	①不符合以下标准要求： GB 19153—2009 GB 22207—2008 GB 10892—2005 GB 4706.17—2010 JB/T 10683—2006 ②型号杂乱，结构落后，能效低，噪声大	第一批高耗能落后机电设备（产品）淘汰目录（2009 年 12 月发布）
2	空压机	K-0.21/8、B-0.184/10、I-0.5/8、3W-0.9/7、B-1.3/15		
3	（环状阀）空气压缩机	2V-0.3/7、2V-0.6/7、3W-0.9/7		
4	空气压缩机	2V-0.3/7、V-0.3/7、2V-0.6/7、V-0.6/7		
5	往复活塞空气压缩机	共 19 个规格型号		
6	固定式螺杆压缩机	LG20-10/7		
7	移动式螺杆压缩机	LGY20-10/7		

5. 应淘汰的制冷设备产品（表5-16）

表 5-16　应淘汰的制冷设备产品

序号	淘汰产品名称	型号规格	淘汰理由	依据法规
1	制冷机	4AJ-15	①不符合 GB/T 21145—2007、GJB 5029—2003、GB/T 22070-2008 标准要求 ②产品结构陈旧，体积大，性能指标落后	第一批高耗能落后机电设备（产品）淘汰目录（2009 年 12 月发布）
2		2AL-15		
3		2AL-8		
4		4AL-8		
5	以 CFCS 为制冷剂的制冷空调产品		①不符合 GB 19576—2004、GB 19577—2004 标准要求 ②能效指标：COP 值比主流技术产品低 15%～30% ③环境影响：ODP=1，对大气臭氧层有较大破坏作用	第二批高耗能落后机电设备（产品）淘汰目录（2012 年 4 月 6 日发布）

6. 应淘汰的水泵产品（表5-17）

表 5-17　应淘汰的水泵产品

序号	淘汰产品名称	型号规格（数量）	淘汰理由	依据法规
1	锅炉给水泵	DG270-140、DG500-140、DG375-185、DGl00-59X、DGl50-59X	①不符合以下标准要求： GB 19762—2007 GB 22360—2008 GB 21454—2008 GB 6245—2006	第一批高耗能落后机电设备（产品）淘汰目录（2009 年 12 月发布）
2	单级单吸悬臂泵	K 型系列		
3	重型渣浆泵	6PN/6PS、8PS/10PNK20、10PH、12PN		

续表

序号	淘汰产品名称	型号规格（数量）	淘汰理由	依据法规
4	多级泵	6DA、8DA、50TSW、75TSW、100TSW、125TSW、150TSW		
5	次高压泵	DG45-59、DG72-59		
6	微型水泵	40WB 系列包括 9 种型号 40YL 系列包括 4 种型号		
7	潜水电泵	150NQ6、150NQ10、10NQ80、8NQ50		
8	单级单吸清水离心泵	共 26 个型号规格		
9	单级单吸耐腐蚀离心泵	共 25 个型号规格	GB/T 2816—2014 GB 4706.66—2008 JB/T 8059—2008 JB/T 8096—2013 JB/T 3565—2006 SC/T 6014—2001 HJ/T 336—2006 ②产品结构陈旧，效率低	第一批高耗能落后机电设备（产品）淘汰目录（2009 年 12 月发布）
10	潜水泵	200QJ50×12、650KQ-30		
11	深井泵	共 22 个型号规格		
12	单级离心泵	共 54 个型号规格		
13	蜗壳式混流泵	共 34 个型号规格		
14	水轮泵	共 20 个型号规格		
15	小型潜水电泵	QY-25、QY-15、QY-7、QY-3.5		
16	泥浆泵	1PN、2PN 等 5 个型号规格		
17	潜污泵	80WQ-12、80WQ-20		
18	喷灌泵	2.5BPZ-55 等 4 个型号规格		
19	B 型、BA 型单级单吸悬臂式离心泵系列	吸入口径 11/2" ～ 8"		
20	F 型单级单吸耐腐蚀泵系列	吸入口径 2" ～ 6"		
21	JD 型长轴深水泵	14JD370、100JDB10、150JD48		
22	12JD 型深水井泵		不符合 JB/T 3565—2006、JB/T 3564—2006 标准要求	第二批高耗能落后机电设备（产品）淘汰目录（2012 年 4 月 6 日发布）
23	GC 型低压锅炉给水泵		不符合 GB/T 13007—2011 标准要求	

7. 应淘汰的工业锅炉产品（表5-18）

表 5-18　应淘汰的工业锅炉产品

序号	淘汰产品名称	型号规格（数量）	淘汰理由	依据法规
1	0.4～0.7t/h 工业锅炉	立式水管固定炉排锅炉 LSG 0.4-8-A3、LSG 0.5-8、LSG 0.7-8-A3	①不符合 GB 13271—2014、HJ/T 287—2006 标准要求 ②结构老化，能效低，技术水平落后	第一批高耗能落后机电设备（产品）淘汰目录（2009 年 12 月发布）
2	1t/h 单纵汽包水管固定炉排锅炉	DZGl-8		
3	2t/h 工业锅炉	单纵汽包水管固定炉排锅炉 DZG2-8、单纵汽包水管活动炉排锅炉 DZH2-8		
4	4t/h 工业锅炉	卧式快装固定炉排锅炉 KZG4-13、卧式快装链条锅炉 KZL4-13-1		
5	兰开夏、考克兰、康尼许锅炉	兰开夏、考克兰、康尼许锅炉		
6	卧式快装固定炉排锅炉	KZGl-8		
7	立式水管锅炉	LSG 系列共 5 个型号规格，LHG 系列共 5 个型号规格		
8	卧式手烧炉	W 系列共 7 个型号规格		
9	手烧快装炉	KZG1.25-8、KZG1.5-8		
10	立式火管炉	LHG1.35-8		
11	立式火管蒸汽锅炉	LHG0.4-5		
12	固定炉排蒸汽锅炉	KZG1-8、KZG2-8、KZH1-8、KZH2-8		
13	快装链条蒸汽锅炉	KZL2-8(I)、DZL2-13(I)		
14	抛煤机蒸汽锅炉	KHP6-13/350、KHP6-25/400		
15	振动炉排蒸汽锅炉	SHZ2-8、SZK4-25、SZZ4-13、KZZ4-13、DZZ2-8、KZZ2-13		
16	沸腾床蒸汽锅炉	SHF4-25、SHF9-13		
17	抛煤机锅炉	SZPl0-13、SZP10-13、SZP10-25/350、SZP10-25/400		
18	老结构振动炉排锅炉	KZHl0-25/400		
19	沸腾锅炉	KHF20-25/400		
20	水火管链条蒸汽锅炉	KZL4-13-A Ⅲ		
21	LHS 型立式冲天管结构燃油、燃天然气锅炉	LHS 型立式冲天管结构燃油、燃天然气锅炉	①不符合以下标准要求 CIB B2—2009 GB 24500—2009 GB 13271—2014	第二批高耗能落后机电设备（产品）淘汰目录
22	立式水管燃油、气蒸汽锅炉	LHS1-0.7-Y(Q) LHS2-1.0-Y(Q)		
23	未改进的水火管快装锅炉	DZL2-1.0-A Ⅱ .P		
24	2t/h 手摇炉排蒸汽锅炉	DZH2-1.0-A Ⅱ		
25	立式固定炉排有机热载体锅炉	YGL-160MA Ⅱ YGL-200MA Ⅱ		
26	往复炉排热水锅炉	DZW1.4-0.7/95/70-A Ⅱ DZW2.8-0.7/95/70-A Ⅱ		

续表

序号	淘汰产品名称	型号规格（数量）	淘汰理由	依据法规
27	卧式内燃链条炉排锅炉	WNL1-13-A3、WNL2-13-A3、WNL4-13-A3	②结构老化，能效低，技术水平落后	（2012年4月6日发布）
28	沸腾锅炉	SHF6-SHF35		

此外，在第一批和第二批淘汰目录中，还列出应淘汰的8种空分设备、5种柴油机产品的规格型号目录。

第五节　机械企业主要生产系统节能降耗机械制造工艺技术

一、节能降耗铸造技术

（一）节能降耗金属液熔炼及炉前处理技术（表5-19）

表5-19　节能降耗金属液熔炼及炉前处理技术

序号	技术名称	适用范围	投资大小	节能效果
1	外热风长炉龄水冷冲天炉连续熔炼	大批量流水线生产高牌号灰铸铁和球铁件，常与感应电炉双联	■	■
2	内热风或冷风长炉龄水冷冲天炉连续熔炼	大批量流水线生产中高牌号灰铸铁和球铁件，常与感应电炉双联	▲	■
3	两排大间距冲天炉并采用铸造焦	中低牌号灰铸铁件、可锻铸铁件各种批量非连续生产	△	▲
4	冲天炉鼓风系统变频调速技术	各种炉型及容量、批量的冲天炉熔炼	▲	■
5	冲天炉加氧送风技术	冷风冲天炉熔炼	▲	▲
6	冲天炉除湿送风技术	我国南方梅雨季节和夏季空气潮湿环境下冲天炉熔炼	▲	▲
7	冲天炉—感应电炉双联熔炼	大批量流水线生产高牌号灰铸铁及优质球铁件	■	◨
8	高炉铁液直接生产铸铁件的短流程熔炼工艺	球铁及灰铁离心铸管及某些异型铸件生产	■	■
9	多供电（"一拖二"）IGBT变频电源中频电炉熔炼	中小型高牌号灰铸铁、球墨铸铁、铸钢（特别是熔模）件生产	■	■
10	电炉熔炼无功补偿兼谐波治理技术	中频感应电炉和电弧炉功率因数低、无功损耗大时使用	▲	■
11	碱性电弧炉快速熔炼工艺	冶金质量要求不高的碳钢和低合金钢，碳含量高的高合金钢及大量同钢种返回料作炉料的不锈钢熔炼	△	▲
12	超高功率电弧炉快速冶炼工艺	大型电弧炉（＞60t/h）并配备炉外精炼的铸钢件生产	■	■

序号	技术名称	适用范围	投资大小	节能效果
13	铸造用钢炉外精炼工艺	超低碳不锈钢、热强及耐热钢、承压钢、超高强度铸钢件生产	■	▲
14	铝合金炉料预热、熔化、保温一体化熔炼	大批量铝铸件（如缸体、缸盖、活塞、轮毂、气动元件）生产	▲	■
15	高吸收率新型球化处理工艺	具体有盖包法、喂丝法、转包法等，分别用于不同批量球铁生产	▲	▲
16	铝合金惰性气体无毒精炼与锶长效变质处理工艺	大批量铝铸件（缸体、缸盖、活塞、轮毂、气动元件）生产	▲	■
17	冲天炉熔炼过程及工艺参数的自动检测、调节与控制	铸铁件大批量连续生产	■	▲

注：■表示大；▲表示中；△表示小。

1. 外热风长炉龄水冷冲天炉连续熔炼

（1）技术原理及主要内容

外热风冲天炉能充分回收冲天炉炉气物理潜热和化学潜热，长炉龄水冷冲天炉是适合大批量连续生产的炉型，两者相结合是目前国内外能源利用率最高的先进冲天炉炉型。主要技术内容及特点如下：

1）在冲天炉旁侧设置由炉气燃烧器、换热器和控制系统组成的外热风系统；

2）水冷炉壁（即所谓的无炉衬或薄炉衬）用循环冷却水进行保护；

3）水冷金属风口，可始终保证风口参数不变；

4）设计至少两级淋浴冷却装置，冷却水膜应均匀、稳定，定期对水质检验并进行软化减垢处理；

5）可连续使用数周至十几周而无需修炉。

（2）使用效果

1）充分回收利用冲天炉炉气的化学潜热和物理潜热，并降低重复打炉、修炉、点炉的能耗和成本，铁焦比和热效率均可提高30%～40%，减少CO_2排放，CO排放趋近为零。另外还有节材（可使用切屑压块）、优质（同牌号铸铁力学性能高）等优点。

2）吨铁液的炉衬耐火材料费用降低80%以上。

3）减轻、改善工人繁重的体力劳动和恶劣的工作环境。

4）炉膛结构稳定，可连续提供优质铁液。

5）结构复杂、一次性投资大是其主要缺点。

2. 内热风或冷风长炉龄水冷冲天炉连续熔炼

（1）技术原理及主要内容

为避免上述炉型一次投资过大，将外热风改为炉顶内热风（利用换热器只回收物理潜热）或冷风，保留长炉龄水冷冲天炉的其他内容和特点［上述2）～5）点］，也是一种适合大批量连续生产的先进炉型。

（2）使用效果

1）与外热风炉相比，结构简单，造价低廉，也有一定节能效果，可充分回收炉气物理潜热，铁焦比和热效率均可提高10%左右（冷风）和15%～18%（内热风）。

2）同外热风炉2）～4）。

3. 两排大间距冲天炉并采用铸造焦

（1）技术原理及主要内容

两排大间距冲天炉是我国铸铁界经多年研究与实践公认的冷风冲天炉间断生产最好的炉型。由于排距大，底焦内形成了两个独立的燃烧带。第一排风口送风形成第一个氧化带和还原带。第二排风口送风使焦炭燃烧的同时，也使上升炉气中的CO再度燃烧形成了第二个氧化带，往上CO_2被还原形成第二个还原带。由于该种炉型过热距离长，炉内又有两个高温中心，并且铁料熔化后就途经上高温区，使热交换得到强化。出铁温度高，炉况稳定，Si、Mn烧损正常是两排大间距冲天炉的根本优点。

两排大间距冲天炉应配套使用铸造焦，以进一步提高效果，最好采用双风箱，对上下排风量分别进行控制。风量分配以上40/下60、上50/下50两种方案居多。

（2）使用效果

在铁焦比相同时，容易获得高温铁液（比多排小风口及中央送风冲天炉高约30～50℃）；在铁液温度相同时，铁焦比高。

4. 冲天炉鼓风系统变频调速技术

（1）技术原理及主要内容

电力是冲天炉熔炼消耗量仅次于焦炭的第二能源，其中又以鼓风系统的电机电耗最大，有很大节能潜力。随着小于5t/h的冲天炉的淘汰，以罗茨风机为代表的容积式风机将成为鼓风系统的主力，节能效果显著的电机变速调速技术有广阔的应用前景。因罗茨风机改变主轴转速即可改变风量（两者成正比），当转速降低时，电机轴功率成三次方的量级降低，但其出口风压不变。

主要工作内容是：在电机前端安装容量匹配的变频器，实现电机变频调速，代替阀门调节风量（见图5-2）。

（2）使用效果

1）实现风量无级调节，节约电能20%～30%。

2）实现电机软启动，无冲击电流，延长电机和风机的使用寿命。

5. 冲天炉加氧送风技术

（1）技术原理及主要内容

增加鼓风中氧的体积分数，可提高焦炭燃烧温度和熔化率，减少接力焦和总焦炭用量，提高铁焦比，从而节能降耗。主要工作内容如下。

1）决定加氧方式及其比例。加氧方式有富氧送风（在风管、风箱中加氧）和氧枪喷氧（通过风口或炉缸）两种，前者简便易行，后者效果更佳。加氧比例为1%～4%，一般不超过5%。

2）氧气供给方式。一般采用商品液氧蒸发加氧送风系统，系统由液氧储罐、蒸发器、氧气流量控制器、管道阀门等构成。

（2）使用效果

1）提高铁焦比，节能8%～20%之间（随加氧方式及比例不同波动）。

2）缩短熔炼时间，减少元素烧损，可提高炉料中废钢比例，降低生产成本。

6. 冲天炉脱湿送风技术

（1）技术原理及主要内容

当空气的绝对湿度＞15g/m³时，冲天炉焦炭消耗明显增加，铁液温度明显下降，还加速元素烧损，增大铸件白口倾向。因此，产生了冲天炉脱湿送风技术。

1）脱湿方法。主要采用冷冻法，此外还有吸收法和吸附法。

2）冷冻法脱湿送风装置由空气及冷却介质两个循环系统构成。

（2）使用效果

1）在环境湿度大的条件下，提高铁焦比及铁液温度，节能5%～10%（应注意多增的压缩机、增压风机、冷却水泵的电力消耗）。

2）减少元素烧损及铸铁的白口倾向，节材并降低后续的热处理、机加工能耗。

7. 冲天炉-感应电炉双联熔炼

（1）技术原理及主要内容

冲天炉具有连续熔化、熔化效率高的优点，但因过热效率低，因而铁液温度较低，成分易波动，将其与感应电炉双联，发挥了感应电炉过热效率高（为70%，比冲天炉的7%高得多）和成分温度较易调节的优势。

冲天炉铁液应通过流槽直接流入感应电炉，以避免倒包降温。为防止熔渣进入感应电炉，流槽上需设置渣铁分离器。

要根据感应电炉的功能恰当设计感应电炉与冲天炉容量之比：其容量比在侧重精炼过热时为0.5～1.8；侧重保温时为1～3；侧重储存铁液时为4～6。

（2）使用效果

与冲天炉单熔相比，具有以下节能降耗效果。

1）节省能耗15%～20%。

2）可回收冷铁液，提高铁液的利用率。

3）如适当降低冲天炉出铁温度（由感应电炉完成过热），可提高冲天炉的熔化率。

4）能实现铁液供求平衡，并最大限度地发挥冲天炉的熔化能力。

5）与感应电炉单熔相比，化学成分及温度调节更容易掌握，波动范围小。

8. 高炉铁液直接生产铸铁件的"短流程"熔炼工艺

（1）技术原理及主要内容

高炉铁液直接进入中频感应电炉进行温度、成分调整合格后，直接作为铸造原铁液经球化、孕育处理后浇注离心铸管或异型铸件，免去高炉铁液凝固成生铁锭再重熔环节，是一种大幅度降低能耗的短流程熔炼工艺。

（2）使用效果

1）优质高效。铁液连续供应，质量稳定，成分、温度易于调节，类似冲天炉-感应电炉双联，但可免去冲天炉熔炼环节，铸件成本可降低10%左右。

2）节能减排效果十分显著。以年产10万吨铸铁件计，与冲天炉熔炼相比较：年节约14466吨标准煤；年减少合金元素烧损10%；年减少烟气排放量12800万立方米。

9. 多供电（"一拖二"）IGBT变频电源中频感应电炉熔炼

（1）技术原理及主要内容

感应电炉熔炼的原理是利用电磁感应将金属炉料直接加热至熔化，分工频（50Hz）感应电炉及中频（常用频率为900～3000Hz）感应电炉两种。与工频炉相比，中频炉具有功率大、熔化速度快、操作方便、不用起熔块等优点，特别是采用先进的IGBT变频电源后，电源频率和电力输入能自动适应炉料状态，自动变频运行，因而节能效果显著，已逐步取代工频炉、中频发电机及电子管式中频电源成为感应熔炼的主要设备。

中频感应电炉熔化的最新进展为：一台变频电源（变压器）可同时向两台感应电炉供电进行连续长时间相同或不同作业的熔炼方式。

（2）使用效果

1）中频感应电炉熔炼与冲天炉熔炼相比，元素烧损很小，节材效果显著，成分及温度调整容易，烟尘排放浓度大幅度降低，显著改善了作业环境及对大气的污染。

2）中频熔化与工频熔化相比，熔化速度快，节约电能15%～20%。

3）多供电（"一拖二"）与单供电（"一拖一"）相比，节能15%～25%，同时节省设备占用厂房面积15%。

10. 电炉熔炼无功补偿兼抑制高次谐波治理技术

（1）技术原理及主要内容

中频感应电源普遍存在高次谐波污染，既增大无功损耗，又造成电网电压及电流的畸变；此外，某些早期配备的中频电源（如中频发电机组、电子管式电源等）功率因数也不高，无功损耗大。通过为中频感应电炉配置就地无功补偿兼抑制高次谐波设备（在变压器低压侧安装无功补偿电容和滤波补偿装置），可显著提高中频电炉的功率因数并抑制高次谐波危害。此项技术也能用于电弧炉。

（2）使用效果

1）节能效果显著，中频电源功率因数可由0.75提高至0.95。

2）减轻高次谐波对电网电压及电流的畸变。

11. 碱性电弧炉快速熔炼工艺

（1）技术原理及主要内容

碱性电弧炉氧化法是铸钢生产最基本的熔炼法，用以熔炼高质量的碳素钢、各种低合金钢和高合金钢。但对某些钢种，可以采用不同于氧化法的快速熔炼工艺，缩短熔炼时间，降低能耗。具体方式及内容如下。

1）单渣法熔炼：用于冶金质量要求不太高的多数碳钢和某些低合金钢铸件。多以吹氧为主，将熔化期与氧化期结合，缩短熔炼时间。

2）不氧化法（返回料重熔法）：主要用于碳含量高的高合金钢（如高锰钢和耐热钢），由于不进行氧化，可显著缩短熔炼时间，节能效果显著。

3）返回料吹氧法：用于熔炼不锈钢，特别适合采用大量同类钢种回炉料作炉料时。

（2）使用效果

三种方法均可大大缩短熔炼时间并降低吨钢液电耗。

12. 超高功率电弧炉快速冶炼技术

（1）技术原理及主要内容

超高功率电弧炉快速冶炼技术是国际钢铁协会于1981年提出的一种电弧炉节能冶炼技术，已在我国冶金工业特钢生产得到较广泛应用。其技术核心是通过提高每吨钢的平均变压器功率水平（是普通电弧炉的2～3倍），提高有效工作时间利用率，从而显著缩短冶炼周期（包括非通电时间、通电熔化时间、精炼时间）并显著降低能耗。

（2）使用效果

表5-20为一座70t电弧炉改造实施超高功率化后的节能效果。

表5-20　70t电弧炉超高功率化的节能效果

电弧炉种类	额定功率/MV·A	工作时间/min		生产率/（t/h）	吨钢液电耗/（kW·h/t）	
		熔化	总熔炼		熔化电耗	总电耗
普通电弧炉	20	129	156	27	538	595
超高功率电弧炉	50	40	70	62	417	465

13. 铸造用钢炉外精炼工艺

（1）技术原理及主要内容

炉外精炼工艺是先在普通电弧炉或感应电炉中进行钢的初炼（熔化炉料和脱磷等），而将其后的精炼（脱碳、脱硫、脱氧等）移在精炼设备中完成。炉外精炼的具体方法（工艺）有：①氩氧脱碳精炼（AOD）法；②真空氧脱碳精炼（VOD）法；③钢包吹氩精炼（CAB、SAB、CAS）法；④钢包电弧加热精炼（LF）法；⑤钢包喷粉精炼（SL）法；⑥钢包精炼（ASEA-SAF）法。

（2）使用效果

1）缩短炼钢时间，节能效果显著。由于显著缩短炼钢还原期时间，可使还原期能耗降低50%，电炉熔化率提高50%。

2）减少合金元素烧损，节材效果显著。合金元素改在炉外精炼过程加入，在真空或惰性气体作用下，合金元素损耗极其轻微，收得率极高。

3）实现"清洁钢"要求，大幅提高钢的纯净度及产品合格率。

14. 铝合金炉料预热、熔化、保温一体化熔炼

（1）技术原理及主要内容

又称铝合金连续熔炼系统，以气体燃料（天然气、石油气）反射炉为基础，集预热、熔化、保温于一体的铝合金熔炼保温系统。其主要特点如下。

1）利用熔化废气对炉料预热及除污。炉料从炉顶加料口加入，利用熔化废气对炉料预热同时除掉炉料上的油污和水污，从而降低铝液的含氢量、熔炼能耗及铝的烧损率。

2）短流程，熔化、保温一体化。炉料在熔化室熔化后即刻流入保温池，回炉料中难熔的钢铁嵌件或其他高温材料则被留在熔化室底而易于分离排除，确保铝液纯净。

3）炉衬采用优质耐火材料，可三班连续运行，4～8年不用更换。

（2）使用效果

与常规反射炉相比：①节能20%～50%（熔化吨铝液能耗由120～150kg标煤降至75～95kg标煤）；②铝的烧损率由3%降至0.8%～1.5%，并易于重熔回炉料。

15. 高吸收率新型球化处理工艺

（1）技术原理及主要内容

在球铁生产中，传统的冲入法球化处理工艺虽然操作简便，但是存在镁吸收率低（只有30%～40%）、球化不稳定且产生严重镁光、烟尘污染等问题，新型球化处理工艺的技术原理在于球化剂进行球化反应时与空气实现不同程度的隔绝，从而达到节材减排、稳定球化质量的效果。主要方法如下。

1）盖包法：在传统的冲入法处理包上安装盖式中间包承接原铁液，通过中间包底部浇口直径控制铁液流量。

2）喂丝法：采用喂丝机将包裹稀土镁合金粉末的芯线以一定速度插入原铁液中，使球化反应在包底进行。

3）转包法：转包横卧，装有纯镁的反应室位于转包底部上方。浇入高温（1500℃）原铁液后，转包直立，铁液通过反应室上下孔进入反应室将镁气化。通过反应室孔的尺寸和位置，自动调整反应室内镁蒸气压力和反应速度。

（2）使用效果

1）盖包法操作简便，可用于各种批量生产中，镁吸收率为40%～50%。

2）喂丝法适用于大型球铁件生产，镁吸收率可达45%～55%。

3）转包法适用于中小球铁件大批量连续生产，镁吸收率可达60%～70%，且可成功处理含S量高（≤0.15%）的原铁液。

16. 铝合金惰性气体无毒精炼及锶长效变质的一次处理工艺

（1）技术原理及主要内容

铝合金液浇注前须进行精炼（除氢）及变质（细化初生硅和共晶硅）处理。综合采用惰性气体（氮气或氩气）精炼及锶变质剂（含锶5%或10%Al-Sr合金）变质的处理工艺，是一种节能环保型精炼→变质一次性处理工艺，其主要特点是：实现无毒精炼变质，并可实

现精炼→变质一次同步完成，变质有效时间长（可达6～8h），质量好，成本低，可节能40%～50%。

（2）使用效果

1）精炼→变质一次同步完成，节能40%～50%。

2）杜绝含氯精炼剂及含氯、氟变质剂存在的严重大气污染（Cl_2、HCl、$AlCl_2$）。

17. 冲天炉熔炼过程及工艺参数的自动化检测、调节与控制

（1）技术原理及主要内容

冲天炉熔炼过程中，风焦平衡是保证冲天炉熔炼质量和降低消耗的关键。为此要综合采用自动检测和计算机控制技术对熔炼过程的重要工艺参数进行自动检测、调节与控制。自动控制内容如下。

1）风量、风压、底焦高度及风量分配的自动检测、调节或控制。

2）送风温度和湿度的自动检测、调节与控制。

3）铁液温度和成分的自动检测与控制。

4）炉气分析与调节。

5）冲天炉的自动称重，配料、加料、计数及料位高度的检测与集中控制。

（2）使用效果

1）节能降耗。减少元素烧损，促进焦炭完全燃烧，可节能2%～5%。

2）优质高效。确保原铁液成分、温度合格且稳定。

（二）节能降耗砂型铸造及特种铸造工艺技术（表5-21）

表5-21　节能降耗砂型铸造及特种铸造工艺技术

序号	技术名称	适用范围	投资大小	节能效果
1	数字化无模铸造精密成形技术及装备	①各种批量砂型铸造复杂铸件研发试制的快速无模铸造 ②单件小批、大型复杂铸型和铸件的生产	▲	■
2	铸造工艺及模具的计算机模拟优化及辅助设计	各种铸造合金、工艺及各种批量铸件正式投产前铸件结构、铸造工艺及模样/模板的优化设计	▲	▲
3	高紧实度（静压、高压、挤压）黏土砂湿型机械化造型	各种复杂程度、尺寸精度要求高的中小型铸铁、铸钢件大批量流水线生产	■	■
4	冷芯盒树脂砂制芯及制芯中心	大批量复杂薄壁铸件的制芯生产（汽车、拖拉机、内燃机、液压件等）	■	■
5	节能减排无机粘接剂制芯材料及工艺	目前已用于大批量铝合金缸盖等低压铸造生产	■	■
6	呋喃树脂自硬砂造型制芯	大中型铸铁件、铸铝件及普通铸钢件单件中小批量生产	▲	■
7	改性甲阶酚醛树脂自硬砂造型制芯	大中型铸钢件特别是高合金钢铸件的单件中小批量生产	△	■
8	精密组芯造型近净成形	中小批量生产中型精密复杂铸件	▲	▲

续表

序号	技术名称	适用范围	投资大小	节能效果
9	电渣熔铸短流程铸造技术	现有热加工工艺难以制备（如形状复杂且力学性能要求很高）的大型毛坯件	■	▲
10	保温、发热冒口（套）	铸钢、铸铁、铸铝件砂型铸造增强冒口补缩作用	▲	■
11	绝热保温浇包包衬材料及成型包衬	用于铸钢、铸铁浇注包包衬的绝热保温	▲	■
12	球墨铸铁件实用冒口系列及设计方法	各种类型球铁件生产，根据铸型刚度及铸件模数大小，采用不同种类的实用冒口	△	■
13	熔模铸造薄壳减层制壳工艺	大型水玻璃熔模铸件生产	△	▲

注：■表示大；▲表示中；△表示小。

1. 数字化无模铸造精密成形技术及装备

（1）技术原理及主要内容

在铸件及铸型铸造工艺计算机模拟优化的基础上，采用在铸型三维CAD模型驱动下，不需要任何木模/模具，直接采用专用数控加工设备加工铸型砂块，加工的铸型无需后处理，直接浇注，实现铸型设计、加工和浇注的一体化，是铸型CAD、数控技术与铸造技术的完美结合，为快速铸造提供了一种全新的铸型设计制造方法，完全省掉了加工制造大量金属模具（或木模）所花费的时间、工时和能源资源消耗。无模铸造与传统有模铸造的制造工艺路线对比示于图5-9。

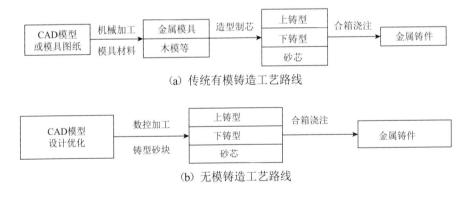

(a) 传统有模铸造工艺路线

(b) 无模铸造工艺路线

图5-9　无模铸造与传统有模铸造工艺路线对比

（2）使用效果

1）经在一汽铸造、中国一拖、广西玉柴等多家企业应用，使用效果见表5-22。

表5-22　数字化无模铸造和传统有模铸造使用效果对比表

对比项目	传统有模铸造	数字化无模铸造	对比分析结果
制造周期	30～90天	1～15天	开发制造时间缩减6～30倍
制造成本	高（需加工大量模具）	低（不需任何模具）	制造费用仅为有模铸造的1/10左右
铸件精度	低（CT13～CT15）	高（CT8～CT12）	无拔模斜度，精度高，加工余量小

对比项目	传统有模铸造	数字化无模铸造	对比分析结果
铸型制造工序	工序繁杂、多次翻型出芯	一次数控加工完成	短流程造型制芯
绿色环保	能耗大、粉尘污染及作业环境差	低耗清洁、封闭加工	属节能减排绿色工艺，既直接节能，又间接节能
自动化水平	低（单件小批生产多为手工造型）	数字化智能加工	实现数字化、自动化、智能化

2）实现快速铸造，显著缩短大型复杂铸件的研发及铸型加工周期，降低工时及能耗，通常一周即可设计、制造出所需铸型。

3）可以加工各种复杂、精细的空间曲面，实现近净成形组芯造型。

4）加工在封闭环境中进行，配有粉尘吸排措施，无粉尘、废气污染。

2. 铸造工艺及模具的计算机模拟及辅助设计（CAE/CAD）

（1）技术原理及主要内容

铸造工艺及模具的计算机模拟及辅助设计是基于铸件充型、凝固和冷却过程工艺模拟和数据库基础上形成的先进设计技术。它根据铸件结构、铸造合金和铸型、生产批量等输入，采用商品化CAD软件（如MAGMA、PRO-CAST、DEFORM及国产的FT-STAR、CAE/INTECAST、SRIF-Cast等），优化铸造工艺方案和参数，进而生成铸造工艺图及模样/模板图等。主要包括以下内容：

1）铸造流场模拟，优化浇注位置、分型面及浇注系统；

2）铸造温度场、凝固场模拟，优化凝固顺序、方式，确定冒口位置，优化冒口尺寸以及补贴、冷铁设置；

3）铸造应力-应变场模拟，优化铸型种类及其工艺参数；

4）通过以上工艺模拟，确定工艺方案，优化工艺参数，完成浇冒口计算、砂型砂芯设计，模样（单件小批生产）或模板（大批量生产）布置设计；

5）生成铸件结构图、铸造工艺图、铸造工艺卡、铸件模样/模板图。

（2）使用效果

1）单件小批试制大型、关键铸件（如：大型水轮机转轮叶片、导叶；大型轧钢机机架；航空航天用复杂精密铝合金、钛合金铸件等）。实现"计算机优化试浇"，确保一次试制成功，并节省大量工艺试验带来的能耗、材耗和环境污染。

2）大批量流水线生产中小型铸件，缩短试制周期30%～60%，实现间接节能。

3. 高紧实度（静压、高压、射压）粘土砂湿型机械化造型

（1）技术原理及主要内容

当前铸件产量的60%～70%采用粘土砂湿型生产，粘土砂湿型是能耗最低的砂型工艺，但传统的手工造型及普通震击式机器造型，其铸型紧实度低（1.6g/cm³以下）导致铸件质量差及工艺出品率低，造成综合能耗增高。

高紧实度机器造型普遍采用预紧实的复合紧实工艺，具体有静压造型（气流预紧实+液压静压压实)、高压造型(气动微震+浮动多触头高压压实)、射压造型(射压预紧实+压实)等三种先进工艺,使成型后的粘土砂湿型铸型紧实度达到1.6～1.9g/cm³(普通机器造型紧实度为1.3～1.6g/cm³),其表面"B"型硬度≥90(普通机器造型多为50～85)。

(2)使用效果

高紧实度机器造型具有以下优点。

1)高紧实度克服了粘土砂湿型强度、刚度不足的缺点,保留了其铸件单位产量综合能耗最低的长处。与铸型刚度、强度较高的粘土砂干型相比,其综合能耗降低3～4倍。

2)与低紧实度粘土砂造型相比,提高铸件工艺出品率及尺寸精度,减小表面粗糙度,降低金属消耗,降低精整和机加工工时和成本,间接节能。

4. 冷芯盒树脂砂制芯及制芯中心

(1)技术原理及主要内容

在中小铸件大批量生产中,树脂砂芯的制造工艺有三种:即热芯盒制芯、覆膜砂制壳芯及冷芯盒制芯。三者相比,冷芯盒的节能效果最为突出。

由于冷芯盒砂芯采用三乙胺气流固化不需加热,故节省能源,劳动条件好,而且砂芯尺寸精度高,所以应用比例越来越高。在汽车薄壁复杂气缸体、气缸盖铸铁件生产中,百分之百采用冷芯盒制芯的制芯中心已在国内外获得越来越多的应用。

冷芯盒制芯中心可实现制芯、去除砂芯飞翅、砂芯组装及锁紧、浸涂料、运输、储存、提取等自动化作业,是当代最高水平的大批量生产复杂、薄壁砂芯的成套技术。

(2)使用效果

与两种热法制芯工艺(热芯盒、壳芯)相比,具有以下效果。

1)节能降耗。固化不需加热,电或天然气能耗及成本降低20%。

2)优质高效。尺寸精度高,生产效率提高1倍。

3)出芯后不必等待进一步固化,可立即浇注,因而减少储存量。

5. 节能减排无机粘接剂制芯材料及工艺

(1)技术原理及主要内容

针对上述热芯盒制芯需高温(温度280～320℃)固化且有甲醛、苯酚等有害污染物排放;而冷芯盒制芯虽常温固化但固化剂三乙胺不仅污染大气和作业环境,还存在潜在火灾爆炸风险。近年具有节能减排综合效果的新型无机粘接剂制芯材料开始用于生产。该工艺以水玻璃为粘接剂,以改性硅酸盐($XSiO_3$)为固化剂,100℃即可固化,且原材料及反应气体(水蒸气)均无味无害,目前已开始应用于大批量生产低压铸造铝缸盖铸件。

(2)使用效果

节能减排无机粘接剂制芯材料及工艺是一种节能零污染的绿色制芯材料及工艺:与热芯盒相比,显著节能(固化温度低,简化环保设施,综合节能效果可达20%);与冷芯盒相比,虽增加了低温加热的能耗,但省掉了环保设施的能耗,且杜绝了三乙胺排放对大气及作业环境的危害(污染及潜在火灾爆炸)。

6. 呋喃树脂自硬砂造型制芯

（1）技术原理及主要内容

树脂自硬砂是以合成树脂为黏结剂，在相应的催化剂作用下，在室温下自行硬化成型的一类造型（制芯）砂。其中以呋喃树脂为黏结剂、以磺酸为催化剂的酸固化树脂自硬砂应用最为广泛，也最适合中国糠醇资源丰富的国情。近20多年来，在大中型铸件单件小批量生产中（特别是铸铁件）已普遍替代粘土砂干型工艺，其优点如下。

1）铸型自硬，不用烘干节能显著。

2）浇注后型砂溃散性好，极易落砂、清理。

3）铸件尺寸精度及光洁度高，加工余量小。

4）易于实现单件小批量中大型铸件的机械化造型及旧砂再生回用，可采用设备简单、成本低的干法再生工艺。

（2）使用效果

1）节能效果显著，与粘土砂型芯烘干工艺相比，综合能耗降低2～3倍。

2）是溃散性最好的造型制芯工艺，显著降低石英粉尘排放和落砂清理噪声排放对员工和环境的危害及影响，且清理劳动强度大幅度降低。

3）旧砂干法再生工艺设备投资少，回用率高（＞90%），且不存在湿法再生的污水排放二次污染。

7. 改性甲阶酚醛树脂自硬砂造型制芯

（1）技术原理及主要内容

改性甲阶酚醛树脂是我国最新研制的一种特别适合铸钢件生产的节能环保型造型材料。经多家企业应用，其主要特点如下。

1）树脂原材料完全是农作物及植物下脚料，树脂不含"甲醛"和"苯酚"，铸造过程无甲醛、苯酚排放。

2）再生回用性好，采用"干法机械再生工艺"，再生回用率达90%～95%，再生砂可100%作面砂。

3）无论用新砂还是100%用再生砂，型砂均具备铸钢生产必需的高强度、高溃散性及使用适应性。

（2）使用效果

1）显著降低铸钢件综合能耗及再生设备投资，特别是与其他铸钢用型砂（需采用热干法再生）相比，再生能耗降低6～8倍。

2）合金铸钢件无热裂缺陷，浇注时无甲醛、苯酚排放，改善作业环境。

8. 精密无箱组芯造型近净成形技术

（1）技术原理及主要内容

采用高精度自动制芯（型）机及高精度芯盒造出高精度冷芯盒树脂砂或改性硅酸盐砂芯和砂型。通过高精度夹具，用工业机器人或机械手将砂型精确组合坚固，再将砂芯下到砂型中，合箱后得到精密组芯铸型，浇注后能获得高精度铸件。主要核心技术是：①精确制芯、造型技术；②组芯定位坐标系技术；③精确组芯合型技术。

（2）使用效果

1）节约投资成本，一般为粘土砂造型线的30%～40%。

2）调度灵活，易于实现均衡、满负荷生产（通过增设制芯机调节）。

3）砂铁比例（1∶1），型（芯）砂单一易于回收利用。

4）设备简单，能耗成本仅为砂型线的40%～50%。

5）实现无箱近净铸造成形，减小壁厚公差及加工余量。

9. 电渣熔铸短流程铸造技术

（1）技术原理及主要内容

电渣熔铸是把电渣重熔的提纯精炼和异型铸件成形合二为一，具有提高金属纯净度和控制铸件凝固组织双重功能，特种冶金和特种铸造成形工艺有机结合的一种先进技术。它一方面对精炼电极进行二次电渣精炼，另一方面又直接将金属液铸成异型铸件，力学性能可达到同材质锻件标准，铸件形状及尺寸又接近或达到最终产品。国内外已成功采用此项技术批量生产大型水电站导叶、船舶柴油机大型多拐曲轴、喷气发动机涡轮盘、复合冷轧辊等大型高参数铸件。

（2）使用效果

1）提高材料利用率，降低能耗。减少铸件60%工艺补贴量和30%加工余量，降低10%总能耗。

2）缩短生产流程，缩短生产周期。

3）提高金属纯净度，力学性能达到同材质锻件水平。

10. 保温、发热冒口

（1）技术原理及主要内容

保温、发热冒口是一类用保温材料（膨胀珍珠岩、蛭石、大孔陶粒、粉煤灰、矿渣棉等）或发热材料（铝热剂、铝硅热剂）作冒口套，顶部使用保温剂、发热剂的特种节能节材冒口。使用该类冒口，可大大延长冒口的凝固时间（与普通冒口相比，铸钢件延长3～8倍，有色铸件延长1.5～4倍），从而显著提高冒口的补缩效率及铸件的工艺出品率，实现节能节材，降低成本。

（2）使用效果

与普通冒口相比冒口质量可减轻30%～50%，铸件工艺出品率可提高15%～25%。

11. 绝热保温浇包包衬材料及成型包衬

（1）技术原理及主要内容

采用具有良好绝热保温性能的包衬材料（或做成成型包衬），替代传统包衬材料砌筑铸钢或铸铁浇注包。有三种类型：①板状材料；②成型包衬；③粉状材料。可显著降低烘包及浇包转运、停留、处理、浇注中金属液温度降所消耗的能源。

（2）使用效果

1）浇包不需预热或缩短预热时间，可节约大量烘包能源。

2）温降速度只有同类包衬的1/2，金属液出炉温度可降低30～50℃。

3）易于安装和拆卸，修包衬简便。

12. 球墨铸铁件的实用冒口系列及其设计方法

（1）技术原理及主要内容

利用球墨铸铁件在凝固过程中由于石墨析出体积膨胀可以抵消液态收缩这种自补缩能力，根据其铸件模数M（铸件体积与表面积之比）的大小和铸型刚度的高低可分别采用不同种类的实用冒口代替普通冒口，提高工艺出品率，节能节材。有如下4种不同的实用冒口设计方法：

1）粘土砂湿型铸造小模数（$M<0.48cm$）铸件，采用"浇注系统当冒口"；

2）粘土砂湿型铸造中等模数（M为$0.48～2.5cm$）铸件，采用"控制压力冒口"；

3）高刚度铸型（金属型、金属型复砂、树脂自硬砂型等）中等模数（M为$0.48～2.5cm$）铸件，采用"压力冒口"。

4）高刚度铸型（树脂自硬砂型、金属型复砂等）大模数（$M>2.5cm$）铸件，采用无冒口补缩法。

（2）使用效果

与普通冒口相比，工艺出品率可提高10%～25%（其中无冒口补缩法的工艺出品率可高达90%～95%）。

13. 熔模铸造薄壳减层制壳工艺

（1）技术原理及主要内容

型壳焙烧、热壳浇注是熔模铸件能耗高的重要原因。东风精密铸造公司通过添加玻璃纤维等增强材料等措施，在确保型壳强度的前提下，将型壳加固层层数，由4～6层减为2～3层，型壳厚度减薄1/5以上，降低了型壳焙烧的能耗。

（2）使用效果

型壳焙烧能耗降低15%～18%。

（三）节能降耗铸件清理及后处理技术（表5-23）

表5-23　节能降耗铸件清理及后处理技术

序号	技术名称	适用范围	投资大小	节能效果
1	铸态球墨铸铁	铁素体、珠光体基体及其混合基体的13个牌号球铁件通过精细化管理均适用	△	■
2	大型灰铸铁件地坑控温余热时效	尺寸精度保持性要求严格的大型（≥10t）灰铸铁件	△	■
3	中小型灰铸铁件浇注冷却线上余热退火	中小型大量流水生产线的灰铸铁件连续退火	△	■
4	铸件强力抛丸清理	铸钢、铸铁件落砂后或热处理后清理	▲	■

续表

序号	技术名称	适用范围	投资大小	节能效果
5	变频电动工具快速打磨清理	各类铸件的打磨清理作业	▲	■
6	高效节能节材水玻璃砂再生利用技术	各类（CO_2、酯硬化等）水玻璃砂集中再生利用	■	■

注：■表示大；▲表示中；△表示小。

1. 铸态球墨铸铁

（1）技术原理及主要内容

球墨铸铁由于具有十分优异的综合力学性能，获得越来越广泛的应用。在石墨球化等级大致相同的条件下，其综合力学性能及牌号高低主要取决于基体组织。根据球铁国家标准，其综合力学性能共分19个等级（牌号）。除5个奥铁体基体组织的牌号（QDT800-10 ~ QDT1400-1）必须通过等温淬火热处理及QT900-2牌号必须通过正火（或淬火）+回火热处理获得外，其余13个以不同比例铁素体和珠光体为基体的牌号均可通过严格控制化学成分（分别是C、Si、Mn、P、S五大元素）、添加合金元素、复合孕育、控制铸件冷却速度等综合措施，使铸件铸态即可达到标准要求的基体组织和综合力学性能，从而取消正火、不完全正火或退火等热处理工序，实现节能减排。其中易于实现稳定生产的球铁牌号为：QT400-15、QT450-10、QT500-7、QT550-5、QT600-3、QT700-2六个等级。

（2）使用效果

取消热处理工序后（不需增加硬件措施，只需对化学成分及工艺参数精细控制），每吨球铁铸件平均可节约标煤100 ~ 180kg，还可减轻环境污染及员工的体力劳动。

2. 大型铸铁件地坑控温余热时效

（1）技术原理及主要内容

铸铁件在冷却过程中由于各部位冷速不一，会产生铸造应力。铸件粗加工后，由于各部位尺寸变化，破坏应力平衡会重新产生加工应力。因此某些重要铸铁件（如机床床身）为保持精度稳定性，必须采取时效热处理（退火）消除或减少铸件内的残余应力，耗能、耗时。

地坑控温时效，适用于10t以上的大型铸铁件，这些铸件多用地坑造型。造型时，在铸件的不同部位采用不同保温材料和压缩空气快速冷却等手段，使铸件在600℃以下冷却时，冷速小于50℃/h，并使铸件厚、薄部位均匀冷却，以减小铸件内应力，实现控温余热时效。

（2）使用效果

完全取消了铸件重新加热的热时效，节能减排效果十分显著。

3. 中小型铸铁件浇注冷却线上余热退火技术

（1）技术原理及主要内容

在中小型铸铁件大量流水生产的浇注冷却线上，铸件高温（450 ~ 500℃）开箱带着余热进入连续式退火炉，小幅升温至550℃，利用铸件余热加上退火炉电热的辅助调节实现在浇注冷却线上连续退火工艺。该技术充分利用铸件开箱后余热进行时效处理，克服了传统工艺待铸件冷至室温后再把铸件重新加热到530℃以上进行时效热处理的缺点。

（2）使用效果

每吨铸件可节省电能约100kW·h。

4. 铸件强力抛丸清理

（1）技术原理及主要内容

利用高速旋转的叶轮将弹丸（一般多为钢丸，清理有色金属铸件可采用硬度低的玻璃丸或其他金属丸）以60～80m/s的速度抛射到铸件表面上，将黏附铸件表面的型砂、氧化皮等清除掉的清理方法。

（2）使用效果

与另两种铸件表面清理方式（喷丸和喷砂）相比，具有如下优点。

1）高效节能。生产效率高，比喷丸和喷砂清理节能60%左右。

2）优质。强力抛丸使铸件表面产生压应力而强化，提高铸件的疲劳强度。

3）环保安全。运转噪声低，粉尘排放少，劳动条件好。

5. 变频电动工具快速打磨清理

（1）技术原理及主要内容

采用变频电动工具进行铸件清理打磨作业。该工具采用电动机变频器或电子变频器在常规电源驱动下可将工频电源（50/60Hz）转变为300～400Hz。高频意味着高速，根据能量输出原理，相同尺寸的电动机，高频工具的输出能力远远大于普通电动工具的输出能力，从而实现快速打磨清理。

（2）使用效果

1）节能。打磨同样的工作量，比普通电动工具节能30%。

2）高效。输出功率恒定，有强的过载能力，当负载增加时，速度降几乎为"零"，转速稳定，提高打磨效率约40%。

3）降低劳动强度。相同规格的电动工具重量降低1倍左右。

6. 高效节能节材水玻璃砂再生利用技术

（1）技术原理及主要内容

针对水玻璃砂再生回用的技术难题，中机铸材公司自主开发独特的"湿法+干法"综合再生回用成套技术，并在福建三明地区建成示范生产基地，已运行两年多，湿法可回收水玻璃，污水净化后循环使用，不外排；干法常温不加热，废弃砂综合利用率可达98%。

（2）使用效果

1）节能显著。与热干法相比，常温处理，不需高温加热。

2）节水且不污染水体。

3）充分回收各种废弃资源，回收的深加工产品可达16个品类。

二、节能降耗锻压技术

（一）节能降耗锻造及特种轧制技术（表5-24）

表 5-24 节能降耗锻造及特种轧制技术

序号	技术名称	适用范围	投资大小	节能效果
1	棒料精密剪切下料制坯技术	室温可剪切 $\phi 90$ 以下中低碳钢及 40Cr、20CrMnTi、42CrMo 等合金钢棒料	▲	▲
2	高效空气自身预热烧嘴	锻坯可燃气（天然气、液化石油气等）加热炉	△	■
3	锻坯感应加热	中型圆形锻件（坯）的大批量流水线生产	▲	■
4	程控电力驱动全液压模锻锤及空气锤、蒸 - 空锤的节能改造	中小型锻件的自由锻和模锻件生产	▲	■
5	变频双盘摩擦压力机及传统摩擦压力机的节能改造	①传统摩擦压力机的节能改造，简单易行 ②中小型模锻件生产	▲	■
6	节能型螺旋压力机	①离合器式螺旋压力机：各种吨位模锻件生产 ②电动螺旋压力机：30MN 以下（单电机直驱式）、30MN 以上（多电机带减速机构）	■	■
7	热（温）精锻—温（冷）精压复合精密成形技术	近净成形（少无切削）制齿工艺制造汽车直齿锥齿轮等零件	▲	■
8	精辊制坯—精锻复合成形技术	中等重量长杆形变截面锻件（大叶片、汽车前轴等）的大批量生产	▲	■
9	多向闭塞精密模锻	轴对称变形或近似轴对称变形的锻件	▲	■
10	异型轴类工件楔横轧成形技术	阶梯轴或变截面轴的大批量生产	▲	■
11	锻件锻后余热热处理技术	中小模锻件大批量生产利用锻造余热进行热处理，避免或减少热处理能耗	△	■
12	锻造用非调质钢的应用和推广	中小模锻件大批量生产不用热处理	△	■

注：■大；▲中；△小。

1. 棒料精密剪切下料制坯技术

（1）技术原理与主要内容

中小型模锻件大批量生产第一道工序为棒料下料制坯工序，传统工艺为卧式带锯床下料，存在效率低、锯口钢材损耗大等缺点。该技术采用约束剪切原理和纯剪切技术，使棒材在剪切过程中受三向压应力，既无弯曲，也不产生轴向位移，只能沿滑块运动方向平行移动，剪切速度快、精度高，无锯口钢材损耗。

（2）使用效果

以剪切 $\phi 60mm$ 08钢棒年产300万件计算：

1）减少锯口钢材损耗9.9t，节约45万元；

2）3s剪1件，提高效率10倍以上，设备节电1.8万度，节约电费20万元；

3）锻坯精度高：断面倾斜度≤1.5°，质量公差≤0.5%，断面圆度0.96。

2. 高效空气自身预热烧嘴

（1）技术原理及主要内容

锻坯加热炉的排烟温度高达1000～1300℃，带走燃料供热量的50%～70%，回收烟气热量预热空气和燃料是重要的节能措施。自身预热烧嘴亦称换热器烧嘴，是实现烟气余热回收的先进装置，其特点是将烧嘴与回收余热的换热器组成一体，即把供热系统、排烟系统的烟筒、烟道、换热器和烧嘴有机地合成一体，又和普通烧嘴一样便于安装在加热炉上，利用炉膛排除的废气，将助燃空气预热到500～700℃，可实现多级混合燃烧，燃烧充分，火焰消耗的热值小，污染物排放量低。

（2）使用效果

与普通烧嘴相比，节约燃料30%，NO_x排放量降低1倍。

3. 锻坯感应加热

（1）技术原理及主要内容

采用感应加热装置利用电磁感应将感应加热器内的锻坯快速直接加热到始锻温度，进行锻压成形的节能环保少无氧化加热技术。

（2）使用效果

1）无烟气排放、无噪声，清洁环保，劳动条件好。

2）加热速度快，少无氧化、脱碳加热，能耗低，材料烧损小。

3）易实现流水线大批量生产。

4. 程控电力驱动全液压模锻锤及空气锤、蒸-空锤的节能改造

（1）技术原理与主要内容

锻造按使用设备不同分机锻和锤锻两大类型。传统锤锻设备主要有空气锤、蒸汽-空气锤两种，靠压缩空气或蒸汽-空气联合驱动提升锤头，均存在能源利用率极低，且噪声及振动大，作业条件恶劣等致命缺点。电液锤是一种电力驱动、利用液压来提升锤头的新型锤锻设备。通过多年技术发展，目前已实现全液压动力驱动的智能控制，自动控制锤击步序和能量，并采用液压阻尼隔振器主动隔振技术，使锻锤工作时对基础的冲击振动降至最小。该技术有两种实施途径：①淘汰旧锤，购买全液压新锤；②设备"换头"改造，即保留原锻锤的基础、机架，用液压驱动头置换原有气缸。

（2）使用效果

与传统的空气锤或蒸汽-空气锤相比：

1）能源利用率由3%～5%提高到65%，吨锻件节约标煤0.23t；

2）噪声振动显著降低，改善劳动条件。

5. 变频双盘摩擦压力机及传统摩擦压力机的节能改造

（1）技术原理及主要内容

目前摩擦压力机已取代锻锤，成为国内模锻的主要设备，但传统的摩擦压力机因电机一直在工作，尤其在非锻打的辅助间歇时间输出的基本是无用功，因而耗电较高。变频双盘摩擦压力机的节能原理为：增加变频智能控制系统，使电机可根据负荷情况频繁随机变

速，从而最大限度利用圆盘存储的旋转能量，满足锻打过程所需能量，实现电机在滑块运行期间基本不耗电，只在滑块静止时的辅助时间变频电机才工作，加速补充圆盘的存储能量。该技术也有两种实施途径：①购买新机，置换旧机；②对传统摩擦压力机进行节能改造，机械部分无需改动，只增加变频智能控制系统即可。

（2）使用效果

1）电能利用率高，比传统双盘摩擦压力机节电40%以上。

2）速度控制精确，打击力稳定且可控，模具寿命与锻件精度高。

6. 节能型螺旋压力机

（1）技术原理及主要内容

节能型螺旋压力机是近年来为进一步降低锻造生产（特别是其中的模锻）的能耗发展的一系列节能型机锻设备，主要有以下两种类型。

①离合器式螺旋压力机。其工作原理为电机通过传动带带动大飞轮始终朝一个方向旋转，通过离合器驱动螺杆旋转运动，由于飞轮与螺杆之间由可控离合器连接，锻打力可得到准确控制，因此其提供的锻件变形能大约是同规格摩擦压力机的2～3倍。

②电动螺旋压力机。由一台或多台低速大转矩伺服型开关磁阻电机直接或通过一级齿轮机构驱动飞轮做双向交替旋转运动，从而使滑块上下运动。电机启动电流小，节电；滑块静止时，电机不工作，节电；当电机反转带动滑块回程到某一距离后，电机断电，由飞轮存储的能量带动滑块继续上行，此时电机转为发电，将飞轮存储的能量转变为电能，进一步节能。

（2）使用效果

1）离合器式螺旋压力机的主电动机功率只有同吨位传统摩擦压力机的60%。

2）电动螺旋压力机比同吨位传统摩擦压力机节电75%，且打击能量可精确设置，锻件精度高，特别适合精密锻造。

7. 热（温）精锻-温（冷）精压复合精密成形技术

（1）技术原理及主要内容

精密锻造是一类近净成形的少无切削节能节材技术，按成形温度，有热锻（在再结晶温度以上成形）、温锻（在再结晶温度以下室温以上成形）和冷锻（在室温成形）之分，各有其优缺点。综合发挥各自优点，复合精密成形制造中小模数齿轮零件在国内外获得较广泛应用。以汽车直齿锥齿轮为例，其工艺流程为：下料→热精锻（或温精锻）→切飞边→温精压（或冷精压）。

（2）使用效果

与传统的锻造齿坯→滚齿加工工艺相比，材料利用率由50%提高到80%～90%，综合能耗也显著降低。

8. 辊锻-模锻复合成形技术

（1）技术原理与主要内容

该技术是一种综合发挥辊锻工艺生产效率高、能耗低，模锻成形精度高的各自优点，用于大批量生产重要锻件的先进复合工艺。

辊锻是锻坯在一对反向旋转的扇形模具作用下产生塑性变形得到所需锻件或锻坯的成形工艺。由于在辊锻瞬间，锻模只与坯料的一部分接触，属于局部连续性变形，且辊锻空行程较短，故所需设备吨位小，能耗低，生产率是模锻的5～10倍。利用这种优势，采用辊锻对锻坯进行预成形和体积分配，则可大大降低精锻终成形的设备吨位和能耗。这种复合工艺已成功地用于载重汽车前轴及大型叶片的大批量生产。

（2）使用效果

以载重汽车前轴辊锻制坯-精锻成形生产线为例，同样生产能力与产品质量的生产线投资只有传统的万吨压力机生产线的1/8～1/5，材料利用率达90%以上，减小模锻打击力2/3以上，具有十分明显的节能效果。

9. 多向闭塞模锻

（1）技术原理与主要内容

其凹、凸模间隙方向与模具运动方向相平行，模锻过程间隙大小无变化，故无飞边产生的模锻工艺称为多向闭塞模锻，又称无飞边模锻。其成形过程为：锻坯定位后凹模闭合并保持一定压力，凸模加压使锻坯在三向压应力状态下成形。成形设备为多向锻造压力机和特制模架。也可利用其他锻造设备通过采用专用的闭塞锻造液压模架实现闭塞模锻。成功应用的典型锻件如：转向摇臂轴、转向螺杆、行星齿轮、半轴齿轮、星形套、十字轴等。

（2）使用效果

1）节材降耗，无飞边材料损耗（飞边金属一般为锻件质量的10%～50%）。

2）节省切边设备的投资。

3）锻坯在三向压应力状态下成形，尺寸精度高，有利于低塑性材料成形。

10. 异形轴类工件楔横轧成形技术

（1）技术原理和主要内容

楔横轧是利用两个带楔形模的轧辊同向旋转，靠摩擦力带动圆形坯料转动的同时，产生径向压缩和轴向延伸将坯料轧制成阶梯状或变截面轴类工件的成形方法，是一种少无切屑成形的工艺。该技术既可直接成形阶梯轴，也可精确制坯与闭式挤压复合成形无飞边单拐曲轴。

（2）使用效果

1）节材效果十分明显，无飞边损耗，材料利用率可达90%以上。

2）生产效率很高，可达6～10件/分。

3）近净成形，加工余量少，甚至成形后不用加工可直接使用。

11. 锻件锻后余热热处理技术

（1）技术原理及主要内容

在中小锻件锻造流水线上利用锻后工件温度尚在淬火（正火）临界点之上，迅速将其放入能控制温度的输送带上，通过控制锻件的冷却速度，防止形成粗大的铁素体和珠光体及析出网状碳化物，直接获得相当于锻件冷却至常温后再次加热进行的常规热处理的组织和性能，从而取消再次加热，既节能减排，又可避免中碳钢退火的脱碳风险。锻后余热热处理有如下几种具体工艺。

1）锻后余热淬火：锻件在奥氏体化温度立即落入淬火介质中急冷。

根据锻件含碳量，又分为：①亚共析钢锻后余热淬火工艺（如40Cr连杆锻件）；②过共析钢锻后余热淬火工艺（如冷作模具钢锻件）。

2）锻后余热正火：锻件在奥氏体化温度进入冷却箱或正火炉内控制锻后冷却速度，得到正火组织。

3）锻后余热等温正火：一般用于CrMo渗碳钢，在Ar3温度以上（900～950℃）先急冷（通过调节风温、风量及锻件移动速度）至等温温度（一般为610～680℃）再进行空冷。

（2）使用效果

与重新加热热处理相比可节约能耗80%，减排40%，节能0.272吨标煤/吨锻件。

12. 锻造用非调质钢的应用和推广

（1）技术原理及主要内容

非调质钢是在中低碳钢中加入微量碳、氮化物形成元素（V、Ti、Nb等），利用锻造过程中的高温形变及随后的冷却，控制微量合金化合物的析出及产生晶粒细化作用，从而使钢强化，达到中低碳钢调质的力学性能水平，从而可省去其后的调质热处理过程，故称为非调质钢。

由于不用进行调质（淬火+高温回火）热处理，非调质钢在国内外特别是汽车行业锻件生产中获得越来越广泛的应用。表5-25给出锻造用非调质钢的种类及推广应用概况。

表 5-25　锻造用非调质钢的种类及国内外应用概况

种类	典型零件	国外应用情况	国内应用情况
铁素体＋珠光体型	汽车锻件（曲轴、连杆、前轴、半轴、万向节、轮毂等）	工业发达国家：使用率＞60% 德国：使用率＞70% 日本：曲轴90%；连杆75%	全国年总用量为20万～25万吨，其中：汽车行业占10万～15万吨，约1/2以上
低碳贝氏体型	前桥、转向臂、弯直臂等		一汽、东风、江铃、济南重汽等已应用
低碳马氏体型	水泵轴、万向节臂等		已由研发逐步转向汽车等行业应用

（2）使用效果

完全取消"淬火+高温回火"（调质）热处理，节能十分显著，还有避免淬火变形开裂、工艺简单等优点。

（二）节能降耗冲压技术（表5-26）

表 5-26 节能降耗冲压技术

序号	技术名称	适用范围	投资大小	节能效果
1	少无废料冲裁下料技术	适用于各行业各种工况下的薄中厚度金属板材的平板冲裁件及成形冲压件的下料工序，特别适合大批量生产	▲	■
2	少无切削精密冲裁技术	大批量生产条件下代替机械加工件、铸锻件和普通冲压件，可省掉机械加工。最大精冲厚度为：25mm（中低强度钢）；8mm（高强钢）	▲	▲
3	内高压成型技术	代替传统的冲压-组焊工艺，大批量生产汽车等交通运输设备上的空心轻体结构件	▲	▲

注：■表示大；▲表示中。

1. 少无废料冲裁下料技术

（1）技术原理及主要内容

原材料（金属板材）成本一般占冲压件总成本的60% ～ 80%，提高冲裁下料的材料利用率直接节材降成本、间接节能且提高生产率，十分重要。目前我国总体冲裁下料的材料利用率在65% ～ 80%之间。20% ～ 35%的废料由两部分组成：一是搭边（沿边、料头、料尾）等工艺废料；二是冲体内形孔、凹口、凸台、支臂等结构废料。少无废料冲裁下料技术就是综合应用无搭边及无废料排样技术、套裁及混合排样技术、少无废料冲模设计制造及使用技术，实现冲裁下料过程不产生或接近不产生废料，使材料利用达到或接近100%的一种节能降耗先进技术。

1）无搭边及无废料排样技术：通过合理、科学的冲压件形状、尺寸设计，对某些冲压件可以实现既无搭边等工艺废料，又不产生结构废料，真正实现零废料，材料利用率达100%。图5-10给出无搭边及无废料排样的几种实例。

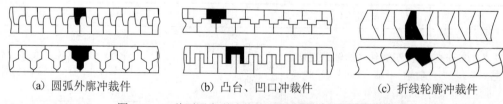

(a) 圆弧外廓冲裁件   (b) 凸台、凹口冲裁件   (c) 折线轮廓冲裁件

图5-10 三种不同类型冲裁件无搭边及无废料排样实例

2）"套裁"及混合排样技术：当冲压件本身存在内孔或凹口或凸台、折线之间很难尺寸搭配造成废料甚至沿边都不可避免时，则要进一步采用"套裁"及混合排样（如用废料冲制小尺寸工件）来利用部分废料以进一步提高材料利用率。

3）少无废料冲裁模具设计制造及使用技术：与普通的全封闭轮廓的冲裁模相比，少无废料冲裁模多为单边剪裁或双边剪裁的冲裁模，结构简单，制模周期短且成本低，冲裁压力至少可降低一半，压力机吨位也显著降低。

（2）使用效果

1）节材效果显著。一般可节材15%～20%，降低成本10%以上。

2）冲裁效率高。单边剪裁时，可实现多工位连续冲裁；双边剪裁时，可实现"一模两件"或"一模多件"，与普通冲裁相比，至少提高1～3倍。

3）节能效果显著。压力机吨位明显减小，冲裁效率高，废料为0或接近0，均能直接或间接节能。

2. 少无切削精密冲裁技术

（1）技术原理及主要内容

精密冲裁工艺与普通冲裁的主要区别是冲头（凸模）与凹模之间的间隙小（一般为料厚的0.5%，即0.5%t，t为被冲材料厚度，只相当于普通冲裁间隙的1/10），并在沿零件轮廓分布的V形环压边圈和反压板作用的压力下冲裁，使变形区材料产生三向压应力状态（即静水压），从而精冲出剪切面完整光洁的零件，实现少无切削加工。精冲件已批量用于高端汽车的座椅、车门限位臂、后背箱锁块等精密冲压件。

（2）使用效果

1）优质：精冲件尺寸精度可达 IT7 级，剪切面粗糙度Ra可达0.4～0.8μm，达磨削水平，可省掉切削加工。

2）高效：与切削加工相比，一般工件可提高功效10倍以上，精冲片齿轮可提高功效20倍，精冲凸轮可提高功效40多倍。

3）节材节能：提高材料利用率，无加工余量材耗，省掉切削加工，节能3.07吨标煤/吨工件，有些工件由于表面加工硬化可省掉表面淬火，将节约更多能源。

3. 内高压成型技术

（1）技术原理及主要内容

内高压成型原理是通过内部加压和轴向加力补料把管坯压入到模具型腔使其成型。基本工艺过程是，首先将管坯压入下模，闭合上模，然后在管坯内充满液体，并开始加压，在加压的同时管端的冲头按与内压一定的匹配关系向内送料使管坯成型。对于轴线为曲线的构件，需要把管坯预弯成接近零件形状，然后加压成型。

（2）使用效果

与传统的冲压-焊接工艺相比，内高压成型主要优点如下。

1）减轻重量，节约材料。对于空心轴类零件可以减轻重量40%～50%，有些件可达75%。

2）减少零件和模具数量，降低模具费用。内高压成型件通常仅需要一套模具，而冲压件大多需要多套模具。

3）可减少后续机加工和组装焊接量。以散热器支架为例，散热面积增加43%，焊点由174个减少到20个，装配工序由13道减少到6道，生产效率提高66%。

三、节能降耗焊接（热切割）技术

（一）节能降耗熔焊工艺、设备和材料（表5-27）

表 5-27　节能降耗熔焊工艺、设备和材料

序号	技术名称	适用范围	投资大小	节能效果
1	逆变焊接电源及各种逆变电弧焊机	适用于各种电弧焊接，用于替代动圈式、抽头式直至晶闸管式等传统焊机，是应用最广泛且有效的焊接节能技术	▲	■
2	高效埋弧自动焊工艺及设备	适用于厚板大型工件的直缝和环缝机械化焊接（只适合平焊位置），生产效率高且适于各种钢种（碳钢、低合金钢、不锈钢等）	■	■
3	带极埋弧焊大面积堆焊	适用于各种钢种大型构件的内外表面大面积堆焊。可用于大型压力容器的内表面堆焊制造；也可用于大型耐磨抗磨构件（轧辊、水泥挤压辊）的再制造修复	■	■
4	桶装焊丝	用于气体保护半自动焊接和自动焊接，也可用于埋弧焊，用以代替焊丝盘，实现连续焊接	△	▲
5	新型无镀铜粗丝气体保护焊丝	适用于中厚板（15～22mm）CO_2气体保护焊接	△	▲
6	埋弧焊用烧结焊剂	适用于各种埋弧焊，替代高耗能的熔炼焊剂	△	▲

注：■表示大；▲表示中；△表示小。

1. 逆变焊接电源及各种逆变电弧焊机

（1）技术原理及主要内容

焊接电源的性能决定了焊机的主要性能，逆变焊接电源是20世纪70年代出现的一种新型节能焊接电源。以用途最广的直流逆变焊接电源为例，其工作原理框图示于图5-11。

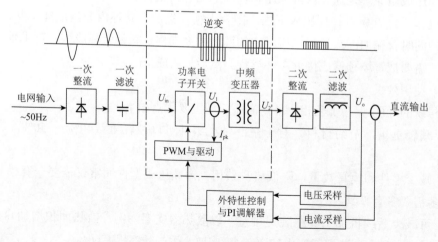

图5-11　直流逆变焊接电源的工作原理框图

从图5-11可看出：一台直流逆变焊接电源从交流电网到直流输出经过了"AC-DC-AC-AC-DC"（交流→直流→交流→交流→直流）如下4个步骤的能量变换过程。

1）一次"整流"过程（AC-DC）：将工频交流电经一次整流并滤波后变为直流电。

2）"逆变"过程（DC-AC）：通过由电子功率开关（MOS或IGBT两种全固态晶体管）构成的逆变电路将直流电逆变成几千至几万赫兹的中频交流电。

3）"降压"过程（AC-AC）：通过中频变压器将中频交流电的电压由220V/380V降为几十伏的焊接电弧所需要的电压值。

4）二次"整流"过程（AC-DC）：再次将低压交流电经二次整流并滤波成适合弧焊作业的低压直流电。

在上述4个能量变换过程中，最独特最关键也最复杂的是第二步"逆变"过程，逆变焊接电源的很多独特优点（功率因数高，节能，体积小，重量轻，节材等）都与此过程密切相关。

由于逆变焊接电源与传统焊接电源（包括动圈式、抽头式、晶闸管式等）相比，具有能耗低、体积小、重量轻、电弧稳定等一系列优点，因而被视为焊接电源的一场革命，获得越来越广泛的应用，广泛应用于弧焊的各个领域，包括焊条电弧焊、各种气体保护焊（MIG/MAG、TIG焊）、埋弧焊、等离子弧焊、螺柱焊等，还应用于电阻焊〔见本节中三之（二）〕，很多焊机已形成系列标准。

对于电弧焊来讲，交流逆变电源一般还要增加一道"二次逆变"过程。

（2）使用效果

逆变电源用于电弧焊接，与传统焊接电源相比，具有如下优点。

1）显著节能。一般比传统焊接电源节电30%～50%。节电原因一是：逆变电源的功率因数高，即电源效率高；二是其中频变压器比传统电源的工频变压器的空载损耗低很多（从≥5%降至1%以下）。

2）焊接电源体积小、重量轻、节材及降低焊机成本十分显著。同等功率的逆变电弧焊机重量比传统焊机轻3倍以上。

3）显著提高电源的响应速度及焊机的焊接工艺性能，从而提高了焊缝质量，并使很多优质高效的特种焊接方法（如：脉冲MIG焊、确保CO_2气体保护焊短路过渡稳定性的"电子电抗器"技术、铝及铝合金的交流TIG或等离子焊、交流MIG焊、交直流混合TIG焊等）的实施成为可能。

2. 高效埋弧自动焊工艺及设备

（1）技术原理及主要内容

埋弧焊是以焊丝和工件为电极，在焊剂层下产生电弧，使熔化金属在熔渣保护下形成焊缝的机械化焊接方法，能在大电流（一般为几百安）、高焊接速度下施焊，其本身就具有熔敷效率高的优点。近年来，在传统的单丝埋弧焊基础上又发展了如下多种进一步提高效率及质量的方法措施。

1）单面焊双面成形。使用更大电流，将焊件一次熔透，进一步提高生产率，降低能耗。为确保背面成形，需采用强制成形衬垫（铜衬垫、陶瓷衬垫或焊剂衬垫）。

2）窄间隙埋弧焊。进一步减少焊材填充量，提高焊接效率，降低能耗。

3）多丝多弧埋弧焊。常用的为双丝和三丝、四丝，最多可达14根焊丝，进一步提高单程焊接速度和效率，双丝双弧就可以实现单行程一次焊接成形，而且双丝双弧比单丝单弧节能显著，因焊接速度提高了1.5～2.5倍，所以虽然输入功率增加50%，但热输入却减少了15%～30%。

4）热丝填丝埋弧焊。在多丝基础上，利用电阻热将焊丝加热到接近熔点后均匀送入焊接熔池，大幅度提高熔敷速度（50%以上），进一步节能（相对能耗率降70%）。

以上4个措施可以在同一构件焊接中同时采用实施，如较广泛应用的双丝窄间隙埋弧焊单面焊双面成形工艺。

（2）使用效果

1）焊接电流大，焊接速度和熔敷率高，再加上焊剂和熔渣的隔热作用，热效率高。以厚度8～10mm钢板为例，单丝速度可达30～50m/h，双丝可达60～100m/h以上。

2）焊缝质量高。熔渣保护且可进行充分冶金反应，焊缝成分纯净，气孔、裂纹等缺陷少。

3）劳动条件好，无弧光辐射。

3.带极埋弧焊大面积堆焊

（1）技术原理及主要内容

带极埋弧焊是利用金属带（厚度为0.4～0.8mm，宽度可达300mm）作为电极的一种埋弧焊接方法，其熔敷速度高达70kg/h，比普通丝极埋弧焊高2～3倍，是大面积堆焊效率最高的焊接方法。

（2）使用效果

1）堆焊过程焊接电流大，熔深小，因而熔敷率高，稀释率低，熔敷面积大，直接节能节材。

2）用于轧辊、水泥挤压辊等耐磨抗磨件的再制造修复，间接节能节材。

3）也可用于大型压力容器的内表面（筒节与封头）的大面积堆焊。

4.桶装焊丝

（1）技术原理及主要内容

代替传统的焊丝盘，用于气体保护半自动焊、自动焊及埋弧焊，确保焊接过程送丝顺畅、稳定，不需频繁调换焊丝，变间断焊接为连续焊接。

（2）使用效果

实现连续焊接，提高了焊接效率，减少焊丝料头浪费，直接节材，间接节能。

5.新型无镀铜粗丝气体保护焊丝

（1）技术原理及主要内容

主要技术内容有两项：①焊丝生产过程采用表面特殊工艺处理替代电镀铜工序，消除电镀过程对环境的严重污染，也使焊接过程消除了含铜烟雾对环境及焊工健康的危害；②焊丝由细丝（直径≤1.2mm）改为粗丝（直径≥1.6mm），可采用大电流和较高的电弧电压焊接中厚板（15～22mm）。

（2）使用效果

1）消除或减轻焊丝制造过程及使用过程对外部环境及作业环境的污染及危害。

2）提高气体保护焊生产效率及能源利用率，降低生产成本。

6. 埋弧焊用烧结焊剂

（1）技术原理及主要内容

埋弧焊是一种应用广泛的优质高效焊接工艺，焊剂是埋弧焊重要的焊接材料。传统使用的熔炼焊剂，在制造过程中电能消耗大，严重污染环境。烧结焊剂的制造过程节能环保，先是将按一定配比混制的矿石粉和铁合金用液态黏结剂制粒后，再经低温烘干（200～300℃）、高温烧结（700～950℃）后，经分筛处理后制成。

（2）使用效果

与熔炼焊剂相比，烧结焊剂具有以下优点。

1）制造工艺简单，能耗低，节电50%～60%，对环境及员工危害小。

2）冶金特性及工艺性能好且稳定，焊剂堆积量少，渣壳薄，焊剂消耗少，又易于吸抽回收，节能效果显著。

（二）节能降耗压焊和钎焊工艺及设备（表5-28）

表5-28　节能降耗压焊和钎焊工艺及设备

序号	技术名称	适用范围	投资大小	节能效果
1	逆变电阻焊接电源及各种逆变电阻焊机	适用于各种电阻焊接（固定式、移动式、小微型），用于替代工频交流式、电容储能式及晶体管式等传统电阻焊机	▲	■
2	传统摩擦焊及新型铝合金搅拌摩擦焊技术	适用于铝合金板材中厚板/多层板的对接/搭接焊接	▲	■
3	IGBT感应钎焊电源及导磁体铝合金搅拌驱流节能技术	适用于感应加热硬钎焊工艺	▲	■

注：■表示大；▲表示中。

1. 逆变电阻焊接电源及各种逆变电阻焊机

（1）技术原理及主要内容

电阻焊是应用范围最广的压焊工艺，是被焊工件组合后通过电极施加压力，利用电流通过被焊工件接触面而产生的电阻热进行焊接的工艺方法。

传统电阻焊接电源主要有工频交流式、电容储能式和晶体管式三种。近年来，逆变电阻焊接电源（有直流和交流两种）因其一系列独特优点有逐步取代三种传统电源的趋势。

焊接电源对电阻焊工艺性能及焊缝质量主要取决于焊接电流的大小及随时间变化的稳

定性。图5-12示出5种不同电源的电流波形比较。

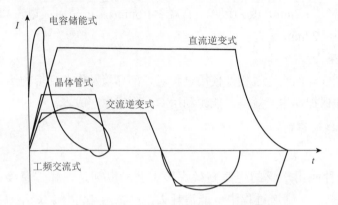

图5-12　5种不同电阻焊接电源的电流波形比较

从图5-12可以看出：两种逆变式电源的电流十分稳定（特别是直流逆变式）；晶体管式虽然也很稳定，但由于其放电时间的局限性，一般只适用于低电阻材质的超精细焊接。而工频交流式及电容储能式的输出电流均不稳定，难以满足高质量电阻焊接的要求。

直流和交流逆变式电阻焊机的工作原理分别图示于图5-13和图5-14。

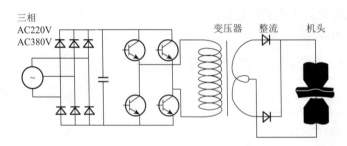

图5-13　直流逆变式电阻焊机工作原理

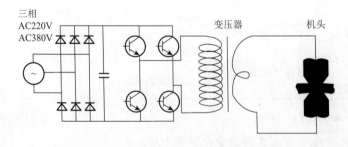

图5-14　交流逆变式电阻焊机工作原理

逆变电阻焊机由于同样在变压前经过IGBT"逆变"过程，因而与传统焊机相比，除了前述焊接电流稳定、焊接工艺性能和焊件质量优异以外，同样具有输出功率大、功率因数高，变压器体积小、重量轻，动态响应速度快、控制精度高等综合优势，因而获得越来越广泛的应用。

逆变式电阻焊机按其工作方式分三种类型，其工作方式及适用工件见表5-29。

表 5-29　逆变式电阻焊机类型及其适用范围

焊机类型	工作方式	接头形式	焊接对象	
			特点	示例
固定式逆变电阻焊机	焊机固定，工件移动	平板点焊、多点凸焊、单点凸焊、对焊	需要大电流且可以移动的工件	汽车车门、油箱；小型箱体的板材；大型继电器的镀银铜板等
移动式逆变电阻焊机	工件固定，焊机移动：①手持式（便携式）用于简单焊接工作方式；②悬挂式：用于大功率焊接，将逆变器悬挂，用电缆将焊钳与其连接	平板点焊、多点凸焊、单点凸焊、缝焊、对焊	尺寸大、形状复杂、不便于移动和大型薄壁结构工件	汽车、轨道车辆车体、箱柜、防盗门、家用电器外壳等
小（微）型电阻焊机	机体体积小，移动方便，便于安装	点焊、对焊、热压焊	小微薄细的工件及电子元器件、电线电缆的焊接	中小型电动机、汽车配件、电子元器件、通信器件的焊接

（2）使用效果

1）输出功率大，功率因数高，节能显著。与三种传统电阻焊机相比，分别节能30%、40%、50%左右。

2）焊机变压器体积小、重量轻，与工频交流式相比，体积、重量降低3～5倍，不仅节材，还显著提高工作灵活性。

3）焊机工艺性能好，焊件质量稳定优异，可以实现传统焊机难以胜任的高质量焊接。如：①带有螺纹的螺栓或螺母焊接，既要焊牢，又不能损坏螺纹；②汽车部件的单点或多点凸焊：要求大电流（50～80kA以上）、高速（$t<200～300ms$）；③乘用车钢制车轮的轮辋对焊代替交流闪光对焊（耗能耗材且质量不稳定，废品率高）。

2. 传统摩擦焊及新型铝合金搅拌摩擦焊技术

（1）技术原理及主要内容

1）传统摩擦焊工作原理及主要内容。摩擦焊是压焊的一种节能环保工艺。传统摩擦焊多用于圆形杆件进行摩擦加压对接。其工作原理是在压力作用下，通过杆件待焊界面的旋转摩擦生热使界面温度升高产生塑性变形，与流动通过界面材质扩散及再结晶冶金反应而实现固态连接的焊接方法。

2）新型铝合金搅拌摩擦焊技术是近年来国内外发展的一种全新摩擦焊技术。其工作原理是对接或搭接的平板焊件不运动，通过特制搅拌头在其上的高速旋转，与对接或搭接的铝合金板材摩擦生热并在压力下实现固态连接。它继承了传统摩擦焊的生产效率高、能源效率高、不需焊材和保护气体、不污染环境等所有优点，还具有可以实现平板对接、搭接及中厚板、多层板一次焊接双面成形等独特优点，目前已在飞机、火箭、动车组及城轨车辆等产品得到成功应用。

（2）使用效果

1）传统摩擦焊：用于生产圆形杆件，是生产效率及能源利用率最高的工艺方法。如发动机排气门生产率可达800～1200件/时，ϕ127mm、内径ϕ95mm的石油钻杆与端头焊接，焊接一件仅需十几秒。与功能相似的闪光焊相比，电功率及耗能降低5～10倍。

2）新型铝合金搅拌摩擦焊：①焊接速度快，综合能耗低，焊接板厚5mm的铝合金时，焊速可达150～500mm/min，高于MIG焊；②可实现单道100mm厚铝板一次焊双面成形；③可实现多层板一次焊双面成形。

3.IGBT感应钎焊电源及导磁体驱流节能技术

（1）技术原理及主要内容

感应钎焊是硬钎焊（≥450℃）的一种常用工艺，是将焊件的待焊部分置于交变磁场中产生感应电流，通过电流热效应来实现加热焊件和熔化钎料的一种硬钎焊方法。其特点是加热快、效率高、热量集中、节能，是一种高效节能工艺。为进一步提高效率并节能，还需采取如下两个技术措施。

1）采用全固态IGBT（或MOSFET）晶体管式高频电源，替代传统的发电机式或晶闸管式电源，提高电源的电能转变效率。

2）采用导磁体驱流节能技术。在感应器上安装导磁体，以改变施感导体周边磁场强度的分布，使更多功率施加到需加热部位，起到聚能、增效、节电作用。

（2）使用效果

1）IGBT感应电源电能利用率可达92%以上，比传统电源节电1/3，节水1/2。

2）加置导磁体后，节电32%，生产率提高24%。

（三）节能降耗热切割工艺及设备（表5-30）

表5-30　节能降耗热切割工艺及设备

序号	技术名称	适用范围	投资大小	节能效果
1	管道输送天然气及数控火焰精密快速切割	中厚钢板切割下料的大批量生产	▲	■
2	稀土活化燃气节能增效器	氧-可燃气火焰切割各种批量生产	△	▲
3	激光高效精密切割及光纤激光切割机	各种材料（金属、非金属等）中薄板材的高速精密切割	■	■

注：■表示大；▲表示中；△表示小。

1.管道输送天然气及数控火焰精密快速切割

（1）技术原理及主要内容

氧-可燃气火焰切割是机械工厂中厚板钢铁材料下料的主体工艺。传统的火焰切割使用瓶装乙炔及气态氧作为热源手工操作，劳动条件差，能源、钢材利用率不高，生产效率低，切割质量差，还存在潜在的火灾、爆炸风险。现代火焰切割技术由以下主要内容组成。

1）使用环保安全性能好的且供应逐步有保证的天然气（成分以甲烷为主）及液态氧作为热源，通过管道由气体调压站输送到切割现场，安全环保、质量稳定，避免大量乙炔、氧气气瓶周转带来的风险。

2）采用数控切割机，配合采用"优化套料切割软件"及"扩口型和流线型、接触式、双孔乃至多孔等精密快速切割割嘴"，实现计算机辅助精密快速切割。

（2）使用效果

1）节能：燃气及氧气管道运输无残液，损耗小，用气量省，能源利用率高。燃气使用量是乙炔的50%左右。

2）节材：优化套料切割技术的采用，显著提高钢材利用率10%以上。

3）优质高效：生产效率比手工切割提高几倍至几十倍。切割面垂直度好，可达机加工的Ra为12.5～6.3μm水平，使切割由下料跃升为一种机械加工工艺。

2. 稀土活化燃气节能增效器

（1）技术原理及主要内容

把稀土增益剂与天然气或乙炔等其他可燃气按一定机制进行活化处理，创造催化燃烧的最佳条件，促进燃气的完全燃烧，提高燃烧热效率和火焰温度，并减排CO_2。

（2）使用效果

与不加增益剂活化处理相比，以氧-乙炔热切割为例，每m^3可燃气减排6kg CO_2，降低成本30%。

3. 激光高效精密切割及光纤激光切割机

（1）技术原理及主要内容

激光切割是将激光束照射到工件表面时释放的能量使照射区熔化并蒸发实施切割的方法，是一种高效（切割速度快）、精密（切口宽度窄、准确度及精度高）、清洁的切割工艺。最初多用CO_2激光，近年来发展的光纤激光切割机是一种效率更高且节能环保的新型设备。

（2）使用效果

与CO_2激光切割机相比，具有以下优点。

1）因振荡效率高，用电少，同是5kW的发生器，耗能仅为CO_2激光的1/3。

2）波长短，切割材料吸收率高，因而切割速度更快。

3）激光通过光纤传输，不用光学部件，机构简单，不使用激光气体，运行维护成本低。

四、节能降耗热处理技术

（一）节能降耗热处理工艺和材料（表5-31）

表5-31　节能降耗热处理工艺和材料

序号	技术名称	适用范围	投资大小	节能效果
1	可控气氛热处理	适用于各种整体热处理和表面热处理以外的各种化学热处理，兼有提高质量、节能减排及节材的效果	▲	■
2	真空热处理	大批量生产中小热处理工件，特别适合不需后续精密加工的工件	■	■
3	替代盐浴加热的流态床加热热处理	在单件小批量、多品种热处理生产中，替代盐浴热处理	▲	▲

序号	技术名称	适用范围	投资大小	节能效果
4	离子渗氮工艺	批量生产中小型低载荷传动的精密件、耐磨件代替气体渗氮工艺	▲	▲
5	化学热处理催渗工艺及催渗剂	用于齿轮、轴类等零件的气体渗碳，在碳氮共渗、气体渗氮中也有效果	△	▲
6	感应加热表面淬火	适用于要求表面淬硬、内部韧塑性好，要求较高抗疲劳性、耐磨性的钢铁工件，实现局部加热代替整体加热	▲	■
7	聚合物水溶性淬火介质	各种整体淬火及感应淬火	△	▲

注：■表示大；▲表示中；△表示小。

1. 可控气氛热处理技术

（1）技术原理及主要内容

工件在防止其表面发生化学反应的可控气氛或单一惰性气体热处理炉内进行的热处理称为可控气氛热处理。金属在可控气氛中加热，不但可以完全避免氧化，节约大量金属，得到光洁或光亮的表面，而且可使钢件完全避免脱碳，提高力学性能，延长使用寿命。可控气氛加热不仅优化整体热处理工艺，在化学热处理中，还可实现表面碳、氮浓度的准确控制，优化钢件的渗碳、碳氮共渗、渗氮、氮碳共渗工艺。可控气氛热处理已成为一个国家热处理生产技术先进水平的重要标志。

可控气氛的制备可采用天然气、甲烷、丙烷、丙丁烷、工业氮等气体燃料或甲醇、丙酮、异丙醇、煤油等液体燃料。

可控气氛热处理可实现以下具体工艺：①工件的可控气氛光亮淬火、退火、正火、回火；②工件的可控气氛渗碳（含碳氮共渗）及其淬火；③工件的可控气氛渗氮（含氮碳共渗）。

（2）使用效果

1）节能：工件一次交验合格率可提高9%，可实现全行业总能耗节约3%。如在全行业推广普及，年节电约10亿度。

2）节材：减少因表面氧化脱碳造成的材料损耗，节材3%～5%。

3）减少油烟排放：如在全行业普及，年减少油烟排放约1亿立方米。

2. 真空热处理技术

（1）技术原理及主要内容

工件在具有一定真空度的冷壁式真空炉内完成加热及冷却的热处理称为真空热处理。这种热处理除可避免氧化烧损、得到光亮的表面质量外，还有脱脂、除气等效应。真空热处理可进行以下种类热处理：①真空退火、真空时效及真空回火；②真空油淬及真空固溶处理；③真空常压及加压气冷淬火；④真空渗碳，包括常温渗碳、高温渗碳、低压离子渗碳等。

（2）使用效果

1）高效优质：工件综合热处理时间缩短50%，工件一次交验合格率可达99%以上（常规热处理低于90%）。

2）节能：工件一次交验合格率提高9%，可实现全行业总能耗节约5%，年节电10亿度。

3）节材：可实现工件无氧化、脱碳和畸变，可免除热处理后的精加工，节材3%～5%。

4）无污染：可实现热处理过程零排放。

3. 替代盐浴加热的流态床加热热处理

（1）技术原理及主要内容

流态床又称流态炉或粒子炉。它采用外加热源（电或燃烧气体）将耐热固态微粒（Al_2O_3或石墨）加热到工件的奥氏体化温度，同时通过鼓风使固态微粒在气流中浮动，工件在这种类似液态的加热介质中加热，可实现工件的少无氧化加热。在流态炉（床）中通入含碳或含碳氮气氛，还可实现钢的渗碳、碳氮共渗。

（2）使用效果

与盐浴热处理相比具有以下优点。

1）节能：流态炉升温速度比盐浴炉快4倍，同时散热小，节能。

2）环保：无有害气体、液体、危险固废排放，特别是没有毒性盐$BaCl_2$排放。

3）健康安全：员工作业环境好，无严重的职业危害。

4. 离子渗氮工艺

（1）技术原理及主要内容

离子渗氮是在低真空（＜2000Pa）含氮气氛中，利用工件（阴极）和阳极（金属真空容器）间形成的辉光放电在一定温度下（约420～580℃）进行的渗氮工艺（俗称"辉光离子氮化"）。与气体渗氮工艺相比，加热时间显著降低，而且设备及工艺均较简单，故有一定应用空间。

（2）使用效果

1）与同材质的气体渗氮相比，相同效果加热时间缩短约1/3至1/2，高效节能。

2）工艺设备简单，投资少。

5. 化学热处理催渗工艺及催渗剂

（1）技术原理及主要内容

以渗碳、渗氮为代表的化学热处理是量大面广的常规热处理工艺，占行业加工量的30%。在实际应用中存在工艺周期长、耗能高的不足（有的工件需在920℃下保温长达100h），采用催渗技术（将催渗剂与渗剂同时通入加热炉内）可显著缩短钢件渗碳（氮）时间，提高渗速或降低工艺温度，从而降低能源消耗。效果较好的为我国自主开发的稀土催渗剂、BH和ABC催渗剂等。

（2）使用效果

提高生产效率20%；缩短渗碳（氮）时间1/5，节能20%以上。同时降低污染物排放。

6. 感应加热表面及局部淬火

（1）技术原理及主要内容

利用电磁感应加热金属零件表面或局部，靠喷液、浸液或自冷使其表面和局部淬硬的表面热处理方法，依淬硬层深度不同，分别采用不同频率（见表5-32）。

表5-32　感应加热表面及局部淬火的频率等级及适用范围

频率等级	频率范围 /Hz	淬硬层深度 /mm	典型工件
超高频	$> 10^7$	< 0.2	带锯、伐木锯片等小型工件
高频	$10^5 \sim 10^6$	$0.5 \sim 2.0$	齿轮、轴等中型零件
超音频	$10^4 \sim 10^5$	$2.0 \sim 3.0$	重载齿轮等大型零件
中频	$5 \times 10^2 \sim 10^4$	$3.0 \sim 5.0$	冷轧辊等重型零件

（2）使用效果

实现以局部和表面加热代替工件的整体加热，节能效果显著。特别是采用先进的IGBT感应电源和高度自动化的淬火机床时，生产效率和能源效率均很高。

7. 聚合物水溶性淬火介质

（1）技术原理及主要内容

聚合物水溶性淬火介质又称聚合物淬火剂，是由液体有机聚合物和腐蚀抑制剂组成的水溶性淬火剂。有机聚合物有聚二醇、聚乙烯醇、聚乙二醇等多种。有机聚合物完全溶于水，形成清亮、均质的水溶液，通过调节淬火剂的温度、聚合物浓度、搅拌程度来调节、控制其冷却速度。该类淬火剂克服了盐水冷却速度快、工件易开裂，油冷却速度慢、淬火效果差且易燃并产生油烟等缺点。

（2）使用效果

与淬火油相比，节省石油资源且无油烟排放，无火灾风险，同时改善了员工作业环境。与盐水淬火剂相比，对工件无腐蚀，且有短期防锈作用，淬火后工件可不清洗直接回火。

（二）节能降耗热处理设备及辅助工装（表5-33）

表5-33　节能降耗热处理设备及辅助工装

序号	技术名称	适用范围	投资大小	节能效果
1	连续生产热处理炉及生产线	适用于各种批量（特别是大批量）各类热处理生产	■或▲	■
2	圆筒形热处理加热炉	适用于各种热处理加热炉替代箱（矩）形加热炉	▲	▲
3	全陶瓷纤维绝热保温炉衬	适用于各种热处理加热炉及锻坯加热炉	▲	■
4	燃气炉高效空气自身预热烧嘴	天然气、煤气等燃气炉高温烟气余热的充分回收利用，用于加热助燃空气	▲	■
5	IGBT 感应加热电源和自动化淬火机床	提高各种感应加热热处理的能效和工效	■	■
6	埋入式电极盐浴热处理炉及炉口保温盖	当必须应用盐浴热处理工艺（如中小批量生产高速钢刀具）时采用	▲	▲
7	空气冷却换热器及淬火介质的冷却换热技术	采用空冷代替水冷使淬火介质（淬火油或水溶液）降温	▲	▲

续表

序号	技术名称	适用范围	投资大小	节能效果
8	热处理料盘、料筐、夹具轻量化	适用于各类热处理工艺及热处理炉（不用料盘、料筐和夹具的炉型如震底式炉除外）	▲	▲
9	燃气炉空气／燃料比智能型控制系统	燃气反射热处理炉优化燃烧过程自动精密控制空气／燃气比，最大限度节约能源	■	■

注：■表示大；▲表示中；△表示小。

1. 连续生产热处理炉及生产线

（1）工作原理及主要内容

根据生产批量合理选择连续式热处理炉和生产线，以实现热处理的连续及满负荷生产是节能的重要措施，目前国内外适合实现连续式满负荷生产、热效率较高的热处理设备有振底式、网带式、推杆式、链板式等热处理生产线及密封渗碳淬火炉、井式炉等。

（2）使用效果

以电阻炉为例，在相同电功率前提下，连续炉比周期炉生产效率高25%以上，热效率提高10%～20%。

2. 圆筒形热处理加热炉

（1）技术原理及主要内容

将箱（矩）形热处理加热炉外壳形状改为相同体积的圆筒形，则外表面面积可减少14%，从而可使炉壁散热减少约20%，炉衬蓄热减少2%，炉壁外表面温降10℃左右，最终可使热处理能耗降低7%左右。

（2）使用效果

圆筒形热处理炉比同体积的箱式炉平均能耗降低7%左右，而且热处理温度越高、加热时间越长，效果越明显。

3. 全陶瓷纤维绝热保温炉衬

（1）技术原理及主要内容

采用质量轻、热容低、保温性能优异的陶瓷纤维（Al_2O_3、SiO_2、ZrO_2等原材料混配后经高温熔融喷吹或甩丝工艺制成）作为热处理加热炉炉衬代替传统的重质耐火砖，可大大减轻炉体蓄热，减少炉体热量损失，又可彻底淘汰严重污染环境、危害员工健康的石棉炉衬材料。

（2）使用效果

与耐火黏土砖相比，全纤维炉衬质量只为传统炉衬质量的6%；炉衬的蓄热损失仅为4%；散热损失仅为56%，综合节能20%～35%。如设计合理可使炉体外壁温升低于40℃，显著减轻作业高温的危害，同时杜绝石棉粉尘对员工的危害及废弃石棉炉衬对环境的危害。

表5-34给出输送带式淬火加热炉采用该炉衬的节能效果。

表5-34　输送带式淬火加热炉炉衬改造后的节能效果

炉衬类型	输送带速度/（mm/min）	室温至1030℃升温时间/min	炉子实际负荷率/%	处理刀具生产效率/（万件/天）	燃料消耗/（千克/天）
重质黏土砖	0.77	180	63	5	50
陶瓷纤维	1.0	15	97	10	10

4. 燃气炉高效空气自身预热烧嘴

（1）技术原理及主要内容

燃气热处理炉排出的废气一般比指示的炉温至少高50℃，因而其排烟温度高达700～1000℃，带走燃料供热量的40%～50%，利用换热器回收烟气热量预热空气和燃料是重要的节能措施。换热器也称热交换器，一般设置在排出烟气的烟道中，靠金属或陶瓷管道内外表面的传热实现废气对助燃用冷空气的预热，其工作原理见图5-15。

自身预热烧嘴亦称换热器烧嘴，是实现烟气余热回收的先进装置，其特点是将烧嘴与回收余热的换热器组成一体，即把供热系统、排烟系统的烟筒、烟道、换热器和烧嘴合成一体，安装在反射炉的炉壁上，利用排出的废气，将助燃空气预热到400～600℃，可实现多级混合燃烧，充分回收余热，并因燃烧充分，而使最终排至大气中的污染物排放量降至最低。

空气自身预热烧嘴结构示意于图5-16。采用双层金属套管式结构，热废气燃烧后从

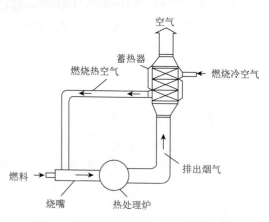

图5-15　热交换器（换热器）工作原理图

套管夹层排入大气，把从中间进入燃烧器的空气-燃料混合气加热，然后再点燃，从而充分回收废气余热。

（2）使用效果

与普通烧嘴相比，节约燃料约25%～30%，NO_x排放量降低一倍。

5. IGBT感应加热电源和自动化淬火机床

（1）技术原理及主要内容

感应加热约占热处理行业产能的15%。目前国内还有部分企业采用落后的电子管电源和中频发电机电源以及手工操作，能耗大、效率低、噪声振动大、劳动强度大且操作者存在高中频电磁辐射等职业危害。

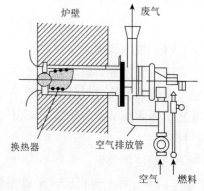

图5-16　空气自身预热烧嘴示意图

IGBT全固态感应加热电源和机械手操作的自动化淬火机床是目前能效及工效最高的感应热处理设备，应大力推广采用。

（2）使用效果

IGBT电源是目前最先进的电源，不仅远优于电子管、发电机电源，还优于现在普遍应用的晶体管、晶闸管电源，其优点是：

1）能源利用率最高，比上述电源分别节能10%～30%；

2）设备体积最小，节省厂房面积；

3）环保安全，元件寿命高，无噪声振动。

6. 埋入式电极盐浴热处理及炉口保温盖

（1）工作原理及主要内容

盐浴热处理工件在熔盐中加热的热处理工艺，其能耗很高，但因其是一种少无氧化加热热处理，在某些场合还很难淘汰。加热温度＞900℃时，热处理炉多为内热式电阻炉，利用电极的电阻热加热熔盐。埋入式电极盐浴炉是一种节能炉型，因电极埋入熔盐中，启动及熔盐熔化升温速度快，能源效率明显高于传统的插入式电极盐浴炉。此外，为避免炉口辐射热损失，应设置操作灵活的炉口保温盖。

（2）使用效果

将插入式电极改为埋入式电极，可节电8%～10%；炉口保温盖如使用得当，节电效果更为明显，可达15%～20%。

7. 空气冷却换热器及淬火介质的空气冷却换热技术

（1）技术原理及主要内容

淬火是应用量最大的热处理工艺。炽热工件投入淬火介质（淬火油或水溶液）中时会引起淬火介质温度过度升高，必须采取强冷措施降温使淬火介质保持一定温度。过去大多用水冷却，水消耗量大，水泵电耗也很大，成本高，且不安全。如改采用空气冷却换热器，通过强化传热技术，改变流动状态和边界层，加大旋转流动，提高换热效果，则可变淬火介质水冷为空冷。

（2）使用效果

1）提高传热效果，鼓风机比水泵节能20%。

2）节约水资源。

8. 热处理料盘、料筐、夹具轻量化

（1）技术原理及主要内容

料盘、料筐、夹具随热处理件在炉中反复加热、冷却是无谓热能浪费，一般占总能耗的18%（箱式炉、输送带式炉）～29%（井式炉）。其工作内容有：

1）通过力学计算，优化其结构，减轻其尺寸及重量；

2）采用优质耐热钢和合金或高温陶瓷制造，利于进一步减轻其尺寸及重量。

（2）使用效果

1）增加热处理工件装炉量，提高工件/料盘重量比，提高生产效率。

2）降低能耗20%～25%。

9. 燃气炉空气/燃料比智能型控制系统

（1）技术原理及主要内容

热处理燃气炉（如天然气反射炉）运行过程中，空气/燃料比是影响正常炉温和燃料消耗的重要工艺参数。空气/燃料比如过低，则燃烧不完全，炉温也上不去；反之若空气/燃料比过高，过量的空气参与燃烧，会消耗过多燃料。理论和实践证实，最合理的空气/燃料比（即空气过剩系数a）应为1.1～1.2（见图5-17）。

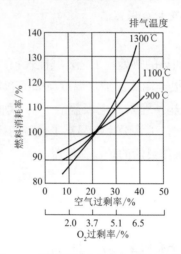

图5-17　燃料消耗率和空气/燃料比的关系

（以a=1.2的燃料消耗率为100%）

国外已研发成功可准确控制燃气炉的空气/燃料比的智能型控制系统，如图5-18所示。

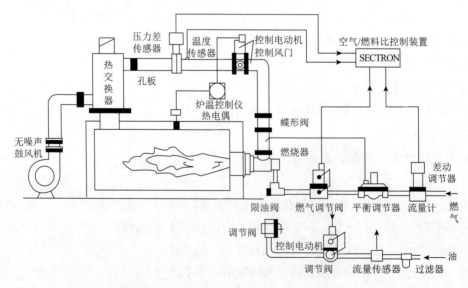

图5-18　SECTRON空气/燃料比智能型控制系统

（2）使用效果

表5-35示出降低空气/燃料比后燃料节约率的不同效果。

表 5-35 降低空气 / 燃料比后的燃料节约率

炉子烟气温度 /℃	原始空气 / 燃料比	燃料节约率 /%			
		降低后的空气 / 燃料比			
		1.3	1.2	1.1	1.0
700	1.4	3.76	7.26	10.5	13.5
	1.3	—	3.65	7.01	10.1
	1.2	—	—	3.48	6.74
	1.1	—	—	—	3.38
900	1.4	5.94	11.27	16.0	20.2
	1.3	—	5.66	10.7	15.2
	1.2	—	—	5.29	10.1
	1.1	—	—	—	5.04
1100	1.4	9.43	17.3	23.8	20.4
	1.3	—	8.67	15.9	22.1
	1.2	—	—	7.91	14.7
	1.1	—	—	—	7.36

（三）热处理控制节能技术及措施（表5-36）

表 5-36 热处理控制节能技术及措施

控制方式	序号	技术（措施）名称	适用范围	投资大小	节能效果
降低加热温度	1	亚共析钢两相区加热淬火、正火	大多数亚共析钢调质及正火工艺	△	▲
	2	球铁部分奥氏体化或低碳奥氏体化正火	QT600-3、QT700-2 两种牌号球铁	△	▲
	3	以碳氮共渗代替薄层渗碳	渗层深度 < 1mm 的各种抗疲劳耐磨零件	△	▲
缩短加热时间	4	不均匀奥氏体（零保温）淬火	碳素钢和低合金钢调质的淬火工序采用零保温或短时保温工艺	△	▲
	5	淬火及回火的高温快速加热	碳钢和低合金钢调质的淬火及回火工序	△	▲
	6	高温快速渗碳	高温深层渗碳热处理	■	■
简化热处理工序	7	渗碳后直接淬火（渗碳 - 淬火一体化）	大多数渗碳钢件均可在密封多用炉中采用此简化工艺	▲	■
	8	感应淬火自行回火	批量生产感应淬火钢件时通过试验准确确定淬火冷却终止时间即可采用	△	▲
	9	用低淬透性钢的感应淬火代替渗碳淬火	加 Ti 低淬透性钢（55Ti、60Ti、70Ti）或 GCr4 钢正火 + 感应淬火制造汽车拖拉机齿轮、铁路轴承套圈等零件	△	▲
省略热处理工序	10	推广非调质钢，省略调质处理	推广采用直接切削和热锻用两种非调质钢，省略淬火和高温回火两种热处理	△	■
	11	铸件、锻件余热热处理	13 个牌号球铁件、大中小型灰铸铁件及中小模锻件大批量生产通过优化控制铸、锻工艺参数获得理想组织及性能，省略正火、退火或淬火热处理	△	■

注：■表示大；▲表示中；△表示小。

1. 亚共析钢两相区加热淬火、正火

（1）技术原理及主要内容

亚共析钢传统的淬火、正火加热温度是Ac_3+30 ～ 50℃。然而人们发现：把淬火、正火加热温度降到Ac_1 ～ Ac_3之间（即两相区），处理后性能不但没降，经常反而会提高，而且许多钢种还表现出以下一系列独特优点。

1）大多数亚共析钢经两相区加热淬火和500 ～ 600℃高温回火（调质）后，综合强韧性最高。

2）35CrMnSi及30CrMnSi钢两相区（780 ～ 800℃）淬火调质比常规调质（920℃淬火）的冲击韧度值分别高1倍和2 ～ 3倍。

3）很多转子钢经两相区淬火后，脆性转变温度（FATT）降低20 ～ 60℃。

4）某些钢（如15NiMnVTi等）经两相区正火后，其强韧度及加工性能均优于常规正火（温度高60 ～ 100℃）。

（2）使用效果

与常规加热（奥氏体单相区）淬火、正火相比，节能5% ～ 10%，且提高了综合力学性能。

2. 球铁部分奥氏体化或低碳奥氏体化正火

（1）技术原理及主要内容

球墨铸铁因含2% ～ 3%Si，所以其共析温度不是一定值，而是一区间，在此区间奥氏体与铁素体并存。研究发现：如正火加热温度选在此区间，则正火基体组织为珠光体+少量网状或碎块状铁素体，综合力学性能最佳，正火温度还比常规正火低50 ～ 80℃。

（2）使用效果

比常规加热正火（即完全奥氏体化正火）节能5% ～ 10%，还提高综合力学性能。

3. 以碳氮共渗代替薄层渗碳

（1）技术原理及主要内容

钢件在奥氏体状态下的渗碳淬火用途广、效果好，但温度高、周期长。当渗层深度在1mm以下时，用低温快速碳氮共渗代替高温慢速渗碳是完全可行的。一般应采用气体碳氮共渗在井式炉或密封箱式炉中进行。常用气体介质为渗碳气体（甲醇或煤气等）和氨，也可经炉中通（滴）入含碳氮的有机化合物（三乙醇胺等）。

（2）使用效果

加热温度低、时间短，节能显著。

4. 不均匀奥氏体（零保温）淬火

（1）技术原理及主要内容

传统观念认为：钢件淬火时，奥氏体化加热和保持时间要足够长，钢件才能热透，使碳化物溶解并在奥氏体晶粒内均匀化，才能使工件获得优良性能。近代研究证明：碳素钢和低合金钢在奥氏体化温度碳化物溶解和均匀化速度很快，既使奥氏体不均匀也不会影响钢件淬火后性能，甚至有时性能更好。表5-37为ϕ20mm45钢棒在调质的淬火加热保持不同时间的力学性能变化情况。

表 5-37　ϕ20mm45 钢棒在 830℃保持不同时间淬火和 550℃回火后的性能

加热时间 /min	σ_s/MPa	σ_b/MPa	δ/%	ψ/%	α_k/（MJ/m²）	备注
8	829	926	16.6	56.5	1.02	零保温
12	824	902	17.0	60.8	1.07	短时保温
20	831	920	17.2	59.1	0.90	传统工艺

（2）使用效果

淬火加热时间可缩短1.5 ～ 2.5倍，节能5% ～ 10%。

5. 淬火及回火的高温快速加热

（1）技术原理及主要内容

无论淬火还是回火，适当提高炉温均可使钢件表面达到所需温度的时间大为缩短（见图5-19）。实践证明，把炉温从900℃提高到925℃，可使工件表面达到900℃的时间从2h减少到0.5h。

（2）使用效果

无论淬火还是回火，采用高温快速加热替代传统炉温慢速加热，均能显著节能。提高温度增加的能耗完全可以被大幅缩短的时间所补偿。

6. 高温快速渗碳

（1）技术原理及主要内容

研究表明：适当提高渗碳温度可显著提高渗碳速度和深度，缩短渗碳时间（参见表5-38）。所有渗碳钢均有这种特点。伴随最近高温（1000 ～ 1100℃）渗碳炉的开发成功并投入市场，使高温快速深层渗碳工艺使用成为可能。

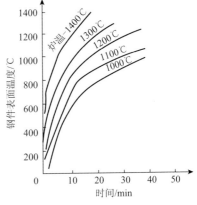

图5-19　100mm厚钢板不同炉温加热时的表面温度随时间的变化

表 5-38　20CrMnTi 钢在 920℃和 1000℃渗碳结果比较

要求渗碳层深度 /mm	渗碳时间 /h	
	920℃	1000℃
1.0 ～ 1.3	15	8
1.5 ～ 1.8	20	12

（2）使用效果

实践表明，渗碳温度提高80 ～ 120℃，渗碳时间可缩短2 ～ 3倍，节能20% ～ 30%。

7. 渗碳后直接淬火（渗碳/淬火一体化）

（1）技术原理及主要内容

传统渗碳淬火工艺流程为：井式炉中渗碳→冷至室温出炉→箱式炉中重新加热淬火。自密封多用炉问世后，可实现渗碳/淬火一体化，其流程为：多用炉内渗碳后在炉内缓冷至淬火温度→直接移至前室入油槽淬火,从而省略一次重新加热。

（2）使用效果

节能20%～30%。

8. 感应淬火自行回火

（1）技术原理及主要内容

钢件感应淬火后一般要重新加热进行回火,以消除淬硬层残余应力并提高韧性。研究发现,若淬火后不使其冷透,靠心部余热的返出使淬硬层回火的方法称为自行回火。批量生产前通过试验准确确定淬火冷却终止时间,即可在生产线上实施自行回火,其回火温度一般要比炉中回火温度高50～80℃。

（2）使用效果

节能10%～15%。

9. 用低淬透性钢的感应淬火代替渗碳淬火

（1）技术原理及主要内容

采用加Ti细化晶粒的低淬透性钢（55Ti、60Ti、70Ti）或GCr4控制淬透性钢,"正火+感应淬火"工艺代替深层渗碳淬火工艺,分别制造汽车拖拉机齿轮和铁路轴承套圈,制造周期大大缩短,节能效果十分明显。

（2）使用效果

节能10%～20%。

10. 推广非调质钢,省略调质处理

（1）技术原理及主要内容

用Nb、V和Ti等微量元素合金化的低碳和中碳结构钢经控制轧制或锻造控冷后,其显微组织和力学性能可达到调质的效果,故在切削加工前零件坯料无需进行调质处理,从而可省略（免去）淬火和高温回火两道高耗能热处理工序。非调质钢按其工件成形工艺不同又分两种:一种为热锻用非调质钢,其工作内容详见本节二（一）12"锻造用非调质钢的应用和推广";另一种为直接切削非调质钢,其钢材下料后直接通过切削加工成为零件。主要共有:F35VS、F40VS、F45VS、F30MnVS、F35MnVS、F38MnVS、F40MnVS、F45MnVS、F49MnVS等9个牌号（GB/T 15712—2008）。

（2）使用效果

完全省略（免去）淬火和高温回火两道高耗能工序,节能效果十分显著,还可避免工件淬火变形开裂。

11. 铸件、锻件余热热处理

（1）技术原理及主要内容

通过严格控制铸件成分、球化孕育工艺及铸、锻件成型后的冷却速度等措施,实现在铸、锻状态下获得理想的组织与性能,取消重新加热的正火、退火、淬火等热处理,是节能减排的有效措施。目前可供推广应用的技术如下。

1）铸态球墨铸铁技术［内容详见本节之一（三）"节能降耗铸件清理及后处理技术"的1］。

2）大型铸铁件地坑控制余热时效［内容详见本节之一（三）"节能降耗铸件清理及后处理技术"的2］。

3）中小型铸铁件浇注冷却线上余热退火［内容详见本节之一（三）"节能降耗铸件清理及后处理技术"的3］。

4）锻件锻后余热热处理技术［内容详见本节之二（一）"节能降耗锻造及特种轧制技术"的11］。

（2）使用效果

充分利用铸、锻余热，通过精确控制，避免重复加热，节能效果十分显著。

五、节能降耗表面保护技术

（一）节能降耗涂料涂装技术（表5-39）

表5-39　节能降耗涂料涂装技术

序号	技术名称	适用范围	投资大小	节能效果
1	钢铁工件脱脂/除锈二合一常温预处理	大量流水生产涂装预处理	△	▲
2	金属工件硅烷化常温预处理工艺	替代磷化进行金属工件涂装预处理	△	▲
3	自泳涂料涂装	形状复杂的钢铁工件涂装底漆	△	■
4	高固体份涂料涂装及"湿碰湿"涂装工艺	广泛应用于汽车、轨道车辆、飞机、船舶等涂装作业	△	■
5	粉末涂料涂装	广泛应用于电气、电子、家电、仪器仪表、汽车部件等中小构件的涂装作业	▲	■
6	辐射固化涂料涂装	用于大规模生产常规涂料涂装工艺，通过紫外线辐照固化成膜	▲	■
7	高压无气喷涂	大批量及流水线涂料涂装作业	△	▲
8	静电喷涂	溶剂型及粉末涂料涂装大批量流水线作业	△	▲
9	涂装苯系物废气余热回收用于涂层烘干	大批量溶剂型涂料涂装作业	▲	■

注：■表示大；▲表示中；△表示小。

1. 钢铁工件脱脂/除锈二合一常温预处理

（1）技术原理及主要内容

钢铁工件特别是薄板覆盖件在涂装前要进行脱脂、除锈、磷化预处理，传统的预处理方式为三种处理（脱脂、除锈、磷化）在一定的加热条件下（一般为60～90℃）分别进行，时间长，消耗大量能源和清洗水。新型预处理工艺是采用"二合一（脱脂、除锈）预处理剂"在常温（15～35℃）下同步完成脱脂/除锈工作。

（2）使用效果

1）节能节水均在50%以上。

2）减少预处理废水、废气排放对环境及员工的危害。

2. 金属工件硅烷化（替代磷化）常温预处理工艺

（1）技术原理及主要内容

该工艺是一种可以替代磷化作为涂装预处理的节能减排新工艺。采用0.5%～5%硅烷偶联剂的水溶液作为处理剂，硅烷水解后转变为硅醇，从而在金属表面形成保护膜，并在金属和漆膜界面之间架起"分子桥"，有效提高漆膜对基体的结合力。硅烷化工艺适用于钢铁、不锈钢、铝合金和镀锌件等各种金属工件，常温进行，处理时间只需5～120秒，作为磷化的替代技术正获得越来越广泛的应用。

（2）使用效果

1）处理时间短，不需加热，节能显著。

2）处理剂不含磷和镍等重金属，环保安全。

3）处理过程不产生沉渣，槽液可重复使用，漆膜对基材的附着力高。

3. 自泳涂料涂装

（1）技术原理及主要内容

自泳涂料是一种特殊的水溶性涂料（水分散乳胶涂料），它具有自泳性能，即在无任何外加能源（电场、压缩空气等）条件下，通过化学沉积，乳液胶粒能自动沉积在工件表面形成耐蚀涂层。因而自泳涂装过程十分简单，前处理不需磷化处理，涂装过程不消耗能源。

（2）使用效果

1）节能节材：与阴极电泳涂装相比，不需直流电源，烘烤温度100℃左右，无需超滤和磷化，节能50%以上，涂料利用率达98%以上。

2）清洁环保：完全不含有机溶剂，无苯系物排放带来的环境、安全风险。

3）涂膜均匀，耐蚀性优良，特别是深腔结构的工件更有质量保证。

4. 高固体份（少苯无苯）涂料涂装及"湿碰湿"涂装工艺

（1）技术原理及主要内容

所谓高固体份涂料是相对于常规涂料而言，其固体份（一般为高分子树脂即成膜物质）的质量分数可达65%～80%（常规涂料为30%～50%），故其溶剂（主要由苯系物构成）所占比例明显减少，因而是一种低苯溶剂性涂料。高固体份涂料发展到极点就是无溶剂（无苯）涂料，其具有高的黏度、流平性、涂覆率，一次涂装即可获得较厚漆膜，固化温度及固化时间也较低，因而可能采用"湿碰湿"涂装工艺，显著降低喷涂作业及涂层烘干能耗。高固体份涂料主要有如下4种：①丙烯酸树脂高固体份涂料；②聚氨酯高固体份涂料；③醇酸树脂高固体份涂料；④环氧树脂高固体份涂料。

（2）使用效果

与常规涂料相比，具有以下优点。

1）涂覆效率高、涂层厚，显著降低喷涂作业及涂层烘干的能耗。

2）显著减轻苯系物排放对环境、员工的危害及潜在的火灾、爆炸风险。

5. 粉末涂料涂装

（1）技术原理及主要内容

粉末涂料是以粉末状树脂为主要成膜物质，加上颜填料和助剂制成，因此它是100%固体涂料，粉末涂料涂装是一种节能环保、安全型的涂装工艺。

粉末涂料分为热固性粉末涂料和热塑性粉末涂料两大类。热固性应用较广，主要有环氧、聚酯、环氧聚酯、丙烯酸4个品种，涂装工艺主要采用高压静电喷涂和流化床浸涂等工艺。

（2）使用效果

与溶剂涂料涂装相比，具有如下优点。

1）节能：一次涂装即可获得厚涂膜，达到溶剂型或水性涂料几道至十几道涂装的厚度。

2）节材：粉末可回收利用，涂料利用率接近100%。

3）节水并减轻废水污染：不需要水幕吸附漆渣装置。

4）显著降低甚至杜绝苯系物排放带来的环境、健康安全风险。

6. 紫外线辐射固化涂料涂装

（1）技术原理及主要内容

辐射固化涂装是一种利用紫外光（UV）或电子束（EB）辐射使涂料固化成膜的一种涂料涂装新工艺。由于电子束固化设备昂贵，因此多采用紫外光（UV）固化涂料涂装。UV固化涂料主要由低聚物、活性稀释剂、光引发剂和助剂4部分组成。低聚物为主要成分，在光引发剂的引发下固化成膜。UV涂料可采用常规涂装工艺施工，然后通过紫外线辐照成膜。

（2）使用效果

紫外线辐射固化与常规热固化相比，具有如下优点：

1）节能，其能耗仅为热固化的10%～20%。

2）固化速度快，更易实现大规模自动化生产。

3）VOC大气污染量少，利于环保。

4）固化膜均匀，表面质量好。

7. 高压无气喷涂

（1）技术原理和主要内容

在普通空气喷涂基础上利用高压泵将涂料压至15～20MPa高压，使高压涂料从喷嘴小孔喷出时突然失压、膨胀，以很高的速度（100m/s）与空气发生撞击而被雾化，并以较高的动能喷涂于工件表面。

（2）使用效果

与普通空气喷涂相比，具有以下优点：

1）节材减排：漆雾飞散小，涂料利用率高（从50%～60%提高到60%～70%），减轻漆雾和苯系物对环境和员工的危害。

2）涂装效率高，是空气喷涂的3倍以上。

8. 静电喷涂

（1）技术原理及主要内容

静电喷涂是在静电喷枪电极与工件之间建立一个不均匀的静电场，工件为阳极，喷枪电极为负高压。当电压高到一定程度时，电极周围的空气被局部击穿，激发游离出大量的电子，当涂料液滴通过电场时，与电子相碰而获得负电荷，由于同性相斥使雾料进一步雾化，漆雾沿电力线方向运动被极性相反的工件所吸附，并产生吸附被涂工件侧面和背面的环抱效应而完成涂装作业。按雾化方式不同有旋杯（旋盘）式、空气式和高压无气式。

（2）使用效果

与普通空气喷涂相比，具有以下优点。

1）节材减排：漆雾飞散进一步减少，涂料利用率进一步提高（可达80% ～ 90%），进一步减轻漆雾和苯系物对环境和员工的危害。

2）涂层均匀美观，适用于自动流水涂装生产线。

9. 涂装苯系物废气余热回收利用技术

（1）技术原理和主要内容

溶剂型涂料涂装作业的工艺废气中含有一定浓度的苯系物（苯、甲苯、二甲苯），排入空气中，不仅污染大气，还浪费大量化学和物理热能。采用直接燃烧法或催化燃烧法点燃废气中的可燃物质，放出的热量用于烘干涂层，无毒的CO_2和水蒸气尾气排入大气是彻底清除涂装尾气危害，并充分回收尾气的物理和化学潜热，化害为利的有效措施。

目前比较实用的催化燃烧法，是利用有机废气催化燃烧装置，对涂装废气进行最终净化和余热回收利用。催化燃烧装置由预热室和燃烧室构成，催化剂（以Al_2O_3陶瓷为载体的Pt、Pd等）置于燃烧室，废气燃烧热将冷空气在预热室预热后无害（CO_2和水蒸气）排放。与直接燃烧相比，燃烧温度低（从600 ～ 800℃降至200 ～ 400℃）、停留时间短（从0.3 ～ 0.5s降至0.14 ～ 0.24s）。涂料涂装废气净化及余热回收利用系统构成图示于图5-20。

（2）使用效果

充分回收利用涂装尾气的余热用于涂层烘干，并彻底消除苯系物对环境的危害。

（二）节能降耗电镀及转化膜技术（表5-40）

表5-40　节能降耗电镀及转化膜技术

序号	技术名称	适用范围	投资大小	节能效果
1	高效节能型高频开关整流电源	工件各种电镀、转化膜生产用整流电源，用以替代高能耗整流电源	▲	■
2	多级逆流清洗工艺	各种生产批量的电镀、转化膜及印制电路板生产	△	▲
3	吹气、喷雾、浸洗组合清洗法	工件较小、生产批量较小的手工操作电镀、转化膜生产	△	▲

注：■表示大；▲表示中；△表示小。

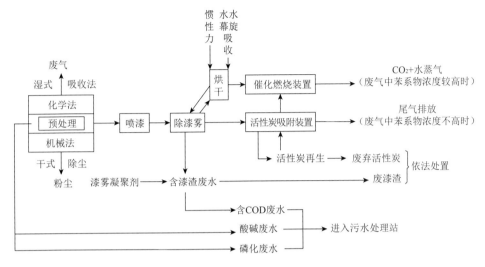

图5-20　涂料涂装废气净化及余热回收利用系统构成示意图

1. 高效节能型高频开关整流电源

（1）技术原理及主要内容

电镀及阳极氧化等转化膜生产使用的电力为直流，目前大多数企业使用的整流电源是硅整流电源或晶闸管整流电源，其电源转换效率分别为40%～50%和65%～75%。高频开关电源采用IGBT等新型电力电子器件及高频脉冲开关技术，电源转换效率高达80%以上，是我国重点推广的节能新技术。

（2）使用效果

与传统电源相比，使用IGBT高频开关电源，可缩短受镀时间30%～50%，电源转换效率可达80%以上。

2. 多级逆流清洗工艺

（1）技术原理及主要内容

工件在电镀或阳极氧化过程中，从一种溶液进入另一种溶液前，几乎都要用水清洗，以除去工件表面残留的前一种溶液，整个过程有多道水洗工序，清洗不仅消耗大量水资源，还是电镀废水的主要来源。

最落后的清洗方式是单级清洗，其次是二级、三级并联清洗；应采用多级逆流清洗工艺。

多级逆流清洗的要点是：清洗水流向与镀件运行方向相反，并严格控制末级清洗槽废水浓度。具体有以下三种方式：

1）连续式逆流清洗法：适用于镀件清洗间隔时间较短或连续电镀自动生产线。

2）间歇式逆流清洗法：适用于电镀自动生产线和手工生产。

3）间歇逆流喷淋清洗法：在间歇式逆流清洗法基础上，配置新型逆流自动喷淋装置，使镀件依次通过各个清洗槽时，达到定时、定量反喷淋清洗，并直接向镀槽补充回收的清洁液。

（2）使用效果

1）大幅度节约新鲜水用量：用水量仅为单级清洗的1/100。

2）显著降低电镀废水排放量，甚至实现100%回收再生水循环利用。

3. 吹气、喷雾、浸洗组合清洗法

（1）工作原理及主要内容

该清洗法是在逆流清洗基础上，增加喷雾（时间为30～60s）、吹气（时间为20～30s）两种辅助清洗方式。

（2）使用效果

清洗效果可达99%以上，镀液带出量的回收率可达99%，清洗水可全部返回镀槽，不外排废水。

六、节能降耗机械加工、装配技术

（一）节能降耗机械加工技术（表5-41）

表5-41　节能降耗机械加工技术

序号	技术名称	适用范围	投资大小	节能效果
1	成组工艺技术	多品种、小批量中小零件的机械加工	△	▲
2	高效切削刀具	各种类型及批量的金属切削加工	▲	▲
3	多刀多刃切削、强力切削和高速切削	各种类型及批量的金属切削加工	△	▲
4	冷搓、冷镦、冷轧、冷挤、滚压等少无切削加工	紧固件、活塞销、丝杠、螺纹、齿形、花键轴等中小零件的少无切削加工	▲	■
5	干式超硬（硬态）车削	淬硬钢圆形工件干式精车加工代替磨削	▲	▲

注：■表示大；▲表示中；△表示小。

1. 成组工艺技术

（1）工作原理及主要内容

成组工艺技术是通过零件-结构相似性原理，把原来批量不大、但品种很多的不同待加工零件编成组，扩大为"成组批量"，从而在多品种、小批量生产条件下应用大批量生产中的先进工艺而取得良好技术经济效果的一种先进技术。该技术于1985年被机械部列为重点推广的先进生产组织方法之一，经多年推广已在机械工业机械加工车间得到普及应用。

该技术现已成为机加车间确定车间生产设备布置方案的依据。即根据车间P（产品种类）$-Q$（生产量）分析并绘制$P-Q$图表，如图5-21所示。当Q/P比值居中时，即可按成组技术设备布置方案，组成多品种（成组、可变）流水线（或成组单元、成组工段），适用于多品种、小批量生产，并具有一定柔性。

（2）使用效果

采用成组工艺技术，可提高设备利用率和劳动生产率，并使设备选型合理，避免大设备加工小零件，减少搬运能耗和加工设备能耗的浪费。

2. 高效切削刀具

（1）工作原理及主要内容

高效切削刀具主要有机夹不重磨刀具、超硬刀具（硬质合金、金属陶瓷、立方氮化硼、聚晶金刚石等）和涂层刀具（TiC、TiN等）三类。与普通刀具相比，它们各有其独特优点，总的来讲，可以减少换刀、磨刀次数，切削速度及效率高，缩短加工时间，减少机床停车或启动次数，从而减少机床停车和启动能耗。

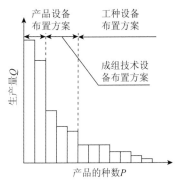

图5-21 确定成组技术设备布置方案的$P\text{-}Q$图表

（2）使用效果

据统计，若机械加工时间减少1/3，则节能效果可达23%。故使用不同高效刀具，可降低能耗10% ～ 30%。

3. 多刀多刃切削、强力切削和高速切削

（1）工作原理及主要内容

该类切削统称为高效切削，具体工作内容和措施为：①使用上述高效刀具；②提高优化切削加工的工艺参数（切削深度、进给量、切削速度、切削力等），最终提高工效，缩短加工时间，从而降低能耗。

（2）使用效果

高效切削与常规切削相比，可提高工效，缩短加工时间，从而减少机床的固定损耗（传动电机的铁损、机械损、杂散损以及机床执行机构的机构损等）。

4. 冷搓、冷镦、冷轧、冷挤、滚压等少无切削加工

（1）工作原理及主要内容

应用不同种类的冷态塑性成形工艺，直接成形紧固件、活塞销、丝杠、螺纹、齿形、花键等中小零件，完全或部分替代切削加工。比较成熟且已逐步推广的如：冷搓和冷滚压螺纹；冷镦螺栓；冷挤活塞销、行星齿轮和深孔螺母；冷轧丝杠、齿轮、花键轴、链轮等。

（2）使用效果

上述少无切削加工与采用切削加工相比，一般可节能30% ～ 50%，节约材料20% ～ 50%。

5. 干式超硬（硬态）车削

（1）工作原理及主要内容

干式切削（即在切削过程中不使用切削液的加工工艺）和准干式切削（即微量润滑切削）是目前国内外切削加工专业领域的研究热点及技术前沿，其中干式超硬（硬态）车削工艺已进入实用阶段。这种工艺使用立方氮化硼、陶瓷或新型硬质合金和涂层车刀直接车削淬硬钢（54～63HRC），并以精车作为最终精加工，实现以车代磨，精度达IT5～7级，Rz为1～4μm。

（2）使用效果

干式超硬切削与传统磨削相比，具有以下特点。

1）一次装卡可完成多表面加工，加工效率（金属切除率）是磨削的3～4倍，而能耗只是磨削的1/5。

2）不用切削液，绿色环保。

（二）节能降耗零件清洗及装配技术（表5-42）

表5-42　节能降耗零件清洗及装配技术

序号	技术名称	适用范围	投资大小	节能效果
1	低温高效除油工艺	各种工件的溶剂法除油清洗作业	△	▲
2	真空清洗技术	精密工件装配前的清洗作业	▲	▲
3	液压铆接	钢构件的铆接作业	▲	▲
4	液压定扭矩扳手紧固螺栓	大批量生产要求螺栓紧固扭矩严格的装配作业	▲	▲
5	热套装工序的节能加热	依据热套装零件的形状、尺寸、结构优选加热方法	△	▲

注：▲表示中；△表示小。

1. 低温高效除油工艺

（1）工作原理及主要内容

金属零件在装配前一般要除油清洗，去除其表面油污。利用碱性溶液对油脂的皂化、乳化作用的溶剂法应用最广，但传统的高温碱性除油工艺能耗高，以15m³除油槽为例，将10t左右的工作液加热，温度每升高1℃至少耗电15kW·h，其升温的能耗费用远大于除油剂的费用。

低温高效除油工艺是在碱液中加入多种表面活性剂获得，一般采用聚氧化乙烯醇醚、聚氯乙烯类、磺酸盐类等非离子型和阴离子型，可在室温使用，已有商业化产品供使用。

（2）使用效果

与高温除油工艺相比，节能40%～50%，节省废水处理费用40%～80%。

2. 真空清洗技术

（1）工作原理及主要内容

采用对切削液、防锈油和淬火油有良好溶解性的环保型碳氢化合物为清洗剂，通过在真空状态下用溶剂和溶剂蒸汽对工件进行有效清洗，然后真空负压干燥工件，同时再生装置在真空负压状态下对溶剂进行蒸馏，并冷凝回收溶剂，废液分离后单独排出。

（2）使用效果

替代普通汽油、煤油或氟氯烃溶剂清洗，节约石油产品消耗，减轻环境污染及对员工的危害，降低潜在火灾风险。

3. 液压铆接

（1）工作原理及主要内容

应用液压力（代替机械铆接和热铆接）实现冷态铆接的节能减排铆接工艺。

（2）使用效果

替代机械铆接和热铆接，工件和铆钉不加热，节能显著，无烟尘排放，噪声低，劳动条件好。

4. 液压定扭矩扳手紧固螺栓

（1）工作原理及主要内容

采用液压定扭矩扳手代替气动扳手紧固重要的螺栓（如汽车车轮轮胎螺栓）。

（2）使用效果

1）电动工具比气动工具节能。

2）质量稳定可靠，确保重要紧固件的使用安全性。

3）减轻体力劳动，噪声大幅度降低，改善作业环境。

5. 热套装工序的节能加热

（1）工作原理及主要内容

热套装工序要对其中一个零件进行加热，为降低加热能耗，应尽量避免采用传统的电阻加热装置，可结合零件的形状、尺寸和结构，分别采用感应加热、燃气加热和带护套环的专用装置加热。

（2）使用效果

可节电10%～20%，热效率达到50%～80%。

第六节　机械企业辅助及附属生产系统通用用能设备节能技术

企业辅助及附属生产系统的通用用能设备广泛应用于各类行业。本节重点介绍适用于机械企业辅助生产系统通用用能设备的节能技术，也可供其他行业参考。

一、机械工厂适用的电机系统节能降耗技术

机械企业辅助生产系统的电机系统功能主要有风机鼓风或引风、风机通风除尘、空压机制气供气、空调机制冷调温、水泵供水排水、物流起重传送等。表5-43列出应用最广的交流异步电动机的先进适用节能技术（表中技术也能用于主要生产系统的机床、铸锻成型设备中的电机系统）。

表5-43　机械工厂电机系统适用的节能降耗技术

序号	技术名称	适用范围	投资大小	节能效果
1	高效异步电机的置换节能技术	负载相对恒定，负载率在50%以上，年运行时间＞3000小时的恒转矩负载	▲	▲
2	功率因数就地补偿兼谐波治理技术	负载功率及其变化大，功率因数低，有高次谐波危害的大型电机或电机集群	▲	■
3	相控调功（压）软启动技术	负载波动大、启动频繁的电机，如机床、输送带（机）等	▲	▲
4	交流变频调速技术	适用范围最广，特别适用于频繁调节流量或负载的风机、水泵、压缩机、空压机以及某些加工成型设备如冲天炉的罗茨风机等	▲	■
5	交流变极调速技术	需定量调节，但只需有极调速，不需平滑无极调速的电机，如机床、起重机、升降机等	△	▲

注：■表示大；▲表示中；△表示小。

1. 高效异步电机的置换节能技术

（1）技术原理及主要内容

采用国家推荐的高效异步电机取代法规明令淘汰的电机。

高效电机的节能原理及技术措施主要是：通过优化电机的定子、转子、风扇等结构及材料（如用冷轧硅钢片代替热轧，采用稀土永磁材料等）降低电机自身的能量损失（铁损、铜损、机械损耗等）。

（2）使用效果

年运行时间＞3000小时情况下，节能3%～4%，1～2年可收回成本。

2. 功率因数补偿兼谐波治理技术

（1）技术原理及主要内容

三相交流异步电机为电感性负载，大型电机或电机集群易造成功率因数低（常小于0.8）同时伴有高次谐波污染。在次级变压器或电机负荷侧加装补偿电容及高次谐波治理装置可显著提高功率因数并消除高次谐波危害。

（2）使用效果

1）功率因数可提高0.1～0.2。

2）消除或减轻高次谐波对电网电压、电流的畸变。

3. 相控调功（压）软启动技术

（1）工作原理及主要内容

启动性能差是交流异步电机的主要缺点，一是启动电流很大（如在额定电压下带载启动为额定电流的8～10倍），既浪费能源，也易损坏电机及负载。为实现软启动，曾先后采用自耦降压、Y/△降压等启动技术，最新的技术为采用以晶闸管为开关器件，以单片机为控制核心的电子软启动器，实现恒流软启动。

（2）使用效果

1）有明显的节能效果，视不同的启动方式，节电率可达2%～10%；

2）保护电机及负载设备，同时减轻对电网的冲击。

4. 交流变频调速技术

（1）技术原理及主要内容

1）三相异步电机转速公式为：$n = \dfrac{60f}{P}(1-S)$

式中，n为电机转速，r/min；P为极对数；F为定子供电频率Hz；S为转差率。

因而，改变f、P、S三个参数均可改变电机的转速，其中最重要的一点是，交流电的频率与电机的转速成正比。

2）电动机的功率一般按最大额定功率选定，但其生产负荷（如风量、流量、冷量等）往往经常变化。电机适应负荷变化有两种办法：一是不改变电机转速，利用改变挡板阀门的开度来调节风量或流量（传统作法）；二是通过调节电机转速来调节风量或流量。这两种办法的功率消耗差别很大。第一种办法在调节前后电机消耗的功率基本不变；而第二种办法随着转速的降低，电机消耗的功率将大幅度下降。

3）第二种办法能大幅降低电能消耗的原因是：

①风量、流量与电机转速成正比；

②压力与电机转速的平方成正比；

③轴功率与电机转速的立方成正比。

4）采用第二种办法（通过改变频率改变电机转速，即变频调速）的结果是：

①若风量、流量需减少到80%时，电机轴功率下降到原来的51.2%；

②若风量、流量需减少到40%时，电机轴功率下降到原来的6.4%。

5）表5-44给出交流变频调速的节能效果理论值。

表5-44　调速前后电机轴功率及节电率的理论比值　　　　　单位：%

频率下降	0	10	15	20	30	40	50	60
转速下降	0	10	15	20	30	40	50	60
电机轴功率下降	0	72.9	61.4	51.2	34.3	21.6	12.5	6.4
理论节电率	0	27.1	38.6	48.8	65.7	78.4	87.5	93.6

注：实际节电率还应扣除变频器自身的电耗（约3%～6%）和变频器供电时电机自身增加的损耗1%～2%。

6）为实现变频调速，在负载电机前端需要配置容量合宜的变频器。如能与内置PID闭环自动跟踪控制技术相结合构成全自动节电系统会达到更好效果。

（2）应用示例

1）冲天炉罗茨风机的变频控制示例（图5-22）。

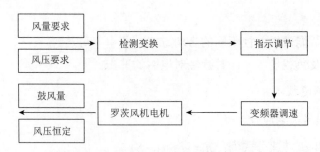

注：罗茨风机属容积式风机，输出风压与主轴转速无关。

图5-22 冲天炉罗茨风机的变频控制示意图

2）恒压供水水泵的变频控制示例（图5-23）。

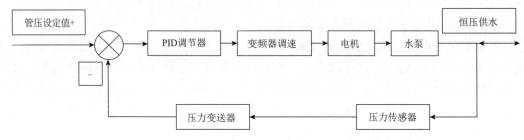

图5-23 恒压供水水泵的变频控制示意图

3）空气压缩机的变频控制要点：控制空压机单位时间的出风量，使风量与随机变动的实际用风量相匹配，从而通过变频调速实现空压机轻载时的经济运行。

4）制冷压缩机的变频控制要点：通过压缩机转速的适时调节改变制冷量的供给，达到设定温度前，以最大功率及风量制冷，尽速达到设定温度；达到后进入低速、低能耗状态运行；以后根据环境温度变化精确控制其转速，实现无级调速，使制冷压缩机始终处于最佳工作状态。

（3）电机交流变频调速技术使用效果

1）在各种技术中，节能效果最佳，节电率20%～50%；

2）可实现软启动，延长电机及负载设备的使用寿命。

5. 交流变极调速技术

（1）技术原理及主要内容

在频率不变时，电机的同步转数与极对数成反比，因而改变电机绕组的极对数就可改变主轴转速。改变极对数的方法很多，如：在定子槽中增设极对数不一样的独立绕组、改变定子绕组的联结方式等。目前最先进的为单绕组变速技术产生的单绕组多速（三速、四速）异步电机，可实现有级调速，目前已用于金属切削机床、起重机、升降机及水泵、风机的高压电机系统改造上。

（2）使用效果

节电20%左右。

二、机械工厂适用的工业锅炉节能降耗技术（表5-45）

表5-45 机械工厂适用的工业锅节能降耗技术

序号	技术名称	适用范围	投资大小	节能效果
1	生物质成型燃料规模化利用技术	①天然气气源紧张或没有 ②周边20km范围内有生物质成型燃料生产企业	■	▲
2	新型高效煤粉锅炉节能技术	①具备链条炉改煤粉炉条件 ②有足够资金及场地	▲	▲
3	高效利用超低热值煤矸石的循环流化床锅炉技术	①不具备厂区移地新建和公共供暖条件 ②有足够资金及场地	■	▲
4	中低温太阳能工业热力应用系统技术	具备燃煤、燃气、燃油工业锅炉或其他工业用热系统	▲	▲
5	燃煤催化燃烧节能技术	需对设备进行简单改造，加装专用泵	▲	▲
6	变频优化控制节能技术	已安装变频装置的风机、水泵系统	▲	▲
7	三相工频感应电磁锅炉技术	有热水需求的企业	▲	△

注：■表示大；▲表示中；△表示小。

1. 生物质成型燃料规模化利用技术

（1）技术原理及主要内容

采用秸秆等作为原材料，通过粉碎、烘干、混合、挤压等成型工艺，制成仅有片剂大小的颗粒状的新型清洁燃料，配合生物质锅炉及对应的辅机，实现生物质成型燃料替代传统煤炭、柴油等在工业锅炉上的使用。

（2）使用效果

直接消除化石燃料消耗，机械制造企业减排效果显著，同时兼具节能效果。

2. 新型高效煤粉锅炉节能技术

（1）技术原理及主要内容

采用集中的煤粉制备、精密供粉、分级燃烧、炉内脱硫、锅壳（或水管）式换热、布袋除尘、烟气脱硫和全过程自控等技术，实现燃煤锅炉的高效运行和洁净排放。

（2）使用效果

以供热面积160万平方米的煤粉锅炉房系统改造为例，预计每年节能量在12350tce左右，CO_2减排量为32604t，节能减排效果显著。

3. 高效利用超低热值煤矸石的循环流化床锅炉技术

（1）技术原理及主要内容

原链条炉的部分结构（汽包、对流管、空气预热器、过热器、热工仪表等）可以保留，总体框架结构也可基本不变，但要淘汰不少设备，还要增添很多设备（包括变频调速的鼓、引风机及水泵等）。20t/h、35t/h的蒸汽锅炉改造，总投资约各200万元和350万元。

采用混合流速循环流化床和多元内循环流化床相结合的方式，可将热值在800kcal/kg以上的煤矸石锅炉效率提高到75%以上，实现低热值煤矸石的高效利用。

（2）使用效果

1）锅炉热效率≥75%，灰渣含碳量<7%，且脱硫效果明显。

2）1～2年，通过节约煤、电，即可收回投资。

4. 中低温太阳能工业热力应用系统技术

（1）技术原理及主要内容

目前我国工业用热温度大部分在80～250℃之间，中低温太阳能工业热力应用系统技术比较适宜在此温区应用。采用全玻璃真空中温镀膜管、CPC反光板、大规模集热器阵列、多点温度和压力，防冻系统自动控制等技术，通过聚焦吸收更多的太阳热能，工作温度为80～120℃时瞬时效率不低于0.45，对冷水进行预热，再提供给工业锅炉，为工业锅炉稳定提供80～150℃的预热热水或蒸汽。

（2）使用效果

至少节约10%的常规能源消耗，从而实现节能减排的目的。

5. 燃煤催化燃烧节能技术

（1）技术原理及主要内容

煤燃烧催化剂在煤炭催化燃烧过程具有如下4种作用。

1）渗透作用：帮助催化剂能在煤炭中充分渗透，尤其是在煤核中大量分散，保证催化剂最大程度与煤炭接触。

2）含氧游离基作用：低温下释放出大量含氧游离基，与煤中的可燃物结合，促进充分燃烧，改善燃烧工况，并能够降低污染物排放。

3）催化裂解作用：随着燃烧的不断进行，过渡金属有机螯合物保证煤中大分子的有机物充分燃烧，在温度大于350℃时，还能催化裂解省煤器等关键部位的类焦油物质，达到除焦目的。

4）功能表面作用：保证燃烧过程中热量能及时扩散均匀，避免炉内局部温度过高，保证碱土金属氧化物最大限度和SO_x进行反应，达到脱除SO_x的目的。

使用时用专用泵喷出与粉煤混合。地点可以选在进料口的输粉管道处，或在传送带输送燃料到锅炉时向煤喷洒或在称重处向胶带输送机上喷洒。人工/自动控制定速定量供给。

（2）使用效果

1）平均节煤率8%～15%。

2）二氧化硫减排25%以上。

6. 变频优化控制节能技术

（1）技术原理及主要内容

变频器、电机、风机在任一时刻的运行曲线都不是完全吻合的，通过对三者运行曲线进行优化，让设备始终在一个最佳效率区间内运行。其最佳工作点如图5-24阴影部分所示。

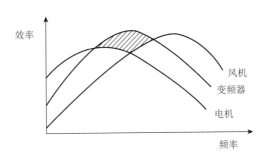

图5-24　变频优化控制运行曲线图

（2）使用效果

1）设备效率0.95以上。

2）系统数据采集、控制及动态响应时间＜0.1s。

3）在加装变频器的基础上节电率达10%。

7. 三相工频感应电磁锅炉技术

（1）技术原理及主要内容

三相工频感应电磁锅炉的主机是一种特殊结构的水冷干式"短路变压器"，主机直接设置在循环水中，利用主机的副边外壳作为第一主发热体。设备主机副边受到电磁感应产生短路电流，从而产生热量，其漏磁又使循环水箱感应产生较大的涡流与磁滞，使循环水箱成为第二发热体。由于主机可产生极大电流，因此可使效能达到最高，几乎可以将全部电能转化为热能。同时，由于该设备回收漏磁进行加热，又可将电网中无功功率充分利用，使其效能进一步提高。设备结构示意图见图5-25。

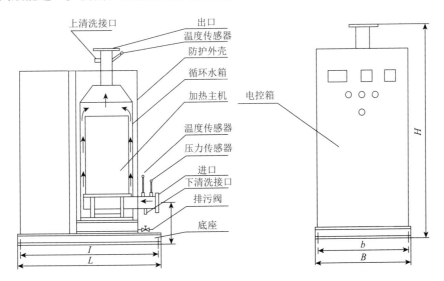

图5-25　三相工频感应电磁锅炉结构示意图

（2）使用效果

该技术可大幅消纳谷电，利用谷电蓄热供全天使用，具有较大的节能效果。

1）有功功率转化热效率≥99%。

2）功率因数$\cos\phi$≥0.98。

3）终端效率（即系统效率）≥0.9。

4）磁化功能：加热水不结垢，加热油不结炭，使用寿命长。

三、机械工厂适用的其他辅助、附属生产系统节能技术（表5-46）

表5-46　机械工厂适用的其他辅助、附属生产系统节能技术表

序号	技术名称	适用范围	投资大小	节能效果
1	喷油螺杆空压机余热回收利用技术	大型喷油螺杆空压机	▲	▲
2	动态冰蓄冷技术	中央空调系统及工艺用冷系统	■	▲
3	绿色照明工程的实践与措施	厂房、车间、办公室照明用电	△	▲
4	屋顶太阳能集热器用于员工浴池	无大型通风除尘设施及振动较小的车间顶	△	▲
5	太阳能光伏发电用于厂内路灯照明	厂区道路照明	△	△

注：■表示大；▲表示中；△表示小。

1.喷油螺杆空压机余热回收利用技术

（1）技术原理及主要内容

空压机工作中，输入能量的80%左右将转化为热能，并由各种冷却器排风扇排至环境中，如不回收利用，将白白浪费。利用余热回收装置对空压机产生的高温等压气体进行冷却回收，可提高空压机产气效率，还可使企业获得生产和生活所需的热水，冬季水温≥50℃，夏季≥65℃。

空压机冷却器分油冷却器和空气冷却器两种，各带走总散热量的一半，以回收油冷却器余热为例，在油路中增设换热器及相应的控制装置，可利用进入进口90～105℃的油温将出口水温提高到60～80℃，供生产、生活使用。

（2）使用效果

回收利用的热水可用于生产（用于锅炉补水预热、涂装或清洗用热水）和生活（员工浴室）等。

2.动态冰蓄冷技术

（1）技术原理及主要内容

冰蓄冷中央空调是指在夜间利用谷电时段开启制冷机，将企业所需冷量部分或全部制备好，并以冰的形式储存于蓄冰装置中，在电力高峰期将冰融化提供空调制冷。由于充分利用夜间谷电，不仅降低了中央空调运行费用，还对电网具有显著的移峰填谷功能，提高了电网运行的经济性和效率。动态冰蓄冷技术采用制冷剂直接与水进行热交换，使水结成絮状冰晶；同时，生成和溶化过程不需二次热交换，大大提高了空调的能效。冰浆的孔隙远大于固态冰，且与回水直接进行热交换，负荷响应性能很好。

（2）使用效果

1）额定制冰工况下，主机蒸发温度≥-6℃。

2）制冰工况下，制冷主机单机能效(COP)＞3.0。

3）蓄冰槽最大蓄冰量≥45%。

3.绿色照明工程的实践与措施

我国照明用电占总用电量的12%，年用电量已超过1500亿千瓦时，具有很大节能潜力。具体节能措施如下。

1）依据相关强制标准和工作场所的具体要求，选择合理的照度。

①《建筑照明设计标准》（GB 50034—2004）。

②《建筑采光设计标准》（GB 50033—2013）——充分利用自然光。

2）优先选用光效最高的LED半导体光源。

早期发光二极管（LED）只能用于指示及显示，不能用于照明。20世纪90年代，白光LED问世，开始用于照明，其具有电压低、发热及能耗小、寿命长等优点，同样亮度的LED光源耗电量仅为白炽灯的1/12，寿命可延长100倍，是近期国家首选的绿色照明推广项目。

3）其次选择高效的常见电光源（表5-47）。

表 5-47　我国常见电光源的光效比较

名称		光效 /(lm/W)	比值	名称		光效 /(lm/W)	比值
白炽灯	40W	8.75	0.6	高效金属卤化物灯	175W	66.7	4.6
	60W	10.5	0.72		250W	70.7	5.8
	100W	12.5	0.86		400W	78.3	5.4
	200W	14.6	1.0		1000w	102.8	7.0
荧光灯	30W	35	4.0	紧凑型荧光灯	11W	59.2	6.8
	40W	50	5.7		13W	62.7	7.2
高压钠灯	50W	66.7	4.6		24W	54.8	6.3
	100W	77.6	5.3		36W	55.8	6.4

总的原则是采用光效高的常见电光源如紧凑型荧光灯、高效金属卤化物灯、高压钠灯代替白炽灯。

4）使用电子镇流器代替电感镇流器，镇流器自身可节电65%～75%。

5）合理安装布置照明灯具：根据照明场所的形状、面积、空间高低、工作性质、户内户外等合理布置。

6）采用精细化的照明控制措施：①照明线路尽量细化，一个开关控制的灯数不宜太多，做到控制对象最小化；②必要时，采用光控、声控、自动开关技术，做到人走灯灭。

4.屋顶太阳能集热器用于员工浴池

（1）技术原理及主要内容

当太阳光照射到集热器时，集热器上水道中的水被加热而膨胀、变轻，产生"热虹吸"现象，形成水流循环运动流入保温水箱，通过冷热循环，使整个水箱中的水温提高。集热器类型有平板型、全玻璃真空管式和热管真空管式等。

（2）使用效果

可在非供暖季节停开专用锅炉或全年停开，实现太阳能供热洗浴。

5. 太阳能光伏发电用于厂内路灯照明

（1）技术原理及主要内容

利用太阳光照射到硅太阳能电池导致的"光生伏打效应"而产生的光伏电能储存于蓄电池组中用于厂区内路灯照明。系统可以开网运行（可省掉蓄电池组），也可离网运行。

（2）使用效果

利用取之不尽的太阳能代替电力消耗。

第七节　机械工厂重点用能过程的系统节能

机械工厂重点用能过程主要有：铸造、锻造、焊接、热处理等热加工生产过程和供配电及电机系统、工业锅炉供热供汽系统等。系统节能的概念就是综合运用多种技术节能和管理节能的方法，从整体角度系统化地采取节能措施，全面提高能效、降低能耗，实现整个用能过程节能效果的最大化。

一、铸造生产过程的系统节能

铸造是机械行业能耗最大的工艺，占总能耗的1/4以上。而且铸造生产是流程最长、用能工序及影响能耗因素最为繁多的工艺，其中熔炼工序又占其总能耗的一半以上，因此实现系统节能意义重大。

铸造生产过程系统节能的总体思路及框架示于图5-26。

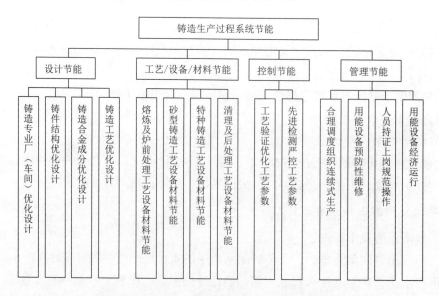

图5-26　铸造生产过程系统节能总体思路及框架

（一）重视能源设计，实现源头节能

1. 铸造专业厂（车间）设计节能

新建、扩建或改建的铸造专业厂或车间一定要按照《铸造行业准入条件》和GB 50910—2013《机械工业工程节能设计规范》对生产规模、工艺及装备的要求进行设计，重点应符合以下要求。

（1）优化车间工艺路线和工艺平面布置

工艺路线短捷、顺畅，工艺平面布置合理，减少各车间和车间内物料流程的交叉、迂回、倒流，降低物流运输能耗。

（2）优选合理的生产方式及铸造工艺

1）大、中批量生产的中小型铸件宜采用平行工作多班制连续式的专业化生产。其中：

①铸铁、铸钢件宜采用高紧密度的粘土砂湿型造型工艺及连续生产线；

②铸铝件宜采用压力铸造、低压铸造或金属重力铸造工艺；

③精密复杂铸件宜采用熔模铸造、壳型铸造。

2）多品种、小批量铸件或单件小批量大型铸件宜采用树脂自硬砂造型工艺。

（3）优选金属熔炼用能源和熔炼设备

1）优选金属熔炼用能源：铸铁熔炼优先采用铸造焦冲天炉及"冲天炉-感应电炉双联"，铸铝熔炼优先采用天然气反射炉。

2）铸铁熔炼优选设备：连续平行作业生产线用大型冲天炉宜采用热风水冷长炉龄冲天炉；熔炼球铁、高牌号灰铸铁宜采用"冲天炉-感应电炉双联"；熔炼中低牌号灰铸铁可采用两排大间距冲天炉。

3）铸钢熔炼优选设备：大中型铸钢件宜采用高比功率电弧炉，小型铸钢件宜选用变频（中频）无芯感应电炉；特殊钢（不锈、耐热、超高强度）熔炼宜配置炉外精炼设备。

4）所有熔炼设备在选设时必须配置有效的烟气余热回收利用及除尘系统。

（4）砂型铸造必须配置合宜的废（旧）砂再生回用设备

（5）应按GB 50910—2013标准的加严要求，配备能源计量器具

2. 铸件结构优化设计 [详见本章第一节中三之（二）]

（1）优化铸件结构，降低铸造及后续加工过程能耗

1）利用起模减少砂芯和制芯工作量及其能耗。如：改进妨碍起模的凸台、凸缘和肋板，取消铸件外表侧凹等。

2）减少或简化分型面，简化模样、模板工装和造型工作量及其能耗。如：避免曲面分型，避免产生多个分型面、多付砂箱及多次扣箱操作等。

3）减少铸件清理工作量，降低清理能耗。如：采用易于除芯、切割冒口的结构等。

（2）充分发挥铸造可成形任意复杂形状的特长，实现"一件代多件"

通过铸件结构优化设计，用一体化的铸件（如壳体、车门、前机匣等）代替由十几个、几十个冲压件、加工件焊装组成的复杂构件，显著节约了整体制造成本和能耗。

3. 铸造合金成分优化设计

以球墨铸铁件为例，同样成分的球铁件，壁厚及球化、孕育、热处理工艺不同其最终组织及力学性能差异很大；反之，达到同样要求的组织和性能也可以通过多种成分及不同工艺组合实现。通过结合本厂生产条件，合理设计球铁原铁液成分及球化、孕育工艺，多种牌号的球铁件均可实现铸态达到组织及性能要求，取消正火或退火热处理。

4. 铸造工艺优化设计

基于铸件壳型、凝固和冷却过程工艺模拟和数据库基础上，优化铸造工艺方案及工艺参数，减少浇冒口，提高工艺出品率及成品率，直接降低工艺试验能耗及投产后的浇冒口、报废铸件的重熔能耗。

具体实现方式和技术主要有：铸造工艺及模具的计算机模拟及辅助设计、数字化无模铸造精密成型技术及装备等。详见本章节第五节。

（二）采用节能铸造工艺/设备/材料，实现生产过程技术节能

主要有：金属液熔炼及炉前处理节能技术、砂型铸造工艺节能技术、特种铸造工艺节能技术和铸件清理及后处理节能技术等4大类共30多项，其技术原理、主要内容及使用效果详见本章第五节"一、节能降耗铸造技术"。

（三）优化工艺参数，实现控制节能

1. 严格工艺验证（评定），确定和优化工艺参数（能源绩效参数）

通过分析生产过程中的主要耗能工序的工艺参数，特别是那些影响能源绩效的相关参数，在保证铸件质量的前提下，通过工艺验证（工艺评定、工艺试验）和必要的测量或计算，确定并优化主要耗能工序的工艺参数，并为制定铸造工艺指导书或工艺规程提供可靠依据。

以冲天炉铸铁熔炼工序为例，可以通过多次试验和验证（工艺评定、工艺试验），并测量相关数据，确定并优化出最佳的工艺参数（供风强度、熔化强度、底焦高度及层焦铁比、铁液温度和化学成分、送风温度和湿度、排烟温度及CO含量等）。在此基础上，结合能源管理的要求，提出应严格控制的能源绩效参数和熔炼过程及出炉铁液检测要求，通过工艺文件（作业指导书、工艺卡、熔炼过程记录卡）的形式加以确定。

2. 采用先进检测手段，严格监控工艺参数

按照已经确定的工艺文件对工艺参数的监控要求，采用先进检测手段对过程工艺参数进行必要的监控，并通过工艺参数的监控反馈实施能源绩效参数的监控，从而监控能源绩效，在保证过程质量的前提下，实现能源的节约。

例如，为严格实时监控冲天炉铸铁熔炼过程和合格铁液涉及能源消耗的工艺参数（铁焦比、送风温度、排烟温度、出炉铁液温度和化学成分、保温时间等），做到实时监控及随机调整设备和工艺至最佳状态，必须配置必要的先进检测仪表，如快速测温仪、直读光谱仪、热分析仪等，连续生产的大型冲天炉应配备"熔炼过程和工艺参数自动化检测、调

节与控制系统（见本章第五节）"，使能源绩效参数始终控制在规定的范围内，从而实现对能耗的有效控制。

（四）合理组织生产，设备经济运行，实现管理节能

1. 合理调度，组织连续式或集中式铸件生产

无论哪种批量铸件生产，均应合理安排生产计划及工艺路线，实现连续式或集中式生产，以杜绝天天开炉、天天打炉，重复加热、熔化的浪费能源状况。

2. 搞好重点用能设备预防性维修

重点搞好工业炉窑（熔炼、热处理、烘包烘型设备）、高耗能特种设备（工业锅炉、冶金起重机与浇注设备、空压机及压力管道、制冷设备）、通风除尘设备的预防性维修，可采用定期维修为主、预测维修为辅的方式。

3. 人员持证上岗精细化操作

重点用能设备操作人员应按国家和行业法规要求经培训持证上岗，并时时严格按工艺文件要求一丝不苟的精细化操作，特别是严格控制加热温度、熔化和出炉温度、保温时间、浇注温度、浇注时间等影响质量和能耗的工艺参数，克服"差不多"的马虎思想和行为，人人争做本工种的能工巧匠。

4. 实现重点用能设备经济运行

加强重点用能设备经济运行管理，以国家和行业相关用能设备经济运行法规和标准为依据，以上述三项措施为主要手段，并通过现场实时监测及时纠正偏差和不符合，确保重点用能设备始终在最佳状态下运行，实现管理节能最大化。

二、焊接（含热切割）生产过程的系统节能

焊接（含热切割）是机械制造业的共性技术和基础工艺，已发展成为集机械、电力电子、材料及冶金、力学、激光等新能源、计算机及自动控制等多学科交叉的现代制造技术。焊接生产过程虽然流程短，但因大多伴随金属熔融及复杂的物理化学反应等冶金过程，因而温度高，能耗大，质量影响因素复杂，是典型的特殊过程。又因很难实行专业化生产，是大量机械厂（特别是主机厂）普遍应用的基础加工工艺，因而实现焊接生产过程系统节能不仅意义重大，而且应用面广。

焊接（含热切割）生产过程系统节能的总体思路及框架示于图5-27。

（一）重视能源设计，实现源头节能

1. 焊接车间（工段）设计节能

新建、改建或扩建焊接车间时应按相关法规和行业标准进行设计。设计时综合考虑生产工艺、动力、建筑、给排水、暖通与空调、照明、控制、电气等方面的节能技术措施，包括节能新技术、新工艺、新设备的应用以及能源统计、监测及计量仪器仪表配置的需要。焊接车间设计节能主要考虑以下几点。

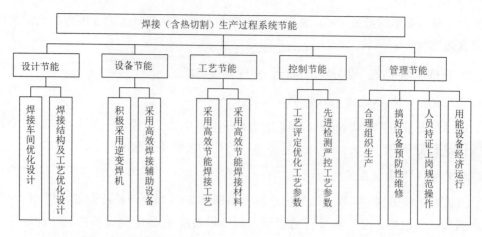

图5-27 焊接（含热切割）生产过程系统节能的总体思路及框架

（1）适当采用协作生产方式

某些单件或小批量生产的焊接件，如需配备大型、专用或特种用途的备料、成型、焊接、探伤、起重设备等焊接件的生产，以致造成其设备负荷率和能源利用率均低时，宜采用协作生产方式。

（2）选择合理的焊接方法

如自动埋弧焊适用于长焊缝和环焊缝的焊接，它与手工电弧焊相比较，可提高焊接速度3～5倍，电能利用率可达90%～95%，而且可节约焊丝用量，提高焊接质量。中薄板及中、小型结构件的焊接，宜采用CO_2气体保护焊，与采用手工电弧焊相比较，可节电50%～70%，并可获得高质量的焊缝。大批量生产时，密封薄板构件的焊接，宜采用电阻焊工艺，比采用其他焊接工艺可提高生产效率5～10倍，综合节能50%～70%以上，并且焊缝质量稳定，外观平整。

（3）合理搭配钢板下料用剪切和切割设备

剪切下料效率高，适合矩形、三角形等薄板零件下料，而数控切割、等离子切割、激光切割等设备可以套裁下料，准确地加工出异形坯料，并可直接切割出V、X等形式的坡口，代替部分机械加工，节省下道工序能耗。

（4）优选节能型焊割设备（如逆变电焊机）、高效焊接胎夹具和机械化装置

（5）设备（生产流程）合理布局，避免频繁地使用运输、起重设备，减少能耗损失

2. 焊接结构件（母材及其结构）及焊接工艺设计节能

焊接结构件（母材及其结构）及焊接工艺设计是工艺节能的基础，应从结构形状、焊缝布置、焊接方法、接头及坡口形式等方面综合考虑如何通过优化设计实现优质高效低耗。

（1）优化焊接结构，减少焊接工作量

1）焊缝应具有良好的可焊到性，便于施焊，保证焊接质量和节省工时，便于机械化焊接和降低成本，预防焊接变形。

2）优选母材形状以简化工艺过程。如采用折弯结构代替拼接结构，采用工字钢、槽钢、角钢和钢管等型材。

3）焊缝要避免尖角设计，因为焊缝的尖角部分易产生应力集中，诱发裂纹。

4）焊缝形状应利于自动焊接。为便于自动焊，焊缝形状应呈直线或环形，断续焊缝应改为连续焊缝，操作空间应能容纳施焊用机械装置。

（2）优选焊接结构材料（母材）

在满足结构性能要求的条件下，尽量选用可焊性好的母材，防止产生焊接缺陷，形成不合格品；也尽量避免焊前预热、焊中保温、焊后热处理等耗能工序，以进一步降低成本和能耗。

（3）合理选择优质高效低耗的焊接方法及焊接材料

如1Cr13马氏体不锈钢材料与Q235-A的异种金属焊接，若选用J506焊条，会出现焊接裂纹，产生不合格品，返工造成能源浪费，应采用A302焊条。

（4）合理确定焊接接头及坡口形式

根据结构形状、强度要求、工件厚度、焊后变形大小、焊条焊丝消耗量、坡口加工难易程度等综合考虑。采用应力集中系数小的对接接头，尽量避免应力集中系数大的搭接接头，工艺允许时用切割坡口代替机加工坡口。

（5）合理布置焊缝位置

焊缝的布置应尽可能分散，以减小焊接热影响区；焊缝的位置应尽可能对称分布，防止焊接变形。

（二）采用高效焊接设备，实现设备节能

1. 积极采用逆变电焊机，提高电能利用率

与传统焊接设备相比，逆变焊接设备具有高效、节能、工艺性优良、性能价格比高、体积小、重量轻、噪音低、电磁干扰小等优势，是国家重点推广的绿色环保焊接设备。

逆变焊机的选型首先要满足焊接工艺的需要，可以参考一般焊接手册或教科书中的焊机选择原则。逆变焊机原则上可以适用于所有电弧焊和电阻焊的焊接应用要求。从焊接电流范围看，从十几安的精密等离子弧焊，到上千安的埋弧焊，逆变焊机都可以胜任。在焊接工艺性能上，从普通的直流和交流焊接，到脉冲直流和脉冲交流甚至交直流混合焊接，从手工操作的焊条电弧焊到智能化的焊接机器人，逆变焊机都可以满足。有关逆变焊接电源及其在电弧焊和电阻焊机中的应用原理及效果详见本章第五节。

2. 采用高效焊接辅助设备

采用焊接夹具、焊接变位机、滚轮架和焊接操作机等机械化装置，可避免频繁地使用运输、起重设备，且可减轻工人劳动强度，缩短空载时间，减少能耗损失。

焊接件的装配或焊接，采用各种装配夹具和机械化装置，可增加零、部件的定位精度，减少焊接变形量，有效地保证产品质量，提高工作效率，节省返修或校正所需能耗。

（三）采用节能焊接工艺和材料，实现工艺节能

可供采用的节能技术较多，主要有节能熔焊工艺/材料、节能压焊和钎焊工艺/材料和节能热切割工艺/材料三类。详见本章第五节。

(四) 优化工艺参数，实现控制节能

1. 严格工艺评定 (试验)，优化能源绩效参数 (工艺参数)

规范且科学的焊接工艺是保证焊接质量的重要措施。通过焊接工艺评定，检验按拟订的焊接工艺指导书焊接的焊接接头的使用性能是否符合设计要求，并为正式制定焊接工艺指导书或焊接工艺卡提供可靠的依据。焊接工艺评定的流程为：提出焊接工艺评定的项目→草拟焊接工艺方案→焊接工艺评定试验→编制焊接工艺评定报告→编制焊接工艺规程 (工艺卡、工艺过程卡、作业指导书)。

焊接工艺评定有相关国家标准或行业标准，应严格遵照执行。通过工艺评定，确定合理的工艺参数 (能源绩效参数)，才能提高产品质量，降低能耗。焊接工艺参数典型的有焊接电流、电弧电压、焊接速度、电源种类极性、坡口形式等。对于不同的焊接方法，有不同的焊接参数，如焊条电弧焊中焊条直径、钨级氩弧焊中钨级直径、埋弧焊中焊丝直径等。

2. 采用先进的检测手段，严控工艺参数

按照已经确定的工艺文件中对工艺参数的监控的要求，采用先进的检测手段对过程工艺参数进行必要的监控，并通过工艺参数的监控反馈实施能源绩效参数的监控，从而监控能源绩效，实现能源的节约。

例如：CO_2气体保护焊的工艺参数 (板材厚度、坡口形式、焊丝直径、焊接电流、电弧电压、焊接速度、气体流量等)，通过工艺评定 (试验)，优化能源绩效参数 (工艺参数)，并实施监测，确保焊接过程在相应的工艺参数范围内，从而达到对质量和能源消耗的有效控制。

(五) 合理组织生产，设备经济运行，实现管理节能

1. 合理组织生产

合理安排生产计划，实施套裁下料，提高板材利用率和切割下料速度；科学制订工艺路线，避免频繁使用起重、运输设备，降低物流辅助能耗。

2. 搞好设备预防性维修

对焊机等设备做好日常的维护保养及预防性维修，保证设备性能。通过对电焊机等设备日常使用情况监督检查，及时发现用能异常现象并及时处理。对焊接定位器具等要经常清理和保养，焊接定位器具上的焊渣清理不彻底易造成焊件定位出现误差而给后续装配造成困难和废品。

3. 人员持证、规范操作

操作者应按国家法规要求持证上岗，时时严格按操作规程、工艺文件要求，并根据内外环境变化，及时调整电流、电压、速度等焊接和切割参数，合理使用能源，人人争做技术高超的能工巧匠。

4. 重点用能设备经济运行

加强用能设备经济运行管理,以上述三项措施为基础,以相关用能设备经济运行标准为依据,实现设备经济运行。应根据电焊机作业时有间断的工作特点,尽量延长焊接连续作业时间,缩短非焊接时间,待机时间较长时应关闭电源,最大限度地减少无功损耗。对现场出现的不合理用能,予以及时纠正、组织整改。

三、热处理生产过程系统节能

热处理是机械行业能耗较大的工艺,占总能耗将近1/5。热处理工艺方法虽然种类繁多,但流程短,耗能主要集中在加热和保温阶段,通过精确优化控制某些关键工艺参数可以取得很明显的节能效果,因而其系统节能的思路有某些独特特点。热处理生产过程系统节能思路及框架示于图5-28(图后介绍的具体节能技术详见本章第五节之"四、节能降耗热处理技术")。

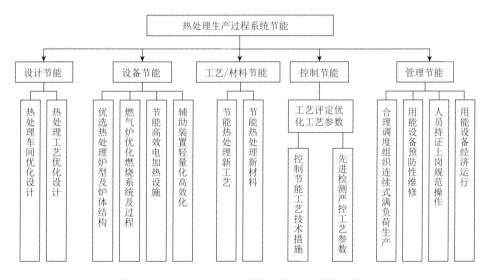

图5-28 热处理生产过程系统节能总体思路及框架

(一)重视能源设计,实现源头节能

1. 热处理车间设计节能

新、改、扩建的热处理车间要依据GB 50910—2013《机械工业工程节能设计规范》和JBJ/T 34—1999《机械工厂热处理车间设计规范》的要求进行设计,重点应符合以下要求。

(1)合理选择加热能源,优化能源结构

依据节能原理及国家环保要求,热处理炉应优先采用天然气炉,过分依靠电能加热(目前占90%)是我国与工业发达国家的主要差距。在设计新车间时,要在综合考虑供应、成本的基础上,优先(特别是大型铸锻件及焊接结构件热处理)采用天然气炉。

(2)合理确定生产方式及热处理炉负荷率

热处理件应采用多班制连续生产,主要热处理炉负荷率应高于60%。

（3）优化车间工艺路线和工艺平面布置

工艺平面布置合理，工艺路线短捷、顺畅，减少车间内和上下工序车间（铸锻焊、机加工等）工件流程的交叉、迂回、倒流，降低物流运输能耗。

（4）优选热处理工艺和设备，为工艺节能特别是设备节能奠定良好基础，避免二次改造和投资

（5）应按GB 50190—2013标准的加严要求配备能源计量器具

2. 热处理工艺优化设计

（1）参与产品设计，优选热处理件结构材料

热处理技术人员应通过"并行工程"参与热处理件产品设计，优选热处理工艺性良好、可简化热处理工艺的结构材料（如非调质钢）。

（2）采用热处理过程计算机模拟技术，优化热处理工艺参数

大中型热处理工艺过程复杂，加热和冷却时间长，能耗大，通过计算机模拟，优化热处理工艺参数，为工艺节能及控制节能奠定良好基础。

（二）采用节能热处理炉及辅助设施，实现设备节能

1. 优化热处理炉型及炉体结构

（1）采用高效连续式或半连续式热处理炉

1）大批量生产优选连续热处理炉生产线（振底式、网带式、辊底式、推杆式、链板式等）。

2）中大批量生产也可选用密封多用炉、井式炉等，实现连续或半连续生产。

3）单件小批量生产可采用周期式热处理炉，但应合理配炉，尽量提高装炉量及连续作业时间。

（2）减少炉壁散热和炉衬蓄热能耗

热处理散热损耗是无谓的浪费，为减少散热能耗，综合采用如下三种技术措施。

1）优化炉体外形，减少炉壁散热：将箱式炉及连续炉的炉体外壳由箱形改为圆筒形（井式炉本来是圆筒形）是简单易行的技术措施，可减少炉壁散热20%。

2）优选炉衬耐火绝热材料：采用全陶瓷纤维绝热保温炉衬代替传统的重质耐火砖，可节能20%～30%。

3）提高炉体密封性，减少热能损失：加强炉体及其炉门、管道密封，减少炉壁开孔，关严炉门等，防止不当散热，减少热损失。

2. 燃料炉优化燃烧系统及燃烧过程

1）采用空气/燃料比智能控制系统，优化空气/燃料比，使其稳定控制在1.1~1.2合理区间，并实时调整优化。

2）燃气炉配置高效空气自身预热烧嘴，利用其换热器回收排出烟气（可高达700~1000℃）热量用以预热空气和燃料，可节约燃气25%～30%。

3. 节能高效电加热设备设施

1）感应加热热处理采用IGBT感应加热电源和自动化淬火机床：与不同档次传统感应电源相比，可节约电源10%～30%。

2）埋入式电极盐浴热处理炉及炉口增设保温盖：与传统插入式电极盐浴炉相比，综合节电15%～20%。

4. 热处理辅助装置轻量化高效化

1）炉内料盘、料筐、夹具轻量化：减少其随热处理件在炉内反复加热冷却的热能消耗，可节能20%～25%。

2）连续炉减轻传送带及料盘、夹具重量或不用传送带及料盘、夹具：振底炉、辊底炉、网带炉比链板炉节能。

3）空气冷却换热器及淬火介质空气冷却技术：用空气冷却换热器替代水冷却换热器，变淬火介质水冷为空冷，鼓风机替代水泵，节电20%，还节约水资源。

（三）采用节能热处理新工艺/新材料，实现工艺/材料节能

1. 节能热处理新工艺

（1）可控气氛热处理工艺

该工艺是一种适用于各种整体热处理和化学热处理的适合大面积推广的先进工艺，兼有节能节材减排、提高质量的综合效果。

（2）真空热处理工艺

该工艺是另一种兼有提高质量、节能节材减排综合效果，适合大面积推广的先进工艺，适合大批量生产中小热处理工件，特别适合不需后续精密加工的工件。

（3）其他热处理新工艺

1）替代盐浴加热的流态床加热热处理工艺。

2）替代气体渗氮的离子渗氮工艺。

3）实现局部加热替代整体加热的感应电热表面淬火。

2. 节能热处理新材料

（1）热处理件新结构材料节能

1）推广非调质钢，省掉调质（淬火+高温回火）能耗，实现热锻后或钢材切削加工后不用调质即可达到调质的力学性能。

2）用低淬透性钢的感应淬火代替高耗能的渗碳淬火，节能10%～20%。

（2）热处理用新工艺材料节能

1）化学热处理催渗剂及催渗工艺：用于气体渗碳、渗氮及碳氮共渗工艺，节能20%以上。

2）聚合物水溶性淬火介质替代淬火油，兼有节能、安全、环保等综合效果。

（四）充分发挥热处理工艺特点的控制节能技术及措施

为确保热处理件质量及其性能稳定，一般要严格控制升温速度、加热温度（对淬火、

正火处理为奥氏体化温度)、保温时间、淬硬或渗层厚度、冷却速度等工艺参数，其中前4个参数（冷却速度除外）也是显著影响能耗的重要能源绩效参数，通过综合优化这4个参数可在保证质量的前提下，形成较多特有的节能工艺技术措施，这些措施算不上是新工艺，但节能效果显著，其技术基础与常规控制节能方法一样，也是"严格的工艺评定优化工艺参数"，通过工艺评定找出上述工艺参数对节能或质量的综合影响。

1. 严格工艺评定，确定和优化工艺参数（能源绩效参数）

通过工艺评定（验证、试验），描清工艺参数与能耗及质量的关系及相互影响，找出最佳范围，为采取控制节能技术措施及制定作业文件提供依据。

2. 可供企业采用的控制节能工艺技术措施

（1）降低加热温度实现节能5%～10%，示例如：

1）亚共析钢两相区加热淬火、正火，可用于大多数亚共析钢调质及正火工艺；

2）以低温快速碳氮共渗代替需高温且慢速的薄层（<1mm）渗碳生产抗疲劳耐磨工件；

3）球铁部分奥氏体化或低碳奥氏体化正火，适用于QT600-3、QT700-2球铁。

（2）缩短加热（升温或保温）时间，示例如：

1）不均匀奥氏体（零保温）淬火，使加热时间缩短1.5～2倍，节能8%～10%；

2）淬火或回火的高温快速加热，适用于碳钢和低合金钢调质的淬火、回火；

3）高温快速渗碳：渗碳温度提高80~120℃，渗碳时间可缩短2～3倍，节能20%～30%。

（3）简化或省略热处理工序，示例如：

1）渗碳后直接淬火（渗碳-淬火一体化），省掉一次重新加热，节能20%～30%。

2）感应淬火后自行回火（淬火回火一体化），省掉一次重新加热，节能10%～15%。

3）铸件、锻件余热热处理：通过严控工艺参数，取消重新加热的正火、退火、淬火。示例如：①铸态球墨铸铁技术，可用于铁素体、珠光体及其混合基体的13个牌号球铁铸件；②锻件锻后余热热处理，可实现余热淬火、正火和等温正火。

3. 采用先进监测手段，严格监控工艺参数（能源绩效参数）

采用先进监测手段（包括智能监控系统），按照作业文件要求，严格监控升温时间（加热速度）、加热温度、炉体表面温升、保温时间及燃料炉的排烟温度及空气系数等工艺参数，并及时调整。特别是上述采用控制节能技术措施的过程更要做到更加严格的精细化控制。

（五）合理组织生产，设备经济运行，实现管理节能

1. 精细生产调度，组织连续式满负荷生产

（1）采用多班制连续式生产方式

合理安排生产计划和工艺路线，实现连续式生产，杜绝天天开炉停炉，重复加热、冷却的浪费热能状况。

（2）实现满负荷生产，主要热处理炉的负荷率均应高于60%或更高。

2. 搞好重点用能设施的预防性维修

重点搞好热处理炉（电阻炉、燃气炉、感应加热装置等）、高耗能特种设备（冶金起重机、空压机及压力管道、制冷设备等）、淬火冷却设施、后处理设备（抛丸机、清洗机）的预防性维护。

3. 人员持证上岗精细化操作

重点用能设备操作人员应按国家和行业法规要求经培训持证上岗，并时时严格按工艺文件要求精细化操作，严控负载率、升温速度、加热温度、保温时间、炉体表面温升等工艺参数，克服"差不多"的马虎思路和行为。

4. 实现重点用能设备经济运行

加强重点用能设备经济运行管理，以上述三项措施为主要手段，并通过现场实时监测及时纠正偏差和不符合，确保重点用能设备始终处于最佳状态，实现管理节能最大化。

四、变配电及电机系统的系统节能

我国输配电损耗占全国发电量的6.6%左右，其中配电变压器损耗占40%～50%。以2013年全国发电量5.32万亿千瓦时计算，全国配电变压器电能损耗约1700亿千瓦时，相当于三峡电站2013年全年发电量（约1000亿千瓦时）的1.7倍，电能损耗十分严重。而电机系统作为终端负载，其用电量占工业系统总用电量的75%左右，占我国总发电量的60%以上。所以变配电及电机的系统节能重要性可见一斑。企业变配电及电机系统的系统节能框架见图5-29。

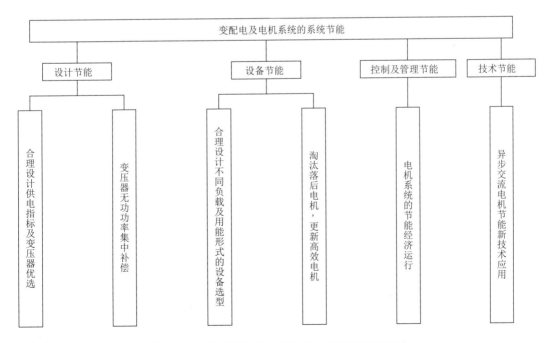

图5-29　企业变配电及电机系统的系统节能框架图

（一）重视源头设计，确保供电经济稳定

1. 合理设计供电指标及变压器优选

（1）合理设计供电指标

企业应根据用电性质、用电容量，选择合理供电电压和供电方式。企业变配电所的位置应接近负荷中心，减少变压级数，缩短供电半径，按经济电流密度选择导线截面。

部分供电指标控制如下。

1）总线损率（∝/%）范围：一级＜3.5%（一次变压）；二级＜5.5%（二次变压）；三级＜7%（三次变压）。

2）用电设备的供电电压偏移值保证＜±5%额定电压。

3）日负荷率（Ki/%，合理分配与平衡负荷，使企业用电均衡化）：连续生产≥95%；三班制生产≥85%；二班制生产≥60%；一班制生产≥30%。

4）供电网络的电压不平衡度保证＜2%。

5）企业用电体系功率因数（$\cos\phi$）保证≥0.90。

（2）变压器优选

在选择主变压器型号和数量时，应全面考虑供电条件、负荷性质、用电容量和运行方式等因素。尤其是当存在一、二级负荷的变电站时，应至少安装两台主变压器，在装有两台及以上主变压器的变电站，当断开一台主变压器时，其余主变压器的容量（包括负载能力）应满足全部一、二级负载用电负荷的要求。

在选择次级变压器时，同样应考虑负载的影响，当存在大量一级负荷或二级负荷、季节性负荷变化较大或者集中负荷较大时，变电所宜装设两台及以上变压器。与主变压器同理，装有两台及以上变压器的变电所，当任意一台变压器断开时，其余变压器的容量应能满足全部一级负荷及二级负荷的用电。

具体变压器如何配置详见GB 50059—2011《35～110kV变电所设计规范》和GB 50053—2013《20kV及以下变电所设计规范》。同时为了避免买到落后应淘汰的变压器，企业应参考《高耗能落后机电设备（产品）淘汰目录》和《节能机电设备（产品）推荐目录》。

2. 变压器无功功率集中补偿技术

高压集中补偿是将高压电容器组集中装设在工厂高压变电站母线上，这种补偿方式只能补偿高压母线前端线路上的无功功率，而母线后的厂内的无功功率得不到补偿，所以这种补偿方式的经济效果较其他补偿方式差。但这种补偿方式的投资规模小，便于集中运行维护，可以充分满足工厂总功率因数的要求，所以这种补偿方式在我国绝大多数机械制造企业中应用相当普遍，一般高压集中补偿功率因数设定为0.9～0.95之间。

低压集中补偿是指将电容器集中安装在企业低压变电所的低压母线上，提高整个变电所的功率因数，使该变电所供电范围内的无功功率基本平衡。这样既可以减少线路的无功损耗，又能提高该变电所的供电电压质量。

低压补偿的优点：接线简单，运行维护工作量小，提高配变电利用率，降低电网损耗，具有较高的经济性，是目前无功补偿中常用的手段之一。一般低压集中补偿功率因数设定为0.95～0.98之间。

（二）合理设备选型，保证电机节能

1. 合理设计不同负载及用能形式的电机设备选型

在选用电机时，对于一般连续运行的恒定负载（S1工作制），电气损耗Pv不随时间而变，因此可选用高效电机。对于运行工况周期变化或变化不定（如短时工作或包含启动制动等过程）的负载时（S4工作制），应该从整个工作周期内考虑如何使损耗降至最低。可选用高启动转矩的电机，缩短启动时间，减少启动损耗，而整个工作周期的损耗也能降低。一般高启动转矩的转子电阻较大，这种电机在恒定负载时的效率相对较低。

2. 淘汰落后电机更新高效电机

根据工信部颁布的四批《高耗能落后电机设备（产品）淘汰目录》，企业应开展电机自查工作，如发现存在目录中的电机，应制定切实可行的电机淘汰计划，并从六批《"节能产品惠民工程"高效电机推广目录》中选择合适型号的高效电机予以置换。

（三）电机设备合理经济运行，保证节能最大化

当对异步电机进行更换或改造时，需经综合功率损耗与节约功率计算及启动转矩的校验后，在满足机械负载要求的条件下，使新投入的电机工作在经济运行范围内。当对异步电机进行调压节电时，需经综合功率损耗与节约功率计算及启动转矩、过载能力的校验后，在满足机械负载要求的条件下，使调压的电机工作在经济运行范围内。

在安全、经济合理的条件下，对异步电机采取就地补偿无功功率，提高功率因数，降低线损，达到经济运行。对机械负载经常变化的电气传动系统，应采用调速运行的方式加以调节。调速运行方式的选择，应根据系统的特点和条件，通过安全、技术、经济、运行维护等方面综合经济分析比较后确定。对交流电气传动系统，应在满足工艺要求、生产安全和运行可靠的前提下，通过科学管理及技术改进，使电气传动系统中的设备、管网及负载相匹配，达到系统经济运行，提高系统电能利用率。

（四）应用节能新技术，确保技术升级

具体内容详见本章第六节中介绍的5种常见的电机节能降耗技术。

五、工业锅炉的系统节能

在我国北方大部分地区，机械制造企业目前的生产用蒸汽和办公生活供暖还多依赖于工业锅炉。尤其在冬季，生产和供暖两项消耗的能源占总能源消耗量的比重相当大，普遍高于70%，所以工业锅炉是企业的能源管理过程中影响巨大的一环。企业的工业锅炉系统节能框架见图5-30。

（一）锅炉设计改造，有力提高锅炉效率

1. 工业锅炉燃烧系统送风优化

（1）分区配风

链条炉燃烧过程是分区段的，煤层在沿炉排运转方向燃烧过程中所需的空气量各不相同。在煤从煤闸板落下引燃预热阶段，基本不需要空气，在燃尽形成灰渣阶段，可燃物基本消耗殆尽，也不需要太多空气。空气消耗量最大的区段在炉排挥发分和焦炭燃烧过程。故此，如果对供风不加以分配和控制，统仓送风，则会导致前端空气量过多，过早引燃，中部空气量不足，燃烧不完全，后端空气量过大，造成热损失。为了改善燃烧过程，必须对配风系统进行分区优化。

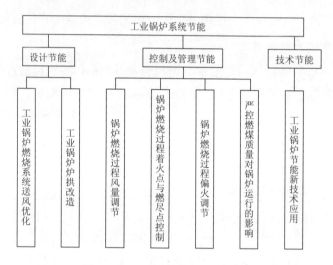

图5-30　工业锅炉系统节能框架图

链条炉的配风应按两端少、中间多的配风原则进行优化。把炉排统风仓沿炉排方向分成几段，相互隔开形成独立风室，每个风室各自安装调节风门，按燃烧实际需要调节风门开启大小。风室越多，配风比例调节越精细，燃烧越好，但是操作也越复杂。通常情况下将统风仓分为4～6个风室为宜。

（2）二次风

二次风是指在燃烧层上方喷入炉膛的高速气流，不在于补给空气，主要在于强化炉膛内气流扰动，降低不完全燃烧热损失和炉膛内的过量空气系数。在炉膛后部装置二次风，可以引射高温烟气至炉室前端，对煤层的引燃有良好的作用；在炉膛前后分别装置二次风，两股二次风射流对吹组成炉内烟气的漩涡流动，一方面可以延长碳粒在炉内停留和燃烧的时间，另一方面由于气流的漩涡分离作用，可使部分飞灰分离出来回到炉排上复燃，可见，二次风可以显著提高锅炉效率，还能起到消烟除尘的效果。

二次风作为工质，可以用空气，也可以用蒸汽或烟气。二次风的风量一般根据一次风风量适当调节，一般控制在总风量的8%～15%之间，风速一般要达到50～80m/s，相应风压为2000～4000Pa，可使锅炉效率提高4%～10%。

2. 工业锅炉炉拱改造

炉拱的结构和尺寸与煤种的选择密切相关，链条炉的炉拱直接按照煤种配置，而炉拱的确定直接影响锅炉热效率的高低，甚至会影响锅炉出力大小。

通常对于燃用烟煤和褐煤的链条炉，因煤本身挥发分比较高，着火容易，重点在如何加强炉内气体扰动，减少不完全燃烧热损失，因此通常选用短而高的前拱，后拱的设置也无需太长，与前拱组成的喉口可加设二次风，以增加气流扰动。而对于燃用无烟煤、贫煤和热值较低的劣质煤的链条炉，因煤本身挥发分低，不易着火，则应采用高前拱与长而低的后拱结合，保证着火正常。

根据燃烧煤种的不同对炉拱的结构进行改造，有利于改善燃烧状况，提高燃烧效率，减少煤炭消耗，提高锅炉出力。

（二）有效控制和管理，优化设备运行

链条炉在运行中的调节，主要是指风量和给煤量的调节，使之合理分配，保证燃烧工况的正常与稳定。

1. 风量调节

风量合适时，火床颜色应呈麦黄色且均匀，燃料层平整无喷火和灰暗等地方为宜。风量过大颜色发白，风量过小颜色发暗黄。锅炉负荷较高时，炉排上煤量大，同时所需空气量也大，这时火焰较白色；锅炉负荷较低时，煤量和空气量都小，这时火焰较暗黄色。所以通过锅炉所带负荷大小，观看火焰颜色，可以较清楚地分析风量大小。防止空气量较大带来的烟气热损失和空气量不足时造成的不完全燃烧热损失。

2. 着火点与燃尽点调节

链条炉尤其要关注着火点。着火点过远容易断火，着火点过近容易烧坏煤闸板，在正常运行工况下，煤在进煤闸板后0.2～0.3m应着火燃烧。同样，燃尽点的位置也能反映出锅炉负荷的情况，负荷较高时，火床拉得比较长，负荷较低时，火床比较短。如果负荷较高而火床较短，应加快炉排转速；如果负荷较低时火床拉得较长，则应在保证风压的前提下逐步降低炉排转速。一般情况下，在除渣板前0.3～0.5m处炉排上的煤应基本燃尽。适当调整各个风仓进风量和炉排转速，控制好着火点和燃尽点，可有效防止设备损坏和燃烧不尽带来的热损失。

3. 偏火调节

若发现火床一边旺一边不旺，则发生偏火燃烧。最常见的原因是炉排落煤量不均匀，造成一侧煤层厚一侧煤层薄。这时可通过调整风仓风门进行调节，保证炉排上的煤能够全部燃尽，防止燃烧不尽带来的热损失。

4. 严控燃煤质量对锅炉运行的影响

（1）煤的水分变化造成的影响

煤过湿，落煤过程容易造成堵塞，如未及时处理，将造成断煤、断火的发生。断火会

影响锅炉出力，影响生产。煤过湿还会影响煤的发热量，造成用煤量增加，增加能耗。由于水分蒸发时要吸收热量，同时还会造成炉膛温度下降，水冷壁吸热减少，影响锅水循环。

煤过干，火床易出现火口，破坏正常燃烧，同时细小的煤颗粒易被烟气带走，造成飞灰可燃物含量增加，热损失加大。所以煤过干时可适量掺水改善燃烧。

（2）煤的颗粒度造成的影响

煤过细，通风不畅，造成鼓风机电耗加大，一般这时应降低煤层厚度，加快炉排转速，同时使煤保持一定水分，水分蒸发后增大煤颗粒间隙，有利于通风。

煤过粗，大块煤不易燃尽，易出现跑火现象，应降低炉排转速，尽量将煤燃尽，同时燃烧大块煤时应保证水分低些。

（3）煤的灰分造成的影响

燃烧灰分大的煤，需煤量上升，增加煤耗，对锅炉负荷也会产生一定影响。灰分大，飞灰就多，烟道易造成堵塞，增大引风机电耗。

（4）煤的挥发分造成的影响

挥发分越多的煤越好燃烧，锅炉负荷也好保证。挥发分低的煤着火困难，需对锅炉结构进行适当调整，防止不完全燃烧造成的热损失。

（5）煤的结焦性造成的影响

煤的结焦对链条炉影响较大。焦油渣是化工厂的固体废弃物，将其掺入煤中会使煤的挥发分升高，但其在燃烧过程中结焦现象严重。目前市面上存在用焦油渣掺入煤中销售以次充好的现象，造成用户锅炉炉膛大面积结焦，处理难度很大，所以企业在采购煤炭时不能只关注挥发分和热值的高低，应全面分析煤质，以防上当受骗。

（三）设备升级改造，力争节煤减排，实现技术节能

具体内容详见本章第六节中介绍的7种常见的工业锅炉节能降耗技术。

本章编审人员

主　　编：付志坚

编写人：付志坚　刘青林　王一帆　张森　张群雄　张天宇　陈宏仁

主　　审：房贵如

第六章
初始能源评审

第一节　初始能源评审的作用和总体流程

一、初始能源评审在能源管理体系中的地位和作用

（一）初始能源评审在能源管理体系中的地位

在初次建立能源管理体系时，企业实施的能源评审称为初始能源评审。按照管理体系共同的PDCA运行模式，初始能源评审作为P阶段的能源管理策划，是能源管理体系建设和有效运行的重要环节，是能源策划阶段的核心工作。初次能源评审的结果成为能源管理体系进一步策划的基础，在此之上，依据能源方针规定的宗旨和方向建立能源基准，识别绩效参数，构建能源目标和能源指标系统，制定切实可行的管理方案，并构架起整个体系运行过程和控制方式。总之，初始能源评审是建立能源管理体系的重要步骤，是体系策划与设计的基础工作。因此，初次建立能源管理体系的企业必须进行初始能源评审。

在能源管理体系运行后，应在适当的时间间隔或在企业的能源结构或系统、工艺、设备设施、产品等发生显著变化时，再次进行能源评审，其评审可结合内部审核进行，其内容上应包括对用能过程的分析。初始能源评审相比体系建立后进行的能源评审，具体工作量和内容要繁复许多，初始能源评审在能源策划中的地位图示见图6-1。

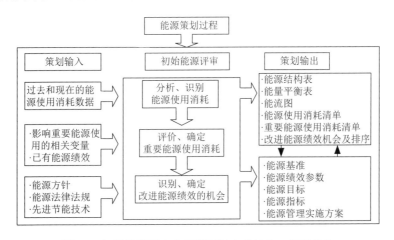

图6-1　初始能源评审在能源策划中的核心、基础地位

（二）初始能源评审在能源管理体系中的作用

通过初始能源评审可以调查清楚企业的能源使用和能源利用状况，全面了解企业"用了哪些能源""用了多少能源""能源怎么用的""重点用能区域及工序/设备是哪些""用的合理吗""用能情况可以改善吗""节能潜力在哪里"等。简单可概括为"分析现状、识别重点、寻找改进"。

1. 分析现状

通过能源评审，收集必要的能源数据和信息，进行分析评价，把握目前企业的能源管理情况，摸清能源利用和能源消耗的现状。

2. 识别重点

通过能源评审，调查确定企业能源管理体系的控制对象（能源使用）和重点控制对象（主要能源使用）。控制对象准确，才能实施有效控制。并对识别的"主要能源使用"进行分析，确定"主要能源使用"的影响因素，进而确定与"主要能源使用"有关的"相关变量"，为准确建立能源基准、能源绩效参数及其设定值等提供依据，实现能源的量化管理。

3. 寻找改进

通过能源评审，可以准确识别改进能源绩效的机会，从而制定出符合实际且技术上可行的能源目标指标和管理方案，并据此确定主要能源使用的运行准则，为持续改进能源管理体系的绩效和能源绩效提供具体手段和措施。

（三）能源评审属于技术性基础工作

首先，能源评审过程中，必须分析、识别能源使用，为此必须熟悉和掌握企业的工艺流程，了解主要耗能工序、重点用能设备及关键用能岗位，并结合企业特点应用能量平衡、能源审计、能源计量与统计等方法，识别能源使用，作为体系的控制对象，这些工作均具有较强的技术性。

其次，在评价确定主要能源使用时，需要进一步熟悉影响主要耗能工序和设备能耗能效的相关变量，需要结合现场实际，运用能源监测、设备热效率及节能量计算等方法及相关数据，掌握对主要能源使用的"判定准则"准确进行判定，为此需要更为深厚的能源管理和专业技术知识。

最后，在识别确定改进能源绩效机会时，要熟悉能源法律法规、标准及国内外先进节能技术，才能根据企业情况（包括经济、技术、管理等因素）准确识别确定并合理排序，从而为能源管理体系的能源策划工作打下良好基础，为建立能源基准，确定绩效参数，合理制订能源目标、指标和管理实施方案提供依据，为此也需要更为广博的专业技术知识。

二、初始能源评审的总体流程

初始能源评审的步骤和流程一般应包括：确定评审范围，组成评审组，现场评审（巡视、检查、收集资料），填写记录，完成数据分析与统计，编制初始能源评审报告等。

（一）初始能源评审的工作流程和主要工作内容

1. 初始能源评审的工作流程（图6-2）

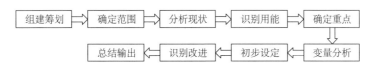

图6-2 初始能源评审的工作流程

2. 初始能源评审的主要工作内容

1）组建筹划：组建评审组，编制初始能源评审计划。

2）确定范围：确定企业能源管理体系的边界，明确能源评审的范围和层次。

3）分析现状：收集信息，编制能源统计数据图报表，分析企业用能状况和能源管理现状。

4）识别用能：识别"能源使用"，编制"能源使用清单"。

5）确定重点：评价和确定"主要能源使用"，编制"主要能源使用清单"。

6）变量分析：分析确定影响"主要能源使用"的相关变量。

7）初步设定：为建立能源基准、能源标杆、确定能源绩效参数提供数据；为确定能源目标、指标和管理实施方案打下基础。

8）识别改进：分析提出改进能源绩效机会，并进行排序，形成"能源绩效改进机会排序表"。

9）总结输出：如编制"初始能源评审报告"。

（二）初始能源评审的报告格式及编制要求

初始能源评审工作完成后，应总结梳理评审结果，形成输出。企业可以根据具体情况决定是否编制初始能源评审报告。但因为初始能源评审的输出作为进一步策划能源管理、设计构建体系、实现经济运行和持续改进的重要基础资料，故建议企业将其形成正式报告。报告的内容应完整、简洁、清晰。通过对各种信息全面的整理、分析和归纳，应能涵盖初始能源评审的主要过程和主要内容，并提出对能源管理即对体系建设进一步策划的建议和改进机会及改进措施的具体建议。报告的主要内容如下。

1）组织概况及评审目标、范围。

2）评审的依据、程序或方法。

3）参与评审的人员和分工。

4）企业的基本情况（组织机构、生产规模、主要产品、能源结构和能源种类、总产值和工业增加值、员工数量、产品单耗或万元产值能耗、主要耗能设备、主要耗能工艺、主要用能场所和部门、能源利用效率等）。

5）适用的法律法规和技术标准的识别结果。

6）能源管理和利用的状况（能源主管机构、能源管理职责，能源的设计、采购、加工转换、输送分配、终端利用、余压余热回收利用等各过程的能源管理现状，能源计量器具的配备情况，能源数据的统计和分析结果，能源利用效率等）。

7）主要能源使用及其影响因素（变量）清单。

8）能源绩效改进的机会和排序表。

9）评审结论。

三、确定能源管理体系及初始能源评审的范围边界

（一）确定能源管理体系及初始能源评审范围及边界的必要性

能源管理体系的范围应覆盖企业的所有产品、过程和服务，涉及企业的管理权限、现场区域、地理边界等要素。能源管理体系边界与能源管理体系的运作模式密切相关，能源是流动的、随时变化的，能源不界定的边界，就无法进行能源的数据统计，也无法有效实施能源数据分析，更谈不上有效控制。因此，确定体系范围和边界就是一个首先要解决的问题。

初始能源评审的范围应覆盖能源管理体系的全部范围和边界，在实施评审前首先要明确体系范围和边界才能有效实施能源评审。如果企业的能源管理体系范围不能确定，或者能源边界发生变化，其能源评审结果就会不同，特别要避免因为用能过程不准确全面而导致某些能耗能效数据失准的状况发生。因此，只有能源评审的范围和边界确定且准确无误，实施能源评审才有实际意义。

（二）能源管理体系范围和边界的内容及描述

1. 企业的管理权限范围和边界

主要是指企业的法律许可的范围，包括企业的管理职责和权限，应覆盖企业各职能部门、分公司、现场（车间、工段、班组、员工）等。

2. 企业的用能和能耗核算现场区域范围和物理边界

应覆盖企业用能活动的所有现场（固定、临时、流动）及其物理边界。

3. 能源管理责任范围和边界

当存在将能源服务或用能过程外包时，应规定能源管理的责任边界。示例如下。

1）能源的供应及储存等能源服务的外包。

2）节能技改项目的设计、施工、运行等能源服务外包。

3）涂装、热处理等用能生产过程外包；大型用能设备维护作业外包。

4. 能源管理体系范围和边界的描述

能源管理体系范围应说明体系的主要过程或产品，以及企业的现场地址。能源边界主要是界定能源统计核算边界，应准确描述企业的地址和主要的能耗过程。

某机械工厂的能源管理体系范围和边界的描述示例如下。

范围：×××、×××产品的设计、生产和服务过程中涉及的能源设计、采购、储存、加工转换、输送分配、终端使用、余热余能回收利用等过程的管理及节能技术的应用，地

址是××省××市××路××号。

边界：××省××市××路××号，×××、×××产品的设计、生产和服务过程，涵盖下料、冲孔、卷包耳、轧制、热处理、喷丸、装配、喷漆和辅助工序、后勤服务。

第二节 用能状况分析和能源管理现状评价

一、分析和评价的依据及方法

（一）分析和评价的依据

1. 能源管理适用的相关法律法规标准及适用节能技术

首先，应收集适用的能源法律、法规规章政策及标准，并通过对法规和标准的学习掌握必要的能源管理基础知识和基础工具。与能源管理体系相关的法规和标准数量比较多，应结合企业具体情况去收集和学习，主要的标准有：GB/T 2589、GB/T 25496、GB/T 15316、GB/T 17176等。此外还应通过学习及相关培训，了解节能原理及适用的先进节能技术。相关内容详见本书第四章和第五章。

2. 收集能源管理数据及资料

（1）近年来企业的能源基本数据和能源管理资料

1）《重点用能单位能源利用状况报告》；

2）《能源审计报告》；

3）《企业能源消费结构表》（能源种类、数量、比例）；

4）《各类能源使用消耗统计报表》（各地方政府统计部门要求的数据）；

5）《能源成本分析报告》；

6）《企业能量平衡报告》（如：电平衡报告、水平衡报告）；

7）《企业重点用能设备的节能监测报告或热效率计算报告》；

8）《固定资产投资节能评估报告书》；

9）《节能项目或技术改造项目报告》。

（2）其他与能源管理有关的信息与数据

1）企业概况：组织机构设置、近三年的主要产品、产量和产值（工业增加值）。

2）主要产品的生产工艺流程图、生产现场主要能耗设备的布局图。

3）企业能源管理数据和报表，包括：能源种类和结构表，各种能源采购、储存数量表，年度/月度能源统计报表，能源消耗台账，能源成本分析表等。

4）能源计量器具配备情况，计量器具台账，维护、校准计量记录。

5）重点用能设备台账、维护记录及运行记录，辅助生产系统能源生产及消耗原始记录（如新水、冷却水、压缩空气、蒸汽等）。

6）各项能源管理制度，能耗定额和考核结果，内控的能耗指标及执行情况。

7）节能培训及重点用能工序人员培训情况，重点用能岗位持证上岗情况。

8）现有的能源管理制度和能源控制程序或作业文件。

(二) 分析能源的使用和消耗现状

运用能源基础管理工具和能源统计数据进行综合分析，按照"分清管理职能、理清能源流向、运用数据统计、分析能源结构、找出能耗重点"的原则进行。

1. 可以运用的分析方法

包括：文件审查、统计数据汇总、能源审计、能源需求分析、精益能量分析、能量平衡、物料平衡、标杆对比、专家诊断、统计模型分析等，分析评价时可以综合利用上述方法的结果。

2. 可以利用的分析数据种类

包括：能源统计历史数据、能源计量数据、节能监测数据、节能量计算结果数据和设备测试及热效率计算的结果数据等。

3. 分析结果的类型

能源使用和能源消耗的分析结果的类型应包括：①对过去、现在的能源种类和来源的分析；②对能源使用的数量、种类、成本的分析；③能源使用的主要设备、设施和过程分析；④评价整体和各用能环节的能源消耗水平，对目前的能源利用状况的分析结果；⑤企业的单位产品综合能耗、单位产值综合能耗、用能设备设施的效率等绩效的初步测算水平。

企业可根据自己的情况确定分析结果的表达形式，以可以充分清晰地表达分析的结果为准。

二、分析和评价的结果及其示例

能耗及能源数据统计应依据GB/T2589《综合能耗计算通则》等标准进行，哪些能源种类进行统计，如何统计计算必须按照标准来进行，如耗能工质按照标准应该计入综合能耗。进行能源统计和分析过程中，也应充分利用数据分析的手段进行分析，获得必要的直观信息。也可以利用饼分图、直方图、百分比统计、巴列特图、回归分析等统计技术进行分析。

(一) 能源基础管理图表

1. 年度能源使用和成本分析表（表6-1）

表 6-1 _____ 年度能源使用和成本统计一览表

能源种类	单位	消耗量	折标煤量	能耗占比	成本	成本占比
电力	万千瓦时					
天然气	万立方米					
汽油	吨					
柴油	吨					
原煤	吨					

续表

能源种类	单位	消耗量	折标煤量	能耗占比	成本	成本占比
其他	吨					
总能耗	吨					

2. 各部门（或某种）能源用量和能源成本分析表（表6-2）

表6-2　_____年度企业（某种）能源统计表

部门名称	折标煤量	能耗占比	能源成本	成本占比
部门（一）				
部门（二）				
部门（三）				
其他部门				
合计				

3. 近三年企业能源消耗变化一览表（表6-3）

表6-3　近三年企业能源消耗变化一览表

能源种类	能耗（折标煤量）		
	2013 年	2014 年	2015 年
电力			
天然气			
汽油			
柴油			
原煤			
其他			
总能耗（折合标煤）			

4. 主要用能场所、部门和耗能工序一览表（表6-4）

表6-4　主要用能场所、部门和耗能工序一览表

系统	场所、部门	耗能工序
主要生产系统	部门（一）	
	部门（二）	
	部门（三）	
辅助生产系统	部门（一）	
	部门（二）	
附属系统	部门（一）	
	部门（二）	

5. 主要用能设备、设施一览表（表6-5）

表6-5　主要用能设备、设施一览表

部门	设备、设施	功率或容量	用能种类	台数	是否配备计量器具
部门（一）					

续表

部门	设备、设施	功率或容量	用能种类	台数	是否配备计量器具
部门（二）					

注：主要用能设备设施的评定标准按照 GB 17167 的规定。

6. 能源计量器具一览表（表6-6）

表6-6　能源计量器具一览表

序号	计量器具名称	型号规格	准确度等级	测量范围	出厂编号	管理编号	安装使用地点及用途	使用状态（合格/准用/停用）	检定校准周期	上次检定/校准时间	是否与平台实现联网
1											
2											
3											
4											
5											
6											

注：企业应建立用能单位能源计量器具总表和次级用能单位分表。

7. 能源计量器具配备率一览表（表6-7）

企业的能源计量器具应按照GB 17167的规定配备，没有配备的应制定工作计划按照要求配备。

表6-7　能源计量器具配备率一览表

序号	能源计量类别	进出用能单位					进出主要次级用能单位					主要用能设备					综合	
		应装数	安装数	配备率	完好率	准确度等级	应装数	安装数	配备率	完好率	准确度等级	应装数	安装数	配备率	完好率	准确度等级	配备率	完好率
		台	台	%	%		台	台	%	%		台	台	%	%		%	%
1	电力																	
2	煤炭																	
3	蒸汽																	
4	热水																	
5	天然气																	
6	新水																	

8. 落后应淘汰设备清单（表6-8）

表6-8　落后应淘汰设备清单

序号	设备、设施	功率或容量	安装和使用场所	台数	计划更新时间
1					
2					
3					

（二）能源管理与生产情况的数据分析图表

企业能源管理及能耗能效数据统计还应该与企业的生产情况进行对照比较，以分析不同生产条件下的能耗能效数据变化，找出其变化规律和改进空间。

1. 企业产品单位产量综合能耗与单位产品产量一览表（表6-9）

表6-9　企业产品单位产量综合能耗与单位产品产量情况一览表

年份	产品名称	综合能耗/tce	产量（单位）	产品单位产量综合能耗/（tce/单位产量）
2013 年	A 产品			
	B 产品			
2014 年	A 产品			
	B 产品			
2015 年	A 产品			
	B 产品			

注：A 产品和 B 产品为主要产品。

2. 企业单位产值综合能耗变化表（表6-10）

表6-10　企业单位产值综合能耗变化一览表

年份	工业总产值/万元	工业增加值/万元	综合能耗/tec	单位产值综合能耗/（tce/万元）	单位工业增加值综合能耗/（tce/万元）
2013 年					
2014 年					
2015 年					

3. 企业余压余热回收利用情况表（表6-11）

表6-11　企业余压余热回收利用情况表

序号	产生余压余热的设备设施和过程	余压余热种类	主要参数	是否回收利用	回收利用量	利用率
1						
2						
3						

（三）某企业的能源消耗分析图表示例

1. 某企业的能源消耗及成本统计分析表（表6-12）

表6-12　某企业的能源消耗及成本统计分析表

能源种类	单位	消耗量合计	折标煤量	能耗占比	成本/千元	成本占比
电力	万千瓦时	4122.78	5066.90	38.056%	30714.55	57.988%
热力	百万千焦	32705.16	1115.90	8.381%	1668.85	3.15%
天然气	万立方米	449.3997	5977.02	43.489%	15112.49	28.531%
汽油	吨	0.11	0.16	0.002%	0.88	0.001%
柴油	吨	788.233	1148.53	8.626%	5462.67	10.313%

综合能耗：13314.66吨标煤；能源成本：52967.04千元

2. 某企业综合能耗及能源成本统计分析图（图6-3～图6-6）

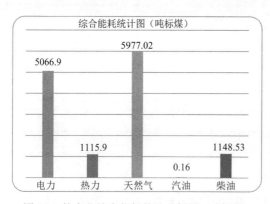

图6-3　某企业综合能耗统计分析图（吨标煤）

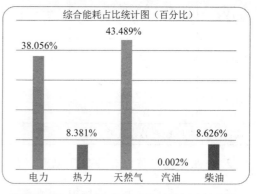

图6-4　某企业综合能耗占比统计图（百分比）

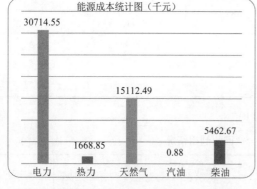

图6-5　某企业能源成本统计分析图（千元）

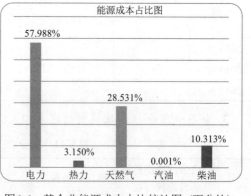

图6-6　某企业能源成本占比统计图（百分比）

第三节 识别"能源使用"及确定"主要能源使用"

一、基本概念

(一)"能源使用""主要能源使用"的作用

"能源使用"是指能源的使用方式和种类,它说明"怎么用能、用的什么能"。"主要能源使用"是能源使用中的一部分,指的是能源消耗中占有较大比例或在能源绩效改进方面有较大潜力的能源使用,是针对那些"用得多、可改善"的能源使用。

"主要能源使用"是建立在全面准确识别和评价主要能源使用及其区域的基础之上,是能源管理体系的控制主线,是企业通过能源管理体系用以改善能源绩效的重点控制对象。通过识别主要能源使用并分析确定其影响因素,从而有效地识别改进机会,取得能源管理绩效提升的效果。

(二)用能过程的构成分析

能源使用表现在用能过程中,识别确定能源使用必然要分析全部用能过程。一个企业的用能过程是由互相联系的不同层次构成的。根据机械制造业离散非连续作业的用能特点,其用能过程的分析应按如下层次构成。

1. 用能区域(厂区)

即用能场所的不同地理位置。

2. 能源流转环节及用能系统

1)"六大能源流转环节"(能源设计、购入存储、加工转换、分配输送、终端使用、余能利用)。

2)"三大用能系统"(主要生产系统、辅助生产系统、附属系统)。

3. 能源供给部门和能源需求部门

1)能源供给部门主要是动力、配电、空压站等。

2)能源需求部门是生产车间和管理部门等(一般指独立核算并考核能源消耗的部门级单位)。

4. 基本用能单元

是用能过程的最小单位,所有用能过程都可划分为"基本用能单元"进行分析。

(三)基本用能单元

1. 基本用能单元的概念

为了全面进行能源使用的识别,必须逐层分析用能过程最终落实到过程中的最小用能单元,从而引入"基本用能单元"的概念。即按照"用能区域→环节/系统→车间/部门→用能业务过程→基本用能单元"逐层分析和确定。"基本用能单元"可认为是:一组人使用固定的设备完成最小连续作业的单元,当其能源消耗可单独控制时,即构成基本用能单元。如机械行业的生产工序（工艺工序）、检验工序、辅助工序等生产业务活动均可作为划分或构成基本用能单元的基础。

2. 应用基本用能单元进行能源使用分析

由于机械制造生产过程具有离散非连续制造的用能特点，通过基本用能单元来识别能源使用是一个有效和合理的方法。

（1）基本用能单元的构成要素

机械工厂的基本用能单元一般由"工序/设备/人员"三个要素构成。

（2）按照基本用能单元实施分析

首先确定某一场所有哪些用能过程，进而划分出基本用能单元；其次是按照基本用能单元逐一分析其能源使用，评价是否属于主要能源使用，并确定影响主要能源使用高低大小的因素；最后按照分析的结果寻找改进能源绩效机会等。

二、识别和分析"能源使用"

（一）识别和分析的总体步骤

1. 根据用能过程确定基本用能单元

首先，按照"区域→系统（环节）→部门（车间）→过程→工序/设备/人员"进行用能单元划分，确定有哪些基本用能单元（工序/设备/人员）。

2. 应用"工序能源输入/输出法"识别并确定"能源使用"

按照确定的基本用能单元，运用"工序能源输入/输出法"分析和识别出基本用能单元中包含的"所有"能源使用的方式和种类，识别和确定能源使用。

（二）识别和分析"能源使用"的方法和过程

1. 能源使用识别方法——"工序能源输入/输出法"

"工序能源输入/输出法"依据的是"能量守恒与转换定律"的原理，是指在一个封闭（孤立）系统的总能量保持不变。能量既不会凭空产生，也不会凭空消失，它只会从一种形式转化为另一种形式，或者从一个物体转移到其他物体，而能量的总量保持不变。公式表达如下。

$$输入体系全部能量=输出体系全部能量=有效能量+损失能量$$

运用"工序能源输入/输出法"按照工序对每个基本用能单元的能量输入和输出过程进行分析，识别"正常的能源消耗"和"其他能源消耗（各种异常能源损耗等）"，从而识别出能源使用。分析的思路见图6-7。

2. 识别能源使用的关注点

评审工作组人员提前通知各用能单位做好准备，通过收集一切有用信息，合理划分用能过程，确定出基本用能单元。再结合基本用能单元对其能源使用和能源消耗进行分析，特别是注意分析那些"其他能源消耗"，从而全面分析出基本用能单元的能源使用。分析时应关注用能设备的能源绩效水平和生产工艺参数，用能设备的效率、能耗数据，并做好记录。

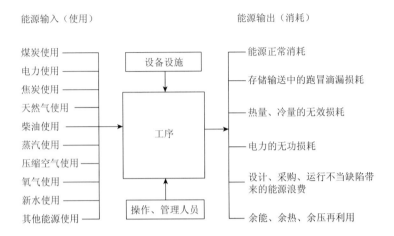

图6-7 "工序能源输入/输出法"分析思路图

3.分析能源使用，初步确定主要能源使用

为了有效地识别和分析能源使用，应识别出所有能源使用，必要时可以借鉴"能源审计"（参见本书第四章第五节）中的8个层面进行分析，从使用的能源本身对能源使用的影响，采用的工艺技术对能源使用的影响，耗能设备效率对能源使用的影响，生产管理对能源使用的影响，过程控制对能源使用的影响，员工能力对能源使用的影响，产品结构本身对能源使用的影响，是否有废弃能可否利用等进行分析。

识别出"能源使用"后，可以应用"是非判断法"初步判断是否属于"主要能源使用"，结果可保留在"能源使用识别表通用格式"（见表6-13）中，判定准则如下。

1）准则A：不符合相关法律法规及标准要求的。

2）准则B：应用20/80原则在能源消耗中占有较大比例的。

3）准则C：与国内外同行业标杆对比能源消耗有较大差距的。

4）准则D：技术可行，对节能绩效改进有较大潜力的。

5）准则E：经济合理，措施简单易行，少无投资即可得到回报的。

4.合理划分"用能边界"和"三大用能系统"

（1）合理划分"用能边界"

在具体的识别过程中往往会遇到"管理职责和能源识别边界不清晰"的问题。如果出现了，就会有识别的重复或者遗漏，如：办公用电、热力管道、路灯和公共照明的识别边界等。因此，应按照已经确定的能源边界进行识别，不能确定边界的可以按照各部门的职责边界进行识别，按照"谁的孩子谁抱走""综合管理一把手"的原则进行划分，也就是"工作谁负责，能耗谁负责，公共部分给综合"。

（2）"三大用能系统"的边界合理划分

生产设备直接划入"主要生产系统用能"，其他与之直接配套的辅助设施用能，也同

时划入"主要生产系统用能",如:

1)工业炉窑（冲天炉、感应电炉、电弧炉、热处理炉等）配置的"排风除尘系统";

2)电镀、涂装线等配置的"污水处理"及"排风净化"系统;

3)加工中心、数控机床配置的专用空压机供气系统;

4)齿轮加工机床、电焊机配置的"排风除雾、除烟"系统。

为全厂各部门提供动力、物流、管理、生活、环境改善服务的设施用能，划分为"辅助生产系统用能"或"附属生产系统用能"。

5. 确定基本用能单元的要求

（1）以"工序"（最小可控单元）确定基本用能单元

确定基本用能单元要逐层分解到最小可控单元，机械行业主要生产系统最小可控单元一般按照其"工序"划分即可；辅助、附属生产系统也可参照"工序"概念按照一定原则进行归类，确定基本用能单元。如：燃煤锅炉运行、天然气锅炉运行、变压器运行、空压机运行、中央空调运行、蒸汽管网输送、厂房通风除尘除湿（增湿）系统运行、计算机操作、复印机操作、起重机械操作、叉车驾驶、汽车公路运输等作为基本用能单元。

（2）"短流程工艺"和"长流程工艺"的基本用能单元划分

1）短流程工艺。对于焊接、热处理、机械加工、装配等短流程成形加工工艺（即"短流程工艺"），其基本用能单元可直接按不同的工艺确定。如焊接（划分为气焊、焊条电弧焊、CO_2 保护焊、氩弧焊、激光焊、电阻焊、硬钎焊、软钎焊等）、热处理（划分为淬火、退火、正火、调质、感应淬火、盐浴淬火、渗碳淬火、渗氮等）、机械加工（划分为车削、磨削、滚齿等）、装配（划分为套装、组装、部装、总装、机电联调、试验检验等）。

2）长流程工艺。对于铸造、锻造等长流程成形加工工艺（即"长流程工艺"），其基本用能单元应先将不同工艺方法作为大的工序，再把大工序划分成基本用能单元。如铸造过程先按不同工艺方法划分为湿型砂型铸造、树脂自硬砂型铸造、熔模铸造、压力铸造等，然后进一步划分为金属熔炼、造型制芯、落砂清理等基本用能单元。锻造过程先划分为大型自由锻、中小型模锻、辊锻、楔横轧等，之后再分别进一步划分为锻坯加热、锻打成形、锻后处理等基本用能单元。

（三）"能源使用"的描述

"能源使用"的描述应规范、准确、精炼，按照每个基本用能单元进行描述。通常情况下的描述方法是"名词（能源种类）+动词（消耗、损耗、损失、辐射、额外能耗、浪费、利用等）"，如：电能消耗、无功损耗、热力损失、余压利用等。

（四）具体工作过程及识别结果（"能源使用识别表"）示例

1. 具体工作过程

按照以上要求，首先了解企业的生产情况和生产工艺，根据企业管理组织结构的层次识别主要用能区域和场所，再进行现场调研，合理划分和确定"基本用能单元"，按照"基本用能单元"进行"能源使用"的识别。识别的结果应保留，具体内容见"能源使用识别表通用格式"（表6-13）。

表6-13 能源使用识别表通用格式

部门：

序号	工序/设备设施/人员				序号	能源使用	是否主要	依据是非判断法判定				
	工序	设备设施						A	B	C	D	E
		名称	容量或功率	台数								
1					1							
					2							
					3							
					4							
					5							
					6							
2					1							
					2							
					3							
					4							
					5							
					6							

注：对于车间附属生产系统，如车间照明系统、车间采暖系统、车间供冷系统、洗浴、办公用电等可以集中一起描述，并将车间照明系统、车间采暖系统、车间供冷系统判断为主要能源使用。

2."能源使用识别表"具体示例

（1）"冷风冲天炉熔炼工序"的能源使用识别（表6-14）

表6-14 "冷风冲天炉熔炼工序"的能源使用识别表

序号	工序/设备设施/人员				序号	能源使用	是否主要	依据是非判断法判定				
	工序	设备设施						A	B	C	D	E
		名称	容量或功率	台数								
1	冷风冲天炉熔炼	冲天炉及辅助设施	10t/h	2	1	焦炭消耗	是		√	√	√	
					2	鼓风及电力消耗	是				√	
					3	冷却新水消耗	否					
					4	排风除尘系统电力消耗	否					
					5	排风除尘系统压缩空气消耗	否					
					6	炉气热损失	是		√		√	
					7	炉料不洁净造成的热损失	否					

（2）"侧围焊接工序"的能源使用识别（表6-15）

表6-15　"侧围焊接工序"的能源使用识别表

序号	工序/设备设施/人员				序号	能源使用	是否主要	依据是非判断法判定				
	工序	设备设施						A	B	C	D	E
		名称	容量或功率	台数								
1	侧围焊接	悬挂点焊机	200kV·A	27	1	电力消耗	是		√		√	
			8L/min		2	新水消耗	否					
			0.6m³/h		3	压缩空气消耗	否					
		线体控制电柜	1.5kW	13	4	电力消耗	否					
		CO₂保护焊机	7.5kW	1	5	电力消耗	否					
		烤箱	3kW	11	6	电力消耗	否					
		烤灯	1kW	9	7	电力消耗	否					
		人工修磨器	1kW	38	8	电力消耗	否					
		螺柱焊机	38kV·A	5	9	电力消耗	是		√			

（3）"燃煤工业锅炉运行工序"的能源使用识别（表6-16）

表6-16　"燃煤工业锅炉运行工序"的能源使用识别表

序号	工序/设备设施/人员				序号	能源使用	是否主要	依据是非判断法判定				
	工序	设备设施						A	B	C	D	E
		名称	容量或功率	台数								
1	锅炉运行	工业锅炉及其辅机	35t/h（24.5MW）	4	1	煤炭消耗	是		√	√	√	
					2	风机电力消耗	是		√		√	
					3	水泵电力消耗	是		√		√	
					4	除尘脱硫设备电力消耗	是		√		√	
					5	给煤排渣装置电力消耗	否					
					6	各种用电设备的无功损耗	否					
					7	锅炉新水消耗	否					
					8	化验纯水消耗	否					
					9	锅炉炉体热辐射损失	是		√			
					10	排出烟气余热热损失	是		√		√	
					11	炉渣热损失	否					

（4）辅助和附属生产系统的能源使用识别（表6-17）

表6-17 辅助和附属生产系统的能源使用识别表

序号	工序/设备设施/人员				序号	能源使用	是否主要	依据是非判断法判定				
	工序	设备设施						A	B	C	D	E
		名称	容量或功率	台数								
1	压缩空气生产	空压机	160kW	2	1	电力消耗	是		√		√	
			250kW	1	2	排气热损失	是		√		√	
			110kW	1	3	无功电损耗	否					
			55kW	1	4	空载损耗	是					√
2	温度调节	中央空调	475kW	1	1	电力消耗	是		√		√	
					2	蒸汽消耗	否					
					3	无功电力消耗	否					
					4	新水消耗	否					
					5	不及时停机造成电能损耗	是		√			√
					6	设备故障导致漏水	否					
3	循环水输送	循环水泵房	30kW	3	1	电力消耗	是		√		√	
			15kW	4	2	无功电力消耗	否					
					3	新水消耗	否					
4	货品转运	叉车	2t	5	1	柴油消耗	是		√			
			3t	1	2	柴油消耗	是		√			
			6t	1	3	柴油消耗	是		√			
5	照明供电	路灯用电			1	电力消耗	否					
		车间用电			2	照明电力消耗	是				√	√
6	浴室	淋浴设施	2m³	1	1	新水消耗	否					
7	污水处理	污水处理设施	15kW	2	1	电力消耗	是		√		√	
					2	中水未回收利用	否					

三、评价和分析"主要能源使用"

（一）评价"主要能源使用"的方法——"是非判断法"

根据GB/T 23331—2012标准中的"术语和定义"，在能源消耗中占有较大比例（可按20/80原则）或在能源绩效改进方面有较大潜力（即有节能空间）的能源使用就是主要能源使用。可以采用直接的"是非判断法"评价出主要能源使用。判断哪些是比例较大或有改善潜力由企业自行确定，但是评价原则应保持一致。

1. 评价原则

主要能源使用的评价应该符合其定义要求，同时也应满足相关法规要求，为方便识别评价，可先制定一个是或非的"评价准则"，根据"评价准则"进行是非判断而得出主要能源使用。企业可以采用RB/T 119—2015标准中的"评价准则"，具体规定如下。

准则A：不符合相关法律法规及标准要求的。

准则B：应用20/80原则在能源消耗中占有较大比例的。

准则C：与国内外同行业标杆对比能源消耗有较大差距的。

准则D：技术可行，对节能绩效改进有较大潜力的。

准则E：经济合理，措施简单易行，少无投资即可得到回报的。

2. 评价和确定的方法

针对已经完成的能源使用识别结果和初步判定出的主要能源使用，最终应用判断准则确定是否属于主要能源使用。一般情况下主要运用判定准则"A、B、E"，判定准则"C、D"慎用。另外，判定过程中还要关注以下情况。

1）只要存在违反相关法律法规和强制性标准的状况，不论其能耗大小、是否有改善能源绩效的潜力，应一律判定为主要能源使用。如：存在国家明令禁止的用能设备和工艺，直接依准则A判定为主要能源使用。

2）当能源使用的能源消耗量足够大（比例明显大）时，即使当前在改进能源绩效上潜力不大，也应依准则B判定为主要能源使用。

3）只要可以切实改善能源绩效，不论能耗大小，也可依E或C、D判定为主要能源使用。

3. 主要能源使用的描述

主要能源使用的描述与能源使用的描述应该一样，采用"名词（能源种类）+动词（消耗、损耗、损失、辐射、额外能耗、浪费、利用等）"，都是体现能源的使用方式和种类。

（二）分析"主要能源使用"的过程及其影响因素（相关变量）

1. 分析主要能源使用过程

首先是识别对能源使用和能源消耗有重要影响的设备、设施、系统、过程和人员，分析主要能源使用相关的设备、设施、系统、过程的能源绩效状况。识别和分析要运用前期的能源使用和消耗数据，结合对主要能源使用的评价结果，找出对能源使用和消耗发生重要影响的设备、设施、系统、过程和人员，必要时可以通过用能设备监测方法进行能效测试。

2. 分析主要能源使用的影响因素（相关变量）

经过评价准则评价出主要能源使用后，应及时分析每一项主要能源使用的影响因素（相关变量），通过分析，了解和掌握所有与主要能源使用有关的影响因素（包括可控因素和不可控因素），可控因素是关注的重点，应重点进行分析，分析结果要保留。分析主要能源使用的影响因素可通过分析以下环节进行。

1）原材料和能源因素（原材料和能源纯度与净化、能源的损耗与流失等）。

2）技术和工艺因素（技术先进性、工艺路线合理性、生产连续性、生产稳定性等）。

3）设备因素（能源利用效率、自动化程度、匹配度、维护和保养、跑冒滴漏等）。

4）过程控制因素（工艺参数控制不严、没有对工艺参数进行监控、检测和分析仪表能力或精度不足、无过程控制文件、产品合格率低等）。

5）管理因素（人员能力和意识不足、制度不健全、缺乏奖惩奖励机制等）。

6）其他因素（天气、地理位置、产量变化、国家政策变化等）。

3.确定与主要能源使用相关的设施、设备、系统、过程的能源绩效现状

针对确定的主要能源使用，运用数据分析手段，确定其能源绩效状况。

4.评估未来的能源使用和能源消耗

在分析主要能源使用时，还应考虑到企业的未来能源使用和消耗的变化，结合企业的发展规划初步了解能源使用和能源消耗的变化，做到"预先策划分析"。

（三）提出"控制途径及方法"

在完成主要能源使用的影响因素分析结果的基础上，就可以提出改进的"控制途径及方法"。具体就是通过两类不同的控制手段对主要能源使用实施有效管理，提出如何采用"目标指标管理方案"进行技术控制或采用"运行控制"进行管理控制。

另外，也可以进一步评估未来的能源使用和能源消耗，分析今后的变化对能源绩效的影响。如：企业扩大产能，造成对能源需求的变化，以及对能源绩效产生的影响等。

（四）具体工作过程及评价分析结果（"主要能源使用表"）示例

1.具体工作过程

根据能源使用识别的结果，首先对其中主要能源使用进行最终评价及汇总，无能源计量数据时可以通过测算其能源消耗量得到"年能耗总量"，并分析其"影响因素"（相关变量）；再根据其"影响因素"（相关变量）提出控制途径及方法，一般提出"目标指标管理方案"和"运行控制"两类不同的控制方法；所有结果均填入表格，保留评价和分析的证据。即采用"对照判断，纵向追溯，横向比对，提出改善"的方式逐一对每一项主要能源使用进行评价。具体内容见"主要能源使用表"通用格式（表6-18）。

表 6-18 "主要能源使用表"通用格式

序号	主要能源使用的过程 / 设备设施				主要能源使用	年能耗总量 /tce	影响因素	控制途径及方法（改进能源绩效机会）	
	过程	设备	容量 / 功率	台数				目标指标管理方案	运行控制
1									
2									
3									
4									
5									
6									

序号	主要能源使用的过程 / 设备设施				主要能源使用	年能耗总量 /tce	影响因素	控制途径及方法（改进能源绩效机会）	
	过程	设备	容量 / 功率	台数				目标指标管理方案	运行控制
7									
8									

注：主要用能部门和场所应该分别填写，其他职能科室不填写，公司级应有主要能源使用汇总表；年能耗总量在没有计量数据时，可以进行估算。

2."主要能源使用表"具体实例

（1）生产车间"主要能源使用表"示例（以涂装车间为例，见表6-19）

表 6-19　某公司涂装车间主要能源使用表

序号	主要能源使用过程 / 设备设施				主要能源使用	年能耗总量 /tce	影响因素	控制途径及方法（改进能源绩效机会）	
	过程	设备	容量 / 功率	台数				目标指标管理方案	运行控制
1		水泵	992kW	49	电力消耗	488	运行压力过高，或者压力虽在要求范围内，但接近上限，造成能源浪费	①保证阀门100%开度，通过变频节能 ②水泵进行变频改造，输出压力往下限靠	按《管理工程图》执行
2	前处理	磷化脱脂加热	500kW	2	蒸汽消耗	1286	如果不按工艺基准设定温度，存在能源浪费		按《管理工程图》执行
3							保温效果不好，会造成能源浪费	修复损坏的保温层	按《设备定检基准书》执行
4							若板式换热器换热效率低，会造成能源浪费		按《设备定检基准书》执行
5							实际供应的蒸汽温度和合同规定温度不符	与动力厂沟通，以蒸汽热值结算，替代以蒸汽吨位计算	按《蒸汽购买合同》执行
6	底漆烘干	燃烧器	130m³/h	1	天然气消耗	484	燃烧器的燃烧效率降低，导致能源浪费	定期测尾气中氧气含量，保证空燃比最优	按《设备定检基准书》执行
7							设定温度不准导致能源浪费		按《管理工程图》执行
8							保温效果不好，造成能源浪费	修复损坏的保温层	按《设备定检基准书》执行
9							换热效率降低，造成能源浪费		按《设备定检基准书》执行

续表

序号	主要能源使用过程/设备设施				主要能源使用	年能耗总量/tce	影响因素	控制途径及方法（改进能源绩效机会）	
	过程	设备	容量/功率	台数				目标指标管理方案	运行控制
10	底漆烘干	燃烧器	130m³/h	1	天然气消耗	484	燃烧器直排废气温度高，造成能源浪费	增加废气回热装置，降低排气温度	
11							开机后，温度达到设定值后，待机时间过长		按《设备开关机时间管理》
12							生产时也一直在排废气，会造成能源浪费		
13	电气传动	Y系列电机	1592kW	63	电力消耗	783	泵和电机效率较低，存在能源浪费	高效节能电机替代	
14	冬季车间采暖	热交换器（暖气）			热水消耗	435	房屋保温不够；频繁开窗开门；采暖温度设置不合理；		按《冬季采暖管理办法》

（2）企业"主要能源使用表（汇总）"示例（表6-20）

表6-20　某企业主要能源使用表（汇总）

序号	主要能源使用的过程/设备设施				主要能源使用	年能耗总量/tce	影响因素	控制途径及方法（改进能源绩效机会）	
	过程	设备	容量功率	台数				目标指标管理方案	运行控制
1	工件（车身）成型	车身成型线主机、辅机气缸、吸盘	554.4kW	1	电力消耗	157.8	成型周期变长、良品率低、空运转时间长	降低成型周期，提高良品率，减少跑空时间	①《作业工程图》②《设备管理基准书》
2	自动焊接	机器人及点焊机	110kV·A	321	电力消耗	896	①作业间隙待机时间②机器人保养润滑③休息时间变压器空载	①焊接参数优化②定期点检并清理变压器灰尘，确保散热良好	《焊接机器人管理基准书》

续表

序号	主要能源使用的过程/设备设施			主要能源使用	年能耗总量/tce	影响因素	控制途径及方法（改进能源绩效机会）	
	过程	设备	容量功率	台数				目标指标管理方案	运行控制
3	人工焊接	焊机	200kV·A	103	电力消耗	329	①休息时间变压器空载 ②异常发热 ③焊接参数 ④焊点数量 ⑤焊接废品率	定期点检并清理变压器灰尘，确保散热良好	①《悬挂点焊机管理基准书》 ②《悬挂式点焊机操作规程》
4	总装装配	气动拧紧工具等	8kW·h/辆	255	压缩空气	140.00	产量、螺栓拧紧成功率、末端压缩空气压力	增设压缩空气流量计，进行监控，计量气动系统正常使用、正常损耗与异常浪费数值，改进线路为并联	①《单轴拧紧机设备管理基准书》 ②《单轴拧紧机设备操作规程》
5		空压站空压机及辅机	2020.75kW	7	电力消耗	1350.46	①运行时间 ②输出压力设定 ③机组压力匹配 ④机组性能下降	①空压机变频调速节能技术 ②增加30m³的空压机与120m³空压机匹配	《空压站开关机管理制度》
6	动力供应	离心机制冷	752kW	2	电力消耗	307.09	①运行时间 ②保温不良导致冷量浪费 ③蒸汽冷凝水排放浪费 ④冷量无监控	①对局部有温度需求工艺工位进行局部温度控制，避免主机开机导致浪费 ②定期进行管网巡查，及时修补破损保温层 ③冷凝水回收 ④冷水管路增加流量计及温度计，集中监控，分析冷量消耗	《制冷站管理制度》
			3t/h	1	新水消耗	421			
7		溴化锂机组制冷	2240kW	2	蒸汽消耗	705	①生产结束时未及时关机导致能耗浪费 ②管路保温层脱落导致能耗浪费	①定期进行管网巡查，及时修补破损保温层 ②采用天然气加热方式供暖，降低能源消耗	《制冷站管理制度》

续表

序号	主要能源使用的过程/设备设施				主要能源使用	年能耗总量/tce	影响因素	控制途径及方法（改进能源绩效机会）	
	过程	设备	容量功率	台数				目标指标管理方案	运行控制
7	动力供应	溴化锂机组制冷	2240kW	2	蒸汽消耗	705	③冬季供暖采用蒸汽加热，蒸汽余热排放浪费较大 ④溴化锂机组采用蒸汽，蒸汽浪费较大	③溴化锂机组改造，使用天然气降低能耗	《制冷站管理制度》
8	冬季采暖	热交换器（暖气）			热水消耗	3135	房屋保温不够；频繁开窗开门；采暖温度设置不合理；		严格执行《冬季采暖管理办法》

第四节　识别改进能源绩效的机会和排序

一、改进能源绩效机会的类型及识别步骤

（一）改进能源绩效机会的两种类型

改进能源绩效的机会分为两大类：技术改造型和经济运行型（或叫管理提升型）。"技术改造型"是指主要采用技术改造措施的形式进行的改进，一般根据企业的财务状况分批实施。"经济运行型"是指主要采用管理手段进行的改进，因为在较少投入的条件下即可实施，因此一般可立即实施。两类改进机会的具体实现方式和实施要点见表6-21。

表 6-21　两类改进能源绩效机会的实现方式和实施要点

序号	类型	实现方式	实施要点
1	技术改造型	建立节能目标指标和管理实施方案，通过技术改造和技术创新实现节能	①通过技术改造采用清洁能源，优化能源结构，提高稳定能源质量 ②优化和改进产品的工艺，降低主要用能过程的能源消耗 ③采用节能降耗的先进生产工艺、材料和装备，降低能耗，提高能效 ④余热余压及耗能工质的梯级利用和循环回收 ⑤不断完善能源计量水平，技术可行时建立全厂能源计量管控系统 ⑥逐步淘汰国家明令淘汰的落后机电设备，购置节能型生产设备
2	经济运行型	改进人员操作和加强管理，实施设备维护，达到合理用能，实现节能，部分内容也可通过建立管理创新型目标指标和方案	①优化并严格执行过程工艺参数，确保用能过程经济运行 ②运用过程方法，优化输入及输出之间的关系，逐步提升能源效率 ③合理调度、均衡生产 ④加强设备的日常维护保养和合理匹配 ⑤人员的节能意识和操作能力培训以及激励机制

（二）识别与确定的步骤

1. 识别改进机会和初步确定可以实施的改进项目

根据"主要能源使用表"，核实所有能源绩效改进的机会，按照"突出重点""分批实施"的原则找出并初步确定可以实施的改进项目。

2. 确定改进项目类别（技术改造型和经济运行型）

3. 确定改进项目的具体要求及实施期限

结合技术可行性和经济合理性，提出改进机会具体要求，明确实施期限及实施计划。

4. 确定实施时间顺序排序

优先实施无费用和少费用的改进项目，其他项目按照实施时间顺序排序。

二、排序原则和"能源绩效改进机会识别及排序表"格式及其示例

（一）排序的原则

根据RB/T 119—2015《能源管理体系机械制造企业认证要求》中的规定，企业能源绩效改进机会排序应满足以下原则：

1）相关法律法规、标准及其他要求；

2）能耗占有较大比例的能源类别和用能设备；

3）与同行业先进水平有明显差距，有较大节能潜力；

4）技术可行，且以确保运行安全、产品质量、实现必要功能和避免环境污染为前提；

5）经济合理方案优先实施。

（二）"能源绩效改进机会识别及排序表"格式及其示例

1. "技术改造型"能源绩效改进机会识别及排序表格式（示例见表6-22）

表6-22　铸铁熔化车间"技术改造型"能源绩效改进机会识别及排序表

序号	部门	设备设施 / 系统 / 过程	主要能源使用	影响因素	改进机会	排序
1	铸铁熔化车间	冲天炉—感应电炉双联熔炼过程	冲天炉焦炭消耗	现采用冶金焦作燃料，质量差，不符合法规要求，铁焦比低于同行业先进水平	淘汰冶金焦，采用铸造焦作燃料，并加强进料检验。在同样铁液质量条件下，铁焦比由6：1提高到7：1	1
			感应电炉电力消耗	现有10t感应电炉两座，电源均为一拖一，中频、工频各一座，10t无芯工频炉熔化速度慢，比中频炉多耗电10%～15%	10t无芯工频炉改用中频炉	2
					两台10t中频炉采用"一拖二"电源	
			生产调度及操作不当带来的能源浪费	冲天炉铁液经浇包倒入20t中频保温炉，铁液倒进倒出温降大	采用"冲天炉和保温炉铁液直联"方式，大幅减少温降	3

续表

序号	部门	设备设施/系统/过程	主要能源使用	影响因素	改进机会	排序
1	铸铁熔化车间	冲天炉—感应电炉双联熔炼过程	感应电炉电源无功损耗	感应电源的专用变压器均没有采取无功补偿和谐波抑制措施，功率因数只有0.73，无功电损耗大	采用"无功补偿兼谐波抑制治理技术"提高感应电源的功率因数	4
			冲天炉炉气余热未利用	现炉型为冷风冲天炉，经测算，炉气热损失高达50%（化学热35%，物理热15%），不仅浪费能源，还污染大气	采用热风冲天炉替代冷风冲天炉，充分利用炉气余热（化学热和物理热）	5

2."经济运行型"能源绩效改进机会识别及排序表格式（示例见表6-23）

表6-23 "经济运行型"能源绩效改进机会识别及排序表

序号	部门	设备设施/系统/过程	主要能源使用	影响因素	改进机会	排序
1	采购部	燃煤采购及检验过程	原煤消耗	采购的燃煤热值低且不稳定，原因是未对供应商严格评价及对煤质严格检验	①优选燃煤供应商并严格合同评审，建立优选燃煤供应商及采购合同评审办法 ②加强进煤质量检验，制订企业燃煤进货检验标准	1
2	动力部门	压风系统	电力消耗	不同用气部门的压缩空气负载率波动大，但未随用户负载合理调配，未实现经济运行	制定《压缩空气合理调配用气管理办法》，根据用户负载变化，合理调配用气，实现经济运行	2
3		蒸汽输送系统	蒸汽管网散热损失	部分管网保温层脱落，使蒸汽管裸露，无保温效果	制订《蒸汽管网巡检维修管理办法》，加强供热系统管理，加大巡检力度	5
4		新水输送系统	供水管网跑冒滴漏	供水管网已运行30年，部分管道、阀门、接头损坏，未及时维修	制订《供水管网巡检维修管理办法》，加强供水系统管理，加大巡视力度，及时维修保养	6
5	能源管理部	照明供电系统	电力消耗	未对各部门照明用电抄表计量考核收费，员工未养成人走灯灭的节电习惯	对照明用电进行按部门抄表计量考核，建立《照明用电节电管理制度》	3
6		浴室	新水消耗	淋浴洒水喷头为手动开头，员工未养成节能节水习惯，能耗水耗浪费严重	建立《浴室节能节水管理制度》，并加强宣传	4

3. 某机械制造企业改进能源绩效机会识别及排序表示例（表6-24）

表6-24　某机械制造企业改进能源绩效机会识别及排序表

序号	部门	设备设施/系统/过程	主要能源使用	影响因素	改进机会	排序
1	冲压车间	冲压废料线	电力消耗	三条冲压线共用一套废料输送系统，当某条冲压线停工时其废料输送带依然开启。另外废料线电机未变频，当少无废料时能源浪费严重	①增加废料输送线分区控制系统，保证废料线工作效率最大化，减少电力消耗 ②电机变频改造	2
2	焊接车间	电焊机	电力消耗	目前电焊机全部为落后或普通电焊机	根据工厂实际情况，逐步淘汰落后或普通电焊机，更换逆变电焊机	4
3	涂装车间	前处理自来水补充及纯水制作过程	新水消耗	冬季原水温度过低，影响纯水膜出水量，浪费能源	温度控制不准确，增设水温自动控制系统	6
4				槽子清洗过于频繁，增加新水消耗	在保证质量的前提下，减少槽子清洗频次	19
5		前处理脱脂磷化加热过程	天然气消耗	目前前处理过程配备天然气锅炉用于加热，天然气消耗量大	烘干燃烧器尾气余热未回收利用，将余热尽可能回收用于前处理加热，减少天然气消耗	9
6		烘干过程	天然气消耗	燃烧器的燃烧效率低，导致能源浪费	定期测尾气中氧气含量，通过分析结果调整空燃比，保证空燃比最优	1
7				目前面漆烘干采用天然气锅炉加热。未建立模型分析温湿度等变量对烘干单车天然气消耗的影响；也未制订烘干单车天然气消耗量基准	建立模型分析单车天然气消耗量，并制订单车天然气消耗量基准值	7
8		涂装线电机系统	电力消耗	为避免运行压力过高，采取调低阀门开度方法，16台75kW冷冻机循环泵阀门开度为43%、6台45kW造渣池循环泵阀门开度为37%。造成电力消耗过大，效率很低	①非变频泵加装变频。优先考虑16台75kW冷冻机循环泵和6台45kW造渣池循环泵增加变频 ②降低变频泵的输出压力，使其在下限值运行	8
9	树脂车间	注塑成型机	电力消耗	每天开机调试机器和更换模具后会产生5～10件废品	在保证质量的前提下提出进一步细致的工艺要求和操作准则，降低废品率	10
10		粉碎机	电力消耗	由于原材料的原因造成废品率处于合格上限	分析原材料的优劣及原材料成本对于废品率的影响，得出最经济实惠的原材料选型结果	11
11	总装车间	淋雨线	循环水消耗	目前淋雨线循环水未进行计量	按GB/T 7119—2006《节水型企业评价导则》规定配备水计量仪表，重点设备和重复利用用水系统的水表计量率≥85%	12

续表

序号	部门	设备设施/系统/过程	主要能源使用	影响因素	改进机会	排序
12	总装车间	汽油加注	汽油消耗	目前生产车型较多，但单车出厂加油量均一样，造成汽油消耗量过大	分析交车最高行驶公里数要求和车辆百公里设计油耗，规定不同车型单车出厂合理加油量	13
13	动力部门	蒸汽输送系统	蒸汽消耗	冬季主蒸汽温度高于250℃时，开启降温系统（总装供暖冷凝水回收，主蒸汽温度高于250℃时自动开启，将水打入蒸汽管道，温度降到180℃关闭降温系统），存在浪费	冬季适当考虑将250℃蒸汽预先进行换热，控制换热后温度达到180℃，实现热能梯级利用	14
14				各用汽末端蒸汽凝结水未回收，存在浪费	回收利用蒸汽凝结水，逐步满足GB/T 12712—1991《蒸汽供热系统凝结水回收及蒸汽疏水阀技术管理要求》	18
15		制冷空调系统	冷冻水消耗	冷水机组冷冻水出水未安装流量计，无法得知冷冻水循环水量；各室外表冷器未安装温度计和冷冻水流量计，不能准确计量车间工位送风实际供冷量；各车间制冷风柜对于冷冻水进出没有温度控制装置，只要冷水机组开机表冷器就满负荷供冷，无法调节	①逐步配备合规的冷量计或冷冻水流量计 ②对各车间制冷风柜逐步考虑安装温度控制系统，保证风柜制冷功率可调节	17
16			冷量消耗	车间内部空调风道为布制软管，夏季开启空调后风阻大，风道末端几乎没有冷风	①通过合理分配风道位置，改善夏季供风效果 ②固定区域改为固定式风道，减小风道内风阻，改善局部夏季供风效果	16
17	动力部门	压风系统	电力消耗	离心式空压机组余热已回收，应用于自身干燥机；螺杆式空压机组余热未回收利用	增加余热回收装置，用于螺杆式空压机的干燥机	15
18	能源管理部	能源计量系统		目前工厂能源计量器具一级、二级配备率满足GB 17167—2006要求，三级配备率尚不满足标准要求：电力71.2%，蒸汽60%，新水6.7%	结合重点耗能设备使用频次，制定《能源计量提升计划》，逐步安装合规的能源计量器具，提高三级计量器具配备率水平	5
19		落后应淘汰设备		存在落后应淘汰Y系列电机200台，落后应淘汰变压器10台	结合落后应淘汰设备使用频次，制定《高耗能落后设备淘汰计划》，逐步淘汰高耗能设备	3

本章编审人员

主　编：王一帆

编写人：王一帆　谭建凯　张森

主　审：熊大田

第七章

能源管理体系的建立与试运行

能源管理体系是一种新型的能源管理模式，实施目的是引导组织改进现行的能源管理方式，全面、系统地整合组织能源管理工作和资源，建立起一套系统、全面并能持续改进的能源管理机制。能源管理体系与其他管理体系一样，运用PDCA的运行管理模式，建立、实施、保持和持续改进组织的能源管理体系。机械工厂能源管理体系的建立，是按照GB/T 23331—2012标准的通用要求和RB/T 119—2015标准对机械制造企业的细化要求，依据并紧密结合本组织的分行业类型、产品、工艺、规模和用能特点，建立具有自身特点的系统化、规范化、文件化和个性化的能源管理体系的过程。本章重点讲解初建EnMS及试运行的基本要求和方法技巧。

第一节　建立能源管理体系的步骤、原则和日程安排

能源管理体系的建立一般分为六大步骤，每个组织的分行业特点不同，产品、工艺、人员、资金、规模等条件也不尽相同，其建立能源管理体系的具体过程也不完全相同。

一、能源管理体系建立的六大步骤

（一）领导决策与准备

最高管理者的决策是实施能源管理体系的关键，GB/T 23331标准要求最高管理者做出遵守法律法规、持续改进以及提供信息和资源的三大承诺。领导的决策与承诺，是体系顺利建立和实施的保证。为此，建议成立由最高管理者任组长的领导小组和管理者代表负责的工作小组，具体领导和组织实施EnMS的建立工作；两个小组要初步界定体系覆盖的范围和边界，制定工作计划，为体系建立提供各种资源并组织认证标准宣贯和内审员培训，为体系建立做好各种准备工作。领导决策与准备的具体内容及要求详见本章第二节。

（二）初始能源评审

做好上述各种准备工作后，进入第二步骤——初始能源评审。初始能源评审是能源策划的基础和核心工作，全面、深入的初始能源评审可以帮助组织更好地了解自身的能源管

理现状，从而建立更紧密结合组织实际的能源管理体系。初始能源评审的主要目的和工作是：评审组织用能及管理现状，识别评价主要能源使用，分析查找差距，识别改进能源绩效的机会。有关初始能源评审工作的内容和结果详见本书第六章。

（三）体系策划与设计

在完成初始能源评审工作的基础上，进入第三阶段——体系策划与设计。工作内容主要有：最终确定能源管理体系范围和边界，制定能源方针，建立能源基准，设置能源绩效参数，建立能源目标指标和能源管理实施方案（重点用能单位还应设置能源标杆），确定能源管理组织结构和职责分工，策划能源管理体系文件构架与编制分工等。体系策划与设计具体内容及要求详见本章第三节。

（四）编制能源管理体系文件

体系文件框架结构策划后，开始进入第四步骤——编制能源管理体系文件。编制小组要依据GB/T 23331—2012标准和RB/T 119—2015标准的要求，结合本企业实际，并充分利用初始能源评审和体系策划设计的结果，编制本企业的能源管理体系文件。能源管理体系与质量、环境和职业健康安全管理体系一样，具有文件化、个性化的特点，好的体系文件应是认证标准要求和组织实际完美结合的产物，是更具体的可操作的标准要求。编制能源管理体系文件是组织建立、实施、保持和持续改进能源管理体系，并保证其有效运行的重要基础工作，也是组织达成能源目标、指标，并实现方针，持续提高能源管理水平和提高能源绩效的依据和有效工具。编制EnMS文件的具体要求及文件案例详见本章第四节。

（五）能源管理体系试运行

能源管理体系的试运行是将策划阶段的各项结果及体系文件的具体要求落实到能源管理各项实际活动中，从而达到能源管理的系统化、规范化和精细化。试运行主要包括：能源管理体系文件的发布，体系文件及相关要求的培训，实施运行中的沟通交流，落实体系文件的要求，规范化、精细化控制能源管理各个运行环节和作业要求，体系运行中的日常监视、测量和分析以及对发现的不符合及时纠正，进行原因分析，并采取纠正措施和预防措施，做好及保留以上各项活动必要的记录等各项工作，还要求在首次内审前，进行一次全面系统的合规性评价。体系试运行要点详见本章第五节。

（六）首次内部审核和管理评审

能源管理体系和其他管理体系一样，在体系运行一定时间后（一般为5～6个月）要按计划的安排进行首次内部审核和管理评审，以分别全面评价EnMS的符合性和持续适宜性、充分性和有效性。首次内审发现的不符合项全部有效整改后由最高管理者主持进行首次管理评审，对能源管理体系的持续适宜性、充分性、有效性进行评审，并提出进一步改进方向和措施，以持续改进能源管理体系，保证其与组织不断变化的情况相适应。内审方法和要求详见本书第八章，管理评审的策划、实施过程及评审报告示例详见本章第五节。

二、能源管理体系建立的基本原则

(一)紧密结合组织的产品、工艺/设备及用能特点

建立能源管理体系是为了改善组织能源管理行为，提高能源管理水平。只有适应组织能源管理特点，建立紧密结合并适应组织的产品、工艺/设备及用能特点的个性化能源管理体系，才具有切实可行的可操作性并取得良好的能源绩效。

(二)以现有能源管理工作及经验为基础

能源管理体系不应完全脱离组织的原有能源管理工作，另搞一套，它应是对现行能源管理工作的补充、完善与提升，因而能源管理体系要以组织现有能源管理工作和经验为基础，将认证标准的要求与组织的业务流程紧密结合成为有机的整体。

(三)考虑与其他管理体系的兼容性

由于QMS、EMS和OHSMS已在我国实施多年，因而，建立EnMS的企业，一般都已经取得了QMS、EMS和OHSMS认证证书，再加上四个认证标准和管理体系之间有众多兼容性（详见第一章第二节），因而企业在建立EnMS时要充分考虑并利用EnMS与其他管理体系的兼容性，结合企业的具体情况，建立结合程度和方式各不相同的多种形式的一体化管理体系。

1.完全结合型（适用于中小型企业）

体系主管部门、体系文件、体系运行、内审和管评等完全结合在一起。

2.部分结合型（适用于大型企业）

体系主管部门不同，体系文件分别编制，但内审和管评结合进行。

组织可根据自身情况，灵活地采用不同的组合方式，建立独立的EnMS或不同形式的一体化体系。

三、体系建立的日程安排

组织规模、用能特点不同，能源管理体系建立的时间长短也不一致，少则8个月，多则一年或更长时间。体系文件发布后能源管理体系的试运行时间一般为6个月，规模特大或用能复杂的组织也可视情况适当延长。表7-1为能源管理体系建立及试运行日程表，给出组织建立体系日程的大致安排示例。

表 7-1　能源管理体系建立及试运行日程表

步骤	工作项目		第1月	第2月	第3月	第4月	第5月	第6月	第7月	第8月	第9月	第10月	第11月
1	标准宣贯及培训	标准宣贯	▬										
		内审员培训	▬	▬		▬	▬					▬	
		全员培训		▬▬▬▬▬▬▬▬▬▬▬▬▬▬									
	组建工作机构、制定计划		▬										
2	初始能源评审及评审前培训		▬▬										

续表

步骤	工作项目	第1月	第2月	第3月	第4月	第5月	第6月	第7月	第8月	第9月	第10月	第11月
3	体系策划与设计及相关培训		▬									
4	编制体系文件		▬▬▬									
5	文件发布及培训				▬							
	试运行				▬▬▬▬▬▬▬▬▬▬▬▬▬▬▬							
6	内审及不符合纠正									▬		
	管理评审										▬	
	修改完善文件										▬	
	模拟审核（如需要）											

第二节　领导决策与准备

一、最高管理者的决策与承诺

（一）建立能源管理体系是组织的战略决策

为确保能源管理体系有效建立及运行，最高管理者的战略决策与承诺极其重要，最高管理者应按标准要求做出守法、持续改进及为体系建立提供必要信息和资源的承诺，最高管理者和中高层的充分支持和重视，是建立能源管理体系及确保体系有效运行的重要保证。

（二）能源管理体系建设的关键是领导重视及十项职责落实到位

最高管理者高度重视和支持是能源管理体系建立并有效实施的前提和保证。没有最高领导者的支持和重视，能源管理体系文件编制得再好，也不会得到执行层的切实有效执行，能源管理体系也很难达到预期效果。所以，最高管理者必须要承诺并确保标准规定的十项职责落实到位。

（三）最高管理者必须为建立能源管理体系提供资源和组织保证

"兵马未动，粮草先行"，资源是有效实施EnMS的必要条件和保证。最高管理者必须为能源管理体系建立和有效运行提供必要资源，包括人力、技术、财力、设备设施和信息资源等。最高管理者还要任命管理者代表，确定体系推进（主管）部门，成立领导小组和工作小组，为体系有效建立运行提供组织保证。

二、最高管理者（层）的必要准备工作

（一）组建领导小组及任命能源管理者代表

1.领导小组的组成

一般最高管理者任组长，管理者代表任副组长，成员由与能源管理及绩效相关的其他

高管和重要中层领导组成。

2.管理者代表的任命及职责

管理者代表是EnMS建立、实施与保持的具体组织者及领导者,一般由主管能源的高管担任。管理者代表在最高管理者授权下,利用组织的相关资源,负责建立和实施能源管理体系。

(二)组建能源管理工作团队(工作小组)

1.工作小组的组成

领导小组确定和组建能源管理工作团队(工作小组),一般由管理者代表任组长,能源主管部门领导任副组长,成员由相关的主要能源使用及管理岗位的骨干组成。

2.工作小组的职责

工作小组负责制定体系建立和实施的工作计划,经领导小组批准后开展工作:具体组织标准和体系的宣贯与培训、初始能源评审、体系的策划和设计、体系文件的编制、体系的试运行、内部审核等各项工作。

(三)初步界定体系覆盖的范围和边界

从组织的管理权限边界、现场区域的物理边界、活动过程的责任边界等方面综合考虑,初步界定一下体系范围和边界,但体系最终范围和边界的确定应在初始能源评审和体系策划后完成(详见本章第三节)。

(四)为体系建立及有效实施提供必要资源

能源管理体系的建立及运行,特别是初始能源评审、体系策划与设计、编制体系文件、用能设备经济运行、监视测量与分析等各项工作及实现目标指标的管理方案,都要投入相应的人力、物力、财力、技术、信息及硬件软件设施等资源作为保证。因而领导层在决策时就要做出承诺,并在行动上逐步落实兑现。

(五)标准宣贯和内审员培训

1.搞好体系建立前的标准宣贯培训和内审员培训

(1)搞好领导层的标准宣贯培训

能源管理体系的建设,培训非常重要,特别是对管理层的标准宣贯非常重要。最高管理者和各级管理层均要了解能源管理体系的标准内涵、基本要求、实施必要性。最高管理者和各级管理层领导对能源管理体系有了初步的充分认识和了解,才能自始至终给予能源管理体系大力支持并身体力行参与其中。

(2)搞好体系建立骨干队伍的内审员培训

内审员是建立、实施能源管理体系的骨干队伍,是体系工作小组的基本成员或重点依靠力量,也是实施内审的审核组成员。应该从各职能和层次选派有一定能源管理经验的人员作为内审员,通过培训取得能源管理体系内审员资格。选派人员时也要注意吸收企业内原质量、职业健康安全，特别是环境管理体系内审员参加培训。

2. 培训工作要贯穿体系建立全过程并覆盖全体员工

（1）内审员及重点用能岗位人员的常态化培训

在体系建立的全过程及各重要阶段与节点，如初始能源评审前、体系策划前、编制文件前、发布文件时、内审前，都可组织有针对性的专门培训。

（2）不同层次岗位人员的专业化培训

如高中层管理人员、节能管理人员、节能计量监测人员、设计人员、工艺人员、用能设备维修人员等。

（3）全员培训

全体员工每年都要结合自己的岗位特点接受体系及节能基本知识培训，特别是在体系文件发布试运行开始时一定要进行一次全员培训。

（六）制定工作计划

在表7-1所示的工作日程基础上，结合企业实际制定详细的工作计划（表7-2）。

表7-2　建立能源管理体系的工作计划（示例）

序号	步骤	工作项目		进行时间 2013年			2014年											
				10月	11月	12月	1月	2月	3月	4月	5月	6月	7月	8月	9月	10月	11月	12月
1	领导决策与准备	领导和骨干培训																
		制定工作计划																
2	初始能源评审	现状调查	人员调查															
			资料收集、调查															
			系统过程设备设施调查及改进绩效机会并排序															
		识别获取适用法规																
		识别评价主要能源使用及其相关变量																
		建立目标指标方案框架建议																
3	体系策划与设计	策划与设计	制定方针															
			确定机构及职能分工															
			设立能源基准、标杆和能源绩效参数															
			目标指标方案制定并分解落实															
			策划体系文件结构															
			拟订文件清单															

续表

序号	步骤	工作项目 / 进行时间	2013 年			2014 年										
			10月	11月	12月	1月	2月	3月	4月	5月	6月	7月	8月	9月	10月	11月	12月
4	文件编写	体系文件编写														
5	体系试运行	体系文件发布及培训														
		体系试运行														
6	内审及管理评审	首次内审														
		体系评估、不符合整改														
		首次管理评审														
		管理评审后续工作														
		外审														

第三节　能源管理体系的策划与设计

按照建立能源管理体系的步骤，能源管理体系策划与设计工作一般在完成初始能源评审工作之后进行。初始能源评审是能源管理体系策划与设计的基础，通过初始能源评审可以了解和掌握企业用能和能源管理的现状，确定能源管理体系的控制对象和控制重点以及改进能源绩效的机会，其内容在本书第六章已有详细描述，本节仅说明如何利用能源评审的结果实施能源管理体系的策划与设计，形成有效的输出。

能源管理体系策划与设计工作包括：最终确定能源管理体系范围和边界，确定能源方针，建立能源基准，设置能源绩效参数，建立能源目标指标和能源管理方案（重点用能单位还应设置能源标杆），确定能源管理体系机构与职责分工，策划能源管理体系文件的框架。

一、最终确定能源管理体系范围和边界

1. 确定体系范围和边界的意义和方法

在建立和策划能源管理体系的过程中，首先需要最终界定能源管理体系范围和边界。体系范围和边界明确确定以后，体系的策划和设计才有根据，体系建立和运行活动也必须紧紧围绕"能源管理体系范围和边界"开展，能耗能效的计算评价也才会准确无误。在确定时，应根据有关法规和企业的实际，在分清企业的管理权限和能源流转过程的基础上，应用能源评审初步划定的能源边界最终确定能源管理责任边界和企业的能源管理体系范围，从而最终确定能源管理体系范围和边界。

2. 体系范围和边界的表达方式及示例

能源管理体系范围的描述应清晰表达企业的能源管理具体活动，一般描述为"××产品的××、××过程所涉及的能源管理活动及节能技术的应用"。例如，某零部件生产企

业的能源管理体系范围："公司活塞环、活塞及铝铸件产品的设计、生产、经营和服务过程中所涉及的能源设计、采购储存、加工转换、输送分配、终端使用、余热余能利用等过程的管理及节能技术应用。"

能源管理体系边界的描述包括了单位产品（或单位产值）的能耗和具体边界范围。例如，某车辆生产企业的能源管理体系边界：主要产品：××型车辆；工厂范围：××厂、××厂；能源管理部及相关职能部门，其中天然气调压站为外包服务。

3. 何时需要重新确定或调整体系范围和边界

能源管理体系范围和边界不是一成不变的，经常发生各种变化。如：产品和用能工艺的变更、新扩建厂房、机构重组、能源外供变化等，均可能改变能源管理体系的范围和边界。必要时需重新界定或调整能源管理体系的范围和边界。

二、确定能源方针

1. 能源方针的内容和确定方法

能源方针是最高管理者发布的有关能源绩效的宗旨和方向，能源方针的内容应符合"一适应、三承诺、一框架、一支持"的标准要求，与企业的特点相适应；并应先进合理，为目标指标提供框架，体现节能的愿景（详见第三章第三节）。如有可能，也可与企业原有的其他管理体系的方针相适应。

方针应由最高管理者亲自参与制定，或由工作小组广泛征求员工意见后形成几个初稿后由最高管理者敲定，必要时可定期评审和更新。

2. 能源方针的表达形式

能源方针应形成文件，文字在满足要求的前提下应措辞精炼、言简意赅、易懂易记，并通过文件形式下发，广泛宣传，让全体员工了解和贯彻执行。例如：通过文件发布、宣传栏和板报、通知、标语及上网等形式宣传贯彻能源方针。

3. 机械工厂能源方针示例

1）示例一："构筑企业能源文化，节能守法人人有责，突出熔炼加热节能，持续提高能源绩效。"

2）示例二："采用节能降耗技术，优化改进能源管理，遵守能源法律法规，持续提高能源绩效。"

3）示例三："领导重视，全员参与；优化设计，优质采购；合理调度，依法生产；节能降耗，持续改进。"

三、建立能源基准

（一）建立能源基准的原则和方法

能源基准是用作比较能源绩效的定量参考依据，它建立的目的是为了方便企业对能源绩效进行评价和比较，所以能源基准是一种"比较基线"，其数据来源于企业过去的能耗能效数据，反映的是"过去的"已达到的能源使用水平。

1. 建立能源基准的原则和时间段的合理选取

能源基准所反映的是特定时间段（过去时）的能源利用状况。特定时间不能随意选取，时间段及其能源数据应有足够"代表性"，可以是某一年度的能源数据，也可以是连续几年能源数据的平均值。选定的时间段应满足如下条件：①该基准时段的能源结构、产品结构和工艺结构稳定；②企业经营、生产相对稳定；③统计数据齐全、真实可靠，具有代表性；④未发生导致停产的重大事故。

2. 能源基准的类型

企业的能源基准是一系列指标参数，建立的指标参数应涵盖各层次主要用能环节的能源绩效水平，可包括以下两类。

（1）能源消耗基准

采用综合能耗、产品单位产量综合能耗、单位产值或增加值综合能耗、不同能源单耗（每工时耗电、每工时耗标煤、每吨工件耗标煤）和重点工序单耗等作为基准。

（2）能源利用效率基准

采用设备效率、用电功率因数等作为基准。

3. 能源基准建立的层次

能源基准不能仅仅建立在企业层次，还应建立在企业的相关层面和主要用能环节（如：主要用能单位、主要能源消耗区域、主要耗能工序、主要用能设备等），只有这样才能全面反映企业能源使用状况和能源绩效水平。因此，一个企业（特别是大型企业）往往建立一系列的能源基准。

4. 能源基准的调整

出现以下情况时应调整能源基准：①能源绩效参数明显落后，不能反映公司能源使用现状时；②用能过程、运行方式或用能系统过程发生重大变化时；③其他预先规定的情况。

（二）能源基准的示例

某机车车辆公司，根据近几年的生产情况，决定采用2010年、2011年、2012年公司能源消耗指标的平均数的近似值作为能源基准，建立的能源基准如下。

1. 公司级能源基准

1）万元产值综合能耗：0.070吨标煤/万元产值。

2）万元增加值综合能耗：0.360吨标煤/万元增加值。

3）万元增加值取水量：10.5吨/万元增加值。

2. 该公司动力车间（含锅炉房和空压站）能源基准

1）吨蒸汽耗标煤量：117kgce/t。

2）千立方米压缩空气耗电量：96kW·h/km³。

四、能源绩效参数的设置及示例

（一）能源绩效参数及其单位（量纲）的设置

1. 能源绩效参数在EnMS中的重要性

能源绩效参数是能源绩效的评价项，一般由企业自己确定和设置，在初始能源评审阶段通过对主要能源使用的识别和评价，识别了"主要能源使用"及其"影响因素"（相关变量）。其中某些综合能耗、能效性质的主要能源使用，其本身就是能源绩效参数；此外"影响因素"（相关变量）中能够影响能源绩效的某些因素，也可以转化为能源绩效参数。确定能源绩效参数需要一个分析过程，可使用直接测量的能源绩效参数（多为影响因素），也可使用通过模型计算的能源绩效参数（多为能耗、能效）。能源绩效参数一般由量纲（单位）和具体的数值（量值、比率或更为复杂的模型）两部分组成，它是能源管理体系策划的重要组成部分。只有确定了能源绩效参数，才能准确把握能源管理的重点和核心，才能通过对能源绩效参数各种量值的监控实现对能源管理体系及其绩效的监控。

2. 能源绩效参数的构成及其来源

（1）能源绩效参数的构成

能源绩效参数是反映EnMS绩效指标的总称，一般由单位或量纲（如tce、kgce、kgce/件、kgce/万元、温度、时间等）及具体数值（量值、比率或更为复杂的模型）两部分构成，能源基准值、能源目标指标值、能源绩效参数设定（控制）值、能源绩效参数运行（监测）值以及能源标杆值（重点用能单位应设定）都是它的不同档次的具体数值。

（2）能源绩效参数的来源

1）各级综合能耗、能源效率本身大多可直接作为能源绩效参数。

2）某些影响能耗、能效高低的重要相关变量（影响因素）也可转化为能源绩效参数。

3. 能源绩效参数的类别划分

按层次一般分为公司级能源绩效参数、次级用能单位级能源绩效参数和重点用能过程级能源绩效参数。

（1）企业或次级用能单位的能源绩效参数

如：综合能耗、单位产值或工业增加值综合能耗、产品单位产量综合能耗、重点设备和过程能耗、主要用能设备效率和能源利用率等，统称为管理层面的能源绩效参数。该类绩效参数的量值大多须通过公式或模型计算获得。

（2）重点用能工序和设备的能源绩效参数

如：重点用能工序和设备的单项能耗、与用能设备经济运行有关的工艺参数（温度、表面温升、电压、电流、电功率等），统称为运行层面的能源绩效参数。该类绩效参数的量值大多可通过直接测量即可获得。

（二）能源绩效参数控制值（设定值）的设置

1. 能源绩效参数控制值（设定值）的作用

能源基准值是某些重要的能源绩效参数已经达到的数值；控制值（设定值）是实施

EnMS后通过科学规范管理经济运行即可达到的数值，应稍优于基准值，是操作规程中设定的数值；但它离目标指标值还有一段距离（后者需通过建立实施管理方案才能实现）。即：

能源目标指标值＞能源绩效参数设定值≥能源基准值（式中＞符号意为优于）。

2. 能源绩效参数的运行监控及其运行值（实测值）的出现

能源绩效参数的运行值（实测值）与能源绩效水平密切相关，通过实施定期的能源绩效参数的监视和测量，可实时掌握判断能源绩效水平。正因为能源绩效参数反映监控对象的能源绩效，所以能源绩效参数应覆盖整个企业的主要用能过程，可以通过对能源绩效参数和其他相关变量的运行及监控管理，从而检验能源管理活动是否符合要求。通过EnMS的日常运行和监测又出现一套数值——能源绩效参数运行（实测）值，此数值是随机被动的，理想状态是：能源绩效参数运行值（实测值）≥能源绩效参数设定值（＞符号意为优于）。

（三）体系运行中形成的能源绩效参数五套数据

EnMS运行及监测过程中，将会形成如下五套能源绩效参数（能耗能效或其相关变量）的不同大小（或高低与优劣）数据。

（1）能源基准数值

（2）能源绩效参数设定值

（3）能源绩效参数运行（实测）值

（4）能源目标指标设定值

（5）能源标杆值（重点用能单位应设定）

以上（1）、（2）、（4）、（5）四套数据一般应在体系策划与设计中形成，部分第（2）套数据在编制重要工序/设备作业文件中形成（参见本章第四节），第（3）套数据在体系运行中随机监测逐步形成，而且数据量最为庞大且分散（相关内容详见本书第三章第三节）。

（四）能源绩效参数及其单位（量纲）示例

1. 企业或次级用能单位的能源绩效参数

1）万元产值（或工业增加值）综合能耗：（tce/万元产值）或（tce/万元工业增加值）。

2）单位产品综合能耗：（tce/台）或（tce/辆）。

3）企业或部门能源利用率（％）。

4）全厂用电功率因数（％）。

2. 重点用能工序和设备的能源绩效参数

1）单位产品耗电量：（kW·h/t金属液）或（kW·h/t热处理件）。

2）蒸汽耗标煤量：（tce/t）。

3）正火热处理件奥氏体化温度及保温时间（℃/h）。

4）冲天炉排烟温度：（℃）。

5）锅炉热效率（％）。

五、制定能源目标、指标及能源管理实施方案

能源目标指标是能源方针的细化和具体化，是控制能源使用的有效途径。能源管理方案是实现目标指标的具体措施，均是体系策划与设计的重要内容。

（一）制定能源目标、指标的基本要求

1. 目标、指标与方针三者之间应保持一致

目标应与方针保持一致，是方针的具体化，内容应具体可测量；指标应与目标保持一致，是目标的具体定量化，一般应有具体的量化数值。

2. 建立和评审目标、指标应考虑的四个因素

（1）企业适用的能源法律法规和其他要求

企业如存在严重违规行为时，应优先针对此薄弱环节建立目标、指标。

（2）企业自身的主要能源使用及改进能源绩效的机会

目标、指标应优先针对并控制最急需改进的主要能源使用。

（3）技术及财务运营成本的可行性

制定目标、指标应考虑技术及财务实力两方面的可行性，特别对于技术创新型目标、指标。

（4）各相关方的意见和要求

重要相关方（如相关能源主管部门）有强烈改进要求时应优先考虑建立目标、指标。

3. 目标、指标类型及分解要求

为动员各职能、层次的部门及全体员工共同参与实现目标、指标，易于将目标、指标分解落实到各职能、层次，并体现持续改进能源绩效。目标、指标类型要多元化，既有落实到各职能、层次的静态能耗能效类目标、指标，也要有多元化的动态节能目标、指标，以实现持续改进。

（二）制定目标、指标和管理方案的通用原则

1. 软硬结合，以硬为主

硬目标、指标主要指要通过技术创新或改造才能实现的目标、指标，也可称为技术创新或改造型目标、指标。为了完成这些目标、指标，该类目标、指标一定要有技术创新改造类管理方案支持，企业要投入较大的资金及人力物力。这种目标、指标应占大多数。

另外，也可以制定一些少花钱或基本不花钱的管理性目标、指标，可称为软目标、指标。如通过全员培训提高全员节能意识，提高能耗定额覆盖率等。这类目标、指标不仅花钱少，而且覆盖范围广，利于动员全体员工参与。

2. 远近结合，相互衔接

目标、指标中既可以有当年完成的"短平快"项目，也可以有2年、3年甚至更长时间完成的中长期目标。远近结合既体现体系的连续性，年年有进展收获，也避免一次投资过大。

3. 和现有技改项目结合共建体系

目标、指标和现有技改项目相结合是个好办法。企业（特别是大型企业）每个时期都有各种渠道的技术改造项目，这些项目多有节能降耗要求，有的建设项目目标本来就与节能降耗、综合利用直接相关，目标、指标要充分和现有技改项目结合，起到多渠道吸纳资金共建体系的效果。

（三）能源目标、指标的两大类型及其示例

1. 各职能、层次的静态能耗能效目标、指标

（1）静态能耗能效目标、指标的特点

这类目标从能耗和能效两个方面先对企业管理层设定总体降低能耗、提高能效目标、指标，并对主要能源使用涉及的次级用能单位（分厂、车间）、重点用能工序及设备设施两个层次分别设定分解目标，这类目标具有在一定时间间隔内可以相对稳定不变的特点，故称为静态，但其数值一定要优于能源基准（如有管理方案支持，应远优于基准）。该类目标、指标是实施完成管理方案（技术节能）与实现用能过程经济运行（管理节能）的综合效果体现。

（2）各职能、层次的静态能耗能效目标、指标类型及示例（表7-3）

表 7-3　各职能、层次的静态能耗能效目标、指标类型及示例

职能、层次	静态能耗能效目标、指标类型及示例		适用企业（用能单元）
	名称	量纲	
企业管理层	单位产值（或增加值）综合能耗	tce/ 总产值（万元）	全能机械厂
		tce/ 工业增加值（万元）	用能外包显著的机械厂
	单位产品产量综合能耗	tce/ 台（辆、套、架、艘）	整机和成套设备厂
		tce/t（毛坯件、零部件）	毛坯件厂、零部件厂
	能源利用率	%	各类机械工厂
	全厂用电功率因数	%	各类机械工厂
次级用能单位（分厂、车间）	单位产量（工作量）综合能耗	tce/t（毛坯件）	铸造、锻造、冲压、铆焊、热处理分厂（车间、工段）
		tce/m³（涂装、电镀件）	涂装、电镀分厂（车间、工段）
		tce/ 工时	机加工、装配分厂（车间、工段）
	工艺出品率、旧砂再生回用率	%	铸造分厂（车间）
	复用水率	%	电镀分厂（车间、工段）
重点用能工序及设备设施	单位产品产量单项能耗	t 燃煤 /t 饱和蒸汽	燃煤锅炉房
		kW·h/m³ 压缩空气	空压站
		t 焦炭 /t 铁液	冲天炉
		kW·h/t 钢液	电弧炉、中频感应电炉
		kW·h/t 渗碳齿轮	密封渗碳多用炉
		kW·h/t 焊接结构件	弧焊机器人工作站
		kW·h/t 调质热处理件	箱式电阻炉—井式回火炉
	用电功率因数	%	重点用电设备
	热效率	%	重点用热设备（锅炉、炉窑等）

2. 多元化的动态节能目标、指标

（1）多元化的动态节能目标、指标特点

该类目标指标范围广，小类型多，可包括降低能耗、提高能效、优化能源结构、综合利用、改进能源管理及技术创新等方方面面，是能源管理体系发动各职能和层次乃至全体员工参与节能行动、实现能源绩效持续改进的有效手段，也是RB/T 119—2015标准的具体细化要求（详见标准第三章第三节4.4.6.2d）。

（2）多元化的动态节能目标、指标具体类型及示例（表7-4）

表7-4　多元化的动态节能目标、指标类型及示例

序号	大类	序号	小类	目标、指标示例
				动态节能目标、指标类型
1	降低能耗型	1	降低全公司（或用能单元）综合能耗	降低重型机器厂全厂综合能耗，降低铸造分厂综合能耗，降低转向架车间综合能耗，降低锅炉房综合能耗
		2	降低全公司（或用能单元）单位产值综合能耗	降低轨道车辆公司万元产值（增加值）综合能耗，降低热处理分厂万元工业增加值综合能耗
		3	降低产品单位产量综合能耗	降低20t商用车单位产量综合能耗，降低t模锻件综合能耗，降低锅炉房t饱和蒸汽综合能耗
2	提高能效型	4	提高企业（或用能单元）能源利用率	提高全厂用电体系功率因数，提高铸件工艺出品率，提高冷却水重复利用率
		5	提高重点用能设备能源利用率或热效率	提高冲天炉焦铁比和热效率，提高锻坯加热反射炉的热效率和天然气利用率，提高电弧焊机能源利用率
3	综合利用型	6	余热余压余能回收利用	冲天炉烟气余热回收利用，涂装废气余热回收利用，铸锻件余热回收利用，空压机余热回收利用
		7	废弃物再生回收利用	电镀废水再生回收利用，铸造废砂再生回收利用，污水深度处理实现中水回用
4	清洁能源型（优化能源结构型）	8	积极采用可再生能源	提高太阳能在全厂照明用能中的比例
		9	采用清洁能源替代高污染能源	全面采用电力及天然气等清洁能耗，淘汰燃煤工业窑炉，冲天炉采用铸造焦淘汰冶金焦
5	消除浪费型（堵塞漏洞型）	10	降低工业炉窑炉壁、炉门、炉顶的蓄热散热损失	降低热处理炉炉壁炉门蓄热散热损失，降低熔炼炉炉壁炉顶蓄热散热损失
		11	降低动力管网泄漏率和散热损失	杜绝供水管网跑冒滴漏损耗，降低蒸汽管网散热损失，杜绝耗能工质管网异常泄漏
		12	降低电网及耗电设备无功损耗	提高电弧炉及感应电炉的用电功率因数，降低电机、风机、泵等用电设备的无功损耗，降低变压器及低压供电线路的无功损耗
6	改进管理型	13	提高计量仪表配备、检定校准率	提高热工计量仪表配备、检定校准率，提高电能计量仪表配置、检定校准率
		14	提高能耗定额覆盖率	提高照明、办公用电消耗定额覆盖率，提高热加工能耗定额覆盖率

续表

| 序号 | 动态节能目标、指标类型 | | | 目标、指标示例 |
	大类	序号	小类	
6	改进管理型	15	提高全员节能意识及知识普及率	重点用能设备操作人员全部持证上岗、全员节能意识及知识培训
7	技术创新型	16	推广采用节能降耗先进工艺及装备	提高热加工节能降耗先进工艺及装备推广率,提高节能电机及电机变频调速节能技术推广率

(四)能源目标、指标、管理方案之间的有机联系和对应关系

1. 三者之间的有机联系

目标应与方针保持一致,是方针的具体化;指标应与目标保持一致,是目标的具体化,能源管理实施方案是为实现能源目标和指标,重点针对主要能源使用大幅度提高绩效而制定的有效技术改造措施。没有管理方案,能源目标、指标特别是动态节能目标、指标很难自己完成。

2. 三者之间的对应关系

目标、指标、方案三者之间应呈现金字塔形的结构层次及对应关系,一般用"企业节能目标、指标、管理实施方案一览表"形式清晰地表达这种关系(示例见表7-5),此表可作为管理手册的附件。

表 7-5 机械工厂节能目标、指标、管理实施方案一览表

| 目标 | | 指标 | | 实施方案 | | 完成时间 |
序号	项目	序号	项目	序号	项目	
1	提高全厂用电体系和重点用能设备的电能利用率	1	提高变电站主变压器的功率因数(由0.90提高至0.95)	1	主变压器负荷侧配置集中无功补偿设备	2013年12月
		2	提高中频感应电炉功率因数(由0.75提高至0.95)	2	10t中频感应电炉电源配置无功补偿兼谐波治理设备	2013年12月
				3	采用中频感应电炉替代无芯工频电炉熔化	2014年6月
		3	提高重点用能设备的电能利用率,电能利用率提高40%	4	空压站两台大型空压机采用变频调速节能技术	2014年12月
				5	采用变频电弧焊机取代传统电弧焊机	2013年12月
2	降低工业炉窑的燃料消耗,提高燃料的热效率	4	提高冲天炉热效率,使铁焦比由6:1提高到7:1	6	采用铸造焦替代冶金焦	2013年12月
		5	提高锻坯加热炉天然气热效率,热效率提高25%	7	采用高效空气自身预热烧咀取代普通烧咀	2014年6月
3	降低产品单位产量综合耗能	6	降低t模锻件综合能耗由0.55t标煤降至0.35t标煤	8	模锻用空气锤改造成程控电力驱动液压锤(电液锤)	2014年6月

续表

目标		指标		实施方案		完成时间
序号	项目	序号	项目	序号	项目	
3	降低产品单位产量综合耗能	7	降低 t 铸造钢件综合能源由 1.8t 标煤降至 1.2t 标煤	9	铸钢件工艺设计采用 CAD/CAE 模拟优化技术，优化铸造工艺	2013 年 10 月
				10	采用保温发热冒口取代普通冒口	2013 年 10 月
4	降低工业炉窑和动力管网的散热及泄漏热损耗	8	降低处理炉炉壁炉门蓄热散热损失，炉体外壁温升 800℃ 降至 500℃，减少热损耗 35%	11	采用全硅酸铝陶瓷纤维衬替代重质耐火砖炉衬	2014 年 6 月
		9	降低蒸汽管网散热损耗	12	全面维修损坏剥落的蒸汽管网保温层	2013 年 6 月
		10	杜绝供水管网跑冒滴漏，全厂万元产值新水消耗量降低 20%	13	全面检测供水管网泄漏部位并更换损坏管道及阀门	2013 年 12 月
5	热加工工艺余热回收利用	11	冲天炉烟气余热回收利用，节约焦炭 30%	14	热风冲天炉替代冷风冲天炉	2015 年 12 月
		12	锻件余热回收利用，节能 0.2t 标煤/t 锻件	15	锻件锻后余热热处理	2013 年 12 月

3. 制定目标、指标、方案时注意避免出现的问题

1）目标、指标、方案三者之间交叉重叠，层次不清，或对应关系不明确。

2）目标、指标不可测量，不能真实考核绩效。如每年节水 5% 这类指标，就难以测量和比较，因为用水量与生产量有关，生产量大，用水量相应提高，改为单产耗水量的降低就比较科学。

3）指标不具体，方案不具有可操作性。

4. 能源目标和指标更新

当产品结构及能源结构调整时，应评价其能源目标和指标更新的需求，按照要求进行必要的能源目标和指标更新。

5. 某公司的静态能耗能效目标和指标示例

1）万元工业增加值能耗：0.250tce/万元工业增加值。

2）单位产品能耗：0.230tce/台。

3）技术措施节能量：800tce。

4）蒸汽耗标煤量：0.117tce/t。

5）每千立方米压缩空气耗电量：95.5kW·h。

（五）制定编制能源管理实施方案

能源管理实施方案是在初始能源评审提出的改进能源绩效机会的基础上进行筛选，结合初步提出的能源目标、指标项目的支撑需要，提出初步的能源管理实施方案项目，再按一定的程序经过评价和批准，最终确定能源管理实施方案。

能源管理实施方案的评价与选择，应考虑到其与目标、指标的支撑性和对应性、技术可行性、财务成本可行性，以及可实施性和对生产任务、产品质量、环境保护、健康安全的影响等综合因素，予以确定并制定详细的项目实施计划，为确保项目产生实效。项目完成后应进行验收、评价或总结。

1. 能源管理实施方案的类别

（1）技术创新、技术改造类方案（技术类方案）

这类管理方案主要是通过技术创新、技术改造方式实施，如通过采用先进的节能技术和工艺、高效的用能设备等实现技术节能，达到大幅提升能源绩效的目的。该类方案一般要有较大的资金投入，实施时间也较长，但有较大或很大的节能效果。完成后应通过节能效果的测试或测算进行验收，评价节能效果。这类方案应占较大比例。

（2）管理创新及改进类方案（管理类方案）

这类管理方案主要是通过强化能源管理、优化能源流转环节及工艺参数、合理调度及均衡生产、完善各种规章制度、提高人员操作技能等措施实现系统管理节能，达到改善能源绩效的目的。该类方案的实施效果按标准要求，也要检验验收，可采用评审（能源评审或内部审核）方式进行效果评定。

2."能源管理实施方案"项目的主要内容

1）项目的责任（实施）部门及其职责分工。

2）预期的节能目标和指标。

3）拟采取的技术措施和配套的管理措施。

4）需要投入的各种资源（厂地、设备设施、技术、人员培训、资金预算等）。

5）时间进度安排（各工作节点的启动时间及完成时间）。

6）验证节能绩效改进和其结果的方法。

3."能源管理实施方案"项目的管理要求

1）能源管理方案应形成文件。文件形式可包括可行性研究报告（投资风险大的项目）、设计方案、施工方案、试验研究计划、管理措施、进度检查表、验收检收报告等。一般采用"能源管理实施方案内容及检查表"方式表述。

2）定期检查实施进度，协调处理发现的问题，必要时及时更新或调整进度。

3）完成后对节能效果进行评价并进行竣工或评审验收。

4."能源管理实施方案内容及检查表"示例

（1）能源管理实施方案内容及检查表（示例1）（表7-6）

表7-6 能源管理实施方案内容及检查表（示例1）

节能目标	提高全厂用电体系和重点用电设备的电能利用率				
节能指标	提高 10t 中频感应电炉功率因数，由 0.75 提高至 0.95				
管理方案名称	10t 中频感应电炉电源配置无功补偿兼谐波治理设备	负责部门	设备部	配合部门	采购部、铸造车间

续表

控制的主要能源使用	感应电炉电源电力消耗无功损耗大		经费预算	40 万元	完成时间	2016 年 12 月
步骤	工作内容	实施部门	负责人	启动时间	完成时期	检查结果
1	进行技术方案设计，提出改造方案，并确定能源绩效改进的方法及对其效果进行验证的方法	设备部、铸造车间		2016 年 10 月	2016 年 10 月	
2	根据技术方案，选择合格技改外包方	采购部		2016 年 10 月	2016 年 11 月	
3	无功补偿兼谐波治理设备安装、调试、试运行	设备部、铸造车间		2016 年 11 月	2016 年 11 月	
4	试生产，并通过监测有功电量及无功电量，计算功率因数，统计节能量	设备部、铸造车间		2016 年 12 月	2016 年 12 月	
5	项目验收，并按《节能项目节能量审核指南》中节能量的确定和监测方法进行节能效果评价	设备部		2016 年 12 月	2016 年 12 月	

（2）能源管理实施方案内容及检查表（示例2）（表7-7）

表7-7　能源管理实施方案内容及检查表（示例2）

节能目标	降低产品单位产量综合能耗					
节能指标	降低吨模锻件综合能耗，由 0.55t 标煤 /t 模锻件降至 0.35t 标煤 /t 模锻件					
管理方案名称	模锻用空气锤改造成程控电力驱动液压锤（电液锤）		负责部门	设备部	配合部门	采购部模锻车间
控制的主要能源使用	模锻件成形能源消耗大		经费预算	250 万元	完成时间	2016 年 8 月
步骤	工作内容	实施部门	负责人	启动时间	完成时期	检查结果
1	进行技术方案设计，提出技术改造方案并确定能源绩效改进的方法及对其效果进行验证的方法	设备部模锻车间		2016 年 4 月	2016 年 4 月	
2	根据技改方案，选择合格技改外包方	采购部		2016 年 4 月	2016 年 4 月	
3	电液锤安装、调试、试运行	设备部模锻车间		2016 年 5 月	2016 年 6 月	
4	试生产，并通过现场测试对比统计节能量	设备部模锻车间		2016 年 6 月	2016 年 7 月	
5	项目验收，并按《节能项目节能量审核指南》中节能量的确定和监测方法进行节能效果评价	设备部		2016 年 8 月	2016 年 8 月	

六、确定能源管理体系机构与职责分工

（一）能源管理体系机构设置和职责分配的原则

为了使能源管理体系有效运行，必须有相应的组织机构保障及明确的职责分工，在能源管理体系策划阶段，应进行机构的设置和职能的完善。确定组织机构与职责分工的原则如下。

1. 明确主次，确定能源管理主管部门

除最高管理者和管理者代表作为高管对EnMS负最高责任外，企业必须首先确定一个能源管理主管部门（俗称体系推进部门），推进部门作为能源管理的专门机构负责能源管理体系的日常管理工作，并同时具有监督管理职能。

2. 分工合理，明确各相关部门的职责与权限

其他部门的职责根据标准按照业务分管的原则确定。各部门在能源管理体系的职责进行合理分工，各部门按照标准的要求和企业的管理分工进行职责划分，构成一个完整的管理体系。

企业所有部门都应该在能源管理体系中承担一定职责，并对各部门的职责和权限通过文件形式进行确认和传达，使各部门了解其在能源管理体系中的职责和工作权限。

（二）能源管理体系组织结构及层次划分

不同企业的管理模式和机构设置各不相同，在确定能源管理体系组织结构时，应首先考虑企业现有组织机构和管理层次特点，尽可能保持与现有组织结构和层次一致。

一般情况下，能源管理体系的组织结构基本与企业管理结构一样，考虑到可操作性，建议划分为3个层次，即：最高管理层（最高管理者和管理者代表）、部门管理层（推进部门及其他职能管理部门）和生产现场层（生产车间和其他重点用能部门），可以采用如图7-1所示的树枝状结构来表达能源管理体系的组织结构和层次。

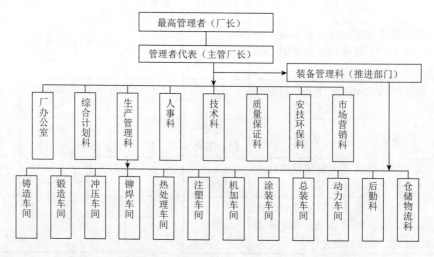

图7-1　某机械工厂能源管理体系组织结构和层次示意图

（三）各部门在能源管理体系中具体的职责分工及示例

1. 能源管理体系具体职责分工的表达方式

为了简洁、准确地表达各部门在能源管理体系中的具体职责分工，一般采用"能源管理体系职责分配表"的形式形象地说明职责分工，在表中注明不同能源管理工作的主管部门和相关部门的不同职责分工，同时标注对应的能源管理体系标准条款，此表一般也作为EnMS手册的附件纳入企业的体系文件中。

2. 机械工厂能源管理体系职责分配表示例（表7-8）

表7-8　某机械工厂能源管理体系职责分配表

标准条款	GB/T 23331—2012标准标准条款名称	最高管理者	管理者代表	装备管理科	厂办公室	综合计划科	人事科	技术科	工艺科	安技环保科	仓储物流科	生产管理科	后勤科	质量保证科	各车间
												责任部门			
4.1	总要求	■	△	△											
4.2	管理职责	■	△	△	△	△	△	△	△	△	△	△	△	△	△
4.2.1	最高管理者	■	△	△	△	△	△	△	△	△	△	△	△	△	△
4.2.2	管理者代表		■	△	△	△	△	△	△	△	△	△	△	△	△
4.3	能源方针	■	△	△	△	△	△	△	△	△	△	△	△	△	△
4.4.1	策划总则		■	△											
4.4.2	法律法规及其他要求	△	■	△	△	△				△					△
4.4.3	能源评审	△	■	△	△	△		△				■			■
4.4.4	能源基准	△	■	△		△						△			△
4.4.5	能源绩效参数	△	■	△		△						△			△
4.4.6	目标指标管理方案	■	■	△		△		△		△		■		■	■
4.5.1	实施与运行总则		■												
4.5.2	能力培训与意识		△	△			■								
4.5.3	信息交流	△	■	△		△									
4.5.4.1	文件要求	△	■												
4.5.4.2	文件控制		■												
4.5.5	运行控制		■	■	■	■	■	■	■	■	■	■	■	■	■
4.5.6	设计			△				■	■					△	△
4.5.7	能源服务、产品、设备和能源采购			■						△	■	■	■	△	△
4.6.1	监视、测量与分析						△					△		■	△
4.6.2	合规性评价	△	■	△	△										
4.6.3	内部审核		■	△	△	△									
4.6.4	不符合、纠正、纠正措施和预防措施		■	△	△										
4.6.5	记录控制		■												
4.7.1	管理评审总则	■	△	△	△	△	△	△	△	△	△	△	△	△	△
4.7.2	管理评审的输入	■	△	△	△	△	△	△	△	△	△	△	△	△	△
4.7.3	管理评审的输出	■	△	△	△	△	△	△	△	△	△	△	△	△	△

注："■"表示主管及主要责任部门；"△"表示主要相关部门。

七、策划设计能源管理体系文件框架结构

1. 体系文件框架策划设计原则

1）满足、符合GB/T 23331和RB/T 119标准的基本要求。

2）紧密结合本企业的分行业、产品、工艺特点和规模、用能复杂程度。

3）尽量利用企业原有的能源管理制度等现有文件。

4）实现与QMS/EnMS等不同管理体系的整合或兼容。

在进行能源管理体系的框架设计时，要充分利用已实施的其他管理体系的文件，实现不同管理体系文件的整合或兼容，做到"整体策划、多修少写、相互协调，实现兼容"，尽量使文件简化。

2. 能源体系文件的一般结构层次

能源管理体系文件的框架一般也采用三级文件架构，即能源管理手册、程序文件和作业文件。其中程序文件和作业文件，要尽量直接利用企业原有程序文件（其他管理体系的文件）和与能源管理相关的管理制度。

3. 体系文件框架策划设计方法

在文件策划工作中，应用上述原则，将企业需要编制的文件（含企业已有文件）根据文件的功能及性质分别纳入三个层次中，注意不同层次文件之间做到接口清楚、协调有序。最后形成EnMS文件框架结构，并规定不同层次文件的编号和代码。

4. EnMS文件策划与设计结果

1）能源管理体系文件框架结构一览表（一般作为管理手册的附件）。

2）能源管理体系程序文件清单。

3）作业文件（含作业指导书、管理制度、记录表单）的初步清单。

5. 能源管理体系程序文件的策划要点及其示例

程序文件是为完成某项活动规定的方法和途径的文件。程序文件的多少和详略程度与企业的规模、人员能力、能源利用过程的复杂程度密切相关。一般情况下，策划能源管理体系文件框架时，需要编制程序文件清单，示例见表7-9，企业可根据自身情况进行增减。

表7-9　能源管理体系程序文件清单示例

序号	程序文件名称
1	能源法律法规识别获取与合规性评价控制程序
2	能源评审控制程序（或能源使用识别、评价、控制与更新程序）
3	能源基准、绩效参数、目标、指标、管理实施方案的制定与控制程序
4	能力、培训和意识管理控制程序
5	信息交流管理程序
6	文件及记录管理与控制程序
7	主要能源使用管理和运行控制程序
8	重点用能设备管理及维护控制程序
9	新、扩、改建项目设计及节能评估控制程序
10	能源及能源服务采购管理控制程序

续表

序号	程序文件名称
11	能源监测、分析和计量控制程序
12	能源管理体系内部审核控制程序
13	能源管理体系管理评审控制程序
14	能源管理体系不符合、纠正、纠正与预防措施控制程序

注：以上是一般情况下需要编制的文件，如同时建立了其他管理体系，部分程序文件可以合并或减少。对于大型和特大型企业，可增设某些细化的相关运行控制程序文件。

第四节 能源管理体系文件编制

根据体系文件框架结构的策划结果，工作小组就可以进行体系文件的编制工作。手册由主管部门编写，程序文件由主管部门统一组织，由主管部门和相关责任部门分工编写。

手册和程序文件的相同条款内容由同一人编写，如手册中能源评审（4.4.3）和程序中的"能源使用的识别、评价和更新程序"，由同一个人编写，易于协调统一。

作业指导书由相关技术或生产、动力车间等重点用能部门编写;管理制度由相关职能部门编写，更易于写作一致，提高文件的可操作性。

文件最终由专人汇总、协调和修改，并经相关负责人审核批准后发布。

一、体系文件及其编制方法的基本概念

（一）体系文件的作用及一般要求

1. 体系文件在EnMS中的作用

文件化是管理体系的特征（规范化、个性化、系统化、文件化）之一，企业建立的EnMS必须形成文件，其主要作用如下。

1）传递信息，沟通意图，统一行动，是标准要求与企业实际相结合的产物，是企业内部人人遵守的法规。

2）是管理体系实施、保持与改进的依据载体及手段，是一种宝贵的信息资源，形成并保留文件是一项增值的活动。通过体系文件，企业员工可以共享企业乃至社会的知识和经验。

3）保留的文件具有可重复性和可追溯性，作为客观证据，企业向相关方和认证机构证实体系得以建立并运行，是评价体系符合性、适宜性的依据。

2. EnMS体系文件的一般要求

好的EnMS文件应该达到如下要求。

（1）符合性

内容应符合GB/T 23331—2012标准的要求，机械工厂同时应符合RB/T 119—2015标准的细化要求。

（2）适宜性、唯一性和可操作性

1）要适合企业的规模、产品（服务）和过程的复杂程度和人员的能力特点，要量身定做，具有唯一性，不能照搬标准的原文或照抄其他企业的文本。

2）内容要符合企业的实际，写、做一致，有指导性和可操作性，便于执行及检查。

（3）系统性

通过不同层次文件，清楚反映体系的层次和接口关系，做到层次清晰、接口明确、协调有序，体例统一，构成一个有机的文件整体。

（4）有效性前提下的最小化只要过程有效受控，文件越精练越好。

（二）EnMS体系文件的编写次序

在编写过程中，不同层次文件的编写次序无固定模式。一般有以下三种次序。

1. 自上而下依次展开、细化的编写方式

按能源方针→能源管理手册→程序文件→作业文件→能源记录表单的顺序编写。优点是有利于上、下文件的衔接，层次明确；缺点是要求编写人员素质高，时间长，且要反复修改。

2. 自下而上逐步浓缩、概括的编写方式

按作业指导书、管理制度等三级基础文件→程序文件→能源管理手册的顺序编写。优点是时间快，但易混乱、返工，适用于管理基础较好、基础性文件齐全的企业。

3. 从中间（程序文件）向上下双向扩展的编写方式

这种方法从分析、评价过程入手，确定需要用成文程序予以控制的过程，先编写程序文件，然后向上浓缩、概括成能源管理手册，向下细化成必要的作业文件、记录等第三层次文件，编写时间短、效果好，是一种实用有效的编写方法。

二、能源管理手册的编制

能源管理手册是对企业能源管理体系要求的系统、详细而又提纲挈领的描述，是企业实施能源管理体系的主要文件依据。它根据企业的能源方针，对能源管理体系及其各个主要过程及子过程做出充分的描述，规定了能源管理体系的基本结构，是实施和保持能源管理体系应长期遵循的文件。

（一）能源管理手册的基本概念

1. 能源管理手册的一般结构组成

手册封面

文件更改记录

目录

章节编号及内容

2. 管理手册的主要内容要求

1）手册封面。列出企业名称、手册标题（能源管理手册）、受控状态及受控号（手册

编号）、发布日期、实施日期。

2）手册目录。列出手册各章节号码及名称，便于查阅。

3）评审、批准和修订状态标识及手册发布令。在手册中应清楚标注其评审、批准和修订状态及日期；在手册中应有最高管理者的能源手册发布令。

4）术语和定义。首先注明手册中使用的通用术语所依据的标准，再对本企业特有的相关术语和概念进行定义和说明。

5）企业概况。包括企业的地址、建立日期、性质、投资规模和投资方、技术经济状况、企业的主要生产工艺、主要产品或服务特点、产量及产值、员工人数、能源利用状况、能源流程图、企业沿革和发展前景、对建立能源管理体系及其重要性的认识、企业的通信联络方式、现有的能源管理情况介绍等。

6）能源方针和目标。能源方针发布令，对能源方针和能源目标的解释或说明。

7）能源管理体系范围及边界。

8）能源管理体系描述。它是手册的最重要、核心内容，也是篇幅最多的内容。要覆盖GB/T 23331标准的所有内容和RB/T 119标准的相关细化要求，重点描述对EnMS过程的要求及之间的相互作用；要表明与程序文件的接口关系，可以引用相关程序文件的概略内容（相当于程序文件内容的摘要），也可将程序文件直接编入手册的该部分（小型企业）。为了便于理解和执行，手册的编排格式最好与标准要素（条款）的顺序相一致。

9）支持性文件附录。包括组织机构图、能源管理体系结构图、职责权限分配表、EnMS体系文件接口关系及查询途径表或EnMS体系程序文件清单、能源评审的主要输出图表等。

（二）能源管理手册编制要点及其目录格式

1. 编制要点

1）发布并阐明企业能源方针。

2）阐述能源管理体系范围及边界。

3）明确组织机构设置及其作用、职责分工。

4）描述能源管理体系各条款要求及之间的关系。

5）给出手册和程序文件之间的接口和查询途径。

6）在附录中列出能源评审及体系策划设计的主要输出图表。

2. 能源管理手册目录

下面给出能源管理手册目录的示例，可供企业参考。

---

0 目录

修改页

发布令

1 企业生产及能源管理介绍

1.1 企业发展沿革及概况

4.7　管理评审

4.7.1　总则

4.7.2　管理评审的输入

4.7.3　管理评审的输出

附录

　　① 企业组织机构图及企业能源管理体系职责权限分配表

　　② 不同层次文件的引用/索引关系表（或程序文件清单）

　　③ 企业平面分布图、工艺流程图、能流图

　　④ 适用的能源法律法规标准清单

　　⑤ 能源使用清单、主要能源使用及相关变量清单

　　⑥ 能源基准、能源绩效参数设定值、能源标杆（重点用能单位）清单

　　⑦ 能源目标、指标、管理实施方案一览表

（三）手册编写格式及核心条款描述的示例

1. 手册对标准条款的描述内容

手册对标准条款的描述是手册的核心内容，现就手册中对条款管理职能的描述提出如下参考格式。对标准条款的描述，一般要包括如下5方面内容：①目的；②职责；③管理要求；④相关文件；⑤附录。

按照上述要求和格式就"4.4.3　能源评审"条款在手册中的编写内容，提出如下示例。

2. "4.4.3能源评审"条款的编写内容示例

4.4.3　能源评审

1. 目的

通过能源评审，摸清企业能源管理现状，识别评价主要能源使用及其相关变量，准确锁定能源管理体系控制对象，进而准确识别改进能源绩效的机会，为制定能源方针、目标、指标和能源管理实施方案打下基础。

2. 职责

2.1　能源管理体系主管部门负责制定"能源策划及能源评审程序"或"主要能源使用识别、评价、更新程序"；负责组织企业进行能源评审，主要能源使用消耗及改进能源绩效机会的识别、评价和更新，制定能源基准、标杆、绩效参数设定值、目标指标及管理实施方案等工作。

2.2　各部门负责本部门的能源使用识别与评价。

2.3　管理者代表负责重要能源使用清单、能源基准、能源标杆、能源绩效参数设定值的批准，能源管理体系范围和边界、能源目标、指标和能源管理方案的审核。

2.4　最高管理者负责能源管理体系范围和边界、能源目标、指标和能源管理方案的批准。

3. 管理要求

3.1 确定能源管理体系范围和边界。

3.1.1 应从企业的管理权限范围边界、企业的现场区域范围及其物理边界、企业的外包责任边界来界定能源管理体系范围和边界。

3.1.2 能源管理体系主管部门负责提出能源管理体系范围及边界并报请管理者代表及最高管理者审核、批准。

3.2 识别能源使用

3.2.1 能源使用的识别要覆盖公司所有用能单元，包括所有区域、系统与环节、过程（工序）、设备设施和人员，从主要生产系统、辅助生产系统、附属生产系统三个用能系统，以及能源设计、购入储存、加工转换、输送分配、终端使用、余能利用等六个环节进行全面识别。

3.2.2 各部门负责本部门能源使用识别，填写部门"能源使用识别清单"。

3.2.3 能源管理体系主管部门负责能源使用识别、整理、登记、汇总，编制"能源使用汇总表"。

3.3 主要能源使用消耗的评价

3.3.1 主要能源使用是在能源消耗中占有较大比例或在能源绩效改进方面有较大潜力的能源使用。企业通过对主要能源使用的控制达到改进企业能源绩效，提高能源使用效率，节约能源的目的。

3.3.2 能源管理体系主管部门负责评价主要能源使用，并汇总成"主要能源使用清单"。

3.3.3 管理者代表负责批准"主要能源使用清单"。

3.4 能源基准、标杆和能源绩效参数设定值

3.4.1 能源基准是用于衡量能源消耗、能源利用率水平的比较基础，需根据企业实际情况制定。能源基准要符合国家法规要求，不能低于行业标准限定值，是评价企业能源使用消耗的基础、底线，能源标杆是企业争取达到的同行业先进数值。能源绩效参数是衡量能源绩效的数值或量度，是组织关键绩效指标组成部分，是用以评价企业能源的绩效状况的评价项，其由两部分组成，一是参数的单位（量纲），二是具体数值。能源绩效参数应和能源方针、目标相一致,能源绩效参数确定和更新的方法应形成文件。

3.4.2 能源管理体系主管部门负责选取能源基准、能源标杆和能源绩效参数的设定值。

3.4.3 管理者代表负责批准能源基准、标杆和能源绩效参数的设定值。

3.5 识别能源绩效改进机会，建立能源目标指标和管理方案

3.5.1 为实现企业制定的能源方针，在识别改进机会的基础上，企业在各个职能、层次、过程或设施等层面建立并保持文件化的能源目标和指标，目标要具体与可测量，指标应量化。建立目标指标时应考虑以下四方面因素：①法律法规和其他要求；②自身的主要能源使用及改进能源绩效的机会；③可选的技术方案，财务、运行和经营要求；④各相关方观点。企业的目标指标要分解落实到各相关部门。

3.5.2 能源管理方案是用来实现目标、指标的具体技术措施，企业应制定能源管理方案，能源管理方案的主要内容包括：①规定有关部门和人员的具体职责；②确定时间表和实施进度；③落实具体措施：技术方案、验证过程和效果的方法、竣工验收要求等。

3.5.3 能源管理体系主管部门负责制定能源目标、指标和能源管理方案。

3.5.4 管理者代表负责审核能源目标、指标和能源管理方案。

3.5.5 最高管理者负责批准能源目标、指标和能源管理方案。

3.6 主要能源使用的更新

3.6.1 能源管理体系主管部门负责进行能源使用的更新和重新评价。

3.6.2 能源管理体系主管部门每年定期组织一次对能源使用的评价和更新。

3.6.3 遇到下列情况时需及时更新和评价能源使用消耗、能源基准、标杆和能源绩效参数。

3.6.3.1 法律法规发生重大变更和修改时。

3.6.3.2 企业有新、扩、改建设项目时。

3.6.3.3 企业系统、过程、设备设施发生重大变化时。

3.6.3.4 其他原因引起能源使用消耗发生明显变化时。

4. 相关文件

4.1 能源使用识别、评价、控制和更新程序（或"能源评审控制程序"）

5. 附录

5.1 能源使用汇总表、主要能源使用清单

5.2 能源绩效改进机会排序表

5.3 能源基准、标杆和能源绩效参数设定值清单

5.4 能源目标、指标、管理实施方案一览表

三、EnMS 程序文件的编制

（一）程序文件编写要点及内容概要

1. 程序文件的编写要点

程序文件是描述如何按标准要求去做的文件化程序，其编写要点应针对其管理及控制的过程体现"5个W和1个H"，即包括：目的和范围、做什么、谁来做、何时何地做（5个W）以及如何做（1个H）等内容。

2. 程序文件内容概要

程序文件可包含的内容有：①目的；②适用范围；③职责；④程序；⑤记录保管；⑥相关文件；⑦使用记录表单。

（二）程序文件编写示例

和能源管理手册的上述示例相对应，现把"能源使用识别、评价、控制与更新程序"

如何编写作为示例。编写该程序，就是把初始能源评审应遵守和能源使用识别方法、评价准则、控制途径（改进能源绩效的机会）和日后的更新办法归纳成固定程序。

能源使用识别、评价、控制与更新程序

1. 目的

为了全面识别出企业各系统、过程、设备设施等用能单元中存在的各种能源使用，并评价出主要能源使用，识别改进能源绩效机会并为制定能源目标、指标以及管理方案提供依据，特制定本程序。

2. 范围

本程序适用于公司能源使用的识别、评价与更新。

3. 职责

3.1 各部门负责本部门能源使用的识别

3.2 能源管理体系主管部门负责对全公司能源使用进行收集、审核、汇总及登记

3.3 能源管理体系主管部门负责评价能源使用，并确定主要能源使用

3.4 能源管理者代表负责批准主要能源使用

4. 程序

4.1 能源使用的识别

能源使用的识别要覆盖公司所有用能单元，包括所有区域、系统（环节）、部门、过程（工序）、设备设施和人员，从主要生产系统、辅助生产系统、附属生产系统等三个用能系统，以及能源设计、购入储存、加工转换、输送分配、终端使用、余能利用等六个环节进行全面识别。

4.1.1 由能源管理体系主管部门设计《能源使用识别表》发给各部门。

4.1.2 由各部门负责人组织本部门进行能源使用识别，并将识别结果填入《能源使用识别表》，返回能源管理体系主管部门。

4.1.3 各单位依据以下顺序进行用能单元的合理的层次划分。

区域→系统（环节）→部门（车间）→过程→工序/设备/人员（基本用能单元）

4.1.4 采用《工序能源输入——输出平衡法》识别"能源使用"。

识别时应符合能量平衡原理：

$$输入体系全部能量=输出体系全部能量=有效能量+损失能量$$

识别时应全面考虑影响能耗水平的8个因素（即相关变量）。

① 能源：输入、输出皆以能源作为主要载体。

② 工艺技术：以工艺过程的基本用能单元—工序作为识别主体。

③ 设备：与工序共同构成识别主体。

④ 员工：与工序共同构成识别主体。

⑤ 过程控制：通过"设计、采购、运行不当缺陷"识别。

⑥ 管理：通过"设计、采购、运行不当缺陷"识别。

⑦ 产品：通过"设计、采购、运行不当缺陷"识别。

⑧ 废弃能：此方法考虑了余能、余热、余压的再利用。

4.1.5 能源管理体系主管部门负责将各部门提出的"能源使用清单"进行整理、补充、审核、登记，将确认的能源使用汇总成《能源使用汇总表》。

4.2 主要能源使用的评价

4.2.1 主要能源管理体系主管部门负责对公司能源使用进行评价，确定主要能源使用。

4.2.2 主要能源使用评价方法。

主要能源使用评价采用"是非判断法"。

出现以下情况即直接判为主要能源使用：

① 不符合相关法律法规及标准要求的——————————（判定准则A）；

② 应用20/80原则在能源消耗中占有较大比例的————（判定准则B）；

③ 与国内外同行业标杆对比能源消耗有较大差距的————（判定准则C）；

④ 技术可行，对节能绩效改进有较大潜力的——————（判定准则D）；

⑤ 经济合理，措施简单易行，少无投资即可得到回报的——（判定准则E）。

4.2.3 能源管理体系主管部门组成由能源管理人员、设计工艺设备技术人员、现场员工、外聘专家组成的评价小组，依据现有统计及实测数据，分析影响能源使用消耗高低的工艺、设备、管理、技术、人员等影响因素（相关变量），对照判定准则，纵向追溯、横向比对，综合判断，确定"主要能源使用"并形成"主要能源使用清单"。

4.3 识别改进能源绩效的机会并排序

4.3.1 能源主管部门会同与主要能源使用相关的各部门，对主要能源使用及其相关变量逐项进行分析评价，分析并针对其能耗大、能效低的原因，识别改进能源绩效的机会并排序。

4.3.2 改进能源绩效的机会有两种类型，分别有"技术改造型"和"经济运行型"，根据其迫切性及经济性进行排序，并分别形成"能源绩效改进机会清单"。

4.4 策划主要能源使用控制途径

4.4.1 主要能源使用的控制途径主要有两类：通过目标、指标管理方案控制和采用运行控制程序控制。

4.4.2 目标、指标和管理方案控制（主要针对"技术改进型"改进能源绩效机会）。

对于违反法规要求的主要能源使用及改进机会必须通过制定目标、指标和管理方案进行控制，投入资源，立项治理。

对于节能降耗有显著效果，能有明显能源绩效的主要能源使用及改进机会也可以制定目标、指标方案控制，体现出体系持续改进能源绩效。

4.4.3 对正常状态的主要能源使用及"经济运行型"改进机会，组织应策划采用运行控制程序（含设计、采购控制）予以控制的需求，确定用运行控制程序控制的途径。

4.4.4 每项主要能源使用均应有运行控制途径，不能因其有了目标和方案就缺少按

4.5.5/6/7条款控制的要求。

4.4.5 将策划的控制途径汇总到主要能源使用清单中。

4.5 能源使用的更新

4.5.1 能源使用更新的职责与程序和能源使用的识别、评价相同。

4.5.2 能源使用更新的原则。

4.5.2.1 一般情况每年更新一次。

4.5.2.2 当法律、法规发生重大变更或修改时，应进行能源使用更新。

4.5.2.3 当用能系统、过程、设备设施发生较大变化时，应及时进行能源使用更新。

4.5.2.4 新、扩、改项目或产品结构调整时进行能源使用更新。

4.5.2.5 发生其他变化使能源使用有明显变化时，也要进行能源使用更新。

5. 记录保管

5.1 由能源管理体系主管部门负责保存能源使用识别评价记录

6. 记录

6.1 能源使用识别及汇总表

6.2 主要能源使用清单

6.3 能源绩效改进机会及排序表

四、EnMS 作业文件的编制

作业文件包括作业指导书、管理制度、记录表单和其他文件。现以数量最大、用途最广的作业指导书为例，介绍其编制要求及内容要点和实例。

1. 作业指导书的编写要求

作为能源管理体系的一部分，作业指导书是用来阐明某项具体的过程或活动如何实施的操作性文件，作业指导书的内容分技术性和管理性两种，内容虽也涉及"5W+1H"（即包括：目的、范围、做什么、谁来做、何时何地如何做等内容），但重点讲明如何做（1H），由于所涉及的活动和过程具体且单一，使用人员也相对固定，因而作业指导书格式比程序文件简单，不需要专门的格式，内容也要求简明扼要，但一定要具有可操作性，重要的工艺参数要量化，确保操作人员能准确理解并按其操作。

2. 作业指导书内容要点

1）与该作业相关的职责和权限。

2）作业内容的描述，包括操作步骤、过程流程图等。

3）所使用的设备，包括设备名称、型号、技术参数规定和维护保养规定。

4）检验和试验方法，包括计量器具的要求、调整和校准要求。

5）对工作环境的要求等。

3. 机械工厂常用作业指导书编写示例

（1）示例1：CO_2气体保护焊作业指导书

CO₂气体保护焊作业指导书

1. 目的：确保焊接质量，合理利用能源，降低能源消耗

2. 适用范围：CO₂电焊机（CPVM-500、XC-500等）及CO₂气体保护焊作业

3. 操作规程

3.1 焊接作业前的准备与检查

3.1.1 焊接电源电压符合要求，每台焊机要有专用电源开关。焊机外壳接地保护连接、电源线完好、紧固，焊机面板元件、仪表完好。

3.1.2 接地线须用接地焊钳压接在工件上且紧密可靠、无松脱现象，不允许用线头搭接在工件表面上进行焊接操作。

3.1.3 送丝机安装稳固，检查送丝轮接触压力和制动，需要时做出调整。

3.1.4 焊机、送丝机上面不能存放任何物品，场地清洁、干燥。

3.1.5 焊枪及电缆、气管接头紧固完好，无松动和破损。清除导电嘴和喷嘴上附着的飞溅物，导电嘴磨损过大后应及时更换，保证与焊丝间的良好接触。

3.1.6 气瓶竖立安放在专用气瓶支架上，检查气路是否通畅，气瓶、气阀、减压表完好无损，无漏气现象。

3.1.7 操作时穿戴好防护用品（防护服、焊接手套、绝缘鞋、焊接面罩），防止触电、烫伤皮肤、灼伤眼睛等。严禁焊接作业时卷起袖口、穿短袖衣、敞开衣领。

3.2 焊接作业中操作与注意事项

3.2.1 班前检查合格后，先接通总电源开关，再接通焊机电源开关。

3.2.2 检查冷却风机运行是否正常，风路是否畅通无阻。严禁在没有冷却的情况下使用设备。

3.2.3 调整气体流量在规定值内。观察压力表的指针是否灵敏正常。

3.2.4 根据焊接工艺要求调整好电流、电压、送丝速度，并随时观察焊缝质量，发现问题及时检查处理。

3.2.5 为延长焊枪喷嘴及导电嘴的使用寿命，在使用前应先涂一层防堵剂，防止其粘上焊接飞溅物。须经常清理喷嘴，以免出气孔被飞溅物堵塞，保证气路畅通及防止焊接电源短路，损坏机内电气元件。应经常检查导电嘴，如有磨损或堵塞应立即更换。焊枪用完后应放在可靠的地方，禁止放在焊件、地面上。

3.2.6 工作中随时注意焊丝输送情况，焊丝轮管不得有急弯，最小曲率半径应＞300mm。

3.2.7 焊接时采用气体保护，焊接区域的风速应限制在1.0m/s以下，否则应采取挡风装置，以确保气体的保护作用。

3.2.8 设备发生异常、故障、事故时，应马上切断电源，及时通报相关人员，严禁"带病工作"。

3.2.9 操作者应根据焊接作业有间断的工作特点，尽量延长焊接连续作业时间，缩

短非焊接时间，最大限度地减少无功损耗，提高电能的利用率。若预测到电焊机待机时长超过10min应关闭电源。

3.3 焊接作业后操作注意事项

3.3.1 焊接作业结束后切断电源，关闭气源，把送丝机放回原处。

3.3.2 清理工作场地，检查场地是否留有火种，在消除焊件余热和灭绝火种后方可离开。

3.3.3 盘好电线电缆，将焊枪清理干净后放在指定位置。

3.3.4 按维护规程做好焊机的日常保养工作。

4. 安全注意事项

4.1 操作者人身不可触及焊机带电部位，禁止在卸下机壳情况下使用焊机。

4.2 焊接结束后，切勿立即用手直接触及焊枪喷嘴、焊缝及其周围区域，以防烫伤。

4.3 检查送丝机是否牢固地安装在送丝机架上，防止送丝机从送丝架上掉落，造成伤害。

4.4 保护气瓶应小心轻放、竖立固定、绑缚牢固，防止倾倒。勿使气瓶靠近焊接回路。气瓶与热源距离应保持大于5m。立放必须有支架，并远离明火3m以上。

4.5 每次对焊枪及其他高温部件进行处理前要让其冷却，勿将焊枪挂在气瓶上。

4.6 焊接场地周围10m范围内无氧气、乙炔气瓶及易燃易爆物品。

4.7 禁止使用没有减压阀的气瓶。气瓶用压力表、减压阀必须按规定定期送交校验。

4.8 减压器应在气瓶上安装牢固，采用螺扣连接时，应拧足5个螺扣以上，采用专用夹具压紧时，装卡应平整牢靠，减压器卸压时，先关闭高压气瓶的瓶阀，然后放出全部余气，放松压力调节杆使表压降到零。

4.9 焊机的安装、检查和维修应由专业修理工进行，操作者不得私自拆修。

5. 相关文件：设备操作使用说明

6. 相关记录：运行记录

（2）示例2：天然气热处理炉作业指导书

天然气热处理炉作业指导书

1. 目的：加强天然气热处理炉能源管理，高效发挥设备效率，达到节能降耗目的

2. 适用范围：RT台车式天然气热处理炉及大型锻钢件正火作业

3. 操作规程

3.1 开炉前的准备与检查

3.1.1 根据交接班记录和设备点检结果，发现异常立即通知有关人员进行处理。

3.1.2 垫铁放置应顺着火焰喷出方向，并错开烧嘴口。

3.1.3 工件装载要求稳妥并均匀放置，与周边炉衬距离应大于450mm。

3.1.4 合上配电柜总开关、各分路开关、炉门、台车控制柜总开关。

3.1.5 将炉门上升定位，然后操作台车出炉定位、装料、进炉、定位。在台车开至距炉0.5m处采用点动式操作，防止限位开关失灵损坏炉体。

3.1.6 打开天然气总管手动球阀，再开天然气安全切断阀，检查天然气压力是否达到要求。

3.1.7 将烧嘴控制箱的电源开关打到启动挡。

3.2 开炉中操作与注意事项

3.2.1 将控制柜上的开关打开，启动风机，启动计算机操作台柜内的微机电源，计算机自动进入监控系统画面的首页。

3.2.2 用鼠标点击1号炉或者2号炉按钮，进入相应的炉子状态画面，可以观察台车炉的状况及其对应状态。

3.2.3 按照工艺要求在相应界面输入工艺曲线，或者选择相应的曲线代码。

3.2.4 将脉冲开关打到ON挡。

3.2.5 在确认一切正常具备点火条件时点击开始按钮，并将PID控制器打到自动挡，烧嘴将自动运行。

3.2.6 点火完成后，应到现场观察各烧嘴的火焰是否均匀、稳定，否则应进行调整。

3.2.7 全部烧嘴点火成功并稳定后，关闭炉门并检查炉体各处密封情况。

3.2.8 观察上位机的监测情况，如果有问题应立即到现场进行处理。

3.2.9 烧嘴状况：工作中操作人员应密切注意各烧嘴的工作状态是否正常。如出现异常，应立即检查或复位，重新进行点火。

3.2.10 操作中，严格遵守操作规程和工艺要求，杜绝天然气等能源的浪费。

3.2.11 设备在运行过程中，要注意有无异常振动、异常声响，遇有异常或紧急情况时，立即按下急停按钮，检查原因并及时排除。

3.3 停炉及停炉后操作注意事项

3.3.1 工件按要求完成热处理过程后，进行停炉操作。

3.3.2 曲线运行结束后，烧嘴会自动停止工作，电磁阀将自动关闭。

3.3.3 关闭天然气手动球阀。

3.3.4 关闭烧嘴控制箱电源。

3.3.5 关闭风机。

3.3.6 检查现场，关闭各路电源及总电源。

3.3.7 按维护规程做好设备的日常保养工作。

3.3.8 将班中发现的问题和设备运行情况填到交接班记录簿上，做好交接班工作。

4. 确保安全及节能注意事项

4.1 整个操作过程中上位机监控室不得离人，出现报警闪烁时应根据报警单元字样及时实施处理。

4.2 炉车运行、炉门升降时，必须有人在现场观察，谨防限位开关失灵。

4.3 炉门升降时，人员不得站在炉门下方，无进出炉需要时，炉门应落下。

4.4 烧嘴点火前，必须打开炉门和烟道闸板，待所有烧嘴燃烧正常后再关闭炉门。

4.5 开炉前天然气必须充分放散。放散时间每次不少于安全时间，放散后应立即关闭各放散阀。如果长期停炉后开炉或燃气管道大修后开炉，放散时必须经过气体分析，合格后才能点火。

4.6 开炉前应检查天然气管道上的阀门、法兰等有无天然气泄漏，若有泄漏，必须立即检修，否则不得点火。

4.7 每次停炉后必须关闭天然气总管道上的两道手动球阀，此阀应定期检修，确保内泄漏和外泄漏。

4.8 出现紧急情况时，应立即切断仪表间配电柜总闸。

5.设备的主要技术规格及参数（略）

6.相关文件：系统操作使用说明

7.相关记录：运行记录

（3）示例3：空压站操作指导书

空压站操作指导书

1.目的：加强空压站管理，节能降耗

2.适用范围：适用于螺杆式空压机（3～80m³/min、0.8～1.3MPa）；储气罐（容积0.6～40m³、工作压力0.8～6.0MPa）

3.操作规程

3.1 工作前的准备与检查

3.1.1 空压机配套的启动柜电压是否正常，有无异常声响及异味，标识是否齐全。

3.1.2 检查电脑板参数，有无故障信号及显示数字是否正常，检测信号指示灯是否全亮，紧急停车按钮是否在按下的位置（如是，需查明原因后方可恢复启动状态）。

3.1.3 打开机器前后检查门目测及耳听，查看空压机内部管道是否有漏气、漏油、漏水现象。

3.1.4 检查空压机视油镜内润滑油状况，润滑油应在视油镜内1/3～3/4之间。

3.1.5 打开疏水器下面的手动阀门放净冷凝水，防止因冷却器泄漏造成的水冲击事故；如果冷凝水有持续流出现象，需查明原因并排除故障后方可启动设备。

3.1.6 检查冷却水压力是否在0.2～0.5MPa范围内。

3.1.7 储气罐连接管路、阀门无泄漏，开关灵活。

3.1.8 压力表在检定有效期内，灵敏可靠，安全阀在校验有效期内，铅封完好。

3.1.9 设备周围无障碍物、易燃易爆物品。

3.2 工作中操作与注意事项

3.2.1 接通水管路（水冷机组）。

3.2.2 打开排气截止阀。

3.2.3 按下手动模式键或自动模式键，即可启动压缩机。

3.2.4 每一小时对设备运行情况（包括声音是否正常，各气、水管道有无异常，水温是否正常，电机及电控系统的电压、电流、温度等是否正常，回油管回油是否正常，运行参数是否正常，有无漏油、漏水、漏风现象，疏水阀排水是否正常等）进行巡检一次，并做好记录。不得漏检或不检，发现问题及时处理或报告。正常运行温度：$90℃<T_1<113℃$，运行压力：$\Delta P1<0.07MPa$，低压$P_排<0.8MPa$，高压$P_排<1.2MPa$

3.2.5 每班最少2次对储气罐进行排污，合理安排时间。

3.2.6 按规定填写运行记录，记录应及时、准确、清晰、规范。

3.2.7 按生产指令和用气量大小，及时调整空压机的运行台数，确保使用部门的供气量和压力，杜绝大马拉小车现象，节约能源。

3.3 工作后操作

3.3.1 按下停机键，即可停机。

3.3.2 打开放空阀。

3.3.3 关闭储气罐进气、出气阀门，缓慢打开排污阀，将罐内气体排放干净。

4. 维护保养

4.1 定期校验安全阀和压力表。

4.2 及时更换损坏的空气滤清器滤芯、油气分离芯、油过滤器滤芯、阀门、密封件。

4.3 润滑（电机轴承、油气分离器）。

5. 常见故障排除方法

5.1 排气温度$T1$过高，分析可能发生的原因及排除方法。

5.1.1 油气分离器内油位过低：检查油位，必要时加油。

5.1.2 温控阀失灵：检查温控阀，更换温控元件。

5.1.3 油过滤器堵塞，旁通阀失灵：更换油过滤器。

5.1.4 环境温度太高：改善通风条件。

5.1.5 用户外接通风管道阻力太大：增大通风管道，在管道中设置排风扇。

5.1.6 冷却水流量不足：检查冷却水的供应状况。

5.1.7 冷却水温度过高：增加冷却水流量，降低水温。

5.1.8 冷却器堵塞：清洗管道，使用洁净的冷却水。

5.1.9 热电阻温度传感器RTD失效：检查RTD接头。如果接头完好，更换温度传感器。

5.1.10 冷却器翅片太脏（风冷机组）：清洗冷却器翅片。

5.2 排气压力（罐压）P_1过高，分析可能发生的原因及排除方法。

5.2.1 卸载零件（如放空阀、进气阀，任选的螺旋阀）失效：检查卸载零件动作是否正常。

5.2.2 压力调节器失效：检查压力调节器。

5.2.3 电磁阀失效：检查电磁阀。

5.2.4 控制气管路泄漏：检查控制气管路是否泄漏。

5.2.5 控制气管路过滤器堵塞：维修过滤器组件。

5.2.6 油气分离器滤芯堵塞：更换油气分离器滤芯。

5.2.7 最小压力阀—蝶阀失效：检查/修理油气分离器排气口蝶阀。

6. 安全、环境注意事项

6.1 设备发生异常、故障、事故时，应马上切断电源，关闭阀门，及时通报相关人员，严禁"带病工作"。

6.2 空压机运行噪声较大易导致听力损伤，应按规定穿戴防护用品。

6.3 废机油、废油布排放，按规定收集，交公司统一处置。

7. 设备的主要技术规格及参数（略）

8. 相关文件：设备操作使用说明

9. 相关记录：运行记录

第五节　能源管理体系试运行与节能管理长效机制的建立

体系文件发布后，能源管理体系进入试运行阶段，试运行标志着EnMS实施的开始，实施和运行阶段是体系建设取得成败的关键，在试运行阶段必须充分运用前四个阶段完成的结果，包括能源方针、能源基准、能源绩效参数、能源目标和指标、识别的法律法规及其他要求、能源管理实施方案及发布的体系文件，认真严格地按策划的结果和文件的要求，认真实践"做我所写的，记我做完的，改我做错的",并继续检验策划结果及体系文件的适宜性、有效性，特别是可操作性，对能源使用的各个过程特别是主要能源使用严加控制。

在体系试运行阶段（一般为6～9个月），企业通过发布体系文件，对各个职能和层次的员工进行充分宣贯培训，按照体系文件和运行准则要求，实施对与能源使用相关的设施、设备、系统和过程的有效控制并持续改进，从而实现能源管理的规范化、系统化，构建企业节能管理长效机制。

一、提高能源管理体系试运行有效性的五大关键

能源管理体系是建立企业节能长效机制的根本途径。企业在试运行阶段就要开始建立一个有较高适宜性、符合性和有效性的能源管理体系，应抓住以下五大关键问题。

1. 领导重视

首先企业的高层领导要重视企业能源体系建设，在思想意识上要充分认识其必要性和重要性，并在行动上身体力行，承担高层领导应负的职责和承诺；还必须为体系建设和有

效实施提供有力的人员、资金等资源支持，这是有效实施能源管理体系的基础。

2. 全员参与

能源管理体系在实施过程中的各个阶段都需要全员参与，从管理现状的调查、能源评审、体系文件的编写到体系的试运行都离不开全体员工的参与。只有全体员工积极参与，发挥全体员工的主观能动性，才能在"个人保班组，班组保部门，部门保公司"的前提下使体系试运行开个好头以实现体系既定的能源方针和目标。

3. 培训教育

首先，要进行GB/T 23331—2012标准和体系文件以及相关法律法规知识、节能基础知识的全员培训，告诉员工在实施能源管理体系过程中"应做什么，为什么做，由谁来做，怎样做"等入门知识，使员工对能源管理体系有一个基本了解，并自觉执行相关要求。

其次，要对业务骨干人员进行重点培训，主要是内审员和重点用能岗位人员的培训。培训内容包括对GB/T 23331—2012标准和相关国家标准、节能原理及节能技术、有关内审的方法和技巧等较系统、深入的了解和掌握。

再其次，是体系文件发布后的培训。体系文件发布后，应将体系的思想、要求通过培训、教育传达到每位员工，使员工能理解和接受，并贯彻执行。

4. 注重实效

能源管理体系的效果要实在、适用、有价值，必须符合企业的生产实际，与企业的业务流程融为一体，不能生搬硬套，流于形式"空心化"，要按照标准要求和企业实际编写文件，发布后更应认真执行。即"应该规定的要符合实际，有了规定严格按规定做"。

5. 持续改进

能源管理体系建立并投入试运行，仅仅标志企业在管理上上了一个台阶，并不代表达到最高水平。因此，能源管理体系运行后直至获得认证后，不能停滞不前，应继续努力，与时俱进。随着社会的发展、科技的进步、法律法规的完善以及员工意识的提高而不断改进，并持续发展。

二、能源管理体系试运行要点

体系试运行应按照策划和文件要求，具体的运行控制要点如下。

(一) 管理职责 (标准条款4.2)

1. 最高管理层起到指挥和控制组织行动的决策和领导作用

最高管理者和管理者代表要分别担起领导责任。在试运行阶段起到组织动员、提供必要资源、落实各级管理职责等高层责任。

2. 体系主管推进部门要承担具体EnMS组织、检查、协调作用

承担试运行的具体组织、检查、协调、沟通等主要职责。

3. 重点用能部门和重点用能岗位员工要发挥骨干、带头表率作用

4. 各部门负责人及全体员工均要了解自己在EnMS中的职责，并认真履责

（二）能源方针（标准条款4.3）

1. 能源方针应在企业不同层面沟通和传达，并对内、对外两公开

能源方针应传达给为组织工作和代表组织工作的人员，即体系范围内全部人员，包括重要相关方人员（如能源服务供方和外包方）。方针文字不仅要牢记，更要了解其内涵，并具体贯彻到实际行动中。

2. 对外公开宣传、展示，可为社会公众所获取

（三）法律法规及其他要求（标准条款4.4.2）

按照"收集获取→识别评价→贯彻实施→定期评审→及时更新"的步骤进行管控，注意定期收集新的（含新定及修订）法律、法规、标准及其他要求，并及时评价和及时更新补充企业适用的法律、法规清单，按程序要求下发及传达。

（四）能源评审（标准条款4.4.3）

能源评审的目的是"分析现状、识别重点、寻找潜力"，它是能源管理体系策划的基础，能源评审的结果转化为能源管理体系运行控制要求，并应在运行中得到进一步验证。

能源评审应动态管理，在设备、设施、系统、产品、工艺等发生变化时，应当根据变化过程或环节对评审结果及时更新或重新进行能源评审。

（五）能源基准（标准条款4.4.4）

能源基准的作用是监测能源绩效，通过能源绩效参数实测值与基准值的比较评价能源绩效，通过比较、分析，可看出能源体系的改进空间，并注意根据变化及时调整。

（六）能源绩效参数（标准条款4.4.5）

能源绩效参数是企业用于考察评价能源绩效的评价项及数据，体系试运行后，将逐步形成五套数据，即能源基准、绩效参数设定值、绩效参数运行值、目标指标值和标杆值。即：应依据监测计划，分析对比重要能源绩效参数五套数据的高低变化，通过能源绩效参数变化对组织的能源绩效进行评价。

（七）能源目标、能源指标和能源管理方案（标准条款4.4.6）

在相关的职能、层次、过程、设施上建立的能源目标和指标应在试运行中得以落实。在企业中有能源考核的单位都应建立能源目标和能源指标，在试运行期间，各部门应努力逐步完成实现制定的能源目标、指标要求。

能源管理方案的责任部门应按照方案要求的具体措施、进度开展工作，方案实施完成后，应进行节能效果的测算。如果能源管理方案在实施过程中发现问题和变化，应及时进行识别和评价，并和主管及相关部门汇报、沟通。

（八）能力、培训和意识（标准条款4.5.2）

培训工作要贯穿整个试运行阶段，针对不同职能和层次进行专门培训。

1. 各级领导培训：重在明确职责，身体力行

通过培训，了解本部门能源使用情况、主要能源使用及控制途径；了解部门适用的法规及要求要点；本部门应遵守的体系文件要求；本部门分解的目标、指标和能源管理方案及完成情况。

2. 重要能源岗位人员重掌握完成本职工作的必要知识和能力

重要能源岗位人员包括：大型用能设备采购人员、用能设备管理及维护人员、主要能源使用及大型用能设备生产调度及操作和维护人员、设计和工艺岗位人员、能源服务人员、能源计量人员等。培训工作具体要求，如：①设计和工艺岗位人员应熟悉适用于机械制造企业的先进节能技术的应用；②大型设备采购人员应了解能源采购对能源绩效有哪些重要的影响，了解能源服务、产品、设备对能源使用消耗及效率的影响；③还要关注重要相关方的关键能源岗位人员（如能源服务人员、重点用能岗位的外包人员）的培训及必要时持证上岗情况，采用适当方式检查监督。

3. 全员（含重要相关方人员）岗位培训

了解本岗位的能源使用及主要能源使用情况；本岗位应遵守的适用法规；本岗位有关的运行程序和作业文件；本岗位适用的能源应急程序。

（九）信息交流（标准条款4.5.3）

内外部信息交流畅通是体系有效运行的重要保证，在试运行阶段就要开个好头。

1. 采用多种方式进行内部交流和沟通

如利用例会、讲评会、简报、意见箱、电子邮件、局域网等多种方式进行，通过沟通达到各部门协调统一。

2. 确定主要能源使用是否对外交流，若需要交流则要制定办法，并认真实施

重点用能单位应就能源使用状况对外主动交流。

1）必须按年度定期发布"能源利用状况报告"并按规定向上级主管部门报送。

2）还可利用网站、电话、会议等方式主动向主管部门、行业协会等寻找节能信息；同时接受并及时处理节能监察执法部门反馈信息、对内外部交流的信息及时处理并回复，做好信息交流记录。

（十）文件要求及文件控制（标准条款4.5.4.1/2）

1）确保有效文件发放到位，并做好发放记录，确保各工作岗位均有适用文件的有效版本。

2）通过试运行及时发现文件的不足之处，不断修改完善文件，按照规定实施文件的评审、修订、审批和再审批。

（十一）运行控制（标准条款4.5.5/4.5.6/4.5.7）

"4.5.5运行控制"是体系试运行中最重要、最常用的条款，是"做我所写的"重中之重。

1. 主要生产系统专用用能设备设施的经济运行

主要包括：冲天炉、电弧炉、中频炉、天然气反射炉等熔炼设备，锻造加热炉、热处理炉、涂层烘干炉等加热设备，涂装电镀等表面处理设备，造型机、压力机、锻锤、焊切设备等成形机械，大型金属切削加工机床等。

1）合理组织生产，加强计划调度，尽可能组织批量生产，热加工应采用多班制连续生产技术，冷加工多品种小批量中小零件宜采用成组技术。

2）严格按操作规程规范操作，特别是严格遵照控制影响能源绩效的工艺参数如铸造的出炉温度、浇注温度，热处理的加热温度和保温时间等。

3）作好生产运行记录，包括各加工工件的材质、形状、单重、总重等，监测重要工艺参数，如加热过程的加热温度、保温时间及加热工艺曲线；燃料、电、水消耗，空气、可燃气预热温度，烟气排放温度等。

4）完善和严格遵守各项规章制度，如重点用能设备能耗定额管理制度；重点用能设备岗位责任制；能源奖惩制度等。

2. 辅助和附属生产系统通用用能设备的经济运行要求

主要包括：变配电系统、工业锅炉房及供暖系统、空压站、泵房及供水系统、鼓风机、引风机、制冷空调系统、余热（汽）回用系统、循环水系统、污水处理系统、通风除尘除湿增湿系统以及照明、办公、运输、生活设施等。

1）设备系统优化配置、合理布局，按运行绩效参数控制设备实现经济运行，定期监控，确保不超过允许的能效限定值。

2）按照GB 17167要求配置适宜的计量器具并实施计量，做好记录。

3）加强供配电系统的供电设施的维护保养，降低无功损耗；无功补偿调节方式应符合系统运行要求。

4）加强电动机的运行状况巡回检查、测试与维护（冷却、润滑、清扫等）。

5）工业锅炉及其附属设备和热力管道的保温应符合GB/T 4272《设备及管道绝热技术通则》；燃烧工况、压力、温度、水位均应保持稳定；经常对锅炉燃料供应系统、烟风系统、汽水系统、仪表、阀门及保温结构等进行检查。

6）加强风机（鼓风机、引风机）维护及控制，及时调节风量、做好润滑，按照GB 17167的规定，在有关部位安装电流、风压、流量等控制仪器仪表。

7）空压站机组应匹配合理；避免泄漏，风机(泵类、压缩机)特性要与负载及管网总阻力特性相匹配，使压缩机的运行工况点在制造厂规定的范围内。

8）空调、照明、办公、生活设施：节约用电用水人人有责，制定管理制度和定额标准，人人遵守，杜绝长明灯、长流水。

3.加强重点用能设备的日常维护保养，实施预防性维修（详见第四章第五节）

1）建立并完善重点用能设备台账档案。

2）做好重点用能设备的日常保养和定期维护及设备润滑的"五定"与"三过滤"。

3）制定好并严格执行大修、项修和小修三种预防性维修计划。

4.余热、余能回收利用

1）符合GB/T 1028的余热、余能资源应采取措施加以回收利用。

2）根据余热种类、介质温度、排放数量，合理设置余热回收利用设备。

3）对余热回收利用装置（如热交换器）的运行参数进行测量与记录。

4）余热回收应优先用于设备本系统，如预热助燃空气或可燃气、预热被加热物体等，以提高设备的热效率，降低燃料消耗。

（十二）设计（标准条款4.5.6）

能源设计是能源流转的第一个环节，是节能工作的源头，在体系运行中，应积极应用节能的工厂、产品结构及工艺设计，实现设计节能。

1.在新扩改项目的"工厂设计"中采用节能新工艺/材料/设备

1）编制节能评估书（表）通过节能评估审查。

2）严格遵守GB 50910—2013《机械工业工程节能设计规范》要求。

3）优化工艺流程和工艺路线，减少物流的交叉、迂回和倒流。

4）采用节能工艺/材料/设备（详见第五章第五节）。

2.零件（毛坯件）结构和制造工艺设计节能

1）采用节能的零件（毛坯件）结构，使毛坯件易于制造，零件易于加工，或减少后序加工的能耗（详见第五章第二节和第七节）。

2）制造工艺优化设计节能（详见第五章第五节和第七节）。

（十三）能源服务、产品、设备和能源的采购（标准条款4.5.7）

能源及相关设备、服务的采购是能源流转的第二源头，运行时也应严格控制。

1）制定能源产品、服务、用能设备的采购规范，并严格执行。

2）建立能源供应商（含外包方）评价准则。进行供应商评价，优选供应商，确保其提供的产品及服务满足要求。

3）重要能源、原辅材料、用能设备和服务的采购控制。按采购规范要求进行采购并进行验证。

4）能源的储存管理。制定和执行能源储存管理文件，规定储存损耗限额，加强能源储存的管理。

（十四）监视、测量与分析（标准条款4.6.1）

此条款构成EnMs第一道监控系统，重在及时发现体系及体系运行中存在的问题和不符合，内容丰富，工作很多，主要包括以下内容。

1. 制定并实施适合企业用能特点的监视测量计划，并定期对其结果进行分析

2. 监视测量的主要内容

1）对主要能源使用的运行控制情况的例行监测。

2）对主要能源使用相关的变量的例行监测。

3）对能源绩效参数运行值的例行监测。

4）对能源目标、指标、能源管理方案完成情况及效果的定期监测。

5）监视能源中断、能源泄漏、散失和其非预期的能源消耗的测量与分析评估，包括：不合格品工时、返工和返修工时、耗能设备空运行时间等。

6）对能源监视测量仪器仪表按规定检定校准，并保存检定校准记录。

3. 定期对重要能耗、能效绩效参数五套数据分析对比，评价体系运行绩效

建立能源管理体系的一项重要工作就是建立能源管理指标系统。能源管理指标系统包括：能源基准、能源目标指标、能源绩效参数的设定值（控制值）及实测值（运行值），依据我国法规，重点用能单位还应设置能源标杆值。能源绩效参数作为评价能源绩效的评价项，能源基准等上述五套数值均可视为不同层面的能源绩效参数量化的结果。以能耗类能源绩效参数为例，设定值应低于基准值，目标指标值应远低于基准值；如体系运行有效，实测值也应低于基准值和设定值；基准值与设定值和目标值之"差"分别是体系规范运行实现的及实施管理方案后实现的能源绩效（对于能效类能源绩效参数，其高低的走向正好相反）。能源基准值、能源目标指标值、能源绩效设定值及实测值等五套数值之间的关系图示于图7-2。

(十五)合规性评价（标准条款4.6.2）

1. 合规性评价频次和时机

可安排在内审之前，全面系统的合规性评价应每年至少一次。

2. 合规性评价的范围和依据

企业应依据识别出来的适用法规，对与主要能源使用相关的法规合规性进行全面评价。

3. 评价形式

采用会议、专家评价等方式进行，并将评价结果形成记录。

(十六) 内部审核（标准条款4.6.3）

体系试运行5～6月后，应组织首次EnMS内部审核（具体方法内容详见本书第八章）。

(十七) 不符合、纠正、纠正措施和预防措施（标准条款4.6.4）

对各种监控手段发现的不符合，均要采取纠正（就事论事整改现状）→纠正措施（针对不符合原因采取的措施）→彻底整改。还要举一反三，如发现有潜在不符合，也要针对其原因进一步采取预防措施。

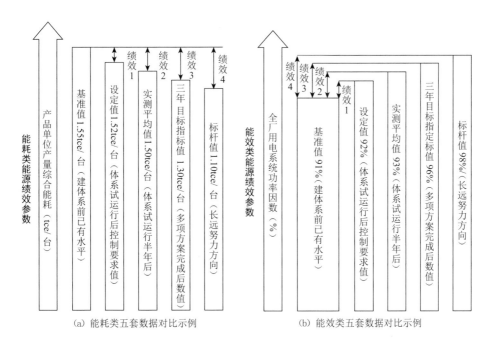

(a) 能耗类五套数据对比示例　　　　　　　(b) 能效类五套数据对比示例

图7-2　EnMS试运行中能源绩效参数五套数据之间关系示意图

绩效1：体系试运行后通过规范管理要求的绩效　　　　　绩效2：体系试运行半年实现经济运行后取得的绩效
绩效3：至第三年多项管理方案完成后取得的绩效（均与基准值对比）　　绩效4：达到标杆水平后取得的绩效

（十八）记录控制（标准条款4.6.5）

按要求及时记录；记录内容要清楚，有日期和记录人；记录要分级保存，设保存期，标识清楚，便于查询。

（十九）管理评审（标准条款4.7）

内审工作完成后（关闭所有不符合项后）应进行首次管理评审。管理评审内容既要评审过去（体系的持续适宜性、充分性、有效性），也要规划未来（改进的方向和决定）。管理评审的输入要充分具体；管评输出形成决定和报告，下发并落实。

三、组织好首次管理评审

管理评审是能源管理体系"PDCA循环"中改进阶段，在首次内审完成并进行整改后，最高管理者应亲自主持企业的首次管理评审活动，为能源管理体系的试运行画上一个圆满的句号。

（一）管理评审目的

通过管理评审，可以确保能源管理体系的持续适宜性、充分性和有效性。

1.管理评审能够确保能源管理体系持续的适宜性

由于企业所处的内外环境不断变化，要求企业的能源管理体系也要不断变化。这种变化有可能导致能源方针、能源目标的变更。在这种情况下，企业应通过管理评审，及时调整或改进能源管理体系，实现能源管理体系与内、外部环境变化相适应。

内外部环境的变化包括：法律法规和其他要求的变化；能源管理体系标准的变化；先进节能技术、成熟管理经验的采用；主要节能管理人员的变动（如管理者代表的变动）；组织机构及职责的变化；新节能技术或新工艺的采用；产品结构的调整；消耗能源的种类、数量的改变等。

2. 管理评审能够确保能源管理体系持续的充分性

通过管理评审可发现原有能源管理体系可能存在的未考虑到的活动。如：发现原有的能源管理体系在识别能源使用方面可能存在不充分的情况，存在没有被识别控制的能源使用（特别是主要能源使用），可以对已识别的主要能源使用采取更加有效的控制措施，包括当时无法采取但现在已有条件采取的控制措施，从而保证能源管理体系的充分性。

3. 管理评审能够确保能源管理体系持续的有效性

通过管理评审，企业最高管理者可以将能源绩效、内部审核的结果、政府和节能主管部门对能源利用情况的满意程度等信息与企业设定的能源方针、能源目标和职责、能源管理实施方案等预定安排进行对比，来评价企业能源管理体系的有效性，并采取措施，确保能源管理体系绩效的持续改进提升。

（二）管理评审的策划

管理评审活动由最高管理者主持，参加评审的人员一般是企业的高层管理人员和各部门、车间负责人。管理评审应按照规定的时间间隔进行。通常每12个月进行一次，一般在一次完整的内部审核后进行。对规模较大或产品、用能类型较多的企业每年可进行两次或多次。当企业的能源结构或能源管理机构发生重大变革或政府及节能主管部门提出新的要求等重大变化时可临时追加评审。

最高管理者应亲自或指定某一职能部门编制管理评审计划。管理评审计划应规定开展管理评审的时间、目的、内容，并对管理评审输入信息涉及的有关部门提出要求，要求其针对能源管理体系运行某一专题开展调查、搜查证据、监视测量及统计分析等工作，为管理评审提供准确可靠的输入信息。管理评审计划经最高管理者签发后，提前通知参加管理评审的人员及有关部门。表7-10为某公司能源管理评审计划的示例。

表7-10　某公司能源管理评审计划

编号：×××/EnMS-R034-01

一、管理评审目的 1. 评价公司能源管理体系的持续适宜性、充分性、有效性 2. 评价能源管理体系方针、目标的适宜性和实现情况 3. 提出改进能源管理体系的需求和措施
二、管理评审范围 ×× 区域内公司 ×××× 产品的设计、生产、经营和服务过程中所涉及的能源设计、采购储存、加工转换、输送分配、终端使用、余热余能利用等过程的管理及节能技术应用。

续表

三、管理评审的组织

由公司总经理×××主持，体系主管部门负责具体组织安排，各部门积极配合和参与，提交书面文件资料。

四、管理评审的内容

1. 能源方针的评审

2. 能源绩效和相关能源绩效参数以及能源目标和指标的实现程度

3. 合规性评价的结果以及组织应遵循的法律法规和其他要求的变化

4. 能源管理体系的审核结果及纠正措施和预防措施的实施与效果

5. 以往管理评审后续措施的实现情况

6. 对下一阶段能源绩效的规划及持续改进建议

五、管理评审的时间安排和地点

时间：2016年12月20日上午9：00～12：00；地点：公司二楼会议室

六、管理评审的准备工作要求：

1. 各部门、车间汇报本单位能源体系建立、运行情况

1）职责履行情况；

2）能源使用识别、评价与控制情况，法律法规识别与评价情况；

3）能源基准、能源绩效参数、目标指标和管理方案制定及能源绩效；

4）能源体系日常监督检查情况，纠正和预防措施实施情况，上次内审问题点改进情况；

5）改进建议。

2. 体系推进部门汇报能源体系建立、试运行总体情况

1）能源方针的评审；

2）合规性评价的结果以及组织应遵守的法律法规和其他要求的变化；

3）能源绩效和相关能源绩效参数，能源目标和指标的实现程度；

4）日常监督检查总体情况，纠正措施和预防措施的实施情况；

5）能源管理体系的审核结果，各相关方的需求及反馈；

6）对下一阶段能源绩效的规划及改进建议

七、参加管理评审的人员

总经理、副总经理、管理者代表、各部门主管、车间主管及相关人员

编制/日期：　　　　　　审核/日期：　　　　　　批准/日期：

（三）管理评审的输入和输出

1. 管理评审输入

评审输入是指为管理评审提供的信息，充分、准确的信息是管理评审有效实施的前提。管理评审的输入信息应包括以下几点。

1）审核的结果：包括内部审核、第二方审核、第三方审核以及国家、地方或企业开展的能源审计的结果，以评价企业能源管理体系是否有效运行。

2）相关方（包括政府、行业、顾客等）的反馈意见：以了解外部对组织能效方面的最新要求，为组织调整能源方针、目标和指标，确定相应的能源绩效参数量值提供依据。

3）能源管理的承诺与绩效，包括重点用能设备和系统运行效率、综合能耗和节能量等。企业在评审时应提供各方面绩效的实际指标，以确定组织能源管理承诺和绩效实现的真实性，并与组织的预期目标相比较，确定改进能源管理绩效的机会。

4）目标和指标的实现程度：包括能源成本的变化等，以确认能源管理体系运行的效果。

5）纠正措施和预防措施的实施状况：以评价组织是否形成了自我改进和自我完善的运行机制，以达到保持体系有效运行和持续改进的目的。

6）以往管理评审所确定改进措施的实施情况及有效性，以进一步评价自我约束、自我调节和自我完善运行机制的能力。

7）能源管理体系的内外环境变化：企业产品、活动和服务的变化；新设备、新工艺和新开发项目的能源绩效的变化；适用的法律法规和其他要求的变化；相关方的新要求；节能技术的发展和科技的进步；能源及原材料的变化等。

8）有关组织降低能耗、提高能源效率和体系改进的建议。

2. 管理评审输出

（1）管理评审输出的内容

评审输出是管理评审活动的结果，是最高管理者对企业能源管理体系做出战略性决策的重要依据。表7-11为某公司能源管理评审报告的示例。管理评审输出内容应包括以下几方面。

1）对企业能源管理体系持续适宜性、充分性和有效性的总体评价。

2）决定能源管理体系和能源绩效持续改进的措施，包括提高能源管理绩效、重点用能设备改造、重大节能技术引进、工艺流程改进等。

3）能源发展战略、能源基准、能源绩效参数、能源方针、目标、指标的变更，以及支持实现能源管理方案变更的重大决策。

4）支持管理评审上述输出活动的资源需求。

（2）管理评审输出形式——管理评审报告

管理评审的输出一般用管理评审报告的形式，示例见表7-11。

表7-11　XX公司能源管理评审报告

编号：××××/EnMS-R035-01

一、评审目的	评价并确保公司建立的能源管理体系持续的适宜性、充分性和有效性，评审能源方针的适宜性，能源管理绩效、能源目标和指标的实现程度等，以确定能源管理体系和能源绩效的持续改进方向建议及资源需求
二、评审时间	2016 年 12 月 20 日
三、参加部门及人员	总经理、副总经理、管理者代表、各部门主管、各车间负责人
四、评审地点	公司二楼会议室
五、会议议程	会议由公司总经理主持，工作汇报要求如下： ①管理者代表汇报内审报告和能源管理体系运行报告； ②综合管理部汇报文件管理情况报告； ③装备能源管理部汇报能源管理体系监视测量及纠正措施和预防措施完成情况报告、

续表

五、会议议程	能源利用情况报告、用能设备运行过程中设备管理和维护报告； ④生产管理部汇报主要生产用能系统的总体情况报告； ⑤质量部汇报能源计量器具的配备和管理情况、能源购入检验情况报告； ⑥采购部汇报能源采购供方情况报告； ⑦各生产车间汇报现场整改及能源目标指标、能源管理方案进展情况； ⑧其他：合理化建议、各部门能源管理体系运行情况、企业资源状况等
六、管理评审综述及结论	1. 能源方针 　方针：符合本公司的宗旨，为能源目标和指标的制定提供了一个框架，并确定在每年的能源管理评审会议进行一次审议。 　目前能源方针无需进行更改。 　2. 能源管理基准与标杆的建立、能源目标和指标实现程度 　公司已制定了相应的程序文件，依照自身的特点建立了能源基准与标杆，并且能够作为能源目标和指标的制定、评价能源管理绩效的主要依据。 　公司在内部的相关职能和层次上，建立、实施和保持了形成文件的能源目标和指标。目标和指标均是可测量的。建立的过程考虑了法律法规、标准及其他要求，能源基准和（或）标杆，以及优先控制的主要能源使用、技术、财务、运行和经营要求，以及相关方的要求等。 　所确定的能源目标和指标符合公司目实际及持续改进的需要，并通过正在实施的能源管理方案得到推进和逐步实现，按时间进度的安排均得以完成。 　3. 能源管理体系审核报告 　为了验证公司能源管理体系运行现状，按公司年度内审计划的安排，2016年10月15～16日组织了一次覆盖公司各部门及标准所有条款和过程的内部能源管理体系审核。本次内部审核得到了各部门的重视及积极配合，开出的不符合项均进行了有效整改；另在审核现场也发现并提出了不少的建议改进项，各部门均能举一反三，及时进行改进。审核结果表明：公司的能源管理体系基本符合GB/T 23331—2012和RB/T 119—2015标准的要求，组织能够遵守适用的能源法律法规、标准要求，体系运行取得初步成效。各级领导和员工的能源管理意识有了普遍的提高，节能降耗的理念已初步融入到日常的工作生活中。 　4. 与外部相关方的交流与反馈 　按能源管理体系要求，积极与上级能源主管部门进行沟通交流，提交能源利用状况报告，按要求进行能源审计、能效对标等各项工作，并及时报告能源管理的各项结果，积极收集相关政策法规和上级领导的要求，交流与反馈正常有效。 　5. 能源绩效和相关能源绩效参数的评审 　公司已识别和确定了公司的主要能源使用及其相关变量，并进行了重点工序和设备的能源绩效参数设置，形成了公司自上而下的初步完整的能源绩效参数体系，并进行了记录和考核。目前，公司在生产线上的计量设备安装尚未全面符合要求，关键参数还应进一步细化和完善。 　6. 合规性评价 　我公司承诺遵守适用的能源管理法律法规标准及其他要求，建立了法律法规与能源绩效的对应关系，编制并发布了《法律法规及其他要求清单》，并定期评价能源管理体系运行过程中对法律法规标准及其他要求的遵循情况。 　对《法律法规和其他要求一览表》中的法律法规进行了遵守情况的合规性评价，其中重点评价了主要能源使用相关的法律法规。 　从评价的结果来看，本公司基本能满足相关能源法律法规和标准及其他要求。 　能源基准与标杆的建立符合要求，制定的能源目标和指标及能源管理方案和相关运行

六、管理评审综述及结论	要求和制度得以推进和实施。 7.纠正与预防措施的实施情况 本公司在能源管理体系内审时发现的不符合项，均已按期整改，措施有效。 8.能源管理体系的变更需求（公司的组织结构、职责分配、资源配置是否适宜、体系文件是否有修正的需要） 目前能源管理体系尚无需进行较大的变更的需求。 9.下一周期能源规划 公司下一周期的规划任务如下。 （1）全面落实上级部门分解的节能目标，并分解到各个部门。 （2）按计划新增三项管理实施方案投入实施，即：线路照明改用 LED 照明、锅炉热能回收利用、涂料烘干炉热能回收利用。并通过宣传和培训，将相关信息和管理要求及时传达到各个岗位和相关方。 （3）加强节能知识和技术的培训力度。拟在 2017 年上半年对全公司员工进行一次节能原理及技术基础知识培训，提高全体员工的节能意识和技能，并对新员工进行一次能源管理基础知识培训和岗位培训。 （4）进一步完善三级计量体系，在部分不符合计量要求的设备和生产线安装电表，使能源体系落实到设备和生产线上。 （5）进行三级能耗记录和考核，完善原始能耗统计记录，细化考核方案并规范执行。 10.管理评审总结及建议决策 （1）评审总结：本公司的能源管理体系与标准的要求一致，体系策划是充分的，体系文件与公司目前的现状相一致，是适宜的，体系建立以来的实施运行是有效的。 （2）决策建议如下： ①完善并加强现场特别是主要设备和生产线计量设备的配置； ②全面落实上级部门分解的节能目标，新增三项管理实施方案； ③完善并加强能耗统计与考核和全员能源体系基础知识和节能技能培训。

编制 / 日期：   审核 / 日期：   批准 / 日期：

四、构建企业节能管理长效机制，自觉履行节能减排社会责任

能源管理体系标准（GB/T 23331—2012）是借鉴质量管理体系理念、环境管理体系的控制模式，结合能源管理的特点和特殊要求，由国际标准（ISO 50001：2011）转化而来。它是几十位行业专家共同研究制定的，为各类组织进行现代化能源管理提供了一种优秀的模式。实施EnMS是企业建立节能长效机制的根本途径，是企业实现自身可持续发展，并通过自觉履行节能减排社会责任，促进社会可持续发展的有效方法。

（一）通过EnMS实施，构建企业节能管理长效机制

建立企业节能长效机制是国家《万家企业节能低碳行动实施方案》（发改环资【2011】2873号）中提出的，是万家企业到"十二五"末所要实现的工作目标。国家发改委、国家认监委《关于加强万家企业能源管理体系建设工作的通知》（发改环资【2012】3787号）中也明确提出："万家企业能源管理体系建设的目标是，到'十二五'末，万家企业基本建立符合《能源管理体系要求》（GB/T 23331—2012）要求的企业能源管理体系，在企业内部逐步形成自觉贯彻节能法律法规与政策标准，主动采用先进节能管理方法与技术，实施能

源利用全过程管理，注重节能文化建设的长效节能管理机制，做到节能工作持续改进、节能管理持续优化、能源利用效率持续提高。"

1. 企业实施能源管理体系是建立企业节能长效机制的根本途径

（1）节能减排工作上升到战略高度

依据标准规定的要求建立和实施能源管理体系是企业最高管理者的一项战略性决策。从能源管理的全过程出发，遵循系统管理原理，通过实施一套完整的标准、规范，使企业的活动、过程及其要素不断优化，不断提高能源管理体系持续改进的有效性，实现能源管理方针和承诺并达到预期的能源消耗或利用目标。最高管理者引领全体员工共同参与分析和识别能源使用、评价并量化主要能源使用、确定管理优势和弱点、分析相关方的需求、预测实施障碍，对能源管理全过程进行控制和持续改进，实现国家规定的节能减排目标。

（2）将企业能源管理水平提升到新高度

传统的能源管理方式，只解决了"谁""做什么"（结构化）的问题，而"如何做""做到什么程度"（运行绩效），主要由任职者凭个人的经验，甚至个人意愿来决定，这是执行中走样或工作中出现推诿等不良风气的主因。通过能源管理体系建立一套科学、明确、可操作的规范，便能大大减少工作中的随意性。同时，各级部门、各个岗位的人员能清楚地意识到自己在能源管理中"做什么""如何做""做到什么程度"等问题，将有利于节能目标分解落实和考核，有利于国家政策法规制度的贯彻落实，有利于企业内能源节约和综合利用工作准确地贯彻落实。

（3）通过EnMS三级监控手段规范行为，建立节能自律机制

企业在建立、实施并保持能源管理体系过程中，通过自觉应用日常监测、内审、管理评审等三级监管手段，可及时发现体系不符合和问题，实现自我纠正、自我完善、自我改进，从而最终使企业逐步建立起提高能源使用效率和节约能源的全新自律机制。

2. 能源管理体系为企业提供了长效发挥"管理节能"和"技能节能"潜力的广阔舞台

（1）实现精细化的能源管理，数据量化，深挖管理节能潜力

能源管理体系重在绩效，而绩效的评价需要准确的能源计量和能源统计与分析，实现精细化的能源绩效评价。EnMS标准和体系，有独特的"能源绩效参数"和"能源基准"两个重要条款，从而在体系运行中，形成一套建立在能源计量、统计、监测工作基础上的系统完整的能源绩效评价数据体系，通过对企业的能源消耗、能源效率实施监视和测量，实施能源绩效的评价，能源管理体系将有力促进这些工作的开展，更加有效地实施能源绩效的评价。EnMS是实现管理节能的好方法。

（2）为应用先进节能技术搭建良好平台，为技术节能提供广阔舞台

实施能源管理体系标准确实能够改进企业的能源管理绩效，但是能源管理体系的成功实施还需要相关技术、工具和方法的支持。而EnMS本身就是管理与技术完美结合的平台和载体（详见第一章第二节），为有效应用先进的节能技术和工具、挖掘利用最佳的节能实践与经验提供了一个良好的平台。

（二）提高企业竞争力，实现企业自身可持续发展，促进全社会可持续发展

社会责任竞争已成为当代企业核心竞争力的重要标志和手段，而节能降耗已成为企业社会责任的重要绩效指标。EnMS的有效实施是提高企业竞争力，实现自身可持续发展，进而促进全社会可持续发展的现代管理方法。

1. 提升企业的效益和水平

能源管理体系将企业管理能源的视角从单一的产品或者企业单元的效率转向整个企业的能源效率，从而拓宽了视野，有利于促进企业整体能源效率的提高。

能源管理体系将保障企业能源管理的合规性。能源管理体系标准要求企业能源管理工作符合国家能源方面的法律法规、政策、标准和其他要求，从而促使企业有效地贯彻相关法律法规、政策、标准等，促进节能目标的实现。

能源管理体系将提升企业能源管理的技术水平。能源管理体系标准要求企业的产品设计和生产过程中，充分考虑能源的合理利用，借鉴节能新技术和方法、最佳节能实践和经验等，促进企业能源管理技术水平的提升。

能源管理体系实施解决了传统的能源管理方式中"职责不清、结果不明、程序不规范"等问题，从而建立和完善相互联系、相互制约和相互促进的能源管理结构。

能源管理体系将提高企业整体能源管理效益，帮助企业采用低成本甚至无成本的管理手段来降低能源消耗，提高能源利用效率。

2. 提升企业财务成本方面的抗风险和竞争能力

能源管理体系将增加抗击能源价格上升的能力，有助于能源的节约和合理利用，降低生产过程的能源使用成本，提高经济效益，在能源价格上涨时保持竞争力。

能源管理体系将有利于企业获取外部资源。通过满足外部利益相关方（客户、政府、投资公司、银行等）的要求，有利于企业市场开拓、外部融资和吸引投资。

能源管理体系还将有利于获取国家政策支持。配合国家节能减排的总体要求，完成节能指标，可获得国家各类奖励和财税政策支持。

3. 赢得良好的全面承担社会责任的社会形象

建立能源管理体系并获得第三方认证，易于获得外界对企业的能源管理工作和自律机制的认可，有利于企业赢得节能减排、环境友好及可持续发展的声誉，从而获得良好的全面承担社会责任的社会形象。

本章编审人员

主　编：曹仲京
编写人：曹仲京　王一帆　刘青林　谭建凯　张群雄
主　审：田秀敏

第八章

能源管理体系内部审核的方法和技巧

第一节　审核及内部审核的基本知识

一、审核的基本概念

（一）有关审核术语的定义

最新发布的《GB/T 19000—2015/ISO 9000:2015质量管理体系　基础和术语》共规定了17个有关审核的术语，其中最重要的三个术语是"审核""多体系审核"和"联合审核"。

1. 审核（Audit）

（1）最新定义

为获得审核证据并对其进行客观的评价，以确定满足审核准则的程度所进行的系统的、独立的并形成文件的过程。

（2）定义理解要点

由定义可知，审核是一个系统化、文件化并应独立进行以获得客观评价结果的过程，其内容包括：① 获得客观证据；② 对获得的客观证据进行客观的评价；③ 根据评价结果，确定满足审核准则符合管理体系要求的程度；④ 过程及结果应形成文件。

2. 多体系审核（Combined Audit）

（1）最新定义

在一个受审核方，对两个或两个以上管理体系一起所做的审核。

（2）定义理解要点

当一个组织实施的两个或两个以上不同领域的管理体系（如质量、环境、职业健康安全、能源）被一起接受审核时，称为多体系审核。以前常称为"结合审核"或"一体化审核"。

接受多体系审核的组织可能存在如下两种情况：① 不同领域的管理体系是独立建立实施的；② 建立实施的是"整合的管理体系"或"一体化管理体系"。

无论是哪种情况，多体系审核的共同特征是：同一个受审核方，两个或多个不同领域的管理体系同时受审。

3. 联合审核（Joint Audit）

（1）最新定义

在一个受审核方，由两个或两个以上的审核组织所做的审核。

（2）定义理解要点

当两个或两个以上审核组织合作，共同审核同一个受审核方时，称为联合审核。这种情况常发生在外部审核（第二方或第三方审核）时，参与联合审核的各审核组织之间，相互信任、沟通交流、团结合作、发挥团队力量是十分重要的。

（二）与审核定义直接相关的三个术语

1. 过程（Process）

（1）最新定义

利用输入实现预期结果的相互关联或相互作用的一组活动（GB/T 19000—2015）。

（2）确保审核过程质量的影响因素

根据此定义，审核过程的预期结果（审核质量）将取决于过程的输入是否合理准确，活动是否有效受控，因而组织为使审核增值，通常应对审核过程进行策划并使过程在受控条件下运行。

2. 审核证据（Audit Evidence）

（1）最新定义

与审核准则有关并能够证实的记录、事实陈述或其他信息（GB/T 19000—2015）。

（2）审核证据的性质

1）客观真实性。审核证据不是某个人的臆断、猜测，而是某个事物的客观存在，证据必须基于事实。

2）与审核准则的相关性。审核证据作为客观事实要和审核准则进行比较以判定体系的符合性和有效性。

3）审核证据可来自真实的记录、受审核方的事实陈述、审核员的现场观察等多种方式获得的定性或定量的信息。

3. 审核准则（Audit Criteria）

（1）最新定义

用于与客观证据进行比较的一组方针、程序或要求（GB/T 19000—2015）。

（2）审核准则的重要作用

审核准则是用于与审核证据进行比较，以判定体系绩效、发现不符合并形成审核结论的重要依据。一般管理体系审核准则有认证标准、组织适用的法律法规和组织发布的管理体系文件。

（三）审核活动的基本原则和特征

1. 系统性

1）一次完整的审核活动，其审核对象是受审核方的整个管理体系，而不是某个部门和过程或某几个部门和过程。

2）审核组应用过程方法和PDCA模式实施审核。

3）审核工作的不同阶段和审核小组及成员之间的工作是相互关联的整体。

2. 客观性与独立性

1）以各种客观事实（审核证据）为基础，以审核准则为依据，对管理体系的符合性和有效性做出客观的评价。

2）为确保客观性，审核组及其成员须不受任何主观影响，不受任何干扰及外来压力所左右，由审核组独立完成。独立性是保证审核客观性及公正性的基础。

3）审核员不能审核自己和自己所在部门的工作。

3. 文件化

审核活动的全过程及结论应形成文件，并保留必要的作为证据的文件。

二、审核的类型

（一）按审核对象划分的审核类型

1. 产品审核

产品审核是用于产品认证的审核方法，其审核对象是组织生产并提供给顾客的产品。其审核内容一般是审核产品符合产品规范、标准、技术要求、合同要求等的程度。

2. 管理体系审核

管理体系审核的审核对象是组织建立、实施的管理体系。通过审核评价管理体系对审核准则的符合性和有效性。按管理体系的数量多少，管理体系审核又分为以下两种。

1）单一管理体系审核。如：QMS审核，EMS审核，OHSMS审核，EnMS审核等。

2）多体系审核。如：EnMS/EMS两体系审核，EnMS/EMS/OHSMS三体系审核，QMS/EMS/OHSMS/EnMS四体系审核等任意组合的审核。

（二）按审核方与受审核方的关系划分的审核类型

1. 内部审核

内部审核有时称为第一方审核，由组织自己或以组织的名义进行，用于管理评审和其他内部目的，可作为组织自我合格声明的基础（GB/T 19000—2015）。

2. 外部审核

外部审核包括通常说的"第二方审核"和"第三方审核"(GB/T 19000—2015)。

（1）第二方审核

由组织的相关方，如顾客或由其他人员以相关方的名义进行的审核。

（2）第三方审核

由外部独立的审核组织（专业认证机构）进行，用于提供合格认证/注册，故常称为认证审核。

三、内部审核的作用和有效性的关键

内部审核是四大管理体系（质量、环境、职业健康安全、能源）所共有的要求，是对组织管理体系符合性、有效性的自我评价，也可作为组织自我合格声明的基础。

内部审核作为对组织最高管理者的反馈机制，能够就体系是否符合要求为最高管理者和其他利益相关方提供保证，是组织自我完善管理体系的一种有效手段。

（一）内部审核的作用及与其他监控手段的联系

1. 内部审核的作用

1）内部审核是组织管理体系的第二道监控系统，能定期评价并确保体系的符合性和有效性。

2）内部审核能集中发现一批在体系运行中出现的问题，以便组织及时采取措施加以纠正和预防，提供持续改进的机会。

3）内部审核是管理评审的重要输入，与管理评审一起为迎接外部审核做准备，减少外部审核的风险。

2. 与其他监控手段的联系与区别

以EnMS内审为例，其与其他监控手段的联系与区别示于图8-1。

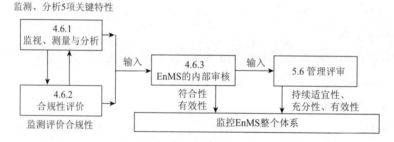

图8-1　内部审核与EnMS其他监控手段的联系与区别

（二）提高内部审核质量和有效性的关键

1. 各级领导层重视并亲自组织及参与审核

亲自参与可以获得第一手资料，充分发挥领导者的作用。

2. 推进部门具体组织与策划，制定好审核方案

管理体系主管部门（推进部门）应制定好一个时间段（一般为三年）的审核方案，并依据审核方案，具体组织策划好每一次具体内审活动，包括策划好审核时间、内容、范围和边界、重点、方式，并组成具有整体实力的审核组，任命好审核组长。

3. 审核组长编好内部审核计划并全力投入工作

内审计划是一次完整内部审核活动的具体计划安排，审核组长是内审活动的直接领导者，一定亲自编好内审计划并全力投入工作。

4.具备必要审核知识和能力的内审员队伍

内审员应经专门培训持证上岗，了解管理体系标准，了解相关法律法规标准及专业知识，掌握审核方法和技巧。素质好，就是要客观公正、勤奋敬业，有协作精神，有一定的沟通及语言、文字表达能力和分析判断能力。

第二节 能源管理体系内部审核概述

一、能源管理体系内部审核的目的和特点

（一）能源管理体系内部审核的目的

能源管理体系内部审核（以下简称内审）是企业提高能源管理体系水平的有效工具，是自我完善能源管理体系实现自我监督保障及自我改进的重要机制，对体系实施与运行起着极其重要的作用。内审的目的和作用如下。

1.定期全面评价能源管理体系的符合性、有效性

（1）全面评价体系运行的符合性

对照能源管理体系审核准则，确定企业能源管理体系实施运行的符合情况（符合性）。

（2）全面评价体系运行的有效性

通过内审，检查并确认EnMS的运行绩效，包括：目标和指标的实现程度、重点用能设备和系统的运行效率，员工节能意识的提高事例，节能技术的应用效果等，从而评定企业的能源管理体系是否得到有效实施、保持与改进（有效性）。

2.持续改进能源管理体系的有效手段

内审作为体系的第二道监控系统，能够集中发现一批运行中的问题及不符合，及时改正；还可以通过综合分析存在的问题和不符合，总结归纳出今后努力的方向及改进的空间，向最高管理者报告并采取措施，或作为管理评审的重要输入，以实现持续改进。

（二）能源管理体系内部审核的特点

能源管理体系内审是一个系统化、文件化和客观独立性的检查与验证过程。

1.组织及过程的系统化

系统化是指能源管理体系内审采用规范的有计划、有组织的方法，并遵循一定的审核工作程序进行，受审对象为整个管理体系，审核工作的不同阶段和审核小组及成员之间的工作是相互关联的整体。

2.过程的文件化

文件化是指审核活动从策划、计划、实施、报告直至不符合的纠正与预防措施及其验证，都应形成文件，具有可追溯性。

3. 客观独立性

客观独立性则指能源管理体系内审应以客观事实为根据，基于所收集到的审核证据对照审核准则形成审核发现，并通过综合分析审核发现得出客观的总体审核结论。

二、能源管理体系内审的审核准则与审核范围和边界

在策划审核方案及制定具体的审核计划时，均应明确审核准则及审核范围和边界。

（一）能源管理体系内审的审核准则

1. 审核准则在内审中的作用

审核准则是用于与审核证据进行比较，以判定体系符合性及有效性，发现不符合进而形成审核发现和审核结论的重要依据，因而在审核工作中的地位及作用十分重要。

2. 机械企业EnMS内审的审核准则

1）GB/T 23331—2012/ISO 50001：2011《能源管理体系 要求》。

2）RB/T 119—2015《能源管理体系 机械制造企业认证要求》。

3）企业应遵守的适用能源法律法规和其他要求。

4）企业编制并发布的能源管理体系文件。

（二）能源管理体系内部审核范围和边界

1. "审核范围"的定义（GB/T 19001—2015/ISO 9000:2015）

审核的内容和界限。

注:审核范围通常包括对实际位置、组织单元、活动和过程的描述。

2. 确定能源管理体系内部审核范围的原则

一次完整的EnMS内审的审核范围应覆盖EnMS建立、实施、运行的所有范围，不能小于申请的认证范围。应覆盖GB/T 23331—2012标准的全部要素（条款）和体系范围内的所有部门。即：审核范围=EnMS范围。

3. 能源管理体系内部审核范围包括的内容

（1）组织的管理权限

要覆盖组织进入EnMS在行政、财务、资源管理上具有独立性的所有部门。

（2）组织的现场区域

要覆盖组织所有用能现场区域，并确定其物理边界，可能是单一现场或多个现场。

（3）组织的活动过程

要覆盖现场区域内组织的所有产品、服务和用能活动过程。如存在用能过程外包时，还应界定能源管理的责任边界。

（4）审核覆盖的时期

包括本时间段产品单位产量/产值综合能耗及能耗核算边界的表述。

4. 机械制造企业审核范围和边界的确定示例

（1）企业产品及活动范围

××地域××机械产品生产、经营、服务过程涉及的能源设计、购入储存、加工转换、输送分配、终端使用、余热余能回收利用等过程的相关管理活动和节能技术的应用。

（2）能耗指标及能耗核算边界（表8-1）

表 8-1　企业审核周期的综合能耗指标及其核算边界

审核周期单位产品 / 产值能耗	能耗核算边界
时间段：2015.1 ～ 2015.12 单位产品综合能耗：×××吨标准煤 / 万吨（台、套、辆、件等） 万元产值综合能耗：×××吨标准煤 / 万元工业增加值	主要产品产量及产值：××设备（或毛坯件、零部件）万元产值 / 万吨（台、套、辆、件等） 工厂部门：铸造车间、锻造车间、热处理车间、冲压车间、机加车间、装配车间、动力车间、能源管理部等职能部门

三、能源管理体系内部审核的方式和方法

（一）审核方式

审核方式即审核的频次以及现场审核的思路及路线顺序，它决定具体的审核计划如何编制以及编制审核检查表的思路。

1. 审核方式的不同类别

（1）按审核的频次不同分类

1）集中式审核：集中一段时间（一至数天）一次完成。

2）滚动式审核：一次完整的现场审核分阶段完成。

（2）按接受审核对象及审核思路不同分类

1）按部门审核：一个部门一个部门进行审核。

2）按条款（过程）审核：按认证标准的条款分工进行审核。

3）按以能源评审（主要能源使用及改进机会）为起点的标准主线进行审核。

2. 机械制造企业推荐的内部审核方式

（1）采用集中式审核方式

企业可自行决定内审的频次，但大多数企业均参照认证审核的频次安排内部审核，故一般采用集中式审核方式（在认证审核前进行）。

（2）采用两种不同审核思路的"按部门审核"方式

在现场审核时，根据不同类别部门性质，分别采用"部门+标准条款"及"部门+标准主线"两种不同的审核思路，以实现不同的审核目的（参见表8-2）。

表 8-2　两种不同审核思路的"按部门审核"方式

审核方式	部门类别（示例）	审核思路（路线）	审核目的
按部门审核	职能部门（最高管理层、能源管理部、其他管理部门）	"部门＋责任及相关标准条款"（责任条款重点审，相关条款一般审）	检查管理责任的落实及成效

续表

审核方式	部门类别（示例）	审核思路（路线）	审核目的
按部门审核	重点用能部门（生产车间；动力、物流、后勤保障等部门）	"部门＋以能源评审（主要能源使用及改进机会）为起点的标准主线"（4.4.3/2 → 4.4.4/5/6 → 4.5.5/6/7 → 4.6.1/2）	检查主要能源使用是否受控及控制绩效

（二）审核方法

现场审核方法与其他管理体系相同，有如下三种。

1）提问与交谈。

2）查阅文件和记录。

3）现场观察（主要在重点用能部门使用）。

现场审核时，审核员要综合合理应用上述三种方法，运用其全部感官，采用善于提问、注意倾听、做好记录、仔细观察分析等多种审核技巧及掌握的体系认证标准、能源法规知识、专业技能，发现并综合分析审核中得到的信息。（详见本章第四节的"二、审核技巧"）

四、审核流程

（一）审核通用流程的五个阶段

审核通用流程包括：审核策划、审核准备、审核实施、编写审核报告、跟踪验证纠正措施五个阶段（见图8-2）。

（二）内审活动一般工作流程

GB/T 19011—2013/ISO 19011:2011标准给出了管理体系审核（包括内审和外审）的工作指南。按照GB/T 19011标准的要求，一次完整内审活动的一般工作流程如图8-3所示。

五、审核方案及审核方案管理

审核方案和审核方案的管理是GB/T 19011—2013/ISO 19011:2011标准的要求，其目的是要求并便于认证机构（进行认证审核管理）和建立体系的企业对特定时间段的审核工作进行合理的总体策划，应用PDCA模式管理、控制、改进审核工作，提高审核工作的质量、深度和有效性。

（一）审核方案与审核计划的定义和区别与联系

1. 审核方案与审核计划的定义

（1）审核方案

针对特定时间段所策划并具有特定目标的一组（一次或多次）审核安排。

（2）审核计划

对一次审核活动和安排的描述。

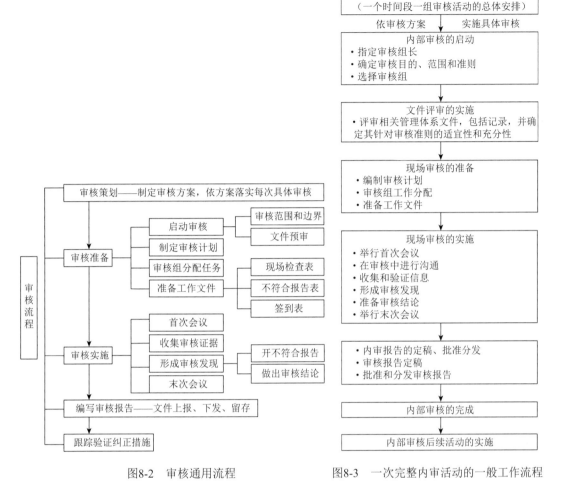

图8-2　审核通用流程　　　　图8-3　一次完整内审活动的一般工作流程

2. 审核方案与审核计划的区别与联系（表8-3）

表8-3　审核方案与审核计划的区别与联系

比较项目	审核方案	审核计划
对象	对一个组织的一组管理体系审核（一次或多次，一般为多次）的总体策划	对一次审核活动的具体计划安排，可视为审核方案的一部分
性质	长期计划，总体安排	近期计划，具体安排
内容	针对接受管理体系审核的一个组织 ①审核类型、类别、数目、频次、时间间隔的总体策划和组织，可包括多次审核； ②可包括不同的审核目的、准则、范围； ③可包括多体系审核和联合审核； ④包括职责、程序和资源； ⑤制定、实施、监视评审和改进，体现 PDCA	针对一次具体管理体系审核活动 ①审核组组成和分工； ②审核目的和准则； ③审核范围； ④受审核方部门及过程（条款）； ⑤现场审核地点和日程安排； ⑥制定和实施
编制与实施者	审核方案管理者	审核组长

(二) 审核方案的管理与制定

1. 审核方案的管理流程

审核方案的管理流程图见图8-4。管理过程体现了PDCA循环的持续改进。

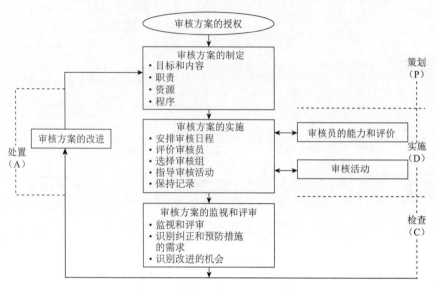

图8-4　审核方案的管理流程图

2. 如何制定审核方案

（1）审核方案时间段的选取

最好为3年（一个外审周期），也可为1～2年的年度审核工作的总体安排。

（2）审核方案的内容

1）时间段内不同审核类型（内审、外审）、不同审核类别（对外审而言，可能是初评、监审、再认证；对内审，可以是集中式审核，也可以是滚动式审核）的总体安排。

2）审核工作必需的资源（人员、设施、会议室等）及程序安排。

（3）制定审核方案的依据

1）主要依据企业实施能源管理体系的时间、进度、效果及获取认证证书的要求。

2）认证机构的要求及时间安排。

3）企业的规模、性质和复杂程度。

4）以往审核的结果及后续情况。

第三节　能源管理体系内部审核准备

一、组成审核组与体系文件评审

(一) 审核组的组成

为使能源管理体系审核工作顺利进行，应在内审程序文件中对如何确定审核组的成员、审核组长的选配、审核组组成等做出相应的规定，并依程序规定及审核方案的总体要求，选派合适的审核员组成审核组。

1. 确定审核工作量，以便确定审核组的组成规模

（1）审核工作量的考虑因素

审核工作量即审核人日数，影响审核人日数的主要因素如下。

1）企业的年度综合能耗：综合能耗越高，人日数越多。

2）企业使用的能源种类：种类越多越复杂，人日数越多。

3）企业的"主要能源使用"数量："主要能源使用"数量越多，重点用能工序/设备越复杂，人日数越多。

（2）审核人日数的具体分配

集中审核最好能在一周内完成，所以大型企业审核组应分成若干小组同步进行审核。

2. 审核组成员的资格要求

审核组成员应由经过能源管理体系标准培训，考试合格，具有内审员资格的人员组成。

3. 审核组成员的其他要求

（1）审核组成员的能力要求

审核员应对能源管理体系标准有较准确的理解，具备相关的能源管理专业知识，了解能源法律法规，掌握审核的程序、方法和审核技巧，能识别和判断受审核部门的能源使用消耗情况，掌握降低能耗的控制途径和方法。

（2）审核组成员的个人素质要求

审核员应具备必要的个人素质：客观公正，勤奋敬业，有协作精神，有较强的沟通和交流能力，并且有一定的观察、判断、发现问题的能力。

（3）审核组成员的公正性要求

为确保审核员与受审核部门的独立性和客观公正性，不能安排其审核本部门的工作。

（4）审核组长的附加能力要求

审核组长除应满足上述要求外，还应具备领导与控制审核过程的能力及总结概括能力。

（二）文件评审

组成审核组后，在现场审核前，审核组成员应先进行体系文件评审。

1. 文件评审的目的

文件评审的目的是在现场审核前初步评价体系文件的符合性和充分性，同时也使内审员对体系文件的规定和要求有充分的了解，有利于准备工作文件、提高内审深度，是内审中必须完成的一项工作，也是内审中容易忽视的步骤和内容。

2. 体系文件评审的要求

（1）评价范围

能源管理手册、程序文件、作业指导书及能源管理制度等作业文件和相关记录表单，特别是要认真了解、评价管理手册的重要附录表单（组织机构及职能分配表，适用法规清单，主要能源使用清单，能源目标、指标、管理方案一览表等）。

（2）评审内容

1）文件符合性：对体系文件内容与认证标准要求、法律法规及行业标准要求是否符合进行评审。

2）文件适用性与充分性：文件是否紧密结合企业实际与用能特点，与实际工作内容是否相符合，职责分工是否清晰，是否存在重叠、交叉、缺项的情况。

3）文件一致性及系统性：手册、程序、作业指导书、管理制度等作业文件和相关记录等不同层次文件接口是否清晰，名词术语、内容要求、职责分工等是否一致，是否彼此相互对应衔接，形成一个系统的整体，是否存在漏项、缺项及矛盾；程序文件中是否引出相应作业文件和记录，以及引用内容是否对应。

二、编制审核计划

组织应根据审核方案或年度审核计划，编制某次具体审核活动的审核计划。审核计划一般由审核组长编制，并提前下发到各部门。

（一）内部审核计划的内容要求

1. 确定本次审核的目的、审核范围和边界、审核准则和审核方式

一次完整的审核，范围要覆盖体系所有部门和标准所有条款，一般采用按部门集中内审的方式进行。

2. 合理分配各部门的审核时间

特别注意加大对以下部门审核力度和深度：①最高管理层（最高管理者和管理者代表）；②体系主管推进部门（能源管理部门）；③主要能源使用部门（生产车间，动力、物流、后勤保障等部门）。

3. 按两种不同的审核思路列出不同部门重点审核的标准条款

（1）职能管理部门（该部门负责及相关的标准条款）

（2）主要能源使用部门（以能源评审为起点的标准主线条款）

不同部门重点审核的标准条款可根据其在体系中的职责和职能分工编制（一般可参考手册中的组织机构和职能分配表）。

4. 共性必查条款（4.2管理职责、4.4.6能源目标指标和管理实施方案）的标注方法

可在审核计划中作总体说明，以突出每一部门的审核重点。

此外，为使受审核方做好接受审核准备，审核计划要提前下发到相关部门。

（二）审核组工作任务的分配原则

1. 根据审核工作量及时间长短，确定小组划分

1）小型企业由一个审核组实施。

2）中型以上企业可分为两个以上小组实施，并明确小组长人选。

2.按审核员的能力及能力互补状况合理划分小组

审核组长应与审核组成员协商，根据审核员能力、专业特点及彼此的能力互补以及不同类型受审核部门的过程、职能、场所、区域的具体情况，进行具体小组划分及任务分配。另外应考虑审核员的独立性和公正性，不能安排审核员审核自己部门。

（三）某企业能源管理体系内部审核计划的示例（表8-4）

表8-4　能源管理体系内部审核计划

序号	项目		内容
1	审核目的		判断企业自身的能源管理体系的符合性、适用性和有效性。企业体系的实施和保持是否有效，是否能够达到既定的能源方针和目标，是否适合企业的实际和发展需求
2	审核范围和边界		范围：×× 机械产品生产、经营、服务过程中涉及的能源设计、采购储存、加工转换、分配输送、终端使用、余热余能回收利用等过程的管理和节能技术应用 边界：××× 部门、××× 场所
3	审核准则		GB/T 23331—2012 标准，RB/T 119—2015 标准 企业适用的能源法律法规及其他要求 企业能源管理体系文件
4	审核时间		2015.12.1 ～ 2015.12.2
5	审核组	审核组长	王杰能
		审核员分组	第一组 王杰能、李将浩，第二组 张优直、刘增孝

序号			第一组		第二组	
6	时间安排	第一天	8:00 ～ 8:30 首次会议			
			8:30 ～ 9:30 总经理 4.2、4.3、4.4.6、4.7		8：30 ～ 12：00 铸铁车间	4.2、4.4.2、4.4.3、4.4.4/5、4.4.6、4.5.1、4.5.2、4.5.4、4.5.5/6/7、4.6.1、4.6.2、4.6.4、4.6.5
			9:30 ～ 10:30 管理者代表 4.1、4.2.2、4.3、4.4、4.5.3、4.6			
			10:30 ～ 16:30 能源管理部 4.2、4.4、4.5.1、4.5.2/3、4.5.4、4.5.5、4.5.6、4.5.7、4.6		13：00 ～ 16：30 制造部	
			16:30 ～ 17:30 审核组内部交流沟通			
		第二天	8:30 ～ 10:30 人事部	4.2、4.4.6、4.5.2、4.6.5	8：30 ～ 12：00 动力部	4.2、4.4.2、4.4.3、4.4.4/5、4.4.6、4.5.1、4.5.2、4.5.4、4.5.5/6/7、4.6.1、4.6.2、4.6.4、4.6.5
			10:30 ～ 12:00 采购部	4.2、4.4.6、4.5.5、4.5.7		
			13:00 ～ 15:00 技术部	4.2、4.4.6、4.5.5、4.5.6	13：00 ～ 15：00 供应部	
			15:00 ～ 16:30 审核组内部交流沟通			
			16:30 ～ 17:00 与受审核方交换意见			
			17:00 ～ 17:30 末次会议			

注：“4.2 管理职责”“4.4.6 能源目标、指标和管理实施方案”为所有部门必查的条款。

三、审核工作文件的准备

审核组成员应根据所承担的审核工作，准备必要的工作文件。

(一) 必要工作文件的种类

1. 现场审核检查表

每位成员都要依据任务分工，编制自己负责审核的部门（或过程）的现场审核检查表，这是最重要的准备工作，也是体现审核员水平的工作，编好后要经过审核组长审阅。检查表同时也是最重要的现场审核记录表单（检查表含必要的现场审核抽样计划）。

2. 其他审核用记录表单

主要有首、末次会议签到表，不符合报告表，会议记录表单等（可由审核组长指定专人准备）。

(二) 编制现场审核检查表

在审核计划确定后，审核组长召集全体审核员分配审核任务，并根据任务分工分别编制现场审核检查表。

1. 现场审核检查表的作用

1) 明确需要审核的主要条款及要求（重点内容、审核方法、抽样计划等）。

2) 明确审核路线及思路，使审核工作程序化、规范化、系统化。

3) 使审核员在现场始终保持明确的审核目标，确保工作准时高效。

4) 作为重要的审核原始记录存档。

2. 编制现场审核检查表的要求

(1) 充分利用文件预审了解掌握的信息

审核组成员应充分利用文件预审了解到的受审核部门职责权限、所涉及的能源使用消耗、主要能源使用及其相关的控制途径（目标、指标和方案、运行控制准则等）。

(2) 在时间安排上突出重点审核的标准条款

1) 职能管理部门：负责的条款必审、深入审；相关的条款抽样审、一般审。

2) 主要能源使用部门：标准主线条款都要审到，但也要根据其用能特点分清主次，不同部门分别确定一至几个重点条款深入审核。

(3) 合理抽样并应具有代表性（详见本章第四节的"二、审核技巧"）

(4) 提出具体检查方法（提问、查记录或现场观察）

1) 职能管理部门：以提问交谈、查阅文件记录为主，必要时（有少量现场）配以现场观察。

2) 主要能源使用部门：以现场观察为主，配以提问交谈和查阅文件记录。

3. 两种不同部门检查表的不同审核方式

(1) 职能管理部门（采用"部门+负责及相关标准条款"审核方式）

该类部门一般只有办公场所，在EnMS中主要承担某项（些）管理职责，故通过"部门+条款"审核方式重点审核其管理职责是否到位及其成效。

（2）主要能源使用部门（采用"部门+以能源评审为起点的标准主线"审核方式）

1）标准主线的构成条款主要有：4.4.3（能源评审→主要能源使用）→4.4.2（适用法规）→4.4.4/5（能源基准/绩效参数）→4.4.6（目标指标和管理方案）→4.4.5/6/7（运行控制/设计/采购）→4.6.1（监测与分析）→4.6.2（合规性评价）等。通过这一系列主线条款审核，检查该部门的主要能源使用是否有效受控及控制绩效。

2）主线条款审核后（或同时交叉审核），对培训、信息交流、文件及记录控制、不符合纠正等辅助条款采用抽样审核的方式进行，以提高审核的充分性和有效性。

4. 能源管理体系主管部门审核检查表编制示例

机械工厂EnMS主管部门一般称为能源管理部（或设备管理部等其他名称），该部门是责任最大、负责条款最多的职能管理部门，其主要职责是能源评审、能源使用识别评价和更新（4.4.3、4.4.4、4.4.5），法律法规的收集及适用性评价（4.4.2）、信息交流（4.5.3）、文件及文件控制（4.5.4）、监视测量与分析（4.6.1）、合规性评价（4.6.2）、内部审核（4.6.3）、不符合纠正（4.6.4）、记录控制（4.6.5）等。对能源管理部的审核思路，应按其负责条款的相关要求，并对某些重要的相关条款如4.5.2/4.5.5等也予以考虑，编制检查表。该检查表示例见表8-5。

表8-5　EnMS主管部门现场审核检查表示例

受审核部门：能源管理部　　　　　　　　　审核日期：2015 年 12 月 1 日

序号	标准条款	检查项目	检查方法	审核记录
1	4.1 4.2	再确认界定能源管理体系的管理范围和边界，部门概况及在能源体系中职责以及如何履行职责	提问交谈，查阅文件记录	
2	4.4.6/ 4.6.1	全厂能源目标指标和管理方案的总体制定、任务分解及其完成的总体情况，并举例说明完成好、差的典型事例	提问交谈，查阅文件记录	
3	4.4.3	查能源评审是否形成相关记录（初始能源评审报告）？能源评审的准则和方法学是否形成文件 查阅能源评审报告等相关文件。评价能源评审是否覆盖体系范围和边界内各个系统（主要生产、辅助和附属生产）层次的能源使用情况并识别了主要能源使用，包括：设施、设备、系统、过程和部门等，并识别出与之相关的能源绩效参数。 能源评审是否对能源使用和能源消耗情况进行分析，并利用能源数据和图表，关注数据的充分性、适宜性、相关性和准确性，分析是否包含： ——识别当前的能源种类和来源； ——评价过去和现在的能源使用情况和能源消耗水平。 是否识别了主要能源使用的区域，包括： ——识别对能源使用和能源消耗有重要影响的设施、设备、系统、过程及为组织工作或代表组织工作的人员； ——识别影响主要能源使用的其他相关变量； ——确定与主要能源使用相关的设施、设备、系统、过程的能源绩效现状；	提问交谈，查阅文件记录	

续表

序号	标准条款	检查项目	检查方法	审核记录
3	4.4.3	——评估未来的能源使用和能源消耗。 识别是否包含：生产管理、过程设计、操作人员作业行为，以及先进节能技术和落后工艺设备技术改造等对能耗和能效的影响。 是否识别改进能源绩效的机会，并进行排序，识别结果是否记录。 是否通过对主要用能设备设施进行影响因素分析、进行节能诊断等方法，识别能源绩效改进机会。 是否识别了能效、能耗持续改进的机会，并考虑必要技术、经济等因素提出了可测量的改进方案。 对改进能源绩效机会进行优先次序排序时，是否考虑了 RB/T 119 标准的 5 项内容要求。 是否按照规定的时间间隔进行能源评审；当设施、设备、系统、过程发生显著变化时，是否进行必要的能源评审	提问交谈，查阅文件记录	
4	4.4.2	获取节能法律法规及其他要求的渠道是否建立？并确定了应用准则和方法？ 识别了哪些适用的能源法规及要求？查适用法规清单，是否全面适宜？有无重要遗漏，抽查某些重要法规与主要能源使用的关系。 是否明确对法规的落实情况评审、更新要求？查更新记录，是否将更新情况向下传达，查发放记录	提问交谈，查阅文件记录	
5	4.4.4	公司和次级用能单位的能源基准是否建立？能源基准是否充分、合理、准确，该时间段与能源使用和能源消耗的特点是否相适应，并说明该基准所代表的运行条件，是否包括能源消耗基准、能源利用效率基准两类基准。 是否选择了合理的指标或参数，例如绝对值或相对值，组织层面或设施设备层面等来表达能源基准。 能源基准是否与当前公司能源使用和能源消耗情况一致？能源基准与能源绩效参数存在何种关联？是否明确其建立基准的过程，并形成记录？ 能源基准是否反映企业的能源利用状况，涵盖各层次主要用能环节影响能源绩效水平的关键绩效参数。 是否在相关层面和主要用能环节（如：主要用能单位、主要能源消耗区域、主要耗能工序、主要用能设备等）建立能源基准。 抽查 3～5 个能源基准数值，检查其核算方法的正确性、合理性；核实能源使用消耗数值与基准值的比较，是否形成结果，合理性如何？	提问交谈，查阅文件记录	
6	4.4.5	能源绩效参数有哪些？是否在管理层面（例如针对主要能源使用），或运行层面（例如针对设备设施运行）设置了合适的能源绩效参数，用来监视能源绩效？是否充分、准确？ 能源绩效参数是否包含：企业或次级用能单位的能源绩效参数；重点用能工序和设备能源绩效参数。 确定和更新能源绩效参数的方法学是否予以记录？是否确定了能源绩效参数的方法学？并定期评审其有效性。 是否评审能源绩效参数？适用时，与能源基准进行比较。抽查 3～5 个能源绩效参数的设定值并与能源基准值比较，检查设定的合理性	提问交谈，查阅文件记录	

续表

序号	标准条款	检查项目	检查方法	审核记录
7	4.4.6	查阅"能源目标指标、管理方案一览表",并检查: 是否根据用能特点,在相关管理层次建立相应的目标指标。目标指标是否包含:企业层面、次级用能单位或区域、重点用能过程和设备,以及动态节能目标指标。 是否根据评审结果或当产品结构及能源结构调整时评价对能源目标和指标更新的需求。 能源目标指标是否考虑法规要求、主要能源使用及改进能源绩效的机会、财务运行经营条件、技术及相关方意见? 能源目标是否与方针保持一致?能源目标指标是否为能源方针转化成管理方案提供了具体方向?能源指标是否与能源目标保持一致。查公司级目标指标达成情况。 是否建立相应的能源管理方案以实现能源目标指标?管理方案是否包含相应的内容要求(职责、方法和时间进度、验证能源绩效改进的方法和验证结果的方法等)。 是否跟踪能源管理方案实施进度,协调实施中发现的问题,必要时对能源管理方案做出调整(如拖期或有变更,查原因及评审、修订)	提问交谈,查阅文件记录	
8	4.5.2	询问了解在 EnMS 关键岗位人员管理及培训工作方面的分工。 ——必要时,查阅 EnMS 关键岗位人员名单及其年度培训计划。关键岗位人员的确定及培训内容是否符合 GB/T 23331 和 RB/T 119 两个标准的要求。 ——在提高关键岗位人员能力和全员节能意识方面,能源管理部做了哪些工作,举例说明绩效及不足	提问交谈,查阅文件记录	
9	4.5.3	查内外信息交流记录,并检查: 公司是否建立和实施适合企业特点的内部沟通机制,使得全体员工能为能源管理体系的改进提出建议和意见? 公司是否决定与外界开展与能源方针、管理体系和绩效有关的信息交流,并将此决定形成文件?如果决定交流,是否制定外部交流的方法并实施? 如为重点用能单位,抽查每年上报的"能源利用状况报告"	提问交谈,查阅文件记录	
10	4.5.4	公司有哪些能源管理体系文件? 查文件清单,并了解文件编写、评审、批准过程。检查文件内容、标识、评审程序是否符合 GB/T 23331 标准要求。 体系文件是否下发至使用部门,查下发记录	提问交谈,查阅文件记录	
11	4.5.5	全厂与主要能源使用相关的运行活动主要有哪些?涉及哪些部门和区域?各用什么途径有效控制? 了解主要用能设备的经济运行总体情况及优、差典型,便于到现场深入调查。 必要时(如能源部有此职责),检查主要用能设备的台账及维修计划,并抽查维修记录。 抽查与能源绩效有关的公司应急预案(如火灾、爆炸、油品等能源泄漏等),如何将能源绩效作为决策依据之一	提问交谈,查阅文件记录	

序号	标准条款	检查项目	检查方法	审核记录
12	4.5.6	查阅公司新建、扩建和改建项目及工艺改进项目清单，抽样对能源绩效具有重大影响的项目，审核考虑能源绩效改进的机会及运行控制。 查阅新项目的设计过程的节能控制： 查设计策划书，设计策划过程是否考虑能源绩效改进的机会； 查设计评审报告，各阶段设计评审的过程有没有考虑适宜的节能控制要求； 查阅设计开发的输出，是否对新建、扩建、改建项目建成后的运行控制提出节能运行的要求 （适当时，能源绩效评价的结果应纳入相关项目的规范、设计和采购活动中）	提问交谈，查阅文件记录	
13	4.5.7	对于主要能源使用相关的能源服务、产品、设备的采购情况，查如何告知供应商采购的要求（对能源绩效的评价）。 抽查采购涉及对能源绩效有重大影响的能源服务、设备和产品时，是否制定《采购准则》，内容是否包括： ①拟采购的产品、设备和设施，遵守国家关于淘汰、限制和鼓励更新设备设施以及节能技术的法律法规和政策，并考虑其对企业能源绩效的影响； ②建立并实施专业能源服务（包括：合同能源管理、能源效率测试等）、运营服务（包括：动能管理、设备设施维护等）供应商的评价准则，以保证其提供的服务满足要求； ③对能源绩效有重大影响的采购活动应制定采购要求，通过适当方式进行评审、批准，以保证采购要求是充分和适宜的； ④采购对能源有重大影响的设备时，应进行设备寿命周期能源费用的分析。 对采购能源是否制定采购规范，并考虑能源使用的经济性、能源质量、能源的特性和指标要求以及可获得性等多方面进行评估，实现用能费用（成本）的有效控制。 是否制定并实施能源采购和储存管理制度，规定能源储存损耗限额，加强能源储存的管理。定期进行库存盘点和统计分析	提问交谈，查阅文件记录	
14	4.6.1	是否制定和实施测量计划，查监视测量计划，检查该计划与公司的规模、复杂程度及监视和测量设备的适应性，监视测量的项目、频率、内容等是否满足两项认证标准要求的决定能源绩效的五项关键特性及与能源管理体系的目标和状况适应程度。 监视和测量是否充分考虑了能源评审的输出，如主要能源使用及其相关变量、能源基准、能源绩效参数、能源目标和指标以及重要绩效指标的对比等，是否保存监视、测量关键特性的记录，抽查 3～5 批相关记录。 是否对能源中断、能源泄漏、散失和非预期的能源消耗等异常情况进行必要的监测测量。包括：不合格品工时、返工和返修工时、耗能设备空载运行时间等对绩效的影响。 是否建立了主要能源使用与影响能源绩效参数之间的关系，并分析其实际状况，并作为调整管理与运行的输入信息。	提问交谈，查阅文件记录	

续表

序号	标准条款	检查项目	检查方法	审核记录
14	4.6.1	是否确保用于监视测量关键特性的设备所提供的数据是准确、可重视的，并保存校准记录和采取其他方式以确立准确度和可重复性。 查能源计量器具台账，并抽查某些重要计量器具按 GB 17167 规定的配备率、管理和准确度是否符合相关要求，评价能源计量数据的可靠性和统计计算方法的规范性，并对能源数据进行复核。 抽查能源计量器具检定和校准记录。 查监测数据的统计分析报告，检查是否符合统计部门要求和自身的管理要求，是否涵盖能源的"六大环节"。 能源统计过程发现存在问题时采取哪些纠正和纠正措施？包括对监视测量设备故障导致数据丢失的情况采取补救措施。 上述活动结果的记录是否保持？抽查监视、测量和分析的相关记录	提问交谈，查阅文件记录	
15	4.6.2	如何定期评价公司适用的能源法律法规和其他要求的遵守情况？评价频次、范围及评价方法。 查合规性评价记录及报告。重点检查制定合规性的依据是否充分，结论是否准确，以及针对不合规情况如何改进	提问交谈，查阅文件记录	
16	4.6.3	查内审方案、内审计划。 本年度内审如何组织实施，上次内审的不符合是否完全关闭，查相关记录。 查内审员是否具备能力，是否具有公正性，抽查内审员证书等能力证据	提问交谈，查阅文件记录	
17	4.6.4	对日常监视测量中发现的问题如何通过纠正、纠正措施和预防措施来识别和处理实际的或潜在的不符合，对照监视测量计划、日常监视测量记录台账，检查对不符合性质（实际或潜在、一般或严重）判定是否准确？采取的纠正、纠正措施以及预防措施是否合理、有效？ 查纠正、纠正措施和预防措施实施台账及处理记录，评价实施这些措施对 EnMS 的改进效果	提问交谈，查阅文件记录	
18	4.6.5	查全厂的 EnMS 记录表单的分类、标识以及对记录的识别、检索和留存有何规定，能否用以证实符合能源管理体系和本标准的要求，以及所取得的能源绩效成果。 相关活动的记录是否清楚、标识明确，具有可追溯性	提问交谈，查阅文件记录	

5. 其他职能部门审核检查表编制示例（见表8-6）

表 8-6 人事部现场审核检查表编制示例

受审核部门：人事部 　　　　　　　　　　　审核日期：2015 年 12 月 2 日

序号	条款	检查项目	检查方法	检查记录
1	4.2	本部门概况及职责： 在 EnMS 体系中职责	提问交谈	
2	4.4.6	本部门有无目标指标及管理方案，查完成情况及存在问题	提问交谈	

序号	条款	检查项目	检查方法	检查记录
3	4.5.2 4.6.5	是否对关键岗位人员进行能力评定（针对主要能源使用），并据此确定培训需求。 是否制订了年度培训计划，计划是否考虑了不同层次（领导层、内审员、关键岗位人员、全体员工、新员工等）。 抽查计划项目的执行情况及效果（意识提高、能力提高、持证上岗、试卷成绩等）。 抽查相关的培训记录。 对相关方关键岗位人员的节能意识及能力如何控制	提问交谈 查阅文件、记录	
4	4.4.2/3 4.5.5	人力资源部的办公活动有哪些"能源使用"，应遵守哪些法律法规标准？ 如何对自身的"能源使用"进行有效控制及控制效果	提问交谈，查阅文件、记录	

6. 生产及动力等主要用能部门审核检查表编制示例

（1）铸铁车间现场审核检查表示例（表8-7）

表8-7　铸铁车间现场审核检查表示例

受审核部门：铸铁车间　　　　　　　　　　　审核日期：2015 年 12 月 2 日

序号	能源管理体系条款	检查项目	检查方法	检查记录
1	4.2	车间概况及在体系中职责以及如何履行职责，了解生产工艺流程及主要用能工序／设备／人员及用能概况	提问交谈	
2	4.4.3	车间能源使用消耗情况，有哪些重要能源使用消耗，查能源使用消耗清单和主要能源使用消耗清单，判断识别、评价以及改进机会结果的充分性和有效性 了解主要能源使用消耗的控制途径（焦炭、电力、天然气、新水、压缩空气等）	提问交谈 查阅记录	
3	4.4.2	车间最常用的能源法规及要求，查适用法规清单，是否了解法规与主要能源使用消耗的关系，是否了解"铸造准入条件"对 t 铸件及 t 铁液能耗限值及旧砂回用率等限额要求	提问交谈 查阅记录	
4	4.4.4/5/6	车间建立的能源基准、绩效参数是否充分、准确，特别是相关能耗、旧砂回用率等量值是否符合准入条件及其他法规要求？分解的能源目标、指标及目标达成情况，车间有无能源管理方案，如有，查进度；完成，查效果；如拖期或有变更，查原因及是否评审、修订	提问交谈 查阅记录 现场观察	
5	4.5.4 4.5.5	本车间适用哪些程序文件 控制主要能源使用消耗有无三级文件，操作文件中是否包括节能运行要求 查文件发放记录，现场文件保存 节能降耗先进技术（铸造焦、双联熔炼、一拖二中频电炉、高紧实度造型、冷芯盒制芯及制芯中心、铸态球铁、灰铁余热热处理、保温冒口等）的采用情况及效果；有无法规令淘汰或限制的技术，如：冶金焦、无芯工频电炉等还在应用，有无改进打算	提问交谈 查阅文件、记录 现场观察	

续表

序号	能源管理体系条款	检查项目	检查方法	检查记录
5	4.5.4 4.5.5	主要能源使用消耗（焦炭、电力、天然气、新水、压缩空气等）的控制情况 车间主要耗能设备清单，设备设施运行状况及效果；设备定保检修记录 现场及员工作业情况观察：重点观察冲天炉、感应电炉、热处理炉、砂处理、造型制芯、落砂清理及通风除尘、旧砂处理回用、浇冒口回用等现场 运行参数记录（铁焦比、冲天炉炉温、送风及排烟温度、出炉及浇注温度、中频电炉功率因数、工艺出品率等） 节能降耗情况，能源绩效（t铸件及t金属液能耗、冲天炉热效率、旧砂再生回用率、铸件工艺出品率等） 对相关方（特别是劳务工的培训）管理情况	提问交谈查阅文件、记录现场观察	
6	4.6.1 4.6.2	日常监测哪些项目及频次（查监测记录），车间和重点用能设备两级计量仪表配备及检定情况，是否符合法规要求 合规性评价情况，特别是对"准入条件"的符合情况	提问交谈查阅文件、记录	

（2）动力部门现场审核检查表编制示例（表8-8）

表8-8　动力部门现场审核检查表编制示例

受审核部门：动力部　　　　　　　　　　　　审核日期：2015年12月2日

序号	标准条款	检查项目	检查方法	审核观察记录
1	4.2	动力部门概况及在能源体系中职责以及如何履行职责？ 重点了解工业锅炉、空压机、变压器及电机等主要辅机的类型、型号、台数、性能参数、运行频次等基本情况	提问交谈查阅文件、记录	
2	4.4.3	部门的主要耗能工序/设备/人员及能源使用消耗基本情况。 查能源使用和主要能源使用清单，了解识别、评价适宜性。 是否识别影响主要能源使用的相关变量，明确了对主要能源使用的控制途径（供热、电力、天然气、新水、压缩空气等）。 是否识别了改进机会，查识别结果及记录，评价改进机会是否全面、准确	提问交谈查阅文件、记录	
3	4.4.2	本部门涉及的能源法规及要求是否识别，查适用法规清单，是否有重要遗漏，是否了解法规与主要能源使用的关系（如相关能耗限值，能源监测要求、法规明令淘汰或限制的技术及高耗能设备等）	提问交谈查阅文件、记录	
4	4.4.4	对照主要耗能工序/设备/人员及能源使用消耗情况，查看所属站房（锅炉房、空压站、配电站等）的能源基准建立的依据及充分、合理性。 是否在主要用能环节（如：主要用能单位、主要能源消耗区域、主要耗能工序、主要用能设备等）建立能源基准。 是否有对基准需要进行调整的情况（能源绩效参数不适宜；用能过程、运行方式或用能系统发生重大变化；其他）	提问交谈查阅文件、记录	
5	4.4.5	对照主要耗能工序/设备/人员及能源使用消耗情况，查看绩效参数建立的依据及充分、合理性。 能源绩效参数是否包括：部门的能源绩效参数和重点用能工序及设备的能源绩效参数	提问交谈查阅文件、记录	

续表

序号	标准条款	检查项目	检查方法	审核观察记录
6	4.4.6 4.5.1	能源目标、指标的建立及目标达成情况。 　　能源目标指标是否包含：部门或区域的能源目标指标、重点用能过程和设备能源消耗目标指标，以及动态节能目标指标（从降低能耗、提高能效、综合利用、优化能源结构、技术创新、改进管理等方面）。 　　部门有无能源管理方案。如有，查方案实施进度；如完成，查效果及效果验证；如拖期或有变更，查原因及是否评审、修订。 　　是否跟踪能源管理方案实施进度，协调实施中发现的问题，必要时对能源管理方案做出调整	提问交谈 查阅文件 记录	
7	4.5.2	查该部门主要能源使用岗位人员有哪些？是否参加过培训？ 　　查特种设备作业人员情况，抽查上岗证、培训记录。 　　询问当班人员实际操作技能和对节能技术和责任的认识。如有新进人员，查阅三级培训记录，是否有节能降耗及能源管理体系要求的培训内容。 　　是否将不符合岗位要求带来的后果告知对能源使用有重要影响的工作人员。岗位培训内容是否包括本岗位能源使用优化操作的培训。 　　与主要能源使用岗位相关的人员交谈，了解其对节能技术及操作的要求及节能意识情况	提问交谈 查阅文件、 记录	
8	4.5.4	部门适用哪些程序文件。控制主要能源使用消耗有无三级文件，查锅炉房、空压站、配电站等相关设施设备的操作性文件的现场保存情况，是否是现行有效版本。查文件发放记录	提问交谈 查阅文件、 记录	
9	4.5.5 4.5.7	主要能源使用的环节是否都得到了运行控制和维护，并且有可操作性的运行条件、控制参数等。 　　用能过程、设备的效率及经济运行状况，对重点操作人员的能力和资格进行评价。查阅运行参数记录并与设定的基准、参数进行对比，检查其符合性： 　　查主要耗能设备清单，并现场检查设备设施运行状况及效果； 　　查设备定保检修及维护保养点检记录； 　　现场检查设备的能效等级是否符合法规要求； 　　查锅炉房、空压站、变电站等相关设备设施的运行记录，重点检查其是否符合国家相关经济运行标准、能效与节能监测标准的基本要求。 　　现场检查员工作业情况；重点用能设备及管道、线路的经济运行状况观察（有无落后淘汰工艺及设备、工艺路线及生产调度的合理性、设备的负荷率、有无跑冒滴漏及非预期能耗等）。 　　对余热、余压等是否采取了有效利用？ 　　主要工序节能管理，同时评价对主要能源及耗能工质系统优化因素的识别、控制措施策划和实施效果。 　　评价能源供应、加工、转换分配、传输使用，能源设施故障应急，能源监测计划及实施。查应急预案情况，如灾害天气、停电等异常情况如何应急处理。如有，应急预案及应急准备情况，可行的演习情况及效果评价。应急预案是否考虑了能源绩效。 　　对相关方（动能管理及用能工序外包方）管理情况	提问交谈 查阅文件、 记录	

续表

序号	标准条款	检查项目	检查方法	审核观察记录
10	4.6.1 4.6.2	锅炉房、空压站、配电站、供水设施等相关设施设备的日常监测项目和频次如何规定。 　能耗能效监测是否按照规定进行，查在用的能耗能效检测仪器配备是否符合要求，抽查其是否按规定校准和维护。 　重点设备设施和主要用能过程的定期监测与测量是否按照监测计划进行。 　能源中断、能源泄漏、散失和非预期的能源消耗的监测测量。 　对测量数据及时进行统计分析，发现异常波动时应采取应对措施	提问交谈查阅文件、记录	
11	4.6.4	是否发生不符合、违章事件、事故。查记录，是否进行纠正、原因分析，纠正措施是否有效	提问交谈查阅文件、记录	
12	4.6.5	查上述各项的相关记录	提问交谈查阅文件、记录	

第四节　能源管理体系内部审核实施

一、现场审核实施流程

典型的内部审核活动通常按图8-5的流程实施。

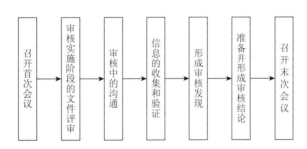

图8-5　典型的内部审核活动实施流程

由图8-5可以看出，典型的能源管理体系内部审核活动与其他管理体系的内部审核一样，都是以首次会议开始、末次会议结束。

（一）召开首次会议

1.首次会议的目的

首次会议通常有以下三个目的。

1）介绍审核组成员：虽然审核组成员通常都是组织内部人员，但与会人员不一定清楚审核组成员及其分工，有必要在首次会议上做出介绍。

2）确认审核组与受审核方对审核计划的安排达成一致：例如，确认各部门审核计划的安排是否合适，在计划安排的时间能否接受审核等。

3）确保所策划的审核活动能够按计划实施。

2. 首次会议的要求

内部审核的首次会议由审核组长主持，参加首次会议的人员，通常应包括审核组全体成员、受审核方的最高管理者和管理者代表以及体系覆盖范围和边界内的各单位负责人以及有关人员。

首次会议应是正式的，应保存出席人员的签到记录。

受审核方最高管理者或管理者代表应在首次会议讲话，对与会各部门提出配合审核组的要求。

3. 首次会议的议程与内容

内部审核的首次会议，与外部审核略有差异，因为参加会议人员相互之间比较熟悉，所以可以略去受审核方的介绍，而只介绍审核组成员及其职责分工。首次会议的程序及其内容如下。

1）审核组长介绍审核组成员及其职责，如审核组长、审核组的分组及其成员等。

2）审核组长做几项确认及说明：

① 确认审核目的、审核范围及边界、审核准则；

② 确认审核计划安排及其分工，具体可包括各位审核员计划安排应审核的部门及时间和内容，必要时可能还要包括任何新的变化，如计划时间安排的任何调整等；

③ 说明审核方法与方式，如审核的抽样以及交谈、查阅文件和记录、现场观察等；

④ 说明审核发现、审核结论如何形成及其报告方式等；

⑤ 确认末次会议地点、日期和时间。

（二）审核实施阶段的文件评审

1. 文件评审的目的

审核实施阶段的文件评审，其目的如下。

1）确定文件与审核准则的符合性，即文件是否符合认证标准及相关法规的要求。

2）确定文件与受审核方的实际是否适宜、内容是否充分和可操作。

3）文件评审的最终目的是要表明受审核方的管理体系文件控制的有效性。

2. 文件评审的范围及内容

审核实施阶段的文件评审，应包括受审核方的能源管理手册、程序文件以及相关的作业文件，评审时应考虑以下几点。

1）文件是否覆盖了审核的范围和边界。

2）文件所提供的信息是否完整、正确、一致，即文件所包括的内容完整、符合标准和法规要求、文件本身以及与相关文件之间协调一致。

3）提供的文件是现行有效的，即内容是最新的。

3. 实施文件评审的人员

审核实施阶段的文件评审，由审核员根据审核分工，各自对所承担的审核任务范围内的体系文件进行评审，并将结果报审核组长，由组长汇总后形成文件评审报告或作为审核报告的一部分，对文件的符合性、充分性和适宜性做出正确的评价。这种评价既包括正面的，同时也应包括负面的即需要改进或修改的内容。

（三）审核中的沟通

在审核期间，可能有必要在审核组内部或与受审核方之间的沟通做出安排，这一安排通常会体现在审核计划之中。

1. 审核组内部的沟通

审核组应定期讨论以交换信息。例如每天审核结束后，可将当天的审核信息进行通报，特别是需要其他审核员关注或追踪的问题。审核进展情况也是内部沟通的重要内容，必要时，可能要对审核任务进行重新分配。对于审核发现，审核组也应在内部沟通时进行评审。

2. 与受审核方的沟通

通常在现场审核结束后，审核组经过内部沟通形成的审核发现及最终结论应与受审核方进行交流和沟通，或称汇报。

（四）信息的收集和验证

在审核过程中，审核员应通过适当的抽样收集并验证与审核目标、审核范围和边界以及审核准则有关的信息，包括与能源管理职能、能源活动、能源管理过程之间接口有关的信息。在审核活动中，从收集信息源到形成审核结论，其工作流程及内容见图8-6。

收集信息的方法有：提问交谈、查阅文件和记录、现场观察等。

（五）形成审核发现

对照审核准则评价审核证据以确定审核发现。审核发现能表明符合或不符合审核准则，审核发现既有正面的、也有负面的，正面的审核发现主要包括具有审核证据支持的符合事项和良好实践；负面的审核发现主要包括改进机会以及改进建议、不符合。对于符合和不符合以及支持符合或不符合的审核证据应做详细记录，并就不符合事实与受审核方及部门进行充分沟通并进行确认。

（六）准备并形成审核结论

1. 形成审核结论前的讨论

在现场审核结束后、末次会议之前，审核组应通过内部交流就审核结论进行充分讨论。其目的在于：①根据审核目标，评审审核发现以及在审核过程中所收集的其他信息；

②考虑审核过程中的不确定因素，对审核结论达成一致；③如果有要求，提出改进建议。

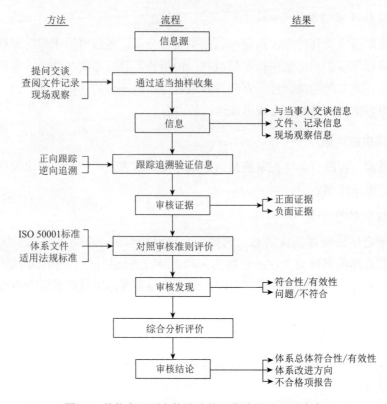

图8-6　从信息源到审核结论的工作流程及主要内容

2. 审核结论应陈述的内容

通常情况下，审核结论应陈述以下内容。

1）能源管理体系与审核准则的符合程度以及体系运行的有效性。

2）能源管理体系的有效实施、保持和改进情况。

3）日常检查、内部审核和管理评审在确保能源管理体系持续的适宜性、充分性和有效性以及改进方面的能力。

4）审核目标的完成情况、审核范围及边界的覆盖情况，以及审核准则履行情况。

5）审核中判定的不符合项及其整改要求以及能源管理体系改进建议。

（七）召开末次会议

1. 末次会议的目的

末次会议的目的是向受审核方报告审核发现和审核结论。如果审核目标有规定，可以提出改进建议。

2. 末次会议的要求

末次会议由审核组长主持。参加会议的人员包括审核组全体成员以及受审核方的管理者和各部门的负责人。末次会议通常是正式的，应保存出席人员的签到记录。

3.末次会议的议程及内容

1）审核组长报告审核的基本情况，如审核的范围和边界等；对能源管理体系的综合评价，如审核发现、审核结论等。

2）审核组长代表审核组提出不符合报告以及整改要求。

3）审核组长提出能源管理及能源管理体系改进建议。

4）受审核方管理者或其代表对各部门提出要求，包括按审核组提出的不符合以及改进建议在规定时间内完成整改的要求。

二、审核技巧

(一)常规审核技巧

1.编好检查表，控制整个审核过程

利用事先编制的审核检查表，逐项收集相应的审核证据。并按照审核计划的时间安排，控制好整个审核过程。需要关注的是，审核计划安排的时间有可能比较充裕，遇到这种情况时，可适当增加审核抽样量；也可能审核计划安排的时间不够，在保证适当抽样量的前提下，可尽快结束审核，也可适当延长审核时间。无论审核时间长或短，应将这一信息传递给审核组长，以便下次安排审核任务时予以考虑。

2.合理抽样

任何一个管理体系的审核，都是抽样审核。为了确保能对体系运行做出正确的判断，抽样一定要合理。

（1）抽样量要合理

通常情况下，由于审核时间的限制，抽样量一般会选择3～5个样本。抽样量太少，很难做到抽样具有代表性。

（2）抽样方法要合理

管理体系审核的周期通常是一年（初次内部审核的区间可能是6个月），如果按时间抽样，仅仅抽取某一个月的运行记录作为审核样本，很难具有代表性。通常应抽取不同季节等情况下的样本，以确保抽样代表性。

（3）抽样应随机

内审员通常对企业内的情况比较熟悉，知道哪些部门哪些方面做得好或不好，此时，内审员不能根据自己的喜好，全部抽取好的或不好的样本，而是应遵循随机抽样的原则进行抽样。

（4）能否抽样的原则及注意事项。

1）体系范围和边界内的各职能部门、各生产车间之间不能抽样，亦即所有职能部门和生产车间在审核时均应涉及。

2）同一职能部门的不同能源管理职能不能抽样，但同一职能活动的实施情况可以抽样。如可以抽取某几天或某几个月的、或某个项目的职能实施情况及其结果作为样本进行审核。

3）同一生产车间不同的生产线不能抽样，但相同的生产线可以抽样。如某一汽车制造厂装配车间具有4条相同的生产线时，可抽取其中2条生产线作为样本进行审核。

4）同一车间或现场的不同的主要用能设备不能抽样，但相同的设备可以抽样。如涂装车间的清洗设备、涂装设备、烘干设备等不能抽样，不能仅审核其中某一种设备；空气压缩机站房的多台空气压缩机如果种类型号相同，就可以抽取其中的某一台或几台作为样本进行审核。

3. 用好"问、听、看、记"

（1）善于提问

不同的审核对象可以采用不同的提问方式。如审核管理层时，以提开放式问题为主，如"请您介绍公司建立和实施能源管理体系时在资源提供方面是如何考虑的""您对改进能源管理和能源管理体系有哪些考虑"等等，便于领导放开思路谈论其真实想法。而在对操作人员进行审核时，则可直接提出所需要的记录等。

（2）注意倾听

无论是对管理层的审核还是操作人员的审核，对于受审核方的介绍应仔细倾听，以发现有用的证据。当出现与审核无关的内容时，可以礼貌地打断其谈话而把话题拉回到审核主题。

（3）仔细观察

对各用能设备设施操作现场，应对照操作规程或能源管理规程仔细观察，好的地方予以保持，不到位的地方予以改进。

（4）做好记录

对于听到、看到的客观证据，应做好记录。审核记录应具有可追溯性，即所记录的听到、看到的内容应能时刻重现，如看到编号为多少的某某设备等。

4. 追踪验证，从体系高度追根溯源

对于所发现的审核证据，特别是负面的审核证据，应进行追踪验证，从体系的高度追根溯源。例如在现场发现某一电能表没有检定合格的标识，可追踪到主管部门，查计量器具台账是否包括该电能表，有无检定合格证书等。

5. 综合分析评价，得出客观公正的审核结论

对于各个审核小组及审核员的审核证据，应进行汇总分析，形成审核发现，并在综合分析的基础上，得出客观、公正的审核结论。

（二）特有审核技巧

审核技巧主要是运用能源管理特有的特点进行能源管理体系审核。常见的技巧有应用标准主线深入审核，以体系文件规定的能源管理职责及具体要求为切入点深入审核，以适用法律法规的要求及其适用性和符合性为切入点深入审核，充分运用专业知识发现问题深入审核等四种。

1. 应用标准主线深入审核

无论是GB/T 23331—2012还是RB/T 119—2015标准，都有一条十分明显的标准主线（如图8-7所示，详见本书第三章第四节），即围绕以能源评审及主要能源使用为起点，包括能源基准、能源绩效参数、能源目标指标的制定，深入审核对主要能源使用的控制、监测及其控制效果以及对法律法规的遵守情况。该审核技巧适用于生产车间以及动力、物流等主要用能部门的审核。其审核思路为：能源使用的识别（4.4.3）→评价出的主要能源使用及其改进机会（4.4.3）、应遵守的法律法规（4.4.2）→通过能源评审建立的能源基准（4.4.4）和能源绩效参数（4.4.5）→主要能源使用的控制情况（4.5.5、4.5.6、4.5.6）〔包括建立目标指标和能源管理方案及其实施情况（4.4.6）〕及其效果→日常检查及其效果（4.6.1）→法律法规遵循情况（4.6.2）等。

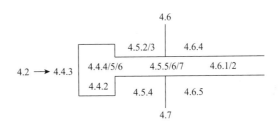

图8-7　以能源评审及主要能源使用为起点的主线审核思路

2. 以体系文件规定的能源管理职责及具体要求为切入点深入审核

以体系文件规定的能源管理职责及具体要求为切入点的审核方法，适用于各职能部门的审核。其审核思路是先了解部门在能源管理中的职责，然后就各项职责的落实情况进行深入审核。以人力资源部为例，其主要职责是人力资源管理，则应重点就其人力资源管理（4.5.2）进行深入审核：人员的能源管理资格要求（任职要求）→能力评价、培训或其他措施需求→培训或其他措施计划→培训或其他措施实施情况→培训或其他措施效果评价等。

3. 以适用法律法规的要求及其适用性和符合性为切入点深入审核

以适用法律法规的要求为切入点进行深入审核，既适用于职能部门，也适用于生产车间等主要用能部门的审核，前提是审核员对相应的法律法规应非常熟悉。以GB 17167为例，在计量器具主管部门可以审核建立能源计量器具台账以及配备率、准确度是否满足该标准的要求，也可以在生产现场抽查功率100kW以上的用电设备是否配置电度表等。

4. 充分运用专业知识发现问题深入审核

运用专业知识深入审核是内审员最大的优势，因为内审员长期在企业工作，熟悉产品及其生产过程以及不同过程的用能特点，特别是了解或熟悉其改进空间。

三、不符合项的判定及如何整改

（一）不符合项的判定原则

不符合项的判定应依据以下原则：

1）必须以客观事实为基础；

2）必须以审核准则为依据（即在四项审核准则中找到不符合的条款）；

3）与受审核方共同确认事实；

4）审核组内要相互沟通，统一意见。

（二）以认证标准为准则判标时的注意点

以认证标准为准则判标，即以认证标准条款为依据判定不符合项时，应关注以下两点：

1）一项不符合只判定一个条款；

2）就近不就远，判定最直接相关的条款。

四、能源管理体系各条款的不符合示例

（一）能源管理体系条款中可能出现的不符合示例（见表8-9）

表 8-9　能源管理体系中各条款的不符合示例

体系条款		序号	不符合示例
4.2	4.2.1	1	没有规定某些部门能源管理职责或某部门负责人不了解本部门的能源管理职责
		2	最高管理者没有按照标准要求承诺支持能源管理体系，或没有落实标准中 a）～j）中的一项或多项活动
	4.2.2	1	最高管理者没有正式任命管理者代表，或者任命的管理者代表不具备能源管理和能源相关技术能力
		2	管理者代表没有按照标准要求对其职责权限范围内的 a）～h）项工作中的一项或多项工作负起责任
4.4.2 法律法规与其他要求		1	适用的法规收集不全，特别是缺少行业规范等其他要求；有些无关的法规也进入清单
		2	收集的法规为失效版本，没及时进行法规更新
		3	不了解如何依据法律法规、标准进行能源使用消耗、重要能源使用消耗识别、评价；没有建立适用法规与能源使用消耗之间的关系
4.3 能源方针		1	能源方针没有满足"三个承诺和一个框架、一个支持"的要求
		2	能源方针没有体现企业的能源管理特点、规模、性质，只是空洞的口号
		3	能源方针没有在内部不同层面进行沟通和传达，使员工领会方针的内涵
		4	能源方针没定期评审和更新的证据
4.4.3 能源评审		1	能源使用消耗识别有漏项，如缺少主要生产系统的终端用能设备中的某个或几个工艺设备或生产线；缺少对附属生产系统能源使用消耗进行识别；缺少对能源设计过程和能源采购过程进行识别
		2	某一个系统、过程、设备设施所涉及的能源使用消耗识别不全面，如配有冷却水的设备没有识别新水的使用消耗，又如能源采购控制没有对能源服务过程进行识别等
		4	主要能源使用消耗评价原则不合理，使得系统、过程、设备设施所涉及的能耗大，能源利用率低的能源使用消耗没有评价为主要能源使用消耗，因而得不到有效控制
		5	能源使用消耗清单与重要能源使用消耗清单对应性不好，如重要能源使用消耗清单中有的能源使用消耗在能源使用消耗清单中没有或与评价结果不对应等
		6	新扩改项目，引进新设备或能源、产品、工艺、材料发生变化时没有进行能源使用消耗更新
4.4.4 能源基准		1	能源基准不能反映企业的能源利用状况，没有涵盖主要用能过程和环节中影响能源绩效水平的关键绩效参数
		2	当能源基准不能反映企业能源使用消耗情况或者用能过程、系统、方式发生变化时没有及时对能源基准进行调整

续表

体系条款	序号	不符合示例
4.4.5 能源绩效参数	1	能源绩效参数的设定没有反映企业的能源使用特点，不能体现企业建体系后的绩效水平
	2	当用能过程存在外包时，没有采用适当的方法，如采用工业增加值的方法来评价用能单位的能源绩效
	3	当能源绩效参数不能反映企业能源使用特点和水平时，或者当用能过程、系统、方式发生变化时没有及时对能源绩效参数进行调整
4.4.6 目标、指标和方案	1	目标指标与主要能源使用消耗对应性不强，目标指标没有针对企业主要能源使用消耗
	2	可以量化的目标指标没有加以量化，无法进行检查及判断绩效
	3	没有对目标指标进行分解，某些重点用能部门没有落实目标指标，没有对重点用能系统、过程、设备设施按照用能类别分别建立单项能源消耗的目标指标
	4	目标指标无可选的技术方案支持无法实现，指标过高、脱离实际
	5	方案内容不当，没有具体的技术措施、验证节能效果方法或采用的技术落后
	6	管理方案没有具体完成日期，无法检查进度，进度安排不合理，所有实施步骤都在同一时间启动，同一时间结束，等于没有进度也无法检查
	7	在产品结构、能源结构发生重大变化，或者依据评价结果，需要对目标指标或方案进行调整时，没有及时对目标指标方案进行调整
4.5.2 能力、培训和意识	1	人员培训不到位，没有进行全员节能意识的培训
	2	培训记录不完整；没有关注代表其工作的关键岗位人员的能力要求及实施培训
	3	重要能源岗位培训不到位，没有经过能源使用优化操作的培训，或因培训力度不够，不能胜任工作
4.5.3 信息交流	1	内部发生重大能源问题及体系运行问题时，无畅通渠道进行交流
	2	未对重要能源使用消耗是否向外交流做出规定，或重点用能单位规定不对外交流
4.5.4.1 文件要求	1	体系文件没有关于能源管理体系范围和边界的描述
	2	文件接口不清，如纳入的能源管理体系文件没有适当的查询途径；不同层次文件之间名词术语、做法及要求不统一
4.5.4.2 文件控制	1	文件管理混乱，标识、编号不清，无文件下发、收回记录
	2	文件更改及审批不符合规定要求
	3	关键能源岗位无现行文件版本
	4	失效文件没从现场撤回，也无明显标识
4.5.5 运行控制	1	用能系统、过程、设备设施中与主要能源使用消耗有关的活动（工序），未按程序或操作文件执行
	2	生产中仍然采用国家明令淘汰的落后工艺、技术、设备和材料
	3	用能系统、过程、设备设施中与主要能源使用消耗有关的活动（工序）的运行准则没有完全依照国家和地方颁布的设备设施经济运行、能效能耗、节能监测等标准制定，指标低于法规规定的指标
	4	能源的紧急状况识别不全，如能源供应紧缺、用电系统故障等，因而未建立必要的能源应急预案
	5	没有定期评审能源应急程序；没有进行必要的能源应急演习
4.5.6 设计	1	新建、扩建、改建项目没有采用先进的节能技术、工艺、设备和材料或者采用了国家明令限制和（或）淘汰的技术、工艺、设备和材料等

体系条款	序号	不符合示例
4.5.6 设计	2	在生产铸件、锻件、热处理件、焊接结构件、涂装件、电镀件等进行工艺设计和设备选型时，单产综合能耗超过国家或行业法规和标准要求
	3	在进行新产品设计时，没有对产品结构及材料进行节能工艺性审查及改进
	4	新扩改建项目没有进行节能评估与审查，或评估审查文件的分级不符合法规要求
4.5.7 能源服务、产品、设备和能源的采购	1	企业没有制定文件化的能源及能源服务采购规范，没有对主要能源使用有影响的能源及能源服务采购供应商进行评价，或（和）没有对采购结果进行能源绩效评估和验收
	2	没有按照能源的储存管理的相关规定实施管理，如储存损耗限额、存货盘点、储存设备的维修保养等方面存在问题
4.6.1 监测与测量	1	没有对重点用能工序 / 设备和主要用能环节涉及重要能源使用消耗相关的运行情况及关键特性进行绩效监测并记录
	2	目标、指标、方案的执行情况没有规定监测频次并进行监测
	3	当能源中断、能源泄漏和能源非预期使用时，没有进行被动的绩效测量
	4	没有对监测结果进行统计分析，或者当发现存在问题时没有采取相应的纠正和纠正措施
	5	没有按法规要求配备必要的监测设备，或监测设备仪器没有定期校准维护，或者当发现监视测量设备故障导致数据不准或丢失的情况时，没有采取完善的补救措施
4.6.2 合规性评价	1	未能按程序定期进行合规性评价
	2	评价输入不客观、不真实，或仅依据一两个监测数据，致使评价结果无效
	3	评价不充分，有的与重要能源使用消耗密切相关的法规执行情况未予评价
4.6.3 能源管理体系审核	1	审核范围未能覆盖全部部门，如不审核总经理、管理者代表
	2	审核的条款不全
	3	审核员审核自己所在部门，缺乏独立公正性
	4	检查表编制得不好，且未有效地使用检查表
	5	三种认证准则掌握不准或不全面，不能深入薄弱场所或过程，发现问题，或遗漏重大问题
4.6.4 不符合，纠正措施与预防措施	1	在日常体系运行中发现问题后，没有利用此条款进行不符合纠正和预防
	2	发现问题，只纠正而没有纠正措施和预防措施，治标不治本
	3	没有及时关闭不符合项
	4	发现问题，有纠正措施，但完成不彻底
4.6.5 记录控制	1	记录不完整，无记录人及日期或彼此不一致
	2	记录真实性不够
	3	记录无标识，也没有规定保存期等
4.7 管理评审	1	未按规定时间进行管理评审
	2	管理评审输入不全面，如没有把内审及合规性评价结论作为管理评审输入
	3	管理评审不是由最高管理者主持，管评没有包括"评审过去、规划未来"两大内容
	4	管理评审报告没有下发到各部门

（二）不符合报告的内容和不符合项的纠正及纠正措施

1. 不符合报告的内容

不符合报告通常应包括以下内容。

1）受审核单位：主要是受审核的部门。

2）审核日期：应标明不符合发现的日期。

3）不符合事实描述：要求对不符合事实清楚描述，包括时间、地点、当事人和事实。

4）不符合审核准则的名称与条款号及其内容：即不符合事实能够准确对应审核准则的某一条款的某一内容，要求判标准确，且一个不符合项仅判同一审核准则的一个条款。以认证标准作为审核准则时，应同时包括GB/T 23331—2012和RB/T 119—2015两个认证标准。

5）不符合报告编号：标明每一个不符合项的唯一标识。

2. 不符合报告的格式及不符合报告表示例

不符合报告一般采用不符合报告表的格式，其示例见表8-10和表8-11。

表8-10　不符合报告表示例一

受审核方	ABC 铸造厂		编号	2015-1
受审核部门	机械加工车间	审核日期	2015 年 10 月 25 日	

审核准则：GB/T 23331—2012 能源管理体系 要求
　　　　　RB/T 119—2015 能源管理体系 机械制造企业认证要求
　　　　　GB 17167—2006 用能单位能源计量器具配备和管理通则

不符合事实描述
　　现场审核发现：机械加工车间没有安装电表，该车间有各种机床 30 台。车间主任说"我们车间和那些热加工车间相比，耗电量小得多，没有必要安装电表"

不符合：GB/T 23331—2012《能源管理体系要求》4.6.1 条款的要求
　　　　RB/T 119—2015《能源管理体系 机械制造企业认证要求》4.6.1.1 的要求
　　　　GB 17167—2006《用能单位能源计量器具配备和管理通则》4.3.5 表 3 能源计量器具配备率要求（次级用能单位为 100%）

审核员	李江浩	受审核方代表确认：
审核组长	王杰能	2015 年 10 月 26 日

对纠正措施的要求：在 2015 年 11 月 25 日前完成

验证方式：　　⊠文件　　⊠现场

原因分析：主管部门和机加分车间没有认真学习贯彻 GB 17167《用能单位能源计量器具配备和管理通则》标准，对该标准的 4.3.5 条款要求没有落实到位，没有按照要求为次级用能单位——机械加工车间安装电表

纠正：给机械加工车间安装符合精度要求的计量电表

纠正措施：1. 组织相关人员学习 GB 17167 标准，并进行考核；
　　　　　2. 对全厂用电单位及设备进行普查，对需要补装电表的部门及设备安装计量电表

纠正措施验证
原因分析：⊠正确　　□不正确
纠正措施：⊠有效　　□无效
　　　　　　　　　　　　　　验证人：李江浩　　日期：2015 年 11 月 22 日

表 8-11　不符合报告表示例二

受审核方	ABC 轨道客车制造有限公司		编号	2015-2
受审核部门	涂装车间	审核日期	2015 年 10 月 25 日	

审核准则：GB/T 23331—2012 能源管理体系 要求
　　　　　RB/T 119—2015 能源管理体系 机械制造企业认证要求

不符合事实描述
　　现场审核发现：涂装车间编号为 66-123、功率为 132kW 的 QX132 清洗机没有纳入设备定保小修计划，也没有提供实施定保小修的证据

不符合：GB/T 23331—2012《能源管理体系要求》4.5.5b 条款的要求
　　　　RB/T 119—2015《能源管理体系 机械制造企业认证要求》4.5.5 的要求

审核员	周节能	受审核方代表确认：
审核组长	肖增效	2015 年 10 月 26 日

对纠正措施的要求：在 2015 年 11 月 25 日前完成

验证方式：　☒文件　　□现场

原因分析：该设备购买时是以工艺装备形式采购的，安装完成无法按照设备转固定资产，也没有按照设备进行管理

纠正：按要求实施定保小修

纠正措施：1. 将该清洗机纳入设备台账并确定定保小修周期；
　　　　　2. 修订 2015 年度定保小修计划，增加该设备定保小修计划安排并实施；
　　　　　3. 设备管理人员学习相关要求，并检查车间是否还存在其他类似未纳入管理的重点用能设备，并按规定纳入计划并实施

纠正措施验证
原因分析：☒正确　　□不正确
纠正措施：☒有效　　□无效

验证人：周节能　　日期：2015 年 11 月 22 日

3. 不符合项的纠正和纠正措施

对于不符合项，受审核方应该按照GB/T 23331—2012和RB/T 119—2015标准4.6.4条款的要求进行处理，步骤如下。

1）分析不符合产生的原因，只有原因找得准，才能针对原因制定纠正措施。

2）对不符合进行纠正，如属紧急情况，需立即纠正，避免损失，降低风险。

3）针对不符合原因，制定可行、有效的纠正措施，避免不符合重复发生；注意纠正措施的制定不能仅限于发生不符合的部门，应举一反三，全面分析。

4. 审核组跟踪验证评价采取的纠正措施有效性

责任部门完成所指定的纠正措施后，审核员应对其措施实施情况及其证据进行有效性验证并签字，有效性验证必须在规定的期限内完成。

纠正措施实施情况及其有效性验证参见表8-10和表8-11。

五、审核报告的编制和分发

（一）审核报告的编制

1. 内部审核报告的内容及要求

能源管理体系内部审核报告至少应包括以下内容。

（1）内审的基本情况

1）内审日期：应精确到某年某月某日的上午或下午。

2）审核目的：内审的审核目的通常是验证企业能源管理体系建立、实施、保持和持续改进的有效性以及与审核准则的符合性，为管理评审提供输入，为迎接外部审核做准备。

3）审核准则：通常包括三个方面，如GB/T 23331—2012和RB/T 119—2015两个认证标准；企业编制的能源管理体系文件，包括能源管理手册、程序文件和相关的作业文件；适用的法律法规及其他要求。

4）内审范围和边界：包括涉及的产品及其过程；生产单位及辅助单位和附属单位，包括相关的职能部门。

5）审核组成员及其分工：如审核组长、审核员等，必要时标明其内审员资格证书编号。

（2）内审情况综述

主要是对各主要审核内容（标准的主要条款）的审核证据及审核发现。至少应包括以下内容。

1）能源方针的制定、传达贯彻情况。

2）能源管理职责及其落实以及人财物等各种资源配备情况。

3）适用法律法规获取及其更新、应用情况以及合规性。

4）能源评审，包括识别能源使用、评价主要能源使用以及识别改进机会及其排序情况等；能源基准的建立与调整及其合理性；能源绩效参数的建立及其合理性与评审，适用时与能源基准的比较情况。

5）能源目标指标和管理方案的建立、实施以及分解落实情况、完成情况及主要绩效。

6）能源管理体系文件及其控制情况，以及对照审核准则的符合性。

7）主要能源使用的控制情况及其效果；设计控制情况及其效果；能源及服务采购控制情况及其效果。

8）监视测量和分析情况、主要绩效；发现问题后的纠正与纠正措施及其实施情况。

9）内审、管理评审的实施情况以及自我发现问题和自我完善机制的建立情况等。

10）不符合项及其分布以及整改要求、改进建议等。

（3）审核结论

文件与审核准则的符合性以及是否充分、可操作；体系建立与实施的总体情况及其有效性等。

审核报告由审核组长编制，管理者代表批准。

2. 内部审核报告格式示例

能源管理体系内部审核报告格式示例见表8-12。

表8-12　能源管理体系内部审核报告格式示例

受审核方名称：	
审核目的：	
审核准则：	
审核范围及边界：	
审核日期：	
审核综述：	
审核结论：	
审核组长：	
审核组成员：	
受审核方代表：	
报告分发范围：	
编制／日期：	审批／日期：

（二）内部审核报告的分发

内部审核报告可以是纸质的，也可以是电子版的。审核报告编制完成并经过批准后，应分发给范围及边界内各相关单位或部门，并保存分发记录。

六、能源管理体系不符合案例判标练习题

判定各练习题的场景不符合GB/T 23331标准的哪个条款；同时亦可判断其他管理体系是否也存在不符合。

1. 对某企业的体系文件审查时，发现手册中没有明确能源管理体系的范围和边界。

2. 某机械厂将厂内的涂装作业外包给劳务公司，审核发现：初始能源评审范围没有包括涂装过程，也没有对涂装过程的能源使用消耗及改进机会进行识别、评价。

3. 企业总经理任命主管能源的副总经理为管理者代表，任命书中规定管理者代表负责能源管理体系的内审和管理评审工作。

4. 某机械工厂在独立核算能源的次级用能单位机械分厂没有安装电表，该分厂有各种机床50台。查企业的能源管理体系适用的法律法规清单中缺少"GB 17167—2006《用能单位能源计量器具配备和管理通则》。

5. 查某工厂能源使用消耗识别评价清单发现，"冲天炉-感应电炉双联熔炼"工序的"感应电炉纯水消耗"评价为主要能源使用消耗，而"感应电炉电力消耗"却不在主要能源使用消耗清单中。

6. 某厂新建热处理车间年耗电200万度、天然气150万立方米,内审发现，该项目节能评估审查工作申报的是"节能评估报告表"。

7. 某铸造厂实施能源管理方案，新建一拖二中频熔化炉取代10t无芯工频炉，并已正式投产两月，但没有对能源使用消耗清单及能源基准和能源绩效参数进行调整。

8. 某机械厂锻造车间的锻坯加热台车式炉炉衬材料为耐火粘土砖，炉盖温升高达85℃，因而被评为重要能源使用消耗，并在清单中写明拟改用石棉炉衬代替粘土砖。

9. 企业人力资源部门没有对冲天炉熔炼工的任职资格要求做出规定；也没有在新转岗到冲天炉工作的张某的转岗培训中包含节能降耗的内容。

10. 企业信息交流程序规定：车间设备状况不佳时应及时向动力部门报告，涂装车间蒸汽管道保温层脱落，蒸汽管道部分裸露，车间领导考虑马上到春节长假了，先不麻烦动力部门了。

11. 企业的能源管理体系文件没有规定能源管理体系的范围和边界。

12. 内审时正值三伏，在办公室审核时，室内温度计显示为20 ℃，双方都穿起了外衣。办公室主任解释说，"我们部门规定的室内温度标准为22℃，考虑你们工作很辛苦，就又调低了点。"

13. 某锻造厂实施能源管理方案，将10t 空气锤采用"换头术"改造成电液锤，并已经投入正式运行一个多月，审核组审核时发现还没有对电液锤制定如何有效运行的作业指导文件。

14. 企业燃煤锅炉运行规程规定：锅炉炉顶温度≤70℃，审核组现场审核发现连续10天的炉顶温度监测数据均在80～83℃之间。

15. 某建筑设计院在为某小区设计居民楼时，没有依据"民用建筑节能条例"及相关标准进行层高、楼间间距、朝向、采光等方案及技术设计。

16. 由于原来一直给企业供给液氧、氩气、CO_2气、氮气的单位因故停产，采购部门就近从另一气体生产厂购买已使用一个月，内审发现，尚未对该供应商进行评价。

17. 某厂下属有铸造分厂、锻造分厂、机械加工分厂、热处理分厂、铆焊分厂，各分厂均为能源核算单位，审核组审核发现机械加工分厂没有安装电表，该分厂有各种机床50台，分厂厂长说，"我厂和热加工分厂比较，耗电量小得多，没有必要安装电表"。

18. 审核组就上述事实开出不符合报告，机械加工分厂提供的原因分析是能源主管不了解相关的法律法规要求，而对不符合的纠正和纠正措施就只是按规定安装了电表。

19. 审核组了解到某工厂近期采购工业锅炉时没有依据" GB 24500—2009《工业锅炉能效限定值及能效等级》"进行设备选型，而在能源管理部门所做的合规性评价中却给出采购过程符合法规要求的结论。

20. 查某机械厂2013年的"能源流向一览表"及"能源收支平衡一览表"均发现新水的购入量是消耗量的3倍多，追溯前几年的报表，发现自2010年起就出现此种情况且逐年严重，但未将"新水的异常损耗严重"评价为"重要能源使用消耗"，也没分析原因并提出改进机会。

21. 查阅企业内审计划发现没有安排企业总经理的审核，审核组长解释说"总经理工作太忙，今年就不安排了"。

22.查能源管理部门提供的能源管理体系记录清单，没有对记录的保存期限进行规定。

23.审核组查阅管理评审策划，输入内容缺少合规性评价的结果。

24.某机械厂新建生产基地11月投入试生产，准备明年1月正式投产，年底召开的管理评审会议并未就能源绩效参数和目标指标的调整进行讨论和做出决定。

25. 在设备部查阅某通风机采购申报单时发现：经办人申请的型号能效等级为2级，主管领导的批示意见为：现经费紧张，为节约成本，将2级改成3级。

26. 某机械厂年消耗标煤5万吨，60%为电力，次级用能单位有10个，最小的单位（办公室）电力容量为12kW，没有单独配置电力计量器具。

27. 某厂年消耗标煤2万吨，主要能源有电力、天然气、蒸汽，没有配备必要的便携式能源检测仪表。

28. 某专业球铁厂，生产的球铁6个牌号为QT400-15、QT450-10、QT500-7、QT550-5、QT600-3和QT700-2，分别采用高温退火、不完全正火、正火3种热处理工艺以满足金相和力学性能要求。

29. 某厂年终管评时，预测明年市场形势不好，订单将大减，决定将降低全厂的综合能耗定为明年主要节能目标，指标由当年的3万tce降低为2万tce。

30. 某厂压缩空气负载率波动大，而三台空压机全部为定频电机带动，因而将"空压机电力消耗过大"定为重要能源使用消耗，为此建立了管理方案，方案采取的技术方法是采用阀门进行节流调节。

31. 设备部设计某厂房通风换气系统，查设计文件发现：通风机电机的合理功率为30kW，但最后确定选定80kW的直流电机。

32. 某大型抛丸机的袋式除尘器，因长期没有更换布袋，经检测，阻力增大，排风罩罩口处呈正压状态。

33. 某厂办公楼共10层，每晚楼道照明灯均灯火通明，而且开关设置为"一层一控"。动力部门负责人解释说：办公室照明用电比起生产车间小得很，我们的管理原则是"抓大放小"，所以没有识别评价办公活动照明用电的能源使用消耗及改进机会。

34. 某铸铁厂炉前盛装孕育剂、球化剂的铁桶上的油漆字标识模糊不清，某新员工误将球化剂作为孕育剂进行HT250灰铸铁孕育处理，导致1500℃的1t铁液报废，还引发铁液飞溅和镁光与烟雾排放。

35. 某铸件厂生产铸态低温高韧性球铁齿轮箱箱体，对原铁液的C、Si、Mn、P、S成分偏差要求十分严格，但炉前使用传统的化学分析及金相检验方法，所以为使成分满足要求，需要多次调整成分，使中频感应电炉的保温电耗显著增加。

36. 某齿轮厂原采用"气体渗碳炉渗碳+重新加热淬火"工艺生产硬齿面齿轮，今年2月为提高效率降低能耗，新购多用炉实现"渗碳淬火一体化"，已生产两月。5月内审时，工艺部未能提供新工艺工艺参数试验及调整的记录证据，也没有调整硬齿面齿轮综合能耗的能源基准及相关能源绩效参数。

37. 某厂在计算全厂综合能耗时，没有计算外购的非可燃气（氧气、氮气、CO_2气等）的消耗，计算了各部门消耗的电力、可燃气及自产的压缩空气、软化水的消耗。

38. 某铸钢厂有电弧炉2台、中频感应电炉4台，没有配备柴油发电机组及漏炉报警装置。

39. 某厂热表车间电镀班组于一年前撤消，安排其中5名中青年电镀工转岗从事热处理作业，发现两名中年工人没有进行车间和班组的二级转岗安全及节能培训。车间主任解释说："他们年纪大了，干不了十年就退休了，没必要学了"。

40. 某厂机修班组的气焊、气割作业操作规程第10条规定："为节约宝贵的氧、乙炔资源，作业时，应将瓶内的气体用尽，不得留有余气"。

41. 某大型机械厂年耗能为15万tce，最近建立了EnMS，内审组审查其"信息交流与沟通程序"时，发现有"本企业决定就EnMS事务不与外部进行交流沟通"的规定。

42. 某重机厂铸钢车间与水压机车间距离很远，大锻件锻坯在铸钢车间铸锭冷却后运至水压机车间重新加热进行水压机锻造。

43. 某铸铁厂仍然采用2t磁轭铝壳感应电炉熔化和粘土砂烘干砂型及砂芯生产铸铁暖气片。

44. 某铸铜厂仍然采用焦炭坩锅炉熔化及粘土砂烘干砂型及油砂砂芯生产铸铜管接头。

45. 某五金制品厂生产小型五金件，共有10台中小型冲床，全都没有配置任何防止误冲手指的安全防护装置，也无法安装。

46. 某内燃机配件厂的铝合金活塞的固溶处理温度要求为（515±3）℃，抽查某天的实测温度记录分别为519℃、521℃、522℃、523℃、520℃。

47. 某锻造厂采用自由锻工艺生产中小型锻件，采用燃煤火焰反射炉加热锻坯及1t空气锤锻造，锻件采用酸洗去除氧化皮。

48. 某钢结构厂焊接车间有一半手工焊条电弧焊机是旋转式直流电焊机。

49. 某齿轮厂采用表面热处理提高齿轮的表面硬度和疲劳强度，大模数齿轮应用发电机感应加热电源进行轮齿中频淬火，小齿轮采用氰盐浴液体渗碳工艺。

50. 根据同炉铁水单铸试块力学性能检验结果，某日第二炉铁素体球铁件不合格，需采用退火方法补救，但该炉铸件已与同日其他炉次铸件混放在一起，无法区分。

51. 铸钢车间采用CO_2水玻璃砂型造型工艺，作业文件没有规定吹CO_2硬化操作的压力要求，造型工为提高效率，均将压力调至最大。

52. 某机械厂新建分厂的渗碳淬火齿轮工艺流程为：齿坯模锻→正火→滚齿→气体渗碳炉渗碳→箱式炉加热淬火→磨齿→清洗→入库。

53. 某厂燃煤锅炉的原煤露天堆放，无防扬尘及防自燃措施及相关管理制度。

54. 某锻造车间今年5月订单不多，当月生产计划安排：每周生产两天，以实现均衡生产。

55. 铸造厂自今年建成后，生产任务一直不足，一直是每周二和周五开炉两次，以实现均衡生产。

56. 某热处理厂建立的能源基准、能源绩效参数示例如下。

①t热处理件综合能耗：基准值为200kgce/t，绩效参数设定值为200～220kgce/t。

②箱式炉空炉升温时间：基准为≤1.2h，绩效参数设定值为1.2～1.4h。

③箱式炉炉壳表面温升：基准为≤55℃，绩效参数设定值为55～58℃。

57. 某厂EnMS职责权限分配表及相关文字说明，发现：办公室和市场部没有任何能源管理的职责权限分工。

58. 某机械厂设有铸造车间，查该厂适用的能源法规清单中没有"铸造行业准入条件"，能源部长解释说："我厂铸造车间是二级用能单位，不是独立法人，不直接对外"。

59. 某大型机械厂自己生产铸件、锻件、焊接结构件，这些毛坯件的单位产量综合能耗基准及绩效参数限额均以"JBJ 14—2004《机械工业节能设计规范》"规定的能耗限额为依据制定。

60. 某专业电镀厂镀种有镀锌、镀铜、镀装饰铬和镀硬铬等多种，对不同镀种的单位产量能耗基准均统一订为30kgce/m²。

61. 某大型机械厂年耗能8万tce，建立了各层次能源基准和绩效参数，但没有建立任何能源标杆，能源部长解释说："2012年版的GB/T 23331标准并没有建立能源标杆的要求"。

62. 某机械厂主要生产作业为精密加工和装配，大量毛坯件、零部件和精密件粗加工以及涂装作业为外购或外包，其单位产值综合能耗以"tce/总产值"计算和统计。

63. 某企业计算综合能耗时，电力折标煤系数，一直采用当量值0.1229 kgce/(kW·h)计算。

64. 某企业计算综合能耗时，电力折标煤系数采用等价值，手册中规定折标煤系数为0.404kgce/(kW·h)，但在程序文件中规定为0.34 kgce/(kW·h)。

65. 某铸钢厂实施EnMS，建立了"淘汰粘土砂干型造型制芯落后工艺"的目标，采用的替代工艺（管理方案）是没有旧砂再生的CO_2硬化水玻璃砂造型制芯。

66. 某厂涂装车间有劳务工50人，占现场作业员工的1/2，对其没有规定任职要求，也不进行任何节能意识与知识培训，车间主任解释说："一切由劳务公司负责"。

67. 某铸造厂根据客户提供的某铸钢件图纸进行铸造工艺及工装设计时，没有对铸件结构进行工艺性审查与修改，致使铸件分型面多达三个，浇冒口系统复杂庞大，铸件工艺出品率不足40%。

68. 某厂管理方案采用电机交流变频调速技术降低燃煤锅炉各种电机的能耗，采用合同能源管理方式实施，但因合作方某能源技术服务公司没有此项技术资质与经验，拖期两年也没达到预定目标。

69. 热处理车间某重要调质热处理件在今年6月发生两炉次力学性能不符合要求，而需重新加热热处理的质量事故，但事后均没有对这种异常情况分析原因。

70. 某厂动力车间建立的单位产品能耗的能源基准、能源绩效参数设定值如下。
①燃煤锅炉：基准值为：125kgce/t标蒸汽；绩效参数设定值为125～130kgce/t标蒸汽。
②螺杆空压机：基准值为：100kW·h/km³；绩效参数设定值为100～105kW·h/km³。

71. 在某制冷设备厂产品开发部审核时，发现其空调机及电冰箱的新产品设计依据没有考虑我国已颁布实施的强制法规对产品能效的要求，产品开发部也无此法规文本。

72. 根据同炉处理单铸试块力学性能检验结果，某日第二炉铝合金活塞铸件不合格，需采用重新固溶处理方法补救，但该炉铸件已与同日其他炉次铸件混放在一起，无法区分。

73. 某厂在去年内审时，发现二级用能单位机械加工分厂没有安装电表，因而开具了不符合报告，并已整改完毕。今年内审时，审核组发现在另外两个二级用能单位——装配车间和机修车间发现了同样问题，该两个车间至今也没有安装计量电表。

74. 某铸铁厂主要生产A、B两种成分基本相同的灰铸铁件，A件壁薄件小、形状复杂，

B件厚壁件大、形状简单，两者浇注温度相差40℃。一直采取同时生产方式，浇注B件时，要将过热铁水在凉包内降温40℃左右再浇注。

75. 某超硬工具材料厂人造金钢石合成工序压机设备要求的温度参数为（1350±5）℃，压力为（110±5）MPa，抽查15号压机某班的作业温度记录为：1358℃、1359℃、1357℃、1360℃、1359℃。

76. 某厂锅炉房的燃煤储存场，露天存放，也缺少严格的管理制度，今年夏季曾发生两起自燃事故。

77. 某厂热处理用反射炉共有两台，每台天然气耗量为200m³/h，内审发现：只有一台设备配备有气体流量表，且其准确度等级为2.5级。

78. 某大型机械厂电镀车间其电力功率限定值为700kW，装设有独立的有功交流电能计量仪表，但没有配备直流电能计量仪表。

79. 按电力消耗计，某厂主要次级用能单位有15个，15个单位全部安装了电表；主要用能设备有50台套，安装电表的设备有45台套，查该厂的"合规性评价表"，结论是"全部合规"。

80. 某铸钢厂采用CO₂水玻璃砂造型制芯，旧砂只回用（作背砂），但无再生设备，回用率勉强达55%，查该厂的"合规性评价表"，结论是"全部合规"。

81. 在某铸铁厂供应部检查炉料进货检验记录发现：进厂的冶金焦只用地磅核对重量，从不检验其固定碳、含S量及灰分等化学成分和反应能力、转鼓强度等性能。

82. 在某机械厂计量室抽查各热加工车间使用的温度测量仪表的台账时，发现铸造及热处理车间在用的仪表各有两台已过检定有效期两个月。

83. 某厂轻质油库储存柴油200t、汽油300t、煤油100t，周边邻居有十几栋居民楼和一所小学，建成后从来没有与周边小学和居委会交流沟通，每年进行消防演习和防火知识培训时也从未邀请小学和居民代表参加。

84. 在机修车间审核时发现：一台大型机床卡盘没有夹持工件，设备在空运转，5分钟后，操作工人才从卫生间回到工位。

85. 某齿轮厂放置精加工后的齿轮及齿轮轴的钢制工位器具没有采取防磕碰擦伤的措施，在转运过程中损伤报废的情况时有发生。

86. 某变压器厂冲剪车间冲好的硅钢片铁芯没有合理的工位器具储存转运，铁芯损坏及扎伤员工的情况时有发生。

87. 某铸铁车间生产薄壁缸体铸件，作业文件规定必须使用热电偶测温计测定每包铁液的出炉温度和浇注温度，并保证出炉温度不低于1500℃，浇注温度不低于1400℃，但在现场观察及检查操作记录时发现：很多包次没有按规定检测。车间主任解释说：热电偶较贵，工人已有经验，凭经验判断就足够了。

88. 在某精铸厂脱蜡工段发现：高压蒸汽脱蜡釜的温度和压力监控记录在14：00～15：00的时间段均为空白（规定半小时记一次数值）。经了解14：30为换班时间，两个班都未记录。

89. 查阅锅炉房的在用蒸汽锅炉档案发现：一台35t蒸汽锅炉于一年前大修，其热效率测试报告是4年前出具的。

90. 某机械厂第二装配车间因今年产品订单不多，9月10日即已完成全年生产任务暂时停厂，但10月8日在空压站内审发现：该站并未切断对第二装配车间的供气。

91. 经严格的工艺试验，某合金钢轴的淬火工艺为：奥氏体化温度为（900±5）℃/保温60分钟后淬油。但在车间检查作业记录均为（900±5）℃/保温70分钟后淬油。车间主任解释说：为的是使奥氏体化充分，确保质量稳定。

92. 经严格的工艺试验，某合金钢轴的淬火工艺为：奥氏体化温度为（900±5）℃/保温60分钟后淬油。但在车间检查作业记录均为（900±5）℃/保温50分钟后淬油。车间主任解释说：为的是降低能耗。

93. 某专业铸件厂采用中频感应电炉熔化。在熔炼车间现场审核时正好观察到中频炉加料，发现因炉料露天堆放，回炉的报废铸件及浇冒口锈斑严重且夹杂有泥砂，而且没经仔细切割破碎，块度大、枝杈很多，炉料间隙很大，难以装实。

94. 在工艺部审核，发现某长1m、ϕ100mm的长轴锻件，只在长200mm的一端锻打成形，设计的成形工艺为在台车式炉中整体加热后自由锻。

95. 某天然气热处理炉的炉内温度为950℃，天然气能耗限定值为300m³/h。其排烟温度基准值为600℃，绩效参数设定值为580～600℃；炉顶温升基准值为75℃，绩效参数设定值为70～75℃。抽查其最近半年的实测数据为：排烟温度在595～620℃之间；炉顶温升在74～78℃之间，车间从未对上述结果分析原因及采取措施。

96. 某铸造厂原以"冲天炉/粘土砂干型工艺"生产铸铁配件积累了第一桶金。为满足"铸造行业准入条件"要求，2013年决定建成采用特种铸造工艺年产2万吨的"专精优特铸造厂"，其技改方案是"中频感应电炉熔化，金属型复砂及消失模造型线各两条"，已于2013年底建成。因没有固定市场订单，现在正为"找米下锅"四处寻求铸件客户。

97. 某机械厂装配车间有热水（蒸汽）清洗机5台，每台额定功率为10MW，3台有蒸汽流量计，2台没有配置。

98. 某厂钢结构车间抛丸清理机的排风除尘系统的电机功率为75kW，经节能监测，电机负载率为40%，机组的电能利用率为60%。

99. 某厂热处理车间一台炉温为950℃的台车式电阻炉，经节能监测，其炉壳表面温升为60℃，炉盖温升为85℃。

100. 某汽车配件厂建于1966年，采用KT350-10可锻铸铁生产汽车、拖拉机配件，性能一直稳定，也有一定销路，因而铸件材质及长时间高温退火工艺一直没有改变。

101. 在某公司现场审核发现，蒸汽管道连续多日泄漏，没有修理，造成蒸汽浪费。

102. 在某公司审核时发现，该公司2015年安装的双端写有Y-112M-4型三相异步电动机的能效等级为3级；Y2-112M-4属第三批淘汰目录中的电机，经追踪审核，采购部在设备采购时没有提出有关电机能效方面的要求。

103. 查某公司蒸汽管网维修、防腐、保温等管理方案，规定的开始实施时间和结束时间为"长期有效"。

104. 某公司空压机站房两台在用空压机排气温度运行记录规定的75～110℃，与设备操作说明书上规定的75 ～ 95℃不一致。

105. 某公司对锅炉燃烧系统大修，验收单显示，存在炉前有漏风、保温未处理处等问题，未见整改后验收合格的证据。

106. 某公司因当地环保部门提出要求，取消了燃煤锅炉的使用，生产用蒸汽由自产变更为外购，但未重新进行能源评审。

107. 某公司《文件控制程序》规定，能源管理手册由管理者代表审核、总经理批准，但在《能源管理手册》前言中，批准人为管理者代表。

108. 审核某公司负责设备采购的资产部发现，未针对设备供方和维修方制定评价准则，也没有采购规范。

第五节　能源管理体系与其他管理体系的多体系结合审核

建立EnMS的企业，一般都已经取得了QMS、EMS和OHSMS的认证证书，且这三个体系已趋于成熟。这些企业建立EnMS，完全可以和已有管理体系结合建立一体化管理体系。当然，结合的程度和方式可以多种多样，可以是完全结合型，即管理部门、体系文件、内部审核、管理评审等完全结合在一起。也可以是部分结合型，即不同体系分别由不同部门主管，体系文件分别编制，但内审和管理评审结合进行。无论哪种情况，内部审核均可以结合实施。本节以EnMS与EMS结合审核为例介绍双体系结合审核的示例；以EnMS/QMS/EMS结合审核为例介绍三体系结合审核的示例。因GB/T 9001标准及GB/T 24001标准已经换版，QMS和EMS的内审准则均以新版（2015版）标准的内容为准。

一、多体系结合审核的共同要求和审核要点

（一）多体系结合审核的共同要求

无论体系文件是否整合，也不管体系主管部门是否为同一部门，编制审核检查表以及审核时，都要结合考虑各个体系审核准则的要求。因此，多体系结合审核时，应注意以下事项，满足以下四个要求。

1. 审核组成员应同时具备多个体系的审核能力

参加审核的所有审核员，均应同时具备接受审核的各个体系的审核能力，同时是各个体系的内审员：即经过内审员知识培训并考试合格获得内审员资格证书。

2. 内审检查表为多体系结合的检查表

不管是纯职能部门还是生产车间（对某个体系无相关职能除外），审核检查表中的检查项目应同时容纳相关认证标准及体系文件所要求的内容，便于结合审核时使用。

3. 审核时应同时关注不同体系的内容

现场审核时，无论是提问交谈，还是查阅文件记录，或现场观察，均要同时兼顾各个体系各自不同要求和重点，不要遗漏任何方面。

4. 审核记录应同时体现不同体系的审核抽样和审核证据

应根据检查表中的检查项目，同时记录不同体系的审核抽样及其审核证据，避免审核记录没有反映任何一个体系的情况。

（二）多体系结合审核检查表的通用编制要点

多体系结合审核的检查表，既突出共性内容，又反映不同认证标准和体系的不同特点和关注重点。

1. 多体系部门审核检查表通用要点及共同条款

与单体系审核检查表一样，各部门（或车间）的多体系审核检查表，也都是以了解部门情况与履行职责的审核开始，接下来便是审核部门（或车间）的目标指标和管理方案及其完成情况。

2. 职能部门多体系审核检查表编制要点

职能部门多体系审核检查表编制应突出审核不同部门在不同体系中所承担的职责落实情况及绩效，其中部门的主要职责必须全部审核、深入审核，部门的相关职责可以抽样审核、一般审核。

3. 生产车间（以及动力、物流、检验等视同车间的部门）多体系审核检查表编制要点

该类部门的审核检查表，应以"职责加标准主线"的方式编制。即以车间（或部门）基本情况与体系职责开始，然后分别沿着相关认证标准的标准主线展开审核，重点审核该类部门对不同体系的控制对象（重要质量过程/环境因素/危险源/能源使用）的控制效果。

二、能源管理体系与环境管理体系的双体系结合审核

从节能的角度看，能源管理体系与环境管理体系有很多相似之处，结合审核更容易。

（一）EnMS/EMS双体系结合审核检查表编制示例

与单体系审核思路一样，EnMS/EMS双体系审核检查表可以按要素（标准条款）或过程编制，也可以按部门编制。

1. 按要素或过程编制的双体系审核检查表示例

虽然EnMS与EMS的要素编号不尽相同，但很多要素名称或控制思路是相同的，完全可以编制双体系审核检查表。现以"信息交流"和"新改扩建项目"两个过程为例，给出示例。

（1）"信息交流" EnMS/EMS双体系结合审核检查表示例（表8-13）

表8-13 "信息交流" EnMS/EMS 双体系结合审核检查表示例

受审核部门：能源环境管理部 　　　　　　　　　　　　　　　 部门代表：赵杰能

序号	EnMS 要素号 / EMS 要素号	检查项目	检查方法	检查记录
1	4.5.3/7.4	（1）是否编制信息交流的控制程序或管理规定？是单独编制还是结合编制？文件名称及其编号；文件是否符合标准要求	查阅文件	

续表

序号	EnMS 要素号 / EMS 要素号	检查项目	检查方法	检查记录
1	4.5.3/7.4	（2）外部信息交流情况：外部投诉及信息的接收、处理及反馈；向外部交流重要环境因素 / 能源方针、能源管理体系以及能源绩效的决定情况及实施情况；如为重点用能单位，查每年向主管部门上报"能源利用报告"的情况。 （3）内部信息交流情况：交流方式、交流内容及其实施情况；员工合理化建议及处理情况	交谈提问查阅信息交流记录 / 投诉与处理记录 查阅信息交流台账，抽查 3～5 份信息及其处理情况	

审核员：钱将浩　　　　　　　　　审核日期：

（2）"新改扩建项目"EnMS/EMS双体系结合审核检查表示例（表8-14）

表 8-14　"新改扩建项目"EnMS/EMS 双体系结合审核检查表示例

受审核部门：能源环境管理部　　　　　　　　部门代表：赵杰能

序号	EnMS 要素号 / EMS 要素号	检查项目	检查方法	检查记录
1	4.5.6/4.4.6 4.6.1/9.1.1	（1）有无新改扩建项目及项目总体情况 （2）EnMS：节能评估及审查情况（节能评估报告；基本情况；节能措施包括采用节能新工艺、新技术、新产品等的情况；项目能效指标及其水平等） 　新建、改建和扩建的设计中是否考虑了能源绩效改进的机会？ 　新建、改建和扩建的设计中是否落实了方针应"支持能源绩效的设计的承诺"？ （3）EMS：环境影响评价情况（环境影响评价报告书 / 报告表 / 登记表；评价机构及其资质和有效期限；项目概况；主要环境影响及其控制情况；结论与建议；环评批复及废水、废气、厂界噪声和固体废弃物等应执行的标准及其限值） 　环评验收情况及其结论	提问交谈 查阅节能评估及审查情况 查阅环境影响评价资料、环评批复、验收报告及其批复	

审核员：钱将浩　　　　　　　　　审核日期：

2. 按部门编制的EnMS/EMS双体系审核检查表示例

实际审核实践中，通常是按部门编制检查表的居多。此处以人力资源部、汽车制造厂的涂装车间、锅炉房为例，给出EnMS/EMS双体系审核的检查表示例。

（1）人力资源部EnMS/EMS双体系审核检查表示例（表8-15）

表 8-15　人力资源部 EnMS/EMS 双体系结合审核检查表示例

受审核部门：人力资源部　　　　　　　　部门代表：孙志远

序号	EnMS 要素号 / EMS 要素号	检查项目	检查方法	检查记录
1	4.2/5.3	人力资源部的基本情况及其在 EnMS 和 EMS 中的职责	提问交谈，查阅体系文件	

续表

序号	EnMS 要素号 / EMS 要素号	检查项目	检查方法	检查记录
2	4.4.6/6.2 4.6.1/9.1.1	部门目标指标和管理方案及其完成情况	查阅文件、检查记录	
3	4.5.2/7.2/7.3	（1）是否编制人力资源管理程序或办法？文件名称、编号 程序文件或管理办法是否符合标准要求？ （2）是否识别与主要能源使用 / 重要环境因素有关的人员并规定其能力要求？ （3）人员能力能否满足要求？是否识别培训或其他措施需求？ （4）是否根据培训或其他措施需求编制培训计划或其他措施计划？ （5）是否按培训计划或其他措施计划实施培训？ （6）如何确保全体员工提供环保 / 节能意识并落实到具体工作中？ （7）是否评价培训或其他措施的有效性？ （8）抽查部分重要耗能设备操作人员 / 重要环境岗位人员是否持证上岗	查阅体系文件 查阅文件及能力要求 查阅文件 查培训计划或其他措施计划 抽查培训或其他措施计划各3～5项，查上述项目的有效性评价 查上岗证	

审核员：钱将浩　　　　　　　　　　审核日期：

（2）汽车制造厂涂装车间EnMS/EMS双体系审核检查表示例（表8-16）

表 8-16　汽车制造厂涂装车间 EnMS/EMS 双体系审核检查表示例

受审核部门：涂装车间　　　　　　　　　部门代表：李增效

序号	EnMS 要素号 / EMS 要素号	检查项目	检查方法	检查记录
1	4.2/5.3	涂装车间基本情况（包括产品、工艺、主要耗能设备及环保设施等）及其在 EnMS 和 EMS 中的职责	提问交谈，查阅体系文件	
2	4.4.6/6.2 4.6.1/9.1.1	部门目标指标和管理方案及其完成情况	查阅文件、检查记录	
3	4.4.3 4.4.4 4.4.5/6.1.2	车间能源使用消耗 / 环境因素分布，有哪些主要能源使用消耗 / 重要环境因素，查主要能源使用 / 重要环境因素清单；车间确定的能源基准、能源绩效参数	提问交谈查阅记录	
4	4.4.2/6.1.3	车间最常用的法规及要求，查适用法规清单，法规与主要能源使用 / 重要环境因素的关系	提问交谈查阅记录	
5	4.4.4 4.4.5/7.5 4.5.5/8.1 8.2 4.6.1/9.1.1	现场及员工作业情况观察： 涂装车间基本状况（进入车间基本要求、标识情况、风浴设施情况、泄静电设施情况以及静电检测设备及其有效性等）；主要耗能设备及环保设施； 调漆间基本情况（如进入要求、防爆及防静电、消防及其有效性，油漆稀料种类与总量及其 MSDS，应急预案等）； 喷漆线：前处理、喷漆、烘干等设备设施情况，有机废气、漆雾等排放及处理情况，磷化废水、喷漆废水排放及其处	提问交谈查阅文件、记录 现场观察	

续表

序号	EnMS 要素号 / EMS 要素号	检查项目	检查方法	检查记录
5	4.4.4 4.4.5/7.5 4.5.5/8.1 8.2 4.6.1/9.1.1	理情况，漆渣、废漆桶等危险废物产生量、暂存、处置及台账情况，噪声及其控制情况，应急预案，消防器材配备及其有效性等；废气排放口、危险废物暂存现场标识；主要能源种类、节能管理制度及其执行情况；涂层耗电量、耗新水量、水循环利用率等运行参数及其与规定是否一致等； 　节能降耗情况（水、电、压缩空气、油漆稀料等的消耗等）； 　对相关方管理情况（如参观、审核人员进入车间的要求及执行情况等）； 　现场有无含纯苯溶剂涂料、含铅镉颜料涂料等应限制淘汰技术； 　电、水等的计量仪表检定及其有效性与精度等级	提问交谈 查阅文件、记录 现场观察	
6	4.6.1/9.1.1	日常监测哪些项目及频次； 　查监测记录及达标情况（对外排放、能源使用消耗等）以及绩效与绩效改进情况	提问交谈 查阅文件、记录	

审核员：钱将浩　　　　　　　　　　　　　审核日期：

（3）动力站房（燃煤锅炉房）EnMS/EMS双体系审核检查表示例（表8-17）。

表8-17　动力站房（燃煤锅炉房）EnMS/EMS 双体系审核检查表示例

受审核部门：锅炉房　　　　　　　　　　　　部门代表：陈杰能

序号	EnMS 要素号 /EMS 要素号	检查项目	检查方法	检查记录
1	4.2/5.3	锅炉房概况（锅炉类型、容量、台数、压力及其辅机配置等）； 锅炉使用登记证、年检报告等及在体系中的职责	提问交谈	
2	4.4.3/6.1.2	锅炉房能源使用消耗 / 环境因素清单，识别是否充分； 主要能源使用消耗 / 重要环境因素清单及改进机会，评价是否合理、科学、充分	提问交谈 查阅记录	
3	4.4.2/6.1.3	锅炉房最常用的法规有哪几个？查适用能源 / 环境法规清单； 是否了解能源 / 环境法规要求与主要能源使用消耗 / 环境因素的关系；	提问交谈 查阅记录	
4	4.4.4 4.4.5 4.4.6/6.2	锅炉房能源基准、标杆和绩效参数建立的依据及充分、合理性； 分解的能源 / 环境目标制定的合理性，目标指标达成情况； 锅炉房有无能源 / 环境管理方案，如有，查进度、实施效果，如拖期，查原因、评审和修改情况	提问交谈 查阅记录	
5	4.5.2/7.2,7.3	查锅炉房特种设备作业人员情况，抽查上岗证、培训记录； 询问当班人员实际操作技能和对节能技术及责任的认识	提问交谈 查阅记录	
6	4.5.4/7.5	查锅炉房操作性文件的现场保存情况，是否是现行有效版本	查阅记录	
7	4.5.5 4.5.6 4.5.7/8.1，8.2	查设备的能效等级是否符合法规要求及维护保养点检记录，设备运行状况，保温状况，风门开启情况，有无管道的跑冒滴漏； 查锅炉运行记录，是否实现经济运行要求及操作规程要求； 查锅炉三大安全附件（水位计、压力表、安全阀）检定标识及有效期；	提问交谈 查阅记录 现场观察	

序号	EnMS 要素号 /EMS 要素号	检查项目	检查方法	检查记录
7	4.5.5 4.5.6 4.5.7/8.1，8.2	查低硫煤采购是否符合要求，抽查煤质化验记录； 查锅炉定期检验情况、计划维修情况、日常点检情况； 查除尘（脱硫）系统、风机系统、水化系统、储煤送煤系统及其运行状况； 查炉渣、粉煤灰、废树脂等固体废弃物暂存及处置情况，冲渣废水处理及排放情况；锅炉烟尘及其排放情况；废水、废气和固体废弃物排放口（存放处）标识等； 锅炉房应急预案情况，如灾害天气、停电、事故性排放等异常情况如何应急，消防器材配备，消防演习情况	提问交谈 查阅记录 现场观察	
8	4.6.1/9.1.1	锅炉房日常监测项目和频次如何规定，能效监测计量要求是什么，查在用的能效、排放检测仪器配备是否符合要求，是否按规定校准和维护； 查运行监测记录：排烟温度、排烟处空气系数、锅炉炉体表面温度、灰渣含 C 量等是否合规？超标时如何处置？烟尘、SO_2、烟气黑度等的监测记录及合规情况； 查能耗考核指标监测记录，燃料消耗、电消耗、新水消耗及热效率是否符合要求； 是否对监测结果进行分析评价，查分析评价记录	提问交谈 查阅记录	
9	4.6.4/10.2	是否发生不符合、违章事件、事故，如有，查记录，是否进行纠正、原因分析，纠正措施是否有效	提问交谈 查阅记录	

审核员：钱将浩 审核日期：

（二）EnMS/EMS双体系审核不符合报告编制

如果某项不符合同时不符合两个体系的要求，则应同时判定两个体系的不符合。EnMS/EMS双体系审核不符合报告表示例如表8-18所示。

表8-18　EnMS/EMS 双体系审核不符合报告表示例

受审核方	东方机械厂		编号	2016-1
受审核部门	机加工车间	审核日期	2016 年 3 月 8 日	

审核准则：GB/T 23331—2012 能源管理体系要求
　　　　　RB/T 119—2015 能源管理体系机械制造企业认证要求
　　　　　GB/T 24001—2015 环境管理体系 要求及使用指南

不符合事实描述：
　查机加工车间 2015 年度设备维修情况发现，没有将功率 120kW 的除尘器列入维修计划，也未提供已对其进行维修和日常点检的证据

　不符合：GB/T 23331《能源管理体系要求》4.5.5b 条款的要求
　　　　　RB/T 119《能源管理体系机械制造企业认证要求》4.5.5 条款的要求
　　　　　GB/T 24001《环境管理体系要求及使用指南》8.1 条款的要求

续表

审核员	宋杰能	受审核方代表确认:
审核组长	卢增效	2016 年 3 月 8 日

对纠正措施的要求:在 2016 年 4 月 8 日前完成纠正措施
验证方式:　☒文件　　□现场
原因分析:
纠正:
纠正措施:
有效性验证: 原因分析正确:□是　　□否 措施有效:□是　　□否　　　　　　　　　　　　验证人:　　　　年　月　日

三、EnMS 与 QMS、EMS 三体系结合审核

(一) EnMS/QMS/EMS三体系结合审核检查表编制示例

与单体系审核思路一样,三体系审核检查表可以按要素编制,也可以按部门编制。

1. 按要素或过程编制的三体系审核检查表示例

（1）信息交流与沟通EnMS/QMS/EMS三体系审核检查表示例（表8-19）

表 8-19　信息交流与沟通 EnMS/QMS/EMS 三体系审核检查表示例

受审核部门:综合管理部　　　　　　　　　　　部门代表:赵杰能

序号	EnMS 要素号 / QMS 条款号 /EMS OHSMS 要素号	检查项目	检查方法	检查记录
1	4.5.3/7.4 8.2.1/7.4	（1）是否编制信息交流的控制程序或管理规定? 是单独编制还是结合编制?文件名称及其编号; 文件是否符合标准要求; （2）外部信息交流情况: 外部投诉及信息的接收、处理及反馈; 向外部交流重要环境因素 / 能源方针、能源管理 体系以及能源绩效的决定情况及实施情况; 在运行的各个阶段与顾客沟通的情况; 重点用能单位向上级报送"能源利用状况报告" 情况; （3）内部信息交流情况: 交流方式、交流内容及其实施情况; 员工合理化建议及处理情况; 内部各部门和职能间的沟通情况	查阅文件 交谈提问 查阅信息交流记录 / 投诉与处理记录 查阅信息台账, 抽查 3 ～ 5 份信息 及其处理情况	

审核员:钱将浩　　　　　　　　　　　　　　　审核日期:

（2）EnMS/QMS/EMS设备管理过程三体系审核检查表示例（表8-20）

表8-20　EnMS/QMS/EMS 设备管理过程三体系审核检查表示例

受审核部门：设备管理部　　　　　　　　　　　　　部门代表：赵杰能

序号	EnMS 要素号/QMS 条款号/EMS 要素号	检查项目	检查方法	检查记录
1	4.5.5，4.5.7/7.1.3/7.1,8.1	（1）查设备管理台账（关键及特殊工序设备等生产设备、环保设施、主要耗能设备）； （2）查设备维护保养计划及其实施情况（计划中是否包括关键及特殊工序设备等生产设备、环保设施、主要耗能设备；上述各类设备各抽 3～5 份维修保养记录）； （3）查上述各类设备的日常点检情况，各抽 3～5 份； （4）上述设备是否满足质量、环保、节能等要求？如不满足有无新购计划？购买时是否考虑设备精度、能耗、排放、噪声以及本质环保性等要求	提问交谈 查阅设备台账 查设备维护保养计划及其实施情况 查设备点检记录 查设备购置计划及其实施情况	

审核员：钱将浩　　　　　　　　　　　审核日期：

2. 按部门编制的EnMS/QMS/EMS三体系审核检查表示例

实际审核实践中，通常是按部门编制检查表的居多。以人力资源部、汽车制造厂的焊接车间为例，给出EnMS/QMS/EMS三体系审核检查表示例。

（1）人力资源部EnMS/QMS/EMS三体系审核检查表示例（表8-21）

表8-21　人力资源部 EnMS/QMS/EMS 三体系审核检查表示例

受审核部门：人力资源部　　　　　　　　　　　部门代表：孙志远

序号	EnMS 要素号/QMS 条款号/EMS	检查项目	检查方法	检查记录
1	4.2/5.3/5.3	人力资源部的基本情况及其在 EnMS/QMS/EMS 三体系中的职责	提问交谈，查阅体系文件	
2	4.4.6/6.2/6.2 4.6.1/9.1/9.1	部门目标指标和管理方案及其完成情况	查阅文件、检查记录	
3	4.5.2/7.1,7.2,7.3/7.1,7.2,7.3	（1）是否编制人力资源管理程序或人力资源管理办法？文件名称、编号； 　程序文件或管理办法是否符合标准要求？ （2）是否识别与主要能源使用 / 重要质量过程 / 重要环境因素有关的人员并规定其能力要求； （3）人员能力能否满足要求？是否识别培训或其他措施需求？ （4）是否根据培训或其他措施需求编制培训计划或其他措施计划？ （5）是否按培训计划或其他措施计划实施培训？ （6）如何确保全体员工提高节能 / 质量 / 环保意识并落实到具体工作中？	查阅体系文件 查阅文件及能力要求 查阅文件 查培训计划或其他措施计划 抽查环境体系 / 能源体系培训计划或其他措施计划各 3～5 项	

续表

序号	EnMS 要素号 /QMS 条款号 /EMS	检查项目	检查方法	检查记录
3	4.5.2/7.1,7.2,7.3 /7.1,7.2,7.3	（7）是否评价培训或其他措施的有效性？ （8）抽查部分重要耗能设备操作人员 / 关键工序及特殊工序和高精设备操作人员 / 重要环境岗位人员 / 特种作业及特种设备操作人员是否持证上岗以及取证、复审情况； （9）复工、转岗人员的培训情况	查上述培训或其他措施的有效性评价 查上岗证	

审核员：钱将浩　　　　　　　　　　审核日期：

（2）汽车制造厂焊装车间EnMS/QMS/EMS三体系审核检查表示例（表8-22）

表 8-22　汽车制造厂焊装车间 EnMS/QMS/EMS 三体系审核检查表示例

受审核部门：焊装车间　　　　　　　　　　部门代表：刘增效

序号	EnMS 要素号 / QMS 条款号 /EMS	检查项目	检查方法	检查记录
1	4.2/5.3/4.3	焊装车间基本情况（包括产品、工艺、主要耗能设备及环保设施、特种设备、主要生产设备等）及其在 EnMS/QMS/EMS 中的职责	提问交谈，查阅体系文件	
2	4.4.6/6.2/6.2 4.6.1/9.1/9.1	部门目标指标和管理方案及其完成情况	查阅文件、检查记录	
3	4.4.3 4.4.4 4.4.5/-/6.1.2	车间能源使用 / 环境因素分布，有哪些主要能源使用 / 重要环境因素，查主要能源使用 / 重要环境因素清单；车间确定的能源基准、能源绩效参数	提问交谈查阅记录	
4	4.4.2/-/6.1.3	车间最常用的法规及要求，查适用法规清单，法规与主要能源使用 / 环境因素的关系	提问交谈查阅记录	
5	4.4.4 4.4.5/7.5/7.5， 4.5.5/8.5 8.6 8.7/8.1 8.2	现场及员工作业情况观察： 焊装车间基本状况（产品、工艺、设备、人员）；主要耗能设备及环保设施等； 现场焊接过程控制情况：是否符合焊接工艺参数要求，有无过程控制记录，焊接质量是否符合要求； 焊接设备、通风除尘设施运行状况及效果（可现场抽查3台设备，手工焊接、半自动焊接和机器人焊接各抽1台，查看焊接烟尘产生及控制情况，通风除尘设施及其点检及运行情况，电阻焊机冷却水处理及排放情况等）； 固废分类处置情况； 防火器材配备及完好情况； 节能降耗情况（焊机的能源利用率、逆变焊机的应用率及节能效果等）； 现场有无手工火焰切割、弧焊变压器、动圈式和抽头式手工焊条弧焊机等限制技术； 现场有无旋转式直流电焊机等淘汰技术	提问交谈查阅文件、记录现场观察	

序号	EnMS 要素号 / QMS 条款号 /EMS	检查项目	检查方法	检查记录
6	4.6.1/9.1 10.2/9.1.1 10.2	日常监测哪些项目及频次； 查监测记录及达标情况（排放、能源使用消耗等）； 产品及过程检查情况，发现不合格如何处理	提问交谈 查阅文件、记录	

审核员：钱将浩 审核日期：

（二）EnMS/QMS/EMS三体系审核不符合报告编制

如果某项不符合同时涉及不符合三个认证标准的要求，则应同时判定三个体系的不符合。不符合案例练习题可参考本章第四节之五。不符合报告写法可参考本节之二。

（三）EnMS/QMS/EMS三体系审核报告编制

三体系审核结束后，应编制统一的审核报告。

1. EnMS/QMS/EMS三体系审核报告的主要内容

EnMS/QMS/EMS三体系审核报告至少应包括以下内容。

（1）内审的基本情况

包括：①受审核方名称、地址；②审核目的，内审的审核目的通常是验证体系是否符合标准和体系文件的要求、运行是否有效，为迎接外审做准备；③审核依据或审核准则，应包括三个方面，即认证标准：GB/T 23331和RB/T 119、GB/T 19001、GB/T 24001；适用的法律法规及其他要求；管理体系文件；④审核范围及边界，三个体系均涉及审核范围，能源管理体系同时还涉及边界；⑤审核日期；⑥审核组成员，包括审核组长及参与审核的审核员。

（2）审核情况综述

包括：①文件评审情况及其结论；②能源评审及其输出（主要能源使用等）是否全面、合理，是否确定改进机会并排序；质量体系过程识别及环境因素识别的充分性以及重要环境因素/重要质量过程评价的合理性；③适用法律法规及标准（或合规义务）识别的充分性以及合规性评价；④目标指标和管理方案的制定与完成情况，EnMS还应包括能源基准、能源绩效参数确定的合理性等；⑤取得的主要绩效（如EnMS运行控制以及设计和采购控制、能源绩效改进，QMS产品实现过程及其控制情况，EMS废水、废气、厂界噪声和固体废弃物的控制及监测结果，节能降耗等）；⑥不符合报告数量及整改要求及其分布，可包括部门分布以及要素或条款的分布；⑦改进建议。

（3）审核结论

通常应评价体系文件是否符合标准要求，体系运行是否有效等结论性内容。

（4）审核报告的编制和审批

审核报告通常由审核组长编制、管理者代表批准。经批准后的审核报告应分发给各受审核部门，并作为管理评审的输入之一。

2. 三体系审核的审核报告格式示例（表8-23）

表8-23　三体系审核的审核报告格式示例

受审核方名称：	
审核目的：	
审核准则： ① GB/T 23331 能源管理体系要求和 RB/T 119 能源管理体系 机械制造企业认证要求； ② GB/T 19001 质量管理体系 要求； ③ GB/T 24001 环境管理体系 要求及使用指南； ④适用的法律法规及其他要求（合规义务）； ⑤受审核方发布的 EnMS/QMS/EMS 文件	
审核范围及边界：	
审核日期：	
审核综述：	
审核结论：	
审核组长：	
审核组成员：	
受审核方代表：	
报告分发范围：	
编制／日期：	审批／日期：

本章编审人员

主　　编：曹仲京

编写人：曹仲京　尚建珊　龚雨　方辉

主　　审：田秀敏

参考文献

[1] 全国人民代表大会常务委员会. 中华人民共和国国民经济和社会发展第十三个五年规划纲要 [M]. 北京：人民出版社，2016.

[2] 中华人民共和国国务院. 中国制造 2025[M]. 北京：人民出版社，2015.

[3] 中国机械工程学会. 中国机械工程技术路线图 [M]. 北京：中国科学技术出版社，2011.

[4] 国家统计局能源统计司. 中国能源统计年鉴 [M]. 北京：中国统计出版社，2012，2013.

[5] 单忠德. 机械装备工业节能减排制造技术 [M]. 北京：机械工业出版社，2011.

[6] 中国工程院. 中国制造业可持续发展战略研究 [M]. 北京：机械工业出版社，2010.

[7] 路甬祥. 走向绿色和智能制造——中国制造发展之路 [J]. 中国机械工程，2010.(04)：31-32.

[8] 国务院第二次全国经济普查领导小组办公室，中国机械工业联合会. 中国机械工业发展研究报告 [M]. 北京：中国统计出版社，2012.

[9] 隰永才，房贵如，王朝富. 机电制造业环境及安全技术与管理 [M]. 北京：中国质检标准出版社，2013.

[10] 温平. 新编铸造技术数据手册 [M]. 北京：机械工业出版社，2012.

[11] 樊东黎，徐跃明，佟晓辉. 热处理工程师手册 [M]. 北京：机械工业出版社，2011.

[12] 中国焊接协会焊接设备分会. 逆变焊机选用手册 [M]. 北京：机械工业出版社，2012.

[13] 李传栻. 李传栻文集（二）[M]. 北京：中国铸造协会，2014.

[14] 田武. 2008 版 ISO 9001 标准修订情况及对策建议 [J]. 中国认证认可，2014(5):10-15

[15] 黄进，王顺祺，王瑜，等. ISO 14001:2015《环境管理体系 要求及使用指南》主要修订变化与理解 [J]. 中国认证认可，2016(2):25-29.

[16] 倪国夫. 全新 ISO 45001 安全及职业健康管理体系进入国际标准草案阶段 [J]. 中国认证认可，2016(3):30-31.

[17] 陈志田. 能源管理体系建设及推广应用指南 [M]. 北京：中国标准出版社，2008.

[18] 周湘梅，刘立波. 能源管理体系建立与运行 [M]. 北京：中国标准出版社，2009.

[19] 上海质量协会. 能源管理体系的建立与实施 [M]. 北京：中国标准出版社，2010.

[20] 中国船级社质量认证公司 . 能源管理体系培训教程 [M]. 北京：人民交通出版社，2014.

[21] 赵旭东 . 能源管理体系 [M]. 北京 : 中国质检标准出版社，2014.

[22] 房贵如 , 田秀敏 . 机电制造业质量·环境·职业健康安全及其一体化管理体系实施指南 [M]. 北京 : 国防工业出版社，2007.

[23] 王贵生 , 邓寿禄 . 节能管理基础 [M]. 北京 : 中国石化出版社，2011.

[24] 方利国 . 节能技术应用与评价 [M]. 北京：化学工业出版社，2010.

[25] 吴宗泽 , 于亚杰 . 机械设计与节能减排 [M]. 北京 : 机械工业出版社，2012.

[26] 杨申仲 . 能源管理手册 [M]. 长沙 : 湖南科学技术出版社，2010.

[27] 方战强 , 任官平 . 能源审计原理与实施方法 [M]. 北京 : 化学工业出版社，2010.

[28] 北京市发展和改革委员会 . 节能管理和新机制篇 [M]. 北京 : 中国环境科学出版社，2008.

[29] 北京市发展和改革委员会 . 节能技术篇 [M]. 北京 : 中国环境科学出版社，2008.

[30] 姜子刚 , 叶永青 , 等 . 节能技术（上下两册）[M]. 北京 : 中国标准出版社，2010.

[31] 张凡华 . 电力节能服务 300 问 [M]. 北京 : 中国电力出版社，2012.

[32] 天津市节能协会 , 天津市能源管理职业培训学校 . 电气节能技术 [M]. 北京 : 中国电力出版社，2013

[33] 丘伟 , 徐金荣 . 国家职业资格培训教材 : 锅炉操作技师 [M]. 北京 : 机械工业出版社，2009.

[34] 李显海 . 工业锅炉节能改造技术与工程实例〔M〕. 北京 : 金盾出版社，2012.

中联认证中心简介

中联认证中心（China United Certification Center）简称 CUC，是由原中国机械工业质量体系认证中心（CCMQS）、中国机械安全认证中心（CCMS）、机械工业环境管理体系认证中心和中机管理体系认证中心（JHR）整合而成的独立的第三方认证机构。CUC 隶属于中央直属大型科技企业——机械科学研究总院，其组成机构 CCMQS、CCMS、JHR 都是在我国最早获得国家批准，授权开展管理体系认证和机械产品认证活动的认证机构。

CUC 具备独立法人资格，目前开展的认证及其认证培训业务范围有：质量管理体系认证（GB/T 19001、GJB/Z 9001A、ISO/TS 16949）、环境管理体系认证（GB/T 14001）、职业健康安全管理体系认证（GB/T 28001）、能源管理体系认证（GB/T 23331）、机械产品安全认证、CUC 标志产品认证及其上述认证领域的认证培训。

CUC 的组成机构原中国机械工业质量体系认证中心及其前身——机械科学研究总院可靠性研究中心最早把 ISO9000 标准转化为我国的国家标准，并最先在我国开展了质量管理体系认证的实践，同时，承担了我国质量管理和质量保证技术委员会质量体系分委会秘书处的工作，为我国 ISO9000 标准认证工作的引入和推进做了开创性的工作。

CUC 除从事管理体系认证和产品认证外，还从事质量管理技术、环保技术、节能技术以及安全技术研究，参加相关产品标准制定修订工作和科技部、国防科工委等部委下达的课题项目研究工作，CUC 还是杂志《机械工业标准化与质量》（国家一级刊物）的协办单位。CUC 的专家十几年来共获十多项国家及省部级科技进步奖。

CUC 具有独特的资源优势，机械科学研究总院的资源也是 CUC 的资源。机械科学研究总院在几十年的科研实践中，形成了由 4 位院士、21 位国家有突出贡献的中青年科学技术专家、306 位享受政府特殊津贴专家和近 500 位研究员组成的科研带头人队伍以及近 4000 人的工程技术人员队伍。作为首批学位授予单位，机械科学研究总院现有 1 个博士学位授予点、15 个硕士学位授予点和 2 个博士后流动工作站，在机械工程、材料科学与工程、固体力学、工程力学、核技术及计算机科学与应用等学科均有稳定的研究方向，已为国家培养了 470 多名科技专家和管理人才，其中几十位科研管理人才先后走上了国家和省部级领导岗位。

CUC 利用机械科学研究总院的资源还可以为各企事业单位提供除认证之外的许多其他技术服务。

CUC 是中国铸造协会理事单位及绿色铸造工作委员会副主任委员单位、中国锻压协会和中国热处理协会的会员单位。

CUC 的宗旨是坚持客观、公正、科学的原则，依法开展认证工作，信守对顾客的保证和承诺，维护顾客的合法权益，竭诚为顾客提供优质满意的服务。

市场部联系电话：010-88301862、88301155、88301546